Sanierung von Metallbauteilen

Michael Stahr · Klaus-Peter Radermacher

Sanierung von Metallbauteilen

Verfahren und rechtliche Aspekte

2. Auflage

Springer Vieweg

Dr. Michael Stahr
Leipzig, Deutschland

RA Klaus-Peter Radermacher
SMNG Rechtsanwaltsgesellschaft mbH
Frankfurt/Main, Deutschland

ISBN 978-3-658-30624-3 ISBN 978-3-658-30625-0 (eBook)
https://doi.org/10.1007/978-3-658-30625-0

Die Deutsche Nationalbibliothek verzeichnet diese Publikation in der Deutschen Nationalbibliografie; detaillierte bibliografische Daten sind im Internet über http://dnb.d-nb.de abrufbar.

Springer Vieweg

Gedruckt auf säurefreiem und chlorfrei gebleichtem Papier

Springer Vieweg ist ein Imprint der eingetragenen Gesellschaft Springer Fachmedien Wiesbaden GmbH und ist ein Teil von Springer Nature.
Die Anschrift der Gesellschaft ist: Abraham-Lincoln-Str. 46, 65189 Wiesbaden, Germany

Vorwort zur 2. Auflage

Der fachliche Inhalt und die didaktisch, methodische Grundkonzeption der 1. Auflage hat sich in der Praxis bewährt und wurde daher weitgehend beibehalten.

Eingefügt wurden neuere technologische Verfahren und konstruktive Weiterentwicklungen, wie beispielsweise das LD-AC-Verfahren.

Neue DIN und andere Vorschriften sowie das Kapitel 7 Recht wurden umfassend aktualisiert.

Zahlreiche Firmen, Institutionen und Fachleute unterstützten die Manuskriptbearbeitung durch Informationsmaterial, Beratung und zahlreiche Zeichnungen, Fotos und CD.

Besonderer Dank gebührt natürlich auch dem Springer Verlag und dem Cheflektor Herrn Frieder Kumm sowie Frau Dipl.-Ing. (FH) Nadja Kroke (le-tex Leipzig) für die verständnisvolle Unterstützung bei Entstehung und Gestaltung des Buches.

Möge auch die zweite Auflage beim interessierten Leser Aufmerksamkeit und Aufnahme finden. Für helfende Kritik und Anregungen sind wir, wie immer, stets dankbar.

Michael Stahr
Klaus-Peter Radermacher

Vorwort zur 1. Auflage

Bauwerke aus Eisen bzw. Stahl und anderen Metallen wie der Eiffelturm in Paris, Brückenbauwerke wie die Forth-Bridge in Schottland, das Blaue Wunder in Dresden oder die Golden Gate Bridge in San Francisco sind weltweit bekannt. Oftmals sind auch Bahnhöfe und Kuppeln reine Metallkonstruktionen. Aber auch Bauten aus Holz und Stein werden, seit sich die Menschen das Metall nutzbar machen konnten, zusammen verwendet. Die Metalle, ob als alleiniges Bauwerk oder in Kombination mit anderen Baustoffen, zeigen nach unterschiedlich langer Zeit eine veränderte Oberfläche. Landläufig spricht man von der Korrosion oder dem Rosten als bekannteste Erscheinung dieser Art.

Eine Wartung, Instandsetzung und Sanierung metallischer Bauteile kann nach zwei Grundsätzen erfolgen:

1. Beschichten durch Überzüge und Anstriche
2. Ersatz durch metallische und nichtmetallische Werkstoffe

Das vorliegende Werk soll Kenntnisse vermitteln, die Problembereiche, Ursachen und Wirkungen der Korrosion zu erkennen, und zeigt die Vielfalt historischer und moderner Sanierungsmöglichkeiten sowie Eigenschaften und Anwendungen geeigneter Werkstoffe auf. Im Zuge von Sanierungsarbeiten ergeben sich auch rechtliche Fragestellungen. Diese werden in einem eigenen Kapitel umfassend behandelt.

Die Beschichtung ist das übliche Verfahren mit unterschiedlichen Technologien bei großen metallischen Bauwerken wie Brücken, Bahnhofskuppeln, Türmen usw. Ausgang des vergangenen Jahrhunderts hat sich die Anwendung vorher üblicher Korrosionsschutzmaßnahmen bei historischen Gebäude an kleineren Metallbauteilen wie beispielsweise Wetterfahnen, metallischen Schrifttafeln, Beschlägen, Geländern sowie auch auf Großobjekte wie Brücken, Bahnhofskuppeln oder Türme erweitert.

In die zu sanierenden metallischen Bauwerke wurden vor allem durch die Stilllegung zahlreicher Tagebaue, Förderbrücken und Kräne einbezogen. Deren Sanierung vollzieht sich technologisch bedingt nach neuzeitlichen Korrosionsschutzmaßnahmen.

Aber auch alte Zunft- und Handwerkszeichen und metallische Grabmale rücken zunehmend in das öffentliche Interesse.

Dazu kommen zunehmend wieder traditionelle und technologische Handwerkstechniken wie die Beschichtung von Metalloberflächen mit farbigen Perlglanzpigmenten und Vergoldungen ins öffentliche Interesse.

Im Mittelunkt des Buches stehen Dach- und Fassadensanierungen. Hier soll dargestellt werden, wie man mit modernen und neuzeitliche technologischen Verfahren und Werkstoffen traditionelle architektonische Gestaltungen bewahren kann.

Abgerundet wird das Werk durch eine ausführliche und nachvollziehbare Darstellung der Metalltechnik und parallel dazu ein interessanter Gang durch die Entwicklung und Vielfalt der Metallberufe.

Die Erfahrung, dass viele vor Ort auftretende Probleme nicht nur technischer, sondern auch kaufmännisch-juristischer Natur sind, haben dazu geführt, dass auch rechtliche Betrachtungen in das vorliegende Werk eingeflossen sind.

Der Schwerpunkt liegt dabei auf dem privaten Baurecht, also auf Rechtsbeziehungen mit werkvertraglichem Inhalt, insbesondere unter Einbeziehung der Vergabe- und Vertragsordnung (VOB). Angesprochen werden auch das Bauproduktenrecht, das Vergaberecht und kurz das öffentliche Baurecht.

Die Sensibilität für die Beachtung rechtlich relevanter Sachverhalte in der täglichen Bauabwicklung soll geweckt werden – viele Rechtsstreitigkeiten entstehen nur deshalb, weil beispielsweise ein ordnungsgemäßer Schriftverkehr nicht geführt wurde, was später zu Prozessverlusten und Rechtsnachteilen führen kann. Sollte es zu einem Rechtsstreit kommen, zeigt das vorliegende Werk auch, welche Rechtsbehelfe den Beteiligten zur Verfügung stehen.

Abgerundet wird das Werk durch eine ausführliche und nachvollziehbare Darstellung der Metalltechnik und parallel dazu ein interessanter Gang durch die Entwicklung und Vielfalt der Metallberufe.

Zahlreiche Firmen, Institutionen und Fachleute unterstützten die Manuskriptbearbeitung durch Informationsmaterial, Beratung und zahlreiche Zeichnungen Fotos und CD. Besonders sei an dieser Stelle der RHEINZINK GmbH & Co. KG, Datteln, Herrn Dipl.-Ing. Rüdiger Niewind Teamleiter Anwendungstechnik gedankt.

An der Bearbeitung und Durchsicht des Manuskripts beteiligte sich in gewohnt kompetenter Art und Weise Herr Marcus Schiller, Potsdam.

Besonderer Dank gebührt natürlich auch dem Springer Verlag und dem Cheflektor Herrn Dipl.-Ing. Harms, Frau Dipl.-Volksw. Anette Prenzer und Frau Dipl.-Ing. (FH) Nadja Kroke, le-tex publishing services GmbH Leipzig, für die verständnisvolle Unterstützung bei Entstehung und Gestaltung des Buches.

Möge die erste Auflage beim interessierten Leser Aufmerksamkeit und Aufnahme finden. Für helfende Kritik und Anregungen sind wir stets dankbar.

November 2013 Michael Stahr

Abkürzungsverzeichnis

a. a. O.	am angegebenen Ort
ABl. EG	Amtsblatt der Europäischen Gemeinschaft
Abs.	Absatz
AGB	allgemeine Geschäftsbedingungen
Anh.	Anhang
Arge	Arbeitsgemeinschaft
Art.	Artikel
ATV	Allgemeine technische Vertragsbedingungen
BauGB	Baugesetzbuch in der Fassung der Bekanntmachung vom 23.09.2004 (BGBl. I S. 2414), zuletzt geändert durch Art. 1 des Gesetzes vom 22.07.2011 (BGBl. I S. 1509)
BauR	Baurecht Zeitschrift für das gesamte öffentliche und zivile Baurecht
BauNVO	Verordnung über die Nutzung von Grundstücken (Baunutzungsverordnung – BauNVO) vom 23.01.1990 (BGBl. I S. 132), geändert durch Art. 3 des Gesetzes vom 22.04.1993 (BGBl. I S. 466)
BauPG	Gesetz über das Inverkehrbringen von und den freien Warenverkehr mit Bauprodukten zur Umsetzung der Richtlinie 89/106/EWG des Rates vom 21.12.1988 zur Angleichung der Rechts- und Verwaltungsvorschriften der Mitgliedsstaaten über Bauprodukte und andere Rechtsakte der Europäischen Gemeinschaft, Bauproduktengesetz vom 28.04.1998 (BGBl. I S. 812), zuletzt geändert durch Art. 2 des Gesetzes vom 08.11.2011 (BGBl. I S. 2178)
BGB	Bürgerliches Gesetzbuch in der Fassung der Bekanntmachung vom 02.01.2002 (BGBl. I S. 42, 2909; 2001 I S. 738), zuletzt geändert durch Art. 7 des Gesetzes vom 19.10.2012 (BGBl. I S. 2182)
BGBl.	Bundesgesetzblatt
BGH	Bundesgerichtshof
BImSchG	Bundes-Immissionsschutzgesetz Gesetz zum Schutz vor schädlichen Umwelteinwirkungen durch Luftverunreinigungen, Geräusche, Erschütterungen oder ähnliche Vorgänge in der

	Fassung der Bekanntmachung vom 26.09.2002 (BGBl. I S. 3870), zuletzt geändert durch Art. 1 des Gesetzes vom 08.04.2013 (BGBl. I S. 734)
BVB	Besondere Vertragsbedingungen
BVerfGG	Gesetz über das Bundesverfassungsgericht in der Fassung der Bekanntmachung vom 11.08.1993 (BGBl. I S. 1473, zuletzt geändert durch Gesetz vom 12.07.2012 (BGBl. I S. 1501))
bzw.	beziehungsweise
CE	Conformité Européenne
DIBt	Deutsches Institut für Bautechnik
DIN	Deutsches Institut für Normung
EN	Europäische Norm(en)
EnEV	Energieeinsparverordnung Verordnung über energiesparenden Wärmeschutz und energiesparende Anlagentechnik bei Gebäuden in der Fassung der Bekanntmachung vom 24.07.2007 (BGBl. I S. 1519), zuletzt geändert durch Art. 4 des Gesetzes vom 05.12.2012 (BGBl. I S. 2449)
EP	Einheitspreis
ESG	Einscheibensicherheitsglas
etc.	et cetera
ETZ	Europäische Technische Zulassung
EWG	Europäische Wirtschaftsgemeinschaft
ff.	folgende
GG	Grundgesetz für die Bundesrepublik Deutschland in der im BGBl. Teil III, Gliederungsnr. 100-1, veröffentlichten bereinigten Fassung, zuletzt geändert durch Art. 1 des Gesetzes vom 12.07.2012 (BGBl. I S. 1478)
ggf.	gegebenenfalls
GKG	Gerichtskostengesetz in der Fassung der Bekanntmachung vom 05.05.2004 (BGBl. I S. 718), zuletzt geändert durch Art. 4 des Gesetzes vom 19.10.2012 (BGBl. I S. 2182)
GVG	Gerichtsverfassungsgesetz in der Fassung der Bekanntmachung vom 09.05. 1975, zuletzt geändert durch Art. 3 des Gesetzes vom 19.10.2012 (BGBl. I S. 2182)
GWB	Gesetz gegen Wettbewerbsbeschränkungen in der Fassung der Bekanntmachung vom 15.07.2005 (BGBl. I S. 2114, BGBl. I 2009, S. 3850), zuletzt geändert durch Art. 1 und Art. 4 Abs. 2 des Gesetzes vom 05.12.2012 (BGBl. I S. 2403)
HGB	Handelsgesetzbuch in der im Bundesgesetzblatt Teil III, Gliederungsnummer 4100-1, veröffentlichten bereinigten Fassung, zuletzt geändert durch Art. 2 Abs. 39 des Gesetzes vom 22.12.2011 (BGBl. I S. 3044)
HOAI	Honorarordnung für Architekten und Ingenieure Verordnung über die Honorare für Architekten- und Ingenieurleistungen vom 11.08.2009 (BGBl. I S. 2732)

Hrsg.	Herausgeber
HWK	Handwerkskammer
IBR	Immobilien- und Baurecht, Zeitschrift
IHK	Industrie- und Handelskammer
i. V. m.	in Verbindung mit
Kap.	Kapitel
KG	Kammergericht
LG	Landgericht
MediationsG	Mediationsgesetz vom 21.07.2012 (BGBl. I S. 1577)
MBO	Musterbauordnung, herausgegeben und aktualisiert von der Bundesministerkonferenz (Arge Bau), aktuelle Fassung aus dem Jahr 2002, zuletzt geändert im Oktober 2008
m. w. N.	mit weiteren Nachweisen
NJW	Neue Juristische Wochenschrift
NJW-RR	NJW-Rechtsprechungsreport Zivilrecht
Nr.	Nummer
NZBau	Neue Zeitschrift für Baurecht und Vergaberecht
OLG	Oberlandesgericht
OLGR	OLG Report
p. a.	per anno (jährlich)
Rdnr.	Randnummer
ROG	Raumordnungsgesetz vom 22.12.2008 (BGBl. I S. 2986), zuletzt geändert durch Art. 9 des Gesetzes vom 31.07.2009 (BGBl. I S. 2585)
S.	Seite
s.	siehe
SLBau	Streitlösungsordnung für das Bauwesen vom 01.01.2010, entwickelt von der Deutschen Gesellschaft für Baurecht e. V. und dem Deutschen Beton- und Bautechnikverein e. V.
s. o.	siehe oben
TVG	teilvorgespanntes Glas
v. a.	vor allem
VgV	Vergabeverordnung Verordnung über die Vergabe öffentlicher Aufträge vom 11.02.2003 (BGBl. I S. 169), zuletzt geändert durch Art. 1 der Verordnung vom 12.07.2012 (BGBl. I S. 1508)
VOB	Vergabe- und Vertragsordnung
VOB/A	Vergabe- und Vertragsordnung, Teil A, allgemeine Bestimmungen für die Vergabe von Bauleistungen, Ausgabe 2012
VOB/B	Vergabe- und Vertragsordnung, Teil B, allgemeine Vertragsbedingungen für die Ausführung von Bauleistungen, Ausgabe 2012
VOB/C	Vergabe- und Vertragsordnung – DIN 18 299, allgemeine technische Vertragsbedingungen für Bauleistungen (ATV)

VOF	Vergabeordnung für freiberufliche Dienstleistungen, Fassung 2009
VOL/A	Vergabe- und Vertragsordnung für Leistungen, Teil A, Fassung 2009
VSG	Verbundsicherheitsglas
VwGO	Verwaltungsgerichtsordnung in der Fassung der Bekanntmachung vom 15.03.1991 (BGBl. I S. 686), zuletzt geändert durch Art. 6 des Gesetzes vom 21.07.2012 (BGBl. I S. 1577)
WBVB	weitere besondere Vertragsbedingungen
WHG	Wasserhaushaltsgesetz Gesetz zur Ordnung des Wasserhaushalts vom 31.07.2009 (BGBl. I S. 2585), zuletzt geändert durch Art. 2 des Gesetzes vom 08.04.2013 (BGBl. I S. 734)
WPK	werkseigene Produktionskontrolle
z. B.	zum Beispiel
ZPO	Zivilprozessordnung in der Fassung der Bekanntmachung vom 05.12.2005 (BGBl. I S. 3202), zuletzt geändert durch Art. 2 des Gesetzes vom 19.10. 2012 (BGBl. I S. 2182)
ZTV	zusätzliche technische Vertragsbestimmungen

Inhaltsverzeichnis

Begriff – Ursachen – Vorgänge der Korrosion

1

1.1 Problemstellung

Die Metalle sind am Bauwerk verschiedenen Einflüssen ausgesetzt. So wirkt die atmosphärische Luft auf die Metalle ein. Sie enthält Wasserdampf, Sauerstoff, Verbrennungsgase wie Kohlenmonoxid, Kohlendioxid und Schwefeldioxid sowie verdünnte Säuren und Laugen (Abb. 1.1).

Chemische Prozesse können einen Werkstoff zerstören oder seine Oberfläche unter dem Einfluss von Luft, Wasser und schwachen Säuren und Basen verändern.

Auch Wasser gelangt durch Bodenfeuchtigkeit, Schwitzwasserbildung, Regen, Schnee und Eis an die Metalle. Außerdem können Frisch- und Festmörtel sowie Frisch- und Festbeton die Oberfläche bestimmter Metalle angreifen. Oft werden die Metalle von der Oberfläche aus fortschreitend zerstört, der Prozess der Korrosion findet statt.

Metalle haben im Allgemeinen eine hohe Affinität zu Sauerstoff – sie oxidieren. Die Oxidation ist der Übergang von einem energiereichen Metallzustand in einen energiearmen Oxidzustand. Nur Gold besitzt eine negative Sauerstoffaffinität und oxidiert daher nur bei Energiezufuhr. Während sich bei Aluminium und auch bei Zink eine sehr dichte Oxidschicht bildet, die das Metall vor weiterer Oxidation schützt, ist es beim Eisen umgekehrt: Die Dichte der Eisenoxidschicht ist wesentlich geringer als die Dichte des Eisens und bildet somit keine Schutzschicht gegen weitere Sauerstoffaufnahme.

Eine etwa 7 m hohe und 7 t schwere Eisensäule, die vor ungefähr 1500 Jahren in Delhi aufgestellt wurde (Abb. 1.2), zeigt bis heute nur geringe Rostansätze. Proben dieser Säule rosteten dagegen, als sie auf dem Seeweg nach England transportiert wurden. In ägyptischen Pyramiden fand man 4000 Jahre alte Eisenwerkzeuge, die gut erhalten waren, sie rosteten erst, als man sie nach Europa in Museen brachte. Hochgebirgswanderer können feststellen, dass die eisernen Haken, Leitern und Seile der Klettersteige kaum korrodieren.

In sehr trockenem Klima und bei reiner Luft rostet Eisen nicht. In feuchter, schadstoffhaltiger Luft bildet sich dagegen schnell ein Flüssigkeitsfilm auf dem Metall. Durch im

M. Stahr und K.-P. Radermacher, *Sanierung von Metallbauteilen*,
https://doi.org/10.1007/978-3-658-30625-0_1

Abb. 1.1 Verschiedene chemische Einflüsse. (Quelle: ILS, Hamburg)

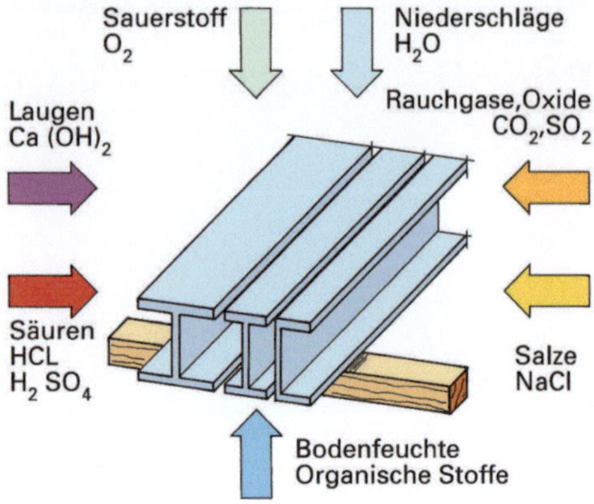

Wasser gelöste Gase wie Schwefeldioxid, Kohlenstoffdioxid oder Stickoxide entsteht eine saure Lösung, die Korrosion wird beschleunigt.

Bei der atmosphärischen Stahlkorrosion bildet sich in Gegenwart von Wasser FeOOH (= Rost). Ohne Sauerstoff und Wasser ist keine Rostbildung möglich. Für den Rostvorgang reicht meist das in der Luft in Form von Dampf vorhandene Wasser aus. Bis zu einer Luftfeuchtigkeit von 65 % kommt es kaum zur Rostbildung. Steigt die Luftfeuchtigkeit jedoch über diesen Wert, dann setzt der Rostvorgang ein. In aggressiver Atmosphäre treten noch Säuren hinzu und beschleunigen den Vorgang. Da die Dichte des Rostes bei etwa 3,5 g/cm^3 und die des Eisens bei 7,9 g/cm^3 liegt, hat der Rost das doppelte Volumen des Eisens. Aufgrund der Porosität des Rostes beträgt sein tatsächliches Volumen allerdings etwa das Siebenfache des Eisens. Diese große Oberfläche bindet weiteres Wasser, wodurch der Rostvorgang abermals beschleunigt wird.

Abb. 1.2 Säule in Indien. (Aber was wäre Indien ohne seinen Glauben an überirdische Mächte. So geht die Sage um, dass jeder Mensch, der die Säule rücklings umfassen kann, ewiges Glück erfahren wird. Wen wundert es daher, dass junge Inder tagtäglich, obwohl verboten, über den Eisenzaun steigen, um ein wenig vom Glück zu erhaschen.) (Quelle: ILS, Hamburg)

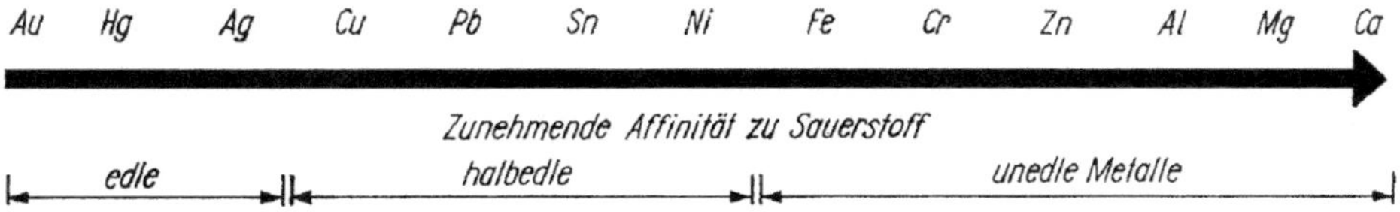

Abb. 1.3 Sauerstoffaffinitätsreihe von Metallen. (Quelle: ILS, Hamburg)

Einige andere wichtige Gebrauchsmetalle sind an Luft beständig, obwohl sie nach ihrer Stellung in der Spannungsreihe (Abb. 1.3) als unedel einzustufen sind. So bildet Aluminium mit dem Luftsauerstoff schnell eine dünne, zusammenhängende Schicht, die den Zutritt von weiterem Sauerstoff verhindert. Zink wird durch eine Schicht aus Zinkoxid und Zinkcarbonat geschützt.

Kupfer zählt aufgrund seines leichten positiven Standardelektrodenpotenzials zu den edleren Metallen und wird nur schwer oxidiert. An seiner Oberfläche entsteht überdies eine schützende Schicht aus basischen Kupfersalzen wie $CuSO_4 \cdot 3Cu(OH)_2$. Diese grüne Patina lässt sich vor allem an Kupferdächern oder auch an Bronzestatuen beobachten.

Eine Wartung, Instandsetzung und Sanierung metallischer Bauteile unterscheidet sich von der Sanierung mineralischer Bauteile und kann nach zwei Grundsätzen erfolgen:

1. Beschichten durch Überzüge und Anstriche (Abb. 1.4),
2. Ersatz durch metallische und nichtmetallische Werkstoffe.

Probleme bei der Sanierung historischer Metallbauteile bestehen insbesondere bei

- dem Erhalt der Grundstruktur filigraner und feingliedriger gegossener, geschmiedeter oder ziselierter Eisen- und Stahlbauteile (Beispiel in Abb. 1.5),
- Ausführung ausreichender, möglicherweise unterschiedlicher Schutzmaßnahmen beim Kontakt zwischen Metallen und anderen Bau- und Werkstoffen. Dazu zählen neben dem häufigsten Werkstoff Holz (z. B. Metalltürbeschläge an Holztüren) auch Nägel und Schrauben aus Kupfer oder Messing (Beispiel in Abb. 1.6).

Um eine höhere Effizienz des Korrosionsschutzes und damit der Metallsanierung zu erreichen, sind eine Reihe von wichtigen Forderungen zu verwirklichen:

- Bei der Planung eines Bauteils ist die Anpassung des Werkstoffs an die Umgebungsbedingungen so vorzunehmen, dass nachträgliche Schutzmaßnahmen vermieden werden.
- Wenn eine ausreichende Lebensdauer durch Werkstoffanpassung allein nicht erreichbar ist, müssen die zu ergreifenden Schutzmaßnahmen von Anfang an mit eingeplant werden, um nachträgliche konstruktive Änderungen zu vermeiden (Korrosionsschutz beginnt am Reißbrett).

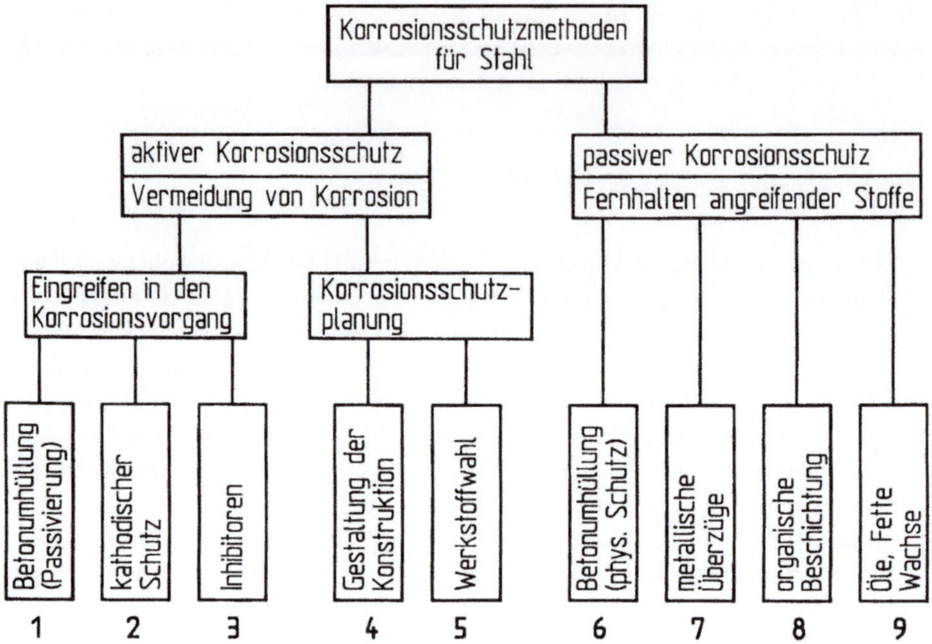

Abb. 1.4 Wichtigste Möglichkeiten des Korrosionsschutzes im Bauwesen. (Quelle: Schönburg/Stahr; Milzau, Leipzig)

Abb. 1.5 Kunstvoll gestalteter Türdrücker am Meißner Dom. (Quelle: Füssel, Leipzig)

- Grundlagen, Methoden und Anwendungen des Korrosionsschutzes sind in die Studienpläne technischer Lehranstalten einzubauen, um durch Verbreitung der Kenntnisse auf diesem Gebiet für einen optimalen Einsatz von Schutzmaßnahmen zu sorgen.
- Die Forschung und Entwicklung auf dem Gebiet Korrosion und Korrosionsschutz sind zu verstärken.

Abb. 1.6 Schmiedeeiserne handwerklich meisterhaft gefertigte Beschläge und Türbänder. (Quelle: Biffar, Edenkoben)

1.2 Begriff und Wirkung

Umgangssprachlich hat der Begriff „Korrosion“ eine weitgehende Wandlung erfahren. Verstand man im Altertum unter „corrodere“ noch ein Zernagen durch Mäuse, bedeutete im alten Rom „corrosio“ das umfassende Zerstören durch Zernagen von Werkstoffen. Am Ende des 18. Jahrhunderts bedeutete „korrodieren“ das Auflösen durch Ätzmittel, und heutzutage wird „Korrosion“ als Zersetzung oder Zerstörung oder auch allgemein als Rosten definiert.

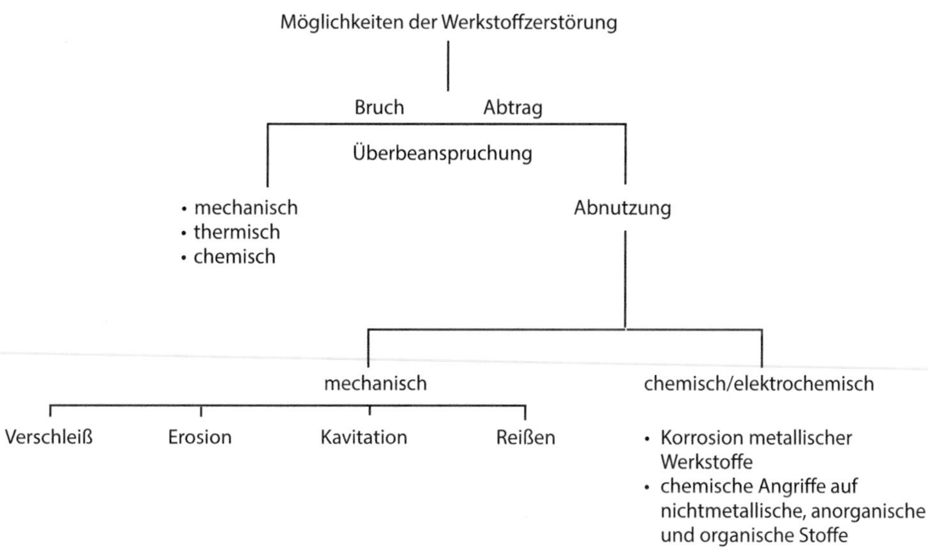

Verschleißkorrosion Abtragung der Werkstoffsubstanz durch mechanische Beanspruchung der Werkstoffoberfläche, z. B. durch Reib-, Stoß- und Schlageinwirkung auf be-

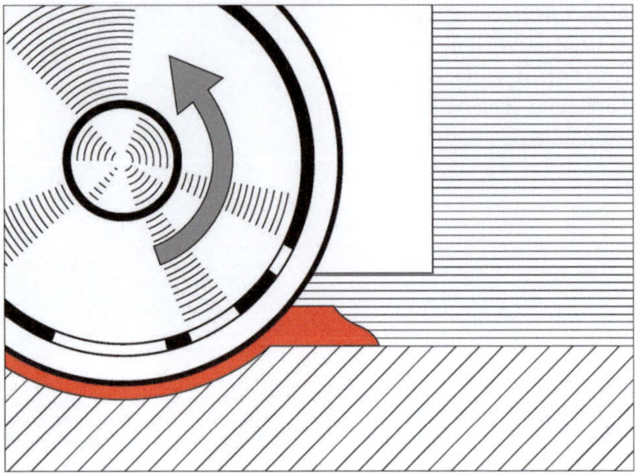

Abb. 1.7 Verschleiß. (Quelle: Schönburg/Stahr; Milzau, Leipzig)

wegliche, sich berührende Metallteile von Maschinen und Anlagen (Abb. 1.7). Durch Verschleißprozesse eingeleitete oder wesentlich begünstigte Korrosionsvorgänge werden als Verschleißkorrosion bezeichnet.

Erosionskorrosion Die Reibung von strömendem Wasser, besonders von darin mitgeführten festen Teilchen, verursacht die erosive Abtragung der Werkstoffsubstanz (Abb. 1.8). Durch erosive Abtragung und korrosiven Angriff gleichzeitig verursachte Werkstoffzerstörungen bezeichnet man als Erosionskorrosion. Die Werkstoffabtragung durch feste, in strömenden Gasen mitgeführte Teilchen (z. B. Sandsturm) wird als Korrasion bezeichnet.

Kavitationskorrosion In ungleichmäßig schnell strömenden Flüssigkeiten bilden sich Hohlräume bzw. Dampfblasen. Plötzliche Stauungen, z. B. an scharfen Krümmungen

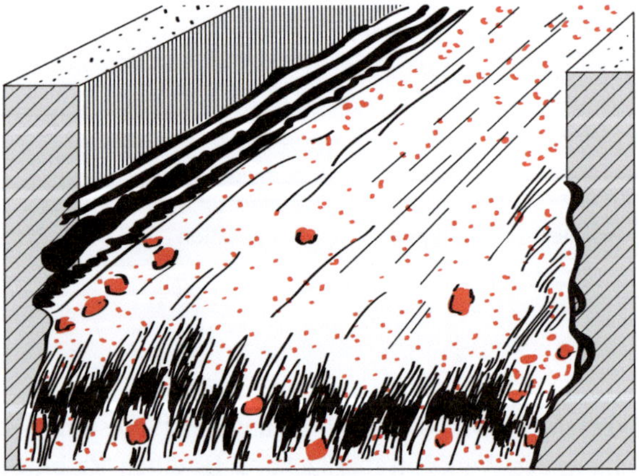

Abb. 1.8 Erosion. (Quelle: Schönburg/Stahr; Milzau, Leipzig)

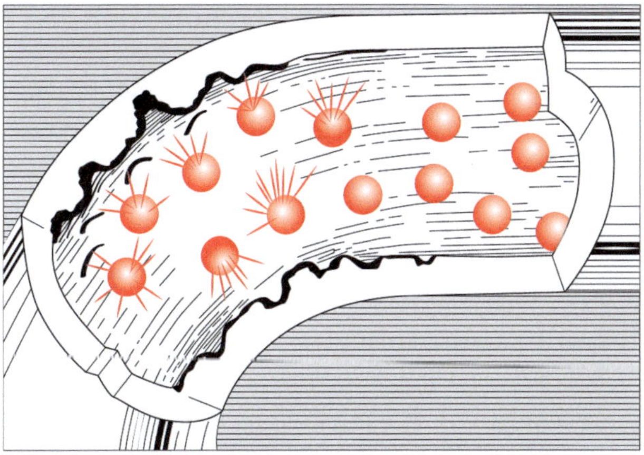

Abb. 1.9 Kavitation. (Quelle: Schönburg/Stahr; Milzau, Leipzig)

von Rohrleitungen, führen zu Druckanstieg und zur Kondensation der Dampfblasen (Abb. 1.9). Die dadurch plötzlich eintretende Volumenänderung verursacht starke Druckstöße, die sich zerstörend auf angrenzende Werkstoffe auswirken. Kavitation tritt auch gleichzeitig mit Korrosion und mit Erosion auf (z. B. an Schiffsschrauben), dieser Zerstörungsvorgang wird als Kavitationskorrosion bezeichnet.

Spannungsrisskorrosion Die Bildung von Rissen beginnt meist an der Werkstoffoberfläche, weil hier die auslösenden Vorgänge den Werkstoff zuerst und/oder am stärksten belasten (z. B. Zugspannung beim Kaltverformen von Metall, Schwingungsspannungen in Fahrzeugblechteilen sowie Versprödungen und Reißen von Thermoplasten infolge Weichmacherausscheidungen oder UV-Einstrahlung). Korrosionserscheinungen, die auf gleichzeitiges Einwirken eines Korrosionsmediums und äußeren oder inneren Zugspannungen zurückzuführen sind, werden als Spannungsrisskorrosion (Abb. 1.10) bezeichnet.

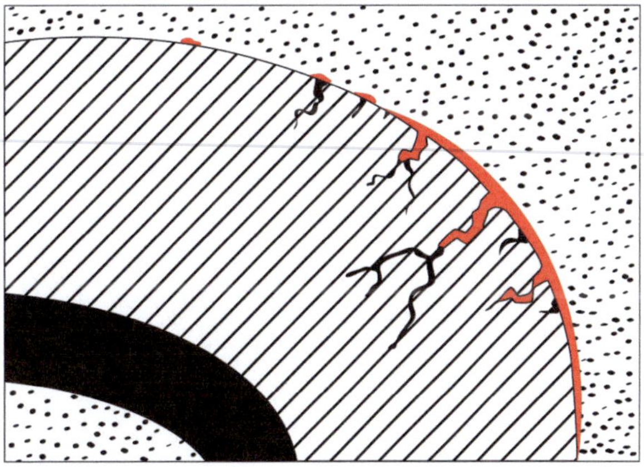

Abb. 1.10 Reißen. (Quelle: Schönburg/Stahr; Milzau, Leipzig)

1.3 Erscheinungsformen der Korrosion von Eisen und Stahl

Die an Eisen- und Stahlbauteilen vorkommenden Korrosionsschäden werden in der Praxis meist zuerst nach ihrem Erscheinungsbild erfasst und beurteilt. Häufig können daraus Schlussfolgerungen über die Ursache, den Ablauf sowie über die Auswirkung und künftige Vermeidung des Korrosionsschadens gezogen werden.

1. Einteilung nach der flächenmäßigen Ausbreitung
   Diese Einteilung erfolgt nach der Norm ISO 8501-1, in der die flächenmäßige Ausbreitung der Korrosion auf Eisen und Stahl unter vorhandenen Beschichtungen in Rostgraden in Prozent angegeben sind. Tab. 1.1 enthält einen Auszug aus dieser Norm.
2. Einteilung nach dem physikalisch-stofflichen Oberflächenzustand
   In der Norm ISO 4628-3 wird die Korrosion an unbeschichteten Eisen- und Stahloberflächen anhand des physikalisch-stofflichen Oberflächenzustands in die 4 Grade A, B, C und D eingeteilt. Ein Auszug aus dieser Norm ist ebenfalls in Tab. 1.1 erfasst.
3. Einteilung nach der Art der Korrosion
   Für diese Einteilung besteht keine Norm. Obwohl sie von der optischen Erscheinung der Korrosion an der Metalloberfläche ausgeht, ist ihr Erscheinungsbild dreidimensional ausgerichtet, d. h. es liegen ihr auch in die Tiefe der Metalle gehende, an der Oberfläche optisch nicht wahrnehmbare Korrosionsvorgänge und -erscheinungen zugrunde.

   Die wichtigsten Erscheinungsformen der Korrosion sind:

- Der gleichmäßige Angriff, bei dem die Abtragung des Metalls auf der ganzen Oberfläche oder wenigstens auf begrenzten Bezirken der Oberfläche erfolgt.

Tab. 1.1 Oberflächenzustand von unbeschichteten und beschichteten Eisen- und Stahloberflächen

Unbeschichtete Oberflächen nach ISO 4628-3		Beschichtete Oberflächen nach ISO 8501-1	
Grad	Oberflächenzustand	Grad	Oberflächenzustand
A	Oberfläche mit festhaftendem Zunder bedeckt, aber rostfrei	Ri 0	Oberfläche rostfrei
		Ri 1	Bis 1 % der Oberfläche mit Rost bedeckt
B	Oberfläche mit beginnender Zunderabblätterung und beginnender Rostung	Ri 2	1–5 % der Oberfläche mit Rost bedeckt
		Ri 3	Ca. 15 % der Oberfläche mit Rost bedeckt
C	Oberfläche mit weggerostetem Zunder oder Zunder leicht abschabbar, sichtbare Rostnarben	Ri 4	Ca. 40 % der Oberfläche mit Rost bedeckt
		Ri 5	Mehr als 50 % der Oberfläche mit Rost bedeckt
D	Oberfläche mit zahlreichen Rostnarben, Zunder ist weggerostet		

- Der Lochfraß, bei dem bevorzugt mehr oder weniger kreisrunde Grübchen in das Material eingefressen werden, während unmittelbar daneben der Angriff nur gering ist.
- Die interkristalline Korrosion. Sie ist mit dem Lochfraß verwandt und dadurch gekennzeichnet, dass vornehmlich die Kristall- bzw. Korngrenzen angegriffen werden und sich der Angriff ins Innere des Metalls fortsetzt. Ein Sonderfall der interkristallinen Korrosion ist die Spannungsrisskorrosion, die auftreten kann, wenn der Werkstoff bei chemischer Einwirkung gleichzeitig unter Zugspannung steht.
- Die transkristalline Korrosion, die von Fehlstellen in der Oberfläche in das Innere des Metalls vordringt.

Die Korrosion erfolgt beim Angriff durch saure Lösungen unter Wasserstoffentwicklung oder unter Sauerstoffverbrauch, hauptsächlich bei der atmosphärischen Korrosion oder beim Angriff von Lösungen mit pH-Wert > 7.

► **Definition** Nach DIN 50900 versteht man unter (Metall-)Korrosion eine von der Oberfläche ausgehende Zerstörung eines Metalls, die durch unbeabsichtigte chemische oder elektrochemische Reaktion mit der Umwelt hervorgerufen wird.

Damit kann die Funktion eines metallischen Bauteils oder eines ganzen Systems beeinträchtigt werden, z. B. durch Verminderung der Festigkeit und des Querschnitts.

Der genaue Ablauf der Korrosion ist kompliziert; in der Praxis überlagern sich chemische und elektrochemische Reaktionen. Die gefährlichste und häufigste (chemische) Korrosionsform ist Rost. Dabei bilden sich auf der Stahloberfläche Eisenoxide, die den weiteren Zutritt von Luftsauerstoff und Feuchtigkeit zulassen und so das Rosten bis zur vollständigen Zerstörung des Stahls ermöglichen. Eine elektrochemische Korrosion findet statt, wenn Stahl mit einem edleren Metall in einem Elektrolyt (stromleitende Flüssigkeit) reagiert. Eisen zersetzt sich dann. Als Elektrolyt kann auch die Luftfeuchtigkeit wirken.

Zerstörung des Stahls in der Tiefe Rostende Stähle vergrößern durch ihre Korrosionsprodukte das Volumen. Deshalb kann bei rostenden Betonstählen der durch das größere Volumen ausgeübte Druck so groß werden, dass die Betonüberdeckung abgesprengt wird (Abb. 1.11).

Ein Viertel der jährlichen Produktion an Metallwerkstoffen wird durch diesen Vorgang zerstört. Dabei unterscheidet man zwischen gleichförmiger Korrosion, die überall auf dem Metall und mit gleicher Geschwindigkeit abläuft, sowie der lokalen Korrosion. Die lokale Korrosion ist ein Korrosionsangriff an bestimmten Stellen. Hierbei kann man weiterhin Kontaktkorrosion an Rohren und im Meerwasser, Lochkorrosion an mit Korrosionsprodukten bedeckten Stellen und Spaltkorrosion unterscheiden. Bei der Spaltkorrosion entsteht ein Belüftungselement durch das Eindringen von Wasser mit gelöstem Sauerstoff in die Spalte an Schraub- und Nietverbindungen. Die Elektrolytlösung entsteht hierbei durch die Verbindung der kondensierten Luftfeuchtigkeit mit CO_2, SO_2 und O_2

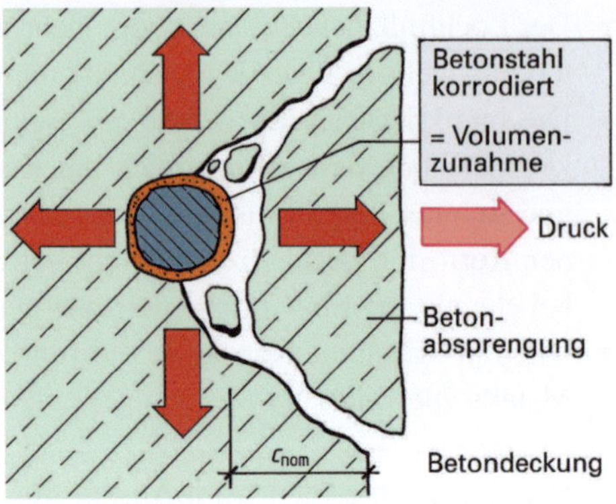

Abb. 1.11 Betonabsprengungen durch Rost

aus der Luft. Die Gefahr besteht also in den Korrosionsrissen, die bei mechanischer Beanspruchung und Materialermüdung auftreten können und somit das Werkstück unbrauchbar machen.

Bei gleichzeitigem Auftreten von chemischen bzw. elektrochemischen Korrosionsursachen mit inneren oder äußeren mechanischen Spannungen kann Spannungsrisskorrosion auftreten. Hierbei kann eine interkristalline Korrosion (entlang der Korngrenzen) oder eine transkristalline Korrosion (direkt durch die Kristallite hindurch) erfolgen. In Abb. 1.12 sind die verschiedenen Korrosionsformen schematisch dargestellt.

Während die flächige Korrosion gut erkannt werden kann, sodass rechtzeitig Gegenmaßnahmen eingeleitet werden können, bleibt die Loch-, Kontakt- und Spannungsrisskorrosion häufig unerkannt und führt zu plötzlichem Versagen der tragenden Eigenschaften (z. B. Einsturz der Kongresshalle in Berlin).

Lochfraßkorrosion Hier findet eine örtliche Korrosion statt, die über Narben und Grübchen hinausgeht, kraterförmige oder auch nadelstichartige Vertiefungen bewirkt und zur

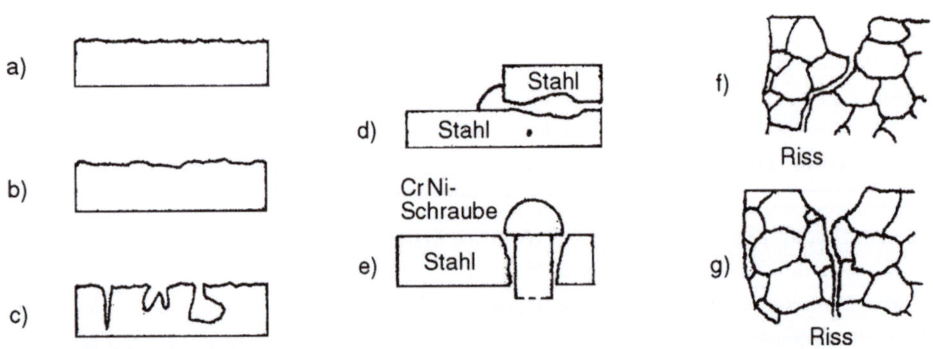

Abb. 1.12 Erscheinungsformen der Metallkorrosion. **a** Flächenkorrosion, **b** Muldenkorrosion, **c** Lochkorrosion, **d** Spaltkorrosion, **e** Kontaktkorrosion, **f** interkristalline Spannungsrisskorrosion, **g** transkristalline Spannungsrisskorrosion. (Quelle: Seidel, Chemnitz)

Abb. 1.13 Lochfraßkorrosion. (Quelle: Seidel, Chemnitz)

Durchlöcherung führen kann (Abb. 1.13). Diese Erscheinungsform ist sehr heimtückisch. Der Bruch eines Teilchens kann ohne vorher deutlich sichtbare Anzeichen eintreten.

Kontaktkorrosion Auch bekannt als Berührungskorrosion. Korrosion eines Metalls bei der Berührung mit einem anderen Metall oder Nichtmetall (Abb. 1.14). An der Berührungsstelle bildet sich dabei ein Korrosionselement, an dem ein elektrochemischer Korrosionsvorgang verläuft.

Wenn zwei verschiedene Metalle direkt in Kontakt treten, so findet in Gegenwart eines Elektrolyten Kontaktkorrosion statt. Das unedlere Metall wird zur Anode (Abb. 1.14) (Elektronendonator) und löst sich auf, das edlere Metall wird zur Kathode (Elektronenakzeptor).

Beispiele Verzinkte Stahlteile unter Feuchtigkeitseinwirkung (Abb. 1.15): Das unedlere Zn wird anodisch aufgelöst. Für Stahl (Fe) besteht eine Schutzwirkung, auch bei nicht porenfreier Zn-Schicht.

Vernickelte Stahlteile unter Feuchtigkeitseinwirkung (Abb. 1.16): Ist das Überzugsmetall edler als das Grundmetall, so wird der Stahl (Fe) bei vorhandenen Poren anodisch aufgelöst.

Interkristalline Korrosion Elektrochemische Vorgänge spielen sich auch innerhalb der Legierungen ab, wenn wie im Stahl unterschiedliche Metalle und Metallverbindungen

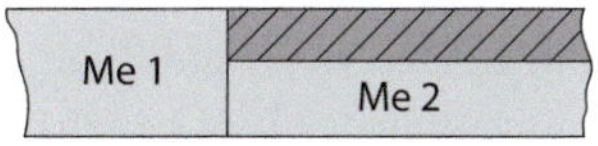

Abb. 1.14 Kontaktkorrosion. *1*) Durch ungünstige Korrosion verursacht, *2*) Durch Isolierschicht unterbunden. (Quelle: Schönburg, Milzau)

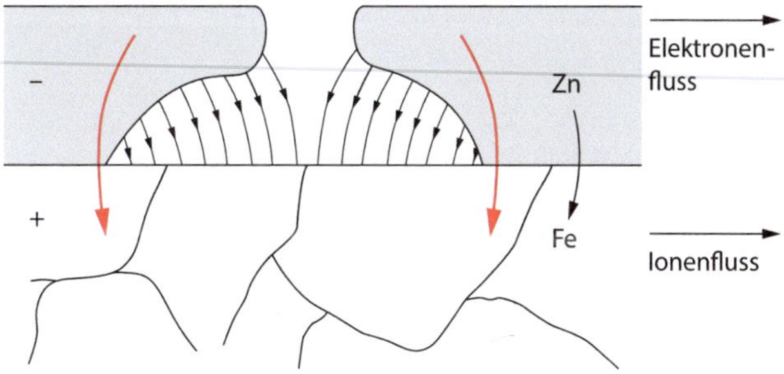

Abb. 1.15 Zinkschicht auf Stahl (Zn unedler als Fe)

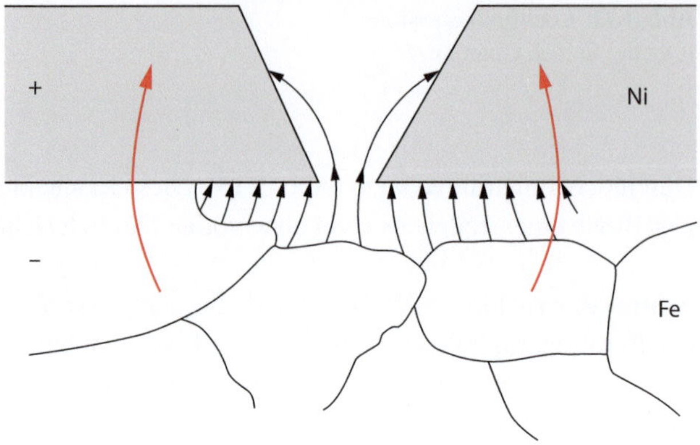

Abb. 1.16 Nickelschicht auf Stahl (Ni edler als Fe). (Quelle: Schönburg/Stahr; Milzau, Leipzig)

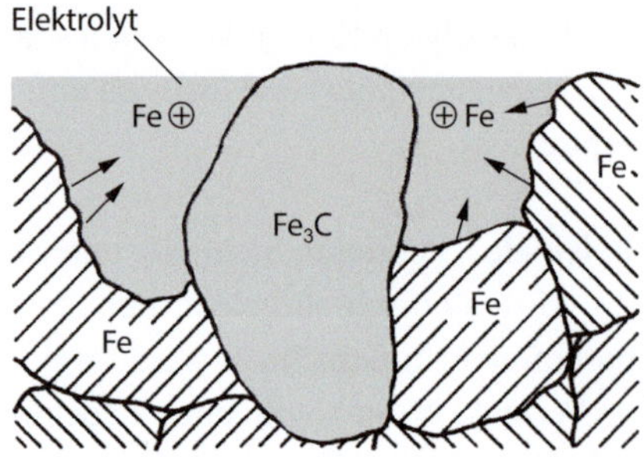

Abb. 1.17 Interkristalline Korrosion. (Quelle: Schönburg/Stahr; Milzau, Leipzig)

dicht nebeneinander liegen. Bei Wassereinwirkung wird das reine Eisen neben der Eisenverbindung Zementit zur Anode und geht in Lösung (Abb. 1.17).

Der bevorzugte Angriff der interkristallinen Korrosion erfolgt an Korn- bzw. Phasengrenzen. Die Ursachen liegen in den Konzentrationsunterschieden zwischen Kern und Rand der Kristallite. Diese Form der Korrosion kann den Zusammenhalt der Kristallite so schwächen, dass Kornzerfall eintritt. Besonders anfällig gegen diese Korrosionsform sind austenitische CrNi-Stähle nach ungeeigneter Wärmebehandlung.

Spannungsrisskorrosion Zugspannung fördert die elektrochemische Korrosion. Mechanisch verformte Werkstücke sind im Spannungsbereich besonders gefährdet (Abb. 1.18).

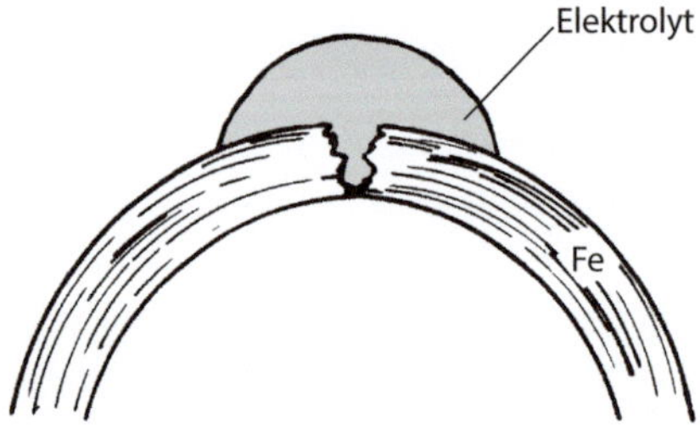

Abb. 1.18 Spannungsrisskorrosion. (Quelle: Schönburg/Stahr; Milzau, Leipzig)

Wirken chemische Beanspruchung und statische Spannungen (hervorgerufen durch äußere Kräfte oder Eigenspannungen) zusammen, kommt es zum inter- oder transkristallinen (durch die Kristallite hindurchgehend) Aufreißen metallischer Werkstoffe. Beispielsweise neigt Messing in NH_3-haltiger Atmosphäre zu dieser Art der Korrosion.

Die Korrosionsschichten, die sich durch Einwirkung von Luft, Wasser, Säuren und Salzen bilden, haben jedoch eine unterschiedlich schädigende Wirkung. Teilweise sind die Metallverbindungen so dicht und widerstandsfähig, dass eine Schutzschicht für das darunterliegende Metall gebildet wird.

Die Korrosionsprodukte der Eisenmetalle sind mit Ausnahme des COR-TEN-Stahls immer schädlich und zerstören Stahl und Beschichtung (Tab. 1.2).

Ein wichtiger Faktor bei der Beurteilung der Korrosion ist die Unterscheidung von

- **Normalbelastung** – NB und
- **aggressiver Belastung** – AB.

Normalbelastung – NB bedeutet Bewitterungsbelastungen durch Feuchtigkeit, UV-Strahlen und Temperaturunterschiede ohne besondere Umweltbelastung.

Tab. 1.2 Schutzwirkung und Schädigung einzelner Korrosionsschichten

Metall	Korrosionsschicht	Schutzwirkung und Schädigung	
COR-TEN-Stahl	NB = Edelrost AB = lösliche Salze	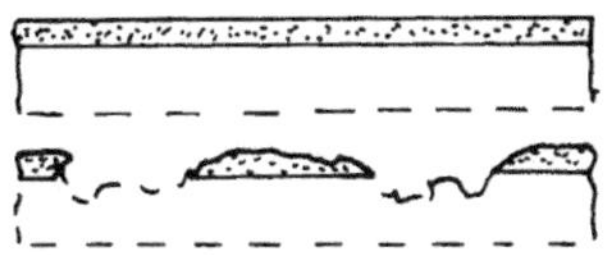	= Schutz = teilweise Zerstörung
Baustahl	NB = Rost AB = zusätzliche Salze	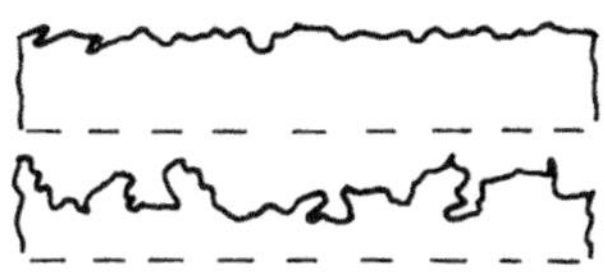	= starke Zerstörung = sehr starke Zerstörung
Zink	NB = Zinkoxid und unlösliche Salze AB = teilweise lösliche Salze	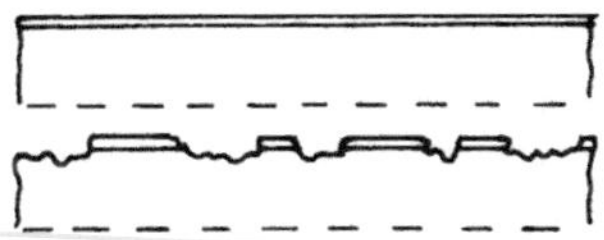	= Schutz = langsame Zerstörung
Aluminium	NB = Aluminiumoxid AB = teilweise lösliche Salze		= Schutz = Beeinträchtigung der Oberfläche
Kupfer	NB = Kupferoxid und Kupferkarbonat AB = teilweise lösliche Salze	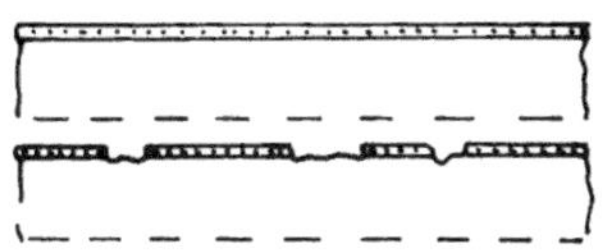	= Schutz = Abschwemmungen, Beeinträchtigung der Oberfläche

Tab. 1.3 Atmosphärentypen

Typ	Beschreibung	Korrosionsgeschwindigkeit von Stahl in µm/Jahr	Durchschnitt
Landatmosphäre	Ländliche Gebiete ohne nennenswerte Schadstoffe	4–60	32
Stadtatmosphäre	Dichtbesiedelte Gebiete mit durch SO_2 und andere Stoffe verunreinigter Luft	30–70	50
Industrieatmosphäre	Ballungsgebiete der Industrie mit durch Schadstoffe stark verunreinigter Atmosphäre	40–160	100
Meeresatmosphäre	Vorwiegend durch Chloride (Salze) verunreinigte Atmosphäre	64–230	147

Aggressive Belastung – AB bedeutet Einwirkung von aggressiven (angreifenden) Stoffen wie Schwefel- und Chlorgasen, die mit Wasser starke Säuren bilden; Dauerfeuchtigkeit und saure Salze.

In der DIN 55928 werden Korrosionsbelastungen nach **Atmosphärentypen** unterschieden (vgl. Tab. 1.3).

Außerdem unterscheidet die Norm:

- Korrosion in Hohlprofilen durch Kondensationsfeuchtigkeit,
- Korrosion im Boden,
- Korrosion im Wasser,
- Sonderbeanspruchung durch chemische, mechanische und thermische Belastungen.

1.4 Korrosion von Nichteisenmetallen

Die als Bauwerksteile häufiger vorkommenden Nichteisenmetalle sind Zink, Zinn, Chrom, Nickel, Blei und Kupfer sowie die Leichtmetalle, Aluminium und Titan und daraus hergestellte Legierungen wie Messing und Bronze. Hinsichtlich Korrosion unterscheiden sich diese Metalle von Eisen und Stahl (vgl. Tab. 1.4).

Chemische Korrosion Die chemische Korrosion beruht auf der direkten Reaktion von sogenannten korrosiven Agenzien mit dem metallischen Werkstoff. Korrodierende Wirkung haben vorwiegend Sauerstoff, Wasser, Säuren, Basen und Salze.

Rein chemische Korrosionsreaktionen kommen bei Metallen seltener vor; meist sind es elektrochemische Reaktionen. Den Korrosionsvorgängen bei Beton und anderen nichtmetallischen Werkstoffen liegen stets chemische Reaktionen zugrunde.

Tab. 1.4 Korrosionsmedien und andere Einflüsse

Einteilung Bau- und Werkstoff Korrosionsgefährdung ■ sehr stark, unbeständig □ möglich, Beständigkeit unsicher – keine Gefährdung, beständig	Landatmosphäre	Meeres- u.a. Feuchtatmosphäre	Saure Luftimmission	Unterwasser bis 50 °C	Meerwasser	Industriewasser	Starke Alkalien	Anorganische Säuren	Sulfatlösungen	Chloridlösungen	Ammoniumlösungen	Minerale, Fette	Organismen, Pilze u.a.	Temperatur bis 200 °C	Temperatur bis −50 °C	Feuer
Metall-Baustoffe																
Gusseisen	■	■	■	■	■	■	□	■	■	■	□	–	–	–	–	–
Stahl, unlegiert	■	■	■	■	■	■	–	■	■	■	■	–	–	–	–	–
Stahl, hochlegiert	–	–	–	–	□	□	–	■	–	–	–	–	–	–	–	–
Zink	–	–	■	–	■	■	■	■	■	■	■	–	–	–	–	–
Kupfer	–	–	–	–	□	□	□	□	□	–	–	–	–	–	–	–
Blei	–	–	–	–	–	–	–	–	–	–	–	–	–	□	–	■
Aluminium	–	–	–	–	□	□	■	■	□	□	–	–	–	–	–	–

Ein wesentlicher Unterschied zwischen der chemischen Korrosion von Metallen und der von Nichtmetallen ist an den daran beteiligten Korrosionsmedien zu erkennen:

- An der chemischen Metallkorrosion ist kein Wasser beteiligt, sondern trockene Gase, z. B. Sauerstoff, Schwefeldioxid und Chlorwasserstoff, oder nichtwässrige Flüssigkeiten bilden das Korrosionsmedium.
- Bei chemischen Korrosionsreaktionen von Nichtmetallen wirken fast ausschließlich wässrige Korrosionsmedien, z. B. Säuren und Salzlösungen, aggressiv.

Chemische Korrosion metallischer Werkstoffe Nach DIN EN ISO 16701 wird die chemische Metallkorrosion wie folgt bestimmt und abgegrenzt: (Abb. 1.19)

▶ **Definition** Korrosion von Metallen in einem elektrisch schlecht- oder nichtleitenden Korrosionsmedium (z. B. trockene Gase, nichtwässrige organische Flüssigkeiten), bei dem Oxidation und Reduktion in einem Vorgang erfolgen.

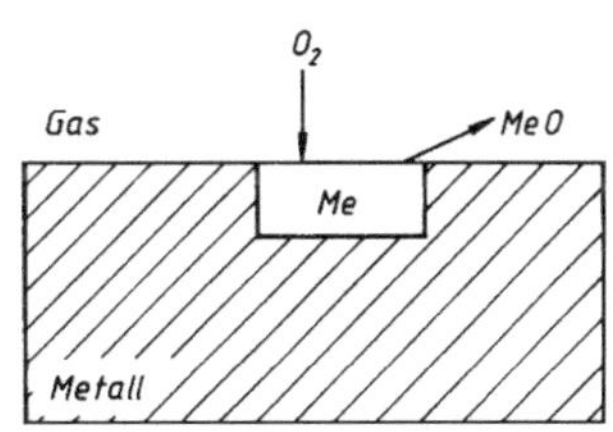

Abb. 1.19 Prinzip der chemischen Korrosion. (Quelle: ILS, Hamburg)

Bei der Oxidation von Kupfer, Zink, Blei oder Aluminium entsteht an der Oberfläche eine dichte, schwer zerstörbare Oxidhaut, die diese Metalle gegen weitere Korrosion schützt.

Bei den Eisenwerkstoffen bildet sich bei chemischer Korrosion an feuchter Luft oder in kohlenstoffdioxidhaltigem Wasser Eisenoxidhydrat FeO(OH); die Eisenwerkstoffe rosten. Rost ist eine lockere und poröse Schicht und bietet deshalb keinen Schutz gegen weitere chemische Korrosion.

Edelmetalle wie z. B. Gold und Silber sind besonders widerstandsfähig gegen chemische Korrosion. Je edler ein Metall ist, desto weniger neigt es zur Korrosion.

Elektrochemische Korrosion Bei der elektrochemischen Korrosion wird ein Metall von der Oberfläche her durch elektrochemische Reaktion zerstört. Für die Praxis ist dieser Korrosionstyp von weitaus größerer Bedeutung als die rein chemische Korrosion.

Nach DIN EN ISO 16701 wird die elektrochemische Korrosion definiert als:

► **Definition** Korrosion eines Metalls in Gegenwart eines Elektrolyten, wobei elektrische Ladungen ausgetauscht werden. Die Gesamtreaktion besteht aus mindestens zwei gleichzeitig ablaufenden Teilreaktionen: einer anodischen, bei der Elektronen frei werden (Oxidation), und einer kathodischen, die Elektronen aufnimmt (Reduktion).

Die elektrochemische Korrosion beruht auf der Bildung von galvanischen Elementen. Ein galvanisches Element besteht aus:

- zwei verschiedenen Metallen (vgl. Abb. 1.20), z. B. Kupfer und Zink oder auch verschiedenen Bestandteilen im Metall wie z. B. Eisen-Kohlenstoff-Verbindungen (z. B. Zementit bzw. Eisenkarbid) und reinem Eisen, sowie
- einem Elektrolyten (= ionenleitende Flüssigkeit, das ist Wasser mit etwas Säure, Lauge oder Salz) wie z. B. Regenwasser oder Handschweiß.

Zwischen den beiden Stoffen im Elektrolyten entsteht eine elektrische Spannung (Abb. 1.21); der unedlere Stoff am Minuspol gibt positiv geladene Ionen ab, es entsteht eine negative Überspannung, die sich am Pluspol ausgleichen will. Das Metall oder der Metallbestandteil am Minuspol wird bei diesem Vorgang zerstört.

Vergleicht man das Elektrodenpotential verschiedener Metalle gegenüber dem Potential der Standard-Wasserstoffelektrode, so zeigt sich, dass zwischen Wasserstoff und den jeweiligen Metallen unterschiedlich hohe elektrische Spannungen entstehen. Diese Spannungsunterschiede lassen sich in der Spannungsreihe (Abb. 1.22) darstellen. Mithilfe der Spannungsreihe lässt sich für jedes galvanische Element die Spannung errechnen. Ein Element aus z. B. Kupfer und Zink ergibt 1,11 V.

Metalle, die Pluspole bilden, werden als edle Metalle, solche die Minuspole bilden, als unedle Metalle bezeichnet. Je größer der Abstand eines Metalls in der Spannungsreihe von Wasserstoff ist, umso edler bzw. unedler ist das Metall. Je weiter die beiden Metalle eines

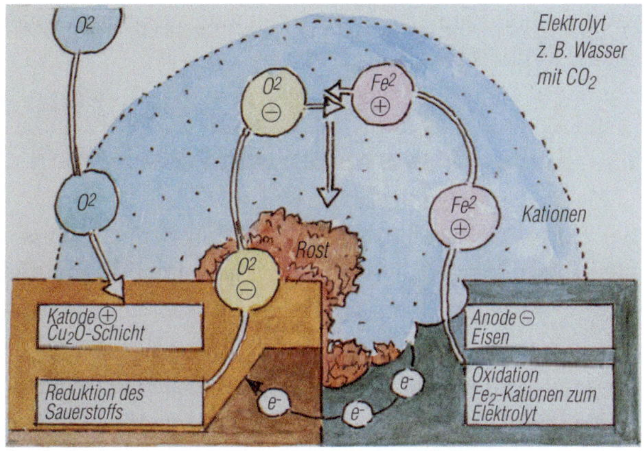

Abb. 1.20 Prinzip der elektrochemischen Korrosion (örtliche Trennung von Elektronenerzeugung und -verbrauch). (Quelle: ILS, Hamburg)

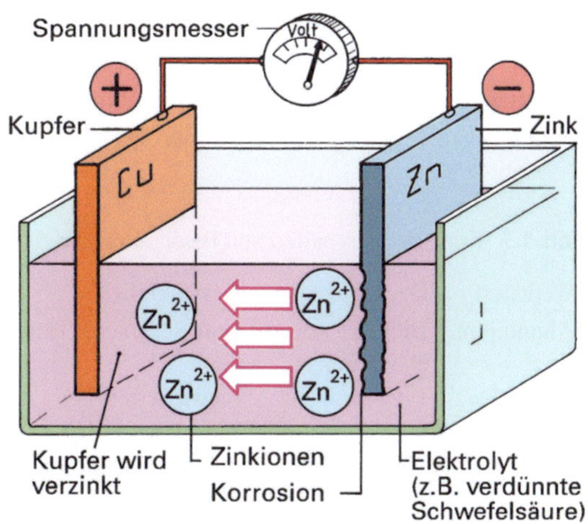

Abb. 1.21 Galvanisches Element. (Quelle: ILS, Hamburg)

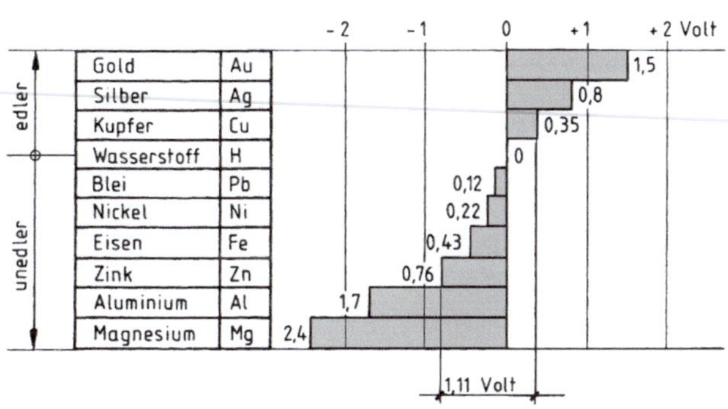

Abb. 1.22 Spannungsreihe. (Quelle: ILS, Hamburg)

galvanischen Elements in der Spannungsreihe auseinander liegen, desto rascher wird das unedle Metall zerstört.

1.5 Korrosionsverhalten und Passivierung

Bei Korrosion werden häufig als Primärschritt hydratisierte Ionen des korrodierenden Metalls gebildet. Als Folge können feste Reaktionsprodukte auf der Metalloberfläche entstehen. Werden dadurch porenfreie Deckschichten von Korrosionsprodukten gebildet, so wird die weitere Korrosion unterbunden (Korrosionsschutz). Diese Passivierung beruht auf der Trennung von Angriffsmittel und Metall durch eine Deckschicht. Gerade die stark unedlen Metalle neigen zur Bildung passivierender Schutzschichten (Tab. 1.5).

Die an der Werkstoffzerstörung beteiligten Medien und andere Einflüsse haben in den verschiedenen Korrosionsvorgängen, d. h. in der chemischen Korrosion von Metallen und von Nichtmetallen sowie in der elektrochemischen Metallkorrosion, eine unterschiedliche Wirkungsweise (Abb. 1.23 und 1.24).

Beispiel Plötzlicher Temperaturrückgang ist mit einem ebenso schnellen Ansteigen der relativen Luftfeuchtigkeit verbunden. Fällt die Temperatur so weit ab, dass die mögliche

Tab. 1.5 Korrosionsverhalten und Passivierung wichtiger Metalle

Werkstoff	Deckschicht	Beständigkeit	Unbeständigkeit
Aluminium	Dichtes Oxid, elektr. isol.	Luft, schwache Säuren, mit Magnesium seewasserfest	Laugen, Salze
Chrom	Dichtes Oxid	Luft, Wasser, Salpetersäure, hohe Temperaturen	Laugen, Salz- und Schwefelsäure
Eisen	Poröses Oxid	Hartes Wasser, Laugen	Feuchte Luft, Salz- und Schwefelsäure
Kupfer	Dichtes Sulfat, Karbonat	Feuchte Luft, Wasser, Dampf, Salze, Laugen	Schwefel, Salz-, Schwefel- und Salpetersäure
Magnesium	Dünnes Oxid	Trockene Luft, Laugen, Fette, Öle, Treibstoffe, Flusssäure	Feuchtigkeit, Säure, Salze, Leitungswasser, Meerwasser
Nickel	Dünnes Hydroxid, Sulfat	Luft, Wasser, Meerwasser, Salze, Nahrungsmittel, Laugen	Starke Säuren, Schwefel, Chlor, Acetylen
Titan	Dichtes Oxid	Luft, Wasser, Meerwasser, organische Säuren, Salpetersäure	Salz, Schwefelsäure, Natronlauge
Zink	Dichte Oxide Karbonate	Feuchte Luft, hartes Wasser, schwache Laugen	Heißwasser, Dampf, Säuren, Salze
Zinn	Dünnes Oxid	Luft, Wasser, Meerwasser, Dampf, organ. Säuren unter Luftabschluss, Nahrungsmittel, Öle, Treibstoff	Starke Säuren, Laugen, Schwefeldioxid

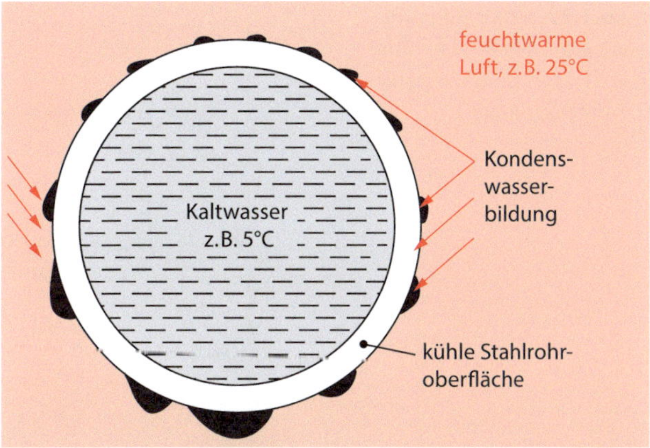

Abb. 1.23 Auf Kaltwasserrohren, die von feuchtwarmer Luft umgeben sind, bildet sich Kondenswasser. (Quelle: Schönburg/Stahr)

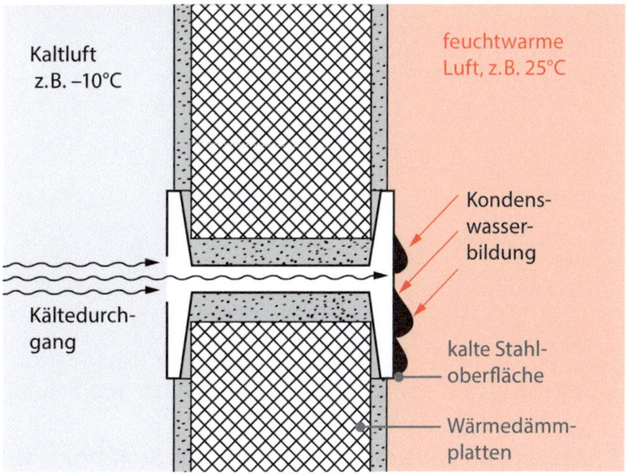

Abb. 1.24 In wärmedämmenden Bauteilen vorhandene Stahlträger bilden infolge ihrer guten Wärmeleitfähigkeit sogenannte Wärmebrücken. Bei größeren Temperatur- und Luftfeuchteunterschieden zwischen beiden Seiten entsteht an der feuchtwarmen Seite Kondenswasser. (Quelle: Schönburg/Stahr)

Sättigung der Luft mit Wasserdampf überschritten wird (Taupunkt – mehr als 100 % relative Luftfeuchtigkeit), dann kondensiert die Feuchtigkeit unter Bildung von Regen und Tau bzw. Kondenswasser auf kühleren Metall- oder anderen Flächen. Folgen sind verstärkte Korrosion, feuchte Untergründe, unzureichendes Trocknen oder Aufquellen von Anstrichen, Klebstoff- und Spachtelschichten.

1.6 Wesen der Korrosionsvorgänge

Nach der Art der Reaktion des Werkstoffs auf das von der Oberfläche her einwirkende Korrosionsmedium wird zwischen der chemischen und der elektrochemischen Korrosion unterschieden. Die elektrochemische Korrosionsreaktion ist nur bei Metallen möglich. In dem vorliegendem Buch liegt der Schwerpunkt auf der Metallkorrosion, weswegen die elektrochemische Korrosion eine große Rolle spielt.

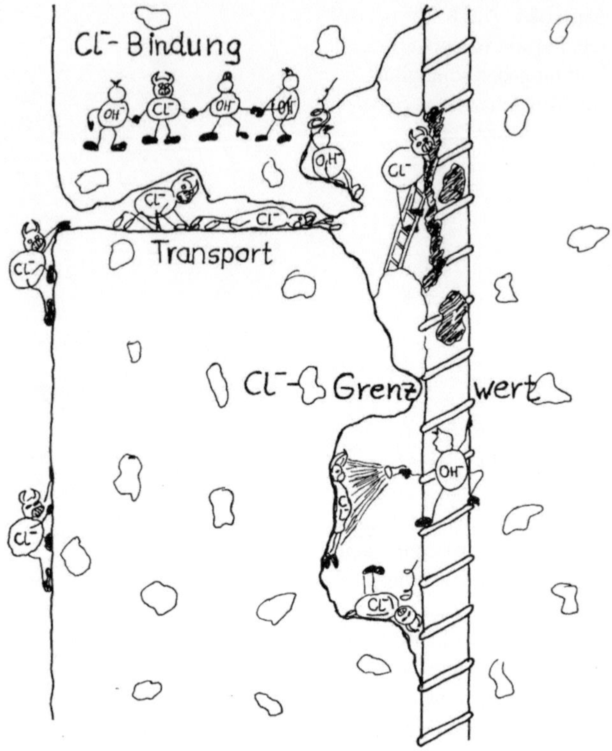

Abb. 1.25 Chlorideindringung und Chloridkorrosion von Stahl in Beton. (Quelle: Schönburg/Stahr)

Jeder Korrosionsvorgang besteht aus mehreren Schritten:

- Antransport der Korrosion auslösenden Stoffe zum Metall,
- Adsorption dieser Stoffe an der Metalloberfläche,
- Reaktion der Stoffe mit dem Metall an der Phasengrenze,
- Abtransport der Korrosionsprodukte oder Bildung von Deckschichten aus Korrosionsprodukten.

Korrosionsverlust und Korrosionsgeschwindigkeit Um verschiedene Werkstoffe vergleichen zu können, werden Korrosionsverlust K_m und Korrosionsgeschwindigkeit V_m ermittelt und angegeben (Tab. 1.6). Es ist auch üblich, die Dickenabnahme Δh in Millimeter pro Jahr (mm/a) zu ermitteln und deren Verlauf graphisch darzustellen.

Tab. 1.6 Einstufung Korrosionsgeschwindigkeit für Schwermetalle

V_m g/(m²d)	Bemerkungen
≤ 2,4	Praktisch beständig
2,4–24	Ziemlich beständig
24–72	Nicht besonders beständig

Tab. 1.7 Expositionsklassen

Expositionsklasse		Umweltbedingungen	Schädigungsvorgang
XO		Alle, außer XF, XA und XM	Ohne Korrosions- und Angriffsrisiko
XC	XC 1	Trocken	Bewehrungskorrosion, ausgelöst durch Karbonatisierung (engl. Carbonation)
	XC 2	Nass, selten trocken	
	XC 3	Mäßig feucht	
	XC 4	Wechselnd nass und trocken	
XD	XD 1	Mäßig feucht	Bewehrungskorrosion, verursacht durch Chloride (engl. De-icing salt)
	XD 2	Nass, selten trocken	
	XD 3	Wechselnd nass und trocken	
XS	XS 1	Salzluft	Bewehrungskorrosion, verursacht durch Chloride aus Meerwasser (engl. Seawater)
	XS 2	Unter Wasser	
	XS 3	Tidebereiche, Spritzwasser, Sprühnebel	
XF	XF 1	Ohne Taumittel	Frostangriff bei mäßiger Wassersättigung
	XF 2	Mit Taumittel	
	XF 3	Ohne Taumittel	Frostangriff bei hoher Wassersättigung (engl. Freezing)
	XF 4	Mit Taumittel	
XA	XA 1	Schwach	Betonkorrosion durch chemischen Angriff (engl. Chemical acid)
	XA 2	Mäßig	
	XA 3	Stark	
XM	XM 1	Mäßig	Betonkorrosion durch Verschleißbeanspruchung (engl. Mechanical abrasion)
	XM 2	Schwer	
	XM 3	Extrem	

In der Regel bestimmt der langsamste Teilschritt die Geschwindigkeit des Gesamtvorgangs.

Beispielsweise müssen sich Chloridionen, die an der Korrosion von Betonstahl beteiligt sind, durch die Betondeckung zum Stahl „bemühen“. Das gelingt aber nur einem kleinen Teil. Deshalb ist es wichtig, dass die Betondeckung die Mindestwerte der Betondeckung nach DIN 1045, Abschn. 13.2.1 einhält. In Abhängigkeit von der Expositionsklasse und dem Stabdurchmesser liegt der Mindestwert zwischen 20–55 mm. Der mögliche Korrosionsbeginn wird also durch eine hohe und vor allem auch dichte Deckung verzögert oder verhindert (Tab. 1.7).

Fehler und Gefährdungen

2

2.1 Mängel und Begriffe

Wie eingangs aufgezeigt, wird ein Schwerpunkt der Sanierung metallischer Bauteile auf dem Ersatz und Neuaufbau liegen. Daher besteht die Gefahr, dass ähnliche korrosionsbegünstigende Fehler in Projektierung, Konstruktion und Werkstoffauswahl auftreten können.

Wesentliche technische Mängel und Schäden an Korrosionsschutzsystemen mit soweit zurzeit vorhandenen Normen sind in Tab. 2.1 aufgeführt.

Zum Verständnis der weiteren Ausführungen sind noch einige Begriffe notwendig.

Tab. 2.1 Wesentliche technische Mängel und Schäden an Korrosionsschutzsystemen

Mängel/Schäden	Messung bzw. Bewertung nach
Schichtdickenabbau	DIN EN ISO 2808
Rostgrad	DIN EN ISO 4628-3
Abblätterungen	DIN EN ISO 4628-5
Blasenbildung	DIN EN ISO 4628-2
Rissbildung	DIN EN ISO 4628-4
Farbveränderung	–
Glanzverlust	–
Haftfestigkeitsverlust, Unterrostung, Unterwanderung	–
Spaltkorrosion	–
Kontaktkorrosion	–
Kantenkorrosion	–
Korrosion an Verbindungsmitteln	–
Austrittserscheinungen von Seilverfüllmitteln an beschichteten Seilen	–

M. Stahr und K.-P. Radermacher, *Sanierung von Metallbauteilen*,
https://doi.org/10.1007/978-3-658-30625-0_2

1. Bauwerkserhaltung
   Die Bauwerkserhaltung umfasst alle Tätigkeiten der Unterhaltung, Instandsetzung und Erneuerung eines Bauwerks oder einzelner Bauteile.
2. Ausbesserung (betriebliche Unterhaltung)
   Die Ausbesserung ist das Wiederherstellen des Korrosionsschutzes durch Aufbringen geeigneter Korrosionsschutzsysteme an kleinflächigen Fehlstellen.
3. Teilerneuerung (Instandsetzung)
   Die Teilerneuerung ist das Wiederherstellen des Korrosionsschutzes durch Aufbringen geeigneter Korrosionsschutzsysteme an Fehlstellen und das Aufbringen von mindestens einer ganzflächigen Deckbeschichtung.
4. Vollerneuerung (Erneuerung)
   Die Vollerneuerung ist das restlose Entfernen der alten Korrosionsschutzbeschichtung und das Aufbringen eines neuen Korrosionsschutzsystems.

2.2 Schäden

2.2.1 Schadenserscheinungen

Schäden sind solche Zerstörungen, die lange Zeit vor Ablauf der berechneten Lebensdauer an Korrosionsschutzarbeiten entstehen. Die durch vorher bekannte Nutzungs- und Standorteinflüsse verursachten normalen Alterungs- und Verschleißerscheinungen gehören nicht dazu.

Die Ursachen für Schäden sind meist Fehler bei der Auswahl oder Lagerung, Aufbereitung und Verarbeitung der Korrosionsschutz- und Säureschutzmaterialien. Auftretende Schäden erfordern deshalb eine kritische Überprüfung der eigenen Arbeit.

In Tab. 2.2 sind an Spritzmetallisierungen und Feuerverzinkungen, an Anstrichstoff- und Spachtelbeschichtungen sowie an Plastbelägen häufig vorkommende Schäden einschließlich ihrer Ursachen und Vermeidung zusammengestellt.

Tab. 2.2 Schäden an Spritzmetallisierungen *o* und Feuerverzinkungen ▲

Schaden	Ursachen
Abheben, Reißen und Abschälen	*o*▲ Oberfläche des Untergrunds nicht metallrein – Rost, Zunder, Fett und Öl nicht restlos entfernt. Deshalb keine Bindung und Haftung der metallischen Beschichtung am Untergrund
	o Metalloberfläche zu glatt; nicht genügend durch Stahlkiesstrahlen aufgeraut – Spritzschicht kann sich nicht verankern
	o▲ Über- und ungleichmäßige Dicke der metallischen Beschichtung – starke und ungleichmäßige Schrumpfung und Spannung führt zum Reißen und Heben
	▲ Aluminiumgehalt in der Metallschmelze zu hoch

Tab. 2.2 (Fortsetzung)

Schaden	Ursachen
Abspringen kleinster Teilchen	*o* Übermäßige Metalloxideinschlüsse in der Spritzschicht (abspringende Teilchen). Sie entstehen beim Flammspritzen durch Schmelzen des Spritzmetalls mit Sauerstoffüberschuss
Blasenbildung	*o* Bei Feuchtigkeitsniederschlag oder auf feuchte Untergründe gespritzt
	o Wasser und/oder Öl in der Druckluft infolge mangelhafter Wasser- und/oder Ölabscheidung am Kompressor
	▲ Desorption des im Stahluntergrund absorbierten Wasserstoffs während der Erstarrung des Zinks
Durchrosten von nicht oder zu dünn beschichteten Kanten und Stellen	*o*▲ Zu dünne metallische Beschichtungen auf zu scharfen, nicht abgerundeten Kanten (Kantenflucht)
	o▲ Verunreinigung, z. B. Fett, Öl, Zunder, Rost und Schweißschlacke, nicht vollständig entfernt – Metallbeschichtung haftet nicht
	o▲ Lufteinschlüsse in Spalten und Vertiefungen von Konstruktionen, die zum Beschichten ungeeignet sind, verhindern den Zutritt der Beizlösung beim Feuerverzinken oder des Beschichtungsmetalls
Einschlüsse a) von Flussmittel b) von Zinkasche	▲ a) Einsatz von ungeeignetem oder verbrauchtem Flussmittel. Auch kann beim Trocknen bei zu hoher Temperatur Flussmittel eingebrannt sein ▲ b) Zinkschmelze wurde beim Eintauchen oder Herausziehen des Bauteils nicht von Zinkasche sauber gehalten
Raue Oberfläche	*o* Bei zu großem Spritzabstand kühlt das Spritzmetall zu stark ab
	▲ Ungeeignete Stahlqualität, z. B. mit zu hohem C- oder Si-Gehalt. Zu stark gebeizte Stahloberfläche. Temperatur der Zinkschmelze zu hoch
Abblättern der Deckschicht, z. B. Deckanstrich oder letzter Spachtelauftrag	Spröde Deckanstrich- oder Spachtelschicht auf elastischem Zwischenanstrich oder Spachtel. Deckschicht muss stets mehr Bindemittel enthalten und deshalb elastischer sein als Zwischenschichten
	Feuchtigkeit unter der Deckschicht, weil sie bei Regen, Nebel oder Reifniederschlag aufgetragen wurde
Abblättern der gesamten Anstrichstoff- oder Spachtelbeschichtung	Rost und/oder Zunder auf der Stahloberfläche. Es wurde nicht hinreichend entrostet
	Ungenügende Anhaftung und Verankerung der Beschichtung an Leichtmetalloberflächen, geglättetem Beton u. a. Das Aufrauen oder die Haftgrundierung unterblieb
	Wenig elastische Anstrichsysteme oder Spachtelschichten auf Metall mit größerem Ausdehnungskoeffizienten, z. B. Aluminium und Zink. Falsche Werkstoffauswahl!
	Alter, nicht ausreichend haftender Anstrich oder Spachtelbelag unter der Neubeschichtung. Die als Untergrund ungeeignete alte Beschichtung wurde nicht entfernt
Blasenbildung	Spontane Verdunstung des Lösungs- und/oder Verdünnungsmittels aus frischen, an der Oberfläche sehr schnell trocknenden Anstrichen oder Spachtelschichten. Zu starke Wärmeeinwirkung auf die trocknenden Anstriche
	Wasser unter dem Anstrich oder Spachtelbelag, das bei stärkerer Wärmeeinwirkung verdunstet und die Beschichtung anhebt. Es wurde auf feuchte Metalloberflächen gestrichen

Tab. 2.2 (Fortsetzung)

Schaden	Ursachen
Herablaufen von Anstrichstoffen	Anstrichstoff wurde zu dickschichtig, zu sehr verdünnt oder in ungleichmäßiger Schichtdicke gespritzt oder gestrichen
	Zu glatter oder glänzender Untergrund, z. B. eine alte Lackierung, wurde vor dem Auftragen von Lackfarbe nicht durch Anschleifen abgestumpft
Kleben von Anstrichen	Trocknungshemmende Stoffe befinden sich unter dem Anstrichsystem, z. B. Schmieröl, Fett, Wachs oder Paraffin. Die Metalloberfläche wurde nicht entfettet bzw. nicht gereinigt
	Behinderung der Trocknung frischer Anstriche durch Einwirkung von Frost oder hoher Luftfeuchte. Die Anstriche wurden bei ungünstiger Witterung ausgeführt
	Unter dem Deckanstrich befanden sich noch nicht durchgetrocknete Zwischenanstriche (meist bilden sich Runzeln). Zwischentrocknungszeiten wurden nicht eingehalten
Reißen, meist verbunden mit nachfolgendem Abblättern	Spröde Deckschicht auf elastische Zwischenschicht aufgetragen. Falscher Aufbau der Anstrichstoff- oder Spachtelbeschichtung
Reißen, meist verbunden mit nachfolgendem Abblättern	Zu dicke, während der Trocknung schrumpfende und dadurch reißende Spachtelschicht
	Spröde Beschichtung auf Untergrund mit größerem Ausdehnungskoeffizienten (Abblättern)
Runzeln von Anstrichen	Zu langsames Durchtrocknen von Anstrichen auf der Basis öliger Bindemittel oder fetter, lufttrocknender Alkydharze. Einzelanstrich wurde zu dickschichtig aufgetragen. An Kanten entstandener Anstrichstoffwulst wurde nicht verstrichen. Die Trocknung wurde durch Frost oder hohe Luftfeuchte stark verzögert
	Durch Aufquellen unter Wasser stehender Anstriche. Für den Unterwasseranstrich wurden ungeeignete Anstrichstoffe verwendet
	Durch Eindringen von Lösungsmittel aus dem Deckanstrich in den Zwischenanstrich; dieser quillt durch die Lösungsmittelaufnahme auf
	Falscher Aufbau des Anstrichsystems, z. B. Ausführung eines Deckanstrichs mit lösungsmittelreicher, physikalisch trocknender Chlorkautschuk-Deckfarbe auf Zwischenanstriche auf Ölbasis
Unterrostung	Rost und Zunderreste unter der Spachtel- oder Anstrichschicht. Fehlende Vorbehandlung der Stahloberfläche
	Bildung von Elektrolyten unter der Beschichtung. Die Metalloberfläche wurde nicht durch Phosphatierung, Washprimergrundierung oder bleimennigehaltige Rostschutzgrundanstriche passiviert
	Die Schichtdicke des Anstrichsystems ist unzureichend, möglicherweise nur auf den Metallkanten ausreichend. Die Schichtdicke wurde beim Aufbau des Anstrichsystems nicht der zu erwartenden Beanspruchung angepasst
	Bewuchs (vor allem Seepocken) auf ständig dem Meerwasser ausgesetzten Anstrichen dringt bis zum Untergrund vor, weil kein Bewuchs hemmender Deckanstrich („Antifouling") ausgeführt oder aber inzwischen unwirksam wurde

2.2.2 Schadensbildung

Der Fachmann muss vor dem Korrosionsschutz eine Schadensbilanz erstellen und daraus die nötigen Sanierungsmaßnahmen ableiten. Für Stahlbauwerke sind dabei z. B. Gutachter vorzustellen, die Prüfungen nach Normen und Regeln durchführen.

Auch der Sanierungswillige sollte zuerst überlegen, welcher Schaden vorliegt. Bei einem rostigen, niedrigen Gartenzaun mag das unerheblich sein, ganz anders sieht es aber aus, wenn Sanierungswillige selbst Schäden an Stahlbaukonstruktionen beheben wollen, die aufgrund der Korrosion zu einem Sicherheitsrisiko werden können. Und das kann z. B. auch ein 2 m hoher Zaun mit zentnerschwerem Stahltor sein.

Man kann sich aber durchaus von den Schadensklassen leiten lassen, wie sie beim professionellen Korrosionsschutz vorgenommen werden. Schadensklassen (SK) beginnen immer mit SK 0 = keine Mängel. Wo kein Mangel vorliegt, braucht man auch nichts tun. Die Schadensklasse hat Folgen für die Nutzung von Stahlbauwerken und Stahlkonstruktionen – je höher der Schaden, desto mehr Einschränkungen ergeben sich bei der Nutzung bis hin zur Aufgabe der Nutzung aufgrund von Sicherheitsrisiken.

SK 1 – sehr leichte Mängel

- Glanzverlust des Lacks
- Farbveränderungen, Kreiden und Ausbleichen der Beschichtung
- zu geringe Schichtdicken
- kleine, örtliche Durchrostungen der Beschichtung mit den Rostgraden Ri 1 und Ri 2 (vgl. Tab. 1.1)

In diesem Fall gibt es noch keine Nutzungseinschränkung und es ist noch Zeit für eine Ausbesserung des Korrosionsschutzes.

SK 2 – leichte Mängel Es gibt noch keine Nutzungseinschränkungen, aber es ist bereits mit einer verkürzten Schutzdauer des noch vorhandenen Korrosionsschutzes zu rechnen.

- starke Ablagerungen von Schmutz
- Salzablagerungen
- starke Bemoosung
- Schichtdicken kleiner als 90 bis ca. 75 % der Sollschichtdicke, die für den Rostschutz nötig sind
- großflächige Durchrostungen der Beschichtung mit den Rostgraden Ri 1 und Ri 2
- lokal begrenzte Durchrostungen mit den Rostgraden Ri 3 und Ri 4
- Risse in der Beschichtung, die noch nicht bis auf den Stahl und das Eisen durchgehen
- vereinzelte Blasen und vereinzeltes Abblättern der Beschichtung

Liegen diese Mängel vor, ist eine Ausbesserung sinnvoll, um weitere Schäden zu verhindern. Das Ausbessern kann sich noch auf die Reparatur der von Korrosion befallenen Stellen beschränken.

SK 3 – mittelschwere Schäden Das Bauwerk oder die Stahlkonstruktion kann noch weiter benutzt werden, aber es ist mit einer erheblichen Beeinträchtigung des noch vorhandenen Korrosionsschutzes zu rechen.

- starke Verschmutzung
- Bemoosung
- starke Ablagerungen von Vogelkot
- örtliche Durchrostungen der Beschichtungen der Rostgrade Ri 4 und Ri 5, aber noch keine Beeinträchtigung des Stahls unter der Beschichtung
- großflächige Durchrostung der Beschichtung bis Rostgrad Ri 3
- Durchrostungen an den Kanten und im Bereich von Schrauben und Nieten
- großflächiges Vorkommen von Rissen, Abblätterungen und Blasen in der Beschichtung, jedoch noch kein Schaden am Stahluntergrund

Eine baldige Beseitigung der Schäden ist erforderlich, um erheblich höhere Schäden und größeren Instandsetzungsaufwand zu vermeiden.

SK 4 – schwere Schäden Nun ist mit einer Einschränkung der Nutzung des Bauwerks oder der Konstruktion zu rechnen. Die Beschichtung hat keine Schutzfunktion mehr.

- großflächige Durchrostung der Beschichtung der Rostgrade Ri 4 und Ri 5
- Risse in der Beschichtung, die bis auf den Stahl durchgehen
- großflächiges Abblättern der Beschichtung
- Blasenbildung auf großen Teilen der Beschichtung
- Korrosion des Stahls mit beginnender Verminderung des Querschnitts

SK 5 – sehr schwere Schäden Einschränkung der weiteren Nutzung des Bauwerks oder der Konstruktion.

- fortgeschrittene Verminderung des Stahl- oder Eisenquerschnitts infolge der Korrosion
- auftretende Kerbwirkungen

Der Rost hat das Bauteil bereits so beeinträchtigt, dass es bei Belastung jederzeit versagen kann.

In Tab. 2.3 sind Mängel und Schäden sowie mögliche einzuleitende Maßnahmen zusammengefasst.

Tab. 2.3 Mängel – Schäden – Maßnahmen

Schadens-klasse (SK) Auswirkungen	Mängel bzw. Schäden	Empfehlung über einzuleitende Maßnahmen	Schadensbewertung Note		
	Beispiel		S[1)] Standsicherheit	V[1)] Verkehrssicherheit	D Dauerhaftigkeit
SK 0 Keine Mängel			0	0	0
SK 1 Sehr leichte Mängel	Glanzverlust und/oder Farbveränderung, Kreidung, Ausbleichen der Beschichtung, Mittelwert der Dicke der Beschichtung zu gering, d. h. ≥ 90 % der Sollschichtdicke jedoch nicht kleiner als 200 µm, wenn Sollschichtdicke unbekannt, örtliche Durchrostung der Beschichtung, Rostgrad Ri 1–2	keine	0	0	0
SK 2 Leichte Mängel	Starke Schmutz- bzw. Salzablagerungen oder starke Bemoosung, Mittelwert der Schichtdicke der Beschichtung zu gering, d. h. 90–75 % der Sollschichtdicke jedoch nicht kleiner als 160 µm, wenn Sollschichtdicke unbekannt, örtliche Durchrostung der Beschichtung, Rostgrad Ri 3–4, großflächige Durchrostung der Beschichtung, Rostgrad Ri 1–2, vereinzelte Risse in der Beschichtung (nicht bis zum Stahl), kein Rostaustritt, vereinzelt Abblätterungen und/oder Blasen in der Beschichtung (nicht vom Stahl)	Ausbesserung im Rahmen der Bauwerksunterhaltung bzw. Meldung und langfristige Planung einer detaillierten Untersuchung	0	0	1

Tab. 2.3 (Fortsetzung)

Schadensklasse (SK) Auswirkungen	Mängel bzw. Schäden	Empfehlung über einzuleitende Maßnahmen	Schadensbewertung Note		
	Beispiel		S[1] Standsicherheit	V[1] Verkehrssicherheit	D Dauerhaftigkeit
SK 3 Mittelschwere Schäden	Starke Vogelkotablagerung, Mittelwert der Dicke der Beschichtung zu gering, d. h. 75–50 % der Sollschichtdicke jedoch nicht kleiner als 120 µm, wenn Sollschichtdicke unbekannt, örtliche Durchrostung der Beschichtung, Rostgrad Ri 4–5, ohne Substanzverlust, großflächige Durchrostung der Beschichtung bis zu Rostgrad Ri 3, Rostaustritt aus den Spalten ohne sichtbaren Substanzverlust (Spaltkorrosion), Durchrostung an den Kanten, Durchrostung im Bereich der Nietköpfe/Schrauben, großflächiges Auftreten von Rissen in der Beschichtung (nicht bis zum Stahl), kein Rostaustritt, großflächiges Auftreten von Abblätterungen und/oder Blasen der Beschichtung (nicht vom Stahl), vereinzelt Abblätterungen und/oder Blasen in der Beschichtung vom Stahl	Schadensbeseitigung mittelfristig erforderlich. Kurzfristige Planung einer detaillierten Untersuchung, ggf. Teilerneuerung	0	0	2

Tab. 2.3 (Fortsetzung)

Schadensklasse (SK) Auswirkungen	Mängel bzw. Schäden	Empfehlung über einzuleitende Maßnahmen	Schadensbewertung Note		
	Beispiel		S[1)] Standsicherheit	V[1)] Verkehrssicherheit	D Dauerhaftigkeit
SK 4 Schwere Schäden	großflächige Durchrostung der Beschichtung mit Rostgrad Ri 4–5 ohne Substanzverlust, Risse in der Beschichtung bis zum Stahl mit Rostaustritt, großflächiges Auftreten von Abblätterungen und/oder Blasen der Beschichtung vom Stahl, beginnende Querschnittsminderung durch Korrosion	Schadensbeseitigung kurzfristig erforderlich. Durchführung einer detaillierten Untersuchung und i. d. R. Vollerneuerung	0 oder 1	0 oder 1	3
SK 5 Sehr schwere Schäden	fortgeschrittene Querschnittsminderung durch Korrosion, starke Querschnittsminderung durch Korrosion und/oder Kerbwirkung	umgehende Durchführung einer Vollerneuerung	2 bis 4	0 bis 4	4

[1)]Die Bewertungen bzgl. Standsicherheit und/oder Verkehrssicherheit erfolgen immer unter Berücksichtigung der örtlichen Gegebenheiten und können deshalb variieren.

2.3 Korrosionserscheinungen der Metalle

2.3.1 Theoretische Abhandlungen

Art und Stärke der Korrosion von Metallen in freier Atmosphäre sind erheblich von dem vorherrschenden Klima bzw. von dem Zustand der Luft abhängig. In milden Klimaten ist neben der relativen Luftfeuchtigkeit die Feuchte in Form von Regen, Schnee, Nebel, Tau oder Schwitzwasser (Kondensationswasser) entscheidend für den Korrosionsverlauf. Dabei spielt jedoch eine hohe relative Luftfeuchtigkeit eine größere Rolle als die Intensität der Niederschläge. Wahrscheinlich mildert sogar Regen den Verlauf der Korrosion, indem er aggressive Bestandteile von den Metalloberflächen abspült. Infolge hoher Luftfeuchte ist maritimes Klima und auch Luft in der Nähe von Seen und Flüssen besonders gefährlich.

Die meisten Gebrauchsmetalle werden von Säuren und sauren Salzen mehr oder weniger angegriffen. Dagegen widerstehen sie Laugen und basischen Salzen, sofern die Konzentration nicht zu hoch ist. Nur Aluminium, Blei und Zink werden von alkalisch reagierenden Agenzien korrodiert. Ebenso wie Säuren wirken säureabspaltende oder säurebildende organische Verbindungen (Ester, Aldehyde). Kohlenwasserstoffe, neutrale Öle und Fette, Alkohole, Ether und Ketone verhalten sich gegenüber den meisten Metallen indifferent. Methanol greift Aluminium, verdünntes Ethanol Zink etwas an. Chlorierte Kohlenwasserstoffe können, zumal in Abwesenheit von Wasser, korrodierend wirken.

Die Korrosion von Metallen im Erdboden ist von der physikalischen und chemischen Beschaffenheit der Böden abhängig. Sand-, Lehm- und Kalkböden verhalten sich günstig, Ton-, Moor- und Schlickböden ungünstig. Ebenso ungünstig sind aufgeschüttete Böden, die Schlacken, Aschen oder Hausmüll enthalten. Maßgebend für die Korrosionsgefährlichkeit eines Bodens ist ferner sein pH-Wert, sein Gesamtgehalt an wasserlöslichen Elektrolyten sowie sein Gehalt an Kalzium- und Magnesiumkarbonat. Alkalischer oder neutraler pH-Wert (≥ 7), geringer Elektrolytgehalt und hoher Gehalt an $CaCO_3$ und $MgCO_3$ haben keine oder geringe Metallkorrosion zur Folge. Bei saurem pH-Wert, hohem Elektrolytgehalt, Anwesenheit von Chloriden, Sulfiden, Sulfaten und Ammoniak sowie sauren Humusstoffen ist stets mit Korrosion zu rechnen. Poröse Böden, die die angreifenden Agenzien leichter an das Metall herantreten lassen und mehr Luftsauerstoff enthalten, sind unter diesen Umständen besonders gefährlich. Im Erdboden ist ferner galvanische Korrosion durch vagabundierende Ströme möglich.

Die Korrosionsgefahr für Metalle in Wasser hängt von der chemischen Zusammensetzung, dem Sauerstoffgehalt und der Temperatur des Wassers ab. Besonders schädlich sind Chloridionen, Wärme und im Allgemeinen auch hoher Sauerstoffgehalt. Meerwasser greift auf Grund seines Sauerstoffgehalts und seines Gehalts an Chloriden und Sulfaten, bei ständiger oder zeitweiliger Bespülung, alle Metalle an. Fast ebenso aggressiv wirkt Brackwasser, zumal wenn es stark salzhaltig ist. Bei Wässern aus Flüssen, Bächen, Brunnen usw. hat die Härte des Wassers einen erheblichen Einfluss auf die mehr oder weniger starke Zerstörung der Metalle. Weiche Wässer sind immer stark aggressiv. Mittelharte (8–12°dGH [deutsche Gesamthärte]) und harte Wässer, die viele Erdalkalihydrogenkarbonate enthalten, haben im Allgemeinen keine korrodierende Wirkung, weil sie wasserunlösliche Karbonatschichten bilden, die die Metalle vor Angriffen bewahren.

Ein Sonderfall der Metallzerstörung ist die Korrosion durch biochemische Vorgänge. Sie wird durch Mikroorganismen (Bakterien, Pilze, Algen, Flechten, Protozoen) hervorgerufen, die die Metalloberfläche direkt angreifen oder durch Ausscheidungen korrodierend wirken. Solche Ausscheidungen sind organische Säuren (z. B. Schwefelwasserstoff). Mit der bakteriellen Korrosion wie sie in Lebensmittelbetrieben, jedoch auch an unterirdisch verlegten Rohrleitungen, in Anlagen zur Lagerung von Rohöl, an Hafenbauten u. dgl. auftreten, kam man zu dem Ergebnis, dass bei dem Angriff von Bakterien auf Eisen die Bildung von Wasserstoff und Kohlendioxid eine wichtige Rolle spielt. Dass daneben jedoch auch Sulfat reduzierende Bakterien auftreten können, die Sulfate zu Sulfiden reduzieren. Durch Bodenbakterien kann ferner Schwefelwasserstoff zu Schwefelsäure oxidiert werden.

2.3.2 Korrosion durch Projektierungsfehler

- Korrosionsschäden durch nicht beachtete oder falsch bemessene Nutzungs- und Standortbeanspruchung der Objekte
- Mängel oder grobe Fehler in der Konstruktion

Beides führt dazu, dass der Angriff der örtlichen Korrosionsmedien begünstigt wird. Als Folge dieser Fehler entstehen große wirtschaftliche Verluste. Sie sind durch eine fachgerechte und sorgfältige Projektierungsarbeit vermeidbar.

Falsch bemessene Objektbeanspruchung Die Widerstandsfähigkeit von Anlagen, Gebäuden und Maschinen gegenüber Einflüssen der Umwelt an ihrem Stand- oder Einsatzort und ihrer Nutzung bestimmt im Wesentlichen ihre Gebrauchswertdauer, Funktionsfähigkeit und damit ihre Wirtschaftlichkeit.

Falsches Bemessen und Beurteilen der Beanspruchung eines Objekts durch Nutzungs- oder Standorteinflüsse zeigt sich in der Auswahl ungünstiger Standorte, am Einsatz ungeeigneter, nicht genügend widerstandsfähiger Werkstoffe und an einer fehlerhaften, die Korrosion begünstigenden Konstruktion von Bauteilen. Die Folgen daraus sind besonders starke Korrosionsschäden.

2.3.3 Konstruktionsmängel und -fehler

Die Korrosion wird begünstigt durch

- Konstruktionen, in denen sich Wasser und andere Korrosionsmedien stauen und Staub, Asche usw. ablagern können (Abb. 2.1),

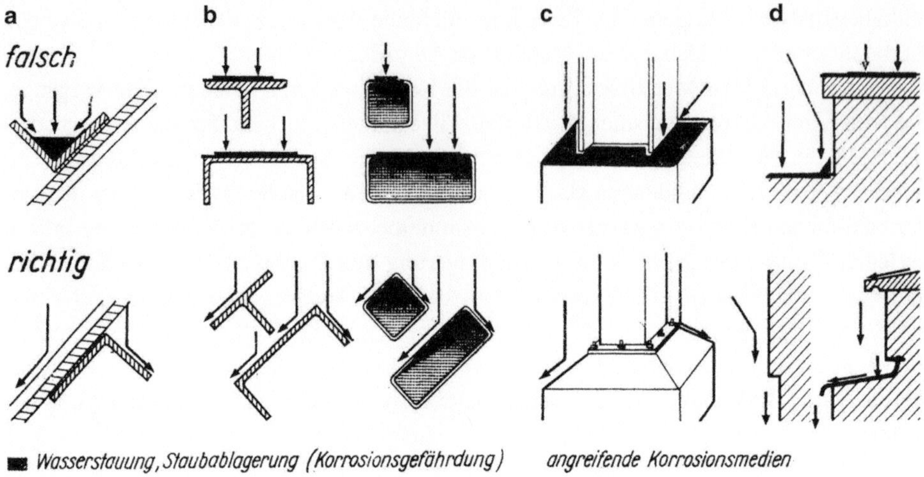

Abb. 2.1 Konstruktionen mit Wasserstau und deren Vermeidung. **a** In nach oben geöffneten Stahlprofilen stauen sich die Korrosionsmedien (z. B. Wasser). **b** Waagerechte Flächen korrodieren infolge des schlechten Wasserabflusses und der Staubablagerung schneller als senkrechte und schräge. **c** Stützenfundamente mit waagerechter Anschlussfläche begünstigen die Beton- und die Stahlkorrosion. **d** Flächen ohne Gefälle, nicht abgedeckte Gesimse u. a. werden zur Ursache von Schäden an Putz- und Betonbauteilen. (Quelle: Schönburg/Stahr; Milzau, Leipzig)

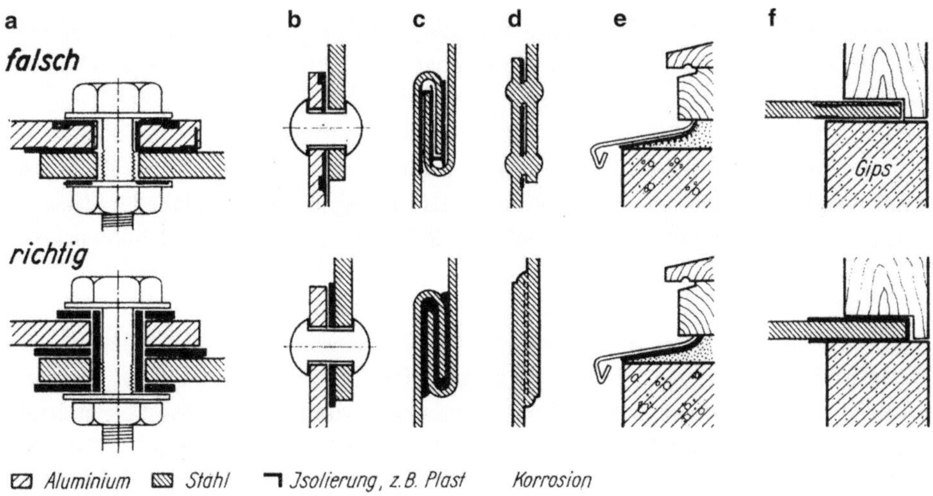

Abb. 2.2 Konstruktionen mit fehlerhaften Verbindungen und deren Vermeidung. **a** Kontakt zwischen Aluminium und Stahl führt zu elektrochemischer Korrosion; deshalb ist Sperrung notwendig. **b** Elektrochemische Korrosion ist auch bei Nietverbindungen möglich. **c** Falzverbindungen korrodieren meist; man kann sie mit Metallklebstoff abdichten. **d** Spaltkorrosion an punktgeschweißten Blechen. **e** Auf alkalischen Baustoff aufliegendes Aluminiumblech kann korrodieren (evtl. Sperrpappe dazwischen legen). **f** Gips und Holz nehmen Feuchtigkeit auf; ungeschützter Stahl korrodiert darin. (Quelle: Schönburg/Stahr; Milzau, Leipzig)

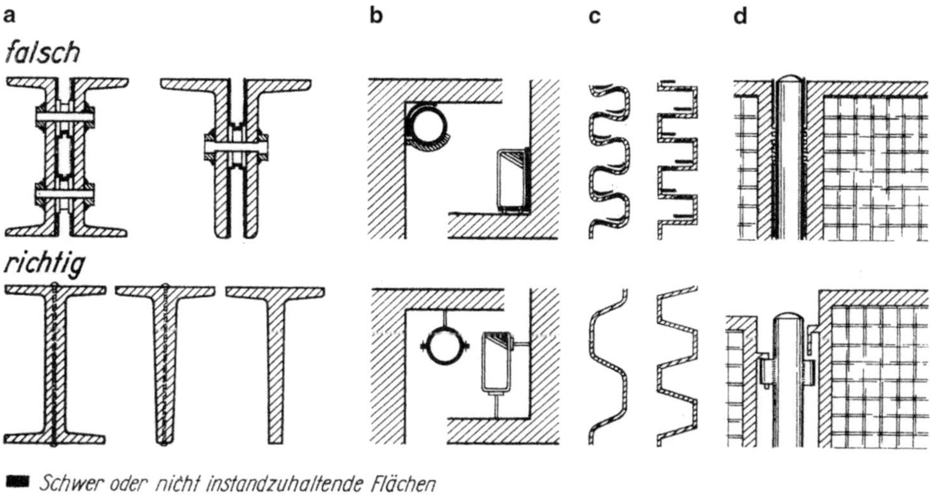

Abb. 2.3 Konstruktionen, die die Instandhaltung erschweren. **a** Spalten verhindern meist den Korrosionsschutz. **b** Direkt und zu dicht anliegende Metallbauteile können nicht allseitig bearbeitet werden. **c** Zu tiefe Blechprofile korrodieren meist an den tiefer liegenden Flächen. **d** Feingliedrige Stahlbauteile (z. B. Zaunfelder) sollten möglichst leicht demontierbar sein, weil sie so besser instand gehalten werden können. (Quelle: Schönburg/Stahr; Milzau, Leipzig)

- fehlerhafte Fügeteile und Werkstoffverbindungen (Abb. 2.2),
- Konstruktionen, die gar nicht oder nicht allseitig durch Instandhaltungsarbeiten vor Korrosion geschützt werden können (Abb. 2.3).

2.4 Wirkungsfaktoren der Werkstoffgefährdung durch Korrosion

Beim Beurteilen und Bemessen der möglichen Gefährdung eines Werkstoffs durch Korrosion sind die nachfolgend genannten Faktoren zu berücksichtigen.

- Affinität (Bindungsbestreben) eines Werkstoffs zum Kontaktmedium und deren Auswirkung auf den Zustand der Werkstoffoberfläche
  Beispiele
  Eisen korrodiert im Kontakt mit Salzsäure durch die Bildung von wasserlöslichem Eisenchlorid sehr stark.
  Auch zu Phosphorsäuren hat Eisen ein starkes Bindungsbestreben. Doch diese Reaktion führt nicht zur Korrosion, sondern zur Bildung einer wasserunlöslichen, haftfesten, die Eisenoberfläche passivierenden Eisenphosphatschicht.
- Auswirkungen von physikalischen und stofflichen Schwankungen und Veränderungen des Kontaktmediums
  Beispiele

Chromstahl ist gegen Natronlauge niedriger Temperatur beständig; bei höheren Temperaturen wird er jedoch angegriffen. Temperaturerhöhung des Korrosionsmediums bewirkt meist eine Aktivierung der Korrosionsreaktion (Erhöhung der Temperatur um 10 K verdoppelt die Reaktionsgeschwindigkeit).

Eine sauer reagierende Auslaugung von abgelagerter Flugasche greift Eisen, Aluminium, Zink und Beton stark an. Mit dem Eintreten neuer Verbindungen in die Flugasche (infolge des Einsatzes anderer Brennstoffe) kann sich die Korrosivität der Auslaugung wesentlich ändern. So würden z. B. Kalziumoxid-Ascheteilchen den pH-Wert der Auslaugung erhöhen und damit die Korrosionswirkung verringern.

- Qualität der Werkstoffe

  Beispiel

  Selektive Korrosion (Abb. 2.4)

  Der hohe Beständigkeitsgrad von hochreinem Aluminium (99,9 % Al) gegen die Atmosphäre und Kaltwasser wird mit dem handelsüblichen Aluminium infolge seiner geringen Verunreinigung mit anderen, edleren Metallen nicht mehr erreicht (Korrosionselementbildung).
- Konstruktionsformen des eingesetzten Werkstoffs

  In zahlreichen Bildern und den zugehörigen Texten wurde bereits gezeigt, dass die Konstruktionsform mitentscheidet, ob vor allem flüssige, aber auch feste Korrosions-

Abb. 2.4 Selektive Korrosion, bei der ein Gefüge- oder Legierungsbestandteil bevorzugt angegriffen und durch die Bildung von Korrosionselementen herausgelöst wird. (Quelle: Schönburg/Stahr; Milzau, Leipzig)

medien durch Stauung und Ablagerung auf dem Werkstoff verweilen und dadurch länger und intensiver einwirken können.

- Affinität der Metalle zu Sauerstoff
  Die aus natürlichen Metallverbindungen gewonnenen Metalle neigen in ungeschütztem Zustand dazu, in ihre ursprünglichen Verbindungen zurückzukehren. Die dabei entstehenden Korrosionsprodukte haben entweder dieselbe oder eine ähnliche chemische Zusammensetzung wie die natürlichen Rohstoffe der korrodierten Metalle.

► Die hauptsächliche Ursache für das Bestreben der Metalle zur Rückkehr in ihre natürliche Verbindung ist ihre Affinität zu Sauerstoff.

Die in der Bautechnik in großem Umfang eingesetzten Metalle – das sind Eisen, Aluminium, Zink und Kupfer – haben eine starke Affinität zu Sauerstoff. Sie bilden mit Sauerstoff bei entsprechend hohen Temperaturen Metalloxide oder bei Anwesenheit und Mitwirkung von Wasser (über elektrochemische Reaktionen) Metallhydroxide bzw. Metallhydrate.

Beispiel

$$Zn + 1/2O_2 \rightarrow ZnO \quad \text{Zinkoxid}$$

$$ZnO + H_2O \rightarrow ZnOH_2 \quad \text{Zinkhydrat}$$

Oxidationsreaktionen an Metallen verlaufen i. Allg. exotherm (unter Energieabgabe). Die dabei entstehenden Metalloxide sind stets energieärmer als die Metalle selbst. Ein Maß für die Stärke der Affinität der Metalle zu Sauerstoff ist die bei ihrer Oxidation frei werdende Wärmemenge (Abb. 2.5).

Die Anordnung der Metalle nach der Stärke ihrer Affinität zu Sauerstoff ergibt die Affinitätsreihe, die im Wesentlichen mit der für die Korrosion ebenso wichtigen elektrochemischen Spannungsreihe übereinstimmt (Abb. 2.6).

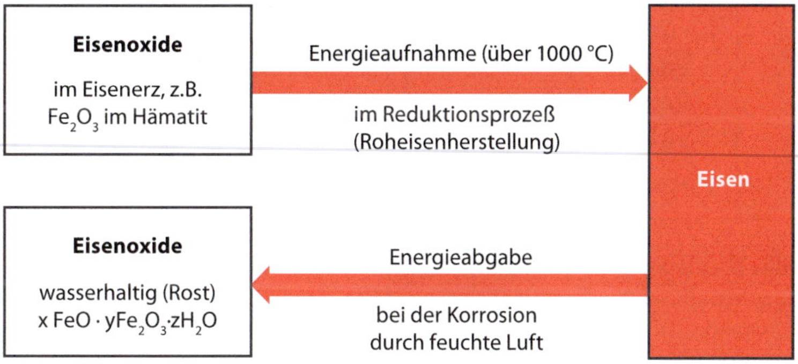

Abb. 2.5 Erzeugungsprozess von Eisen und dessen Umkehrung im Korrosionsvorgang. (Quelle: Schönburg/Stahr; Milzau, Leipzig)

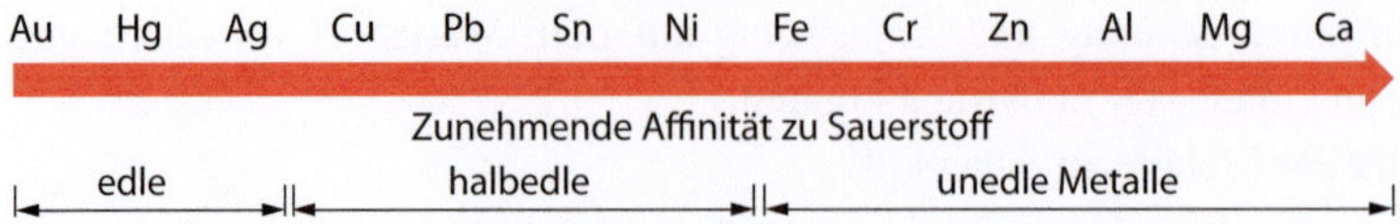

Abb. 2.6 Sauerstoffaffinitätsreihe. (Quelle: Schönburg/Stahr; Milzau, Leipzig)

► Die Affinität der Metalle zum Sauerstoff der Luft und des Wassers ist die Ursache der an der Oberfläche beginnenden Oxidation.

In reiner Atmosphäre und in reinem Wasser führt diese Oxidation unter den technischen Metallen nur bei Eisen und unlegiertem Stahl zur Korrosion und nicht bei Aluminium, Zink und Kupfer.

Außerdem bildet sie die Grundlage für die Unterscheidung zwischen unedlen und edlen Metallen (Abb. 2.7).

Metall	Standard-potential in Volt	Tendenz zur Ionenbildung	Oxidierbarkeit, Reduktions-vermögen	Abscheid-barkeit aus Elektrolyten	Umsetzung mit verdünnten Säuren
↓ zunehmend edler		↑ abnehmend	↑ abnehmend	↓ zunehmend	↑ abnehmend
Ca	– 2,87				
Na	– 2,71				
Mg	– 2,37				
Al	– 1,66				
Mn	– 1,18				
Zn	– 0,76				
Cr	– 0,74				
Fe	– 0,44				
Ni	– 0,25				
Sn	– 0,14				
Pb	– 0,13				
H_2	**± 0,000**				
Cu	+ 0,34				
Ag	+ 0,80				
Au	+ 1,50				

Abb. 2.7 Elektrochemische Spannungsreihe der Metalle (Auswahl). Bezugspunkt für die Standartpotenziale der Metalle ist das mit ±0,000 V festgelegte Standardpotenzial der Wasserstoffelektrode. (Quelle: Schönburg/Stahr; Milzau, Leipzig)

Tab. 2.4 Verhältnis zwischen dem spezifischen Volumen von Metallen und dem ihrer Oxide

Metall (= 1)	Metalloxid	Metall (= 1)	Metalloxid
Aluminium	1,28	Zink	1,50
Blei	1,31	Kupfer	1,70
Zinn	1,33	Eisen	2,06

Natürliche Schutzschichten Die Oxidschichten, die sich bei der Reaktion der Metalle mit Sauerstoff auf ihrer Oberfläche bilden, sind anfangs hauchdünn. Sie unterscheiden sich bei den verschiedenen Metallen in folgenden Eigenschaften:

- Oberflächenstruktur,
- Verhältnis ihrer Dichte (oder ihres spezifischen Volumens) zu der des Metalls,
- Resistenz gegenüber zusätzlich einwirkenden Korrosionsstimulatoren, z. B. Temperatur- und Druckschwankungen, Luft- und Wasserverunreinigungen.

Treten diese drei Eigenschaften so auf, dass sie die Fortsetzung der Oxidation bzw. die Korrosion verhindern, dann bildet die dünne Oxid- bzw. Korrosionsschicht eine natürli-

Tab. 2.5 Allgemeine Einschätzung der Werkstoffkorrosion und -beständigkeit. (Quelle: Schönburg/Stahr; Milzau, Leipzig)

Korrosion u.a. zerstörende Vorgänge

x meist sehr stark (unbeständig)

■ stärkere Angriffe möglich (Beständigkeit unsicher, meist unzureichend)

□ keine oder nur unbedeutende Angriffe (allgemein beständig)

Leeres Feld: Keine zerstörenden Angriffe (sehr gute Beständigkeit)

1) als Säureschutz-Beschichtung
2) als Korrosionsschutz-Anstrichsystem

		Metalle							Nichtmetalle, anorganisch					
	Korrosionsmedien u.a. Einflüsse	Gusseisen, unlegiert	Stahl, unlegiert	Korrosionsträger Stahl (KTS)	Aluminium	Zink	Kupfer	Blei	Portlandzement-Beton	Asbestbeton	Putz, Naturstein kalkhaltig	Baukeramik, gesintert [1]	Glas	Email [2]
1	Landatmosphäre	■	x											
2	Industrieatmosphäre (Rauchluft)	x	x	□	■	■	□		□	□	■		□	
3	Meeres- und Küstenatmosphäre	x	x	□	□	□	□				□			
4	Brauchwasser bis +50°C	■	x	■					□	□	■		□	
5	Meerwasser	x	x	■	□	□			□	□	x		□	
6	Industriewasser	x	x	■	■	■	□		■	■	■		□	
7	Starke Alkalien, z.B. Natronlauge	□	□	□	■	■	□	■	□	□	■		■	
8	anorganische Säuren, z.B. HCL, H_2SO_4		x	x	x	x	■		x	x	x			
9	Sulfatlösungen, z.B. Na_2SO_4, $MgSO_4$	■	■	■		□	□		x	x	x			
10	Chloridlösungen, z.B. NaCl, KCl	■	■	■	■	■	□		■	■	■			
11	Ammoniumlösungen, z.B. $(NH_4)_2 SO_4$	□	□		□	■	x	□	□	□	□		□	
12	Mineralöle, Schmierfette					□			□		■	□		
13	Lufttemperatur bis 500°C		■	■	■	x	□	x	■	□	■		■	
14	Wechseltemperatur, -50°C bis + 500°C		■	■	■	x	□	x	■	□	■		■	■
15	Flammeneinwirkung		■	■	x	x	x	x	■	□	■	□	■	■
16	Druck-, Reib- und Biegebelastung	■			□	■	□	x	□	□	■	□	■	■
17	Organismen, z.B. Pilze, Algen										□			

che Schutzschicht. Die chemisch aktive Metalloberfläche wird in diesem Fall durch die Oxidation passiviert.

Metalloxidschichten, deren spez. Volumen nahe bei dem ihrer Metalle liegt, haften sehr gut und sind luft- und wasserundurchlässig. Dadurch bilden sie natürliche Schutzschichten, die einen Angriff des darunter liegenden Metalls durch Sauerstoff und Wasser verhindern; das ist bei Aluminium, Blei, Zinn, Zink und Kupfer der Fall (Tab. 2.4). Auch die selbstschützende Wirkung korrosionsträger Stähle (KTS) und hochlegierter Stähle beruht hauptsächlich auf dem Prinzip der Schutzschichtbildung.

Oxidschichten, deren spezifisches Volumen wesentlich größer ist als das ihrer Metalle, sind porös, rissig und haften schlecht. Sie bilden keine natürliche Schutzschicht. Die Oxidation bzw. Korrosion kann sich in die Tiefe des Metalls fortsetzen; das ist bei Eisen und unlegierten Stählen der Fall.

Das Verhalten der Metalle und anderer Werkstoffe gegenüber der Vielzahl äußerer Einflüsse, d. h. ihre Beständigkeit, ist in Tab. 2.5 dargestellt.

2.5 Erscheinungsformen

2.5.1 Erscheinungsformen und Einteilung

Die an Metallen vorkommenden, auf viele Ursachen zurückzuführenden Korrosionsschäden werden u. a. nach ihrer äußeren Erscheinung eingeteilt und bezeichnet. Das ist allgemein für die Praxis vorteilhaft, denn meist können bereits vom Erscheinungsbild eines Korrosionsschadens her Schlussfolgerungen für den Verlauf, die Ursache und damit auch für die künftige Verhinderung des Korrosionsvorgangs abgeleitet werden. Die Abb. 2.8 und 2.9 zeigen gleichmäßige Oberflächenkorrosion. In Abb. 2.10 und 2.11 ist ungleichmäßige Oberflächenkorrosion dargestellt.

Beispiel Rostschäden am Werkstein

- Gesprungene Werksteinteile an Eiseneinlagerungen (Geländer usw.)
- Eisen hat die Eigenschaft, beim Rosten zu quellen (Oxidation). Sprengwirkung zerstört den Werkstein.

Vorgehensweise

1. Entfernen der Eisenteile
2. Ausbessern des Werksteins
3. Neueinsetzen. Lochbohrung größer als Stab, Einbleien durch Eingießen oder Einschlagen von Blei zwischen Stab und Stein, nicht einmörteln!
4. Konstruktive Verbindungen zwischen Werksteinen, etwa bei den windausgesetzten Werksteinbauteilen wie Fialen usw., werden in Form von gedoppelten Metalldollen in Messing, Nirostastahl oder Aluminium ausgeführt. Kein Eisen verwenden!

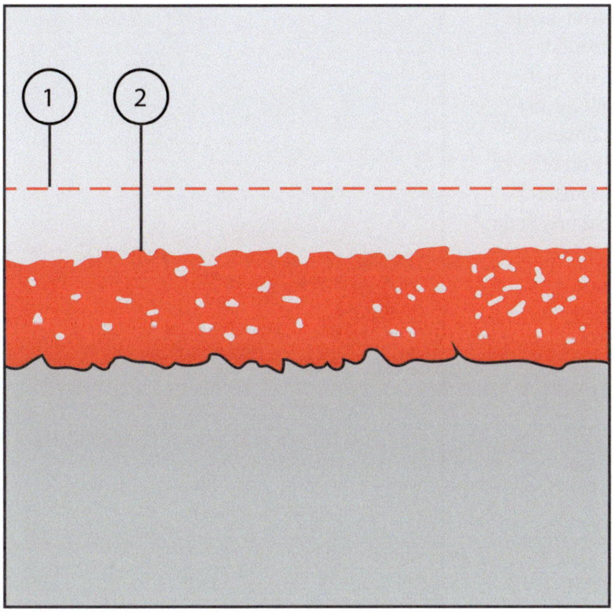

Abb. 2.8 Ebenmäßige Korrosion mit parallel zur Oberfläche voranschreitender Zerstörung und Abtragung des Metalls, z. B. Abrosten von Eisen. *1* ursprüngliche Oberfläche, *2* poröse Rostschicht. (Quelle: Schönburg/Stahr; Milzau, Leipzig)

Abb. 2.9 Ebenmäßige Korrosion, bei der das Korrosionsprodukt parallel zur Oberfläche eine oder mehrere Schichten auf dem Metall bildet, z. B. die sich beim Glühen von Eisen bildende, aus FeO (*1*), Fe_2O_4 (*2*) und Fe_2O_3 (*3*) bestehende Zunderschicht. (Quelle: Schönburg/Stahr; Milzau, Leipzig)

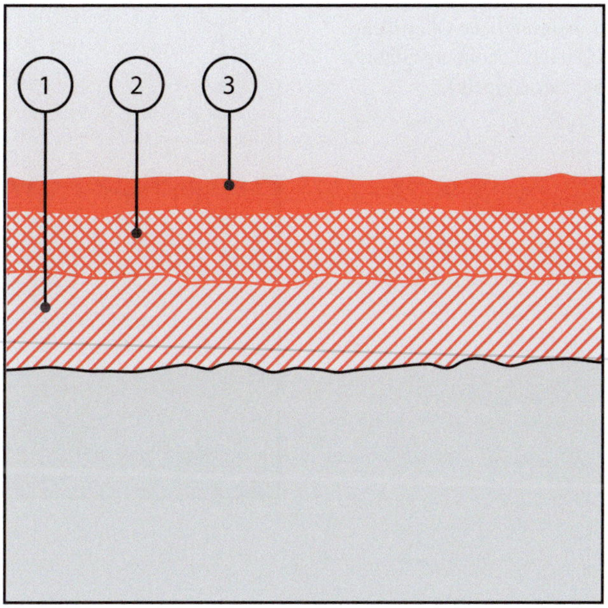

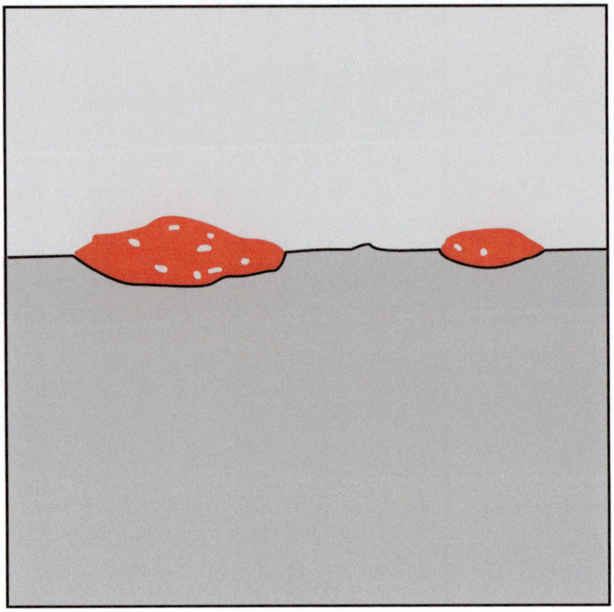

Abb. 2.10 Korrosionsherde (Flecken) ohne besondere Tiefenwirkung, die sich bei ausbleibendem Korrosionsschutz zu gleichmäßiger Oberflächenkorrosion oder zu narbiger Korrosion ausbreiten. (Quelle: Schönburg/Stahr; Milzau, Leipzig)

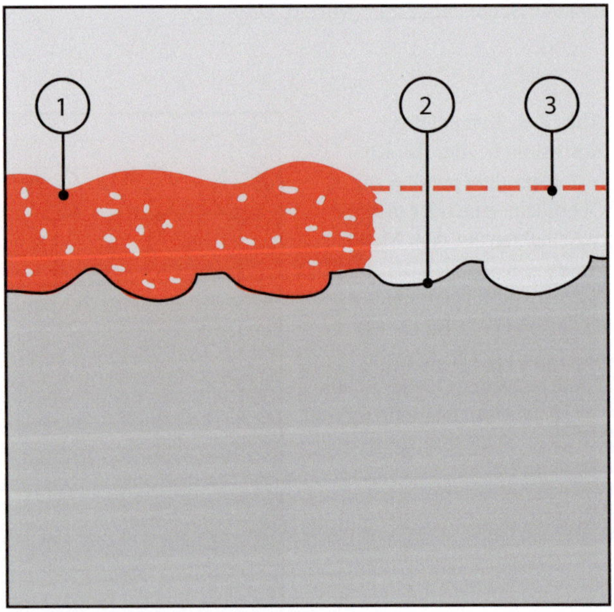

Abb. 2.11 Narbige Korrosion, meist die Folge von Belüftungselementen. *1* Rostschicht, *2* Korrosionsnarben, *3* ursprüngliche Oberfläche. (Quelle: Schönburg/Stahr; Milzau, Leipzig)

2.5.2 Zusammenhänge zwischen Erscheinung und Ursache

Diese Zusammenhänge sollen am Beispiel blättrig-narbiger Rostschichten, wie sie an außenstehenden, ungenügend instand gehaltenen Bauteilen aus unlegiertem Stahl häufig vorkommen, erläutert werden (Abb. 2.12). Die blättrige Struktur kommt durch die oben im Rost liegenden Zunder- bzw. Walzhautschollen zustande; sie lässt darauf schließen, dass die Stahloberfläche bisher keine schützende Beschichtung erhalten hat. Nach der metallreinen Entrostung, z. B. durch Strahlen, kommt unter derartigen Rostschichten fast ausnahmslos eine stark narbig korrodierte Metalloberfläche zum Vorschein (Abb. 2.13).

Diese Korrosionsnarben sind die Folge einer ungleichmäßig voranschreitenden Korrosion. Die Ursache dafür ist die Bildung von kleinen, nebeneinanderliegenden negativen und positiven Elektrodenflächen auf dem Stahl (Abb. 2.14). Der Entstehung der anodischen (negativ) und kathodischen (positiv) Bereiche auf der Metalloberfläche können die Erscheinungen der Abb. 2.12, 2.13 und 2.14 zugrunde liegen:

- Uneinheitlichkeit des Metallgefüges
  Beispiele
  Legierungen können sich aus Metallen mit sehr unterschiedlichen Standardpotenzialen zusammensetzen.
  Metallische Verunreinigungen, besonders solche mit positivem Standardpotenzial, können die Entstehung von Korrosionselementen an der Oberfläche des betroffenen Metalls verursachen (Abb. 2.15).

Abb. 2.12 Eine blättrig-narbige Rostschicht – das am häufigsten vorkommende Erscheinungsbild von stark korrodiertem, außenstehendem, unlegiertem Stahl (Vergrößerung 1 : 10). (Quelle: Schönburg/Stahr; Milzau, Leipzig)

Abb. 2.13 Nach dem Entfernen der in Abb. 2.12 gezeigten Rostschicht durch Strahlentrostung ist der stark narbige Korrosionsabtrag zu erkennen. (Quelle: Schönburg/Stahr; Milzau, Leipzig)

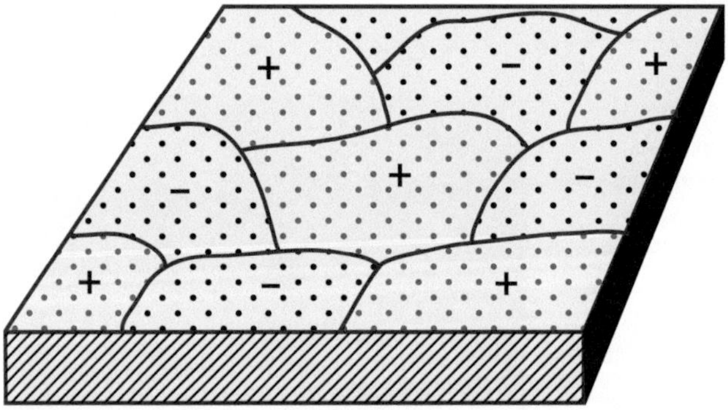

Abb. 2.14 Die Bildung positiver und negativer Elektrodenflächen auf der Metalloberfläche ist die Ursache für die unterschiedliche Korrosionsgeschwindigkeit der Flächen und für die Korrosionsnarben. (Quelle: Schönburg/Stahr; Milzau, Leipzig)

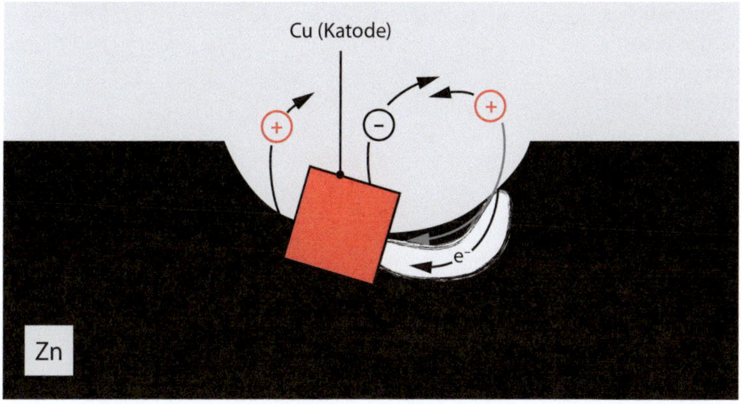

Abb. 2.15 Kupfer bildet als Gefügebestandteil im Zink an der Oberfläche, bei Zutritt eines Elektrolyten, durch sein positives Potenzial die Kathode, die zur Auflösung des angrenzenden Zinks führt. (Quelle: Schönburg/Stahr; Milzau, Leipzig)

Abb. 2.16 Gefüge eines unlegierten Stahls. Im hellen Ferrit dunkel gefärbter Perlit (100-fache Vergrößerung eines geätzten Metallschliffs). (Quelle: Schönburg/Stahr; Milzau, Leipzig)

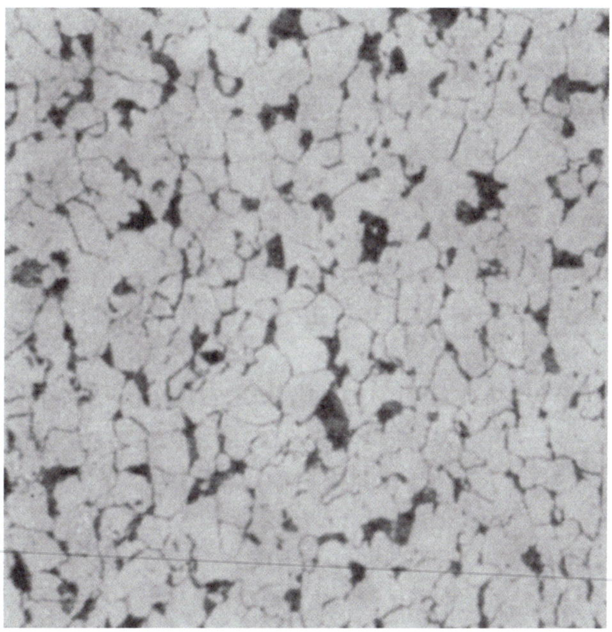

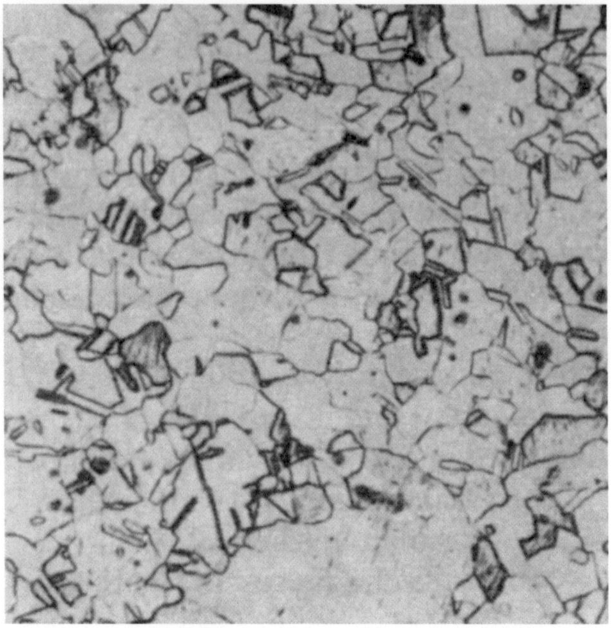

Abb. 2.17 Einheitliches Austenit-Gefüge eines hochlegierten Cr-Ni-Stahls (Metallschliff, 100-fach vergrößert). (Quelle: Schönburg/Stahr; Milzau, Leipzig)

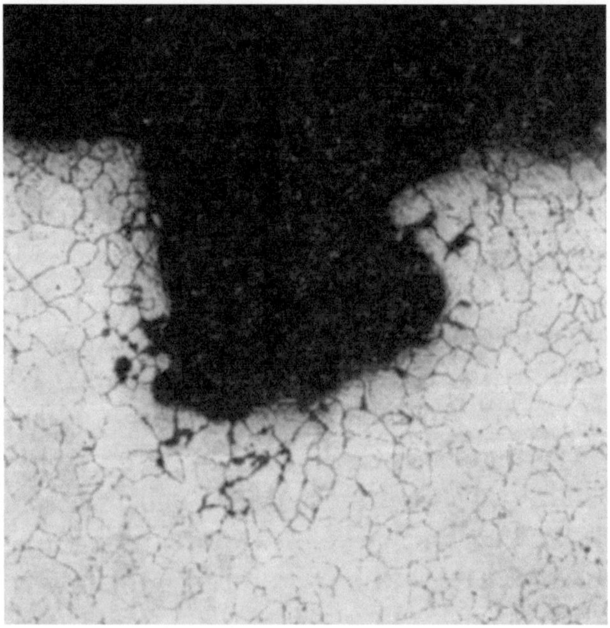

Abb. 2.18 Spannungsrisskorrosion mit transkristallinem Rissverlauf. (Quelle: Schönburg/Stahr; Milzau, Leipzig)

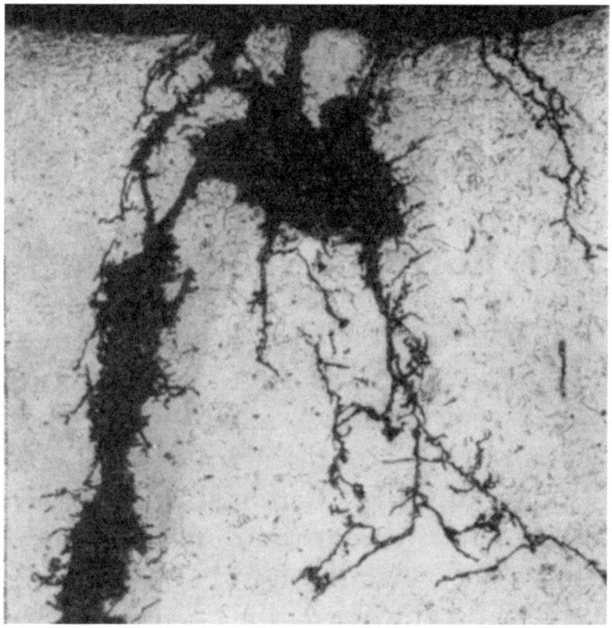

Abb. 2.19 Lochfraß mit interkristalliner Korrosion. Deutlich ist die Gefügelockerung an den Korngrenzen zu erkennen (100-fache Vergrößerung). (Quelle: Schönburg/Stahr; Milzau, Leipzig)

Unlegierte Stähle bestehen aus unterschiedlichen Gefügebestandteilen. Die Zusammensetzung ist vor allem vom Kohlenstoffgehalt und von der Temperatur der Glühbehandlung der Stähle abhängig. So besteht z. B. Stahl mit 0,4 % C aus etwa 50 % Ferrit (fast reines Eisen) und 50 % Perlit (Ferrit mit Zementit, d. h. Eisenkarbid, in dem C gebunden ist, Fe_3C) (Abb. 2.16). Erst bei Temperaturen um 770 °C entsteht durch Lösen des Kohlenstoffs im Eisen ein einheitliches Gefüge aus Austenit. Durch die uneinheitlichen Gefügebestandteile bilden sich an der Oberfläche ebenfalls anodische und kathodische Bereiche (Abb. 2.17).

- Unterschiede äußerer Einflüsse
  Beispiele
  Beschädigte Korrosionsschutzbeschichtungen gewähren an diesen Stellen korrosiven Medien Zutritt zum Metall. Es entstehen Korrosionsherde z. B. Spannungskorrosion (Abb. 2.18) oder sogar Lochfraß (Abb. 2.19).

Bei unterschiedlicher Belüftung der Metalloberfläche, z. B. durch schwächere Luftberührung unter Zunder, Anstrichresten, Rosthügeln und Wassertropfen, bilden die weniger belüfteten Stellen anodische Bereiche und die Teile, die unter vollem Lufteinfluss liegen, kathodische Bereiche (s. Abb. 2.20 und 2.21).

Gemeinsam auftretende statische Zugspannungen im Metall, spezifische Korrosionsmedien und Empfindlichkeit des Metalls gegen die Spannungen und das Medium können die Spannungsrisskorrosion (Abb. 2.22) verursachen.

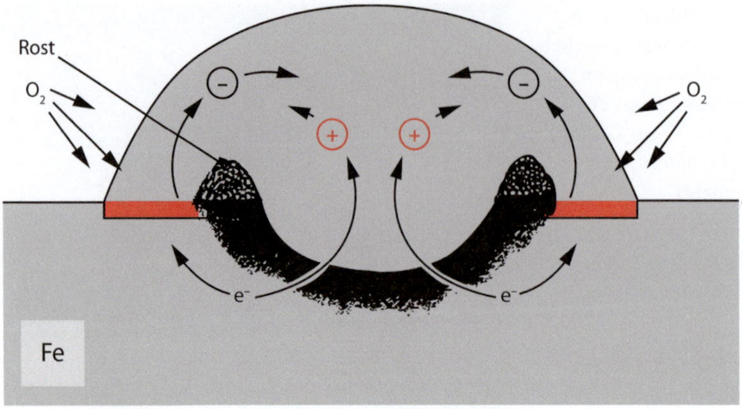

Abb. 2.20 Belüftungselement: Im Elektrolyten, einem Wassertropfen, enthält die Randzone zur Luft mehr Sauerstoff als die Mitte. Dem Eisen unter der Randzone wird reichlich Sauerstoff zugeführt; es bildet sich darunter ein ringförmiger kathodischer Bereich aus. Das Eisen unter der Mitte des Tropfens wird nicht belüftet; es wird zur Anode und korrodiert. (Quelle: Schönburg/Stahr; Milzau, Leipzig)

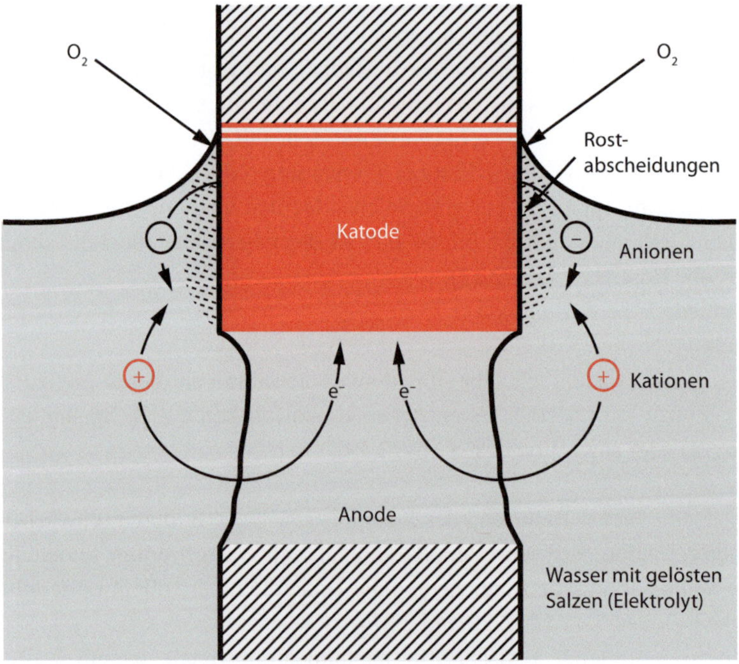

Abb. 2.21 Belüftungselement an der Luft-Wasser-Grenzlinie. Das unmittelbar unter dem Wasserspiegel liegende Eisen korrodiert am stärksten. (Quelle: Schönburg/Stahr; Milzau, Leipzig)

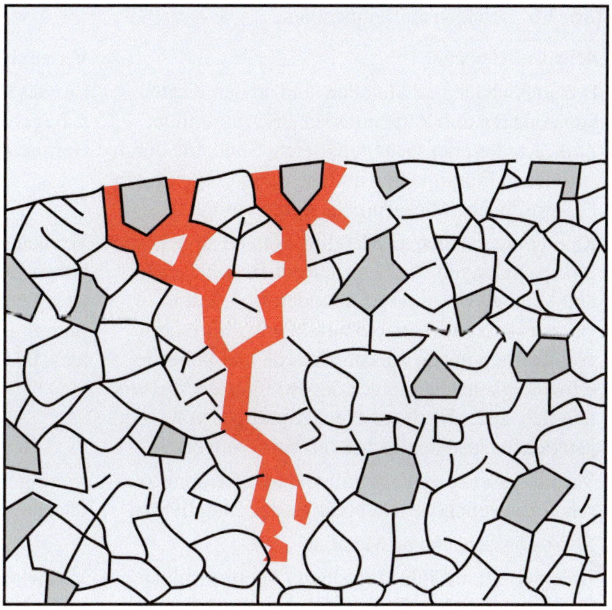

Abb. 2.22 Spannungsrisskorrosion mit interkristallinem Rissverlauf. (Quelle: Schönburg/Stahr; Milzau, Leipzig)

In Verbindung mit einem Elektrolyten, z. B. Wasser, bilden die obengenannten uneinheitlichen Metalloberflächen Korrosionselemente. Die Folge sind elektrochemische Korrosionsreaktionen.

2.5.3 Schäden an Baumetallen

Im Bauwesen werden hauptsächlich folgende Metalle eingesetzt:

- unlegierte Stähle für den bewehrten Betonbau und Stahlbau,
- hochlegierte Stähle in kleiner Menge für korrosionsbeständige Verkleidungen,
- Gusseisen für Abflussrohre, Gliederheizkörper und andere Gussstücke,
- Aluminium und seine Legierungen im Metallleichtbau für Dacheindeckungen, Fassadenverkleidungen, Ausbauteile u. a.,
- Zink, auch verzinktes Stahlblech für Dacheindeckungen, Dachrinnen und Fallrohre,
- Kupfer für Rohrleitungen, Dacheindeckungen, Dachentwässerungen u. a.

In Tab. 2.6 wird nur eine Übersicht über die Schäden an Baumetallen und deren Vermeidung gegeben.

Tab. 2.6 Schäden an Baumetallen

Schaden, Ursache	Vermeidung, Beseitigung
Erosionsschäden an Metallen sind an den Kanten von Anlagen und Pumpenteilen aus Aluminium, Zink, Kupfer oder nicht gehärtetem Stahl, die durch strömende Flüssigkeiten und die darin mitgeführten Feststoffteilchen beansprucht werden möglich	Einsatz von erosionsbeständigen Metallen, z. B. gehärtete Stähle, Hartguss oder sogar Hartmetalllegierungen
Kavitationsschäden an Metallen können an den Innenwandungen von Bogen, Reduzierstücken und Ventilen von wasserführenden Rohrleitungen, an Wasserturbinenschaufeln und Laufrädern von Kreiselpumpen vorkommen, da hier hohe Geschwindigkeitsänderungen des strömenden Wassers möglich sind. Durch das Heraussprengen von Gefügeteilchen entstehen lochartige Vertiefungen	Vermeiden von Konstruktionen, die zu hohen Geschwindigkeits- und Druckunterschieden von strömenden Flüssigkeiten führen. Einsatz widerstandsfähiger Metalle, z. B. mit Chrom hochlegierte Stähle
Verschleißschäden an Metallen durch Reibung zwischen beweglichen, sich berührenden Metallteilen	Verringern der Reibung durch gute Oberflächenglätte und Schmiermittel
Korrosionsschäden an Metallen	
Unlegierte Baustähle korrodieren in ungeschütztem Zustand durch den Einfluss von atmosphärischen Stoffen (atmosphärische Korrosion), von Chemikalien (chemische Korrosion) und durch den Kontakt mit anderen Metallen (elektrochemische Korrosion)	Vermeidung der Korrosion fast ausschließlich durch Techniken des passiven Korrosionsschutzes, z. B. Überziehen mit schmelzflüssigem Zink, Zinn u. a.; Aufspritzen von Zink und Aluminium; Aufdiffundieren von Zink, Chrom oder Aluminium. Beschichten mit nichtmetallischen Stoffen, z. B. mit Silikaten, Phosphaten, Korrosionsschutz-Anstrichstoffen, Plaste, Elaste u. a.
Betonstähle sind profilierte Stähle aus unlegiertem, nicht schweißbarem (für Spannbetonbewehrung) und schweißbarem (für Stahlbetonbewehrung) Stahl. Obwohl sie nicht korrosionsgeschützt sind, wird die Korrosion durch die Alkalität des Betons verhindert. Rostbildung tritt nur ein, wenn der Stahl zu flach unter der Betonoberfläche liegt oder der Beton nicht ausreichend verdichtet wurde	Im Stahlbau und Metallleichtbau werden zurzeit langlebige Duplexsysteme bevorzugt
Hochlegierte Stähle, z. B. mit Chrom oder Chrom-Nickel, sind korrosionsbeständig und werden als Bleche für Fassadenverkleidungen eingesetzt	Kein Korrosionsschutz erforderlich – sehr teuer, deshalb begrenzter Einsatz
Aluminium (Alu-Legierungen) überzieht sich in feuchter, normaler Atmosphäre mit einer bis zu 0,2 µm dicken, vor weiterer Oxidation schützenden Schicht aus Aluminiummetahydroxid, die jedoch nicht beständig ist gegen Alkalilaugen und starke nichtoxidierende Säuren	Aluminium kann gegen chemische Angriffe durch Verstärkung der Oxidschicht im Eloxalverfahren, Erzeugung einer Phosphatschicht durch Phosphatieren oder geeignete Anstrichsysteme geschützt werden. Auf Stahl als Korrosionsschutz aufgespritztes Aluminium ist sehr porig und muss zusätzlich Anstriche erhalten

Tab. 2.6 (Fortsetzung)

Schaden, Ursache	Vermeidung, Beseitigung
Zink und verzinkter Stahl: Unter dem Einfluss CO_2-haltiger Atmosphäre bildet sich auf Zink eine dünne Schicht aus basischem Zinkkarbonat $ZnCO_3 \cdot 3Zn(OH)_2 \cdot H_2O$, die im pH-Bereich 4–10 beständig ist und das Zink schützt. Zink und auch seine natürliche Schutzschicht wird von den meisten Säuren und Alkalilaugen aufgelöst	Zinkoberflächen können durch Phosphatieren und Chromatieren gegen schwache chemische Angriffe widerstandsfähiger gemacht werden. Auf Stahl als Korrosionsschutz aufgespritztes Zink bildet eine porige Schicht, die Deckanstriche erhalten muss (Duplexsystem)
Kupfer wird durch Ammoniak und exodierende Säuren gelöst. In CO_2-haltiger Atmosphäre bildet sich auf Kupfer eine dünne, das Metall vor weiterer atmosphärischer Korrosion schützende Schicht aus grünem Kupferkarbonat $CuCO_3 \cdot Cu(OH)_2$	Kupferoberflächen werden mit transparenten oder deckenden Anstrichen auf der Bindemittelgrundlage lufttrocknender Öle und Alkydharze vor Angriffen durch Luftverunreinigungen geschützt

2.6 Wirtschaftliche Auswirkung – direkte und indirekte Verluste

Korrosionsschäden verursachen außer den verloren gehenden Werkstoffen meist weit größere volkswirtschaftliche Verluste durch die damit verbundenen Funktions- und Produktionsausfälle und durch die Kosten für Reparatur, Instandsetzungs- und Sanierungsarbeiten sowie Aufwendungen für den vorbeugenden Korrosionsschutz.“

Beim größten Teil der Werkstoffe besteht die Gefahr der korrosiven Schädigung oder Zerstörung durch Standort- oder Nutzungseinflüsse. Die durch Korrosion entstehenden Werkstoffverluste sind sehr (noch zu) hoch. Eisen und Stahl korrodieren, wie Sie bereits wissen, u. a. durch den Einfluss der Atmosphäre. Weil sie in der Vielseitigkeit des technischen Einsatzes alle anderen Werkstoffe weit übertreffen, ist die durch Korrosion verloren gehende Metallmenge besonders groß.

Schätzungen des jährlichen Eisen- und Stahlverlustes durch Korrosion:

- ein Drittel der jährlichen Weltproduktion,
- 800.000 t in Deutschland,
- die Korrosionsverluste in Russland entsprechen etwa der jährlichen Eisen- und Stahlproduktion in Deutschland.

Korrosionsschäden verursachen außer den verloren gehenden Werkstoffen meist weit größere volkswirtschaftliche Verluste durch die damit verbundenen Funktions- und Produktionsausfälle und durch die Kosten für Reparatur, Instandsetzungs- und Sanierungsarbeiten sowie Aufwendungen für den vorbeugenden Korrosionsschutz.

Beispiel: mögliche Kosten bei einem Korrosionsschaden In einem Produktionsraum einer Textilfabrik entstand ein Korrosionsdurchbruch an der Rohrleitung der Warmwasser-Zentralheizung.

Kosten (überschlägig) für:

- ein neues Rohr für die zerstörte Leitung (50 €),
- Demontage des alten Rohrs, Montage der neuen Leitung und Korrosionsanstrich (400 €),
- Beseitigung der Schäden am Wand- und Deckenputz und an den Anstrichen, hervorgerufen durch das herausfließende Wasser (600 €),
- Produktionsausfall während der unterbrochenen Heizung (4000 €).

Tab. 2.7 Direkte und indirekte Korrosionsverluste

Direkte Verluste	Indirekte Verluste
Werkstoffe, z. B. Eisen und Stahl (Beton), die durch Korrosion zerstört werden	Aus Behältern und Rohrleitungen mit Korrosionsdurchbrüchen verloren gehende flüssige und gasförmige Produkte sowie durch Korrosionsschäden an elektrischen Anlagen verloren gehende elektrische Energie
Werkstoffe und Arbeitszeit für den Ersatz und für die Reparatur der korrodierenden Objekte	Produktionsausfall durch Korrosionsschäden, die zu Betriebsstörungen, Havarien oder zur Stilllegung der Anlagen während der Reparatur führen
Arbeitszeit für korrosionsgerechte Projektierung und Konstruktion	Verunreinigungen von Erzeugnissen in Behältern oder Rohrleitungen mit korrodierenden Innenwandungen, z. B. von Farbstofflösungen in Textilfärbereien oder Verderben von Lebensmitteln in korrodierenden Metallbehältern
Einsatz von korrosionsträgen oder -beständigen Stählen und anderen hochwertigen Werkstoffen	Rohre, die infolge abgelagerter Korrosionsprodukte verengt sind, erfordern für den Flüssigkeitstransport höhere Pumpleistungen
Werkstoff-Mehraufwendungen für Überdimensionierung als Korrosionssicherheitsfaktor	Rostablagerungen in Zentralheizungsanlagen verursachen Wärmeverluste
Abschwächung der Aggressivität von Korrosionsmedien in Produktionsprozessen, z. B. Korrosionsinhibitorenzusatz zum Wasser, oder in der Natur (Umweltschutz)	Durch Korrosion von Anlagen- und Maschinenteilen verursachte Explosionen, Brände u. a. Havarien können Leben und Gesundheit von Menschen gefährden
Aufwendungen für den elektrochemischen (kathodischen) Korrosionsschutz für metallische Objekte in feuchtem bis wässrigen Medium, z. B. Wasserbehälter und Rohre im Erdboden	
Aufwendungen für Beschichtungen, z. B. Metall-, Kunststoff- und Anstrichstoffbeschichtungen, die Korrosionsmedien von den zu schützenden Werkstoffen fernhalten	

Die sehr verschiedenartig auftretenden Verluste, die auf Korrosion und den Kostenaufwand für Schutz und Sanierung aufgewendet werden müssen, werden in direkte und indirekte Korrosionsverluste eingeteilt (Tab. 2.7).

Beispiele für direkte und indirekte Verluste

a) Durchrosten eines stählernen Wasserleitungsrohrs in einem Wohnhauskeller
b) Durchrostung der Stahlrohre eines Klettergerüsts auf einem Kinderspielplatz
c) Starke Korrosionserscheinungen an einem Metallgitter (evt. mit Ornamenten)

	Direkte Verluste	Indirekte Verluste
a	– Werkstoff Stahl – Werkstoff Stahl (korrosionsbeständiger) für die Reparatur und Arbeitszeit oder Mehraufwand für Beschichtung; Kosten für Reparatur (Material und Arbeitszeit)	– verlorengegangene Flüssigkeit (Wasser) – Beschädigung von Objekten und Materialien, die durch das austretende Wasser verursacht werden; Kosten und Material zum Ersetzen und Reparieren – Durch Abstellen des Wassers während der Reparatur kann z. B. Heizung und Warmwasser für die Mieter nicht genutzt werden
b	– Gefahr für Leib und Leben von spielenden Kindern (für mich ist das ein direkter Verlust) Werkstoff Stahl – Werkstoff Stahl (korrosiosbeständiger) für die Reparatur und Arbeitszeit oder Mehraufwand für Beschichtung; Kosten für Reparatur (Material und Arbeitszeit)	– Durch Sperrung des Klettergerüsts und wahrscheinlich des gesamten Spielplatzes können die Kinder nicht dort spielen, müssen woanders hin (erhöhte Fahrtkosten) – Oder gehen gar nicht draußen spielen; Kontaktverlust zu anderen Kindern; Sozialverhalten wird nicht trainiert – Spaß und Freude gehen verloren
c	– Werkstoff (korrosionsbeständiger) für die Reparatur und Arbeitszeit oder Mehraufwand für Beschichtung; Kosten für Reparatur (Material und Arbeitszeit)	– Historische Zeitzeuge der Handwerkskunst – Kunst am Bauwerk (Verschönerung) – Wird ein korrodiertes Metallgitter z. B. als Einbruchsschutz im Kellerfenster verwendet, besteht die Möglichkeit, dass durch Zerstörung ein Einbruch erfolgen kann; dadurch können persönliche Objekte verloren gehen

Werkstoffe

3

3.1 Werkstoffarten und Eigenschaften

Metalle haben als Werkstoff für die Sanierung von Bauteilen große Bedeutung. Auch die erforderlichen Werkzeuge und Maschinen bestehen überwiegend aus Metallen. Man unterscheidet Eisenwerkstoffe und Nichteisenwerkstoffe (Tab. 3.1).

Das Anforderungsprofil des Werkstücks bedingt die physikalischen und chemischen Gebrauchseigenschaften, die zusammen mit den technologischen und Umwelteigenschaften ein wirtschaftliches Optimum ergeben sollten (Tab. 3.2). Werkstoffe für niedrig beanspruchte Werkstücke und Massenteile sind vor allem nach Material- und Verarbeitungskosten, Werkstoffe für hochbeanspruchte Teile nach den Gebrauchseigenschaften auszuwählen.

Tab. 3.1 Metalle im Überblick

Metalle			
Eisenwerkstoffe		Nichteisenwerkstoffe	
Stähle	Eisen-Gusswerkstoffe	Leichtmetalle	Schwermetall
z.B. Baustahl Werkzeugstahl Vergütungsstahl Edelstahl	z.B. Stahlguss Gusseisen Temperguss weiß Temperguss grau	Aluminium Beryllium Magnesium Titan	Kupfer Nickel Zink Zinn

M. Stahr und K.-P. Radermacher, *Sanierung von Metallbauteilen*,
https://doi.org/10.1007/978-3-658-30625-0_3

Tab. 3.2 Metalleigenschaften

Metalleigenschaften

Physikalische Eigenschaften	Chemische Eigenschaften	Technologische Eigenschaften	Ökologische Eigenschaften
Dichte	reaktionsträge (inert)	gießbar	Rohstoffverbrauch
Elastizität, Plastizität	korrosionsbeständig	kalt verformbar	Energieverbrauch
Festigkeit, Härte,	zunderbeständig	warm verformbar	Aussehen
Verschleißfestigkeit,	laugenbeständig	scherbar	Verletzungsgefahr
Zähigkeit, Schall-,	säurebeständig	zerspanbar	Giftigkeit
Schwingungsdämpfung	unbrennbar	schweißbar	Benutzungsdauer
Ausdehnung		lötbar	Wartungsfreundlichkeit
Leitfähigkeit		klebbar	Wiederstandsfähigkeit
Kapazität		beschichtbar	Beseitigungsmöglichkeit
Schmelzpunkt		härtbar	
Verdampfungspunkt			

3.2 Historische Entwicklung

Die Verwendung von Eisen und Stahl lässt sich bis ins 3. Jahrtausend v. Chr. zurückverfolgen. Offenbar handelt es sich bei den ersten Funden aus der Frühzeit um Meteoreisen, denn der Anteil an Nickel ist ungewöhnlich hoch. Die ersten in Syrien und Kleinasien gefundenen Kultgegenstände aus terrestrischem Eisen lassen sich auf die zweite Hälfte des 3. Jahrtausends v. Chr. datieren. Zum wichtigsten metallischen Werkstoff wurde das Eisen im ersten Jahrtausend v. Chr. Es löste die Bronze ab, die Eisenzeit setzte ein.

Zwei unabdingbare Voraussetzungen für die Eisen- und Stahlherstellung waren:

1. Verfügbarkeit leicht reduzierbarer Eisenerze und
2. Holz zur Gewinnung der für den Verhüttungsprozess notwendigen Holzkohle.

Die zur Verhüttung benötigten Öfen waren Gruben- oder Schachtöfen aus Lehm. In ihnen wurden schlackendurchsetzte Eisen- oder Stahlklumpen erzeugt, die durch wiederholtes Erwärmen und Schmieden von den Schlacken befreit und dann unmittelbar in Fertigerzeugnisse umgewandelt wurden.

Als es etwa im 14. Jahrhundert durch die Erfindung des Hochofens gelang, das Eisenerz bis zu seinem Schmelzpunkt zu erhitzen, erhielt man kohlenstoffhaltiges, nicht schmiedbares Roheisen.

Eine größere Verbreitung erfolgte allerdings erst im späten Mittelalter zur Herstellung von Kaminplatten, Kriegsgeräten und Wasserrohren. Als problematisch erwies sich die zur Eisengewinnung notwendige Energie, die damals nur mit entsprechend großen Mengen

Holzkohle erzeugt werden konnte. Der Mangel an Holzkohle führte dazu, dass erst 1709, als in England die Umwandlung der reichlich vorhandenen Steinkohle in Koks gelang, eine Massenherstellung von Roheisen ermöglicht wurde. Das gewonnene Eisen eröffnete neue konstruktive und gestalterische Möglichkeiten: Es hatte eine hohe Druckfestigkeit, war gut gießbar, wenig korrosionsanfällig und eignete sich zur Fertigung von Serienteilen. Im Bauwesen treten gusseiserne Teile Anfang des 18. Jahrhunderts in Form von Stützen, Fensterrahmen, Gittern und dekorativen Elementen auf. Das erste große Bauwerk aus Eisen ist die gusseiserne Bogenbrücke über den Severn bei Coalbrookdale (England) mit etwa 31 m Spannweite, erbaut in den Jahren 1775 bis 1779 (Abb. 3.1).

Dabei stand mit dem Gusseisen bei Weitem kein idealer Baustoff zur Verfügung. Die hohe Sprödigkeit dieses Materials und seine geringe Zugfestigkeit erforderten spezielle Konstruktionsformen, die noch stark an Gewölbetragwerke aus Stein erinnern.

Ein französischer Gärtner namens Joseph Monier (1823–1906) wollte 1864 durch Einfügen eines Drahtnetzes („Moniereisen") in Zementblumenkübel deren Haltbarkeit verbessern und löste damit eine Entwicklung aus, deren Ausmaße wir als Stahlbetonbau kennen, die noch nicht als abgeschlossen angesehen werden kann.

Der Berliner Maurermeister Rabitz spannte 1872 Drahtgeflechte zwischen zwei Mauern am Schinkelschen Alten Museum in Berlin.

Die allgemeine Verbreitung des Stahlbetons im deutschsprachigen Raum (Österreich, Deutschland, Schweiz) liegt etwa im Jahre 1885.

Bis noch vor etwa 9 Jahrzehnten sprach man, wenn es sich um Stahlkonstruktionen handelte, von Eisenkonstruktionen oder – schon genauer – von Schmiedeeisenkonstruktionen. Als 1928 die erste Ausgabe der Fachschrift „Der Stahlbauer" erschien, war dort folgendes zu lesen: „... Der Name ‚Stahlbau' wird der Fachwelt ungewohnt erscheinen. Er verdankt seine Wahl lediglich der Tatsache, dass wir in Deutschland schon seit Jahrzehnten nicht mehr mit Eisen, sondern mit Stahl bauen."

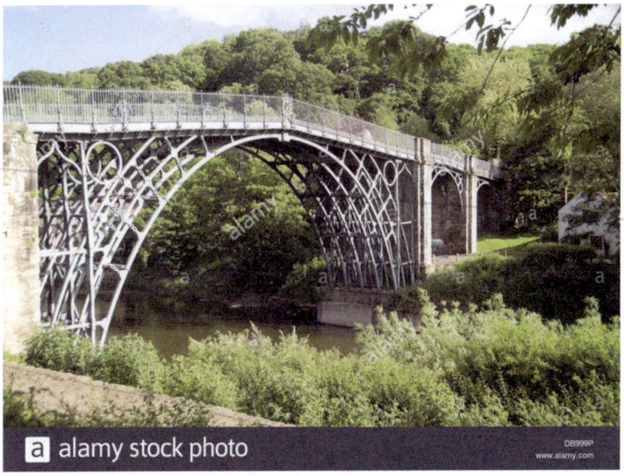

Abb. 3.1 Bogenbrücke über den Severn. (Quelle: Patzelt, Berlin)

Der Unterschied von Eisen und Stahl liegt darin, dass Stahl im Gegensatz zu Eisen schmiedbar ist, und die Definition für Stahl lautet daher: „Stahl ist ohne Nachbehandlung schmiedbares Eisen".

Fast 100 Jahre wurde die Stahlerzeugung mit dem von dem Engländer Harry Bessemer erfundenen kippbaren Konverter, der sich für siliziumreiches und phosphorarmes Roheisen eignete, ausgeführt. Wenige Jahre danach wurde für phosphor- und schwefelreiches Roheisen die basisch ausgekleidete Thomas-Birne entwickelt.

Mit der Entwicklung der Sauerstoffmetallurgie in den 50er-Jahren des 20. Jahrhunderts wurde es möglich, die Prozessführung bei der Stahlerzeugung erheblich zu verbessern.

► Die heute gebräuchlichen Verfahren zur Stahlherstellung sind das Sauerstoffaufblasverfahren (LD-Verfahren und das modifizierte LD/AC-Verfahren für phosphorreiches Roheisen) und das Sauerstoffdurchblasverfahren (OBM- und Q-BOP-Verfahren).

Gebräuchlich ist außerdem noch das Elektrolichtbogenverfahren.

Wenngleich Zink schon bei den Babyloniern und Assyrern als Legierungsbestandteil von Messing bekannt war, wurde es erst im 17. und 18. Jahrhundert als metallisches Zink dargestellt. Dies gelang den Chinesen nach einer Veröffentlichung von 1637 über die Gewinnung metallischen Zinks durch Verhüttung. Um 1720 wurde – wahrscheinlich auf Grundlage der ostasiatischen Arbeitsweise – im englischen Swansea Zink in größerem Umfang gewonnen. Ebenfalls in England, nämlich in Bristol, baute William Champion 1743 die erste Zinkhütte, in der jährlich etwa 200 t Zink hergestellt wurden. Weitere Hütten entstanden in Oberschlesien und im Aachen-Lütticher Raum.

Die früheste Verwendung von Zink erfolgte als Legierungsbestandteil des Messings. Nach der Entdeckung der Walzbarkeit als gewalztes Blech für Anwendungen im Bauwesen wie Dachdeckungen, Dachrinnen, Fallrohre und andere Bauteile. Hiervon zeugt eine Vielzahl von anwendungstechnischen Schriften, die sich vor allem mit Fragen der Verlegetechniken glatter Bleche sowie deren Anschluss- und Verbindungsdetails beschäftigen. Eine weitere Verwendung lag auf dem Gebiet der Ornamentenspenglerei. Abb. 3.2 zeigt nur ein Beispiel dieser Verwendung durch den noch heute hochgeschätzten Architekten Karl Friedrich Schinkel (1781–1841). Auch der Guss von Zink war damals schon üblich.

Bereits im Jahre 1805 wurde die Walzbarkeit des Zinks bei 100–150 °C entdeckt und infolgedessen 1812 in Belgien das erste Zinkwalzwerk eingerichtet. Dort, wie auch in Schlesien, wurde Zink abgebaut, an Ort und Stelle verhüttet und gewalzt. 1821 folgte Schlesien mit mehreren Walzwerken. Das damals bis in die 60er-Jahre hinein in Westeuropa und noch heute in Osteuropa verschiedenerorts übliche Walzverfahren war das sogenannte Paketwalzverfahren (Abb. 3.3), dessen Walzprodukte ausschließlich Tafeln waren, zumeist in der Standardabmessung 1×2 m. Die Dicken wurden als Nummern (etwa Zink Nr. 14 $\approx$ 0,7 mm) angegeben, die die ungefähre Durchschnittsdicke einer Tafel widerspiegelte und damit die erheblichen Dickentoleranzen weniger offensichtlich machte.

Abb. 3.2 Im frühen 19. Jh. hergestellte Ornamentspenglerei am Schloss Glienicke, Berlin. (Quelle: Rheinzink, Datteln)

Der Reinheitsgrad des Ausgangsmaterials betrug im Laufe der technologischen Entwicklung bis zu 98,5 % und die Materialqualitäten waren mit den heutigen nicht annähernd vergleichbar. So konnte paketgewalztes Zink nicht parallel zur Walzrichtung gefalzt werden, hatte keine Zeitstandfestigkeit und eine thermische Längenänderung von 0,036 mm / (m × K), um nur die wesentlichsten Eigenschaften zu nennen.

Da die genannten Materialeigenschaften den europäischen Marktanforderungen nicht mehr genügten, wurde dieses Walzverfahren und damit verbunden auch die Werkstofftechnologie in Deutschland durch das Gieß-Walz-Verfahren von RHEINZINK abgelöst (Abb. 3.4). Mit diesem technisch sehr fortschrittlichen und laufend verbesserten Walzverfahren werden aus der RHEINZINK-Legierung in einem kontinuierlichen Arbeitsgang (Schmelzen – Gießen – Walzen – Aufwickeln) Bänder in vorgegebenen Dicken herge-

Abb. 3.3 Paketwalzverfahren für Tafelmaterial, in Mitteleuropa bis in die 1960er-Jahre, in Osteuropa teilweise noch heute üblich. (Quelle: Rheinzink, Datteln)

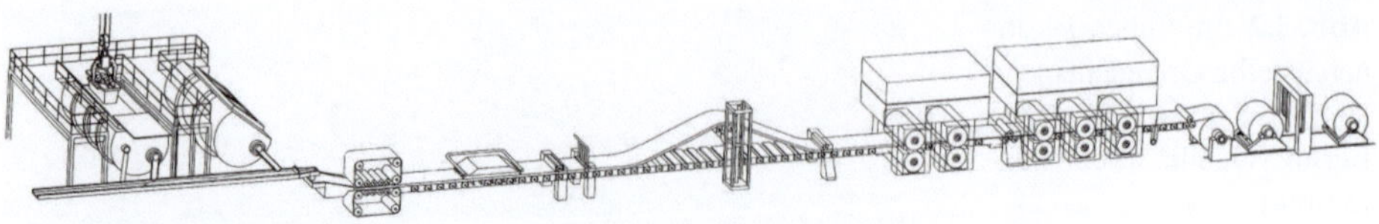

Abb. 3.4 Gieß-Walz-Verfahren bei RHEINZINK. (Quelle: Rheinzink, Datteln)

stellt, die anschließend auf Scherenlinien zu Bändern, Schmalbändern, Tafeln oder Streifen geschnitten werden.

Das **Linz-Donawitz-Verfahren** (Abb. 3.5) LD (engl. „basic oxygen process“, BOB) ist ein Sauerstoffblasverfahren zum Frischen, also zur Stahlerzeugung durch Umwandlung von kohlenstoffreichen Stahl. Mit dem LD-Verfahren werden (Stand 2019) etwa 74 % der Weltrohstahlproduktion erzeugt.

Das LD-AC-Verfahren ist eine Weiterentwicklung des LD-Verfahrens zum Frischen von Rohstahl. Dabei wird über die Lanze zusammen mit dem reinen Sauerstoff zusätzlich noch Kohlenstaub eingeblasen, was zusätzlich unerwünschte Nebenbestandteile in der Schlacke bindet.

Weitere moderne Verfahren sind:

1. Konventionelle Hochofenroute (BF-BOF)
   - Konventionelle Hochofenroute mit Kohlenstoffabscheidung (BF-CCS)
   - Wasserstoffdirektreduktion (H-DR)
   - Eisenerzelektolyse (EW)

Gebräuchlich ist außerdem noch das Elektrolichtbogenverfahren (Abb. 3.7).

Abb. 3.5 Sauerstoffblasverfahren. (Quelle: Backe, Hiese; Minden)

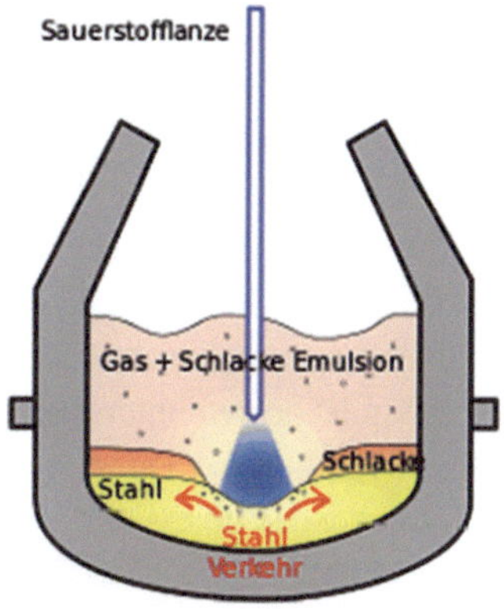

Abb. 3.6 Prinzip des LD-Konverters. (Quelle: Backe, Hiese; Minden)

Abb. 3.7 Elektrolichtbogenverfahren. (Quelle: Backe, Hiese; Minden)

3.3 Eisenwerkstoffe

3.3.1 Eisen

Eisen (Fe, von lat. *ferrum*) ist ein chemisches Element und gehört zu den Schwermetallen. Rohdichte 7,86 kg/dm^3, Schmelzpunkt 1538 °C, relative Atommasse 56. Eisen steht mit 5 % nach Sauerstoff (46,6 %), Silizium (27,7 %) und Aluminium (8,1 %) an vierter Stelle der in der festen Erdkruste vertretenen Elemente. Als unedles Metall kommt Eisen in der Natur nicht in reiner Form vor, sondern nur in Verbindung mit anderen Elementen, besonders mit Sauerstoff als Eisenoxid. Die Abtrennung des Sauerstoffs vom Eisen nennt man Reduktion. Unter dem Begriff Eisen versteht man auch den Werkstoff Eisen mit einem Reinheitsgrad von 99,8–99,9 %.

Eisenerze sind chemische Verbindungen des Eisens mit Sauerstoff und anderen Elementen. Die wichtigsten Eisenerze sind Magneteisenstein (Fe_3O_4), Roteisenstein (Fe_2O_3), Brauneisenstein ($2Fe_2O_3 \cdot 3H_2O$) und Spateisenstein. Die Erze werden mit Zuschlägen von Ton, Quarz und hauptsächlich Kalk im Hochofen geschmolzen.

Das Produkt, das aus den Eisenerzen geschmolzen wird, nennen wir Roheisen (Abb. 3.8). Es hat einen Kohlenstoffgehalt von 3–4 %, ist leicht schmelzbar, aber spröde und lässt sich nicht schmieden, walzen, hämmern, pressen oder schweißen.

Beim Roheisen unterscheidet man Grauroheisen (graues Roheisen) und Weißroheisen (weißes Roheisen). Der Name richtet sich nach der Farbe der Bruchflächen.

Das technische Eisen ist kein chemisch reines Metall, sondern es enthält eine Reihe anderer Metalle und Nichteisenmetalle, die zum Teil erwünscht, zum Teil unerwünscht sind. Kohlenstoff (C) hat sowohl mengenmäßig als auch durch die Form, in der er vorhanden ist, einen ausschlaggebenden Einfluss auf die Eigenschaften des technisch verwendeten Eisens (Abb. 3.9). Außerdem sind Beimengungen von Aluminium (Al), Chrom (Cr), Kupfer (Cu), Mangan (Mn), Molybdän (Mo), Nickel (Ni), Phosphor (P), Silizium (Si), Vana-

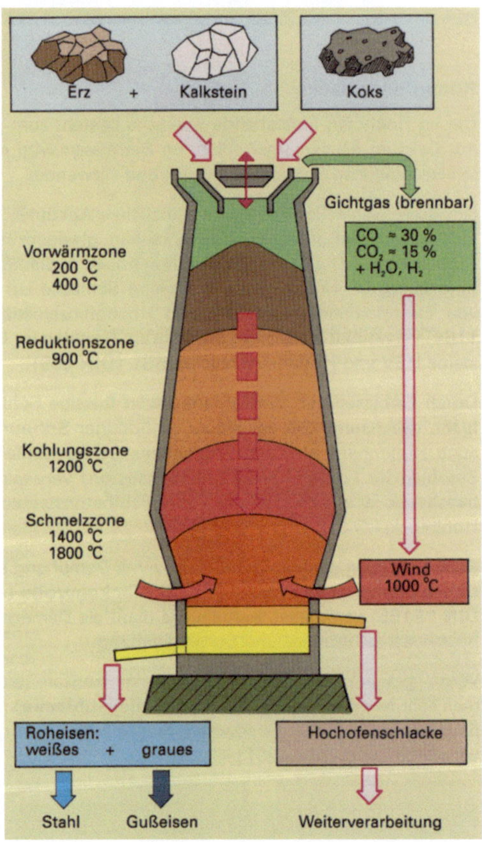

Abb. 3.8 Gewinnung von Roheisen. Eisen wird in Schmelzöfen aus Eisenerz gewonnen. Dieses Eisen heißt Roheisen. Durch Umwandlung des Roheisens entstehen die beiden technisch verwertbaren Eisensorten Gusseisen und Stahl. Stahl hat einen Kohlenstoffgehalt von weniger als 1,7 %. (Quelle: Backe/Hiese, Minden)

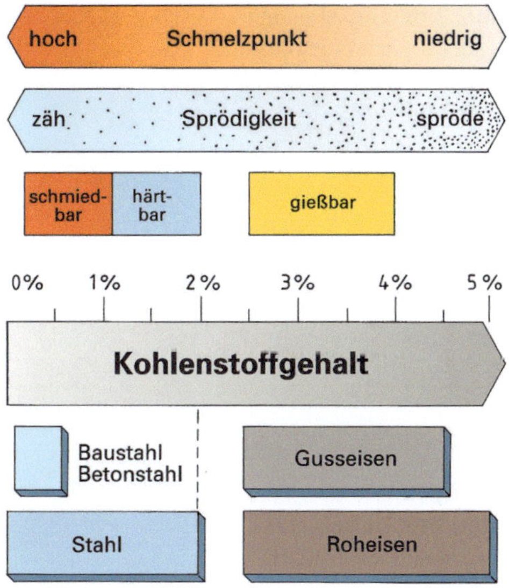

Abb. 3.9 Einfluss des Kohlenstoffgehalts. (Quelle: Backe/Hiese, Minden)

dium (V), Wolfram (W) u. a. enthalten, die in geringen Mengen, in denen sie i. Allg. vorkommen, jedoch keinen Einfluss auf die Qualität des Eisens ausüben.

Chemisch reines Eisen ist für technische Zwecke i. Allg. nicht verwendbar. Erst durch Legierungen wird es für die Technik nutzbar. Als Legierung verwendet man Metalle wie Mangan, Kupfer, Chrom, Nickel oder Nichtmetalle wie Kohlenstoff und Silizium. Diese zur Legierung benutzten Stoffe betragen meist nur wenige Prozent, doch sie sind entscheidend für die technischen Eigenschaften der Eisen- und Stahlsorten.

Das Gefüge des Eisens (und des Stahls) richtet sich nach der chemischen Zusammensetzung, nach Temperatur, Schmelzart und Abkühlungsgeschwindigkeit.

3.3.2 Gusseisen

Die Bedeutung des Gusseisens (Eisenlegierung mit 3–4 % C) für die Bautechnik ist wegen seiner Empfindlichkeit gegen Biegebeanspruchung, Stoß und Schlag immer mehr im Schwinden begriffen, obgleich es korrosionsbeständiger ist als gewöhnlicher Stahl (Abb. 3.10 und 3.11). Im Bauwesen werden die früher ausschließlich aus Gusseisen hergestellten Rohre und Armaturen für Kanalisationen immer mehr durch solche aus keramischen Baustoffen ersetzt.

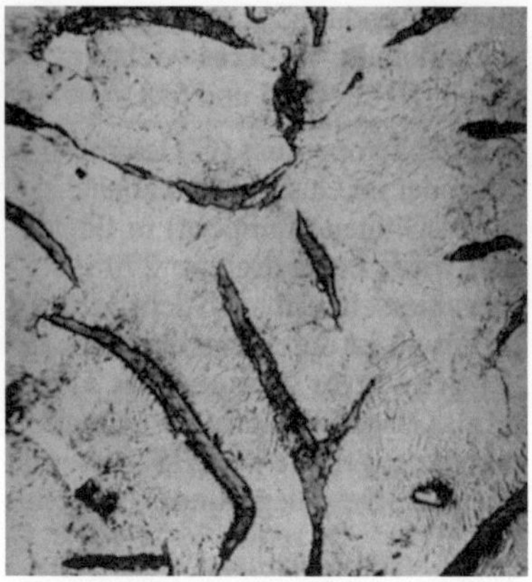

Abb. 3.10 Gusseisen mit Lamellengrafit in perlitischer Grundmasse. (Quelle: Dierks, Düsseldorf)

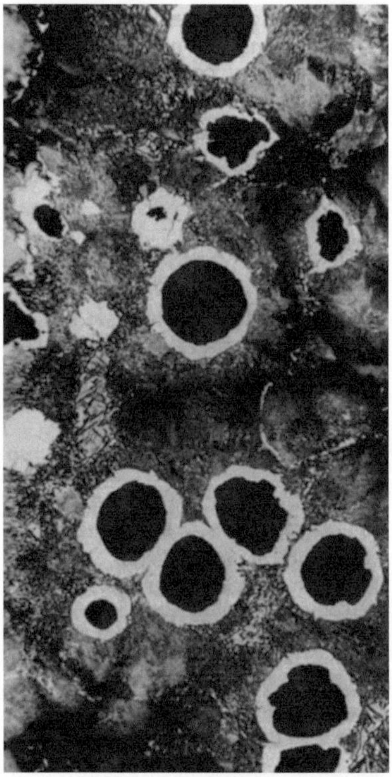

Abb. 3.11 Gusseisen mit Kugelgrafit in perlitischer Grundmasse mit Ferrithöfen um die Grafitkugeln. (Quelle: Dierks et al., Berlin)

Die wesentlichen Sorten von Gusseisen sind

- GJL = Gusseisen mit Lamellengrafit (GJ: Gusseisen, L: lammellar),
- GJS = Gusseisen mit Kugelgrafit (S: sphärisch),
- GJM = Temperguss (M: Temperkohle),
- Sondersorten (z. B. säurebeständig und verschleißfest).

3.4 Stahl

3.4.1 Begriff und Arten

Stahl ist eine Legierung (= Mischung) aus Eisen und anderen Elementen und zwar nichtmetallischen wie Kohlenstoff, Silizium, Phosphor und Schwefel und metallischen wie z. B. Mangan, Chrom, Nickel oder Molybdän. Wichtigstes Legierungselement ist Kohlenstoff, der bei Stahl mit Ausnahme einiger chromreicher Stähle höchstens 2 % beträgt. Bei C-Gehalten über 2 % spricht man allgemein von Gusseisen.

Auch ist es üblich, Stahl nach der chemischen Zusammensetzung zu klassifizieren. Als Stahlsorte werden verschiedene Arten von Stählen bezeichnet (DIN EN 10027-2017-01). Durch die Angabe der Stahlsorte garantiert der Hersteller bestimmte Eigenschaften, Neben der kurzgefassten Klassifizierung (DIN EN 10027 T.2) nach Werkstoffnummern, enthält jeder Stahl noch einen Werkstoffkurznamen, der sich nach seiner Einsatzbestimmung richtet. (DIN EN 10027 T.1.)

Werkstoffkurznamen (Beispiele):

- Unlegierte Stähle
- Unlegierte Edelstähle
- Mikrolegierte Stähle
- Niedriglegierte Stähle
- Hochlegierte Stähle
- Schnellarbeitsstähle
- Einsatzstähle
- Vergütungsstähle
- Stahlguss

Baustähle sind Stähle für den Stahl und Maschinenbau. Sie machen zusammen mit den Betonstählen über die Hälfte der weltweiten Stahlproduktion aus.

Betonstahl, Bewehrungsstahl oder Armierstahl (früher auch Moniereisen) dient als Bewehrung von Stahlbetonteilen und wird nach dem Einbau in die Schalung mit Beton vergossen.

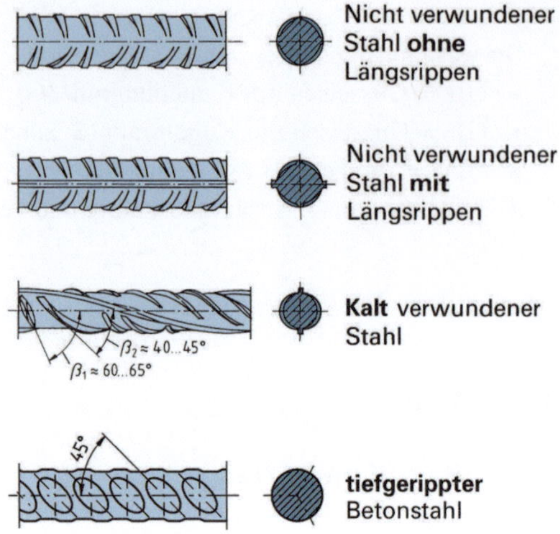

Abb. 3.12 Betonstabstahl mit eingewalzten Rippen. (Quelle: Stahlfibel, Verein deutscher Eisenhüttenleute)

Betonstahl, Spannstahl und Spannbeton zählen nach der neuen Systematik nicht zu den Baustählen (Abb. 3.12).

► In der Gliederung der Stähle nach DIN EN 10025 erhalten Betonstähle das Vorsatzzeichen B 3.

Beispiel Betonstabstahl B 500B
1 Zahl = Streckgrenze
B = Duktilitätsklasse
A = profilierter kaltverformter Stabstahl
B = warmgewalzter und gerippter Stabstahl

► Die heutigen Betonstähle sind alle schweißgeeignet.

Eine wichtige Eigenschaft des Betonstahls ist dessen Verbund mit dem umgebenden Beton. Zur Verbesserung des Verbunds werden Rippen aufgerollt oder ausgewalzt. Durch die **Rippen** wird eine lokale Verzahnung zwischen dem Beton und dem Stahl erreicht, was eine optimale Kraftübertragung über eine kurze Verbundlänge ermöglicht.

3.4.2 Bearbeiten und Verbinden

Stähle werden bearbeitet durch:

- Schmieden
- Pressen
- Ziehen
- Walzen

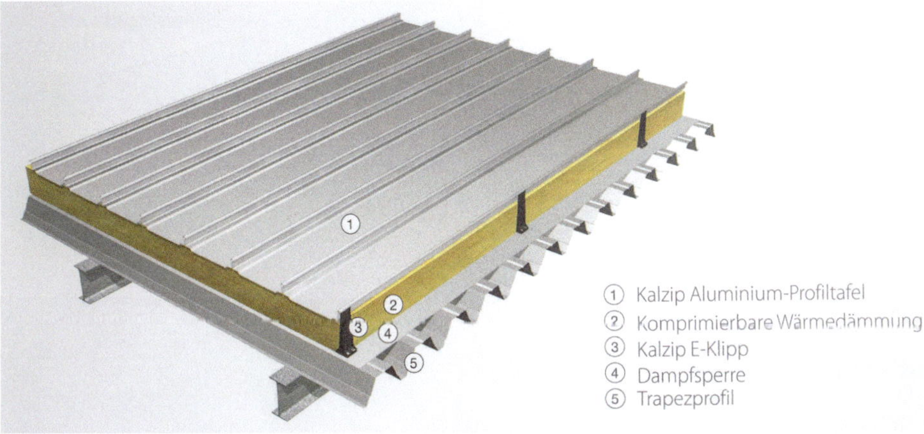

Abb. 3.13 Stehfalzdach aus Aluminium. *1* Aluminium – Profiltafel, *2* Komprimierbare Wärmedämmung, *3* Eckklip, *4* Dampfsperre, *5* Trapezprofil. (Quelle: Kalzip, Koblenz)

Und verbunden durch:

- Falzen (Abb. 3.13)
- Schweißen (Abb. 3.14)
- Löten (Abb. 3.15)
- Nieten (Abb. 3.16)
- Schrauben (Abb. 3.17)
- Kleben (Abb. 3.18)

Außenwände und Dächer werden oft mit Blechen aus Kupfer, Blei Zink und Aluminium abgedeckt. Diese Blechverbindungen werden durch Falze hergestellt.

Beim Schweißen werden die zu verbindenden Metalle an ihren Stoßstellen bis zum Schmelzfluss erwärmt. Die Stücke verschmelzen dann mit oder ohne Zusatzwerkstoffe. Da die Schmelzpunkte der einzelnen Metalle stark voneinander abweichen, können nur gleichartige Metalle miteinander verschweißt werden.

Auf der Baustelle werden in der Regel 2 Verfahren, das Gasschmelzschweißen und das Lichtbogenschweißen, angewandt.

Durch Löten werden metallische Werkstoffe stoffschlüssig miteinander verbunden. Lot und Werkstoff sollen miteinander legieren.

Beim Nieten kommt es durch eine Stauchung des Nietschaftes zu einer kraftschlüssigen Verbindung.

Eine Schraube bildet beim Zusammenfügen mit einem Schraubenkopf (Mutter) eine kraftschlüssige Verbindung.

Durch Kleben lassen sich sowohl gleichartige als auch unterschiedliche Werkstoffe stoffschlüssig miteinander verbinden.

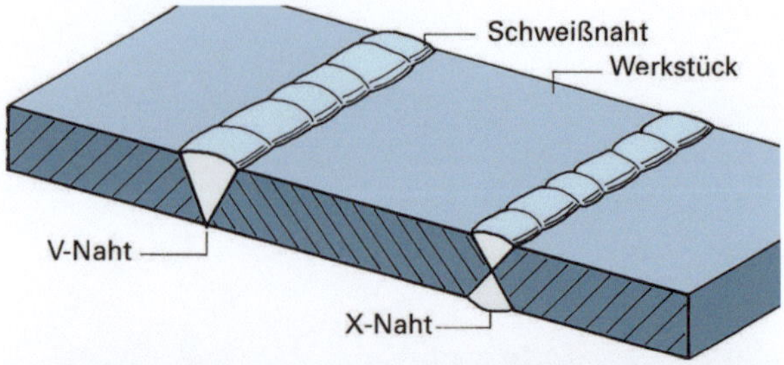

Abb. 3.14 Schweißverbindungen. (Quelle: Kalzip, Koblenz)

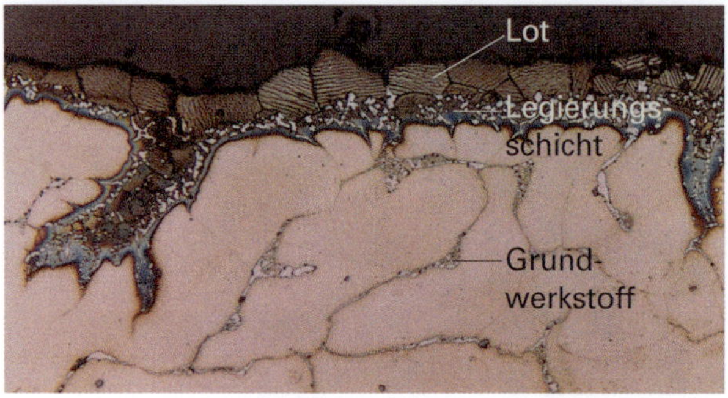

Abb. 3.15 Lötung und Legierungsbildung. (Quelle: Kalzip, Koblenz)

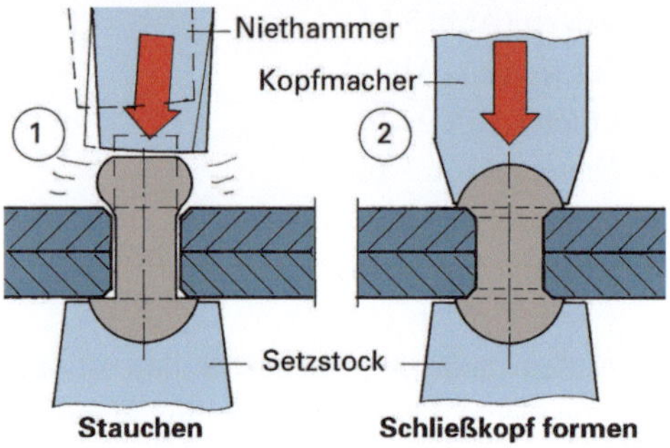

Abb. 3.16 Nietvorgang. (Quelle: Kalzip, Koblenz)

3.4.3 Einteilung von Stahl

Die Einteilung der Stähle ist in der DIN EN 10020 genormt (Tab. 3.3).

Demnach unterscheidet man:

- nach der chemischen Zusammensetzung: legierte und unlegierte Stähle
  - warmgewalzte Erzeugnisse aus unlegierten Baustählen (DIN EN 10025) und Feinkornstähle (DIN EN 10113) mit normalem Korrosionsverhalten,
  - wetterfeste Baustähle (DIN EN 10155); niedriglegierte Stahlsorten, die ohne Korrosionsschutz verwendet werden können, da sie durch Ausbildung einer Deckschicht den Korrosionsfortschritt stark verlangsamen,

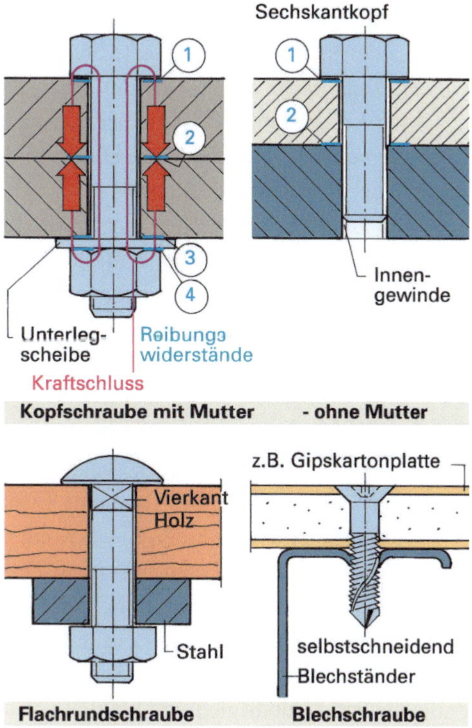

Abb. 3.17 Schraube mit und ohne Mutter. (Quelle: Kalzip, Koblenz)

Tab. 3.3 Einteilung der Stähle nach Hauptgüteklassen nach DIN EN 10020

Qualitätsstähle	Edelstähle
Edelstähle unterscheiden sich von den Qualitätsstählen durch: höhere Anforderungen an den Reinheitsgrad und die chemische Zusammensetzung verbesserte Möglichkeiten für die Wärmebehandlung	
Unlegierte Qualitätsstähle	**Unlegierte Edelstähle**
Stahlgruppe (Auswahl)	**Stahlgruppe (Auswahl)**
Unlegierte Baustähle Unlegierte Druckbehälterstähle Unlegierte Vergütungsstähle Automatenstähle Unlegierte schweißgeeignete Feinkornbaustähle	Unlegierte Vergütungsstähle Unlegierte Einsatzstähle Unlegierte Werkzeugstähle Unlegierte Stähle für Flamm- und Induktionshärtung
Legierte Qualitätsstähle	**Legierte Edelstähle**
Schienenstähle Elektrobleche und -bänder Dualphasenstähle Mikrolegierte Stähle mit höheren Streckgrenzen	Legierte Vergütungsstähle Legierte Einsatzstähle Legierte Werkzeugstähle Nitrierstähle Schnellarbeitsstähle

- nach der Güte: Qualitäts- und Edelstähle
  - „Edelstahl-rostfrei"; legierte Stähle mit erhöhter Korrosionsbeständigkeit gegen atmosphärische Korrosion, die durch Zulegieren von > 12 Masse% Chrom erreicht wird. Edelstähle weisen einen hohen Reinheitsgrad hinsichtlich störender Begleitelemente auf und sind zum Härten und Vergüten geeignet,
- nach der Verwendung: Baustähle
  - als Baustahl wird jeder nicht härtbare Stahl bezeichnet. Auf Baustahl, auch als Massenstahl bezeichnet, entfällt über 90 % der Stahlerzeugung. Baustahl wird für allgemeine Bauzwecke, aber auch für Maschinenteile verwendet. Er wird legiert und unlegiert hergestellt.

3.4.4 Stahlsorten in der Sanierung

Stähle sind Legierungen des Elements Eisen mit Kohlenstoff. Ohne wesentliche weitere Legierungselemente werden Eisen-Kohlenstoff-Stähle als unlegierte Stähle bezeichnet. Verglichen mit reinem Eisen haben sie bessere mechanische Eigenschaften (Zähigkeit, Härte), die zudem durch bestimmte Wärmebehandlungen beeinflusst werden können. Diese Eigenschaften können durch Zusätze weiterer Legierungselemente (Mangan, Silizium, Chrom) noch verbessert werden. Stähle, die ≤ 5 m% an besonderen Legierungselementen enthalten, sind „niedriglegierte Stähle".

Hochlegierte Stähle enthalten mehr als 5 m% an besonderen Legierungselementen. Die bedeutendste Gruppe unter den hochlegierten Stählen sind die chemisch beständigen Stähle, die von der Legierungszusammensetzung her durch Chromgehalte > 12 m% gekennzeichnet sind. Man unterteilt die chemisch beständigen Stähle in hitzebeständige und nichtrostende Stähle.

Hitzebeständige Stähle sind gegen den Angriff durch heiße Gase, insbesondere Luftsauerstoff und Verbrennungsgasen beständig. Diese Eigenschaft wird auch als Zunderbeständigkeit bezeichnet.

Baustahl Unlegierter Baustahl wird als allgemeiner Baustahl (Grundstahl) bezeichnet. Für seine Verwendung ist die Zugfestigkeit maßgebend. Seine Form erhält der Baustahl durch Gießen in Blockform und anschließendem Walzen (Tab. 3.4).

► Baustähle werden mittels Schmieden, Pressen, Ziehen und Walzen bearbeitet und durch Schweißen, Löten, Nieten, Schrauben und Kleben verbunden.

Tab. 3.4 Auswahl der Walzprofile

Bez.	Bemerkung	Geeignet für:
Stabstahl	Quadratstahl	Knaggen, Futter (Stützen)
	Rundstahl	Zugstangen
	Flachstahl b ≦ 150 mm	Laschen, Futter, Zugstäbe
	C-Stahl h ≦ 80 mm	
	Winkelstahl (gleichschenklig)	Winkelanschlüsse, Verbände
	Winkelstahl (ungleichschenklig)	Winkelanschlüsse, Verbände
	T-Stahl	Beulstreifen, Verbände
Formstahl	I-80 bis I-500	Biegeträger
	IPE-80 bis IPE-600	Biegeträger (Stützen)
	HE-A 100 bis HE-A 1000	Biegeträger (Stützen)
	HE-B 100 bis HE-B 1000	Biegeträger (Stützen)
	HE-M 100 bis HE-M 1000	Biegeträger (Stützen)
	C80 bis C400	Zusammengesetzte Profile: Biegeträger, Stützen, Verbände
Rohre, Hohlprofile	Rohrprofil	Stützen, ausbetonierte Stützen
	Hohlprofil	Stützen, ausbetonierte Stützen
Kaltgewalzte Profile	160–300 1,5–3,0	Pfetten für Hallen Stäbe für Fachwerkträger
	140–300 1,5–3,0	
	125–200 1,5–2,5	

Eigenschaften der Baustähle

- Festigkeit: Widerstand gegen Zug-, Druck-, Scher-, Biege- und Torsionsspannungen.
- Härte: Widerstand gegen Eindringen (Ritzen oder Eindrücken) eines anderen Stoffes.
- Elastizität: Fähigkeit, nach einer zeitlich und größenmäßig begrenzten Belastung die ursprüngliche Form wieder anzunehmen.
- Warm- und Kaltverformbarkeit: Verformbarkeit unter äußerer Beanspruchung (Druck/Zug) mit oder ohne Wärmeeinwirkung.
- Zerspanbarkeit: Bearbeitbarkeit durch Drehen, Fräsen, Hobeln, Feilen, Bohren, Sägen und Schleifen.
- Korrosionsbeständigkeit: Widerstandsfähigkeit der Oberfläche gegen chemischen und elektrochemischen Angriff durch Luft, Wasser, Säuren und Laugen.

Hergestellt wird Baustahl aus weißem Roheisen.

Wetterfeste Baustähle sind niedriglegierte Stähle, insbesondere mit Cu (0,25–0,55 %) und Chrom (0,30–1,25 %), daneben mit maximal 0,65 % Ni, 0,30 % Mo und 0,15 % Zr. Wetterfeste Baustähle bilden bei normaler Witterung eine schützende Deckschicht aus

Eisenoxid. Sie sind ohne zusätzlichen Korrosionsschutz anwendbar, jedoch nicht in starker Industrie- oder Meeresatmosphäre sowie bei Dauerfeuchtigkeit und Tausalzeinwirkung. Da der anfänglich normal ablaufende Rostungsprozess sich erst allmählich verlangsamt, müssen die Blechdicken mindestens 3 mm betragen.

Als nichtrostende Stähle werden im allgemeinen Sprachgebrauch Stähle bezeichnet, die in der natürlichen Umgebung (Atmosphäre, Wasser, Erdboden) nicht rosten (rostfreie Stähle). Sie enthalten außer Chrom häufig Nickel. Die hochlegierten korrosionsbeständigen (säurebeständigen) Stähle sollen darüber hinaus auch in stärker korrosiven Medien (Säuren, Salzlösungen auch höherer Konzentrationen) gegen gleichmäßige Flächenkorrosion und besonders gegen örtliche Korrosionsangriffe beständig sein.

Wesentlich für die chemische Beständigkeit ist also das Legierungselement Chrom, welches sowohl hitzebeständigen als auch nichtrostenden Stählen ihre besonderen Eigenschaften verleiht.

Stähle sind Eisenlegierungen, bei denen Eisen den Hauptbestandteil darstellt. Bei Erhöhen des Nickel- und Molybdängehalts gelangt man zu den korrosionsbeständigen Nickel- und Molybdänlegierungen, bei denen Eisen nicht mehr den Hauptbestandteil darstellt.

Es gibt eine Vielzahl von Stählen und Legierungen. Jeder dieser Werkstoffe kann durch die Werkstoffnummer (nach DIN 17 007) oder die chemische Zusammensetzung (nach DIN 17 006) gekennzeichnet werden.

Nichtrostende Stähle nach DIN EN 10088-1 bis 3 sind hochlegierte Stähle mit C-Gehalt $< 1{,}2\,\%$ und Cr-Gehalt $> 10{,}5\,\%$, daneben Mo, Ni, Ti, Nb, Cu u. a. Im Bauwesen werden solche Stähle z. B. als Verankerung und Verbindung von Fassadenelementen, für Bauprofile, Beschläge und Fenster verwendet. Bezeichnungen: Edelstahl rostfrei, Nirosta, Remanit, V2 A, V4 A.

Betonstahl (BSt) nach DIN 488 (Abb. 3.19), DIN EN ISO 15630 und DIN EN 10080 ist ein Stahl mit nahezu kreisförmigem Querschnitt zur Bewehrung von Beton (Abb. 3.18). Er wird hergestellt als Betonstabstahl (S), Betonstahlmatte (M) oder als Bewehrungsdraht. Aufgrund der Stabform ergeben sich im Prinzip nur einachsige Spannungszustände.

Die Zahlen hinter BSt bedeuten die Streckgrenze und die Zugfestigkeit. Beispiel: BSt 500 S hat eine Streckgrenze von 500 N/mm^2 und eine Zugfestigkeit von 550 N/mm^2 (Kurzzeichen IV/S).

Die Herstellung von Betonstahl erfolgt durch:

- Warmwalzen ohne Nachbehandlung (naturhart),
- Warmwalzen und einer anschließenden Wärmebehandlung aus der Walzhitze,
- Kaltverformung.

Betonstähle werden als gerippte Einzelstäbe mit $d = 6$–28 mm geliefert. Die Festigkeit wird nur durch Legierungszusätze (naturharter Stahl), durch Kaltverformung (Verwinden

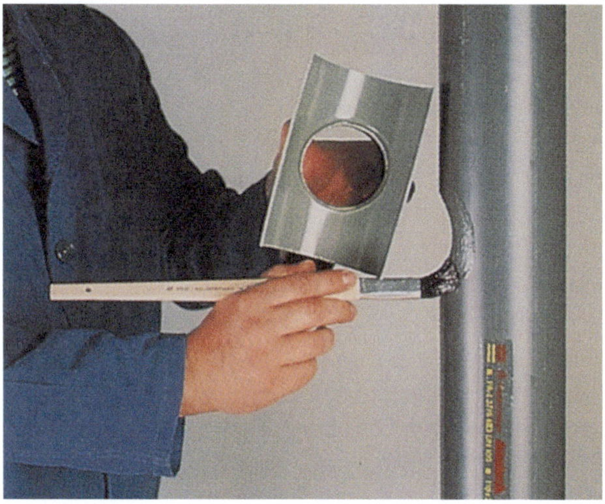

Abb. 3.18 Kleben eines Zweigstücks in eine Rohrleitung. (Quelle: Kalzip, Koblenz)

oder Recken) oder durch Vergüten erreicht. Die Sorten unterscheiden sich auch durch die Anordnung der Rippen.

Die **Betonstahlmatte** ist eine werkmäßig vorgefertigte Bewehrung aus sich kreuzenden Stäben, die an den Kreuzstellen durch Widerstandspunktschweißung scherfest miteinander verbunden sind (Abb. 3.20). Die Stäbe für Betonstahlmatten werden durch Kaltverformung (Ziehen und/oder Kaltwalzen) hergestellt. Seit 1929 werden Matten eingebaut. Sie verringern stark den Arbeitsaufwand beim Verlegen der Bewehrung. Deshalb werden flächige Stahlbetonbauteile sehr häufig mit Matten bewehrt.

Bewehrungsdraht ist ein glatter oder profilierter Betonstahl, der als Draht (in Ringen) hergestellt und vom Ring werkmäßig zu Bewehrungen weiterverarbeitet wird (Abb. 3.21). Er wird durch Kaltverformung hergestellt und darf nur durch Herstellerwerke von ge-

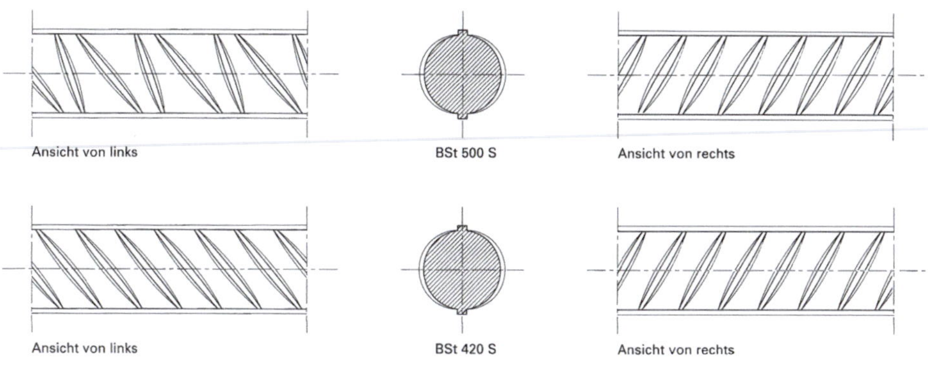

Abb. 3.19 Formen von Betonstahlstäben nach DIN 488

Abb. 3.20 Punktgeschweißter Korb (mit Kunststoffschuhen zur Vermeidung von Rostflecken) für die obere Lage von Deckenbewehrungen. (Quelle: Backe/Hiese, Minden)

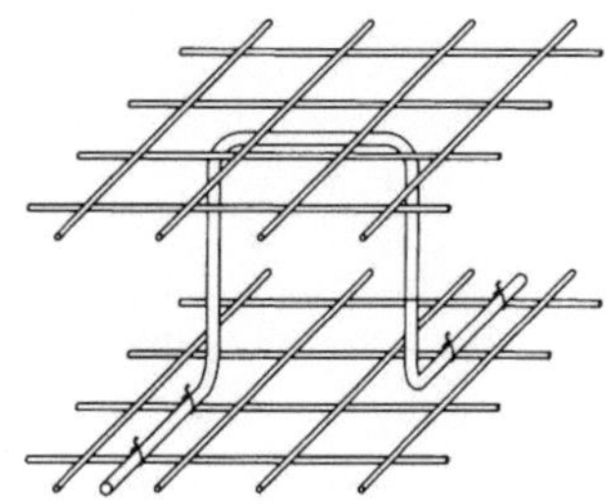

Abb. 3.21 Stützbügel für obere Lage von Deckenbewehrungen. (Quelle: ILS, Hamburg)

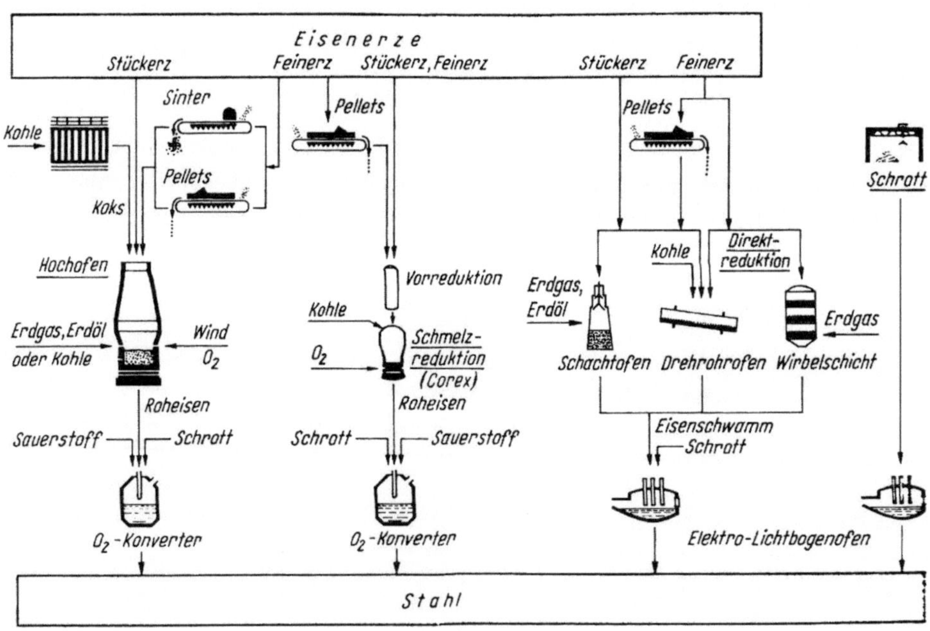

Abb. 3.22 Verfahrenswege für die Herstellung von Stahl. (Quelle: Batran Hamburg)

Abb. 3.23 Spannstäbe und -litze. (Quelle: Batran, Hamburg)

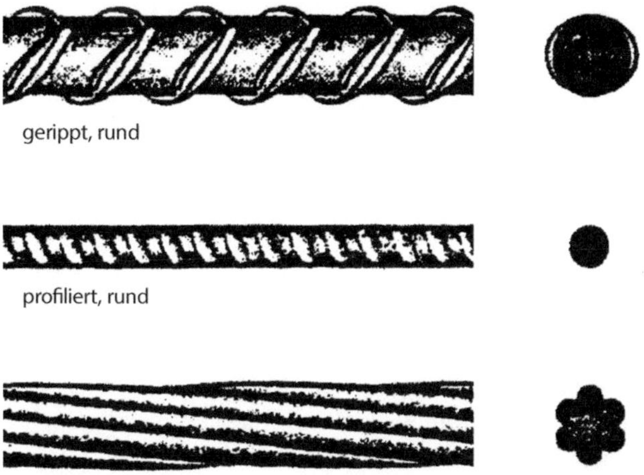

schweißten Betonstahlmatten ausgeliefert werden. Er ist unmittelbar vom Hersteller an den Verbraucher zu liefern.

Unterstützungskörbe Aus den Betonstahlmatten werden auch Unterstützungskörbe gebogen. Diese tragen die oben und/oder unten liegenden Bewehrungsmatten (Abb. 3.22).

Spannstahl unterscheidet sich von Betonstabstahl durch seine wesentlich höheren Festigkeiten. Diese liegen zwischen St 835/1030 und St 1570/1770. Spannstähle werden als Drähte und Stäbe mit Durchmessern zwischen 5–36 mm hergestellt. Alle Spannstähle bedürfen einer bauaufsichtlichen Zulassung. Die größte Sorgfalt besteht bei den kaltgezogenen Stählen, die in Durchmessern von 5–18 mm zu Litzen verseilt angeboten werden (Abb. 3.23). Die einzelnen Drähte können blank, verzinkt oder mit Kunststoff (PE) ummantelt sein. Innerhalb des PE-Materials lässt sich zusätzlich ein Korrosionsschutz in Form einer Fettschicht aufbringen (Abb. 3.24). Bei Verwendung solcher Litzen kann das spätere Einpressen von Zementmörtel entfallen.

Abb. 3.24 Litze mit Kunststoffummantelung und Fettschicht. (Quelle: Batran, Hamburg)

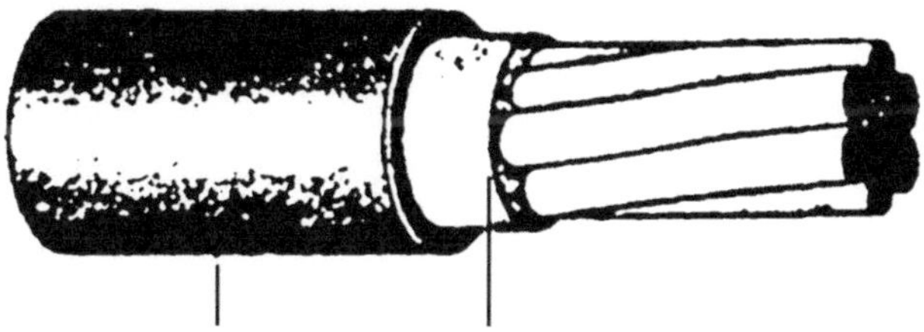

3.5 Nichteisenwerkstoffe

3.5.1 Einteilung – Eigenschaften – Verwendung

Kupfer und Blei wurden neben den Edelmetallen bereits im Altertum für Gebrauchsgegenstände, Bauten und Schmuck verwendet. Der einstige „Baustoff" kommt heutzutage, auch in der Sanierung, vor allem wegen der Giftigkeit kaum noch zum Einsatz, wird aber als Blei-Antimon-Legierung noch angewandt. Kupfer erlebt vor allem für Dächer, Rohre und Fassadenverkleidungen wieder eine „Renaissance" und Aluminium erlebt auch im Bauwesen einen sichtbaren Aufschwung. Die im Bauwesen am meisten angewendeten Nichteisenmetalle sind Aluminium, Magnesium, Kupfer, Zink und Zinn. Nach ihrer Dichte werden sie noch einmal in Schwermetalle ($\rho > 5\ kg/dm^3$) und Leichtmetalle ($\rho < 5\ kg/dm^3$) unterschieden.

Abb. 3.25 zeigt die Einteilung der NE-Metalle.

Kupfer und seine Legierungen bezeichnet man auch als Buntmetall.

Ebenso wie bei Eisenwerkstoffen unterscheidet man bei NE-Metallen Knet- und Gusswerkstoffe (Abb. 3.26). Ein vorgesetztes „G" kennzeichnet stets eine Gusslegierung. Ein weiterer Buchstabe kennzeichnet das spezielle Gießverfahren z. B. GK = Kokillenguss.

In den Tabellen sind wichtige Eigenschaften und Anwendungsmöglichkeiten der Schwermetalle (Tab. 3.5) und der Leichtmetalle (Tab. 3.6) zusammengefasst.

Abb. 3.25 Einteilung der Nichteisenmetalle

Nichteisenmetalle

Schwermetalle Dichte $\rho \geq 5\ kg/dm^3$		Leichtmetalle Dichte $\rho \leq 5\ kg/dm^3$	
Blei	11,3	Titan	4,5
Kupfer	8,9	Aluminium	2,7
Nickel	8,8	Magnesium	1,74
Mangan	7,4	Calcium	1,54
Zinn	7,3	Natrium	0,77
Chrom	7,7		
Zink	7,1		

Abb. 3.26 Einteilung nichtmetallischer Werkstoffe

Nichteisenmetalle

Knetwerkstoffe (umgeformt) ohne vorgesetzten Buchstaben	Gusswerkstoffe (urgeformt $\approx$ gegossen) G vorgesetzt

Tab. 3.5 Schwermetalle

Metall	Rohstoff	Eigenschaften	Anwendung im Bauwesen
Kupfer (Cu) $\rho = 8{,}94\ g/cm^3$	Ausgangsstoffe sind Kupfererze, Kupferkies und Kupferglanz mit 0,5–0,8 % Cu. Durch Reduktion entsteht Rohkupfer mit 97–99 % Cu, durch Oxidation Hüttenkupfer mit 99 % Cu, durch elektrolytische Raffination Hüttenkupfer	Rot glänzend, weich, zäh, dehnbar, Wärme und Strom leitend, korrosionsbeständig, weich- und hartlötbar, schweißbar	Abdeckungen, Verwahrungen, Dachrinnen, Regenrohre, Rohrleitungen, Legierungen mit Zink und Zinn, Außenwandverkleidungen, Kupfermittelband
Zink (Zn) $\rho = 7{,}13\ g/cm^3$	Zinkkarbonat (Zinkspat) und Zinkblende. Gewinnung durch Rösten (zu ZnO) und Reduktion mit Koks	Silber glänzend, weich, gut bearbeitbar, große Wärmedehnung, korrosionsbeständig, gut weichlötbar	Abdeckungen, Verwahrungen, Dachrinnen, Regenrohre, Zinküberzug für Stahlbauteile, Legierungen mit Kupfer und Titan (= Titanzink)
Zinn (Sn) $\rho = 7{,}3\ g/cm^3$	Zinnstein; Gewinnung durch Reduktion	Weich wie Blei, dehn- und lötbar, beständig gegen Säuren und Laugen	Überzug von Kupferblitzableitern, Rohre, Innenverzinnung von Bleirohren
Blei (Pb) $\rho = 11{,}3\ g/cm^3$	Bleiglanz PbS, meist gebunden an Zinkblende ZnS und andere Mineralien. Gewinnung durch Rösten (Schwefelentzug) und Oxidation (Sauerstoffentzug)	Blaugrau, hohe Dichte, weich, gut bearbeitbar, korrosionsbeständig, giftig!	Dachanschlüsse, Abdichtungen für Abwasser und Kanalisation, Legierungen mit Zinn, Weichlot, Sprossenblei für Bleiverglasungen
Nickel (Ni) $\rho = 8{,}8\ g/cm^3$	Elementar in Eisenmeteoriten (8 % Ni), sonst nur chemisch gebunden mit Co oder Kupferschiefer	Schwach-gelbliches ferromagnetisches Metall, zäh und dehnbar, an der Luft beständig, schweißbar	Legierungen für Sonderstähle als Korrosionsschutz, reines Nickel wird kaum verwendet
Chrom (Cr) $\rho = 7{,}2\ g/cm^3$	Nur chemisch gebunden, z. B. an Aluminium, als Chromeisenstein und Rotbleierz	Bläulich-weißes, sehr hartes und sprödes Metall, das auch an feuchter Luft seinen Glanz behält, säurelöslich	Überzug auf Metallen für Edelstähle mit hoher mechanischer Beanspruchbarkeit; Stahllegierung mit über 12 % Cr ist edelmetallähnlich korrosionsbeständig. Bei der Hartverchromung werden Cr-Schichten (bis 500 µm) direkt auf den Stahl, bei der Dekorverchromung eine dünne Schicht (0,3 µm) auf eine korrosionsschützende Kupfer-Nickel-Schicht galvanisch aufgetragen

Tab. 3.6 Leichtmetalle

Metall	Rohstoff	Eigenschaften	Anwendung in der Sanierung
Aluminium (Al) $\rho = 2{,}7\ g/cm^3$	In der Erdrinde am meisten (8,1 %) verbreitetes Metall. Gebunden in Gesteinen, Erden, Salzen; z. B. Bauxit, Ton, Kaolin, Granit, Schiefer, Gneis.	Silbrig-weiß, matt, weich, Wärme und Strom leitend, korrosionsbeständig, schweißbar, hohe Festigkeit, gut bearbeitbar, gut gieß- und formbar	Dacheindeckungen, Wandverkleidungen als Folie für Sperrschichten, Legierungen mit Magnesium
Magnesium (Mg) $\rho = 1{,}74\ g/cm^3$	Magnesit, Dolomit und Karnalit. Gewinnung hauptsächlich durch Schmelzflusselektrolyse	Hervorragende Zerspanbarkeit, schmied- und schweißbar	Bleche, Profile, Handläufe, Bau- und Möbelbeschläge, Heizkörperverkleidungen

3.5.2 Kupfer und Blei

Bei langem Lagern an trockener Luft bildet sich eine braunrote Oxidschicht. An feuchter Luft, bei Einwirkung von Kohlenstoffdioxid, entsteht allmählich eine grüne Schicht. Diese Schicht, auch Patina genannt, schützt dauerhaft das darunterliegende Kupfer (Abb. 3.27).

Eine neuere Anwendung ist der Einsatz des Kupfers für Abdichtungszwecke. Dabei wird eine Kupferfolie zwischen zwei Bitumendeckschichten angeordnet. Für die Sanierung ist außerdem wichtig zu wissen, dass Kupfer gegenüber frischem Kalk- und Zementmörtel sehr beständig ist, in Gegenwart von Sauerstoff von Säuren allerdings angegriffen wird.

3.5.3 Aluminium und Magnesium

Bei der Sanierung mit Aluminium ist Folgendes zu beachten: Da frischer Mörtel und Beton Aluminium angreifen, müssen alle Berührungsstellen bei Vorhandensein von Feuchtigkeit durch Bitumenpappe oder andere Sperrmittel geschützt werden. Wegen der Gefahr von Zerstörungen durch elektrolytische Vorgänge ist der Zusammenbau mit anderen Metallen grundsätzlich zu vermeiden. Dies gilt auch für die Verbindungsmittel. Schrauben und Nieten müssen gegen das Aluminium gut geschützt sein oder aus geeigneten Aluminiumlegierungen bestehen.

Die natürliche Oxidschicht des Magnesiums hat nur geringe Schutzwirkung gegen Korrosion, daher Oberflächenbehandlung durch Beizen mit Chromatlösungen, anodische Oxidation (nicht so sicher wie bei Al), zusätzliches Lackieren. Magnesium neigt zur elektrochemischen Korrosion, daher Berührung mit Stahl und Kupfer vermeiden, Sperrschichten anordnen und Befestigungsschrauben in Kunstharz tauchen.

Abb. 3.27 Barocke Turmhaube. An feuchter Luft bildet sich auf Kupfer eine Schutzschicht

3.6 Legierungen

Wenn Metalle mit anderen Metallen oder Nichtmetallen in flüssigem Zustand gemischt werden, spricht man von Legierungen. Sie sind u. a. in der DIN 1718 für Kupferlegierungen beschrieben und in der DIN EN 573 genormt.

Neben der Festigkeit und der Form werden Metalle und NE-Metalle auch nach ihrem Legierungsgrad unterschieden.

Tab. 3.7 gibt darüber einen Überblick.

Legierungen haben auch einen entscheidenden Einfluss auf die technologischen Eigenschaften (vgl. Tab. 3.8).

Tab. 3.7 Legierungsgrade

Legierungsgrad	Legierungszusatz	Stahlart	Verwendung
Unlegierte Stähle	–	Baustahl	Form- und Stabstähle, Stahlbleche und Stahlrohre, Ankerschienen, Spundwände
		Betonstahl	Betonstabstähle, Betonstahlmatten
Niedriglegierte Stähle	< 5 % Chrom, Vanadium, Molybdän, Nickel ect.	Hochleistungsstahl, Spezialstahl	HLS und SP für Werkzeuge
Hochlegierte Stähle	5–30 % Legierungsmetallanteil	Hochleistungsstahl	HSS für Schneidwerkzeuge mit hoher Standzeit

Rostsichere Stähle haben einen Legierungsanteil von 18 % Chrom und 8 % Nickel

Tab. 3.8 Einfluss von Legierungselementen auf die technologischen Eigenschaften

Technologische Eigenschaften	Legierungselemente									
	Al	Cr	Ni	Mn	Mo	P	S	Si	V	W
Streckgrenze	0	+	+	+	+	+	0	+	+	+
Zugfestigkeit	0	+	+	+	+	+	0	+	+	+
Kerbschlagzähigkeit	–	–	0	0	+	–	–	–	+	0
Zerspanbarkeit	0	0	–	–	–	+	+	–	0	–
Verschleißfestigkeit	0	+	–	–	+	0	0	–	+	+
Warmumformbarkeit	–	–	+	+	+	0	–	–	+	–
Kaltumformbarkeit	0	0	0	–	–	–	–	–	0	–
Härtbarkeit	0	+	+	+	+	0	0	+	+	+
Vergütbarkeit	0	+	+	+	+	0	0	+	+	+
Nitrierbarkeit	+	+	0	+	+	0	0	–	+	+
Härtetemperatur	0	+	0	–	+	0	0	+	+	+
Vergütungstemperatur	0	+	0	–	+	0	0	+	+	+
Schweißbarkeit	+	–	–	–	–	–	–	0	+	0
Korrosionsbeständigkeit	0	+	0	0	0	0	–	0	+	0

+ Zunahme, – Abnahme, 0 gleich bleibend

Metalllegierungen (Beispiele) Stahl ist eine Legierung aus Eisen und Kohlenstoff (max. 2 %)

Legierte Stähle sind:

Stahl mit Nickel, Mangan, Wolfram, Vanadin, Molybdän, Kobalt oder andere Metalle.

Es können auch mehrere Metalle in der Legierung verwendet werden.

Verzinktes Eisen ist Stahl mit einer reinen Zinkauflage.

Schwermetalllegierungen gelten als korrosionsbeständig, wenn der Korrosionsverlust 2,4 g/m^2 nicht überschreitet.

NE-Metall-Legierungen (Beispiele) Legierungen von NE-Metallen sind beispielsweise Messing und Bronze.

Messing besteht aus Kupfer und Zink (Auch Schlagmetall und Goldbronze sind Messing).

Gussbronze besteht aus Kupfer und Zinn.

Kupferlegierungen Durch Legierungszusätze wie Zinn, Zink, Nickel oder Aluminium werden hauptsächlich Festigkeit und Gießbarkeit verbessert.

Kupfer-Zink-Gusslegierungen (Messing).

Kupfer-Zinn-Gusslegierungen (Bronze) mit 2–20 % Sn; für Ventile, Armaturen, Pumpen, Fittings.

Kupfer-Zinn-Zink-Gusslegierungen für Armaturen.

Kupfer-Zink-Knetlegierungen mit 10–44 % Zn für Rohre und Armaturen; beständig gegen Meerwasser.

Kupfer-Aluminium-Knetlegierungen (Aluminiumbronze) bis 14 % Al; Fassaden, Gitter, Roste, Tore, Türen, Beschläge, Armaturen.

Kupfer-Nickel-Zink-Knetlegierungen (Neusilber) im Innenausbau für Wand- und Türbekleidungen, Geländer, Armaturen, Beschläge.

Zinklegierungen Mit geringen Mengen von Titan und Kupfer legiertes Zink hat eine höhere Festigkeit und eine geringere Wärmedehnung (Abb. 3.28). Diese Zinklegierung wird als Titanzink bezeichnet.

Titanzink für Bänder auf Rollen, Tafeln für Dachrinnen, Regenfallrohre, Traufbleche, Mauer- und Gesimsabblechungen, Randeinfassungen, Verkleidungen.

Feuerverzinkung von Stahl als Korrosionsschutz.

Zink-Druckguss für Beschläge aus Feinzink-Gusslegierungen.

Zinkfarben für Anstriche, insbesondere Zinkweiß.

Zinkstaub als Rostschutzpigment für Grundanstriche.

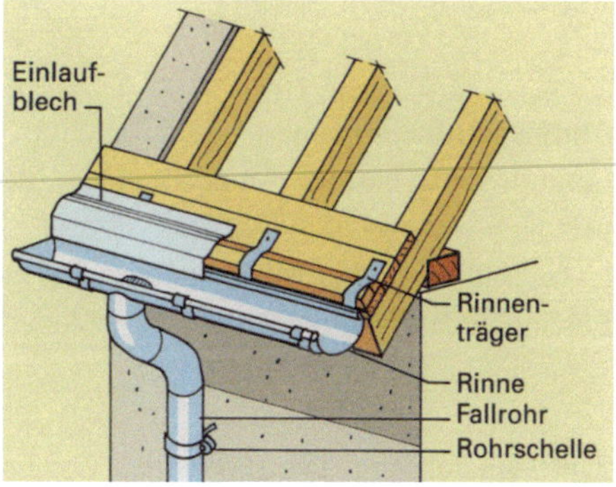

Abb. 3.28 Verzinktes Stahlrohr oder Titanzink für Dachrinnen und Regenrohre. (Quelle: Batran, Hamburg)

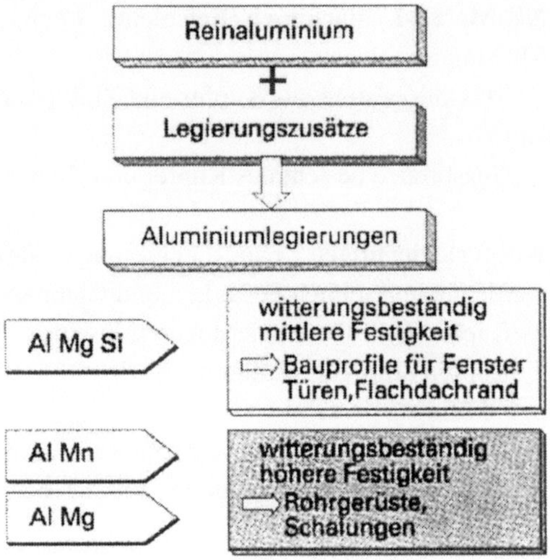

Abb. 3.29 Aluminiumlegierungen und ihre Anwendung. (Quelle: Schönburg/Stahr; Milzau, Leipzig)

Bleilegierungen Durch Zusatz von Antimon erhält man eine harte, zerreißfeste Bleilegierung. Sie wird als Hartblei oder Dachdeckerblei bezeichnet.

Blei-Antimon-Legierungen: für Auflagerplatten mit höherer Druckbelastung, Druckrohrleitungen, Abflussrohre, Kabelmantel.

Blei-Kupfer-Legierungen: erhöhte Festigkeit und Korrosionswiderstand.

Aluminiumlegierungen Durch bestimmte Legierungszusätze wie Kupfer, Zink, Mangan, Silizium und Magnesium lassen sich die Eigenschaften des Aluminiums verändern (Abb. 3.29). So bewirken die beiden Letzteren eine höhere Festigkeit und bessere Korrosionsbeständigkeit. Für das Bauwesen wichtige Aluminiumlegierungen sind:

- Aluminium mit Magnesium und Silizium,
- Aluminium mit Mangan,
- Aluminium mit Magnesium.

Magnesiumlegierungen Sie erhalten in der Regel 80 % Magnesium und 10–15 % Aluminium sowie geringe Anteile an Zink und Zinn. Es gibt sie als Guss- und Knetlegierungen.

Im Bauwesen werden Sie unter dem Namen Magnewin und Elektron hauptsächlich für Leichtbauelemente und in der Fassadenverkleidung verwendet. In der Sanierung ist ihre Anwendung zurzeit eher gering.

Zinklegierungen Die Basis einer Legierung ist Elektrolyt-Feinzink nach DIN EN 1179 mit einem Reinheitsgrad von 99,995 %. Diesem werden geringe, mengenmäßig exakt bestimmte Anteile von Titan sowie Kupfer zulegiert. Die Legierungszusammensetzung ist

Abb. 3.30 Empfangsgebäude der Fa. RHEINZINK, Datteln. Das Gebäude ist bereits mit einer blaugrauen Patina überzogen, wobei die Patina schrittweise aus einzelnen Tropfenflächen zusammenwächst. Bei den vorgefertigten walzblanken Dünnblechen werden auch geringfügige Welligkeiten durch Lichtreflexion optisch betont (Quelle: Rheinzink, Datteln)

neben anderen Faktoren zum einen bedeutsam für die materialtechnologischen Eigenschaften, aber auch für die Farbe, welche die Fa. RHEINZINK entwickelt hat.

Zink bildet an seiner Oberfläche eine blaugraue Schutzschicht, die sogenannte Patina (Abb. 3.30). Der chemische Prozess der Schutzschichtbildung verläuft in mehreren Schritten. Zunächst bildet sich mit Sauerstoff der Luft Zinkoxid. Durch Einwirkung von Wasser (Regen, Feuchtigkeit) bildet sich dann Zinkhydroxid, welches durch die Reaktion mit dem Kohlendioxid der Luft zu einer dichten, festhaftenden und wasserunlöslichen Deckschicht aus basischem Zinkkarbonat (Patina) umgewandelt wird. Diese blaugraue Schutzschicht ist verantwortlich für den hohen Korrosionswiderstand des Zinks.

Während das basische Zinkkarbonat die Grundlage darstellt, werden in Ergänzung dazu noch verschiedene andere Inhaltsstoffe aus der Umgebung in die Schutzschicht eingebaut. Auf diese Weise kann die farbliche Erscheinung in Nuancen von Ort zu Ort abweichen. Aus diesem Grund erscheint die Oberfläche nie „schmutzig“ und bedarf ihr Leben lang auch keinerlei Reinigung oder Wartung. Die Zinkkarbonatschicht ergänzt sich bei Beschädigung oder Abtragung durch einen dieser Abtragung entsprechenden Verbrauch von Zink.

4 Schutz metallischer Konstruktionen

4.1 Konstruktive Vorbemerkungen

Guter Schutz vor Korrosion muss bei der Formgebung der Stahlbauteile beginnen (Abb. 4.1).

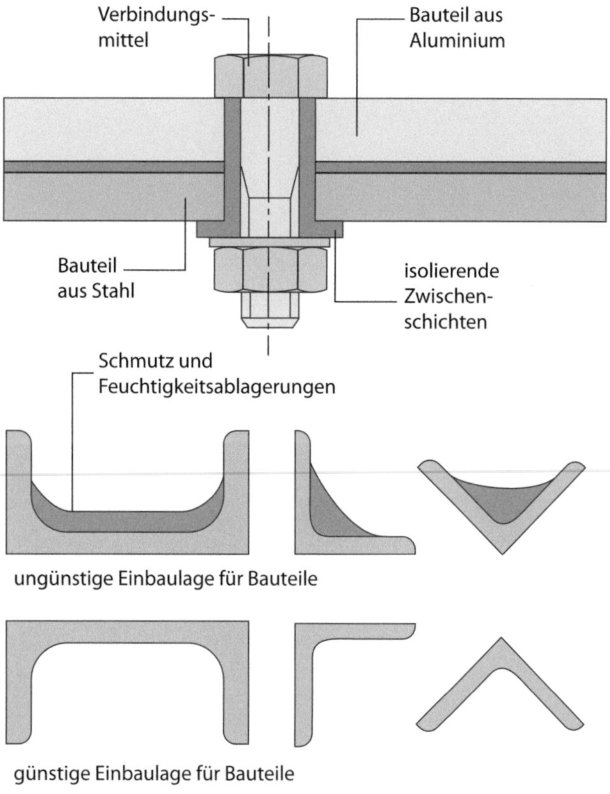

Abb. 4.1 Konstruktiver Korrosionsschutz. (Quelle: Schönburg/Stahr; Milzau, Leipzig)

M. Stahr und K.-P. Radermacher, *Sanierung von Metallbauteilen*,
https://doi.org/10.1007/978-3-658-30625-0_4

Es sollte so konstruiert werden, dass sich keine Wassersäcke und größere Schmutzablagerungen bilden können. Alle Stahlteile müssen zugänglich sein oder so geschlossen werden, dass kein Luftaustausch stattfinden kann. Bei zusammengesetzten Profilen sind der Profilhöhe entsprechend Mindestabstände einzuhalten.

Unter konstruktivem Korrosionsschutz versteht man z. B. eine entsprechende Auswahl der Werkstoffe, damit Kontakt zweier verschiedener Metalle unter Feuchtigkeit vermieden wird. Dies kann auch durch Einbringen einer isolierenden Zwischenschicht erreicht werden. Weiterhin ist es möglich, durch eine bestimmte Einbaulage der Bauteile, ein Festsetzen von Schmutz und Feuchtigkeit zu verhindern. Ebenso wird die Bewehrung durch eine ausreichende Betondeckung vor Korrosion geschützt.

Die korrosionsschutzgerechte Gestaltung eines Stahlbauteils beginnt in der Planung, wobei folgendes zu beachten ist:

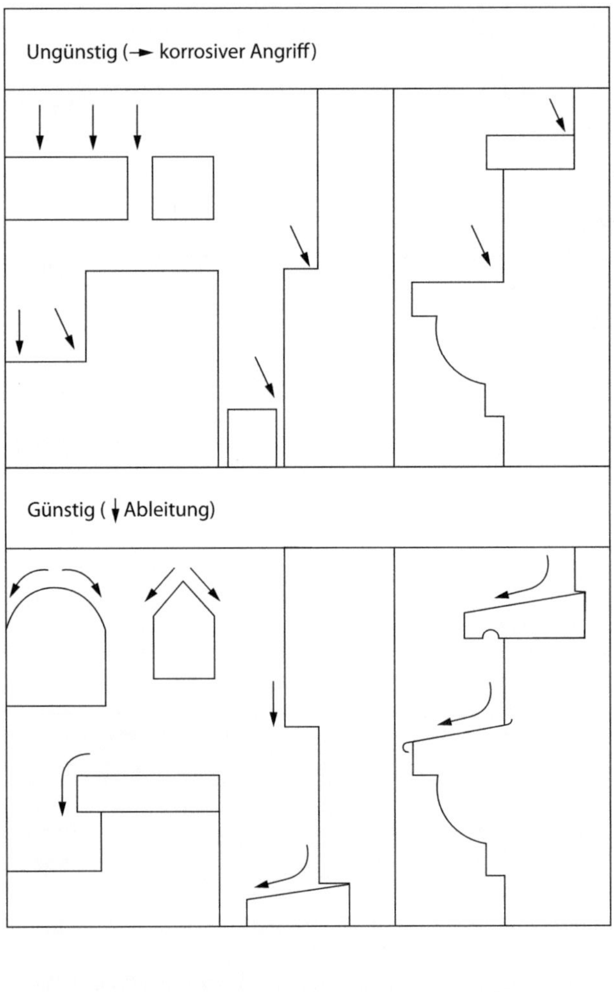

Abb. 4.2 Gegenüberstellung ungünstiger und günstiger Konstruktionen. (Quelle: Schönburg/Stahr; Milzau, Leipzig)

- Die Tragwerksteile sollten aus wenig gegliederten Profilen (Integralbauweise) mit kleiner Oberfläche bestehen. Eingliedrige Profile sind besser als mehrgliedrige, geschweißte besser als geschraubte.
- Die Oberflächen aller Bauteile müssen gut zugänglich sein zur Prüfung und Instandhaltung des Korrosionsschutzes.
- Wassersäcke und Schmutznester sind durch geneigte Oberflächen und Entwässerungsöffnungen zu vermeiden.
- Pressfugen und Schlitze sind zu verschließen, da keine Kontrollmöglichkeit mehr gegeben ist. Punktschweißungen und unterbrochene Schweißnähte sollten bei hoher Korrosionsgefahr nicht ausgeführt werden.
- Hohlträger müssen entweder ausreichend belüftet und entwässert oder so dicht verschlossen werden, dass weder Luft noch Feuchtigkeit eindringen können (Abb. 4.2).
- Scharfe Schnittkanten müssen gebrochen werden, damit die Schutzschichten um die Kante verlaufen.

4.2 Korrosionsschutzarten

4.2.1 Beschichtungsarten

Der eigentliche Korrosionsschutz erfolgt vor allem durch Beschichtungen und Feuerverzinkungen (Tab. 4.1).

- **aktiver Korrosionsschutz** direkter Eingriff (Werkstoff, Medium, Reaktion)
- **passiver Korrosionsschutz** Erzeugung von Schutzschichten (Trennschicht zwischen Werkstoff und Medium)
- **temporärer Korrosionsschutz** zeitweilige Maßnahme (d. h. zeitlich begrenzte Dauer des Transports, Lagerung usw.)

Tab. 4.1 Übersicht über den Korrosionsschutz

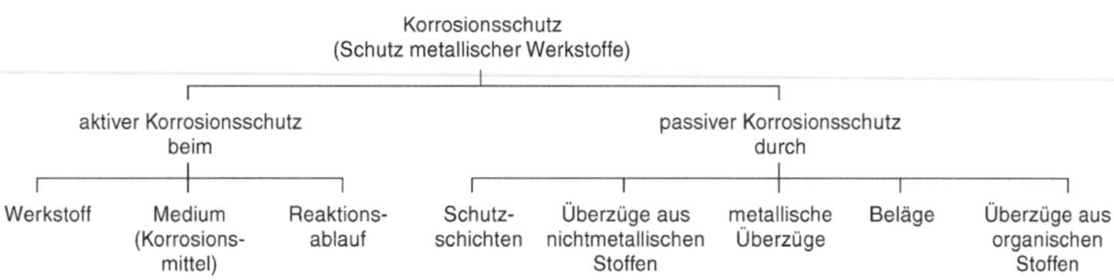

4.2.2 Aktiver Korrosionsschutz

4.2.2.1 Begriff und Verfahren

Zum aktiven Korrosionsschutz gehören Maßnahmen und Verfahren, mit denen durch Beseitigung oder Abschwächung der Wirksamkeit des Korrosionsmediums aktiv in zu erwartende Korrosionsvorgänge eingegriffen wird.

Beim aktiven Korrosionsschutz kann auf mannigfaltige Art in das Korrosionssystem aktiv eingegriffen werden. Als Beispiele seien genannt:

a) Verbesserung der Korrosionsbeständigkeit von Werkstoffen durch Legierungsmaßnahmen; Zugabe von Mo zu 18/8 CrNi-Stählen, Zugabe von Pd zu Titan
b) durch Beseitigung von Stimulatoren; Zugabe von Hydrazin, Levoxin, Sulfit zur Vermeidung der Sauerstoffkonzentration im Korrosionsmedium
c) Zugabe von Inhibitoren; anodisch wirkende (deckschichtbildende), kathodisch wirkende
d) elektrochemische Schutzverfahren; kathodischer bzw. anodischer Korrosionsschutz.

Für einen Praxiseinsatz muss die Wirksamkeit solcher Maßnahmen durch Prüfungen erhärtet werden. Darüber hinaus bedarf es vergleichender Untersuchungen, um die jeweils geeignetste Schutzmethode auszuwählen.

Die meisten Korrosionsuntersuchungen können auch als Prüfverfahren im Korrosionsschutz eingesetzt werden. In der Praxis wird nur von einer ausgewählten Anzahl Gebrauch gemacht. Spezielle Prüfverfahren, die nur im Bereich des Korrosionsschutzes angewendet werden, sind weniger zahlreich und werden nachfolgend behandelt.

- Es sind keine Prüfverfahren bekannt, die ausschließlich zur Prüfung der Güte des Korrosionsschutzes bzw. zur Entwicklung von Korrosionsschutzsubstanzen oder Korrosionsschutzmaßnahmen im aktiven Korrosionsschutz dienen.
- Die Schutzwirkung von Inhibitoren kann durch die Anwendung chemischer und elektrochemischer Korrosionsuntersuchungen bestimmt werden.
- Korrosionsschutz durch Legieren – Verbessern der Korrosionsbeständigkeit – und die Wirkung elektrochemischer Schutzverfahren werden ebenfalls mittels chemischer und elektrochemischer Korrosionsuntersuchungen nachgewiesen.

Nach Tab. 4.2 ergibt sich folgende Überlegung:

- aktiver Korrosionsschutz am Werkstoff, z. B. Herstellung und gezielter Einsatz korrosionsbeständiger Werkstoffe
- aktiver Korrosionsschutz beim Korrosionsmedium, z. B. Entfernen der aggressivsten Bestandteile aus dem Korrosionsmedium
- aktiver Korrosionsschutz in den Korrosionsbedingungen, z. B. durch Veränderung der Temperatur des Korrosionsmediums

Tab. 4.2 Maßnahmen und Verfahren des aktiven Korrosionsschutzes

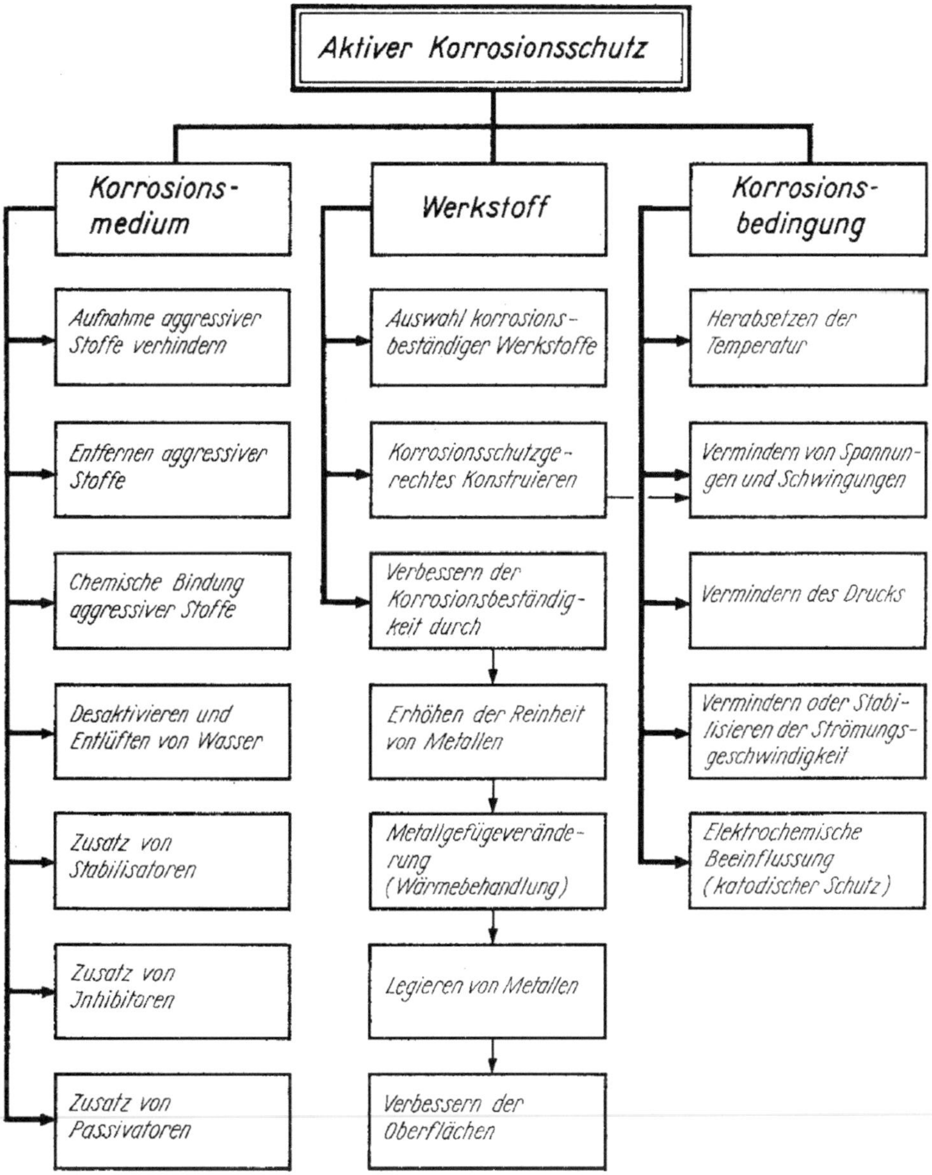

Zwischen den in diesen drei Einteilungsprinzipien einzuordnenden Maßnahmen und Verfahren gibt es in der praktischen Anwendung und demzufolge auch bei der theoretischen Betrachtung Übergänge und Kombinationsmöglichkeiten. Das trifft besonders für den elektrochemischen Korrosionsschutz (kathodischer oder anodischer Schutz) und für Korrosionsinhibitoren zu.

Die meisten Maßnahmen und Verfahren des aktiven Korrosionsschutzes haben gegenüber den in größerem Umfang angewendeten Verfahren des passiven Korrosionsschutzes folgende Vorteile:

- lange, oft Jahrzehnte währende Wirkungsdauer,
- geringer Aufwand an Arbeitskraft (extensiver Arbeitsaufwand),
- Anwendbarkeit einiger Verfahren an Anlagen, z. B. in geschlossenen, ständig in Funktion stehenden Behälter- und Rohrleitungssystemen, für die Korrosionsschutzbeschichtungen mit Anstrichstoffen u. a. nicht möglich oder unwirtschaftlich wären.

4.2.2.2 Korrosionsschutzgerechte Konstruktion

Das korrosionsschutzgerechte Konstruieren ist eine aktive Korrosionsschutzmaßnahme. Es kommt darauf an, durch konstruktive Ausgestaltung solche Bedingungen zu schaffen, dass chemische oder elektrochemische Korrosionsvorgänge nicht stattfinden können.

Mögliche Maßnahmen sind:

- Überlegungen zur Reduzierung eines kritischen Wirkmediums
  - durch Wahl eines geeigneten Standorts,
  - durch Beachtung bauphysikalischer Aspekte,
  - durch Optimierung der konstruktiven Gestaltung,
- die Wahl einer korrosionssicheren Verbindungsart (Vermeidung von Spaltkorrosion),
- die Wahl korrosionsgerechter Werkstoffpaarungen (Vermeidung von Kontaktkorrosion bei Mischbauweise),
- die Gewährleistung der Zugänglichkeit und Erreichbarkeit aller Bereiche der Konstruktion, damit der Korrosionsschutz ausgeführt, geprüft und instand gesetzt werden kann.

Für die bautechnische Sanierung bedeutet das:

- Die Tragwerksteile sollten aus wenig gegliederten Profilen mit kleiner Oberfläche bestehen. Eingliedrige Profile sind besser als mehrgliedrige, geschweißte besser als geschraubte (Abb. 4.3).
- Die Oberflächen aller Bauteile müssen gut zugänglich sein für die Prüfung und Instandhaltung des Korrosionsschutzes.
- Wassersäcke und Schmutznester sind durch geneigte Oberflächen und Entwässerungsöffnungen zu vermeiden.
- Pressfugen und Schlitze sind zu verschließen, da keine Kontrollmöglichkeit mehr gegeben ist. Punktschweißungen und unterbrochene Schweißnähte sollten bei hoher Korrosionsgefahr nicht ausgeführt werden (Abb. 4.4).
- Hohlträger müssen entweder ausreichend belüftet und entwässert oder so dicht verschlossen werden, dass weder Luft noch Feuchtigkeit eindringen können (Abb. 4.5).
- Scharfe Schnittkanten müssen gebrochen werden, damit die Schutzschichten um die Kante verlaufen.

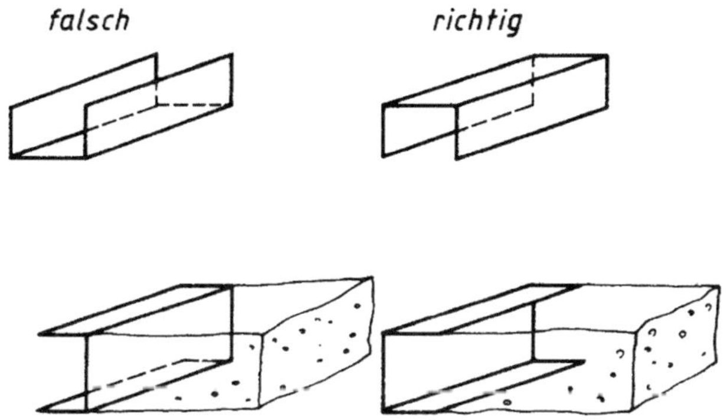

Abb. 4.3 Die Anordnung von Profilen. (Quelle: Schönburg/Stahr; Milzau, Leipzig)

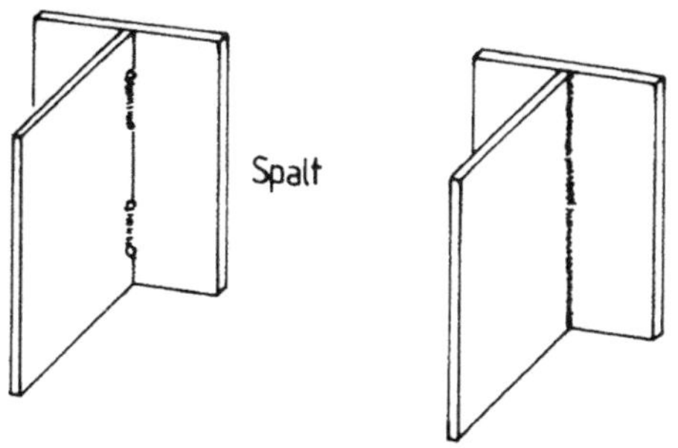

Abb. 4.4 Schweißnähte. (Quelle: Schönburg/Stahr; Milzau, Leipzig)

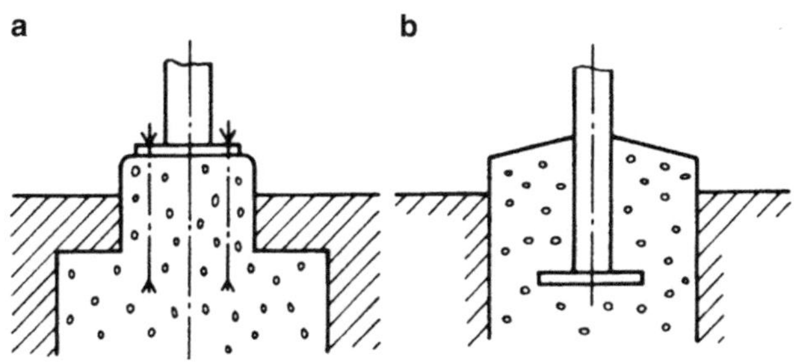

Abb. 4.5 Fundament für Stahlmast im Freien. **a** Korrosionsgefährdet, **b** korrosionsschutzgerecht: Fuß des Mastes in Beton; Spalt leicht abdichtbar. (Quelle: Schönburg/Stahr; Milzau, Leipzig)

4.2.2.3 Korrosionsschutzgerechte Werkstoffauswahl

Im Prozess der Projektierung von Erzeugnissen ist die Auswahl optimal geeigneter Werkstoffe ein wichtiger Arbeitsabschnitt, dem folgende Gesichtspunkte zugrunde liegen:

- Die Werkstoffe müssen als Bestandteil der Erzeugnisse deren Funktion (z. B. der mechanischen Belastung bei der Nutzung) gerecht werden.
- Die Werkstoffe müssen gegen die zu erwartenden äußeren chemischen Einflüsse widerstandsfähig sein.

Einsatz korrosionsbeständiger Werkstoffe Der Einsatz korrosionsbeständiger Werkstoffe erfolgt nach zwei Richtungen:

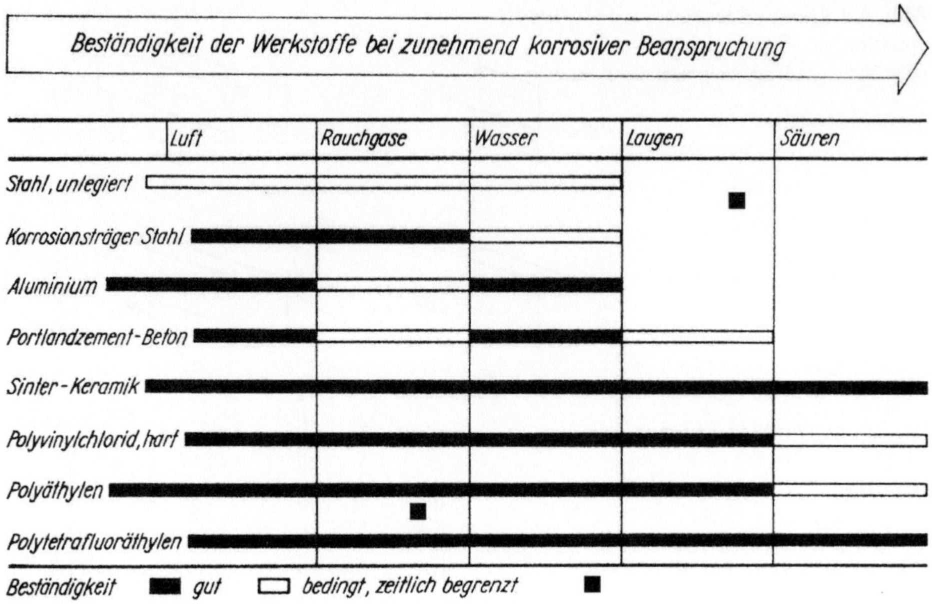

Abb. 4.6 Vergleich einiger Werkstoffe in ihrer durchschnittlichen Korrosionsbeständigkeit. (Quelle: Schönburg/Stahr; Milzau, Leipzig)

- Austausch (Substitution) korrosionsunbeständiger Werkstoffe gegen beständige, z. B. Austausch von Rohren aus Stahl gegen Rohre aus Kunststoff oder Keramik. Abb. 4.6 zeigt mit dem Vergleich der Korrosionsbeständigkeit einiger Werkstoffe Möglichkeiten der Substitution.
- Verbessern der Korrosionsbeständigkeit durch Veränderung der Werkstoffe. Die Korrosionsbeständigkeit von Werkstoffen kann durch Erhöhen ihrer Reinheit sowie durch Wärmebehandlung und bei Metallen durch Legieren verbessert werden.

Erhöhen der Reinheit Bei Eisen und Stahl wirken sich einige Beimengungen, z. B. Schwefel, Kohlenstoff und Phosphor, korrosionsfördernd aus. Durch sogenanntes Windfrischen, z. B. im Bessemer- und im Thomas-Prozess, wird der Anteil dieser korrosionsfördernden Beimengungen gesenkt.

Hochreines Aluminium (99,9 % Al) ist korrosionsbeständiger als das handelsübliche reine Aluminium und als die meisten Aluminiumlegierungen. Deshalb wird das hochreine, aber sehr weiche Aluminium häufig als dünner Belag auf festere, korrosionsunbeständigere Aluminiumlegierungen aufgebracht.

Gefügeveränderungen durch Wärmebehandlung Durch Wärmebehandlung von Roheisen und kohlenstoffhaltigen Stählen werden deren Gefüge und damit ihr Korrosionsverhalten verändert. Stahl, der weniger als 0,9 % Kohlenstoff enthält, bildet bei 770 °C durch

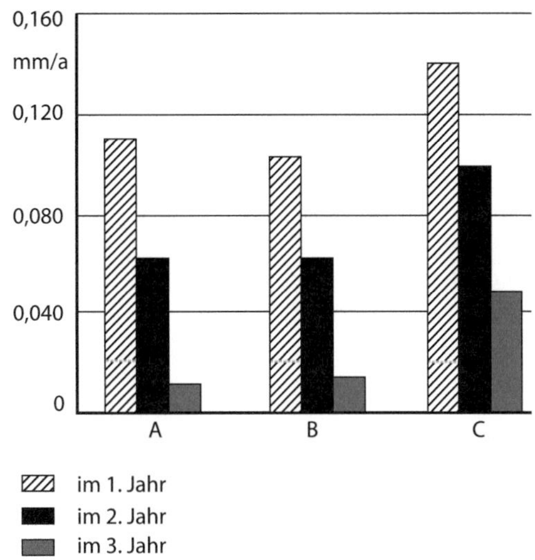

Abb. 4.7 Beispiele für die starke Abnahme der Korrosionsgeschwindigkeit an verschiedenen Standorten in einem Chemiebetrieb. *A* Phenolbetrieb, *B* Gasreinigung, *C* Ammoniakfabrik. (Quelle: Schönburg/Stahr; Milzau, Leipzig)

Lösen des Kohlenstoffs im Eisen ein einheitliches Gefüge aus Austenit. Wird Austenit schnell abgekühlt (abgeschreckt, gehärtet), so verbleibt der Kohlenstoff in dieser erzwungenen festen Lösung; es bildet sich ein Feingefüge aus Martensit. Martensitische Stähle sind sehr hart und korrosionsbeständig.

Legieren Stahlsorten mit spezifischen Eigenschaften werden hergestellt, indem ein oder mehrere geschmolzene Legierungsmetalle der Stahlschmelze zugesetzt werden. Es wird zwischen niedrig- und hochlegierten Stählen unterschieden; die Grenze liegt bei 5 % Legierungszusatz. Korrosionsbeständige Stähle enthalten als Legierungsmetalle meist über 15 m% Chrom und Nickel und schaffen damit die Voraussetzung, Stahl auch mit blanker, ungeschützter Oberfläche zu verwenden.

Die größere Widerstandsfähigkeit der korrosionsträgen Stähle gegen atmosphärische Einflüsse beruht hauptsächlich auf der Bildung einer schützenden Deckschicht aus dem Korrosionsprodukt. Die anfangs erhebliche Korrosionsgeschwindigkeit wird mit Zunahme der Deckschicht geringer und kommt meist nach 2–3 Jahren ganz zum Stillstand (Abb. 4.7).

4.2.2.4 Elektrochemischer Korrosionsschutz

Der elektrochemische Korrosionsschutz wird zunehmend für erdverlegte Rohre, Kabel und Behälter, für unter Wasser stehende Anlagen und als Innenschutz für Wasserbehälter und -rohrleitungen angewendet (Abb. 4.8).

Das Prinzip des elektrochemischen Korrosionsschutzes besteht darin, das elektrochemische Potenzial der zu schützenden Metalloberfläche durch Zuführung von Strom („Schutzstrom“) zu vereinheitlichen. Weil es dann keine anodischen und kathodischen Bereiche gibt, können sich keine Korrosionselemente bilden (Abb. 4.9).

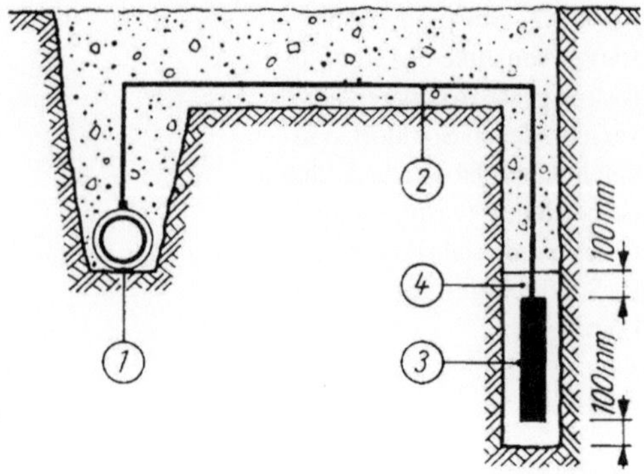

Abb. 4.8 Durch Opferanode kathodisch geschütztes, erdverlegtes Rohr. *1* Zu schützendes Stahlrohr, *2* Leitungskabel, *3* Opferanode, *4* Einbettung aus Betonit, Gips u. a., die die Leitfähigkeit des Bodens erhöht und die gleichmäßige Auflösung der Anode begünstigt. (Quelle: Schönburg/Stahr; Milzau, Leipzig)

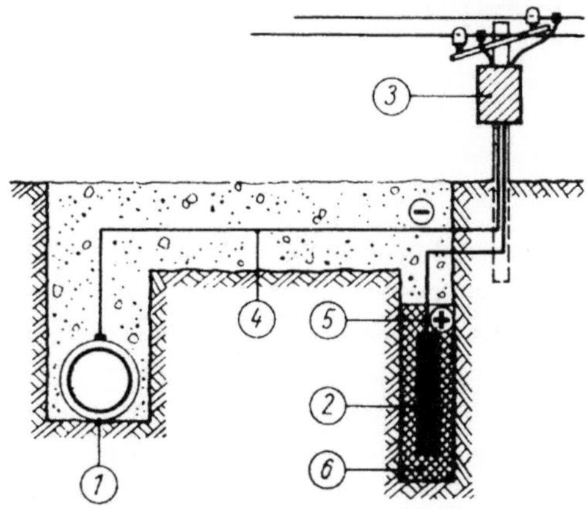

Abb. 4.9 Durch Fremdstrom kathodisch geschütztes, erdverlegtes Rohr. *1* Stahlrohr, *2* Hilfselektrode, *3* Gleichrichter, *4* negativer Pol der Leitung, *5* positiver Pol der Leitung, *6* Einbettung (Graphit oder Eisenschrott). (Quelle: Schönburg/Stahr; Milzau, Leipzig)

Nach der Stellung des zu schützenden Metalls im elektrochemischen Stromkreis wird unterschieden zwischen

- kathodischem Schutz, bei dem das zu schützende Metall zur Kathode gemacht wird, und
- anodischem Schutz, bei dem das Metall die Anode bildet. Der anodische Schutz wird aus ökonomischen Gründen nur selten angewendet und deshalb hier nicht beschrieben.

4.2.2.5 Korrosionsschutz beim Korrosionsmedium

Korrosionsschutzprobleme können häufig durch die Entfernung oder Abschwächung des Korrosionsmediums gelöst werden. Für unzugängliche Anlagen- und Bauteile, z. B. für Rohrleitungs- und Behälterinnenwandungen sowie für verdeckte Bauteile, für die bei der Projektierung der Korrosionsschutz versäumt wurde, ist dies oft überhaupt die einzige Möglichkeit gegen die Korrosion vorzugehen.

Häufig sind Werkstoffe von Anlagen und Gebäuden infolge der Vernachlässigung der Sanierung ihres Standorts, ihres konstruktiven Schutzes und ihrer Instandhaltung den ungehindert einwirkenden Korrosionsmedien ausgesetzt. Dazu gehören vor allem ältere Ge-

Tab. 4.3 Affinitätserscheinungen

E-Metalle/ NE-Metalle	Affinitätsmedium	Reaktion und Erscheinungsformen
Eisen und unlegierter Stahl	Luftsauerstoff und Luftfeuchtigkeit	Reaktion zu Eisenoxidhydrat, $Fe + O_2 + H_2O \cdot FeO(OH)_2$, das etwa dem Eisenerz Limolit entspricht; durch weitere Sauerstoffaufnahme entsteht Rost; das Eisen wird zerstört
Zink	Luftfeuchtigkeit, H_2O, und Kohlendioxid, CO_2	Bildung von basischem Zinkkarbonat, $2ZnCO_3 \cdot 3Zn(OH)_2$, das etwa dem natürlichen Zinkerz, der Zinkblüte, entspricht und Zink vor reiner Luft schützt
Blei	Luftsauerstoff, O_2, und Kohlendioxid, CO_2	Bildung von basischem Bleikarbonat, $Pb(OH)_2 \cdot 2PbCO_3$, das etwa dem Bleierz Zerussit entspricht und das Blei vor Luft schützt
Kupfer	Luftfeuchtigkeit, Luftkohlendioxid, O_2 und H_2O	Bildung von rotem Kupfer(I)-oxid, Cu_2O, das dem Kupfererz Kuprit entspricht. Bildung von grünem basischen Kupferkarbonat, $CuCO_3 \cdot Cu(OH)_2$, das dem Kupfererz Azurit entspricht. Beide schützen Kupfer vor Luft
Messing (Cu und Zn)	Luftfeuchtigkeit	Das Zink bildet mit dem Kupfer und H_2O ein Korrosionselement und korrodiert (selektive Korrosion)

bäude mit unzureichender oder defekter Feuchtigkeitssperrung und Regenwasserableitung.

Das Ableiten von Wasser und anderen Korrosionsmedien und die Erneuerung oder Verbesserung der Sperrung gegen Feuchtigkeit sind wichtige Maßnahmen der Altbausanierung.

Möglich ist auch der Schutz des korrosionsgefährdeten Metalls durch Überdachung oder Einhausung von Standbildern, Skulpturen oder metallischen Gedenktafeln, sofern die Gegebenheiten dies ermöglichen.

Vermeidung von Kontakten zwischen unterschiedlichen Metallen Metalle in sanierungsbedürftigen Altbauten sind zum großen Teil mit anderen Werkstoffen kombiniert.

Die unerwünschten Erscheinungen werden in der Regel durch die Affinität (Bindungsbestreben) der Metalle zu verschiedenen anderen Baustoffen ausgelöst bzw. beeinflusst.

Nachfolgend sind in Tab. 4.3 einige Beispiele der Affinität der gebräuchlichsten Eisen- und Nichteisenmetalle aufgeführt.

► Es kommt bei der Sanierung also darauf an, unerwünschte Kontakte miteinander unverträglicher Werkstoffe zu vermeiden (Tab. 4.4).

Tab. 4.4 Möglichkeiten kontaktbedingter Korrosion und deren Vermeidung

Werkstoff	Umgebungsmedien	Korrosionserscheinungen	Beseitigung/Vermeidung
	Kupfer, Messing	Eisen und Stahl korrodiert	Trennen, Beschichtungen
Eisen, Stahl	Mineralische Bindemittel	Rost, Risse, Sprengungen Kontaktkorrosion an Befestigungselementen	Einsatz von Blei- oder Kunststoffmörtel Auswechseln gegen Edelstahlelemente, durchgehende Schweiß- und Lötnähte
	Gips	Gips verfärbt stark	Trennen
Eisen, Stahl, Kupfer	Holz	Eisen und Stahl korrodiert Holz verfärbt sich	Einsatz von Edelstahl, Korrosionsträger Stahl, galvanisch mit Chrom, Zinn oder Nickel beschichteter Stahl
Aluminium, Zink	Alkalische Baustoffe wie Kalk und Zement	Aluminium und Zink korrodieren	Ersatz von Zink durch Titanzink
	Aggressive Atmosphäre	Versprödung, Fleckenbildung, Bildung von löslichen Salzen	Reinigung mit Nitroverdünnungen oder phosphorsauren Spezialreinigern, Dampfreinigung, Schleifen mit Vlies

4.2.3 Passiver Korrosionsschutz

4.2.3.1 Begriff und Verfahren

Zum passiven Korrosionsschutz gehören Verfahren zur Erzeugung von Schutzschichten auf den korrosionsgefährdeten Werkstoffen und von Beschichtungen, die eine Trennschicht zwischen dem Korrosionsmedium und dem zu schützenden Werkstoff bilden (Tab. 4.5).

Wie in Abb. 4.10 dargestellt ist, können diese Trennschichten aus der zuoberst liegenden, chemisch oder physikalisch veränderten Substanz der zu schützenden Werkstoffe oder aus Beschichtungen anderer Stoffarten bestehen.

An die erzeugten Beschichtungen und Schutzschichten werden folgende Anforderungen gestellt:

- Widerstandsfähigkeit gegen die mit der Nutzung des Objekts verbundenen oder an dessen Standort auftretenden Einflüsse,
- dauerhafte, feste Anhaftung am zu schützenden Werkstoff,
- durch weitestgehende Porenfreiheit und Undurchlässigkeit Fernhalten des Korrosionsmediums vom Werkstoff,
- Wirtschaftlichkeit durch Übereinstimmung zwischen Gebrauchswert, Lebensdauer der Beschichtung oder Schutzschicht und den aufgewendeten Kosten.

Tab. 4.5 Verfahren des passiven Korrosionsschutzes (Übersicht und Einteilung)

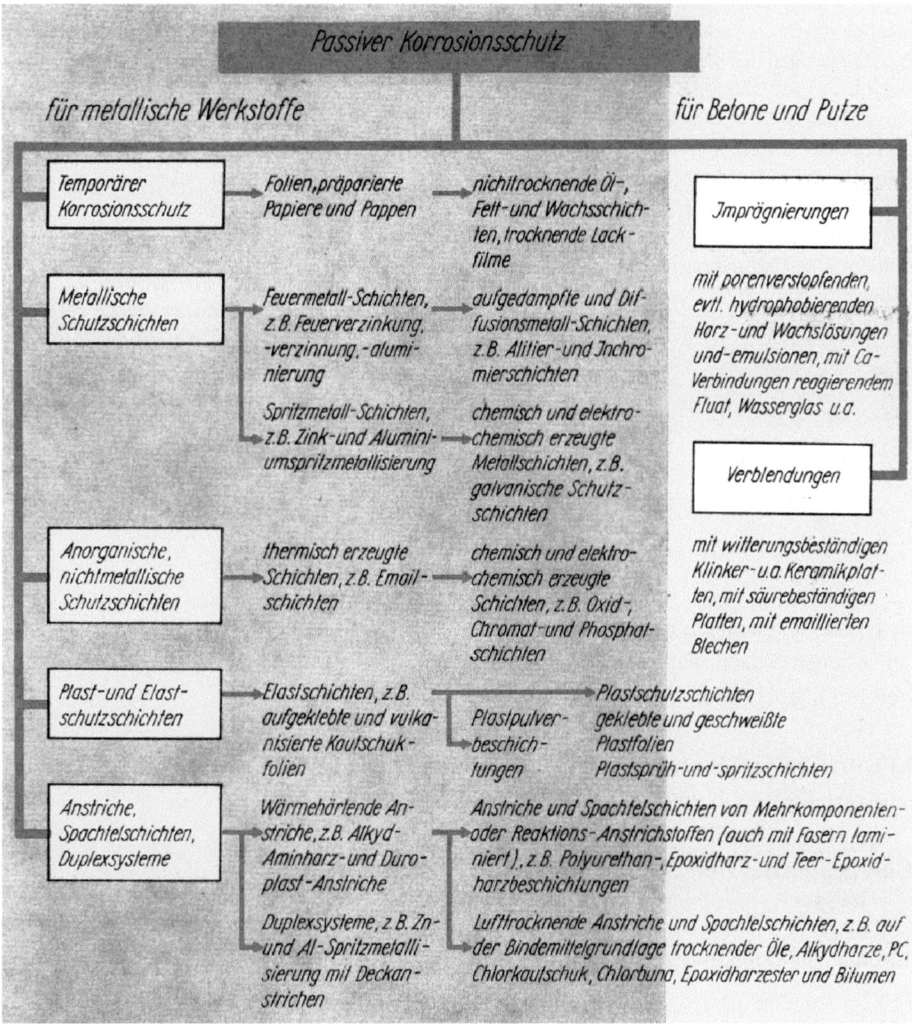

4.2.3.2 Metalloberflächen und deren Vorbehandlung

Die für Korrosionsschutzbeschichtungen vorgesehenen Metalloberflächen müssen vorbehandelt werden. Sie erhalten dadurch die für Untergründe geforderten Qualitätsmerkmale. Die richtige, sorgfältige Vorbehandlung der Metalluntergründe ist eine wichtige Voraussetzung für die geforderte Qualität der später aufzubringenden Beschichtung.

Unsachgemäßes Vorbehandeln wird meist zur Ursache von Schäden oder stark verkürzter Lebensdauer der Korrosionsschutzbeschichtungen.

Abb. 4.10 Möglichkeiten der stofflichen Struktur von Schutzschichten und Beschichtungen des passiven Korrosionsschutzes. *1* u. *2* Schutzschichten aus der chemisch veränderten Werkstoffsubstanz, *3* Beschichtung aus selbsthaftendem Stoff, *4* Beschichtung mit Haftvermittler (Klebeverbindung). (Quelle: Schönburg/Stahr; Milzau, Leipzig)

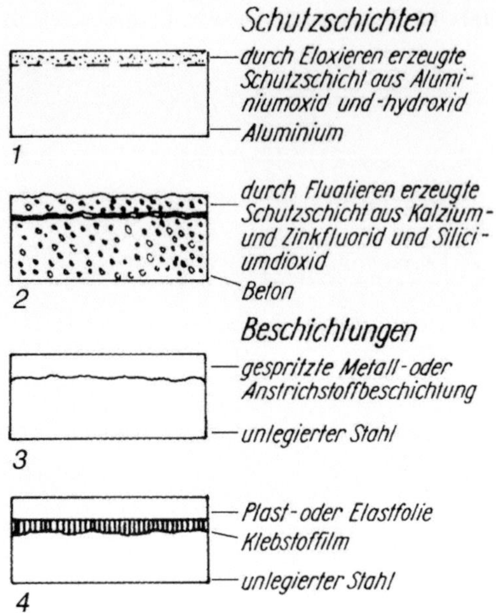

Die zu schützenden Flächen müssen trocken sowie frei von Schmutz, Staub, Fett, wasserlöslichen Salzen, Rückständen vorausgegangener Bearbeitung, Zunder und sonstigen Verunreinigungen sein.

Entzundern und Entrosten Beim Entzundern und Entrosten von Eisen und Stahl muss eine metallreine Oberfläche angestrebt werden (Tab. 4.6).

Überprüfen des Untergrunds vor der Beschichtung (Tab. 4.7)

Tab. 4.6 Entrostungsverfahren

Entrostungsverfahren

- mechanisch wirksam
  - Handentrostung 1
  - maschinelle Entrostung 7.2
  - Stahlentrostung 3
  - Trommelentrostung 3
- mechanisch wirksam
  - Beizen 3
  - Rostumwandlung
  - Roststabilisierung
- chemisch und mechanisch wirksam
  - Flammstrahlentrostung 2

Die Zahlen 1–3 geben den, mit dem jeweiligen Verfahren erreichbaren Reinheitsgrad nach DIN 55298 an

Tab. 4.7 Überprüfung des Untergrunds

Prüfung auf	Methode und Erkennung
Verunreinigung	Optische Prüfung: Prüfung auf Fette und Öle mit saugfähigem Papier; das Papier saugt das Öl auf und wird transparent
Rost	Optische Prüfung: Vergleich mit Abbildung der DIN 55928 und DIN 53210
Walzhaut und Zunder	Prüfung mit Kupfersulfat nach gründlicher Reinigung. Die Bildung von metallischem Kupfer an der Stahloberfläche zeigt zunderfreien Stahl an. Bei älteren, bewitterten Stahlflächen sind Walzhaut und Zunder durch Rissbildung mit Korrosionserscheinung erkennbar
Unterrostete Beschichtungen	Abheben von Beschichtungen im Korrosionsbereich
Haftung der Altanstriche	Gitterschnitt nach DIN 53151
Eignung der Altanstriche für die Beschichtung	Anlösen mit Kunstharzverdünnung (Testbenzin) und Nitroverdünnung. Reaktionen beobachten: Auflösen oder Hochziehen bzw. keine Reaktion Probeanstriche ansetzen und beurteilen

Abb. 4.11 Anstrichzerstörung. Vollständige Ablösung bis zum Stahluntergrund. (Quelle: Brasholz, München)

Auswirkung der Vorbehandlungsmethode auf die Beschichtung Die Lebensdauer einer Beschichtung ist im Wesentlichen von der gründlichen Vorbereitung des Untergrunds abhängig.

Abb. 4.11, 4.12, 4.13 und 4.14 zeigen die unterschiedliche Lebensdauer der unterschiedlichen Vorbereitungsmethoden des gleichen Anstrichsystems bei 180 µm Trockenschichtdicke.

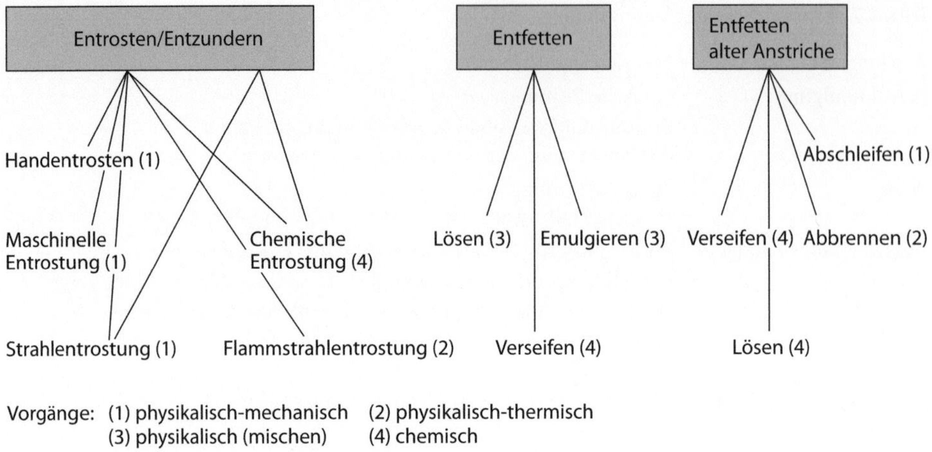

Abb. 4.12 Vorbehandlung unter der Beschichtung. (Quelle: Brasholz, München)

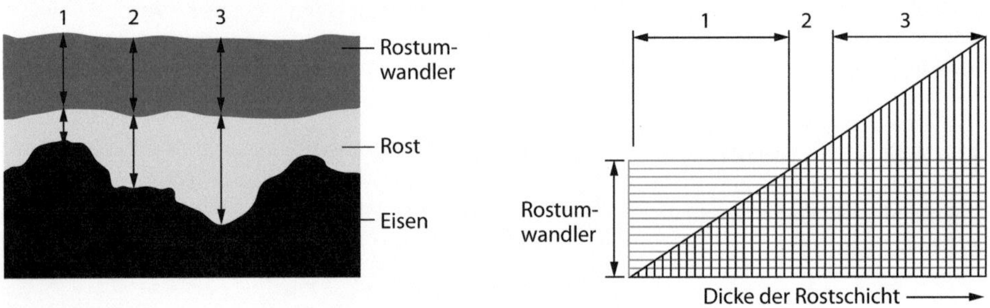

Abb. 4.13 Rost und Rostumwandlung. (Quelle: Brasholz, München)

4.2.3.3 Beschichtungsstoffe und -verfahren

Zum Schutz metallischer Teile wird ein großes Spektrum von Stoffen verwendet (Tab. 4.8).

Die Schutzschichten werden auf mannigfaltige Weise erzeugt:

Tab. 4.8 Schutzwerkstoffe

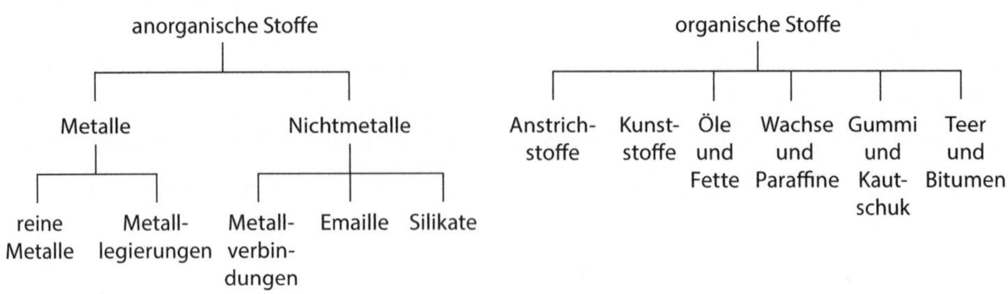

Abb. 4.14 Rostende Stahlstäbe an einem Gestaltungselement. (Quelle: Rougoor, Liederbach)

Eintauchen in Flüssigkeiten (Tauchverfahren) Bei Metallschmelzen (Zn, Sn, Al und Pb) nennt man die Verfahren auch Schmelztauchen oder Feuermetallisieren. Außer bei Blei bilden sich Legierungszonen. Am Beispiel des viel angewendeten Verfahrens Feuerverzinken soll auf das Prinzip eingegangen werden.

Beim Schmelztauchverfahren werden Werkstücke in flüssiges Metall wie z. B. Zink mit etwa 450 °C getaucht (Feuerverzinken, Abb. 4.15). Dabei setzt sich eine dünne Schicht des Überzugsmetalls an der Oberfläche des Werkstücks fest. Dieses Verfahren erfordert metallisch blanke Oberflächen. Deshalb müssen Bauteile vorher entfettet sowie Rost und Zunder in Beizbädern entfernt werden. Feuerverzinkte Werkstücke erkennt man an dem eisblumenartigen Muster ihrer Oberfläche.

Bei der Nassverzinkung (Abb. 4.16) wird das Werkstück in eine Flussmittelschmelze getaucht. Wird das Flussmittel vorher aufgebracht und getrocknet, spricht man von Trockenverzinkung (Abb. 4.17).

Diese Technologie des Tauchens wird auch bei Kunststoffen und Anstrichstoffen angewendet. Das Aufbringen von Farben und Lacken ist bei geometrisch einfach geformten

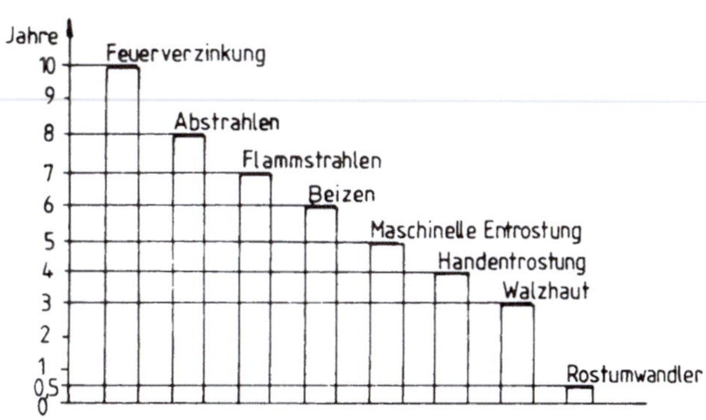

Abb. 4.15 Feuerverzinkungsanlage. (Quelle: Stahr, Leipzig)

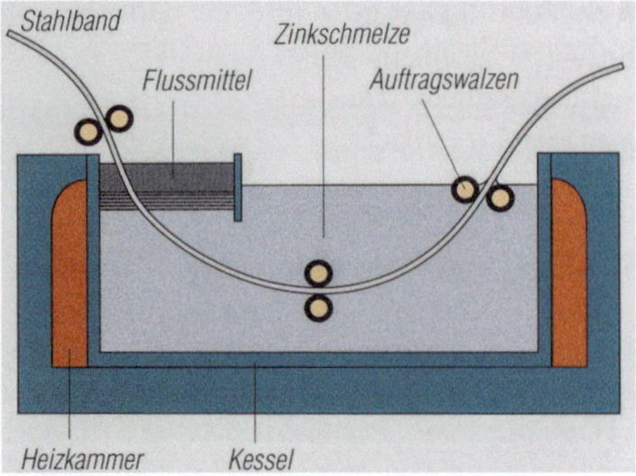

Abb. 4.16 Nassverzinkung. (Quelle: Schönburg, Milzau)

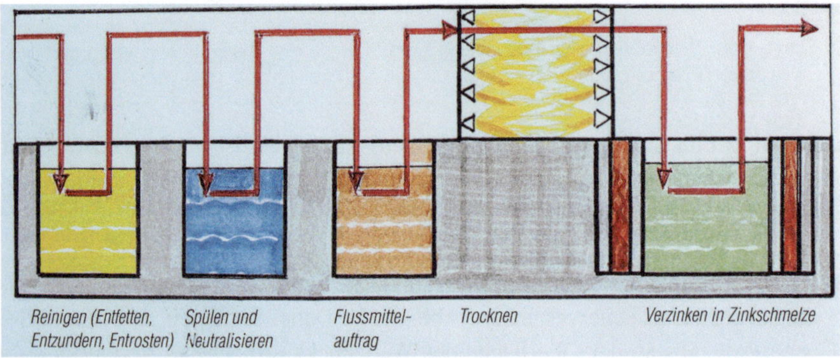

Abb. 4.17 Trockenverzinkung. (Quelle: Schönburg, Milzau)

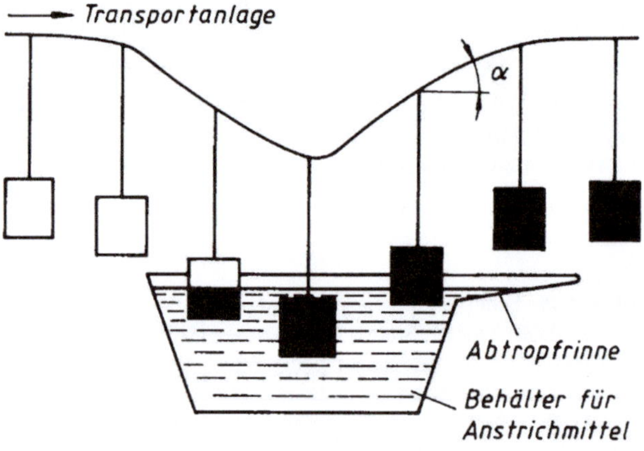

Abb. 4.18 Automatisches Tauchen im Anstrichmittel. (Quelle: Schönburg/Stahr; Milzau, Leipzig)

Teilen äußerst rationell. Abb. 4.18 zeigt schematisch automatisches Tauchen im Anstrichmittel.

Anwendung fester sowie gas- und staubförmiger Medien Hierzu gehören Verfahren der thermochemischen Behandlung, des Aufdampfens, Aufschmelzens und Aufsin-

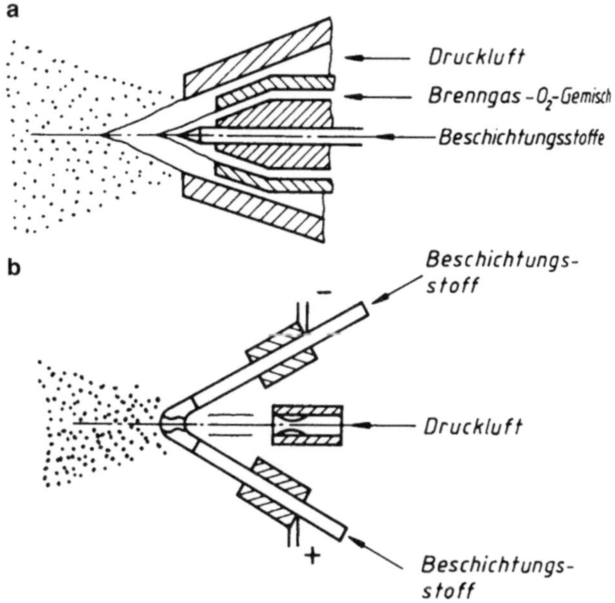

Abb. 4.19 Schmelzsprühen (Spritzen). **a** Schmelzen in einer Brenngas-Sauerstoffflamme, **b** Schmelzen in einem elektrischen Lichtbogen. (Quelle: Schönburg/Stahr; Milzau, Leipzig)

terns sowie das Kaltwalzplattieren. Sehr große Bedeutung besitzen Schmelzsprühverfahren (Spritzen). Sie werden bei Metall-, Plast- und Keramikschichten angewendet. Neben korrosionsschützender Wirkung spielt der Verschleißschutz eine beträchtliche Rolle. Abb. 4.19 zeigt zwei Möglichkeiten, wie der Sprühstrahl erzeugt werden kann.

Analog zu einigen thermochemischen Verfahren (z. B. Gaskarbonitrieren) werden auch Cr, Ti, Si und B aus der Gasphase durch Diffusion in der Randzone eingelagert. In Abb. 4.20 ist eine Cr-Diffusionsschicht wiedergegeben, wie sie beim Inchromieren (Cr-Diffusion) von Stahl entsteht. Dadurch erhalten auch billige Stahlsorten mit geringer Korrosionsbeständigkeit einen guten Oberflächenschutz gegen bestimmte Chemikalien. Vielfältig wird auch die Beschichtung mit Kunststoffpulver (PVC, PE, PA, EP und PUR) vorgenommen. Es werden gute bis sehr gute Schutzwirkungen erzielt. Die Kunststoffbeschichtung wird elektrostatisch und durch Wirbelsintern (Abb. 4.21) aufgebracht.

Verwendung von Elektrolytlösungen

Phosphatieren:	Haftgrund für Verzinkung, Kunststoff- und Anstrichschichten
Brünieren:	Es werden dünne, schwarzbraune Fe_3O_4-Schichten gebildet
Chemisches Abscheiden:	u. a. stromloses Vernickeln
Elektrolytisches Abscheiden:	Galvanisieren (Abb. 4.22)
Anodische Oxidation:	Eloxieren von Al-Werkstoffen (Abb. 4.23)

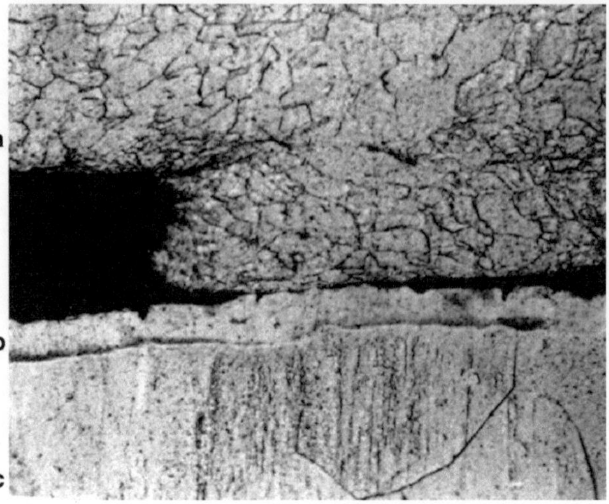

Abb. 4.20 Schutzschicht durch Inchromieren (Cr-Diffusion). **a** Schliffhalterung, **b** Cr-Diffusionsschicht (Schutzschicht) < 0,02 mm, **c** Grundwerkstoff C15 geätzt 3 %ige alkoholische HNO_3 (320 : 1). (Quelle: Schönburg/Stahr; Milzau, Leipzig)

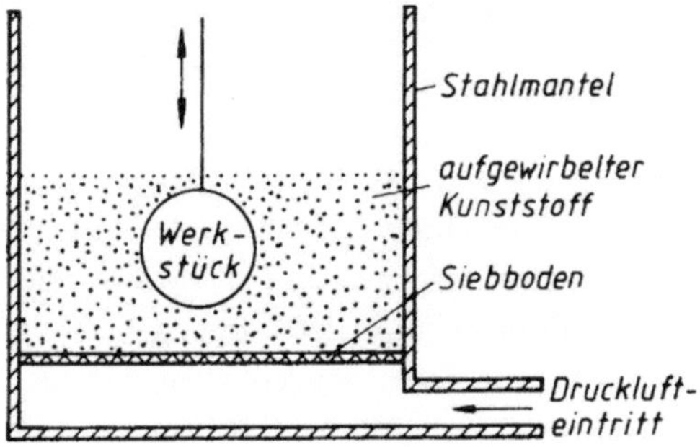

Abb. 4.21 Prinzip des Wirbelsinterns (ohne elektrostatische Aufladung des Kunststoffpulvers). (Quelle: Schönburg/Stahr; Milzau, Leipzig)

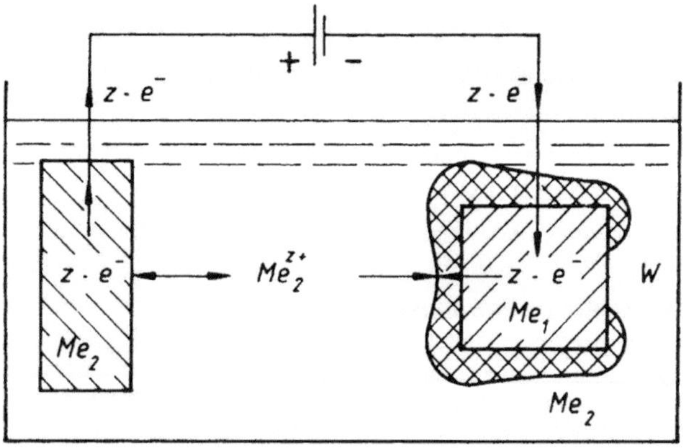

Abb. 4.22 Prinzip des elektrolytischen Abscheidens (Galvanisieren). (Quelle: Schönburg/Stahr; Milzau, Leipzig)

Emaillieren Es werden Grund- und Deckemails aufgeschmolzen, die als Schlicker (Emailaufschlämmung) oder Puder aufgetragen und bei 830–950 °C eingebrannt werden. Es entsteht eine glasig erstarrte, nichtmetallisch-anorganische Schutzschicht aus Silikaten und Oxiden (Tab. 4.9).

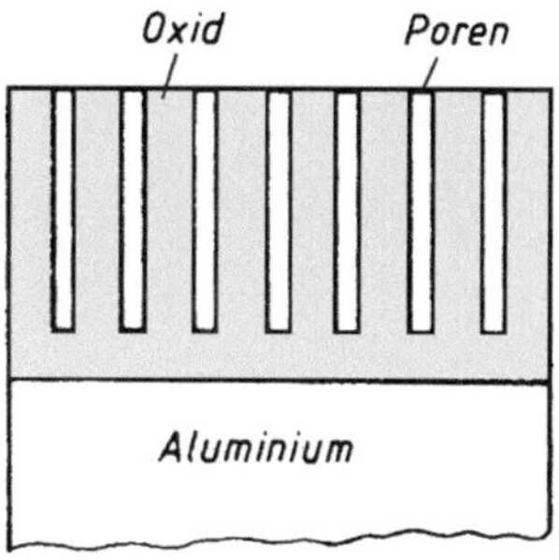

Abb. 4.23 Erzeugung einer porösen Deckschicht durch Eloxieren (gut einfärbbar). (Quelle: Schönburg/Stahr; Milzau, Leipzig)

Tab. 4.9 Schema zur Emailliertechnologie

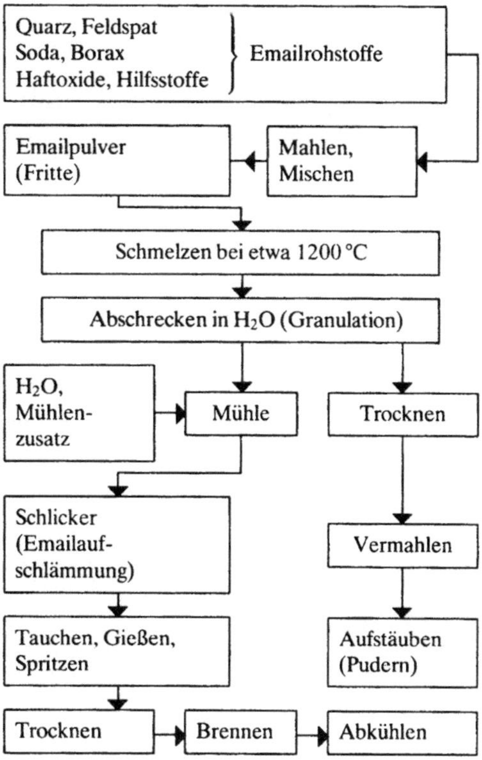

Beschichtung mit Anstrichstoffen Anstrichstoffe bestehen aus mehreren Komponenten (Tab. 4.10).

Der gesamte Anstrichfilm ist meistens mehrschichtig (Anstrichsystem):

- Grundierung (möglichst 50 μm)
- Zwischen- oder Voranstrich bzw. Spachtel
- Deckanstrich (Lackierung)

Tab. 4.10 Aufbau eines Anstrichfilms

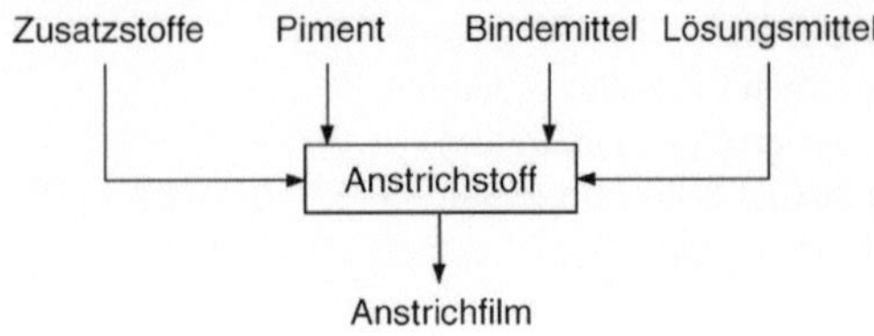

Die Gesamtschichtdicke liegt ja nach Beanspruchung und Art des verwendeten Anstrichsystems zwischen 70–240 µm.

Die Eigenschaften eines Anstrichfilms werden wesentlich vom Bindemittel-Pigment-Verhältnis, vom Rohstofftyp und von der Qualität der Ausgangsprodukte bestimmt. Der Einfluss der Pigment-Volumen-Konzentration auf den Glanz, die Blasenbildung, die Rostbildung und die Durchlässigkeit ist in Abb. 4.24 dargestellt. Kritische Konzentrationen (in Abb. 4.24 etwa 44 %) sind durch deutliche Verringerung von Glanz und Blasenbildung, jedoch durch deutliche Zunahme von Rostbildung und Durchlässigkeit geprägt.

Die Schichten werden technologisch in sehr vielfältiger Weise aufgebracht (Aufwalzen, Tauchen, Spritzen). Große Bedeutung hat u. a. das elektrostatische Beschichten erlangt, wobei die Teilchen durch mechanische und elektrische Kräfte transportiert werden und verlustarm sowie gezielt das Werkstück erreichen (Abb. 4.25).

Die im Korrosionsschutz von Eisen und Stahl im großen Umfang angewandten Verfahren Feuerverzinkung und Spritzmetallisierung bilden zwar schon allein einen dauerhaften Korrosionsschutz, doch sie werden meist zusätzlich mit Anstrichstoffen beschichtet und ergeben so die sogenannten Duplexsysteme (Abb. 4.26).

4.2.4 Temporärer Korrosionsschutz

4.2.4.1 Begriff und Verfahren

Unter dem Begriff „temporär" versteht man „zeitweilig", „vorübergehend", also im Zusammenhang mit dem Korrosionsschutz einen zeitweiligen Korrosionsschutz.

Zwischen aktivem und passivem Korrosionsschutz nimmt der temporäre (zeitweilig wirkende) Korrosionsschutz eine Mittelstellung ein.

Unter den temporären Korrosionsschutz fallen:

- entfernbarer Kurzzeitschutz (Öl-, Fett-, Wachsbeschichtungen, Verpackungen, Einhausungen),
- verbleibende Imprägnierung oder Beschichtung (Phosphatierung, Transportanstriche die als Grundanstrich verbleiben).

Die wirtschaftliche Bedeutung des temporären Korrosionsschutzes besteht darin, dass Industrieerzeugnisse (z. B. Maschinen, Fahrzeuge, metallische Anlagen- und Bauteile) im Zeitabschnitt von der Auslieferung durch den Hersteller bis zur vorgesehenen Nutzung

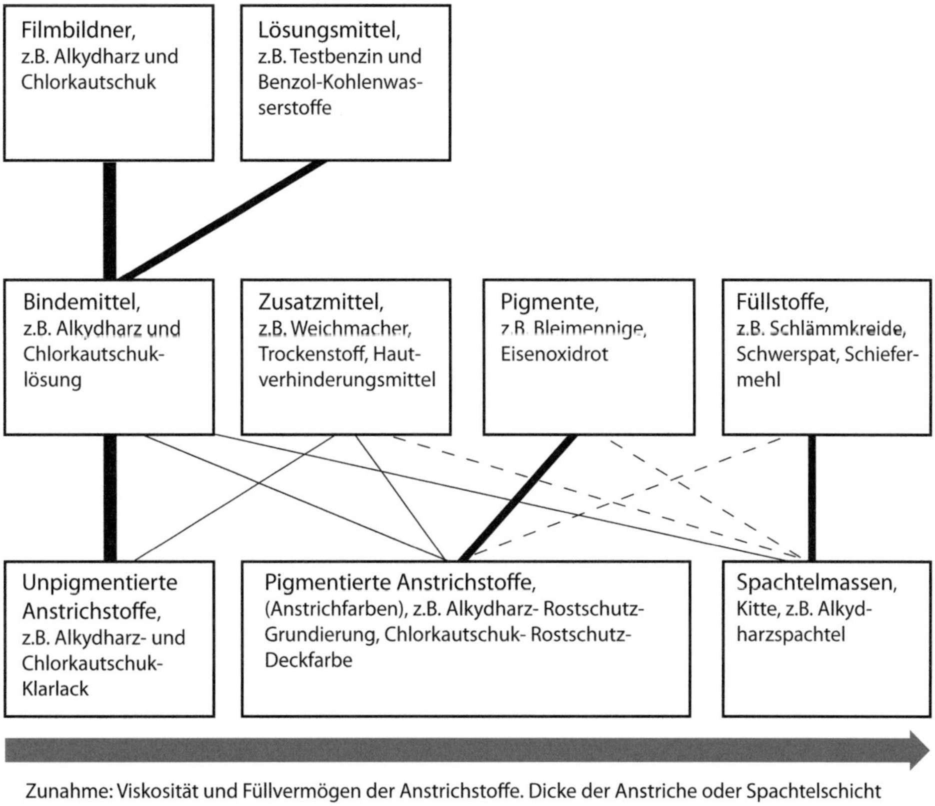

Abb. 4.24 Einfluss des Bindemittel-Pigment-Verhältnisses auf Eigenschaften eines Anstrichfilmes, Glanz, Blasenbildung, Rostbildung, Durchlässigkeit. (Quelle: ILS Hamburg)

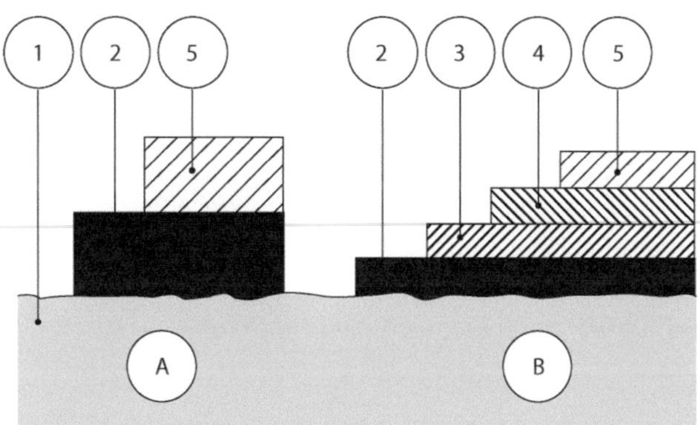

Abb. 4.25 Elektrostatisches Spritzen am Transportband (schematisch). Farbteilchen im elektrostatischen Feld werden von den Werkstücken angezogen. *1* Statischer Träger, *2* Haftschicht, *3* Deckschicht, *4* Haftgrund, *5* Spritzschicht. (Quelle: ILS Hamburg)

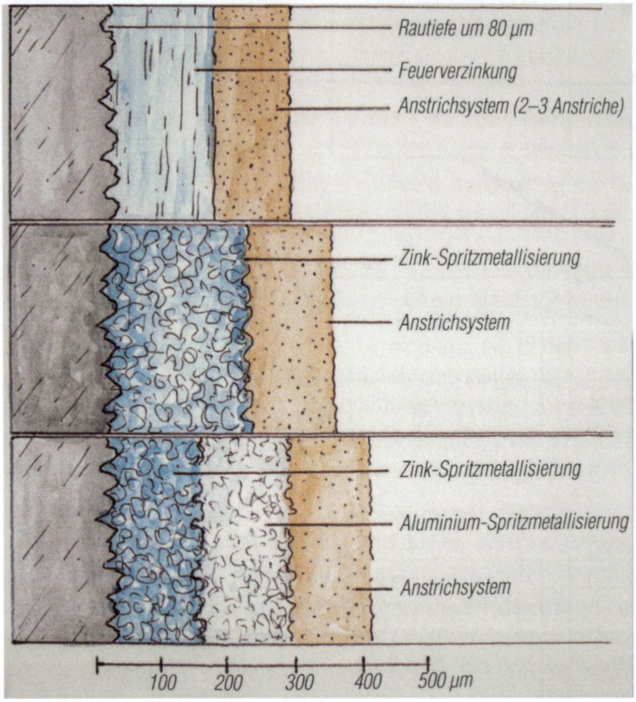

Abb. 4.26 Aufbau eines Duplexsystems. (Quelle: Schönburg, Milzau)

keinen Schaden durch äußere, korrosive Einflüsse erleiden. Das trifft vor allem für Exportgüter in überseeische Länder zu, weil sie infolge der längeren Lagerung und Transportzeit und durch außerordentliche Luftfeuchte besonders korrosionsgefährdet sind.

Das Prinzip der am häufigsten angewendeten Verfahren des temporären Korrosionsschutzes beruht auf dem Abschirmen der trockenen Metalloberflächen gegen Luftfeuchtigkeit und Luftverunreinigungen; denn bei einer relativen Luftfeuchte unter 65 % besteht keine akute Korrosionsgefahr (vgl. Abb. 4.27 und 4.28). Je geringer die Wasserdampfdurchlässigkeit des eingesetzten Materials ist, umso besser ist seine Schutzwirkung. Es muss jedoch leicht entfernbar sein.

Im temporären Korrosionsschutz werden auch spezielle Inhibitoren und Luftentfeuchtungsmittel eingesetzt, die dem aktiven Korrosionsschutz zuzuordnen sind.

► **Definition** Inhibitoren sind Stoffe, die chemische Reaktionen verzögern oder hemmen.

Die Korrosion von Metallen kann durch geringe Korrosionsinhibitorzusätze zum Korrosionsmedium herabgesetzt oder zum Stilstand gebracht werden. Ihr Einsatz erfolgt fast ausschließlich in geschlossenen und teiloffenen Rohrleitungs- und Behältersystemen.

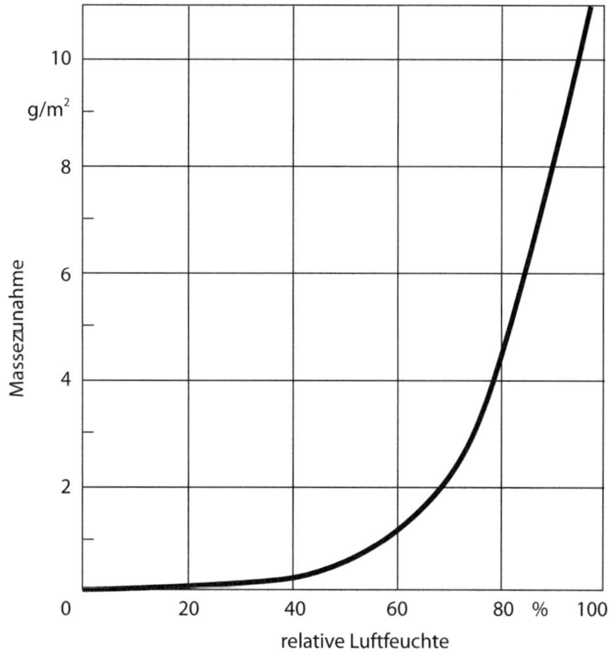

Abb. 4.27 Korrosionsgeschwindigkeit von Eisen bei unterschiedlicher Luftfeuchte, dargestellt an der auf Rostbildung beruhenden Massezunahme auf 1 m^2 der Eisenoberfläche bei einer Versuchsdauer von 55 Tagen. Die Luft war mit 0,01 $\% SO_2$ verunreinigt (Ableitung nach Vernon). (Quelle: ILS Hamburg)

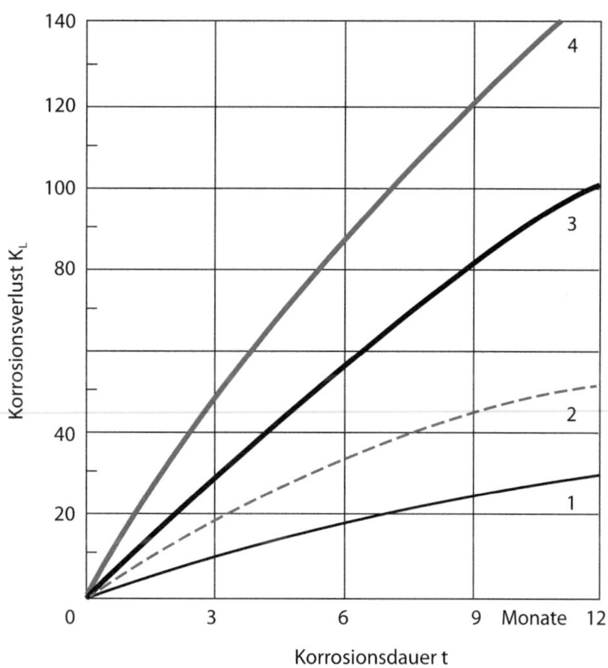

Abb. 4.28 Mittlere Werte des Korrosionsverlusts K_L von ungeschütztem, unlegiertem Stahl unter dem Einfluss von *1* Land-, *2* Stadt-, *3* Industrie- und *4* Meeresatmosphäre. (Quelle: ILS Hamburg)

Nach ihrer Wirkungsweise unterscheidet man zwischen elektrochemischen und Adsorptionsinhibitoren.

4.2.4.2 Inhibitoren

Elektrochemische Inhibitoren Sie bringen die elektrochemische Korrosion zum Stillstand, indem sie anfangs selbst in die elektrochemische Korrosionsreaktion eingreifen. Nach der Art ihres Eingreifens teilt man sie in anodische und kathodische Inhibitoren ein.

Anodische Inhibitoren bilden mit den im elektrochemischen Korrosionsvorgang an der Anode in Lösung gehenden Metallionen (Kationen) schwerlösliche Verbindungen, die sich auf der Metalloberfläche niederschlagen und die dadurch den Fortgang der anodischen Auflösung des Metalls blockieren.

Der Niederschlag einiger anodischer Inhibitoren, z. B. Chromate, Molybdate und Nitrate, passivieren die Metalloberfläche und verschieben deren Standardpotenzial gering in Richtung der Edelmetalle. Sie werden deshalb auch als Passivatoren bezeichnet.

Anodische Inhibitoren müssen stets in ausreichender Menge zugesetzt werden. Bei unzureichendem Zusatz verbleiben kleinere anodische Flächen, an denen dann das Metall verstärkt gelöst wird (Lochfraß).

Kathodische Inhibitoren z. B. Kalziumkarbonat sowie Magnesium- und Zinksalze, bilden auf der kathodischen Metalloberfläche Deckschichten, die elektrisch neutral sind oder ein niedrigeres Potenzial haben.

Adsorptionsinhibitoren Sie lagern sich durch Adsorption auf der Metalloberfläche ab und hemmen dadurch den elektrochemischen Korrosionsverlauf. Neben zahlreichen organischen Verbindungen, die gegebenenfalls mit Metallsalzen kombiniert sind, werden auch Natron- und Kaliwasserglas als Adsorptionsinhibitoren eingesetzt. Zu den Adsorptionsinhibitoren gehören auch die „Dampfphaseninhibitoren“, die als Dämpfe korrosionsinhibierend wirken, und die „Beizinhibitoren“, die beim Beizen (beim chemischen Entrosten) der Beizsäure zugesetzt werden (chemisches Entrosten und Entzundern).

Häufig wird mit Phosphatieren, Chromatieren oder einem Washprimerauftrag (wodurch die Stahloberflächen einen passiven Haftgrund erhalten sollen) und manchmal sogar mit dem Grundanstrich beabsichtigt, das Metall über einige Wochen bis zur Weiterführung der Beschichtung temporär zu schützen. Durch diese Arbeitsweise kann verhindert werden, dass sich auf gesäuberten Stahloberflächen während der Zwischenlagerung, des Transports oder der Montage erneut Rost bildet. Voraussetzung für den Erfolg dieser Arbeitsweise sind metallreine Entrostung und Entzunderung sowie die fachgerechte Ausführung eines Haftgrundes, der als erste Schicht in das nachfolgende Beschichtungssystem eingehen kann. Sie werden deshalb auch im Zusammenhang mit der Anstrichstoffbeschichtung beschrieben.

Tab. 4.11 Verfahren des temporären Korrosionsschutzes

Verfahren	Materialien	Anwendung und Wirkungsweise
Verpackungen einschließlich Versiegeln, Kleben oder Verschweißen der Nahtstellen	PVC-weich, Polyethylen und andere Kunststoffe	Verpackungen für Geräte, Maschinen und Fahrzeugteile mit nur geringer Wasserdampfdurchlässigkeit
	Wachs-, paraffin- und ölpräparierte Papiere und Pappen	Einfachste, wasserabstoßende, jedoch wasserdampfdurchlässige Verpackungen
	Kombinationsfolien (Aluminium- und Plastfolien, Papier)	Mechanisch widerstandsfähige, weitgehend wasserdampfundurchlässige Verpackungen
	Luftentfeuchtungsmittel (z. B. Kieselsäuregel) und Dampfphaseninhibitoren	Beigabe in hermetischen Verpackungen zur Adsorption von H_2O, SO_2, H_2S und anderen Gasen. Inhibitoren bilden auf dem Metall passivierende Filme
Kokon-Verfahren	Kokonlösung und -lacke	Maschinen u. a. werden mit Papier- oder Gewebestreifen umspannt, auf die Kokonlack erst netzartig und anschließend als geschlossene Schicht gespritzt wird
Beschichten durch Streichen, Spritzen, Fluten und Tauchen	Korrosionsschutzöle und -fette mit Inhibitorzusatz oder anderen antikorrosiven Stoffen, Korrosionsschutzwachse, Fluide (lösungsmittelhaltige Öle, Fette und Wachse)	Korrosionsschutzöle ergeben dünne, -fette dickere, weiche, schmierende Schichten. Öle sind nur innen einzusetzen. Korrosionsschutzwachse und Fluide bilden transparente, feste nichtschmierende Schichten, die sich jedoch schwerer als Öle und Fette entfernen lassen
	Abziehlacke (PVC, Acrylharze oder Zellulosederivate mit Weichmacher- und Mineralölzusatz)	Die farblosen oder transparent gefärbten Lacke ergeben nach mehrmaligem Auftragen einen geschlossenen Film, der sich bei Bedarf nach dem Anritzen wie eine Schale wieder ablösen lässt
	Spiritus-Schutzlacke mit Schellack, Acrylharz o. Ä.	Sie bilden einen dünnen, spirituslöslichen Film und sind zum Überziehen von Chrom, Kupfer und Messing bestimmt

Tab. 4.11 ist eine Zusammenstellung häufig angewendeter Verfahren des temporären Korrosionsschutzes.

Im Rahmen der industriellen Vorkonservierung von metallischen Bauteilen werden in zunehmendem Umfang Verfahren angewendet, die zunächst die Funktion des temporären Korrosionsschutzes haben, jedoch auf den Bauteilen verbleiben und als Grundbeschichtung in das vorgesehene Korrosionsschutzsystem eingehen. Nahezu universelle Verfahren, die als temporärer Korrosionsschutz die Grundbeschichtung darstellen, sind das Phosphatieren und Washprimergrundierungen. Sofern Grundanstriche als temporärer Korrosionsschutz eingesetzt werden, müssen diese im Bindemittel auf das nachfolgende Anstrichsystem abgestimmt sein.

4.3 Arbeitsschritte für Metallbeschichtungen

- Korrosionsschäden und Walzhaut gründlich entfernen
- Unbeschichtete Metalle vor dem Grundanstrich gründlich mit geeigneten Reinigungsmitteln reinigen
- Schweißschlacken an den Schweißnähten mit alkalischen Abbeizmitteln entfernen
- Scharfe Kanten entgraten
- Shop-Primer auf Anstricheignung prüfen
- Nur Grundanstriche mit besonders guter Haftung verwenden
- Polyesterspachtel nur auf blanken Stahl auftragen
- Beschichtungssysteme und Applikationsart (Auftragstechnik) entsprechend der zu erwartenden Beanspruchung auswählen
- Geforderte Schichtdicke einhalten
- Auf gute Kantenabdeckung achten

4.4 Brandschutz

Brandschutz ist bei Stahlbauteilen wichtig, weil Baustahl – obwohl nicht brennbar – bei Temperaturen zwischen +450 und +650 °C seine Festigkeit und Stabilität und damit seine Tragfähigkeit verliert. Stützen knicken ein, Träger biegen sich durch, wobei Wände und Decken miteinstürzen. Schon bei niedrigen Temperaturen können durch die Wärmedehnung des Stahls schwere Schäden an Wänden, Decken, Treppen und Stürzen entstehen. Je nach Feuerwiderstandsklasse werden deshalb Stahlbauteile durch Putz auf Putzträger, Estrich, Ummauerung, Einbetonieren und untergehängte Decken geschützt. Einzelheiten werden in der DIN 4102 (Brandverhalten von Baustoffen und Bauteilen) geregelt (Abb. 4.29).

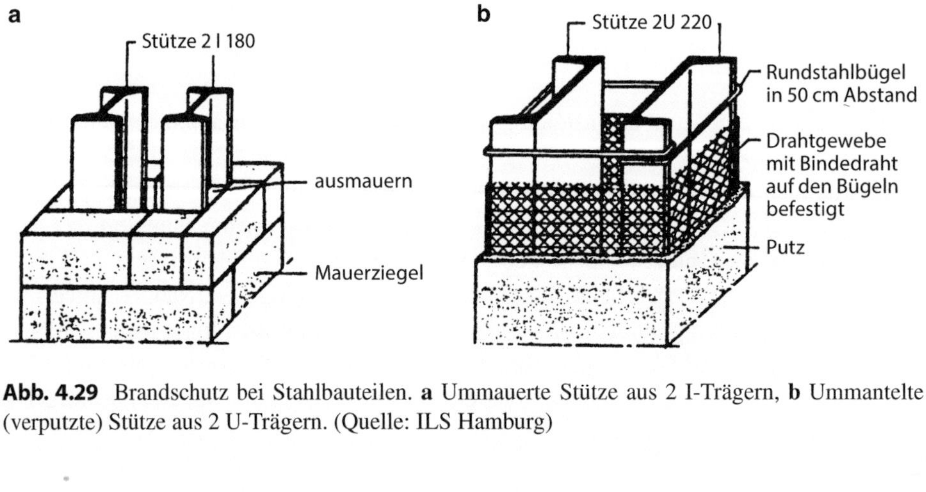

Abb. 4.29 Brandschutz bei Stahlbauteilen. **a** Ummauerte Stütze aus 2 I-Trägern, **b** Ummantelte (verputzte) Stütze aus 2 U-Trägern. (Quelle: ILS Hamburg)

Sanierungsbeispiele metallischer Konstruktionen 5

5.1 Entscheidungsaspekte für Metallbauteile

Wie bei jeder Entscheidung für eine Sanierungsmaßnahme gehört neben der Konstruktion auch die Auswahl des Werkstoffs dazu. Das kann aus historischer und denkmalgerechter Sicht das gleiche „alte" Material oder auch neuzeitliches sein. Neben technisch-wirtschaftlichen und denkmalpflegerischen Aspekten spielen auch strukturelle (gliedern, profilieren, teilen) und assoziative (Vorstellung, Visionen) Faktoren eine Rolle. Allerdings ist zu berücksichtigen, dass keiner dieser Gesichtspunkte allein ausschlaggebend sein kann, wenn es um die Entscheidung für einen Werkstoff geht. Sie überlagern und beeinflussen sich in der Praxis.

Technisch-wirtschaftliche Aspekte
Hierbei geht es um Gesichtspunkte wie:

- Kosten,
- Lebensdauer,
- Wartungsfreiheit,
- Gewicht,
- Formbarkeit,
- Statik,
- UV-Beständigkeit,
- Witterungsbeständigkeit,
- Sicherheit gegen Flugfeuer,
- Unbrennbarkeit,
- Schalldämmmaß,
- Wärmeleitzahl.

M. Stahr und K.-P. Radermacher, *Sanierung von Metallbauteilen*,
https://doi.org/10.1007/978-3-658-30625-0_5

Tab. 5.1 Werkstoffkombinationen (ZVDH)

	Aluminium	Blei	Kupfer	Titanzink	Nichtrostender Stahl	Verzinkter Stahl
Aluminium	+	+	–	+	+	–
Blei	+	+	+	+	+	+
Kupfer	–	+	+	–	+	–[a,b]
Zink	+	+		+	–	+
Edelstahl	+	+	+	+	+	+
Stahl, verzinkt	+	+	–	+	–	+

+ zulässig, – nicht zulässig

[a]Stahlstifte von Hohlnieten sind im Außenbereich unzulässig.

[b]Galvanische Verkupferungen verzinkter Bauteile können Korrosionsvorgänge verstärken; sie stellen keinen Korrosionsschutz dar.

Es hat sich bewährt, alle Kennziffern mit mindestens zwei, besser mehreren Werkstoffen zu vergleichen (beispielsweise Aluminiumdach – Stahldach – Ziegeldach).

Auch Werkstoffkombinationen zwischen den Metallen kann ein technisch-wirtschaftlicher Vorteil sein. Allerdings lassen sich nicht alle Metalle miteinander verbinden wie Tab. 5.1 zeigt.

Denkmalpflegerische Aspekte

Streng genommen heißt Denkmalpflege, die detailgenaue Übernahme der Konstruktion und des Materials. Dabei bereiten allerdings verfahrens- und anwendungstechnische Randbedingungen, die häufig keine Gültigkeit mehr besitzen, sowie Herstellung und Breitenvielfalt des Werkstoffs und Handwerkstechnik Probleme.

So wird das im 19. Jahrhundert damals übliche, relativ unreine und paketgewalzte Zink in Mitteleuropa heute kaum noch hergestellt, sondern stattdessen das optisch zwar vergleichbare, jedoch wesentlich reinere Feinzink in seiner Legierung als Titanzink. Viel entscheidender ist jedoch, dass die damaligen Anwendungstechniken der Klempnerei die Beschränkung des paketgewalzten Werkstoffs nicht in allen Fällen auffangen konnten. Das verarbeitende Handwerk hingegen hat sich auf die heute üblichen Werkstoffe eingestellt und ist in der Lage, diese Werkstoffe in originalgetreuen Formen auf ebenso originalgetreuen Werkzeugen zu verformen.

Die ursprünglich mit Zink belegten Kuppeln in Abb. 5.1 wurden originalgetreu nach alten Vorlagen, in traditioneller Handwerkstechnik, unter Verwendung von Titanzink, wieder hergestellt.

Strukturierende Aspekte

Aus der Sicht des Planers, aber auch des Bauherrn, werden die Begriffe Strukturieren, Gliedern, Profilieren und Unterteilen als Synonyme verwendet, wenngleich streng sprachwissenschaftlich Unterschiede bestehen. Eine klassische Struktur ist die Gliederung in

Abb. 5.1 Denkmalpflegerisch saniert – das Prinzentheater Münster. (Quelle: Rheinzink, Datteln)

Kopf, Rumpf und Sockel, die durch einen Wechsel der Werkstoffe, der Oberflächenbeschaffenheit und der Farbgebung das Gebäude horizontal oder vertikal betonen (vgl. Abb. 5.2).

Bei Dächern kann die Strukturierung durch Streckung, Bindegliederung (zwischen unterschiedlichen Gebäuden), Materialwechsel zwischen und auf den Dächern (s. Abb. 5.3), Farbgestaltung, Wechsel der Verbindungstechniken (z. B. Steh- und Leistenfalz), aber auch durch die Anordnung kunstvoll gestalteter Schneefanggitter, Dachfirste, Dachgaubenornamente, Wetterfahnen usw. erfolgen.

Bei der Materialisierung mit Werkstoffen unterschiedlicher Dicke bzw. Befestigungstechnik ergeben sich ohne Eingriff in die tragende Unterkonstruktion als gliedernde Elemente geringfügige Vor- und Rücksprünge (Abb. 5.4).

Abb. 5.2 Klassische Gliederung in Kopf, Rumpf und Sockel am Plaza Hotel Bremen. (Quelle: Rheinzink, Datteln)

Abb. 5.3 Verbindendes Element, hervorgehoben durch räumliches Hervortreten des Vordaches, Farb- und Materialwechsel und Metall- und Keramikdach. (Quelle: Rheinzink, Datteln)

Assoziative Aspekte

Bekanntermaßen bedeutet assoziieren umgangssprachlich „eine gedankliche Vorstellung mit etwas verknüpfen". Beispielsweise assoziieren wir bei Dächern, die unter Verwendung von blattgoldbeschichteten Kugeln oder Kuppeln gestaltet wurden, eine besonders bedeutsame („wertvolle") Gebäudenutzung, während großvolumige, einschiffige Gebäude

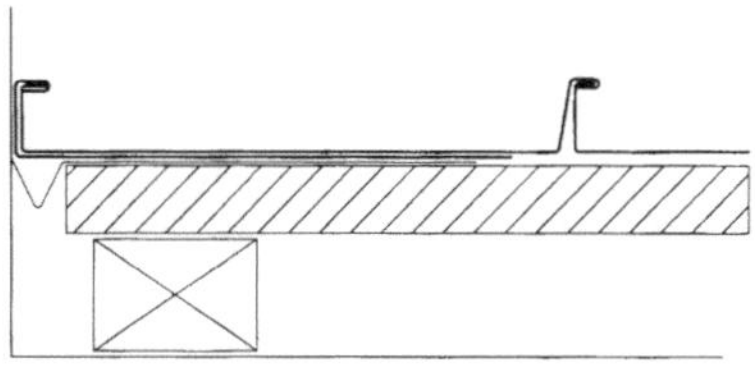

Abb. 5.4 Geringfügige, aber ausdrucksvolle Strukturierung durch die Verbindung zwischen Zinkabkantung, Betondecke und Mauerwerk. (Quelle: Rheinzink, Datteln)

mit steilgeneigtem Ziegeldach spontan den Gedanken an eine Scheune aufkommen lassen können.

Im Gegensatz zu vielen anderen Baustoffen werden mit Zink kaum Nutzungsinhalte verbunden, sondern es ist in dieser Hinsicht wertfrei. Aber auch Zink (RHEINZINK®) „steht für etwas", wenngleich in eher abstraktem Sinne, was eine signifikante Qualität im Zusammenhang mit Assoziationen darstellt. In seiner Wechselbeziehung zu Formen und anderen Werkstoffen strahlt es relative Nüchternheit, Kühle und Modernität aus, aber auch – vielleicht durch seine Verwendung zu Schinkels Zeiten (1781–1841) – Klassisches. Gerade aus dem letztgenannten Grunde wird Zink bei klassischen Formensprachen in großem Umfang verwendet (s. Abb. 5.5).

Das dünne, blaugrau patinierende Metall steht darüber hinaus auch für Leichtigkeit und vermittelt damit einen Hautcharakter. Dieser Charakter lässt sich durch entsprechende Detaillierung unterstreichen, bei der auf überdeckende Profile verzichtet wird.

► **Tipp** Nicht übersehen werden darf abschließend, dass die erwartete Beständigkeit von Werkstoffen traditionell im Zusammenhang mit der geplanten Nutzungsdauer eines Gebäudes stand.

Abb. 5.5 Feuerwehrhaus in Rödelheim (Hessen), typische Anlehnung an einen klassischen Schinkelbau (Brandenburger Tor). (Quelle: Rheinzink, Datteln)

5.2 Beschichtung von Metallen im Denkmalschutz

Streng genommen heißt Denkmalpflege, die detailgenaue Übernahme der Konstruktion und des Materials. Das wird allerdings problematisch bei verfahrens- und anwendungstechnischen Randbedingungen, die häufig keine Gültigkeit mehr haben, und in der Herstellung und Breitenvielfalt des Werkstoffs und der Handwerkstechnik.

So wird das damals übliche, relativ unreine und paketgewalzte Zink in Mitteleuropa heute kaum noch hergestellt, sondern stattdessen das optisch zwar vergleichbare, jedoch wesentlich reinere Feinzink in seiner Legierung als Titanzink.

Viel entscheidender ist jedoch, dass die damaligen Anwendungstechniken der Klempnerei die Beschränkung des paketgewalzten Werkstoffs nicht in allen Fällen auffangen konnten.

Das verarbeitende Handwerk hingegen hat sich auf die heute üblichen Werkstoffe eingestellt und ist in der Lage, diese Werkstoffe in originalgetreuen Formen auf ebenso originalgetreuen Werkzeugen zu verformen.

An historischen Bauwerksteilen und anderen, im Bauwerk vorzufindenden Gegenständen aus Metall treten häufig schwere Korrosionsschäden auf. Sie sind nahezu ausschließlich auf die Bildung von Korrosionsschutzelementen zurückzuführen. Auch viele der früher angewandten Herstellungsverfahren (z. B. Metalllegierungen oder die relativ leichte Verformbarkeit) bildeten eine Grundlage für Korrosionsschutzelemente. Doch gerade dadurch entstanden Voraussetzung für Korrosionsschäden, besonders dann, wenn stark wirksame Elektrolyte am Standort der Metalle anwesend waren. Das waren beispielsweise hohe Luftfeuchtigkeit, Bodenfeuchtigkeit, gelöste Gase oder Salze in Kellern und anderen Feuchträumen.

Infolge der ständigen Feuchtigkeit bilden sich an der Oberfläche der Zinnbleche Lokalelemente die zur selektiven Korrosion führten. Die Kristalle wurden umgewandelt und völlig zerstört (Zinnpest).

Fehlerhaft behandelte Skulpturen können folgende Schäden aufweisen (Abb. 5.6, 5.7 und 5.8):

- Durch robuste Strahlreinigung aufgeraute Oberflächen werden nicht in gleichmäßiger Dicke von Anstrichen bedeckt.
- Beim Einsatz von metallischen Strahlmitteln oder Werkzeugen, z. B. Messingdrahtbürsten, können abgeriebene, zurückbleibende Metallspuren mit dem gereinigten Metall Korrosionselemente bilden.
- Durch Säure- und Alkali-Reinigungsmittel werden verschiedene Metalloberflächen, z. B. von Zink, Messing und Bronze, stark angegriffen und aufgeraut.
- Reinigungsmittel auf Lösemittelbasis können beim Entfernen von Fett-, Öl- und Wasserverunreinigungen Spuren dieser Verunreinigungen zurücklassen, auf denen nachfolgende Anstriche nicht trocknen und nicht haften.

Abb. 5.6 Korrosion von Zinn an einem in einem Feuchtraum stehenden Sarg. (Quelle: Schönburg, Milzau)

Abb. 5.7 Bach-Denkmal in Leipzig. (Quelle: Stahr, Leipzig)

a b

Abb. 5.8 Tafeln an Bachs Wohnhaus in Leipzig. (Quelle: Stahr, Leipzig)

Tab. 5.2 Korrosionsschutzbeschichtungssysteme für Metalle in der Denkmalpflege

Bindemittelbasis der Systeme; evtl. Pigmentierung der Anstrichstoffe	Besondere Eigenschaften der Anstrichsysteme
Leinölfirnis und Leinöl-Standöl; Bleimennige und Bleiweiß	Hohe Korrosionsschutzwirkung auf Eisen und Stahl; dauerelastische Anstriche; toxisch wirkend
Leinöl-Heizöl-Standöl ohne und mit Pigmenten	Im Wasser nur sehr geringe Quellung
Leinölfirnis und Leinöl-Standöl; Graphit und Eisenglimmer	Witterungsbeständig; UV-Strahlung abschirmend; gusseiserne Erscheinung
Wachsfirnis ohne und mit Pigmenten	Thixotropes Verhalten des Anstrichstoffs; dauerelastische Anstriche
Kopalharz-Lacke ohne und mit Pigmenten	Harte, mechanisch beanspruchbare Lackierungen
Dammarharz-Lacke, unpigmentiert	Klare, lichtechte Lackierungen
Hartwachs-Überzug mit Wärme aufgeschmolzen, ggf. auf Glanz poliert	Reversibel, d. h. mit Wärme wieder entfernbar; guter Witterungsschutz
Schwarz- bzw. Einbrennen von Leinöl mit Graphitzusatz auf Eisen	Zeitlich begrenzte Schutzwirkung
Einschleifen von Leinölfirnis in Kupfer-, Messing- und Bronzeoberflächen	Schutzwirkung, z. B. unter Ölvergoldungen
Sandeln von Leinöl-Standölfarbe-Anstrichen (Aufstreuen von Quarzfeinsand auf frischen Anstrich)	Gute Schutzwirkung; sandsteinartige Erscheinung

Skulpturen, Gedenktafeln, Türklopfer, Beschläge, Balkongitter und Lampen, häufig aus Bronze, Kupfer oder Messing, sollen so konserviert und saniert werden, dass ihre Grundstruktur erhalten bleibt.

► Metalldenkmale (meist aus Bronze) oder metallische Erinnerungstafeln werden durch Heißkonservierung mit speziellen Wachsen beschichtet.

Für die Beschichtung eignen sich beispielsweise ölmodifizierte Natur- und Kunstharze, Leinöl, unpigmentierte Öle, Wachsfirnis und Klarlacke.

Besondere Eigenschaften (hohe Korrosionsschutzwirkung, guter Witterungsschutz) erzielt man mit speziellen Lasuren oder Anstrichen. Tab. 5.2 verschafft einen Überblick.

Tab. 5.3 Anstriche mit besonderem Oberflächeneffekt

Anstrichstoffe	Effekt und Anwendung	Anstrichstoffzubereitung in Vol.-%
Wässrige Anstrichstoffe		
Kalkwasser-Lasurfarben	Optische Alterung von Kalkanstrichen, -putzen und -stein	Kalkwasser mit 2 Vol.-% kalkechtem Pigment
Silikat-Lasurfarben	Optische Alterung von Silikatfarbenanstrichen, Naturstein, Kalkmörtelputz	Fixativ (Kaliumwasserglas) zu Wasser 50 : 50 mit Silikatpigment
Kalkkasein Temperafarben	Auf Halbglanz mit weichem Tuch polierbar	Weißkalk : Magerquark : Leinfirnis 18 : 80 : 2 mit in Wasser eingesumpftem, kalkechtem Pigment mischen (60 Pigment : 40 Bindemittel)
Wachsleimfarben	Auf Halbglanz mit Tuch oder Bürste polierbar	10 Wachsemulsion : 90 dicker Zelluloseleimfarbe
Wachsemulsion	Holz überwischen oder streichen, mit Tuch oder Bürste auf Halbglanz polieren	Bienen- oder besser Montanwachsemulsion
Dispersionsfarbe mit silberfarbenem Perlglanzpigment	Perlglanzwirkung, z. B. auf Dispersionsfarbenanstrich	Dispersionsbindemittel, verdünnt mit geringem Zusatz an Perlglanzpigment
Öl- und Harz-Anstrichstoffe		
Öl- oder Harzlasurfarbe	Tönen von Holz und Metall, z. B. zur optischen Alterung	Leinölfirnis oder Harzlösung : Terpentinöl 40 : 60 und Pigmentzusatz
Goldlack-Lasurfarbe	Goldwirkung auf Silber, Aluminium, Edelstahl	Harzlösung : Terpentinöl 40 : 60 und Goldockerzusatz
Ölfarbe mit Graphit	Optisch wie Guss- und Schmiedeeisen wirkend	Leinölfirnis : Terpentinöl 70 : 30 und Graphitzusatz
Öl- oder Harzfarbe mit Eisenglimmer	Wirkung wie Bruchstellen von Gusseisen	Leinölfirnis oder Harzlösung 70 : 30 und Eisenglimmerzusatz
Mattlackierung, möglichst weiß mit Talkum	Mattlackierung; hervorragende Teile können auf Halbglanz poliert werden	Weiße, glatt verlaufene Alkydharzlackierung im etwas klebrigen Zustand mit Talkum überpudern
Lackierungen mit metallfarbenem Perlglanzpigment	Gold-, Kupfer- und Bronzeeffekt	Schellack- oder andere Harzlösung verdünnt mit Zusatz von Perlglanzpigment

Mit deckenden Anstrichen können auch auf Metalloberflächen spezielle Effekte erzielt werden. In Tab. 5.3 sind die besonderen Oberflächeneffekte zusammengefasst.

5.3 Sanierung metallischer Dächer

5.3.1 Entwicklung – Begriffe – Konstruktionen

5.3.1.1 Entwicklung

Bekanntermaßen spielt bei der Instandsetzung und Sanierung des Gebäudes das Dach eine bedeutende Rolle. Häufig ist es auch die einzig notwendige Erneuerungsmaßnahme. Neben den herkömmlichen und traditionellen Eindeckungsmaßnahmen mit Dachsteinen aus keramischem Material, Schiefer oder Beton haben auch Metalldeckungen eine zunehmende Bedeutung. Unter Metalldeckung versteht man die Eindeckung von Dachflächen mit Blechen, Profilblechen oder Metallfolien. Sie eignen sich vor allem für leichte Dächer mit geringen Neigungen und für schwierige Formen. Allerdings ist die Technik, geeignete Dachflächen vor allem mit gekrümmten Oberflächen mittels Blechen abzudecken, seit Jahrhunderten bei Repräsentationsbauten wie Kirchen oder Schlössern gebräuchlich. Obwohl Metalldeckungen als ableitende Deckungsart zu den dichtesten zählen, sind sie nicht vollständig luft- und wasserdicht. Schnee und Feuchtigkeit können ins Dachinnere eindringen und durch Temperaturschwankungen muss auch mit Schwitzwasser gerechnet werden. Diese Nachteile können durch konstruktive Maßnahmen und den äußeren Einflüssen angepasste Materialauswahl kompensiert werden. Schon Opderbecke schrieb 1901 in seinem Lehrbuch *Der Dachdecker*:

> Die Wahl des Dachdeckungsmaterials ist von der Konstruktion des Dachgerüstes, von der Neigung der Sparren und der mehr oder weniger den Witterungseinflüssen ausgesetzten Lage des Gebäudes abhängig zu machen. Je durchlässiger für Regen und Schneewasser ein Dachdeckungsmaterial, je weniger glatt seine Oberfläche und je größer die Fugenzahl bei einer Dachdeckung ist, umso größer muss der Neigungswinkel gewählt werden, welchen die Dachflächen mit einer waagerechten Ebene bilden, um dem Wasser einen raschen Abfluss zu sichern und zu verhindern, dass dieses durch den Wind unter das Deckmaterial und in das Gebäudeinnere getrieben wird.

Historisch gesehen waren vor allem Blei- und Kupferdeckungen auf öffentlichen Gebäuden, später auch Zinkblechdeckungen auf weniger repräsentativen Bauten anzutreffen. Zur Ausführung kamen weiche Bleche als Falzdächer mit stehendem oder liegendem Falz und Leistendächer mit Zinkblech über Holzleisten (Abb. 5.9 und 5.10).

► **Tipp** Neben den traditionellen Materialien kommen in der Sanierung auch Stahl, Aluminium und Titanzink zum Einsatz (z. B. bei Rauten Abb. 5.11).

Wie Abb. 5.12 zeigt, lässt sich heutzutage eine Dachdeckung komplett aus einem oder mehreren Metallen herstellen.

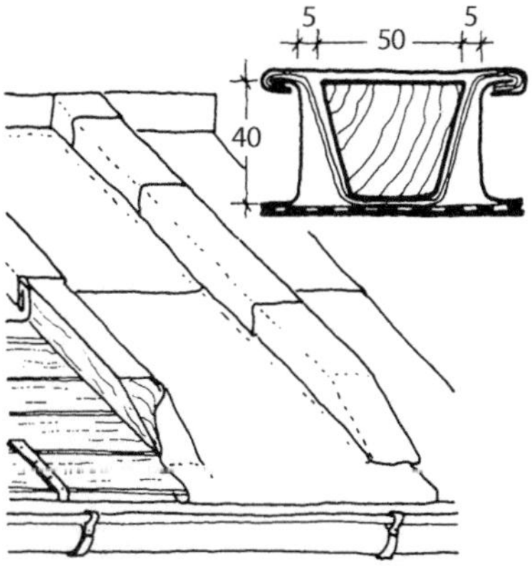

Abb. 5.9 Falzdach. (Quelle: ILS, Hamburg)

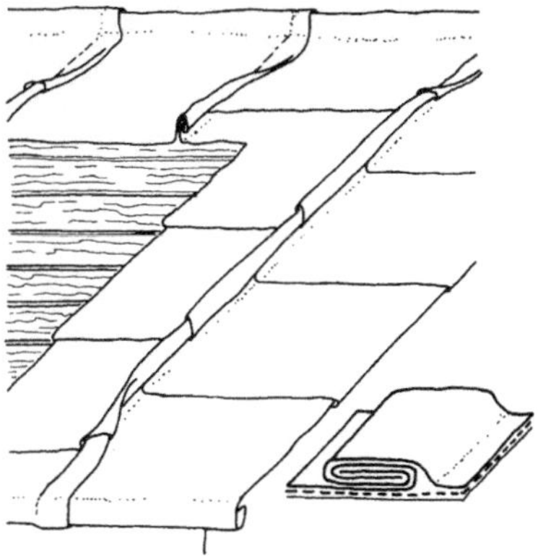

Abb. 5.10 Leistendach. (Quelle: ILS, Hamburg)

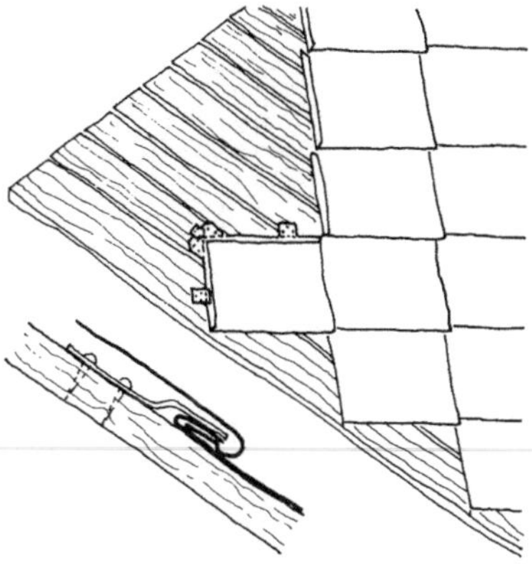

Abb. 5.11 Rautendach. (Quelle: ILS, Hamburg)

Noch ein nennenswerter Vorteil einer Metalldeckung ist das Flächengewicht. Beispielsweise wiegt ein Quadratmeter Aluminiumdachfläche durchschnittlich 2,5 kg gegenüber 35–40 kg/m^2 bei keramischem Material. Bei einem Einfamilienhaus mit etwa 200 m^2 Dachfläche kann das schon mehrere Tonnen ausmachen und Auswirkung auf die Sanierung des Dachstuhls, der beispielsweise nicht verstärkt werden müsste, haben.

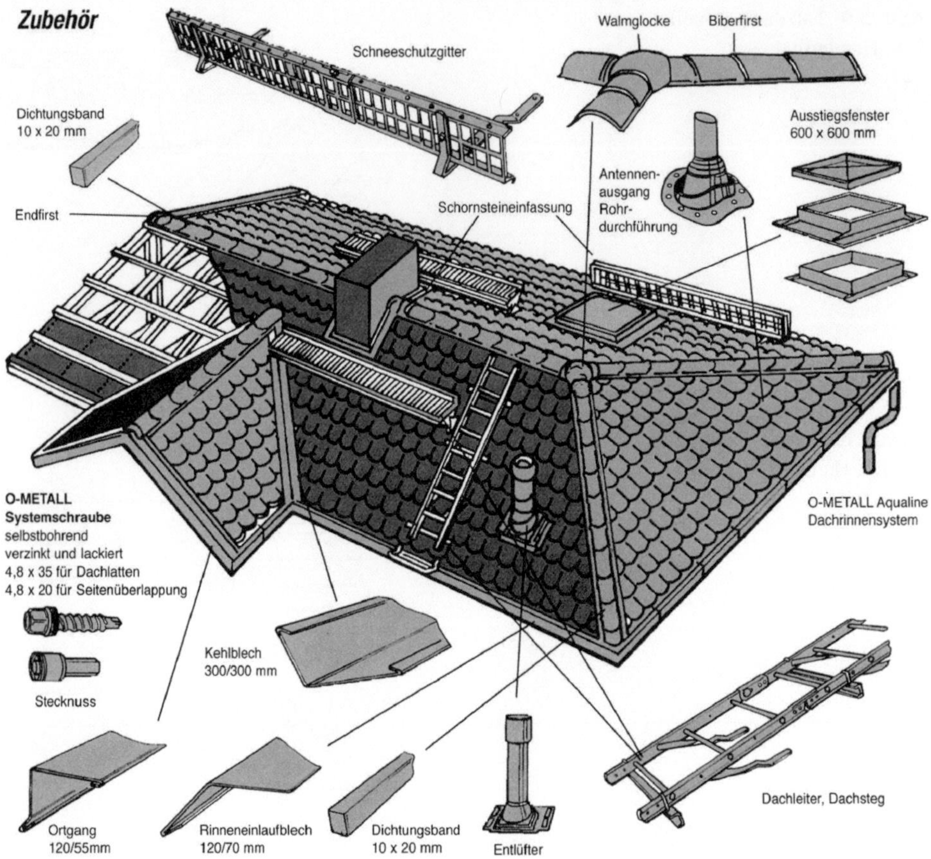

Abb. 5.12 Metalldach mit Zubehör. (Quelle: ILS, Hamburg)

Abb. 5.13 zeigt, dass eine Kombination zwischen einer sanierten historischen Fassade und einem „modernen“ Aluminiumdach auch ästhetisch aussehen kann.

5.3.1.2 Begriffe

Ebenso wie bei anderen Bauteilen sind auch beim Dach umgangssprachliche Begriffe zwar üblich, aber deswegen nicht richtig (Tab. 5.4). Aus diesem Grund sollten die nachfolgenden sprachlichen Regelungen anerkannt und benutzt werden.

5.3.1.3 Konstruktionen

Großformatige Dachdeckungen werden aus gütegesicherten Trapezprofilen (Abb. 5.14), gelegentlich aus Wellprofilen, aus Klemm- oder Falzprofilen sowie aus Sandwichelementen (Stahldeckschalen aus Feinblech) hergestellt (Abb. 5.15).

Die entsprechende Metalldeckung ist die der Witterung ausgesetzte Oberschale eines Dachaufbaus, die Niederschläge möglichst schnell abführt, regensicher, aber nicht wasser-

Tab. 5.4 Begriffe für Bauteile des Daches

Richtiger Begriff	Umgangssprachlicher Begriff	Erläuterungen
Blechdicke	Blechstärke	Die Dicke ist ein Längenmaß! Sie kommt im deutschen Regelwerk nur so vor
Wärmebrücke	Kältebrücke	Es gibt im Bauwesen nur Wärmebrücken. Kälte ist im Gegensatz zu Wärme keine Energieform und kann daher nicht übertragen werden. Im deutschen Regelwerk wird folglich auch nur von Wärmebrücken gesprochen
Dämmung	Isolierung	Isolieren ist nur z. B. in der Elektrotechnik möglich. Im Bauwesen kann dem Wärmestrom nur ein gewisses Hindernis entgegengestellt werden, nämlich die Wärmedämmung. Im deutschen Regelwerk wird deshalb nur gedämmt
Schale (Unter-, Trag- und Oberschale)	Schale (Innen-/Außenschale)	Beim zweischaligen Dach wird von unten und oben, bei der zweischaligen Wand von innen und außen gesprochen
Trapezprofil Profiltafel	Trapezblech Blechtafel	Trapezprofil gemäß DIN 18 807. Lieferform eines Trapezprofils
Kalotte	Kalotte	Vergrößerte Dichtscheibe in profilfolgender Form
Regendicht		Diese Bezeichnung bezieht sich auf die verstärkte Einwirkung von Niederschlägen auf die Gebäudehülle
Regensicher		Diese Bezeichnung bezieht sich auf die normale Einwirkung von Niederschlägen auf die Gebäudehülle
Obergurt	Oberer Wellenbogen, Wellenberg, Hochsicke	Der Obergurt ist der obere schräg liegende Abschlussstab beim Sparrendach oder beim dreiecksförmigen Fachwerksbinder. Auch als Gurtbogen auf dem Gewölberücken möglich
Untergurt	Unterer Wellenbogen, Wellental, Tiefsicke	Die untere Begrenzung eines Dachwerksbinders bezeichnet man als Untergurt
Sicke	Sicke	Vertiefung oder Versatz im Trapezprofilgurt oder -steg
Rippe	Sicke	Die Rippe ist ein Trapezprofilabschnitt von Mitte Gurt bis Mitte Gurt
Dachöffnung	Dachdurchbruch	Dachflächen und -öffnungen/-durchführungen werden nicht „durchbrochen“. Öffnungen werden planmäßig und fachgerecht hergestellt!
Negativlage[a]		Breiter Profilgurt liegt an (auf der UK)
Positivlage[a]		Schmaler Profilgurt liegt an (auf der UK)

[a] Achtung: Bei Aluminium-Trapezprofilen lauten diese Bezeichnungen genau umgekehrt!

Abb. 5.13 Sorgfältig aufeinander abgestimmte, historisch sanierte Fassade mit modernem Aluminiumdach. (Quelle: PREFA, Wasungen)

Tab. 5.5 Stahldachdeckungen im Überblick

	Schnittdarstellung der Oberschale (Prinzip)	
Bezeichnung der Konstruktion	Rechtwinklig zur Verlegerichtung	Parallel zur Verlegerichtung
Einschalig, ungedämmt		
Einschalig, unterseitig, wärmegedämmt		
Zweischalig, wärmegedämmt, nicht belüftet auf Pfetten		
Zweischalig, wärmegedämmt, nicht belüftet auf Bindern		
Zweischalig, wärmegedämmt, belüftet auf Pfetten		
Zweischalig, wärmegedämmt, Sandwichelemente		

dicht ist. Für die Absicherung der konstruktiven Forderungen sind die Mindestblechdicken in Abhängigkeit von der Stützweite, der zulässigen Verformung und Dachneigung zu beachten (Tab. 5.5 und Abb. 5.16).

Eine bewährte Bauweise, auch beim Dach, ist die Leichtelementbauweise.

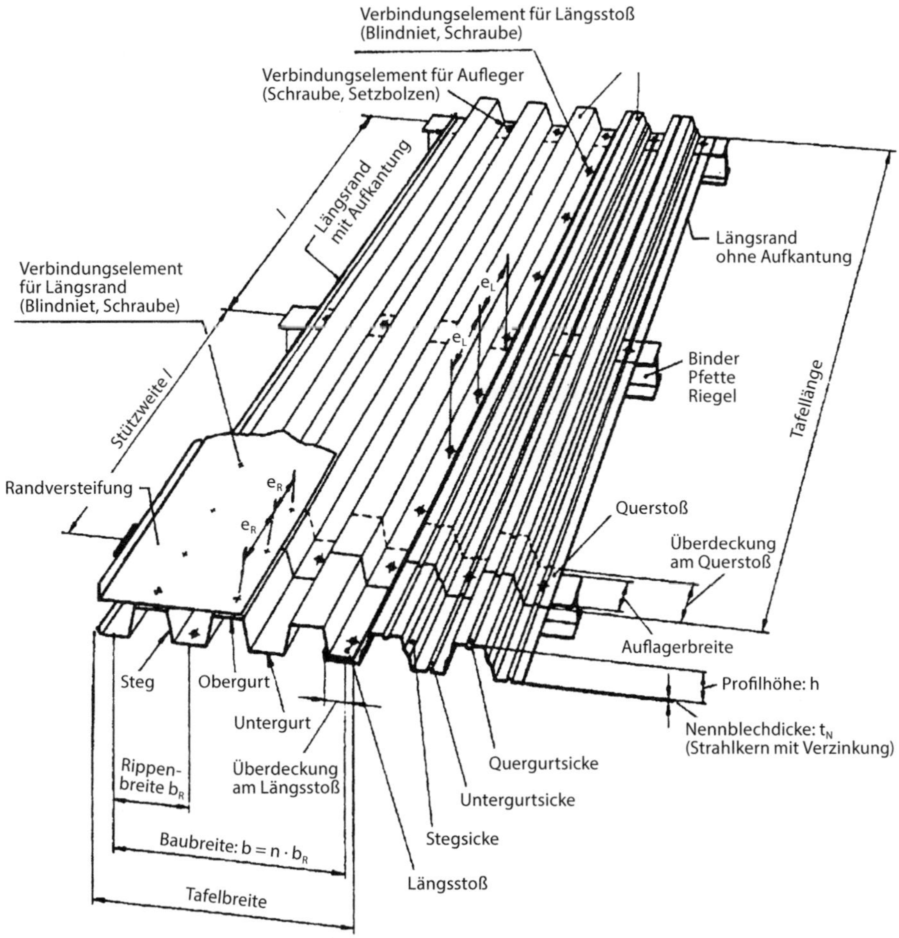

Abb. 5.14 Trapezprofil-Konstruktionen am Dach. (Quelle: ILS, Hamburg)

Abb. 5.15 Dämmplatte unter einem Metall-Steildach. *1* Trennlage, *2* Holzwerkstoffplatte, *3* Dämmkern, *4* Metalldeckung, *5* Schalung. (Quelle: LINZMEYER, Riedlingen)

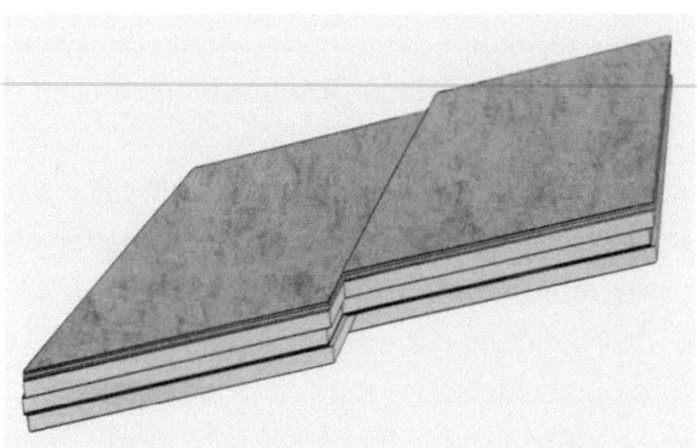

Abb. 5.16 Moderne nachhaltige Kombination Titanzinkdach im Winkelstehfalzsystem – Holzfassade aus Douglasie. (Quelle: Rheinzink, Datteln)

5.3.2 Grundlagen für die Ausführung von Metalldächern

5.3.2.1 Feuchteschutz

Feuchtigkeit kann im Grunde auf zweierlei Weise in Dach- und Wandkonstruktionen gelangen: Entweder in sichtbarer Form als flüssiges Wasser oder in unsichtbarer Form als Gas (Luftfeuchtigkeit/Wasserdampf), das erst unter bestimmten Bedingungen zu „Feuchtigkeit" werden kann. Der erstgenannte Fall umfasst insbesondere Niederschlags- und Baufeuchtigkeit. Im zweiten Fall dringt gasförmiges Wasser über Diffusionsvorgänge oder Luftdurchsatz (durch offene Fugen) in die Konstruktion ein. Der weitaus größte und andauernde Feuchtigkeitseintrag resultiert aus dem Luftdurchsatz durch offene Fugen. Dieser kann schon in durchschnittlichen Fällen ein Hundertfaches des Feuchtigkeitseintrags, der über Diffusion zu erwarten wäre, betragen. Die hier andauernd eindringenden und an kälteren Bauteilschichten kondensierenden Feuchtigkeitsmengen können auch durch die funktionsfähigste Luftschicht kaum abgeführt werden. Über die feuchteschutztechnische Problemstellung hinaus bedeutet Luftdurchsatz durch Fugen auch einen erheblichen Energieverlust. Aus diesem Grund hat die DIN 4108, Wärmeschutz im Hochbau, Teil 7 „Luftdichtheit von Bauteilen", auch die Forderung nach Fugendichtheit ausdrücklich erhoben.

Solange Feuchtigkeit wie vorstehend beschrieben in die Konstruktion gelangen kann, muss diese durch eine mit der Außenluft verbundenen Luftschicht abgeführt werden. Dies findet seine natürlichen Grenzen dort, wo ein extremer Feuchtigkeitseintrag, z. B. durch grobe Luftundichtheit, die Leistungsfähigkeit von Luftschichten überfordert.

Aus den genannten Beschreibungen folgt die Notwendigkeit der

- Verarbeitung weitgehend trockener Baustoffe,
- Abdeckung offener Bauteile bei Niederschlägen bzw. Niederschlagsgefahr (z. B. Baustellenruhe),
- Verwendung dampfbremsender Baustoffe auf der raumzugewandten Seite der Wärmedämmschicht,
- Gewährleistung fugendichter Verarbeitung der Wärmedämmschicht selbst sowie der von dort aus raumzugewandten Schichten.

► **Hinweis** Können die genannten Notwendigkeiten nicht oder nur teilweise berücksichtigt werden, so muss von unbelüfteten Konstruktionen dringend abgeraten werden. In diesen Fällen stellt eine funktionsfähige Belüftung der Konstruktion im Regelfall eine probate Lösung dar. Dies kann nicht, wie oben ausgeführt, für Folgen des Luftdurchsatzes gelten.

5.3.2.2 Dämmsysteme für Metalldächer

Steildächer Metalldächer haben in der Architektur ohnehin und in der Sanierung besonders in den letzten Jahren immer mehr an Bedeutung gewonnen, erlauben sie doch eine attraktive Dachgeometrie und damit ungewöhnliche Nutzungsmöglichkeiten. Erhöhte Anforderungen an den Wärme- und Hitzeschutz haben auch hier zu neuen bauphysikalisch ausgereiften Dämmlösungen geführt: Das Steildachdämmsystem ist Wärmedämmung (WLS 024) und vollflächige Unterkonstruktion für die Beplankung in einem Element. Die einseitig mit Holzwerkstoffplatten kaschierten Systeme sind für alte oder neue, verschalte Dächer konzipiert (Abb. 5.15).

Dämmsystemaufbau

- Dämmkern: PUR/PIR-Hartschaum nach DIN EN 13165, Baustoffklasse B2, Anwendungstyp PUR 024 DAD, beidseitig mit Alufolie
- Deckschicht: mit einer Holzwerkstoffplatte (22 mm), beschichtet, mit Dehnfuge zur Befestigung der Metalleindeckung
- Kantenverbindung: ringsum N+F-Klemm-Press-Verbindung, Holzwerkstoffplatte mit N+F
- Bezeichnung nach EN: Verbundplatte bestehend aus: PUR-EN 13165-T2-DS(TH)9-CS(10\Y)100 zzgl. Holzwerkstoffplatte 22 mm
- Deckmaß: 2480 × 580 mm (= Berechnungsmaß)

Bitte beachten: Bei der Herstellung des Unterdachs und des Gesamtdachaufbaus sind die Fachregeln sowie die Hinweise und Richtlinien der Hersteller zu beachten (Tab. 5.6).

Verarbeitungshinweise Der Dämmkern aus Polyurethan-Hartschaum bietet maximale Dämmwerte bei minimalen Plattendicken. Die robusten Kantenverbindungen ermöglichen ein rationelles, wärmebrückenfreies Verlegen oberhalb der mit einer geeigneten Unterdeckbahn oder Dampf- und Luftsperre vorgedeckten Holzschalung.

Die feuchteunempfindliche Holzwerkstoffplatte (22 mm) ist trittfest und vollflächige Unterkonstruktion für die Eindeckung mit Metall oder Faserzement. Zeitraubendes Suchen nach geeigneten Befestigungspunkten entfällt. Die Eindeckung kann an jeder beliebigen Stelle mechanisch befestigt werden. Dachausschnitte lassen sich mit gängigen Holzbearbeitungswerkzeugen passend zuschneiden. Und auch hier sind Anschlüsse einfach zu befestigen.

Tab. 5.6 Materialwerte

Dicke in mm	Dicke in mm	Dicke in mm	WLS	U-Wert*
Gesamt	PUR/PIR	Holzwerkstoffplatte	PUR/PIR	[W/(m^2 K)]
102	80	22	024	0,26
122	100	22	024	0,22
142	120	22	024	0,18
162	140	22	024	0,16
182	160	22	024	0,14

Weitere Dicken auf Anfrage.
Objektspezifische Besonderheiten nach DIN EN ISO 6946 werden nicht berücksichtigt.
*U-Wert unter Berücksichtigung der Wärmeübergangswiderstände RSi und RSe und einer 19 mm Holzschalung.

Auf die Elemente wird eine Trennlage aufgebracht. Sie sorgt für eine schnelle, sichere Ableitung von Tauwasser und Kondensat zwischen Metalldach und Trennlage. Durch den entstehenden Abstand wird auch eine Reduzierung des Körperschalls erreicht.

Flachdächer Bei der Dämmung von Flachdächern müssen die verwendeten Dämmstoffe hohe Anforderungen erfüllen. Das Flachdach ist Temperaturschwankungen von extremer Hitze durch Sonneneinstrahlung bis etwa +90 °C und winterlicher Kälte bis zu −30 °C ausgesetzt (Abb. 5.17).

Die Konstruktionsaufbauten sind zusätzlich auf mechanische Belastung, Feuchtigkeit und Windbeanspruchung auszulegen. Der Brandschutz spielt bei Flachdachkonstruktionen eine zunehmende Rolle. Nicht selten sind durch Entzündung des Dämmstoffs bei Dämm- und Dichtungsarbeiten im Dachbereich Schwelbrände entstanden, die zu katastrophalen Schäden geführt haben.

Das Dämmsystem sollte also folgenden Anforderungen genügen:

- Erfüllung der Anforderungen gemäß allgemeiner bauaufsichtlicher Zulassung Z-23.11-1501,
- Wärmedämmstoff aus Kalziumsilikat-Hydraten, Kalk, Sand, Zement, Wasser und Porenbildner (Porosität 95 Vol.-%),
- Nicht brennbar – europäische Baustoffklasse A1 DIN EN 13501-1, A1 DIN 4102; frei von Flammschutz- oder Bindemitteln,
- Biologisch und mikrobiologisch unbedenklich,
- Hemmwirkung gegen Pilze und Mikroorganismen,
- Keine Kunststoffanteile,
- Umweltverträgliches Bauprodukt gemäß AUB-XEL-10106-D,
- Vollständig recycelbar,
- Massiver, mineralischer und faserfreier Baustoff,
- Hoch druckfest und baupraktisch stauchungsfrei,

Abb. 5.17 Titanzinkdach BV Marstall in Schwerin. (Quelle: LINZMEYER, Riedlingen)

- Diffusionsoffen,
- Alterungs-, form- und volumenbeständig,
- Leicht zu bearbeiten,
- Im Brandfall rauchgastoxikologisch unbedenklich.

Anwendungsgebiete auf Metalldächern

- Dachabdichtungen auf Stahltrapezblech mit mechanischer Befestigung (Abb. 5.18)
- Dachabdichtung auf Stahltrapezblech mit verklebtem Dachaufbau (Abb. 5.19)
- Dachsysteme auf Holzschalung
- Metalldachsysteme (Abb. 5.20)

Bei der Ausführung von Metalldächern werden die Metalldachschienen mittig unter den Falzen eingebaut. Das Einmessen der Metalldachfalze muss vor dem Einbau der Metalldachschienen erfolgen. Die Befestigung der Metalldachschienen erfolgt mit bauaufsichtlich zugelassenen Befestigungsmitteln. Die Anzahl der Befestigungen ist abhängig von der Art und geografischen Lage des Gebäudes.

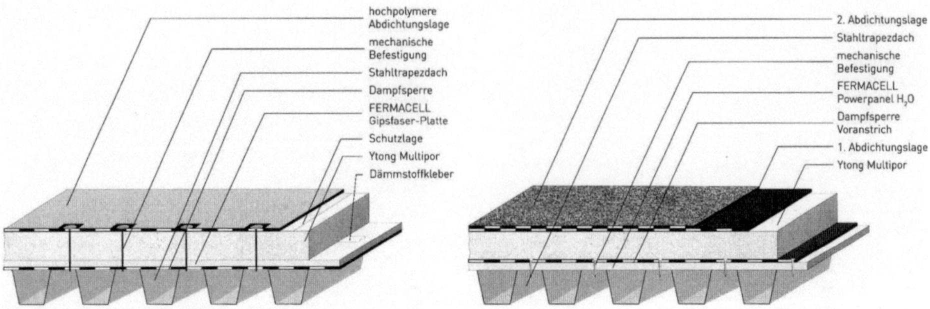

Abb. 5.18 Flachdach auf Stahltrapezblech mit einer einlagigen, hochpolymeren Abdichtung, mechanisch befestigt. (Quelle: YTONG, Duisburg)

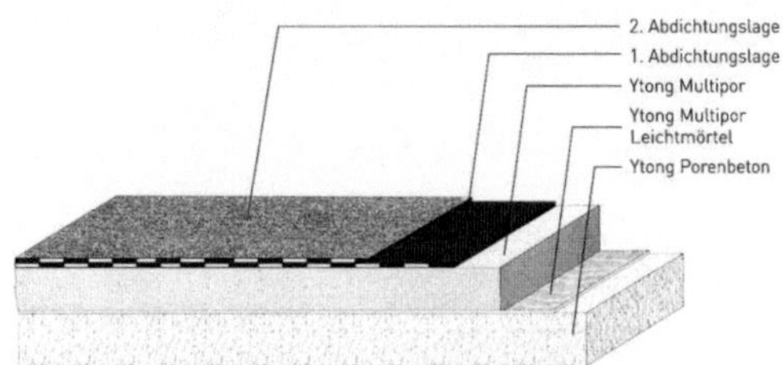

Abb. 5.19 Flachdach auf Stahltrapezblech mit einer bituminösen Abdichtung in einem verklebten Dachaufbau. (Quelle: YTONG, Duisburg)

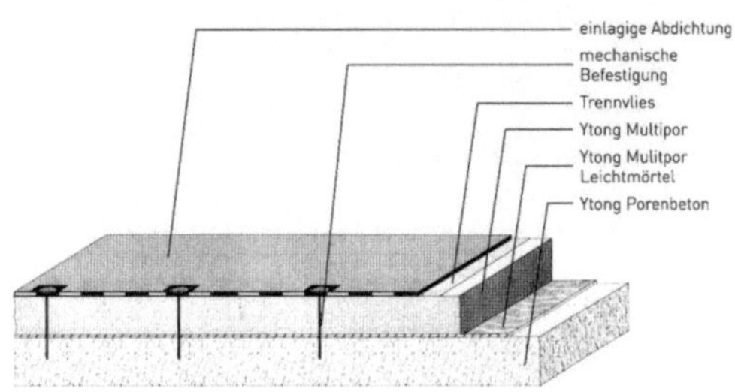

Abb. 5.20 Metalldach auf Porenbetondecke mit dem Metalldachsystem. (Quelle: YTONG, Duisburg)

Verlegehinweise Tab. 5.7 zeigt einige Arbeitsschritte und ihre Einsatzmöglichkeiten. Die Abmessungen betragen:

- Plattenabmessungen: 600 × 390 mm (500 × 390 mm),
- Flachplatten: $d = (80/100)/120/140/160/180/200$ mm,
- Gefälle: 1,0 %, 1,7 %, 2,0 %, 2,5 %, 3,3 %, 5,0 %.

Die Verlegung erfolgt:

- 70–190 mm 1-lagig,
- 190–310 mm 2-lagig – Unterlagplatten 120 mm dick,
- 310–430 mm 3-lagig – Unterlagplatten 2 × 120 mm dick.

Tab. 5.7 Arbeitsschritte und Einsatzmöglichkeiten

Verlegung von Dämmung	Stahltrapezblech[c]	Metalldach
Auf einer thermisch aktivierbaren Bitumendampfsperre		■
In Heißbitumen auf einer bituminösen Dampfsperre	■	■
In einer Flüssigdampfsperre		■
Mit Ytong Multipor Leichtmörtel		
Mit PUR-Dämmstoffkleber auf einer Bitumendampfsperre	■	■
Mit einer 1. Abdichtungslage in Heißbitumen[a]	■	
Mit einer 1. Abdichtungslage als Kaltselbstklebebahn[a,b]	■	■
Mit einer hochpolymeren Abdichtungslage unter Auflast	■	
Mit einer hochpolymeren Abdichtungslage mechanisch befestigt	■	
Mit einer hochpolymeren, vollflächig verklebten Abdichtungslage	■	

Produktübersicht: www.multipor.de
[a]Windsogsicherheit beachten
[b]Kaltselbstklebebahnen müssen bei der Verlegung thermisch aktiviert werden. Kaltselbstklebebahnen mit einer Teilverklebung sind nicht geeignet
[c]Mindestdicke für Stahltrapezblech 140 mm

Die Verlegung der Gegengefällekeile erfolgt zweilagig.
Die obere Lage besteht aus vier verschiedenen Gefälleplatten mit zweiseitigem Gefälle.
Bezeichnungen:
R 1, R 2, L 1 und L 2
Die Unterlagsplatten bestehen aus Flachplatten in verschiedenen Dicken.

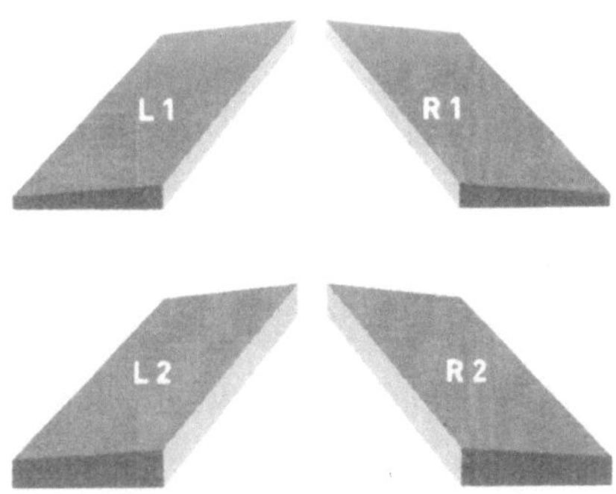

Technische Daten	
Plattenabmessungen	600 x 390 mm
Längsgefälle	1,67 %
Quergefälle	5,10 %

Abb. 5.21 Gefälleplatten. (Quelle: ILS, Hamburg)

Überzähne bei der Verlegung von Graten, Kehlen oder aufgrund von Unebenheiten im Untergrund lassen sich sehr einfach mit einem Schleifbrett bearbeiten. Die Dämmplatten werden dicht gestoßen verlegt (Abb. 5.21).

Verarbeitungshinweise

- Der Wärmedämmstoff ist diffusionsoffen und muss auf einer Dampfsperre verlegt werden. Eine Ausnahme sind Dachaufbauten auf Porenbetondecken.
- Der Untergrund sollte planeben, gemäß DIN 18 202, beschaffen sein.
- Die Mindestdicke der Wärmedämmung beträgt 120 mm (auf Stahltrapezkonstruktionen 140 mm), geringere Dämmstoffdicken sind mit der Anwendungstechnik der Herstellerfirma abzustimmen und stellen höhere Anforderungen an den Untergrund oder das Verklebungssystem.
- Bei mechanisch befestigtem Flachdach ist eine Gipsfaserplatte, Dicke min. 10 mm, empfehlenswert. Der Einbau erfolgt oberhalb der Dampfsperre.
- Die Dämmplatten werden ohne Verklebung der Längs- und Querfugen eingebaut.
- Fehlstellen in der Wärmedämmschicht sind zu vermeiden und ggf. mit einem geeigneten Füllmaterial aufzufüllen (z. B. Ausgleichsschüttung). Vor der Verlegung der Abdichtungsbahnen muss die Dachfläche noch einmal abgefegt werden.
- Bei verklebten Schichtenplatten ist ein Powerpanel H_2O, Dicke 12,5 mm einzusetzen. Hier erfolgt der Einbau unterhalb der Dampfsperre. Befestigungselement für die Gipsfaserplatte oder Powerpanel H_2O auf dem Stahltrapezblech (Mindestdicke der Stahlprofile 0,75 mm) z. B.: E-JOT – Saphir-Bohrschraube JT 3-STS-2 6,0 × 28 (Werkstoff 1.4301 A2 oder Climadur-beschichtete Ausführung).
- Als weiteres Befestigungselement für das Abdichtungssystem (Mindestdicke der Stahlprofile 0,75 mm) kann ein Flachdach-Befestigungssystem mit Halteteller 82/40 zur Anwendung kommen.
- Die maschinelle Verschraubung mit Setzgerät ist uneingeschränkt möglich. Die Verklebung der Dämmplatten bei mehrlagiger Verlegung erfolgt z. B. mit Ytong Multipor Leichtmörtel (Verbrauch ca. 2,0 kg/m^2) oder PUR-Dämmstoffkleber. Der Leichtmörtel wird mit einer 8 mm Zahntraufel auf die Dämmplatte aufgetragen
- Alle Dachkonstruktionen mit der beschriebenen Schichtenfolge erfüllen die Anforderungen der DIN 18 234 (Brandbeanspruchung von unten).
- Leichtdachkonstruktionen mit Mineraldämmplatten erreichen in Verbindung mit einer Unterlagsplatte, einer bituminösen Abdichtung und einer 50 mm Kiesauflast ein bewehrtes Schallschutzdämmmaß von 51 dB.

5.3.2.3 Brandschutz

Der Brandschutz ist bei Stahlbauteilen wichtig, weil Baustahl, obwohl nicht brennbar, bei Temperaturen zwischen 450–650 °C seine Festigkeit und Stabilität und damit seine Tragfähigkeit verliert. Stützen knicken ein, Träger biegen durch, wobei Wände und Decken mit einstürzen. Schon bei niedrigen Temperaturen können durch die Wärmedehnung des Stahls schwere Schäden an allen Konstruktionsgliedern entstehen. Je nach Feuerwiderstandsklasse werden deshalb Stahlbauteile durch Putz auf Putzträger, Estrich, Ummauerung, Einbetonieren und untergehängte Decken geschützt. Einzelheiten sind in der DIN 4102 festgelegt.

5.3.3 Metalldachkonstruktionen

5.3.3.1 Belüftete Dachkonstruktion

Belüftete Dächer mit Deckungen sind zweischalige Konstruktionen, deren Aufbau sich in 3 Bauteilschichten gliedern lässt:

1. Bedachung,
2. Belüftungsebene mit ausreichend bemessenen Be- und Entlüftungsöffnungen,
3. Tragwerk mit Wärmedämmung und dampfbremsender Luftdichtungsebene.

Konstruktionsempfehlungen für belüftete Falzdächer Die Ausführung von belüfteten Metalldächern erfolgt idealerweise mit einer wasserführenden Ebene zwischen Wärmedämmung und Luftschicht. Sie gilt als ideal, da Metalldächer der Forderung nach Regensicherheit zwar genügen, aber nicht sicher gegen Rückschwellwasser, z. B. durch Eisschanzen oder Flugschnee, sind. Die Wahl des Unterdachs ist abhängig von der regionalen Wetterbeanspruchung. Wasserführende Ebenen (Unterspannung, Unterdeckung, Unterdach) sind in Deutschland durch Fachregeln definiert. An dieser Stelle wird die Definition lediglich in Kurzform wiedergegeben.

Regensichere Unterspannung Unterspannungen bestehen aus frei hängenden oder frei gespannten Unterspannbahnen, die die Dachdeckung in ihrer Aufgabe unterstützen. Die einzelnen Bahnen werden mit einer Überdeckung an den Rändern von mind. 10 cm ausgeführt. Sie werden mit Nägeln oder Klammern auf der Unterkonstruktion (z. B. Sparren) befestigt.

Regensichere Unterdeckung Unterdeckungen werden aus sich gegenseitig überdeckenden, auf einer Unterkonstruktion aufliegenden Bahnen oder Platten ausgeführt. Die Konterlattung wird oberhalb montiert und nicht mit in die Unterdeckung eingebunden. Zur Abdichtung von Perforationen, die durch Befestigungsmittel entstehen, können zusätzliche Dichtungen oder Dichtstreifen verwendet werden.

Regensicheres Unterdach Unterdächer werden mithilfe wasserdichter Bahnen ausgeführt. Die Naht- und Stoßverbindungen müssen ebenfalls wasserdicht ausgeführt werden. Die Konterlattung wird nicht eingebunden. Perforationen entstehen durch Befestigungsmittel der Konterlattung. Sie können durch Dichtungen oder Dichtstreifen abgedichtet werden. Durchdringungen sind regensicher auszuführen.

Wasserdichtes Unterdach Diese Variante wird mit wasserdichten Bahnen und mit wasserdicht verklebten Naht- und Stoßbereichen ausgeführt. Die Konterlattung wird mit einbezogen. Durchdringungen werden ebenfalls wasserdicht eingebunden. Öffnungen und offen liegende Durchdringungen durch Befestigungsmittel sind nicht zulässig. Das Eintreiben von Flugschnee bzw. Regen ist gegenüber den anderen Varianten nicht zugelassen.

Abb. 5.22 Belüftetes Tragwerk, Ansicht. (Quelle: Rheinzink, Datteln)

Abb. 5.23 Nicht belüftetes Tragwerk, Ansicht. (Quelle: Rheinzink, Datteln)

Regelwerke Belüfteter Dachaufbau für Falzdächer mit belüftetem Tragwerk ohne Sparrenvolldämmung mit strukturierter Trennlage (Abb. 5.22).

Belüfteter Dachaufbau für Falzdächer mit unbelüftetem Tragwerk und Sparrenvolldämmung (Abb. 5.23).

Belüfteter Dachaufbau für Falzdächer mit belüftetem Tragwerk und Sparrenvolldämmung (Abb. 5.24).

Maßnahmen Maßnahmen hinsichtlich der Verwendung von Trennlagen und Dichtungsbändern

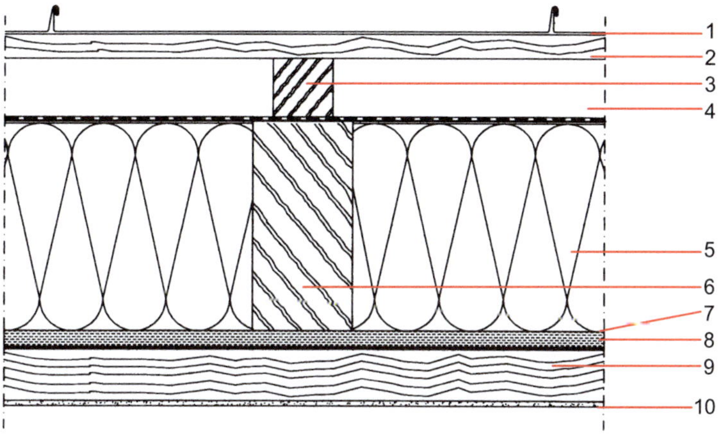

Abb. 5.24 Belüftetes Tragwerk, Schnitt. *1* Stehfalzdeckung, *2* strukturierte Trennlage (geeignete strukturierte Trennlagen auf Anfrage), *3* Holzschalung 24 mm (max. 160 mm), nicht imprägniert (GK 0), DIN 68 800 oder geeignete Holzwerkstoffplatte, *4* belüftete Schicht (Belüftungsraumhöhe beachten, s. Tab. 5.8), *5* Wärmedämmung (Dimensionierung nach EnEV 2012, Mindestwerte nach DIN 4108 für das Einzelbauteil sind einzuhalten), *6* Sparren imprägniert (GK 2), DIN 68 800, *7* Holzwerkstoffplatte als sommerlicher Wärmeschutz (BFU- oder OSB-Platten als temperaturdämpfende, speicherfähige Schicht), *8* luftdichte Schicht mit dampfbremsender Wirkung, UV-beständig, S_d-Wert (Der S_d-Wert der Unterspannbahn ist kleiner als der S_d-Wert der luftdichten Schicht. Abweichungen sind objektbezogen in Absprache mit der Anwendungstechnik der ausführenden Unternehmen möglich.) abhängig von der Sparrenlänge, $\geq 2{,}0$ m, *9* Installationsebene, *10* Innenbekleidung. (Quelle: Rheinzink, Datteln)

Tab. 5.8 Regelwerte für Belüftungsraumhöhen. Be- und Entlüftungsquerschnitte in Abhängigkeit von der Dachneigung

Dachneigung	Freie Höhe Belüftungsraum mind.	Schlitzbreite (Netto)
3–15°	8 cm	≥ 4 cm
> 15°	4 cm	≥ 3 cm

- Dachneigung > 15° in Gebieten mit extremer Witterung (Gebirge etc.). Grundsätzliche Verwendung von Dichtungsband in den Doppelstehfalzen bis ≥ 2 m im Neigungsverlauf des Daches innerhalb des Gebäudes bei Eisschanzen/Rückschwellwasser.
- Bei wasserundurchlässigen Unterkonstruktionen ist generell eine strukturierte Trennlage erforderlich.

Zusätzliche Maßnahmen obliegen dem Planer bzw. Ausführenden.

Schalldämmmaß

- Bewertetes Schalldämmmaß R_W: 48 dB

Tab. 5.9 Regelwerte Sparrenlänge – S_d-Wert

Sparrenlänge	$\leq 10\,m$	$\leq 15\,m$	$> 15\,m$
S_d-Wert	$\geq 2\,m$	$\geq 5\,m$	$\geq 10\,m$

Diese Konstruktionsempfehlungen gelten für Regionen mit westeuropäischem Klima. Informationen über weitere Konstruktionen in anderen Regionen halten regionale Vertretungen der ausführenden Unternehmen bereit (Tab. 5.9).

Konstruktive Anmerkungen

- Die Sparrenvolldämmung mit Unterspannbahn (regensichere Unterspannung) ist die Ideallösung für die nicht belüftete Sparrenlage (Abb. 5.25).
- Auf den chemischen Holzschutz kann nur bei nicht belüfteten Dachtragwerken (Sparrenlagen mit regensichererer, diffusionsoffener Unterspannung) verzichtet werden.
- Der Dachquerschnitt ist gegenüber außerplanmäßiger Feuchteeinwirkung, die nie ausgeschlossen werden kann, umso sicherer, je diffusionsoffener die Konstruktion ausgeführt wird.

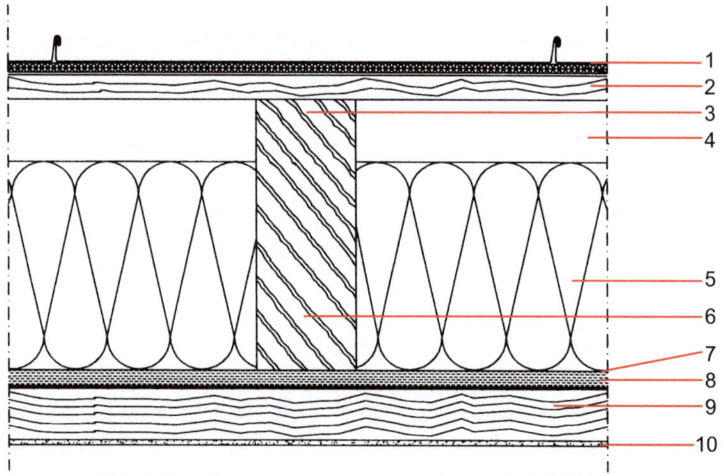

Abb. 5.25 Nicht belüftetes Tragwerk, Schnitt. *1* Stehfalzdeckung, *2* Holzschalung 24 mm (max. 160 mm), nicht imprägniert (GK 0), DIN 68 800, *3* Kantholz, nicht imprägniert (GK 0), DIN 68 800 (Belüftungsraumhöhe s. Tab. 5.8), *4* Unterspannbahn S_d-Wert $\leq 0{,}2\,m$, *5* Sparrenvolldämmung, Dimensionierung nach EnEV 2012, Mindestwerte nach DIN 4108 für das Einzelbauteil sind einzuhalten, *6* Sparren imprägniert (GK 0), DIN 68 800, *7* Holzwerkstoffplatte als sommerlicher Wärmeschutz (BFU- oder OSB-Platten als temperaturdämpfende, speicherfähige Schicht), *8* Luftdichte Schicht mit dampfbremsender Wirkung, UV-beständig, S_d-Wert abhängig von der Sparrenlänge, $\geq 2{,}0\,m$, *9* Installationsebene, *10* Innenbekleidung. Materialprüfungsamt MPA NRW, ermittelt gemäß DIN EN 20 717. (Quelle: Rheinzink, Datteln)

- Die luftdichte Schicht an der Sparrenunterseite ist das A und O für eine dauerhafte funktionstüchtige Konstruktion, da sie Tauwasserschäden infolge von Wasserdampfkonvektion verhindert. Die Forderungen der Wärmeschutzverordnung und der DIN 4108 sind für Handwerker bindend.
- Bei Verzicht auf eine Trennlage wird bei Einsatz einer Holzschalung ein zusätzlicher Verdunstungsfaktor geschaffen, der für die gesamte Konstruktion von Vorteil ist. Holzwerkstoffplatten sind unter diesen Gesichtspunkten nicht zu empfehlen.
- Die Verlegung der Unterspannbahn bildet eine regensichere Unterspannung, die gerade in schneereichen Gebieten einen zusätzlichen Schutz gegen Flugschnee und Rückstauwasser bietet.
- Die Unterspannbahn dient während der Bauphase als Montagedeckung.

5.3.3.2 Nicht belüftete Dachkonstruktion

Nicht belüftete Dächer mit RHEINZINK®-Deckungen sind einschalige Konstruktionen, deren Aufbau sich in 2 Bauteilschichten gliedern lässt (Abb. 5.26):

Abb. 5.26 Belüfteter Dachaufbau am Regierungsgebäude in Oslo. (Quelle: Rheinzink, Datteln)

1. Bedachungen inkl. Ventilationsebene (strukturierte Trennlage) für den Ausgleich des Dampfdrucks,
2. Tragwerk mit dampfsperrender Luftdichtungsebene.

Berücksichtigt werden müssen bei der Planung von unbelüfteten Konstruktionen insbesondere

- Feuchteeintrag wie etwa Baustoff- und Baustellenfeuchte sowie über Dampfdiffusion und Luftdurchgang,
- Wärmebrücken, z. B. durch Befestigungsmittel,
- Verlegung einer geeigneten strukturierten Trennlage.

Bei Konstruktionen mit einer Stehfalzdeckung auf einer strukturierten Trennlage und Dämmstoff muss die Dämmung trittfest sein, eine hinreichende Wärmestabilität aufweisen und im Hinblick auf Fugen langfristig formstabil bleiben.

Konstruktionsgrundsätze Nicht belüfteter Dachaufbau für Falzdächer mit Sparrenvolldämmung und strukturierter Trennlage (Abb. 5.27).

Nicht belüfteter Dachaufbau für Falzdächer mit Aufdach-Dämmelementen aus (Abb. 5.28):

- Schaumglas,
- Rockwool-Prodach-Dämmsystem,
- Endele-Blechdach-Dämmelement,
- Trittfeste Mineralwolle mit Krabban-Krallenhaltern.

Abb. 5.27 Ansicht Dachaufbau Sparrenvolldämmung und strukturierte Trennlage. (Quelle: Rheinzink, Datteln)

Abb. 5.28 Ansicht Dachaufbau mit Aufdach-Dämmelementen. (Quelle: ILS, Hamburg)

Maßnahmen Maßnahmen hinsichtlich der Verwendung von Trennlagen und Dichtungsbändern

- Dachneigung > 15° in Gebieten mit extremer Witterung (Gebirge etc.). Grundsätzliche Verwendung von Dichtungsband in den Doppelstehfalzen bis ≥ 2 m im Neigungsverlauf des Daches innerhalb des Gebäudes bei Eisschanzen/Rückschwellwasser.

  Zusätzliche Maßnahmen obliegen dem Planer bzw. Ausführenden.

Schalldämmmaß

- Bewertetes Schalldämmmaß R_W: 47 dB

Diese Konstruktionsempfehlungen gelten für Regionen mit westeuropäischem Klima. Informationen über weitere Konstruktionen in anderen Regionen halten regionale Vertretungen der ausführenden Unternehmen bereit.

► **Hinweis für nicht belüftete Konstruktionen** Der S_d-Wert der luftdichten Schicht bezieht sich auf normales Wohnraumklima. Gebäude mit besonderer Nutzung (Schwimmbäder, Krankenhäuser etc.) benötigen grundsätzlich einen gesonderten Feuchtenachweis nach DIN 4108

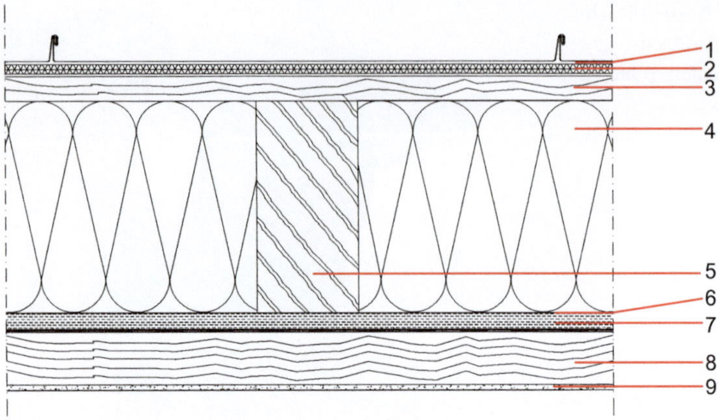

Abb. 5.29 Schnitt Dachaufbau Sparrenvolldämmung und strukturierte Trennlage. *1* Stehfalzdeckung, *2* strukturierte Trennlage (geeignete strukturierte Trennlagen auf Anfrage), *3* Holzschalung 24 mm (max. 160 mm), imprägniert (GK 2), DIN 68 800 oder geeignete Holzwerkstoffplatte, *4* Wärmedämmung (Dimensionierung nach EnEV 2012, Mindestwerte nach DIN 4108 für das Einzelbauteil sind einzuhalten), *5* Sparren imprägniert (GK 2), DIN 68 800, *6* Holzwerkstoffplatte als sommerlicher Wärmeschutz (BFU- oder OSB-Platten als temperaturdämpfende, speicherfähige Schicht), *7* luftdichte Schicht mit dampfbremsender Wirkung, UV-beständig, S_d-Wert $\geq$ 100 m oder rechnerischer Feuchtenachweis nach DIN 4108, *8* Installationsebene, *9* Innenbekleidung. (Quelle: Rheinzink, Datteln)

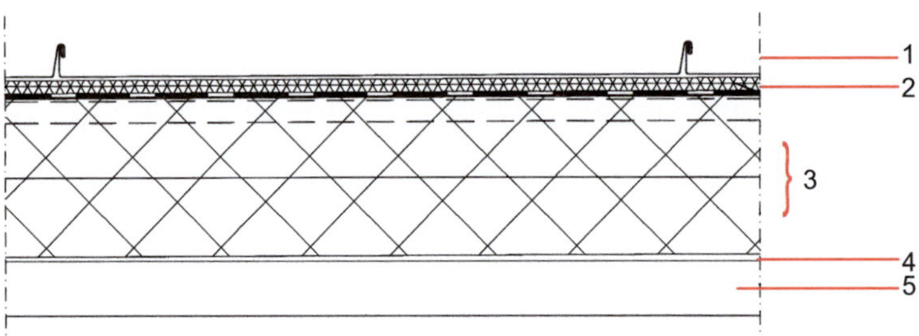

Abb. 5.30 Schnitt Dachaufbau mit Aufdach-Dämmelementen. **Schaumglasplatten** *1* RHEINZINK®-Stehfalzdeckung, *2* Enka®-Vent, Colbond Geosynthetics, Wuppertal, mit Polymerbitumen-Schweißbahn, *3* Schaumglasplatten, *4*/*5* Tragwerk: a) Stahltrapezblech, b) Stahlbeton, Oberflächenebenheit gemäß DIN 18202 und Bitumenvoranstrich, c) Holzschalung mit Bitumenbahn G 200 DD, stumpf gestoßen und genagelt. **Rockwool-Prodach-Dämmsystem** *1* RHEINZINK®-Stehfalzdeckung, *2* strukturierte Trennlage (geeignete strukturierte Trennlagen auf Anfrage), *3* Prodach-Dämmelement (Produktinformation Fa. Rockwool, Gladbeck beachten), *4* Dampfsperre S_d-Wert $\geq$ 100 m oder rechnerischer Nachweis nach DIN 4108, *5* Tragwerk: a) Stahltrapezblech, b) Stahlbeton, Oberflächenebenheit gemäß DIN 18202 und Bitumenvoranstrich, c) Holzschalung. (Quelle: Rheinzink, Datteln)

Konstruktive Anmerkungen

- Die Ausführung von nicht belüfteten Dächern mit Stehfalzdeckung ist in vielen Variationen möglich (Abb. 5.28).
- Nicht belüftete Konstruktionen in Holzbauweise erfordern chemischen Holzschutz.
- Nur die Verwendung von technisch vorgetrocknetem Holz (Konstruktionsvollholz [KVH]) ermöglicht den Verzicht auf chemischen Holzschutz.
- Die Konstruktionen sind gegenüber außerplanmäßiger Feuchteeinwirkung sensibel. Der Einbau von Feuchtigkeit in die Konstruktion ist zu verhindern.
- Die luftdichte Schicht an der Konstruktionsunterseite ist das A und O für einen dauerhaft funktionstüchtigen Dachaufbau, da sie Tauwasserschäden infolge von Wasserdampfkonvektion verhindert (Abb. 5.29).
- Die Dimensionierung der luftdichten Schicht mit dampfbremsender Wirkung wird nach DIN 4108 mit S_d-Wert $\geq$ 100 m angegeben. Wird dieser Wert nicht eingehalten, ist ein feuchtetechnischer Nachweis gemäß DIN 4108 erforderlich (Abb. 5.30).

Abb. 5.31 Nicht belüftetes Dach an der Krinner-Kofler-Hütte in Mittenwalde (Karwendelgebirge). (Quelle: Rheinzink, Datteln)

- Nicht belüftete Dächer mit Stehfalzdeckung werden generell mit einer geeigneten strukturierten Trennlage ausgeführt. Eine Übersicht geeigneter strukturierter Trennlagen ist auf Anfrage erhältlich. Durch diese Maßnahmen wird eine regensichere Unterdeckung gebildet, die gerade in schneereichen Gebieten einen zusätzlichen Schutz gegen Flugschnee und Rückstauwasser bietet und deren Abfuhr ermöglicht (Abb. 5.31).

Zusammenfassende Bewertung Die vorhergehend angesprochenen Probleme des Feuchteeintrags sind bei beiden Konstruktionen im Grundsatz lösbar. In der jüngeren Vergangenheit ist viel darüber gestritten worden, ob und in welchem Umfang die mehrfach angesprochene erforderliche Aufmerksamkeit im Baualltag tatsächlich geleistet werden kann. Dies betrifft ebenso die Flächen wie die Anschlüsse und Durchdringungen und gilt gleichermaßen für belüftete wie unbelüftete Konstruktionen. Weiterhin ist die Relevanz der Wärmebrückenthematik im Hinblick auf die beabsichtigte Nutzung zu

Tab. 5.10 Anforderungen – Beurteilungen

Anforderung	Beurteilung	
	Dach belüftet („Kaltdach“)	Dach unbelüftet („Warmdach“)
Materialien		
Luftdichte Schicht	Erforderlich	Erforderlich
Dampfbremse	Zwingend erforderlich	Zwingend erforderlich
Dampfsperre	Ratsam	Zwingend erforderlich
Trockene Dämmung	Ratsam	Zwingend erforderlich
Trittfeste Dämmung	Nicht erforderlich	Je nach Konstruktion zwingend erforderlich
Strukturierte Trennlage	Fallweise erforderlich	Zwingend erforderlich
Dachschalung	Zwingend erforderlich	Je nach Konstruktion möglich
Ausführung		
Arbeit bei trockenem Wetter	Nicht erforderlich	Je nach Konstruktion zwingend erforderlich[a]
Abdeckung bei längeren Arbeitspausen	Nicht erforderlich	Je nach Konstruktion zwingend erforderlich[a]
Sonstige		
Gute Konstruktions- und Baustellenplanung	Ratsam	Zwingend erforderlich
Geometriebedingte Belüftbarkeit	Erforderlich	Nicht erforderlich

[a]Die Dachdeckung sollte bei Aufdach-Dämmsystemen abschnittweise erfolgen, um Feuchteeinbau zu vermeiden.

bewerten. Die baupraktisch größten Probleme der unbelüfteten Konstruktion sind der Feuchtigkeitseinschluss sowie die Dampfdichtheit der Unterkonstruktion (Tab. 5.10).

Die Luftschicht kann jedoch kein Allheilmittel gegen Bausünden sein: Bei groben Ausführungsmängeln wie etwa klaffenden Fugen wird auch sie keine Rettung mehr darstellen können.

5.3.3.3 Treppendach

An der Schwelle in das 21. Jahrhundert setzten Metalldächer architektonische Schwerpunkte. Die Ausführung von Dachdeckungen aus Metall hat eine lange Tradition. Als Verlegearten dieser Dachdeckungen kommen bisher hauptsächlich Stehfalz-, Leisten- und Rautendeckungen vor. Im Zuge einer kontinuierlichen Entwicklung der Verlegetechniken und durch steigende architektonische Gestaltungsansprüche von Metalldächern entstand die Forderung nach einem modernen industriell gefertigten System, das einfach und schnell zu montieren ist.

In dieser Phase entwickelte RHEINZINK® eine vielseitig einsetzbare Alternative zu den traditionellen Metalldachdeckungen – das Treppendach (Abb. 5.32).

Innovativ und hochwertig, eignet sich dieses Verlegesystem für Dächer mit Neigungen von 10–75°. Modulare, vorgefertigte Komponenten aus RHEINZINK®-„vorbewittert^{pro} blaugrau“ bzw. -„vorbewittert^{pro}schiefergrau“ ermöglichen die exakte Planung und effiziente Montage und sorgen für eine treppenförmige, optisch reizvolle Gliederung der Dachfläche (Abb. 5.33).

Besonders interessant ist diese neuartige Metalldachdeckung für die Sanierung, da sie sich vielfältigen architektonischen Formen anpassen kann.

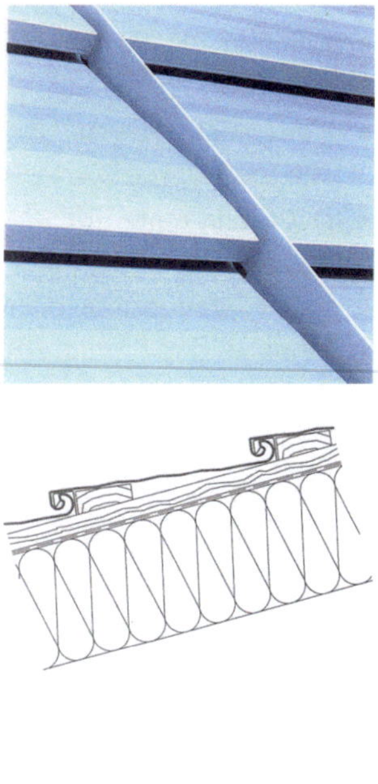

Abb. 5.32 Treppendach, Ansicht und Schnitt. (Quelle: Rheinzink, Datteln)

Abb. 5.33 Wohnhaus in Troisdorf-Sieglar. (Quelle: Rheinzink, Datteln)

Systemvorteile

- Formate der horizontalen Dachgestaltung können optimal auf das Gebäuderaster abgestimmt werden. Alternativ bietet ein unterdeckendes Stoßprofil die durchlaufende Montage im „wilden Verband", ohne die Rasterung durch Fugenprofile.
- Leichte Bearbeitbarkeit während der Montage auch bei steilen Dächern. Keine Hilfsgerüste auf der Dachfläche erforderlich.
- Verfügbarkeit eines regensicheren Eindeckrahmens.
- Konkrete Planung eines Objekts ist durch einfache Details übersichtlich und schnell zu erstellen.
- Horizontale Struktur des technisch geschützten Dachdeckungssystems erlaubt eine Verlegerichtung von First zu Traufe oder von Traufe zu First.
- Das direkt hinterlüftete Metalldachsystem reduziert den Aufwand der Unterkonstruktion.
- Eine Firstentlüftung oder Lüftungshauben sind nicht erforderlich.
- Montage der Profile erfolgt durch Einrastung mithilfe leichten manuellen Anpressdrucks.
- Witterungs- und temperaturunabhängige Montage des Dachsystems ermöglicht eine Verlegung auch in den Wintermonaten.
- Einzelne Felder können endlos durch Fugenprofile aneinandergesetzt werden. Das Profilsystem ist an die Länge und Breite von Dachfläche anpassbar.
- Genaue Stücklisten ermöglichen eine kostengünstige Vorfertigung.
- Reduzierung der Montagezeiten an der Baustelle; Gerüststandzeiten werden minimiert.

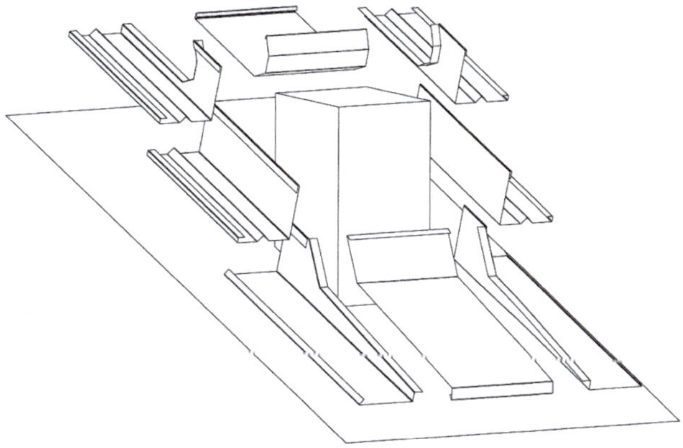

Abb. 5.34 Profilteile des Anschlussrahmens. (Quelle: Rheinzink, Datteln)

Dachdurchbrüche Zubehör dieses innovativen Dachsystems ist der neu entwickelte Anschlussrahmen. Dachdurchdringungen unterschiedlicher Größe passen harmonisch zu dem neuen Dachsystem und werden mit dem variablen Anschlussrahmen schnell und sicher ausgeführt (Abb. 5.34).

Kaminverwahrungen Der Anschlussrahmen leitet das von der Dachfläche herabfließende Wasser seitlich, z. B. an Kaminen vorbei und sorgt für eine sichere Verwahrung (Abb. 5.35). Der Einbau erfolgt ohne Löt- und Falzarbeiten. Es sind nur zwei Ausführungen des variablen Anschlussrahmens für alle Neigungsbereiche erforderlich (Einsatzbereich 10–35° und 35–60°). Vier Eckteile passen sich der jeweiligen Größe des Dachdurchbruchs an und werden mit Haften befestigt. Die unteren und oberen Anschlüsse der Eckteile werden entsprechend der Einteilung der übrigen Dachprofile abgelängt und mit entsprechenden Abschlüssen versehen. Brust- (Abb. 5.36) und Nackenprofile (Abb. 5.37)

Abb. 5.35 Kaminverwahrung. (Quelle: Rheinzink, Datteln)

Abb. 5.36 Brustblech. (Quelle: Rheinzink, Datteln)

Abb. 5.37 Nackenblech. (Quelle: Rheinzink, Datteln)

Abb. 5.38 Sanitärentlüfter. (Quelle: Rheinzink, Datteln)

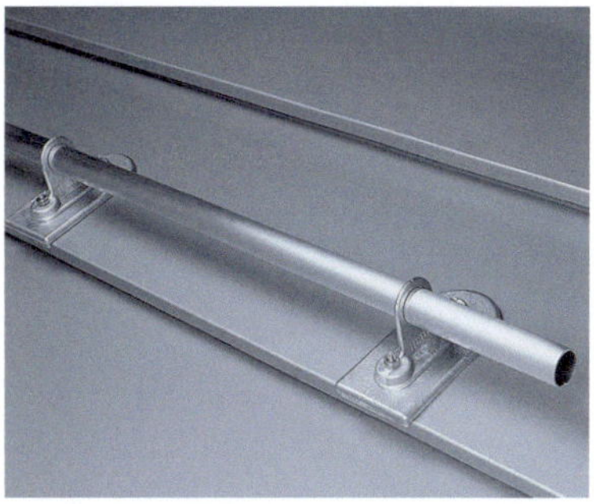

Abb. 5.39 Schneefang Einfachrohr. (Quelle: Rheinzink, Datteln)

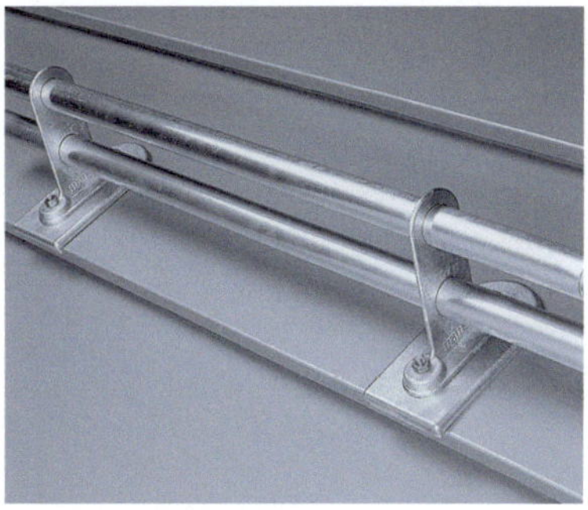

Abb. 5.40 Schneefang Doppelrohr. (Quelle: Rheinzink, Datteln)

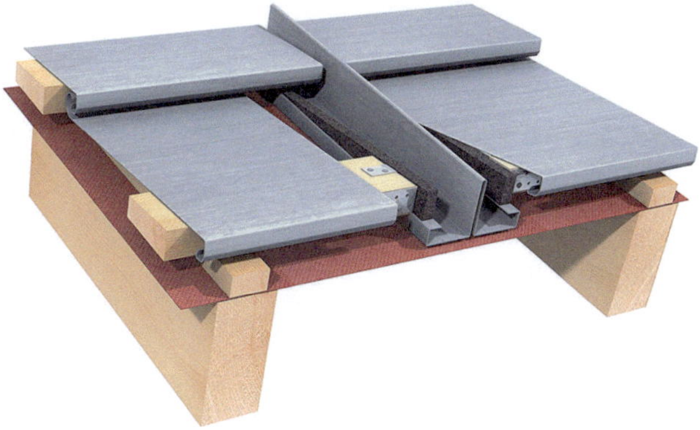

Abb. 5.41 Systemschnitt Flugschnee-/Laubsicherung im Fugenprofilbereich mit QUICK STEP-Fugendichtband. (Quelle: Rheinzink, Datteln)

werden genau auf Länge geschnitten und mit einem mitgelieferten Klebeband auf die Eckteilverbreiterung geklebt, ggf. zusätzlich geschraubt. Die seitlichen Kanten werden gebördelt. Untere und obere Abschlüsse werden den Eckteilen und somit der Einteilung der Dachprofile angepasst. Dachdurchbrüche aller Größen sind durch den Einsatz unterschiedlich langer Seitenteil-, Brust- und Nackenblechprofile problemlos in die Dachfläche zu integrieren.

Nachfolgend als Überblick weitere Zubehörteile (Abb. 5.38, 5.39, 5.40, 5.41, 5.42, 5.43 und 5.44).

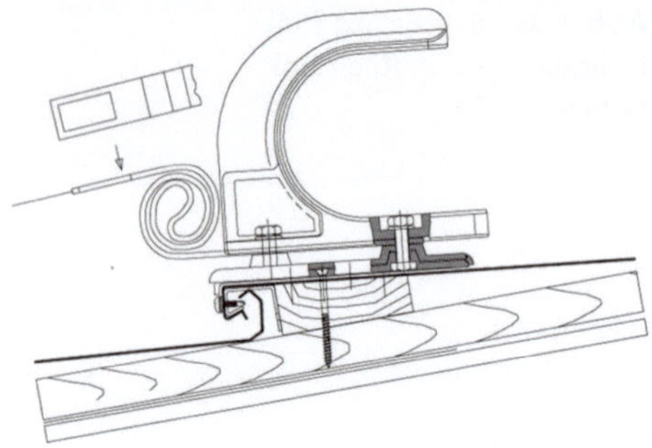

Abb. 5.42 Systemschnitt Sicherheitsdachhaken. (Quelle: Rheinzink, Datteln)

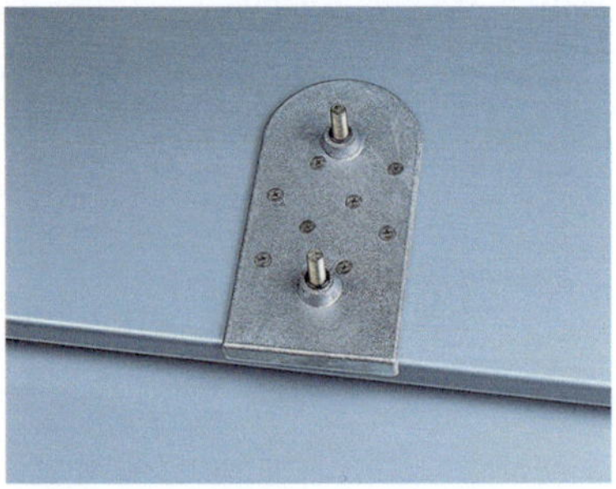

Abb. 5.43 Montageplatte für Solarkollektorbefestigung (Unterteil), System HEUL. (Quelle: Rheinzink, Datteln)

Abb. 5.44 Vorbildlich ausgeführte Treppendachkonstruktion an der Energieakademie in Kopenhagen (Dänemark). (Quelle: Rheinzink, Datteln)

5.3.3.4 Edelstahldach

Vorbemerkungen Edelstahl als Werkstoff für Dachentwässerung und Dacheindeckung hat in Deutschland eine sehr junge Geschichte. So richtig begann sie in den 70er Jahren. Bis dahin war es ein langer Weg, bevor sich der Werkstoff Edelstahl durchsetzen konnte. Eine der heute noch führenden Firmen war als Wegbereiter 1975 die Brandt-Edelstahldach GmbH in Köln (Abb. 5.45). Noch heute erinnern sich die Beteiligten an die damals große Diskussion über die Werkstoffdicken, die anhand der Normen für die Festigkeit von Edelstahl zu dick gewählt wurden, denn Edelstahl kommt bei gleichen Qualitätsansprüchen gegenüber herkömmlichen Werkstoffen mit 0,4–0,5 mm aus. In der Diskussion aber waren Werkstoffdicken von 0,7 mm und mehr.

Was damals ein Handicap für die Anerkennung war, ist heute eins der wichtigsten Einsatzargumente geworden: Die geringe Werkstoffdicke bei gleichen Qualitätsmerkmalen mindert das Gewicht pro Quadratmeter um ein Wesentliches gegenüber traditionellen Werkstoffen im Bereich Dacheindeckung, Dachentwässerung und Fassade. Etwas, das gerade auch bei der Sanierung alter oder gar denkmalgeschützter Bausubstanz einen erheblichen Kostenvorteil darstellt. Durch sein geringeres Gewicht wird mit Edelstahl eine erhebliche größere Fläche in m^2 – je nach Vergleichsmaterial und Materialstärken bis zu 75 % – eingedeckt.

Abb. 5.45 Zentrale der Fa. Brandt-Edelstahldach GmbH, Köln. (Quelle: Brandt-Edelstahldach GmbH, Köln)

Voraussetzung war die Weiterentwicklung der Umformtechniken bei Kant-, Stanz- und Schneidearbeiten aufgrund der Materialeigenschaften sowie Materialdicken von Edelstahl, was wiederum den Umbau von Maschinen und vor allem die materialbezogene Entwicklung von Werkzeugen erforderte. Die so entstandenen Dachentwässerungsprodukte wurden in langen Versuchsreihen erprobt.

Ergebnis war für den Verarbeiter eine komplette kompatible Palette aus einer Hand, die aus Dachrinnen, Regenfallrohren und dem entsprechenden Dachentwässerungszubehör bestand.

Für die Dacheindeckung gibt es wahlweise verzinnte, blanke oder walzmattierte Edelstahl-Bänder. Diese können profiliert oder zusätzlich gerundet werden.

Für alle Qualitäten gilt: Edelstahl ist absolut umweltverträglich und 100 %ig wiederverwendbar. Dieses widerstandsfähige Material, das sich ohne Schwierigkeiten kanten, profilieren, bördeln und weichlöten lässt, wird als Halbzeug unter dem Systemnamen Ferrinox® ebenfalls auch für Dacheindeckungen und Dachentwässerungen vertrieben.

Begriffe – Materialspezifikation Als Edelstahl bezeichnet man einen nichtrostenden Stahl nach DIN 17 441. Rostfreier Edelstahl ist ein Sammelbegriff für eine Vielzahl verschiedener Stahlsorten, die mit mindestens 10,5 % Chrom legiert sind. Sie bilden unter Sauerstoffeinwirkung spontan eine stabile Oxidschicht (Passivschicht). Diese Passivschicht schützt das Metall vor Korrosion (Tab. 5.11 und 5.12).

Tab. 5.11 Vergleichseigenschaften

Eigenschaften	Austenitischer Edelstahl	Ferritischer Edelstahl	Zink	Kupfer	Aluminium
Spezifisches Gewicht (kg/dm^3)	7,95	7,7	7,18	8,9	2,7
Ausdehnung (mm/[m · 100 °C])	1,6	1,06	2,20	1,65	2,38
Schmelzpunkt (°C)	1380	1490	418	1083	660
Elastizitätsmodul (N/mm^2)	200.000	210.000	90.000	120.000	67.000
Streckgrenze (N/mm^2)	280	300	90	210	150
Zugfestigkeit (N/mm^2)	600	470	190	230	170
Standarddicke (mm)	0,40	0,40	0,70	0,65	0,70
Flächengewicht bei Standarddicke (kg/m^2)	3,1	3,0	5,0	5,8	1,9

Tab. 5.12 Chemische Zusammensetzung

	Elemente (%)					
	C	Cr	Ni	Mo	Mn	Ti
Ferritischer Edelstahl	$\leq$ 0,07	16,0–18,0	$\leq$ 0,5	–	$\leq$ 0,6	0,5
Austenitischer Edelstahl	$\leq$ 0,07	16,5–18,0	10,5–13,0	2,0–3,0	$\leq$ 2,0	–

In der Praxis wird Edelstahl häufig beidseitig mit einer elektrolytischen Verzinnung versehen. Geläufig sind austenitischer und ferritischer Edelstahl. Die Verzinnung hat zwei Aufgaben: (1) Bildung einer gleichmäßig matt grauen Oberfläche (Patina). (2) Schaffung der Voraussetzung für einfaches Weichlöten.

Patinabildung Das elektrolytisch auf das rostfreie Grundmaterial aufgetragene Zinn wandelt sich, bedingt durch die Bewitterung, in eine gleichmäßig matt graue Oberfläche (Patina) um. Bei unbewitterten Flächen verlängert sich der Zeitraum entsprechend. Durch die Bearbeitung (Handabdrücke und eventuelle leichte Verschmutzungen) und den Wasserlauf ist während der Patinierung eine vorübergehende Fleckigkeit möglich, die zu Ende des Patinierungsprozesses in eine gleichmäßig matt graue Oberfläche übergeht.

Austenitischer Edelstahl Austenitischer Edelstahl (Abb. 5.46) zeichnet sich aus durch

- hohen Korrosionswiderstand in der Umgebung von aggressiven Luftverhältnissen, besonders Meeresnähe,
- hervorragende mechanische Merkmale, dic es erlauben, ihn im traditionellen Klempnerhandwerk zu verwenden,
- eine graue, warme Zinn-Patina der Oberfläche, geeignet für alle Bauwerke,
- seinen sehr geringen Ausdehnungskoeffizient (1,6 mm/m bei 100 °C),
- seine Anpassung an herkömmliche Verarbeitungstechniken.

Edelstahl und Edelstahl verzinnt ist konkurrenzfähig mit allen anderen Werkstoffen der Klempnertechnik.

Ferritischer Edelstahl ist ein nichtrostender, 17 %iger Chromstahl (magnetisch) mit 59 Titananteilen und einer zusätzlichen Zinnbeschichtung, der wegen seiner Korrosionsbeständigkeit gegen atmosphärische Einwirkungen seit mehr als 25 Jahren für Dacheindeckungen und Dachentwässerungen mit großem Erfolg eingesetzt wird.

Weitere Vorteile sind:

- beständig gegen Bitumen und dessen Produkte (ohne Schutzanstrich),
- beständig gegen Zement und Kalkmörtel,
- UV-beständig, verrottungsfest,
- kompatibel mit allen Holzarten (Span- und Pressplatten),
- beständig bei Abgasen von Ölheizungsanlagen,
- bildet keine Kontaktkorrosion in Verbindung mit Zink/Kupfer (Abb. 5.47),
- umweltfreundlich und bruchsicher.

Abb. 5.46 Verzinntes austenitisches Edelstahldach auf der Sparkasse der Insel Rügen. (Quelle: ILS, Hamburg)

Abb. 5.47 Edelstahl bietet auch architektonische Abwechslung. Hier Kupfer (*dunkel*) und Edelstahlscharen (*hell*). (Quelle: ILS Hamburg)

Zusammenwirken mit anderen Metallen Edelstahl Rostfrei gibt es in mehr als 100 verschiedenen Legierungszusammensetzungen. Für übliche Edelstahl-Entwässerungssysteme wird allerdings nur eine Handvoll Sorten eingesetzt. Die Auswahl wird im Einzelnen durch die jeweiligen atmosphärischen Bedingungen sowie ggf. durch nationale Regelwerke bestimmt.

Edelstähle verhalten sich gegenüber anderen Metallen neutral. Es tritt keine elektrolytische Spannungskorrosion bzw. Lochfraßkorrosion beim Zusammenbau mit anderen Baumetallen auf. Die einzige Ausnahme ist ungeschützter Kohlenstoffstahl („normaler Stahl"), der Fremdrost und in der Folge Korrosion verursacht.

Fremdrost sind festhaftende Partikel von Kohlenstoffstahl und Edelstählen, die sich durch chemische Reaktion in Korrosionsprodukte (Rost) umgewandelt haben. Dauerndes Festhaften von Fremdrost verursacht auch bei Edelstahl (wie bei allen Metallen) elektrochemische Lochfraßkorrosion.

Typischerweise entsteht Fremdrost durch:

- Befestigen der Unterspannbahn mit nicht korrosionsgeschützten Nägeln/Klammern,
- Liegenlassen von rostenden Gegenständen,
- Flexarbeiten (Funkenflug und Schleifstaub) oder Schweißperlen von Schlosserarbeiten,
- Liegenlassen von Bohrspänen,
- abtropfendes Rostwasser von anderen Bauteilen,
- Abrieb von Werkzeugen aus Kohlenstoffstahl (Werkzeugstahl).

Entfernen von Fremdrost Wird beim Edelstahl Korrosion im Anfangsstadium entdeckt, muss das die Passivschicht des Edelstahls zerstörende Medium vollständig entfernt werden. Dies erfolgt in der Regel durch Reinigung mit 20 %iger Nitritsäure oder 50 %iger Phosphorsäure, anschließend ist gründlich mit Wasser abzuspülen.

Unter Einfluss der Umgebungsluft regeneriert sich die Passivschicht des Edelstahls selbstständig.

Chromstahl Einer der eingesetzten Werkstoffe ist der ferritische Edelstahl der speziell für die Klempnertechnik mit einem zusätzlichen Zinnüberzug geliefert wird. Dabei handelt es sich um einen nichtrostenden Stahl, der mit Chrom und Titan legiert ist. Als ferritischer nichtrostender Stahl ist er magnetisch und dadurch leicht von austenitischen Sorten zu unterscheiden. Mit diesem Werkstoff liegen umfangreiche Langzeiterfahrungen vor. Seine Korrosionsbeständigkeit hat sich bei gering belasteter Atmosphäre, wie sie typischerweise in ländlichen und städtischen Bereichen auftritt, als ausreichend erwiesen (Abb. 5.48).

Chrom-Nickel-Stahl Dieser Stahl ist mit Chrom (Cr) und Nickel (Ni) legiert, hat ein austenitisches Gefüge und ist unmagnetisch. Umgangssprachlich auch als 18/8 oder 18/10[1]

[1] Der nichtrostende Standardstahl 1.4301 wird oft auch als 18/8 oder 18/10 bezeichnet, weil die Legierung 18–19,5 % Chrom und 8–10 % Nickel enthält. Allerdings gibt es mehrere Sorten mit solchen

Abb. 5.48 Edelstahl Rostfrei mit Zinnüberzug in ländlicher Atmosphäre. (Quelle: ILS, Hamburg)

bezeichnet, ist er die mit Abstand am häufigsten gebrauchte Standardsorte. Sein breites Einsatzspektrum lässt sich anhand der Tatsache ermessen, dass er rund 70 % des Weltmarkts für austenitische nichtrostende Stähle ausmacht. Sein Nickelgehalt verleiht ihm gegenüber den ferritischen Sorten eine höhere Korrosionsbeständigkeit in sauren Medien und macht ihn herausragend geeignet für die schweißtechnische Verarbeitung sowie für komplexe Umformprozesse. Auch dieser Werkstoff ist im Bereich normaler Stadtatmosphäre einsetzbar und ist in einer Vielzahl von Oberflächenausführungen erhältlich.

Chrom-Nickel-Molybdän-Stähle Durch das weitere Hinzulegieren von 2–2,5 % Molybdän (Mo) entstehen Werkstoffe mit niedrigem Kohlenstoffgehalt. Zu dieser Familie gehört auch der (speziell für dickwandige Schweißkonstruktionen konzipierte und deshalb in der Bedachung weniger gebräuchliche) zusätzlich mit Titan stabilisierte Stahl. Diese nichtrostenden Stähle weisen gegenüber den Cr- und CrNi-Stählen eine deutlich höhere Korrosionsbeständigkeit auf. Sie sind bei Dachentwässerungen in stark chloridhaltiger Atmosphäre, z. B. in Meeresnähe und ausgeprägter Industrieatmosphäre, geboten (Abb. 5.49). Gegebenenfalls sind hier auch Sorten mit noch höherem Molybdängehalt in Betracht zu ziehen.

Chrom- und Nickelgehalten. Sie können sich aber hinsichtlich anderer Legierungselemente sowie ihres Kohlenstoffgehalts deutlich voneinander unterscheiden und damit auch stark unterschiedliche technische Eigenschaften aufweisen. Diese umgangssprachlichen Bezeichnungen, zu denen im deutschen Sprachraum auch „V2 A" gehört, sind daher für eine eindeutige Benennung von Stahlsorten unzureichend. Um Missverständnisse und Reklamationen zu vermeiden, sollten ausschließlich die Werkstoffbezeichnungen nach EN 10088 benutzt werden.

Abb. 5.49 Dachentwässerungssystem in Edelstahl Rostfrei in Meeresnähe auf einer Insel. (Quelle: Brandt-Edelstahldach GmbH, Köln)

Einsatzmöglichkeiten Edelstähle finden ihren Einsatz bei allen üblichen Klempnerarbeiten wie Anschlussbleche bei Flach- und Steildächern, Dachrinnen und Regenrohren sowie Metalleindeckungen jeglicher Art.

Eigenschaften

- nur 3,9 kg/m^2 fertiger Bedachung
- sehr geringe Ausdehnung 1,6 mm/(m · 100 °C)
- Scharenlängen max. 15 m
- sehr gut falzbar, auch bei winterlichen Temperaturen
- Zinnbeschichtung dient als Gleitmittel (Schmiereffekt) und ergibt nach einiger Zeit eine natürliche Altzinn-Patina

Oberflächengestaltung Edelstahl ist keinesfalls an bestimmte Oberflächen gebunden. Ganz im Gegenteil – Edelstahloberflächen gibt es in einer einzigartigen Vielfalt, ob hochglänzend, seidenmatt oder farbig.[2] Nachstehend werden diejenigen Oberflächen aufgeführt, die in der handwerklichen Praxis sowie bei industriell vorgefertigten Teilen überwiegend anzutreffen sind. In der Regel gilt: Je glatter und glänzender die Oberfläche, desto geringer die Verschmutzungsanfälligkeit und desto leichter die Reinigung.

[2] Die Definition der Oberflächenbezeichnungen gemäß EN 10088 sind der Publikation *Edelstahl Rostfrei – Oberflächen im Bauwesen*, Luxemburg: Euro Inox 2000 (Reihe Bauwesen, Band 1) zu entnehmen, die auch von der Euro-Inox-Website heruntergeladen werden kann.

Bröhl unterscheidet Edelstahleinsätze in

- glänzende Edelstahloberflächen (Standard),
- matte Edelstahloberflächen,
- gebürstete und geschliffene Edelstahloberflächen,
- verzinnte Edelstahloberflächen.

Glänzende Oberflächen Die am weitesten verbreitete Standardoberfläche ist die Ausfüllung 2B (Abb. 5.51). Sie kommt auch für die Dachentwässerung zum Einsatz. Die Oberflächenwirkung lässt sich als leicht milchiger Glanz beschreiben, der gut mit modernen Gebäuden harmoniert. Eine weitere, eher matte, werkseitige Ausführung wird als 2D bezeichnet. In der Gegenwartsarchitektur harmoniert Edelstahl mit einer glänzenden Standardoberfläche z. B. auch mit farbig glasierten Ziegeln. Die Glanzwirkung ist typisch für nichtrostenden Stahl und mit anderen Metallen kaum zu erzielen. Da es sich um eine werkseitige Oberfläche handelt, ist sie häufig auch besonders wirtschaftlich.

Matte Oberflächen Eine matte Oberflächenwirkung kann auf Standardoberflächen durch a) Nachwalzen mit strukturierten Walzen und b) Strahlen mit Glasperlen oder -bruch er-

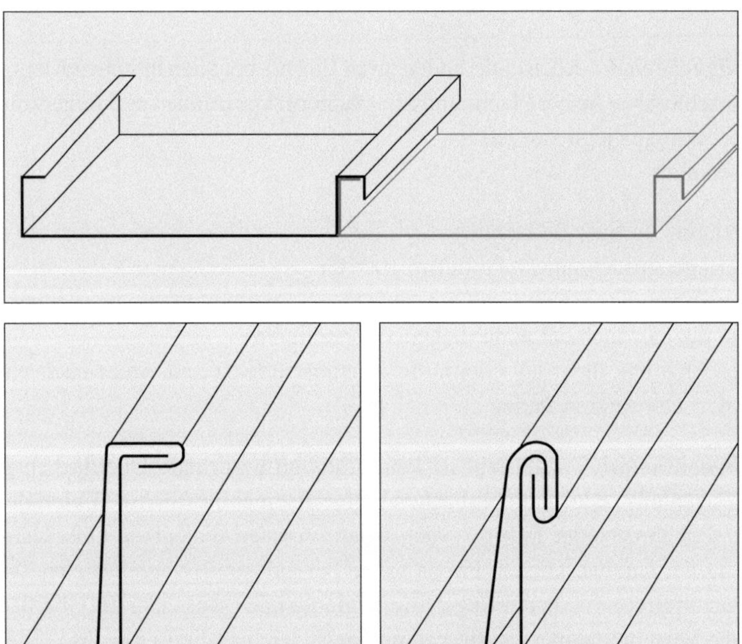

Abb. 5.50 Winkelstehfalz, Doppelstehfalz. (Quelle: Brandt-Edelstahldach GmbH, Köln)

Abb. 5.51 Regenfallrohre in den Standardoberflächen 2B (glänzend, *rechts*) und 2D (matt, *links*). (Quelle: Bröhl, Köln)

zielt werden. In diesem Fall bleibt das ursprüngliche Erscheinungsbild dauerhaft erhalten (Abb. 5.50).

Gebürstete und geschliffene Oberflächen Klassische geschliffene und gebürstete Oberflächen finden sich bei markanten Anwendungen, bei denen die Dachentwässerung als Gestaltungselement hervorsticht, z. B. bei sichtbaren innenliegenden Dachentwässerungen (Abb. 5.52).

Verzinnte Oberflächen Edelstähle werden seit vielen Jahren auch mit verzinnten Oberflächen hergestellt. Diese reagiert insofern untypisch für Edelstahl, als dass sie sich –

Abb. 5.52 Geschliffenes und gebürstetes Regenfallrohr an einem Hotel in Imperia, Italien. (Quelle: Bröhl, Köln)

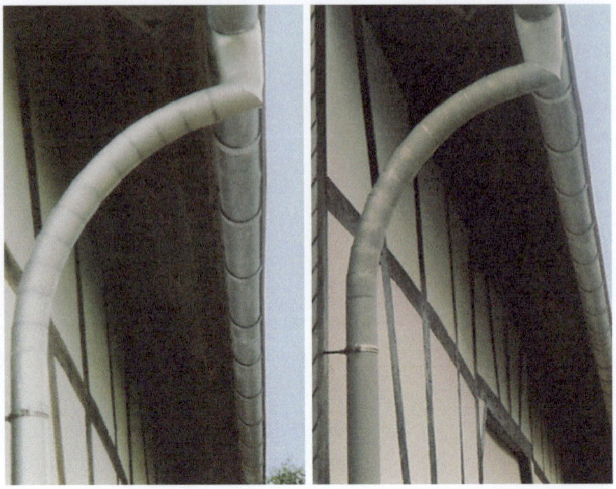

Abb. 5.53 Patinaentwicklung auf einem verzinnten nichtrostenden Stahl der Sorte 1.4404. *Links* neu, *rechts* nach etwa zweijähriger Bewitterung. (Quelle: Bröhl, Köln)

Abb. 5.54 Anwendung eines verzinnten ferritischen Stahls am Beispiel einer denkmalgeschützten Kirche. (Quelle: Bröhl, Köln)

ähnlich wie traditionelle Baumetalle – mit der Zeit verändert. In der Regel treten zunächst partielle Verfärbungen auf, die dann nach und nach in eine mattgraue Patina übergehen (Abb. 5.53). Diese Patinabildung kann unterschiedlich lange dauern. Bei Teilen, die stark dem Regen ausgesetzt sind, ist die Veränderungsgeschwindigkeit in der Regel höher als in regenabgewandten Bereichen.

Verzinnte Oberflächen werden oftmals für ältere Häuser eingesetzt und sind weit verbreitet bei Gebäuden, die unter Denkmalschutz stehen (Abb. 5.54). Bevorzugt wird dieser verzinnte Edelstahl gerade bei bauhistorischem Kulturgut, bei dem die Dichtigkeit der Entwässerungsanlage über Generationen gewährleistet bleiben muss und gleichzeitig das Erscheinungsbild der alten, traditionellen Materialien anklingen soll.

Hochglänzende Oberflächen Die Vielfalt der Oberflächen reicht bis zum Hochglanz. Die als 2R bezeichnete Variante entsteht durch ein zusätzliches Blankglühen, das eine spiegelähnliche Reflexwirkung erzeugt. Diese Ausführung ist im Bauwesen bei Fassaden- und Innenbekleidungen sowie Fenster- und Türanlagen verbreitet anzutreffen. Wird sie für Dachentwässerung eingesetzt, ist zu beachten, dass hochglänzende Oberflächen höchste Anforderungen an die Verarbeitung stellen, da auch kleinste Unebenheiten oder Beschädigungen deutlich hervortreten. Bei der handwerklichen Verarbeitung am Dach sollte diese Oberfläche also Sonderfällen vorbehalten bleiben.

Farbige Oberflächen Eine einfache und oft verwendete Methode ist die farbliche Gestaltung durch individuelle Anstriche. Nach den vorliegenden Praxiserfahrungen stellt gerade verzinnter nichtrostender Stahl einen guten Haftgrund für Beschichtungen dar.

Auch walzblanke Oberflächen lassen sich lackieren, allerdings ist eine Vorbehandlung angeraten. Die Korrosionsbeständigkeit der nichtrostenden Stähle beruht auf einer nur wenige Atomlagen dicken, sich selbst wiederherstellenden Passivschicht, die die Haftung von Anstrichen erschwert. Teile aus blankem nichtrostendem Stahl sollten daher vor dem Anstrich aufgeraut werden.

Es besteht aber auch die Möglichkeit, Edelstahloberflächen nicht zu beschichten, sondern zu färben. BRANDT-Edelstahldach hat dazu eine anspruchsvolle Technologie entwickelt.

Gefärbte Edelstahloberflächen sind weder organisch noch haben sie eine Farbbeschichtung. Vielmehr werden die farbigen Metalloberflächen elektrolytisch hergestellt. Die sogenannte chromreiche Passivschicht an der Edelstahloberfläche ist für die Korrosionsbeständigkeit des Materials verantwortlich. Sollte diese beschädigt werden, bildet sie sich unter dem Einfluss von Sauerstoff immer wieder neu. Um Farbeffekte zu erzeugen, muss dieser Aufbau gezielt geplant sein. Das Material wird in einem speziellen Säurebad elektrolytisch behandelt. Abhängig von der jeweiligen Einwirkungszeit baut sich eine Passivschicht auf, welche die entsprechende Farbgebung bestimmt. Durch Interferenzeffekte (Überlagerung des auftreffenden sowie des reflektierenden Lichts) entstehen intensive Farbwirkungen. Entsprechend der Dicke dieser Passivschicht werden unterschiedlichste Farbtöne, von Bronze über Gold, Rot, Purpur und Blau bis Grün erreicht. Diese verstärkte Passivschicht, deren Dicke zwischen 0,02–0,36 µm liegen kann, ist selbst farblos und kann somit auch bei starkem Einfluss ultravioletter Strahlen nicht ausbleichen. Dieser Effekt ist besonders für Baumaßnahmen wichtig, für die dauerhafter Glanz und hohe Farbbeständigkeit gefordert werden. Anders ausgedrückt: Verblassende Oberflächen oder gar auftretende Farbdifferenzen werden durch den Einsatz gefärbter Edelstähle ausgeschlossen.

Interessant ist auch, dass die Oberfläche in einem matten bzw. hochglänzenden schwarzen Ton erhältlich ist und auf großes Interesse bei Architekten und privaten Bauleuten stößt. Natürlich können die farbigen Edelstähle auch geprägt oder profiliert werden. Ist keine Farbe gewünscht, kann das Material „naturbelassen" bezogen werden.

Bearbeitung Gefärbter Edelstahl lässt sich in der Regel ohne Weiteres mit den herkömmlichen Klempnerwerkzeugen bearbeiten. Natürlich ist die Oberfläche etwas empfindlich, etwa gegenüber Kratzern. Generell kann aber festgestellt werden, dass sich der Passivfilm (in Bezug auf die Farbtiefe) lediglich beim Abkanten und Strecken des Materials und allenfalls im Bereich der Kanten geringfügig vermindert. Hierzu ist besonders anzumerken, dass die ursprüngliche metallische Oberflächenwirkung vollständig erhalten bleibt. Außerdem bleiben Bauteile und Profile in matten Farbtönen an den Bearbeitungsstellen weiterhin reflexionsarm – bei solchen aus hochglanzpoliertem Material bleibt die hochglänzende Oberfläche bestehen.

► **Achtung** Es ist an dieser Stelle zu erwähnen, dass bei Hitzeeinwirkung wie z. B. Schweißen, Löten usw. die Farbwirkung zerstört wird und nicht erneuerbar ist.

In Abhängigkeit von Blickrichtung bzw. Perspektive des Betrachters zeigt der gefärbte Edelstahl unterschiedliche Farbspektren (s. Abb. 5.55). In einem Blickwinkel erscheint die Farbe als wunderschönes dunkles Blau, in einem anderen verwandelt sich die Oberfläche in einen deutlich helleren und dann wiederum in einen deutlich schwarzen Farbton. Überhaupt ändern sich die Farbnuancen je nach Sonneneinstrahlung – ein Effekt, der bedingt durch die Oxidationsschichten des Edelstahls an Spektralfarben erinnert.

a b

Abb. 5.55 Dachgaube an einem Wohnhaus in Eichsfeld. (Quelle: PREFA, Wasungen)

Tab. 5.13 Dacharten – Dachneigung

Deckungsart	Dachneigung
Rollennahtgeschweißte Edelstahldeckung	≥ 0°/stauwasserdicht
Doppelstehfalzdeckung mit Zusatzmaßnahmen[a]	≥ 3°
Doppelstehfalzdeckung	≥ 10°
Deutsche Leistendeckung	≥ 10°
Winkelstehfalzdeckung[b]	≥ 25°
Belgische Leistendeckung	25–80°

[a]Im Dachneigungsbereich < 10° werden Zusatzmaßnahmen, z. B. Dichtbandeinlagen, Falzgel bzw. Unterdach, erforderlich.
[b]≥ 35° bei erhöhten Anforderungen. Erhöhte Anforderungen können sich aus klimatischen Verhältnissen oder exponierten Lagen ergeben, z. B. starker Wind, schneereiche Gebiete.

Konstruktionen Alle Dach- und Fassadenkonstruktionen in traditioneller Spenglertechnik werden mit Edelstahl in herkömmlicher Weise ausgeführt. Die besonders hohe Korrosionsbeständigkeit und Festigkeit von Edelstahl eröffnet darüber hinaus neue Möglichkeiten für Gestaltung und Konstruktion. Damit ist Edelstahl für den uneingeschränkten Einsatz in moderner Architektur, in der Sanierung von bestehenden Bauten und zur Erhaltung historischer Bausubstanz geradezu prädestiniert.

Dachneigung und Deckungsarten In den *Fachregeln des Klempnerhandwerks* ist die Eignung von Deckungsarten in Abhängigkeit von der Dachneigung angegeben. Unterkonstruktionen für Metalldächer sollten möglichst mit einer Dachneigung von > 7° geplant und ausgeführt werden.

Mit Edelstahl können alle Deckungsarten in den dafür zulässigen Neigungsbereichen ausgeführt werden (vgl. Tab. 5.13). Bei den angegebenen Mindestneigungen muss beachtet werden, dass sich durch die zulässige Durchbiegung der Unterkonstruktion eine Unterschreitung der Mindestneigung ergeben kann.

Durch zunehmend zu beobachtende extreme Witterungserscheinungen infolge der Klimaveränderung (z. B. Starkregen, Orkanböen, etc.) oder die hochwertige Nutzung von Räumen unter der Dachfläche für Wohnzwecke, sind für Edelstahldächer mit einer Dachneigung unter 10° zusätzliche Maßnahmen (Dichtbandeinlagen, Falzgel oder Unterdach) vorgeschrieben.

Dachkonstruktionen Mit Edelstahl können alle hinterlüfteten („Kaltdach“) und nicht hinterlüfteten („Warmdach“) Dach- und Fassadenkonstruktionen problemlos ausgeführt werden. Es besteht keine Gefährdung durch sogenannte Tauwasserkorrosion.

Hinterlüftete Dächer (Kaltdächer) Die Hinterlüftung ist nach den Regelungen der DIN 4108 Teil 3 zu dimensionieren und auszuführen. Unter der Edelstahldeckung wird die Verwendung einer wasserableitenden, jedoch nicht diffusionsdichten Trennlage empfohlen.

Nicht hinterlüftete Dächer (Warmdächer) Die Dampfsperrschicht ist nach den Regelungen der DIN 4108 Teil 3 zu dimensionieren und auszuführen. Unter der Edelstahldeckung wird die Verwendung einer wasserableitenden, jedoch nicht diffusionsdichten Trennlage empfohlen.

Trennlagen Eine Trennlage mit Drainagefunktion ist bei Edelstahl nicht erforderlich. Bei Verwendung der Trennlage ist darauf zu achten, dass diese nicht zu dick ist und bei Überlappungen keine Absätze bildet, die in den Blechbahnen sichtbar werden können. Für die Befestigung der Trennlage sind nichtrostende Materialien zu verwenden, oder die Befestigungsmittel müssen durch nachfolgende Bahnen überdeckt werden.

Blitzschutz Edelstahl ist ein elektrisch leitendes Material und kann in den Blitzschutz einbezogen werden. Eine Bedachung in Edelstahl erzeugt einen Blitzableitereffekt.

Temperaturdehnung Die geringe Temperaturdehnung von Edelstahl erlaubt interessante Lösungen, besonders den Gebrauch großer Längen (bei Scharen und Rinnen). Die Ausdehnung ist sowohl in Längs- wie auch in Querrichtung zu bedenken und eine entsprechende Detailausbildung zu erarbeiten.

Scharenlängen und -breiten Die maximale Scharenlänge von Edelstahl nach den *Fachregeln für das Klempnerhandwerk* liegt bei 14 m, es sind jedoch bei entsprechender Konstruktion und Detailausbildung in Absprache mit dem Hersteller weit größere Längen realisierbar.

Scharenbreiten in Edelstahl mit einer Dicke von 0,4 mm dürfen nicht über ca. 500 mm gewählt werden, das entspricht 580 mm Bandbreite. Scharenbreiten in Edelstahl mit einer Stärke von 0,5 mm dürfen nicht über ca. 600 mm gewählt werden, das entspricht 670 mm Bandbreite.

Rinnenhalter und Rohrschellen Zur Befestigung von Rinnen aus Edelstahl sollten Rinnenträger aus Chrom-Nickelstahl blank (Werkstoff-Nr. 1.4301 nach DIN EN 10088), mit Edelstahl ummantelte verzinkte Stahl-Rinnenträger oder verzinkte Stahl-Rinnenträger zum Einsatz kommen.

Zur Befestigung von Regenfallrohren aus Edelstahl sollten Rohrschellen aus Chrom-Nickelstahl blank (Werkstoff-Nr. 1.4301 nach DIN EN 10088) oder verzinkte Stahl-Rohrschellen zum Einsatz kommen.

Schallschutz für Edelstahldeckungen Dacheindeckungen aus Edelstahl werden wie alle Metalldeckungen durch sehr unterschiedliche Schallquellen beansprucht, die eine spezifische Schallbelastung der gesamten Dachkonstruktion zur Folge haben.

Generell sind leichte Trägerkonstruktionen aus Holz und Stahl für störende Geräusche anfälliger als massive Flächen aus Beton. Die Schalldämmung von Dacheindeckungen aus Edelstahl muss immer in Abstimmung mit der gesamten Dachkonstruktion und deren unterschiedlichen Erfordernissen erfolgen.

Schallschutz gegen Wind-Beulgeräusche und Trommelgeräusche Wind-Beulgeräusche treten im Windsogbereich von Metalldeckungen bei hohen Windgeschwindigkeiten auf. Die einzelnen Scharen der Bahnendeckung werden durch den Windsog kissenförmig angehoben und am Abriss der laminaren Strömung an der windabgewandten Kante durch sich wechselnd ablösende Wirbel in Schwingung versetzt. Dies hat unregelmäßige Beulgeräusche der Blechscharen zur Folge, die durch die Haften am Falz als extrem schlecht zu dämmender Körperschall in die Dachkonstruktion eingetragen werden.

Dachflächen unter 25° Neigung werden nach DIN 1055 Teil 4 ausschließlich durch Windsog belastet. Die Anfälligkeit für Wind-Beulgeräusche steigt mit abnehmender Dachneigung vor allem im Eckbereich der Dachfläche durch die dort auftretenden Sogspitzen extrem an.

Eine wirksame Schalldämmung gegen Wind-Beulgeräusche lässt sich durch eine weiche, elastische Trennlage, die den bei Windsog entstehenden Hohlraum unter den Blechscharen füllt und an deren Unterseite anliegt, erreichen.

Alternativ lässt sich eine gute Absorption durch eine jeweils mit der Unterseite der einzelnen Scharen verklebten Dämmlage mit geringer Steifigkeit und hohem spezifischem Gewicht erzielen.

Energieanlagen Befestigungen von Solar- oder Photovoltaikanlagen stellen besondere Anforderungen an ein Metalldach in Doppelstehfalzdeckung dar.

Entsprechend der DIN 1055-4 sind die Anforderungen an eine ausreichende Befestigung bereits vom Planer zu berücksichtigen. Eine Klemmbefestigung – bei ausreichender Scharenbefestigung und unter Berücksichtigung der thermischen Längenänderung – auf dem Falz ist realisierbar. Bei bereits bestehenden Metalldächern ist eine Eignung der Metalldeckung zu prüfen. Auch können Dünnschichtmodule nach Herstellerangaben dauerhaft verklebt werden.

Umweltverträglichkeit Durch Langzeitstudien wurde belegt, dass mit Edelstahl bekleidete Flächen keine messbare Metallabschwemmung aufweisen. Die Abschwemmungsraten von Edelstahl/Chromstahl verzinnt und Chrom-Nickel-Stahl liegen unter der Messgrenze von 0,01 µm pro Jahr.

Die Beeinträchtigung der Umwelt und insbesondere die Schädigung von Mikroorganismen des Bodenlebens und von biologischen Klärstufen in Abwasserreinigungsanlagen durch Metallionen werden von den Fachbehörden als nicht gegeben eingestuft. Dadurch ist eine Verwendung von Edelstahl auch in hochsensiblen Bereichen wie Trinkwasserschutzgebieten und offenen Gewässern ohne Einschränkung möglich.

Versickerung und Einleitung von Niederschlagswasser Da Edelstahl keine messbare Metallabschwemmung aufweist, ist eine Versickerung oder Einleitung von Niederschlagswasser in Vorfluter oder die Abwasserentsorgung ohne Einschränkung möglich (in Baden-Württemberg und Bayern auch genehmigungspflichtig).

Nutzung von Niederschlagswasser Da Edelstahl keine messbare Metallabschwemmung aufweist, ist eine Nutzung des Niederschlagswassers für den Gartenbau oder als „Grauwasser" für Waschmaschinen und WC-Spülung ohne Einschränkung möglich. Da keine messbaren Mengen von Metallionen gelöst werden, sind Beeinträchtigungen von Wasseraufbereitungsanlagen, Leitungsnetzen und Hausgeräten nicht zu erwarten.

Regelungen im Bundesgebiet Rechtsgrundlagen für die Versickerung von Niederschlagswasser sind für das übrige Bundesgebiet noch nicht in Kraft getreten. Einzelne Abwasserzweckverbände haben jedoch Regelungen für das Einleiten von Niederschlagswasser in das Abwassernetz erlassen.

Anwendungsbereiche Die Anwendungsbereiche von Edelstahl Rostfrei in der Dachentwässerung sind praktisch unbegrenzt.

Dachformen Ganz gleich, ob aus gestalterischen Gründen die Entwässerung in Rund- oder Kastenform ausgeführt wird, stehen stets entsprechende Rinnen und Zubehörteile als Standardbauteile zur Verfügung. Auch wenn die Dachfläche eine Entwässerungsanlage mit besonders großem oder kleinem Querschnitt erfordert, sind nahezu alle Abmessungen, die in anderen Materialien zur Verfügung stehen, auch in Edelstahl Rostfrei erhältlich. Bei sogenannten eingelegten Dachrinnen, die oft Sonderanfertigungen darstellen, ist die Beschaffung ebenfalls unproblematisch (Abb. 5.56). Diese Bauform findet sich häufig bei Wohngebäuden, bei denen die Dachentwässerung verdeckt angebracht ist oder der Dachrand als besonderes Gestaltungsmerkmal ausgebildet wurde. Bei Zweckbauten macht die Dachform häufig eingelegte Dachrinnen erforderlich. Auch wenn die Dachrinne einer gerundeten Kontur des Baukörpers folgen muss, lassen sich entsprechende Segmente in Edelstahl Rostfrei herstellen.

Gebäude für Gewerbe und Industrie befinden sich häufig in Gebieten mit erhöhter Luftverschmutzung. Höherlegierte Edelstahlsorten wie z. B. 1.4401 sind hier zu bevorzugen. Von besonderem Interesse sind Bauvorhaben, bei denen Edelstahl Rostfrei eingesetzt wird, weil andere Werkstoffe die an Erscheinungsbild und Korrosionsbeständigkeit gestellten Anforderungen nicht erfüllen. Im Fall von Einfamilienhäusern kann sowohl die Entwässerungsanlage als auch die Kaminverkleidung in Edelstahl Rostfrei ausgeführt werden. Der Gestaltungs- und Qualitätsanspruch, der sich in glasierten Dachziegeln zeigt, findet im Dachentwässerungssystem seine Fortsetzung. Die markante Oberflächenwirkung bleibt an Kamin, Rinne und Fallrohr ebenso dauerhaft erhalten wie bei den Ziegeln (Abb. 5.57).

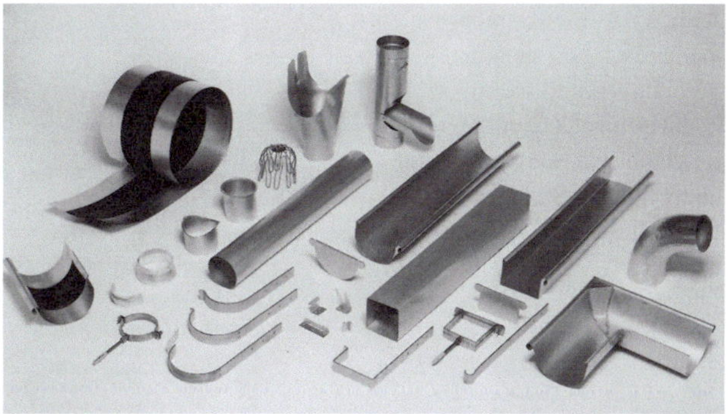

Abb. 5.56 Dachzubehör in Standard- und Sondermaßen. (Quelle: Brandt-Edelstahldach GmbH, Köln)

Abb. 5.57 Die Dachentwässerung aus Edelstahl Rostfrei mit glänzender Standardoberfläche greift die Oberflächenwirkung der glasierten Dachziegel auf. (Quelle: PREFA, Wasungen)

Kontakt mit bitumenhaltigen Bedachungsmaterialien Bei Bitumen-Dachbahnabdichtungen, -Beschichtungen, -Anstrichen oder -Schindeln sowie ECB-Bahnen (Ethylen-Copolymer-Bitumen) können UV-Strahlung und Bewitterung zu Alterungsprozessen führen, die stark saure Abbauprodukte freisetzen. Viele metallische Materialien werden nicht nur durch direkten Kontakt mit solchen bitumenhaltigen Materialien, sondern auch durch Ablaufwasser von derartig gedeckten Flächen stark angegriffen. Einschlägige Berufsorganisationen weisen daher eindringlich darauf hin, dass die betroffenen Dachentwässerungsteile unbedingt mit Schutz- bzw. Wartungsanstrichen versehen werden müssen. Wegen ihrer begrenzten Haltbarkeit müssen sie regelmäßig kontrolliert und nachgebessert werden. Außerdem lassen sich Schutzanstriche nur schwer auf die Innenflächen von Rohrbögen und Entwässerungsrohren aufbringen.

Edelstahl Rostfrei ist in diesen Fällen die zielgerichtete Lösung. Der Werkstoff ist nach den vorliegenden Erfahrungen gegen Bitumenkorrosion beständig. Der Zeit- und Kos-

Abb. 5.58 Matter nichtrostender Stahl auf denkmalgeschützten und sonstigen historischen Gebäuden knüpft an klassische Baumetalle an (Basilika von Sant'Antonio, Padua Italien). (Quelle: Stahr, Leipzig)

tenaufwand für Schutzanstriche und Unterhaltsaufwendungen entfällt. Damit wird der höherwertige Werkstoff, bezogen auf die Lebensdauer, kostengünstiger[3].

Denkmalgeschützte Objekte Edelstahl Rostfrei steht auch in Oberflächenausführungen zur Verfügung, die in besonderer Weise den Anforderungen des Denkmalschutzes gerecht werden. Denn der Werkstoff muss keineswegs immer – wie häufig angenommen – eine glänzende Oberfläche haben. Blanke Ausführungen würden bei historischen Bauten in der Tat dem ursprünglichen Erscheinungsbild zuwider laufen. Durch matte (verzinnte oder walzmattierte) Ausführungen wird eine optische Wirkung erzielt, die weitgehend dem Erscheinungsbild traditioneller Materialien wie Zink und Blei entspricht (Abb. 5.58). Aufgrund der dem Werkstoff eigenen, durchgängigen Korrosionsbeständigkeit werden die Voraussetzungen geschaffen, dass das Gebäude über Generationen hinweg vor Undichtigkeit der Dachentwässerungsanlage geschützt bleibt.

Verlegeanleitung Dank seiner zusätzlichen Zinnbeschichtung, die wie eine Vorverzinnung wirkt, ist es möglich, Edelstahl mit den im Klempnerbereich üblichen Lötgeräten zu verbinden (Abb. 5.59).

[3] Das Euro-Inox-LCC-Programm ermöglicht es, lebensdauerbezogene vergleichende Kostenrechnungen zwischen nichtrostendem Stahl und anderen Werkstoffen auszuführen. Das Programm steht auf der Webseite www.euro-inox.org zum Herunterladen zur Verfügung oder kann kostenlos als CD-ROM angefordert werden.

Abb. 5.59 Verarbeitung: Zuschneiden, Falze aufbringen, Verlöten. (Quelle: ILS, Hamburg)

Im Gegensatz zu anderen Metallen ist Edelstahl ein schlechter Wärmeleiter und somit sollte der Lötkolben nicht zu heiß sein. Zur Herstellung einer Lötnaht wird ein spezielles Lötwasser und ein 30 %iges Stangenlot verwendet. Die Lötnähte werden mind. 10 mm überlappt, damit das Lot die gesamte Fläche überdecken kann. Die Lötnaht ist anschließend mit Wasser und einem Schwamm gründlich zu reinigen (besonders in der Untersicht). Nachträglich ist die Lötnaht mit einem speziellen Reiniger nachzubehandeln. Nicht entferntes Flussmittel kann Ausblühungen an der Lötnaht hervorrufen, die jedoch die Dichtigkeit nicht beeinträchtigen.

Edelstahl kann mit allen herkömmlichen Werkzeugen der Klempnertechnik bearbeitet werden. Edelstahl lässt sich auch bei winterlichen Temperaturen ohne Vorwärmung hervorragend biegen, kanten und falzen. Bei Metalleindeckungen kommen die handelsüblichen Profiliermaschinen (für Doppelstehfalz und Winkelfalz) sowie die Falzschließmaschine zur Anwendung.

Kratzer in der Zinnbeschichtung und an den Schnittkanten reduzieren in keiner Weise die Korrosionsbeständigkeit von Edelstahl. Eine Nachbehandlung nach der Verlegung ist nicht erforderlich.

Aus Gründen der Ästhetik kann Edelstahl auch gestrichen werden.

5.3.4 Unterkonstruktionen

5.3.4.1 Begriff

Unter dem Begriff Unterkonstruktionen werden alle Schichten behandelt, auf denen eine Dachhaut bzw. Fassadenbekleidung unmittelbar mit ihren spezifischen Befestigungsmitteln montiert werden kann.

In der Vergangenheit wurden Metalldächer in der Regel auf belüftete Unterkonstruktionen montiert (Abb. 5.60). Durch die moderne Architektur und die Erfordernisse an eine wirtschaftliche Bauausführung werden immer häufiger kostengünstigere unbelüftete Konstruktionen ausgeführt (Abb. 5.61). Zur Sicherstellung einer einwandfreien Funktion beider Systeme ist die sorgfältige Vorplanung und gewissenhafte Bauausführung erforderlich.

5.3.4.2 Statik

Statische Anforderungen werden an die Unterkonstruktion selbst sowie an die Befestigung der Dachhaut bzw. Fassadenbekleidung auf der Unterkonstruktion gestellt.

Im Unterschied zu selbsttragenden Metallprofilen, wie etwa Trapezprofilen, die nur in den statisch notwendigen Abständen ein Auflager erhalten, werden ebene Metallbänder, die nach dem Doppel- oder Winkelstehfalzsystem bzw. nach dem Leistensystem verbunden werden, auf einer geschlossenen Unterkonstruktion verlegt und befestigt. Damit übernimmt die Unterkonstruktion die statischen Aufgaben und ist entsprechend der Lastannahme auszulegen, während die RHEINZINK-Deckung lediglich einen Hautcharakter hat.

Abb. 5.60 Konstruktionsbeispiel eines belüfteten Metalldaches. *1* Metalldeckung, *2* Trennlage (bis 15° Neigung: strukturierte Trennlage als zweite Ablaufebene bei Titanzink), *3* 24 mm Holzschalung, Regelbreiten 100–160 mm, zur Vermeidung von Aufschüsselungen mit 5 mm Abstand verlegt, *4* Belüftungsebene, *5* Unterspannbahn, *6* Wärmedämmung, *7* Dampfsperre, *8* innere Bekleidung. (Quelle:Siepenkort, Münster)

Abb. 5.61 Unbelüftete Dachkonstruktion mit wärmebrückenfreiem Aufsparren-Dämmsystem. *1* Metalldeckung, *2* Diffusionsoffene Trennlage, *3* Wärmedämmung, *4* Dampfsperre wind- und luftdicht verlegt S_d-Wert mindestens 100 m oder rechnerischer Nachweis nach DIN 4108, *5* Mehrschichtholzplatte und Holzbalken als sekundäre und primäre Tragkonstruktion. (Quelle:Siepenkort, Münster)

In Hinblick auf die geplante Dachneigung muss berücksichtigt werden, dass das Tragwerk eine statisch zugelassene Durchbiegung aufweisen kann. Dies ist vor allem bei sehr flachen Dachneigungen relevant.

5.3.4.3 Unterstützende Unterkonstruktionen

Unter die Kategorie „unterstützende Unterkonstruktionen" fallen sämtliche Konstruktionsarten, die als vollflächige Schicht des Daches oder der Fassade direkt die Befestigung der Metallbekleidung aufnehmen.

Vollflächige Unterkonstruktionen werden meistens im Zusammenhang mit nicht selbsttragenden Systemen (z. B. Falzsystemen) eingesetzt. Bei Bekleidungen mit selbsttragenden Systemen wird häufig auf nicht vollflächig unterstützende Unterkonstruktionen zurückgegriffen.

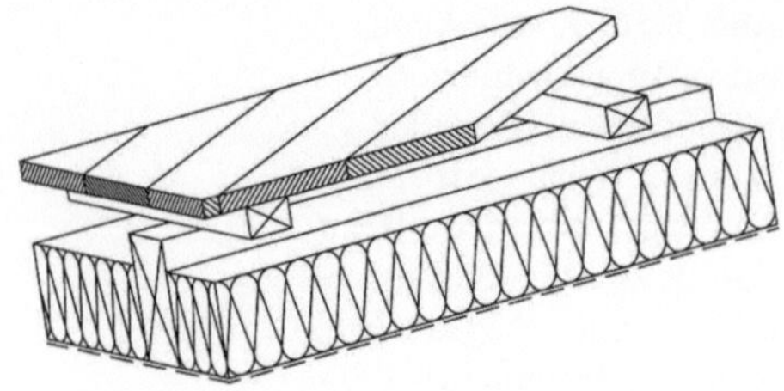

Abb. 5.62 Schräger Schalungsverlauf zur Vermeidung von Nagelfugen bei parallel zur Traufe verlaufender Konterlattung. (Quelle: Rheinzink, Datteln)

Holzschalungen

Zur Aufnahme der Metalldachdeckung werden üblicherweise Holzschalungen aus Vollholz verwendet (Abb. 5.62). Sie sollen bei der Verlegung eine Mindestdicke von 24 mm und eine Holzfeuchte unter 20 % besitzen. Somit gewährleisten Holzschalungen die erforderliche Einbindetiefe der Befestigungsmittel von mindestens 20 mm und eine sichere Befestigung der Metallprofile. Damit die Befestigungsreihen der Metallprofile nicht auf eine Schalfuge treffen, werden die Schalbretter quer oder diagonal zum Befestigungsfalz verlegt. Unerwünschte Aufschüsselungen werden durch die Verwendung von Schalbrettern mit einer maximalen Breite von 160 mm weitgehend vermieden. Bei gerundeten Dachflächen ist der Einsatz schmalerer Bretter erforderlich.

Vor- und Nachteile Vorteilhaft ist insbesondere die gute Anpassbarkeit an geometrisch komplexere Gebäudeformen. Gewölbte oder windschiefe Flächen sind häufig kaum mit anderen Unterkonstruktionen zu bewältigen, wenn auch teilweise nur unter Verwendung geringerer Brettreihen.

Unter bauphysikalischen Gesichtspunkten spielt die gute Feuchtigkeitsspeicherung und -abgabe (Pufferwirkung) eine große Rolle. Dies gilt insbesondere in Zusammenhang mit vorübergehenden Störungen der Dachentlüftung (z. B. durch verschneite Firstentlüftung o. Ä.) sowie bei der während bestimmter Wetterlagen möglichen Bildung sogenannten sekundären Tauwassers unterhalb der Schalung (nicht unterhalb der Deckung). Die Bildung des sekundären Tauwassers unterhalb der Schalung ist aufgrund des hohen spezifischen Wärmewertes (c-Wert) von Holz allerdings außerordentlich selten.

Die für Holz üblichen einfachen Befestigungstechniken wie etwa Nägel oder Schrauben, stellen einen weiteren Aspekt in der Reihe der Vorteile dar.

Als nachteilig darzustellen ist einerseits die Tatsache, dass Holz in Folge von Trocknungsvorgängen „arbeitet“. Dies führt zwar im Regelfall nicht zu sichtbaren Beeinträchtigungen, kann jedoch im Einzelfall zum Tragen kommen.

Sperrholzplatten

Vor- und Nachteile Vorteilhaft ist die aussteifende Wirkung von Baufurniersperrholzplatten und damit ihre statische Bedeutung. Ein weiterer Vorteil liegt in der einfachen Befestigungstechnik (Nägel und Schrauben).

Baufurniersperrholz gewährleistet einen im Vergleich zu Holzschalung deutlich geringeren Feuchteeinbau in die Dachkonstruktion. Dies rührt zum einen daher, dass das Holz vor dem Verleimungsvorgang auf eine niedrige Holzfeuchte (< 12 %) herabgetrocknet werden muss. Zum anderen können bestenfalls die äußeren Furnierschichten während der Baustellenlagerung Feuchtigkeit aufnehmen. Es ist zu prüfen, ob sie dann überhaupt noch qualitätsvoll eingesetzt werden können.

Aus bauphysikalischer Sicht sind Sperrholzplatten in Hinblick auf ihre Wasseraufnahmefähigkeit (Puffer- und Transportwirkung) gegenüber der Holzschalung im Nachteil.

Für die Menge von Stehfalzdeckungen im Dachbereich bedeutet diese Eigenschaft die generelle Verlegung einer strukturierten Trennlage.

Die Verarbeitbarkeit (Sägen, Hobeln etc.) gleicht der Holzschalung, wobei Baufurniersperrholzplatten allerdings nicht spaltfähig sind. Das Handling wirtschaftlicher Plattengrößen gestaltet sich unter Umständen kraftraubend.

Spanplatten

Vor- und Nachteile Spanplatten weisen eine günstigere Feuerwiderstandsfähigkeit als Sperrholzplatten auf, da sie aufgrund ihrer spanartigen Struktur dem Feuer im Brandfall nur eine sehr kleine Oberfläche bieten.

Von Nachteil ist vor allem das oben bereits erwähnte, möglicherweise korrosionsauslösende Verhalten der Platten gegenüber Befestigungsmitteln sowie das Quellverhalten.

Beton

Vor- und Nachteile Der Werkstoff Beton erfüllt hohe Brandschutzanforderungen. Er kann fast zu jeder gewünschten Bauteilform verarbeitet werden. Beton hat eine dampfbremsende Wirkung und kann eine relativ glatte, fugenlose Oberfläche haben (speziell Fertigteile).

Der größte Nachteil im Hinblick auf Metalldeckungen ist bei Ortbeton der eingebaute Feuchteanteil, welcher herstellungsbedingt in dem Werkstoff verbleibt und erst nach längerer Zeit ausdunstet. Weiterhin besitzt Beton ein hohes Flächengewicht was jedoch lediglich aus statischen und wärmedämmtechnischen Gründen zu berücksichtigen ist.

Die Befestigung der Metallprofile ist weitaus aufwendiger als z. B. auf Holzschalung, was zu höheren Verlegekosten führt.

Porenbeton

Vor- und Nachteile Porenbeton besitzt seine Hauptvorteile in seinem relativ geringen Gewicht sowie seiner Unbrennbarkeit. Seine guten Wärmedämmeigenschaften sind für den genannten Anwendungsbereich nicht relevant. Durch den werkseitigen Fertigungsablauf werden außerdem ein geringerer Feuchteeinbau sowie eine hohe Maßhaltigkeit gewährleistet (Abb. 5.63).

Abb. 5.63 Unterkonstruktionen. Die Wahl ausschließlich dickwandiger Unterkonstruktionswerkstoffe (hier Porenbeton) kann sich auch auf die Dimensionierung der äußerlich sichtbaren Details auswirken. Firstentlüftung an einem Verwaltungsgebäude in Münster. (Quelle: Rheinzink, Datteln)

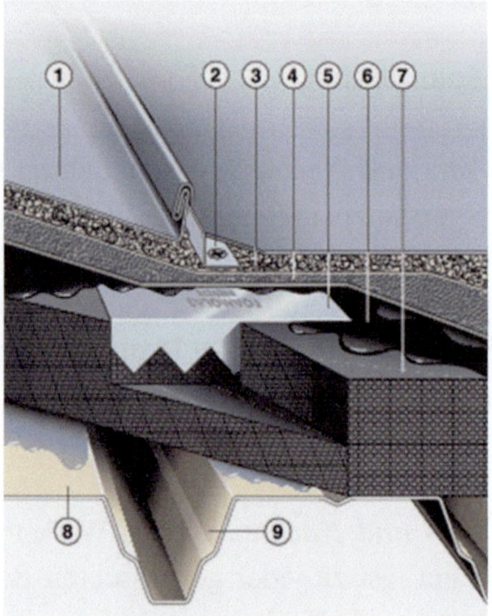

Abb. 5.64 Schaumglas mit Krallenplatte zur Aufnahme der Hafte für die RHEINZINK-Bedachung. *1* Deckung, *2* Befestigungshaft, *3* AIR-Z (Strukturmatte), *4* Polymerbitumenabdichtungsbahn (1-lagig), *5* Krallenplatte, *6* Heißbitumendeckabstrich, *7* Schaumglas, *8* Verklebung mit Heißbitumen im Kanten-Tauchverfahren, *9* Strahltrapezprofil gemäß Statik. (Quelle: Rheinzink, Datteln)

Nachteilig sind die aufgrund der geringen Druckfestigkeit erforderliche Plattendicke sowie der erhöhte Arbeitsaufwand bei der Befestigung der Metalldachhafte.

Schaumglas

Vor- und Nachteile Die Beurteilung, gerade auch im Hinblick auf nicht belüftete Dachkonstruktionen und deren bautechnischen Risiken, fällt häufig sehr positiv aus (Abb. 5.64). Selbst Rundungen mit einem Radius < 10 m sind durch Halbierung bzw. Zuschneiden der Platten möglich.

PUR-Hartschaum

Vor- und Nachteile PUR-Dämmelemente lassen sich relativ schnell verlegen und befestigen. Die Schubbelastung der Elemente muss durch eine separate Traufbohle statisch abgeleitet werden. PUR-Hartschaum ist ein sehr guter Wärmedämmstoff, der jedoch eine relativ geringe Masse besitzt. Aufgrund der guten Wärmedämmeigenschaften kann mit relativ geringen Dachaufbauhöhen geplant werden. Bei dieser Unterkonstruktionsart ist die Verlegung der Elemente auf runden Dächern bei einem Radius von < 10 m aufgrund der Steifigkeit schwierig. Es ist dann notwendig, die Platten in Streifen zu schneiden, um der Rundung segmentartig zu folgen, wobei sich der Anteil der Fugen erhöht.

5.3.4.4 Nicht unterstützende Unterkonstruktionen

Befestigungsmittel

Die Befestigung von Metalldachdeckungen bzw. Fassadenbekleidungen erfolgt in Abhängigkeit von einigen Parametern (Abb. 5.65):

- Lage des Bauobjektes und damit Anforderungen aus Schnee- und Windlast,
- Unterkonstruktion und deren Ausführungen,
- Scharbreite und Metalldicke der Schare,
- Art und Belastbarkeit des Befestigungsmittels.

Nägel Als hauptsächliches Befestigungsmittel für die Hafte einer Metallstehfalzdeckung dient in Europa der sogenannte Breitkopfstift oder Pappstift. Zunehmend werden jedoch auch verzinkte Rillennägel verwendet, die einen erheblich höheren Auszugswiderstand besitzen. Diese Nägel werden mittels Druckluftnaglern eingeschossen, können jedoch auch manuell in das Holz eingetrieben werden. Generell sind diese Nägel durch eine geeignete Oberflächenbehandlung gegen Korrosion zu schützen.

Schrauben Zur Befestigung von Haften eignen sich auch Schrauben mit Senkkopf, deren Mindestdurchmesser üblicherweise 4 mm betragen sollte. Ordnungsgemäß eingedreh-

Abb. 5.65 Befestigungsmittel. (Quelle: Rheinzink, Datteln)

te Schrauben sind sowohl für kurzzeitige Sogbelastungen als auch für Dauerbelastungen geeignet.

Niete In der Klempnertechnik werden Niete hauptsächlich zur Verbindung von Blechen untereinander bzw. auf Unterkonstruktionen aus Metall verwendet. Niete sind für verschiedenste Anwendungsmöglichkeiten erhältlich. Nietlöcher sind nach Herstellerangaben vorzubohren. Niete bestehen je nach Anforderung an die Korrosionsbeständigkeit aus nichtrostenden Stählen oder Aluminium-Knetlegierungen (z. B. AlMg6).

Spezialdübel, Rahmendübel Diese Befestigungsmittel stellen einen Sonderfall in der Befestigung von RHEINZINK-Dächern dar und werden nur benötigt, wenn die Unterkonstruktion entweder aus Normal- oder aus Porenbeton besteht. Die im Fachhandel in unterschiedlichsten Variationen erhältlichen Gasbetonanker, Spreizdübel, Reaktionsanker und Rahmendübelanker benötigen in der Regel eine besondere bauaufsichtliche Zulassung. Die Montagehinweise der Hersteller sind in besonderem Maße zu beachten.

Kleber Die Befestigungstechnik Kleben durch Bitumenkaltkleber ermöglicht eine kraftschlüssige Verbindung mit der Unterkonstruktion. Bei sachgerechter Anwendung können auch Zuglasten (Windsog) und andere Belastungen wie Scher- und Schubkräfte in gewissem Umfang aufgenommen werden.

5.3.4.5 Trennlagen

Zwischen Metalldeckung und Tragkonstruktion werden üblicherweise Trennlagen vorgesehen. Trennlagen haben vielfältige Aufgaben und sollten stets eingebaut werden. Sie schützen vor schädigenden Einflüssen aus dem Untergrund (z. B. Zement, Holzschutzmittel), verbessern die Gleitfähigkeit der Metallprofile bei thermischen Längenänderungen, vermindern Prall- und Trommelgeräusche und dienen als Notdichtung während der Bauphase. Trennlagen dürfen wegen der Korrosionsgefahr nicht aus wasserspeichernden Materialien bestehen.

Trennlagen werden aus unterschiedlichen Gründen eingesetzt. Ihre Aufgabe wird nach Aufbringen der Unterkonstruktion in einem Schutz des Baus vor Niederschlagsfeuchte gesehen, und metallische Deckungen sollen vor den Einwirkungen von Holzschutzmitteln geschützt werden. Angeblich soll durch den Einsatz von besandeten oder talkumierten Trennlagen die Gleitfähigkeit der Metalldeckung bei temperaturbedingten Längenänderungen verbessert werden. In einigen Regionen wird mit einer zusätzlichen, speziellen Trennlage auch der Dämpfung von Regengeräuschen entsprochen.

Übliche Trennlagen sind fein besandete Glasvliesbitumendachbahnen, Kunststoffbahnen, strukturierte Trennlagen mit Drainagefunktion, PE-Folie (Dicke 0,2 mm) sowie Unterdeck- und Unterspannbahnen.

Es gibt eine Vielzahl von Trennlagen, einige von ihnen sind erst seit jüngerer Vergangenheit verwendet worden. Zu den international klassischen zählen verstärkte und besandete Bitumendachbahnen. Der Trend geht jedoch zunehmend auch zum völligen Verzicht

Abb. 5.66 Verlegung von Zink ohne Trennlage direkt auf der (auch imprägnierten) Holzschalung. (Quelle: Rheinzink, Datteln)

a b

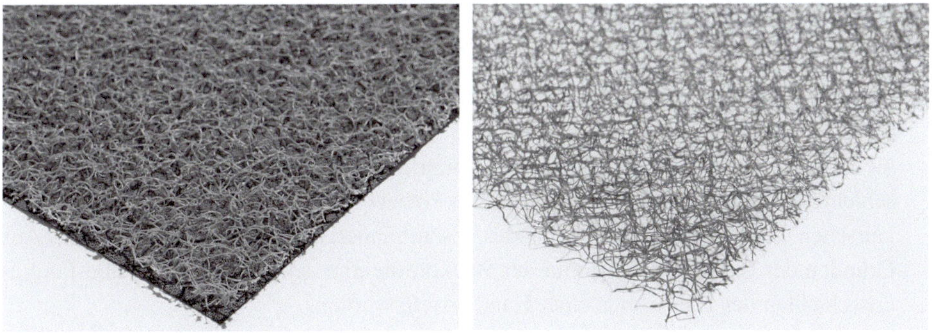

Abb. 5.67 Strukturierte Trennlagen reduzieren den regenbedingten Schalldurchgang durch die tragende Unterkonstruktion gegenüber der einfachen Glasvliesbitumendachbahn um 6 dB (A). (Quelle: Rheinzink, Datteln)

von Trennlagen bei Holzschalung. Grund hierfür ist die positive Eigenschaft natürlicher Holzschalung bei dem Transport und der Pufferwirkung von Feuchtigkeit (Abb. 5.66).

Ebenfalls werden seit mehr als 15 Jahren strukturierte Trennlagen angewendet (Abb. 5.67). Diese erlauben aufgrund ihres Strukturgeflechts die Austrocknung von unvorhergesehen eingedrungener Feuchtigkeit zwischen Dachhaut und Unterkonstruktion.

In Frankreich werden dauerhaft verbleibende Trennlagen überhaupt nicht verwendet.

Kriterien zur Bewertung einer geeigneten strukturierten Trennlage

- Regensichere Eigenschaften einer Montagedeckung
- Nahtüberlappung $\geq$ 10 cm, möglichst selbstklebend
- Verklebbare, wasserdichte Folie als unterseitige Kaschierung
- Regensichere, nicht kapillierende Nahtüberdeckung

- Möglichkeit der Ausführung von regensicheren und verklebbaren Anschlüssen und Schrägschnitten
- Höhe der Drainebene ca. 6–8 mm
- UV-beständig während der Montagezeit der Dachdeckung
- Statischer Nachweis für die Haftbefestigung
- Dauerstandfestigkeitsnachweis des Abstandshalters
- Verbesserte Schalldämmeigenschaften
- Geringes Wassereinbaupotenzial ($<400\ \mathrm{ml/m^2}$)
- Günstiges Abrutschverhalten
- Einsatz von Normalhaften
- Geprüft und geeignet für die Verwendung in Konstruktionen, die gegen Flugfeuer und strahlende Wärme resistent sind („Harte Bedachung")

Fazit für die Ausführung der Unterkonstruktion (nach Siepenkort) Für Metalldachkonstruktionen gilt:

- Eine funktionierende, individuelle auf das Objekt abgestimmte Dachkonstruktion erfordert eine sorgfältige Planung durch die am Bau beteiligten Architekten und Ingenieure und eine ebenso sorgfältige Bauausführung. Die Angabe aller für die Funktionsschichten relevanten Werte ist Aufgabe des Planers. Nur der Planer kann die bauphysikalischen Gegebenheiten des Gebäudes gesamtplanerisch erfassen und bewerten. Aus Gründen der Gewährleistung und der Baukoordination sollten möglichst alle Funktionsschichten des Daches aus einer Hand erstellt werden.
- Die Praxis hat gezeigt, dass bei getrennter Vergabe von Unterkonstruktion und Metalldach die Prüfung der Vorleistung durch den Klempner und Dachdecker nur bedingt möglich ist.
- Klempner und Dachdecker sind bei Wasserschäden erste Ansprechpartner und haben die schwere, meist zeit- und kostenintensive Aufgabe, Ursachenforschung zu betreiben. Oft stellt sich heraus, dass die Funktionsschichten der Unterkonstruktion nicht ordnungsgemäß ausgeführt wurden und der Schaden auf entstandenes Tauwasser zurückzuführen ist.
- Dieser Vorgang ist für alle Beteiligten belastend, beeinträchtigt eine reibungsfreie Bauausführung und endet manchmal auch vor Gericht.
- Bei der Ausführung der Metall-Dachkonstruktion als Komplettleistung hat der Fachhandwerker von Beginn an die Kontrolle und Verantwortung über die Ausführung sämtlicher Funktionsschichten. Sind mehrere Gewerke beteiligt, ist es ratsam, die Vorleistungen genauestens zu prüfen. Wenn der Baufortschritt dies nun nicht mehr zulässt und Zweifel an der korrekten Ausführung durch die Vorunternehmer bestehen, sollten die Bedenken dem Bauherren umgehend schriftlich mitgeteilt werden.

5.3.5 Verbindungstechniken

5.3.5.1 Grundlagen

Die Gestaltung und Formgebung der Dächer und Fassaden sowie die auftretenden Beanspruchungen an den zu verwandelnden Metallwerkstoffen bestimmen die Art der Verbindung und der Befestigung. Mit den verschiedenen Verbindungstechniken sowie Kombinationen daraus lassen sich Rasterungen mit unterschiedlicher Ausprägung herstellen. Die Lage der Längsverbindungen kann nahezu uneingeschränkt variiert werden.

5.3.5.2 Doppelstehfalze

Banddeckung

Bei Banddeckungen werden größtmögliche Scharenlängen verlegt. Seit der Entwicklung und dem Einsatz moderner Maschinen für die Doppelstehfalztechnik können mit der Banddeckung auch Dachflächen von mehreren tausend Quadratmetern schnell und wirtschaftlich für eine sehr lange Nutzungsdauer erstellt werden (Abb. 5.68). Wichtig ist bei der Verwendung langer Scharen, dass die schadlose Dehnungsbewegung bei Temperaturwechseln sichergestellt ist.

Metalldeckungen werden gegen Abheben und Beschädigungen durch Sturm mit Fest- und Schiebehaften mechanisch befestigt (Abb. 5.69). Durch das doppelte Falzen werden die Hafte Bestandteil des Systems und sichern damit die kraftschlüssige Befestigung mit den Deckunterlagen.

Die Haften und Befestigungsmittel (Nägel oder Schrauben) müssen dabei aus Gründen des Korrosionsschutzes auf den Werkstoff der Scharen abgestimmt sein und sicher mit dem Untergrund verankert werden können.

Abb. 5.68 Stehfalz (brillant metallic) Blaue Lagune Wien. (Quelle: Prefa, Wasungen)

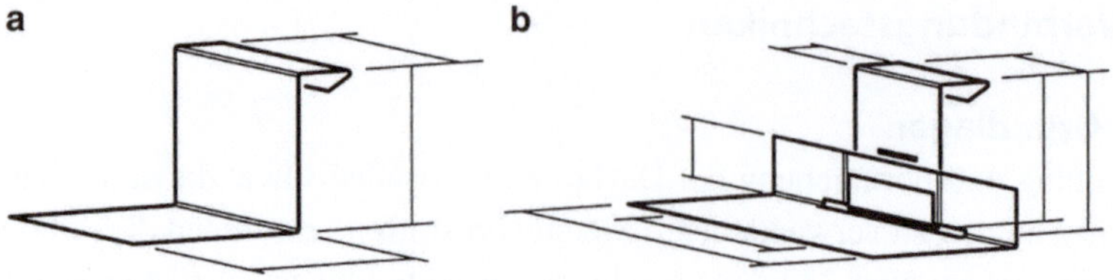

Abb. 5.69 Hafte für die maschinelle Verlegung. (Quelle: Rheinzink, Datteln)

▶ **Hinweis für Pultdächer** Aufgrund baupraktischer Erfahrungen empfehlen wir, bei Pultdächern mit Dachüberständen die Scharbreite auf 430 mm zu begrenzen. Diese Maßnahme dient der Vermeidung von Geräuschen, die bei der natürlichen Durchbiegung der Schare (max. 20 mm) durch starken Wind entstehen können. Bei freistehenden Gebäuden sollte darüber hinaus die Metalldicke 0,8 mm verwendet werden.

Konische Schare

Zur Ausführung von geraden (d. h. im Gefälle konstanten) Dächern über runden Grundriss, oder aber auch für ein Sonderdetail bei Kehlen, werden konische Schare erforderlich (Abb. 5.70). Diese haben am Anfang und am Ende jeweils unterschiedliche Scharenbreiten, die mittlerweile auch bei Einsatz von Profimaten mit einer Minimalscharenbreite von 50 mm hergestellt werden können. Bei größeren Gebäudedurchmessern werden Quernähte erforderlich.

Abb. 5.70 Konische Schare mit einem Achsmaß (Scharenbreite) von 500/120 mm am Jordanbad in Biberach. (Quelle: Rheinzink, Datteln)

Gerundete Flächen (konvex)

Vorprofilierte Stehfalzschare können bei einem Radius von ≥ 10 bis 12 m in ungerundeter Ausführung, d. h. als gerades Profil, einigermaßen beulenfrei verlegt werden. Kleinere Radien von vorprofilierten Scharen sind unter Einsatz der Schlebach-Rundmaschine bis $R \geq 0{,}6$ m möglich. Falzschließmaschinen mit gelenkverstellbaren Rollenpaaren stehen ebenfalls für diese Radien zur Verfügung, sodass nur bei noch kleineren Radien von Hand gefalzt werden muss (Abb. 5.71).

Werden kleinere Radien als 0,6 m erforderlich, ist dies nur mit handwerklich aufgekanteten Profilen möglich, die mit einer Handformzange oder einem Biegeboy gestreckt werden müssen. Für diese Fälle stehen keine Maschinen zum Schließen der Falze zur Verfügung.

Abb. 5.71 Erlöserkirche Hamburg. Für gerundete (konvexe) Flächen lassen sich auch Dachplatten verwenden. (Quelle: Prefa, Wasungen)

Gerundete Flächen (konkav)

Bei konkav gerundeten Flächen muss die Falzaufkantung gestaucht werden, was technisch ungleich schwieriger zu bewältigen ist als das Strecken im Falle konvexer Rundungen (Abb. 5.72). Gerade vorprofilierte Schare in konkaver Form zu verlegen führt auch bei großen Radien zu Wellenbildungen. Durch eine Zusatzeinrichtung sind Schlebach-Profimate in der Lage, Radien ≥ 3 m herzustellen. In einzelnen Fällen sind Radien bis $\geq 2{,}5$ m möglich. In diesen Fällen wende man sich bitte an die Anwendungstechnik des ausführenden Betriebs. Zum Schließen der Falze sind Falzmaschinen mit gelenkverstellbaren Rollenpaaren verwendbar ($R \geq 5$ m).

Abb. 5.72 Ungewohnter Anblick durch (maschinell) konkav gerundete Dachflächen ($R \approx 5$ m) am Freizeitbad in Gütersloh. (Quelle: Prefa, Wasungen)

Arbeitsabläufe

Abb. 5.73 Vorsicht: Das Ausrunden ist bei umgelegten Falzen besonders wichtig

Abb. 5.74 Quetschfalz, eingeschnittene Ausführung/flache Dachneigung. (Quelle: Rheinzink, Datteln)

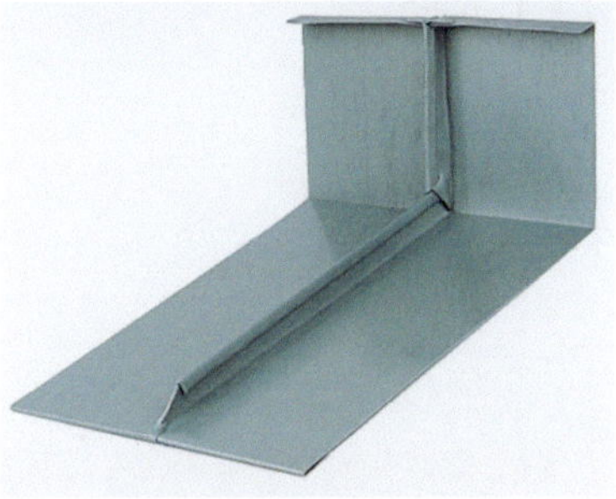

Abb. 5.75 Quetschfalz, eingeschnittene Ausführung/steile Dachneigung. (Quelle: Rheinzink, Datteln)

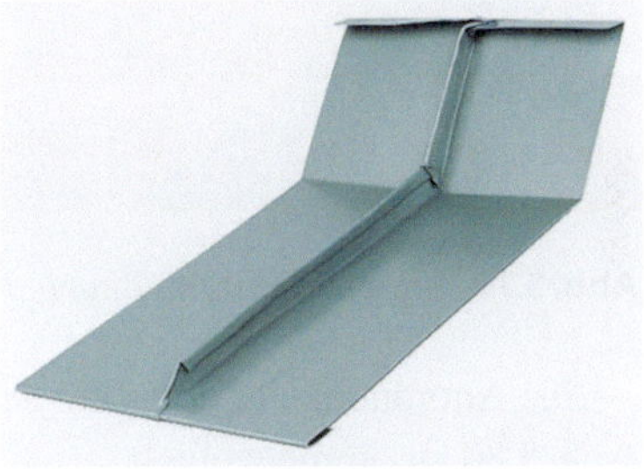

Abb. 5.76 Quetschfalz, nicht eingeschnittene Ausführung/flache Dachneigung. (Quelle: Rheinzink, Datteln)

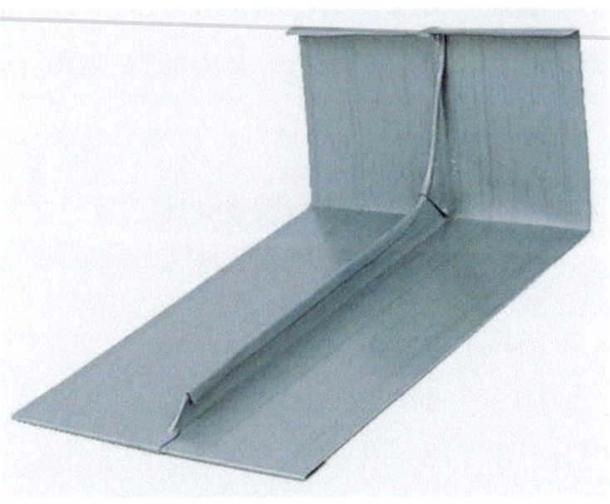

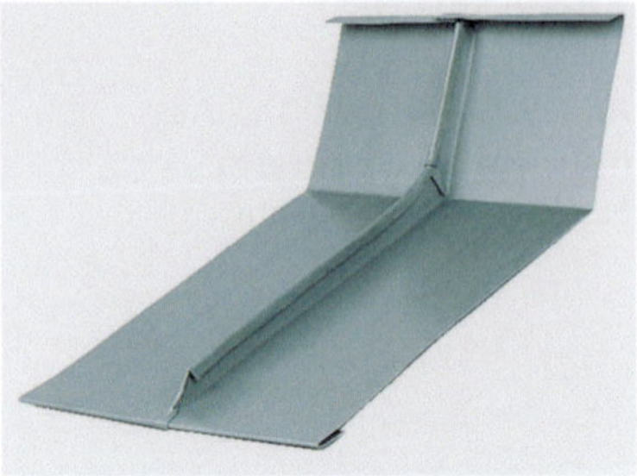

Abb. 5.77 Quetschfalz, nicht eingeschnittene Ausführung/steile Dachneigung. (Quelle: Rheinzink, Datteln)

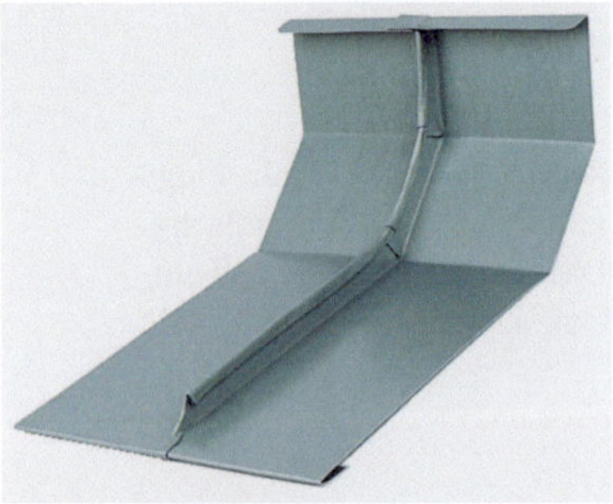

Abb. 5.78 Doppelter Quetschfalz, nicht eingeschnittene Ausführung. (Quelle: Rheinzink, Datteln)

Abb. 5.79 Stehende Falzeinführung, Arbeitsablauf. (Quelle: Rheinzink, Datteln)

Die Anordnung der Festhafte bei einer Scharenlänge von über 3 m ist in Tab. 5.14 und Abb. 5.80 zusammengefasst.

Gefällestufe Gefällestufen sind sowohl mit umgelegtem Falz als auch mit Quetschfalzen herstellbar. Der Einsatz von Gefällestufen wird bei Neigungslängen 16 m und einer

Tab. 5.14 Festpunktbereiche

Dachneigung	Lage des Festpunktbereichs
3° (5 %)	In der Mitte der Schar
3–10° (5–18 %)	Im oberen Drittelpunkt
10–30° (18–58 %)	Im oberen Viertelpunkt
> 30° (> 58 %)	Am Ende der Schar

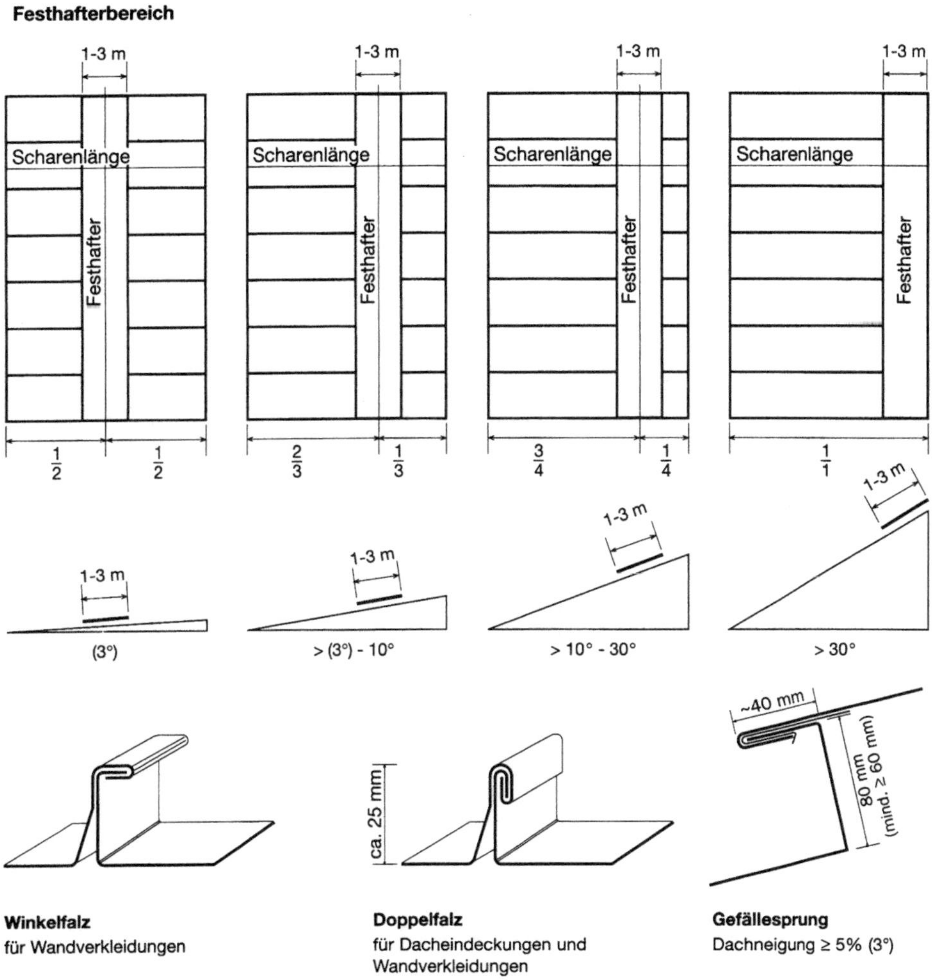

Abb. 5.80 Festhafterbereich. (Quelle: Rheinzink, Datteln)

Dachneigung $\leq 10°$ anwendungstechnisch erforderlich. Der für dieses Detail erforderliche Stufenfalz wird hierbei in der Regel als Parallelverschiebung der jeweils oberhalb gelegenen Dachfläche ausgeführt. Sollte der Stufenfalz durch Aufschieblinge erreicht werden, muss darauf geachtet werden, dass die Dachneigung im Bereich des Aufschieblings nicht zu gering wird.

Die international am häufigsten ausgeführte Variante ist die mit umgelegtem Falz. Die Höhe der Gefällestufe beträgt hierbei zwischen 6–8 cm (Abb. 5.81). Wie im Abschnitt „First" (s. u.) ausführlich erläutert, muss zur Vermeidung von Quetschungen im Aufstellbereich im Bereich der Aufkantung mit einem Radius von 2–3 cm ausgerundet werden (Abb. 5.82).

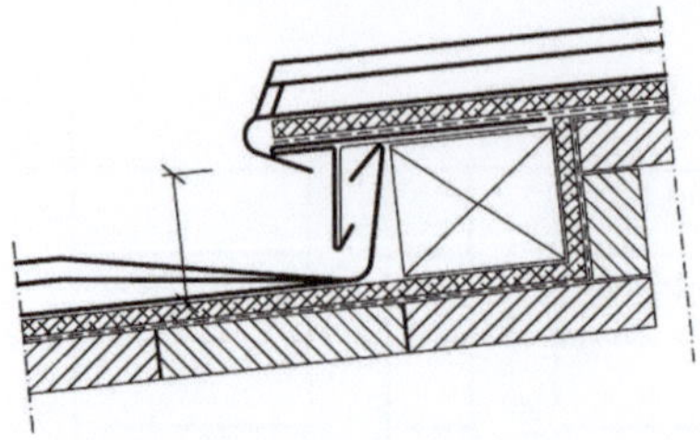

Abb. 5.81 Gefällestufe mit umgelegtem Falz $\geq$ 6 cm Höhe: Hier wird aus bauaufsichtlichen Gründen mit einem Füllholz 6/12 gearbeitet, die Schalung läuft unterseits durch. (Quelle: Rheinzink, Datteln)

Abb. 5.82 Gefällestufen (hier mit umgelegtem Falz) können bei allen Dachneigungen als gestalterisches Element eingesetzt werden. Westbad in Regensburg. (Quelle: Rheinzink, Datteln)

Abb. 5.83, 5.84, 5.85, 5.86, 5.87, 5.88, 5.89, 5.90, 5.91, 5.92, 5.93, 5.94, 5.95, 5.96, 5.97 und 5.98 sollen einige Detailpunkte an der Doppelfalz-Dacheindeckung verdeutlichen (Quelle: Rheinzink, Datteln).

Rinne

Abb. 5.83 Auf-Dach- bzw. Saumrinne am Sportareal in Pruhonice (Slowakei)

Abb. 5.84 Gestaltprägender vor Gesims liegender Wassereinlauf am Rathaus in Neuss

Abb. 5.85 Niedriger, dafür jedoch breiterer Entlüftungsfirst. Der Endboden wurde in die Ortgangblende eingefalzt. Wohnhaus in Datteln. (Quelle: Rheinzink, Datteln)

Abb. 5.86 Auf-Dach-Rinne als elegante Entwässerung oberhalb von Dacheinschnitten an einem Wohnhaus in Bad Honnef. (Quelle: Rheinzink, Datteln)

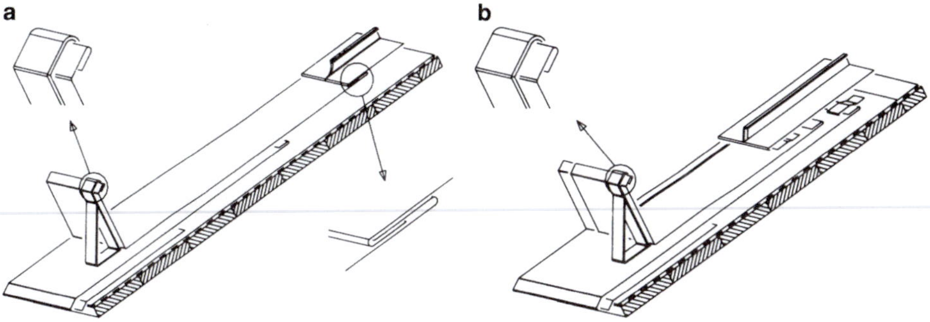

Abb. 5.87 Auf-Dach-Rinnen, wie sie vor allem in Schweden häufig ausgeführt werden. (Quelle: Rheinzink, Datteln)

First

Abb. 5.88 First an aufgehende Wand mit sichtbarem Querfalz im Knickpunkt, die wahre Anschlusshöhe jedoch beträgt (verdeckt) 10 cm. (Quelle: Rheinzink, Datteln)

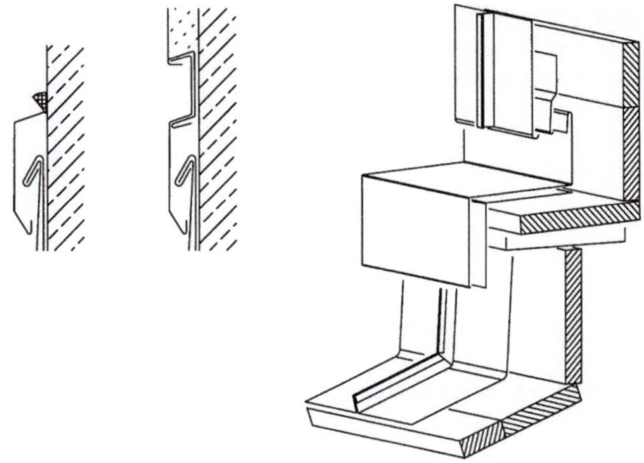

Abb. 5.89 First entlüftet an aufgehender Wand. (Quelle: Rheinzink, Datteln)

Kehle

Abb. 5.90 Durch bewusst eng gestaltetes Achsmaß der Kehlschare erzielter Effekt am Kehlauslauf. (Quelle: Rheinzink, Datteln)

Abb. 5.91 Kehle mit Einhangfalz. (Quelle: Rheinzink, Datteln)

Ortgang

Abb. 5.92 Einer von vielen möglichen Übergängen von Ortgang zu Traufe an einem Wohnhaus in Datteln. (Quelle: Rheinzink, Datteln)

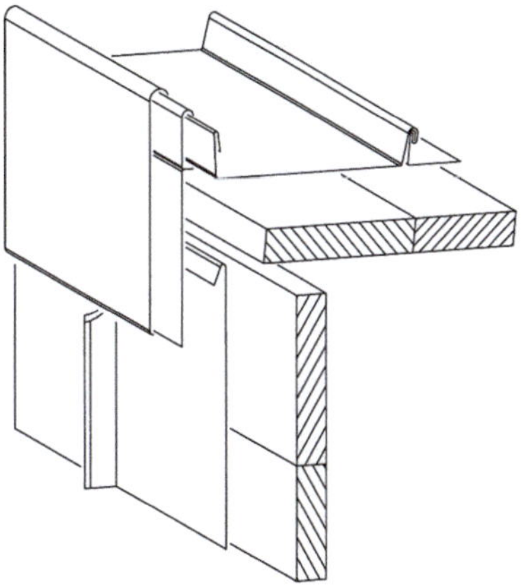

Abb. 5.93 Ortgangschar handwerklich aufgekantet, schlanke Ausführung. (Quelle: Rheinzink, Datteln)

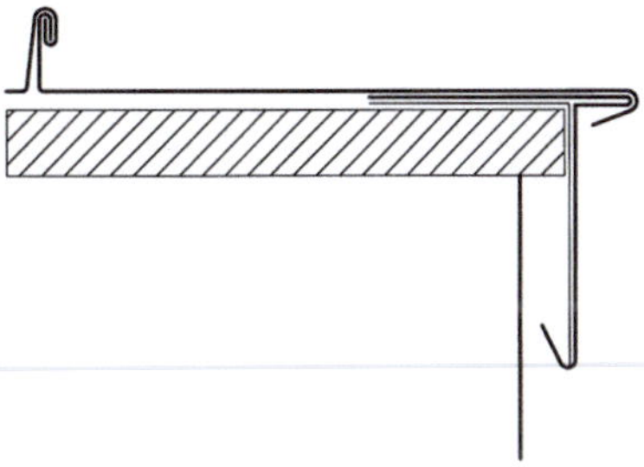

Abb. 5.94 Ortgang ohne Aufkantung (glatt). (Quelle: Rheinzink, Datteln)

Durchbrüche

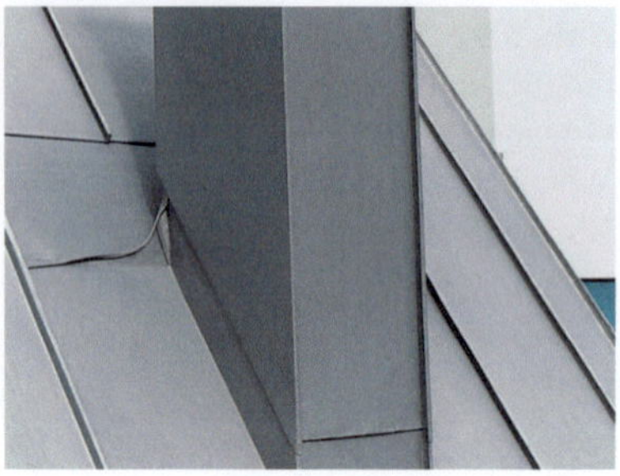

Abb. 5.95 Keilausbildung im Nacken eines Kamins. (Quelle: Rheinzink, Datteln)

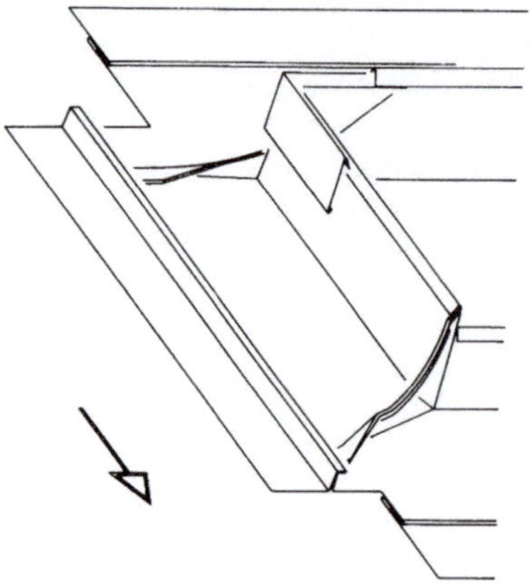

Abb. 5.96 Einbindung des Nackenbleches mithilfe einer innenliegenden Quetschfalte. Dadurch können Abdeckrahmen enger anliegen. (Quelle: Rheinzink, Datteln)

Abb. 5.97 Kombinierte Löt-Falz-Lösung für runde Dachdurchbrüche. Der Falz muss in der Achse des Durchbruchs liegen. (Quelle: Rheinzink, Datteln)

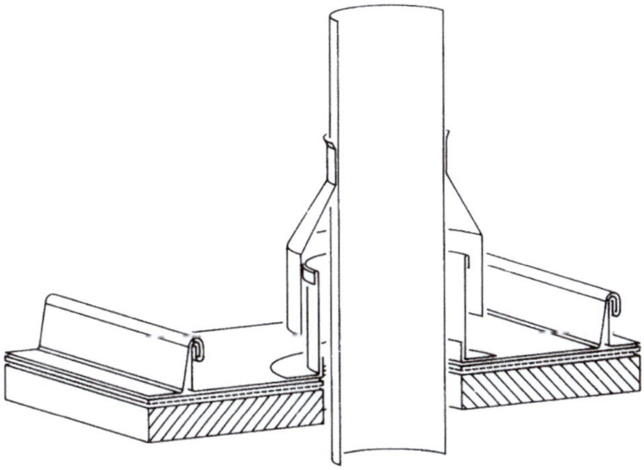

Abb. 5.98 Runder Dachdurchbruch, löttechnisch gelöst zur Dachdurchführung von Rundprofilen. Erforderlicher Abstand zum Falz ≥ 5 cm. (Quelle: Rheinzink, Datteln)

Industriell vorgefertigte Klemm-Falzprofile Selbsttragende Profilsysteme sind Systeme, die ohne vollflächig wirksame Unterkonstruktionen, z. B. auf Pfettenauflager verlegt werden können (Abb. 5.99). Die Pfettenauflager dürfen die gemäß der statischen Berechnung je nach Beanspruchung maximal zulässigen Abstände nicht überschreiten. Die Systeme sollten zum Nachweis ihrer Eignung die bauaufsichtliche Zulassung besitzen.

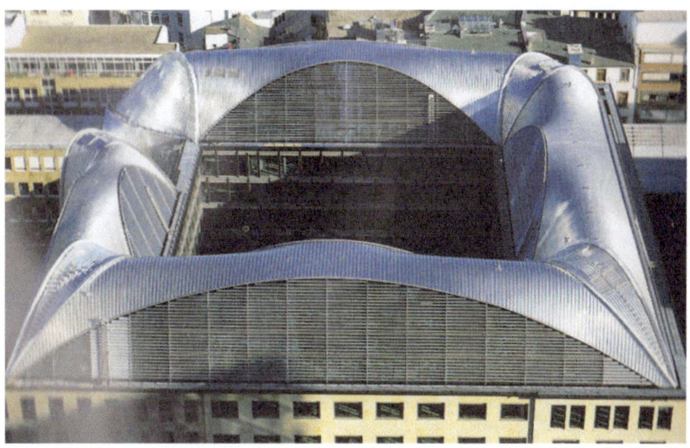

Abb. 5.99 Bürohaus mit industriell vorgefertigten Falzprofilen. (Quelle: CORUS Bausyteme, Koblenz)

5.3.5.3 Winkelstehfalze

Der Winkelstehfalz ist im Bereich der traditionellen Klempnertechnik eine vergleichsweise junge Entwicklung: Erst seit Beginn des 20. Jahrhunderts wird er durchgängig in der Fachliteratur erwähnt. Bei Dachneigungen über 25° stellt er den Regelfall dar. Das Schließen der Falze von vorprofilierten Scharen ist hier im Vergleich zum Doppelstehfalz besonders einfach, da allein durch das Einfalzen nur noch eines Schenkels bereits der fertige Winkelstehfalz entsteht (vgl. Abb. 5.100). So findet der Winkelstehfalz seine Anwendung vorzugsweise im gestalterisch sichtbaren Bereich stärker geneigter Metallbedachungen und z. B. bei Brüstungen, Attiken oder Mansardenschrägen; sei es in klassisch vertikaler, schräger oder horizontaler Anwendung. Optisch breiter wirkend als der Doppelstehfalz, erhalten auch großflächige Objekte mit dem Winkelstehfalz eine lebendig markante Struktur.

Auch beim Dach gelten im Wesentlichen die Aussagen für das Doppelstehfalzdach. Bei Dachlängen von über 10 m empfehlen wir allerdings ausdrücklich, überlange Schare zu vermeiden und auf eine einfache (durchgehende) Quernaht zurückzugreifen. Hier ist der Festhaltebereich wie bei Banddeckungen auszuführen.

Wegen des einfachen Falzschließvorgangs erzeugt die Herstellung der Winkelstehfalzverbindung kaum Spannungen und minimiert eine mögliche Beulenbildung der Ansichtsflächen.

Abb. 5.101 und 5.102 zeigen Beispiele von Dachdeckungen mit Winkelfalztechnik.

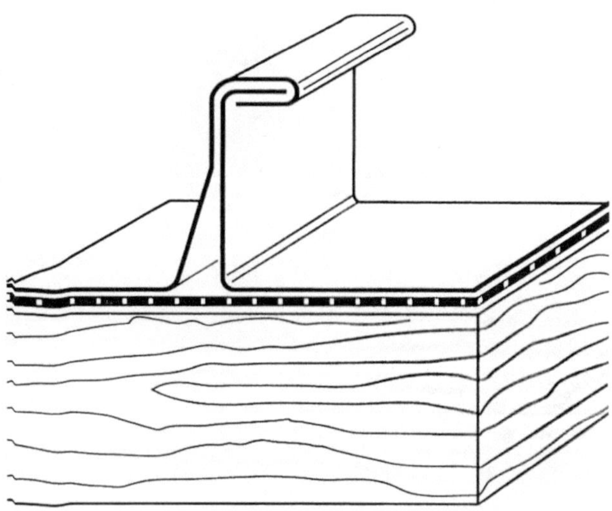

Abb. 5.100 Winkelstehfalze. (Quelle: CORUS Bausyteme, Koblenz)

Abb. 5.101 Wohnhausanlage am Leberberg Wien. (Quelle: Prefa, Wasungen)

Abb. 5.102 Südhütte Großglockner auf 2801 m. (Quelle: Prefa, Wasungen)

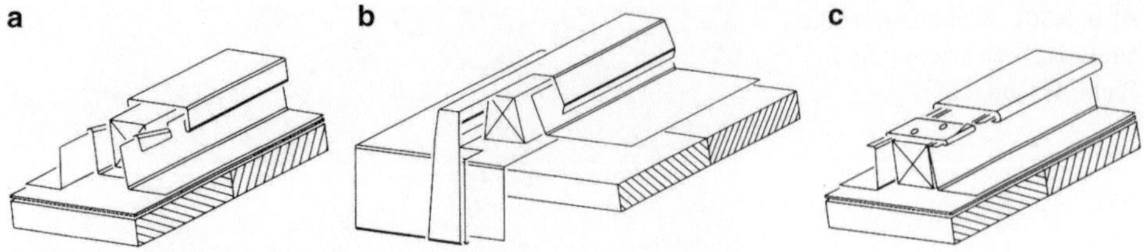

Abb. 5.103 Leistendeckungen. **a** Belgisches Leistensystem ohne seitlichen Wasserfalz und unter der Leiste befestigte Haften. **b** Französische Leistendeckung an der Traufe für Scharenlängen bis 8 m. **c** Deutsches Leistensystem; die Scharen haben einen Wasserfalz und die Hafte werden auf der Leiste befestigt. (Quelle: Prefa, Wasungen)

5.3.5.4 Leistenfalztechnik

Neben der Eindeckung mit Stehfalzen ist beim Zinkdach hauptsächlich das Leistendach üblich.

Die Deckbleche werden dabei zwischen trapezförmige Leisten, die von der Traufe zum First verlaufen, gelegt. Man unterscheidet drei Arten der Leistendeckung:

a) die belgische oder rheinische Leistendeckung,
b) die französische Leistendeckung und
c) die deutsche Leistendeckung.

Die Unterschiedlichkeit der Leistenform bei den 3 Eindeckungsarten geht aus Abb. 5.103 hervor.

Als Unterlage werden 2,5 cm starke, trockene Schalbretter verwendet bei 10–15 cm Breite und 0,5 cm Abstand. Die Größe der für das Leistendach verwendeten Zinktafeln beträgt in der Regel 1,0 × 2,0 m.

5.3.5.5 Rautentechnik

Rauten aus Zink haben eine lange Geschichte, die etwa um 1840 in Mitteleuropa begann und mit dem 2. Weltkrieg ein vorläufiges Ende fand. Insbesondere in den raueren Klimaten der Mittelgebirge erfreuten sich Rauten als Wetterbekleidungen großer Beliebtheit, im ländlichen Raum an allen vier Gebäudeseiten. Später trat die Nutzung der Rauten als Dachdeckungsmittel für steiler geneigte Dächer hinzu (Abb. 5.104).

Formen und Abmessungen unterlagen regionalem Geschmack, am häufigsten jedoch wurden Rauten verwendet, die einen Zuschnitt von 400 mm aufwiesen.

Heute werden Rauten nicht nur für Sanierungen im Denkmalschutzbereich verwendet. Auch in der modernen Architektur werden Rauten als Gestaltungsmittel eingesetzt. Kleinformatige Rauten werden oftmals für die Bekleidung von Dachgauben, Kaminköpfen und Dachrändern angewendet. In ihrer klassischen Verlegetechnik mit Falz-in-Falz-Einhängeverbindungen sind sie auf Langlebigkeit und „anstandsvolles“ Altern ausgelegt.

Die Quadrat- und Spitzrauten bilden die Gruppe der Kleinrauten. Im Gegensatz zu Platten oder Schindeln mit ähnlich optischer Anmutung, weisen sie an der Oberseite Vor- und

Abb. 5.104 Alu-Rauten an einem Wohnhaus in Berlin, Sitz der Berlinwasser Holding AG, Berlin. (Quelle: Prefa, Wasungen)

an ihrer Unterseite Rückkantungen in Form einfacher Falze auf. Sowohl handwerklich als auch industriell herstellbar, entstehen dank ihrer Kleinformatigkeit selbst bei geometrisch komplizierteren Baukörpern sichere und optisch überzeugende Lösungen. Nahezu alle Rundungen können problemlos nachvollzogen werden. Zu den klassischen Einsatzgebieten der Kleinrauten gehört daher auch die Bekleidung von Gauben, Kaminköpfen und Dachrändern (Abb. 5.105).

Eine Weiterentwicklung der Spitz- und Quadratrauten sind die Großrauten.

Mit einer ausgesprochen großen Sicht- bzw. Deckfläche finden sie ihre Hauptanwendung im großflächigen Fassadenbereich. Doch auch bei der Nutzung als alternative Deckung von Dächern erfreuen sich Großrauten zunehmender Beliebtheit. Neben den konstruktiven Vorteilen entfaltet sich auch hier ihre optische Präsenz besonders eindrucksvoll.

Unterkonstruktion

Als Unterkonstruktion eignen sich vor allem hinterlüftete Lattengerüste oder vollflächige Holzschalungen bzw. Sperrholzplatten. Ihre jeweilige Anwendbarkeit ist neigungsabhängig. So wird empfohlen, bei Dachneigungen unter 75° schon zur Verringerung von Regengeräuschen eine vollflächige Unterkonstruktion bereitzustellen. Dieselbe Empfehlung gilt auch für Fassadenbereiche, in denen mit spielenden Kindern oder sonstigen Einflüssen gerechnet werden muss, die eine Stoßbeanspruchung zur Folge haben. In allen anderen Fällen ist ein Lattengerüst ausreichend.

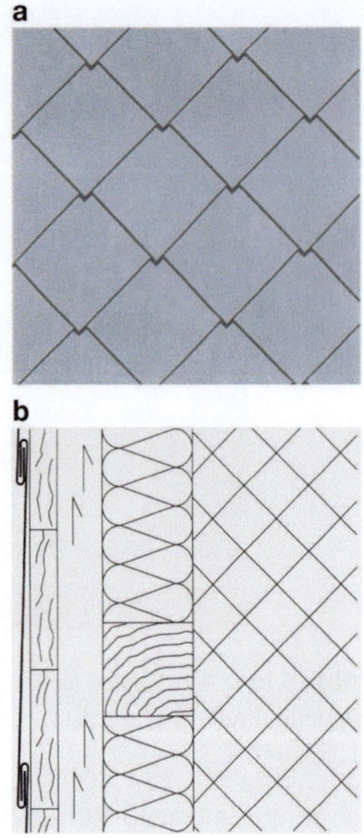

Abb. 5.105 Rauten. **a** Ansicht, **b** Schnitt. (Quelle: Prefa, Wasungen)

Ausbildung von Kleinrauten

Kleinrauten werden in die Rückkantung der unterhalb gelegenen Rauten eingehängt und an ihrer Oberseite mit je einem Haft pro Seite auf einem Lattengerüst oder einer vollflächigen Holzschalung fixiert (Abb. 5.106). Dabei hilft bei der Raute eine Aussparung in der Rückkantung, die richtige Lage der Hafte zu gewährleisten und sie so zu versenken,

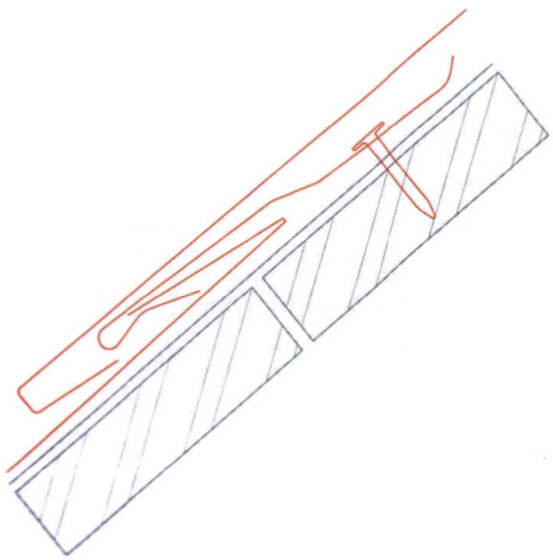

Abb. 5.106 Schnitt: indirekte Befestigung der Dachraute mit Patenthaft. (Quelle: Prefa, Wasungen)

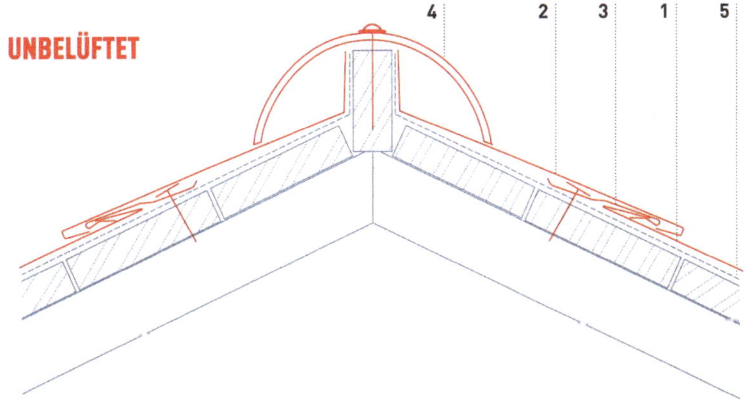

Abb. 5.107 Firstausbildung mit Grat-/Firstreiter, unbelüftet. *1* Dachrauten, *2* Endplatten für Dachrauten, *3* Patenthafte für Dachrauten, *4* Grat-/Firstreiter, *5* Unterdeckbahn. (Quelle: Prefa, Wasungen)

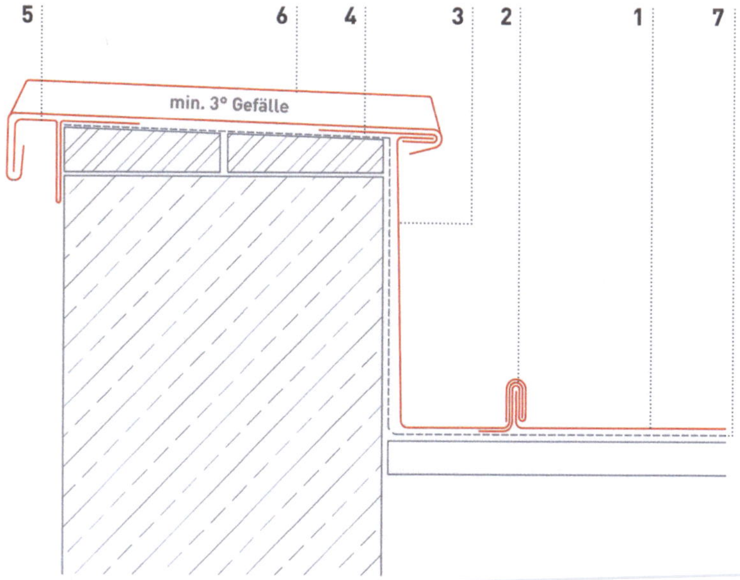

Abb. 5.108 Attikaabdeckung mit Anschluss an Dachraute. *1* Dachrauten, *2* Retourhaft, *3* Wandanschlussblech, *4* Saumstreifen, *5* Patentsaumstreifen, *6* Attikaabdeckung. (Quelle: Rheinzink, Datteln)

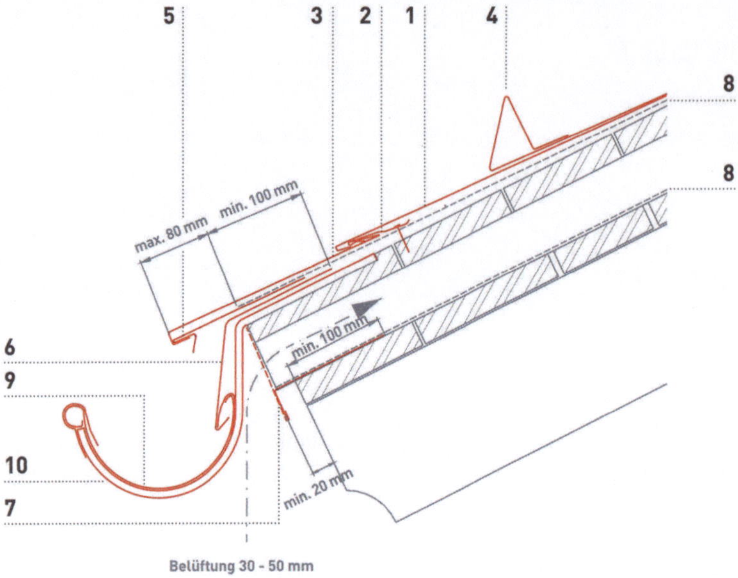

Abb. 5.109 Traufenausbildung mit Rinnenhaken halbrund. *1* Dachrauten, *2* Patenthafte für Dachrauten, *3* Startplatte für Dachrauten, *4* Schneestopper Typ PP, *5* Saumstreifen für Dachrauten, *6* Einlaufblech, *7* Lochblech, *8* Unterdeckbahn, *9* Dachrinne halbrund, *10* Dachrinnenhaken halbrund. (Quelle: Rheinzink, Datteln)

dass beim Einhängen der nächsten Raute keine seitlichen Verkantungen auftreten können, was eine lotrechte Verlegung erheblich erschweren würde. Großrauten werden mit den genannten Befestigungshaften oder alternativ mit Haftleisten in Abhängigkeit von der Windbelastung befestigt (Abb. 5.107–5.111).

Dachdurchbrüche

Sowohl für Dachflächenfenster als auch Kamine wird ein Kragen nach dem Doppelstehfalzsystem hergestellt (bzw. als vorgefestigter z. B. Eindeckrahmen bezogen), der seinerseits in die Dachhaut aus Rauten einzubinden ist (Abb. 5.112). Hierzu reichen neigungsbedingt liegende Einfachfalzverbindungen aus, wobei allerdings Nacken- und Seitenprofil die Dachhaut unterdecken, während das Brustprofil die Dachhaut überdeckt.

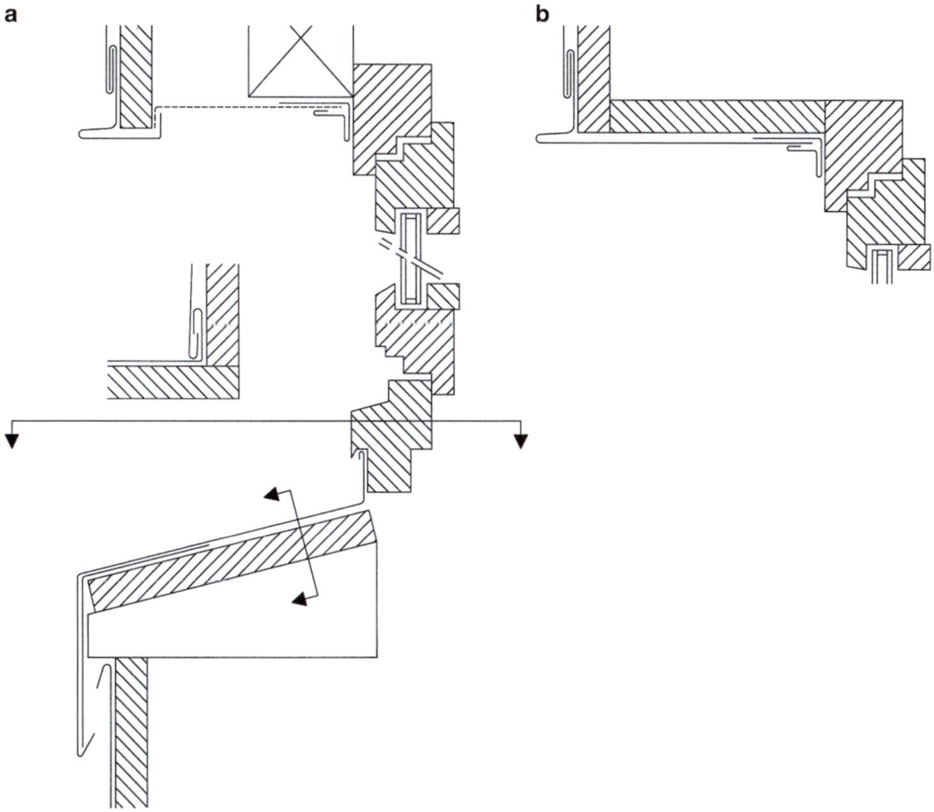

Abb. 5.110 Längs- (**a**) und Querschnitt (**b**) durch ein Fenster mit Rautenbekleidung. (Quelle: Rheinzink, Datteln)

Abb. 5.111 Detail Fensterbank an Leibung. (Quelle: Rheinzink, Datteln)

Abb. 5.112 Fachgerechte Einbindung eines Eindeckrahmens (für Kamin) in die Dachhaut aus Rauten. Auf die Trennlage wurde verzichtet. (Quelle: Rheinzink, Datteln)

5.3.6 Deckung mit historischem Material

5.3.6.1 Grundsätze

Metalldeckungen sind schon seit Jahrhunderten bekannt und kamen besonders auf Dächern mit hohen Neigungswinkeln oder vielen Rundungen in Betracht. Recht ausführlich beschrieb 1833 der Dresdner Baumeister Carl Ludwig Matthaey in seinem (vermutlich ersten) Lehrbuch *Der vollkommene Dachdecker*[4] Eindeckungen mit Metallen wie Kupfer, Blei, Zink und Eisenblech (Abb. 5.114). Auch heute noch wird nach alten Techniken gelötet, genietet, gebogen und gefalzt, wenngleich mit technologisch verbesserten Materialien.

Deckungen mit Metallen zählen wie alle Baukonstruktionselemente aus Feinblechen oder weichem Metallguss zu den Klempnerarbeiten. Für diese Ausführung von Metalldeckungen dienen als Werkstoff vornehmlich (Abb. 5.113): Zink, feuerverzinktes Eisen, Kupfer, Blei und neuerdings in zunehmendem Umfang auch Aluminium. Die zur Verwendung kommenden Feinbleche nach DIN EN 502 sind Stahlbleche unter 3 mm Dicke.

Es werden unterschieden:

a) harte Bleche mit der Nachbehandlung als verzinkte, verzinnte (Weißbleche) oder verbleite Stahlbleche, desgleichen Schwarzbleche, die keinerlei Nachbehandlung durch Beizen, Kaltwalzen, Verzinken usw. unterzogen sind,
b) mittelharte Bleche (Kupfer),
c) weiche Bleche (Zink-, Zinn-, Blei-, Aluminiumbleche).

Der Form nach sind zu unterscheiden:

a) glatte Bleche in Tafeln aus Zink, Eisen, Kupfer und in Rollen aus Blei,
b) gewellte, kannelierte und gerippte Bleche und Bänder aus Zink, Eisen, Aluminium,
c) Formbleche in Gestalt von Rauten, Platten, Schuppen aus Zink, verzinkten Eisenblechen und Aluminium.

[4] Matthaey 1833.

Abb. 5.113 Metalldach des Hotel Belvedere, Davos (Schweiz). Turmverkleidung: Winkelfalzdeckung, konvexe Dachflächen: Rautendeckung. (Quelle: Rheinzink, Datteln)

5.3.6.2 Deckung mit Kupfer

> Metallbedeckung und zwar Kupfer oder verzinntes Eisenblech ist freilich unter allen Bedeckungen die vorzüglichste; aber die augenblickliche Ausgabe ist groß, oft zu groß für den Hundertsten der Baulustigen und unerschwinglich für den Tausendsten der Baubedürftigen. Wäre dies nicht, so würde einem Jeden ohne Ausnahme zu raten sein, sein Haus mit Kupfer bedecken zu lassen, welches selbst nicht allemal auf eine holzverschwenderische Bretterschalung eingedeckt zu werden braucht und bei geraden Dachflächen nur auf etwas enger gelatteten und wenig breiten Latten geschehen kann (Auszug aus *Der vollkommene Dachdecker*, Matthaey).

Für Metalldächer ist Kupfer das geeignetste und das edelste der angewendeten Metalle. Kupferdeckung ist zugleich die älteste Metalleindeckung und als haltbarste und damit beste Dacheindeckung überhaupt anzusprechen.

Zur ornamentalen Behandlung der Ansichtsflächen besteht die Möglichkeit der Vergoldung einzelner Teile, die eine fein abgewogene Flächenwirkung ergeben (Lorenzkirche

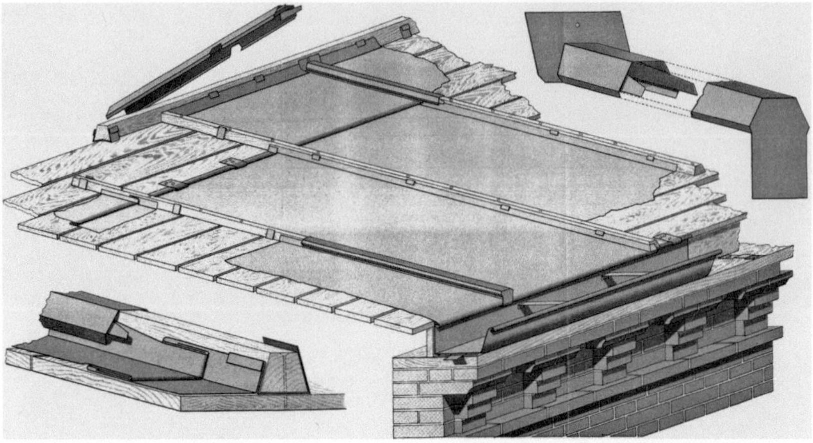

Abb. 5.114 Zinkblechbedachung nach dem französischem Leistensystem mit hoher Firstleiste um 1857. (Quelle: ILS, Hamburg)

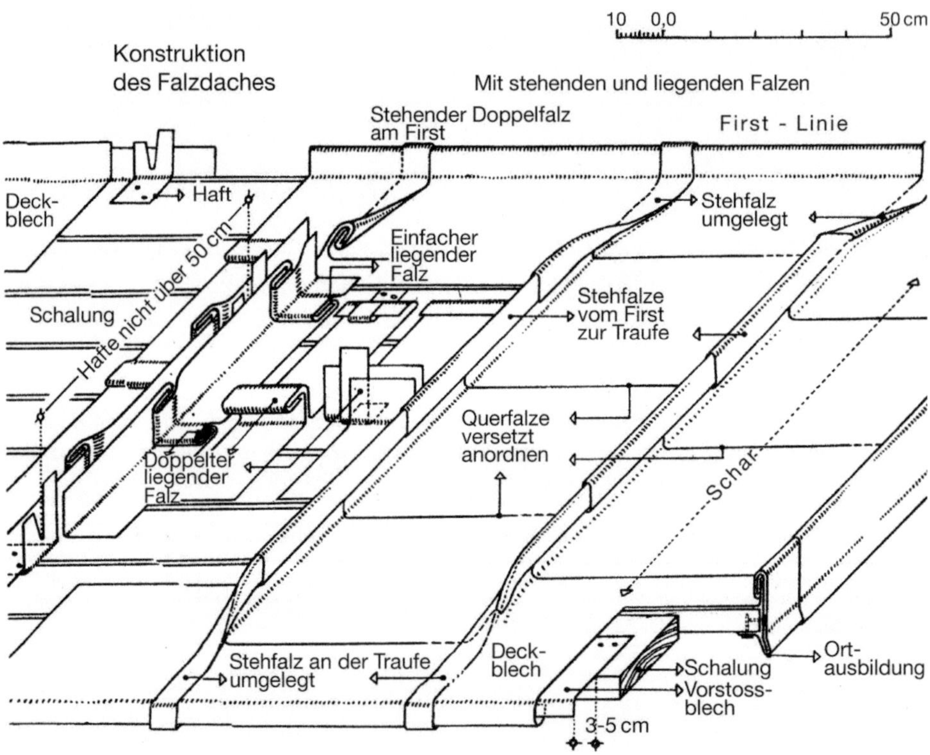

Abb. 5.115 Konstruktionen des Falzdachs. (Quelle: ILS, Hamburg)

Nürnberg). Auf der Oberfläche des Kupferblechs bildet sich bald ein festhaftender blaugrüner Überzug, die Patina, die dem Kupferdach einen ganz besonderen Reiz gibt und die zugleich die erhöhte Haltbarkeit bewirkt.

► **Warnung** Vor Versuchen, die Patinabildung zu beschleunigen, ist zu warnen!

Vor allem SF-Kupfer, das ist sauerstofffreies Kupfer, das durch Zugabe von Phosphor hergestellt wird, mit einem Reinheitsgrad von mindestens 99,9 m% findet in Form von Blechen und aufgerollten Bändern umfangreiche Anwendung bei Dachabdeckungen und Dachentwässerungen.

Die Dachabdeckungen werden

- aus gestalterischen Gesichtspunkten,
- zum Zwecke der Wetterdichtigkeit,
- um die Wärmedehnung auszugleichen

mit Falzverbindungen versehen (Abb. 5.115).

Korrosionsschutzbeschichtungen haben für Kupferwerkstoffe keine wesentliche Bedeutung. Gelegentlich angewandt wird jedoch die farblose Lackierung, um den typischen Metallfarbton zu bewahren und vor Anlaufen und Fingerabdrücken zu schützen.

Die gebräuchlichste Größe der kupfernen Deckungsbleche wird mit Rücksicht auf die handelsüblichen 1,0 × 2,0 m großen Tafeln mit 1,00 × 0,66 m angenommen.

Eine Verwendung von 1,0 × 0,5 m Tafelgröße erfolgt maßstabsmäßig im Sinne guter Baugestaltung für kleinere Bedachungsflächen. Für Flachdächer mit großen Abmessungen ist die Tafelgröße von 1,0 × 2,0 m vorzuziehen. Die Dicke des Kupferblechs beträgt für glatte Deckungen in größeren Flächen 0,78 mm (entspricht 7 kg/m^2); für 10 m^2 Dachfläche werden etwa 11 m^2 Blech gerechnet.

Dünne Bleche Eine besondere, nur noch selten angewendete Methode ist die Verlegung von dünnen Kupferblechen, die handelsüblich auch als Kupferbronzeblech bezeichnet werden.

Das Blech wird in 0,50 m breiten Bändern von 25–30 m Länge und in Dicken von 0,4, 0,3, 0,2 und 0,1 mm hergestellt. Sogenanntes Tecutablech ist also dünner als das frühere Kupferblech. Während 0,2, 0,3 und 0,4 mm starke Bleche mit Falzen an die Nachbarbleche angeschlossen werden, wird dieses Blech nicht gefalzt, sondern geklebt (Abb. 5.116).

Die Stöße der Bahnen werden entweder mit einem 12 cm breiten Band überklebt oder mit einer besonderen Kupferdeckleiste gesichert (Abb. 5.117).

Deckung mit Kupferprofilbahnen Profilbahnen sind vorgefertigte profiloptimierte Kupferscharen, die in objektbezogenen Längen geliefert werden. Sie sind durch die Profilierung und Ausnutzung der guten Festigkeitseigenschaften von Kupfer selbsttragend und unterscheiden sich in wesentlichen Punkten von der traditionellen Falzdeckung. Die

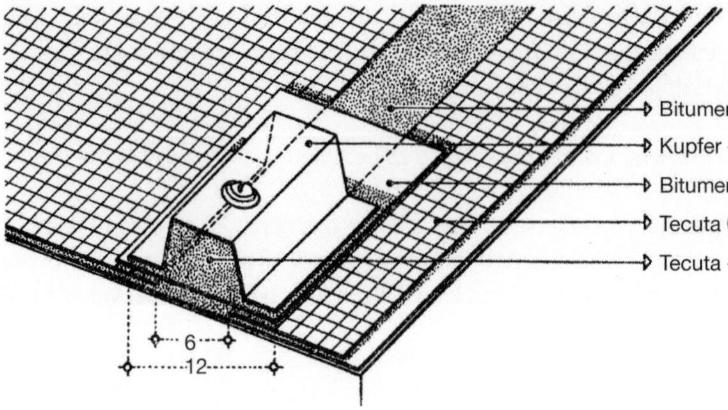

Abb. 5.116 Bleche geklebt. *1* Klebemasse, *2* Pappe, *3* Pappstreifen, *4* Deckstreifen, *5* Kupferblech. (Quelle: ILS, Hamburg)

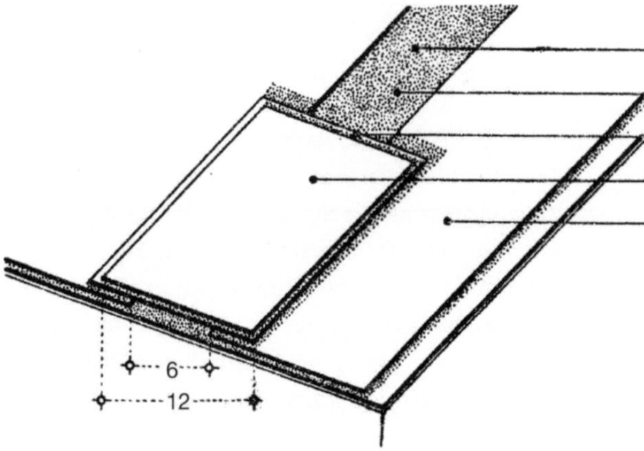

Abb. 5.117 Bahn mit Kupferdeckleiste. *1* Pappe, *2* Kupferdeckleiste, *3* Pappstreifen, *4* Kupferblech, *5* Klebemasse. (Quelle: ILS, Hamburg)

besonderen technischen Eigenschaften können bei vorgegebenen sehr geringen Dachneigungen eine Kupferabdeckung überhaupt erst ermöglichen, wie z. B. Sanierungen im Flachdachbereich (Abb. 5.118).

Vorteile

- Rasch verlegt: Profilbahnen werden auf spezielle Haltebügel aufgeklemmt. Falzmaschinen werden für die Verlegung von Profilbahnen nicht benötigt.
- Sicher: statischer Nachweis über sichere Aufnahme von Windsog- und Schneelasten durch Profilbahnen.

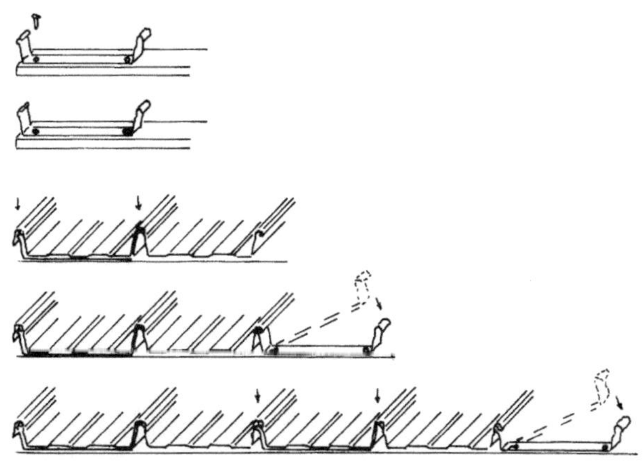

Abb. 5.118 Arbeitsfolge beim Verlegen von Profilbahnen. *1* Befestigen der Haltebügel (Breite: 230 mm, Materialdicke: 1,3 mm) mit Schrauben aus nichtrostendem Stahl 6,5 × 38, *2* Aufklemmen der ersten Profilbahn (Breite 465 mm, Materialdicke: 0,6 mm, Höhe der Stege: 47 mm, Bahnenlänge nach Wunsch), *3* Einhängen und Befestigen der Haltebügel, *4* Aufklemmen der zweiten Profilbahn. (Quelle: ILS, Hamburg)

- Wartungsfrei: Kupfer ist wartungsfrei. Gerüstkosten für Anstricherneuerung und Reinigung fallen bei Kupferprofilbahnen nicht an.
- Sanierungsfreundlich: Profilbahnen sind besonders für die Sanierung von Flachdächern, geneigten Dächern mit Ziegeln oder Wellplatten sowie von schadhaften Fassaden geeignet. Vorteilhaft ist dabei die Möglichkeit, eine einschalige unbelüftete Konstruktion auszuführen.
- Wetterfest: Profilbahnen werden indirekt befestigt. Es entstehen keine Bohrlöcher in der Dachhaut. Dadurch ist eine dauerhafte Dichtigkeit gewährleistet.
- Wirtschaftlich: Profilbahnen sind die kostengünstige Alternative im Dachdeckungs- und Außenwandbekleidungssektor, denn Profilbahnen reduzieren Verlegekosten und benötigen wegen der selbsttragenden Eigenschaften keine Schalung. Der Werkstoff Kupfer hat eine extrem hohe Lebensdauer. Die Wirtschaftlichkeit der Profilbahnen wird dadurch weiter erhöht.

Im Prinzip gelten für Kupferprofilbahnen die gleichen bauphysikalischen Voraussetzungen und Bemessungsgrößen wie bei Falzdeckungen (Abb. 5.119).

Kupferprofilbahnen werden in objektbezogenen Längen nach Aufmaß über den Baustoffhandel geliefert. Der Lieferumfang umfasst die Profilbahn und das Befestigungszubehör.

Aufgrund der nicht erforderlichen flächigen Unterschalung werden Profilbahnen meist auf einer Lattung verlegt, sodass die Unterseiten der Bahnen ohne Pufferung durch die Schalung sind (Abb. 5.120). Die Temperatur der Kupferhaut wird dadurch direkt auf die Unterseite geleitet. Bei hinterlüfteter Ausführung kann sich Sekundärtauwasser bilden. Deshalb wird die Anordnung einer Unterspannbahn oberhalb des Hinterlüftungsraums

Abb. 5.119 Flachdachansicht einer Dachsanierung mit Kupferprofilbahnen. (Quelle: ILS, Hamburg)

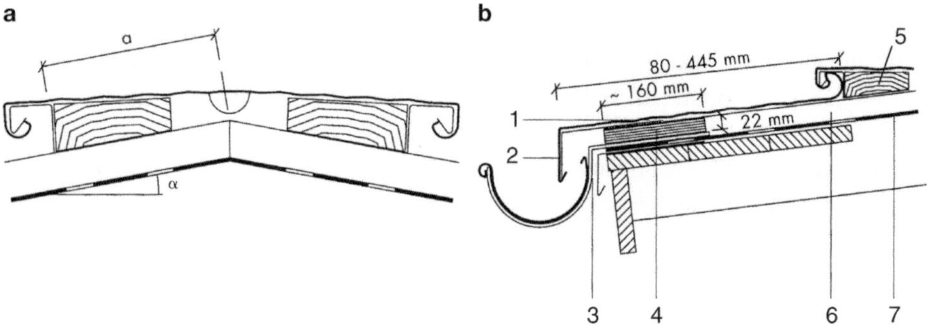

Abb. 5.120 Detailausbildung. **a** Satteldachfirst, **b** Traufdetail. (Quelle: ILS, Hamburg)

mit Anschluss in die Dachentwässerung zur Ableitung von evtl. auftretendem Sekundärtauwasser empfohlen.

Die einschalige, nicht belüftete Konstruktion hat sich bei Deckung mit Kupferprofilbahnen seit Langem durchgesetzt. Es ergeben sich durchaus wirtschaftliche Vorteile durch den Wegfall des konstruktiven Aufwandes für die Hinterlüftung und die Be- und Entlüftungen.

5.3.6.3 Deckung mit Blei

> Die Bleibedeckung ist sowohl in Hinsicht ihrer Dauer als ihrer Schwere unstreitig die letzte unter allen Metalleindeckungen. Nicht nur dass es mit der Zeit durch die Wirkungen der Luft usw. leidet, wird es auch, wie gesagt, von Holzwürmern und anderen Insekten durchbohrt; sogar von Ratten durchfressen. Wie schrecklich nachteilig es aber bei Feuerbrunsten wird, werden wir bei ihrem Vorkommen hören. Dennoch muss des Blei Anwendung in Ermangelung anderen oder viel teureren besseren Materials bei flachen Dächern sehr oft dessen Stelle vertreten und gehört unter dieser Voraussetzung immer noch unter die notwendig anzuwendenden Zweck der dichten Dachbedeckung erfüllenden Materialien. Die Deckung selbst erfolgt nach Figur 11 (Abb. 5.121) mit Überfälzung und ohne Lötung (Auszug aus *Der vollkommene Dachdecker*, Matthaey)

Für die Dome in Aachen und Köln sind Bleidächer bereits bei den karolingischen Bauten des 9. Jahrhunderts überliefert. Der Einsatz von Blei zur Dachdeckung hat am Kölner Dom eine lange Geschichte. Die Schuttreste, die vom Brand des ersten Doms um 850 erhalten sind belegen, dass dieser schon ein Bleidach gehabt haben muss. Der nachfolgende Bau hatte ebenso ein Bleidach bekommen. Ganze 300 Jahre hielt dieses Dach stand und wurde erst 1165 ersetzt. Das Nachfolgedach ist ebenfalls einer Brandkatastrophe im Jahre 1248 zum Opfer gefallen.

In gotischer Zeit hat das Dach des Kölner Domchores vermutlich besonders prächtig ausgesehen. Das 15 m hohe Dach – der damit insgesamt 61,5 m hohen Kirche – trug einen Maßwerkkamm aus vergoldetem Blei. Die Bleiplatten waren zusätzlich – wie damals auch bei vielen anderen Kirchen üblich – mit vergoldeten Mustern versehen.

Der hohe Materialpreis ist auch der wichtigste Grund, warum so wenige Bleidächer erhalten sind (Abb. 5.122). So wurden in England im Jahr 2007 zahlreiche Diebstahlsmeldungen bei den Versicherungen eingereicht, als die Bleipreise von etwa US$ 500 pro Tonne im Jahr 2002 auf US$ 3000 im Jahr 2007 angestiegen waren. Die hohen Kosten einer Bleideckung werden aber durch die lange Haltbarkeit ausgeglichen. Sie beruht auf der raschen Bildung einer silbergrauen Korrosionsschicht, die wasserundurchlässig ist und das Blei vor weiterer Sauerstoffzufuhr schützt. So können Bleidächer durchaus mehrere

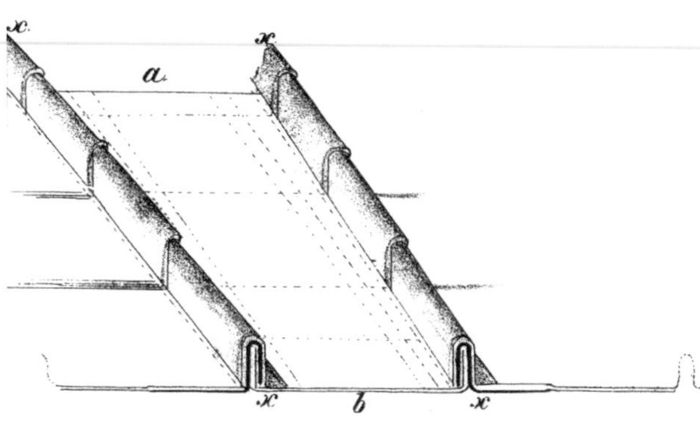

Abb. 5.121 Bleidach mit Falz um 1830. (Picture-Alliance, Nürnberg)

Abb. 5.122 Mit Bleiplatten gedeckt: der Turm der Basilica di Sant'Antonio in Padua (Italien). (Quelle: Gütegemeinschaft Bleihalbzeuge, Krefeld)

Jahrhunderte halten, z. B. beim 1569 erbauten Turmhelm der evangelischen Pfarrkirche St. Nicolai in Lemgo, der erst jüngst erneuert werden musste.

Nachteil der Bleidächer sind das Gewicht der durch Stehfalze miteinander verbundenen Platten und die hohe Wärmeleitung. Diese wurde z. B. den Gefangenen in den Bleikammern genannten Zellen unter dem Blechdach des Dogenpalastes von Venedig zum Verhängnis. Andererseits sind Bleche aus Blei sehr geschmeidig und lassen sich durch Falzen und Löten auch bei komplizierten Formen wie den Laternen auf den Kuppeln von San Marco in Venedig sehr gut abdichten sowie relativ einfach reparieren.

Durch die gute Formbarkeit eignet sich Blei für komplizierte Dachanschlüsse und Dachformen, die sich mit harten Metallwerkstoffen wie Aluminium, Kupfer oder Zink nur sehr aufwendig realisieren lassen. Hierzu zählen z. B. Übergänge von Bauteilen an Ziegeldächern und aufgehenden Wänden, Dachdurchdringungen und rund geformte Dächer mit engen und unterschiedlichen Radien. Auch für die dauerhafte Abdichtung von Balkonen und Terrassen sowie zum Feuchteschutz bei drückendem Wasser ist Walzblei ein geeigneter Werkstoff.

Verwahrungen Zu den gängigen mit Blei ausgeführten Verwahrungen zählen Anschlüsse an Gauben, Kaminen, Dachflächenfenstern und allen anderen aufgehenden Bauteilen. Die traufe- oder firstseitigen Anschlüsse erfolgen entweder zweiteilig mit Nocken, einteilig mit Stufen oder zweiteilig in Einzelstufen wie Abb. 5.123 und 5.124 zeigen.

Abb. 5.123 Anschluss einteilig mit Stufen. (Quelle: Gütegemeinschaft Bleihalbzeuge, Krefeld)

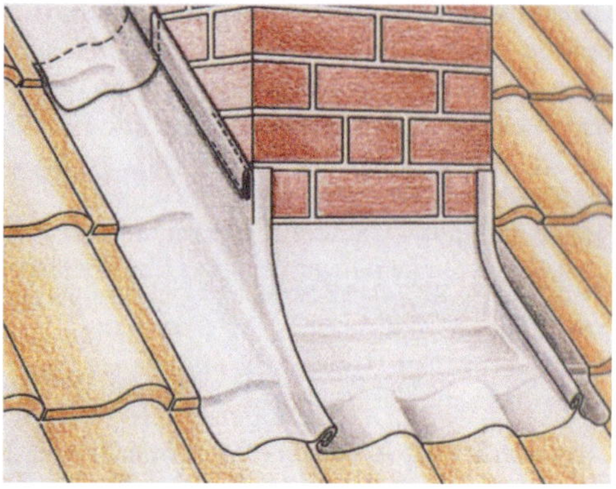

Abb. 5.124 Gefalztes Brustblech. (Quelle: Gütegemeinschaft Bleihalbzeuge, Krefeld)

Hinweise für die Verarbeitung Bei der Verarbeitung von Blei sind werkstoffspezifische Verarbeitungsregeln zu beachten. Dabei müssen temperaturbedingte Längendehnung, Verformung durch Windsogkräfte und der Zusammenbau bei der Montage berücksichtigt werden.

Schweißverbindungen Geschweißt werden Nahtverbindungen, wenn beispielsweise Dichtheit gegen drückendes Wasser gefordert wird. Auch komplizierte Details, an denen durch Treibarbeiten eine starke Ausdünnung des Bleiblechs entstehen kann, werden vorzugsweise geschweißt (Abb. 5.125).

Schweißverbindungen werden bei dem Werkstoff Blei im Schmelzschweißverfahren hergestellt, bei dem Flussmittel oder andere Metalle nicht benötigt werden. Ist für eine Schweißnaht Zusatzwerkstoff erforderlich, werden einfach schmale Streifen aus Bleiresten zugeschnitten, die dann dem Schweißvorgang zugeführt werden können. Die zu schweißenden Kanten müssen metallisch blank sein. Die Naht wird mit einem Brenner mit der Größe 00, 0, 1 oder 2 durchgeschweißt. Für eine saubere Schweißnaht ist ein Wasserstoff-Sauerstoff-Gasgemisch zu bevorzugen. Aber auch Acetylen-Sauerstoff- oder Propan-Sauerstoff-Flammen sind zum Schweißen von Blei geeignet.

Treiben Die fachgerechte Bearbeitung von Bleiblechen erfolgt in der Regel durch Treibtechnik (Abb. 5.126). Hierzu benötigt man handwerkliches Geschick im Umgang mit Blei, Kenntnisse der einzelnen Dachdetails und die speziellen Bleiwerkzeuge. So verwendet man für die Formarbeiten unterschiedlich geformte Klopfhölzer, Setzhölzer und Treibhämmer. Die Werkzeuge haben keine scharfen Kanten, damit Beschädigungen an dem weichen Werkstoff vermieden werden. Für Zuschnitte werden handelsübliche Blechscheren verwendet.

Wenn auch Fassaden mit Metallbekleidungen in früheren Jahrhunderten nicht üblich waren, so zeugen doch uralte Bedachungen in Blei von der ungewöhnlichen Haltbarkeit dieses Metalls.

Einige berühmte Bauwerke seien hier als Beispiel genannt:

- der Petersdom in Rom, Vatikan,
- der Markusdom in Venedig,
- die Hagia Sophia in Istanbul,
- die St. Paul's Cathedral in London,
- der Louvre in Paris,

Abb. 5.125 Schweißverbindung. (Quelle: Gütegemeinschaft Bleihalbzeuge, Krefeld)

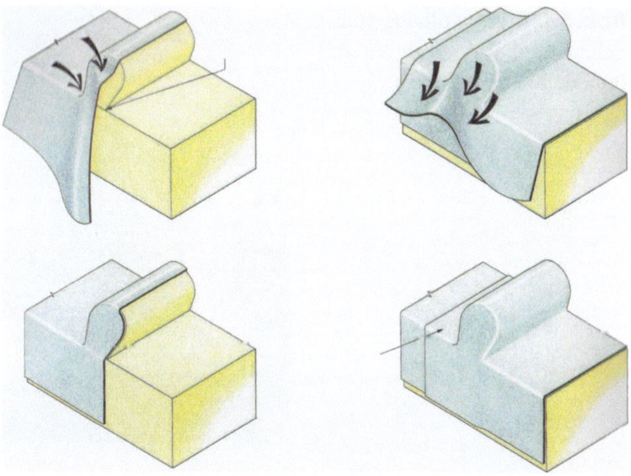

Abb. 5.126 Treibarbeit. (Quelle: ILS, Hamburg)

- das Schloss in Versailles,
- der Dom in Köln.

Blei hat eine sehr große Korrosionsbeständigkeit gegen viele in der heutigen Atmosphäre vorkommende Medien. Es ist UV-beständig, verrottungsfest, bruchsicher und wiederverwendbar (recycelbar). Blei kann mit Holz- oder auch mit Kunststoffwerkzeugen getrieben werden, man kann es auch löten und schweißen, falzen und falten.

Bei Eindeckungen von Dächern und Türmen muss der sehr hohen Wärmedehnung des Bleis konstruktiv begegnet werden. Diese ist mit $29 \cdot 10^{-6}\,K^{-1}$ etwa dreimal größer als jene von Beton. Diese Dehnung muss kompensiert werden, da andernfalls Blechfalten entstehen, die bei zyklischer Beanspruchung zum Versagen durch Ermüdungsbruch neigen. Im Bereich der Faltung wird die das Blei schützende Karbonatschicht zerstört, wodurch Korrosionsprozesse intensiviert werden. In diesem Zusammenhang ist von Bedeutung, dass für den Hochbau mit geringen Mengen Kupfer ($<0{,}1$ m%) legiertes Blei eingesetzt wird (Abb. 5.127). Diese Legierung weist ein gutes Ermüdungsverhalten auf. Sie verfügt auch über ein feines Korn und über eine gute Beständigkeit gegen Grobkornbildung. Nicht gefeintes grobkörniges Blei (Hüttenblei) neigt schon bei geringer Dehnung zu verformungslosen (spröden) interkristallinen Brüchen.

Infolge seines großen spezifischen Gewichts und seiner Weichheit kann es für schwach konstruierte Dächer keine Verwendung finden. Die Verlegung erfolgt auf dichter Unterlage von Stein oder Schalung.

Direktes Verlegen auf Kalk-, Zement- und Gipsmörtel verträgt das Blei nicht; es bilden sich, wenn nicht gut mit Dachpappe oder Asphalt gesperrt wird, Bleiverbindungen, die eine rasche Zersetzung des Materials herbeiführen.

Das Bleiblech erhält an der Luft ebenso wie das Kupfer eine schützende Oxidschicht, deren Patina vom tiefen Grau bis ins Schwarz übergeht.

Abb. 5.127 Aufwölbung von Scharen durch Windsoglasten. (Quelle: ILS, Hamburg)

Das Bleiblech ist wegen seiner großen Schmiegsamkeit vor allem ein vorzüglicher Deckstoff an Stellen, die einer besonders sorgfältigen Dichtung bedürfen.

Walzblei findet Verwendung in den Dicken 1,0–2,5 mm und wird in Rollen von 10 m Länge und 1 m Breite geliefert. Die Verbindungen können durch Stehfalze mit dazwischen liegenden verbleiten Stützstreifen oder durch Wulst erfolgen.

Das Bleiblech ist nur für flache Dachneigungen verwendbar. Zur Falzdeckung sind für 1 m^2 Deckfläche 1,3 m^2 Bleiblech erforderlich.

5.3.6.4 Deckung mit Zink

Zink zählt schon seit Jahrhunderten zu den traditionellen Metallwerkstoffen für Dachdeckungen. So schreibt der Gewerbelehrer Matthaey schon 1835 in dem wahrscheinlich ersten Lehrbuch für Dachdecker:

> Die Bedeckung der Dächer mit Zink schien in ihrer ersten Periode alle anderen Bedeckungsmaterialien verdrängen zu wollen und fand so vielen Erfolg und Liebhaberei, dass man lieber alle Dächer von ihrer bisherigen Bedeckung entblößt und sie mit Zink bedeckt hätte. Aber die neue Bedeckung entsprach den großen Hoffnungen ihrer Bewerber nicht, es ging ihr wie allem Neuen, aber zu vorschnell Beschützten und Begünstigten, sie wurden verstoßen, man riss sie zum Teil wieder herunter und griff zur alten oder nun teureren Kupfer oder Blechdeckung, wo man nicht anders konnte. Doch mit Unrecht! (Auszug aus *Der vollkommene Dachdecker*, Matthaey).

Grund für die häufige Verwendung ist auch die Korrosionsbeständigkeit. Bei der Freibewitterung entsteht eine natürliche wasserunlösliche Schutzschicht (Patina) aus basischem Zinkkarbonat. Durch die Zulegierung von Titan konnten die Werkstoffeigenschaften noch optimiert werden. Dazu zählen eine verbesserte Dauerstandfestigkeit, die sehr gute Verarbeitbarkeit unabhängig von der Walzrichtung und eine verringerte Kaltsprödigkeit. Des Weiteren eine erhöhte Rekristallisationsgrenze (Grobkorngrenze) auf 300 °C, was sich positiv auf die Lötbarkeit auswirkt.

Merkmale von Titanzink

- geringe Wärmedehnung (0,02 mm/(m · K))
- gleichmäßiger Gefügeaufbau
- verringerte Kaltsprödigkeit
- erhöhte Dauerstandfestigkeit
- gute Verarbeitbarkeit unabhängig von der Walzrichtung
- erhöhte Rekristallisationsgrenze; Grobkornbildung erst über 300 °C, sehr wichtig bei Lötarbeiten
- nicht magnetisch
- nicht brennbar

Physikalische Eigenschaften von Titanzink

- Dichte: 7,2 kg/dm^3
- Schmelzpunkt: 418 °C
- Ausdehnungskoeffizient L_t bei 100 K Temperaturänderung: 2,2 mm/m

Die wesentlichen Anwendungsbereiche sind:

- Dachrinnen, Regenfallrohre und Zubehör in der Dachentwässerung,
- Dachrandprofile, Einfassungen, Abdeckungen und Anschlüsse in der Verwahrung,
- Dacheindeckungen im geneigten Bereich ab etwa 3°.

Zinkarbeiten am Bau sollen nur bei trockenem, nicht kaltem Wetter ausgeführt werden, da sich Zinkbleche bei kühler Witterung schwer biegen und falzen lassen und namentlich an scharfen Umkantungen leicht brechen; hierbei ist noch zu beachten, dass alle Biegungen quer zur Walzrichtung ausgeführt werden.

Zur Dachdeckung werden vielfach Zinkbänder verlegt, die in Rollen geliefert werden; durch den Zuschnitt von der Rolle wird an Werkstoff wesentlich gespart, da die Querverbindungen bei längeren Konstruktionsteilen vermieden werden.

Neben der Eindeckung mit Stehfalzen ist beim Zinkdach hauptsächlich das Leistendach üblich.

Beim Leistendach sind die einzelnen Bahnen aus Zinkblech im Bereich der Leisten durch imprägnierte Holzleisten getrennt, die mit einem gesonderten Blechstreifen überdeckt werden (Abb. 5.128). Die einzelnen Bahnen haben so die Möglichkeit Wärmedehnungen auszugleichen.

Bei der Farbgebung sind, wie bei den metallischen Überzügen, organische Beschichtungen möglich. Die gleichzeitige Verwendung einer Verzinkung (z. B. Feuerverzinkung) zusammen mit einer organischen Beschichtung hat den Vorteil, dass die Schutzdauer

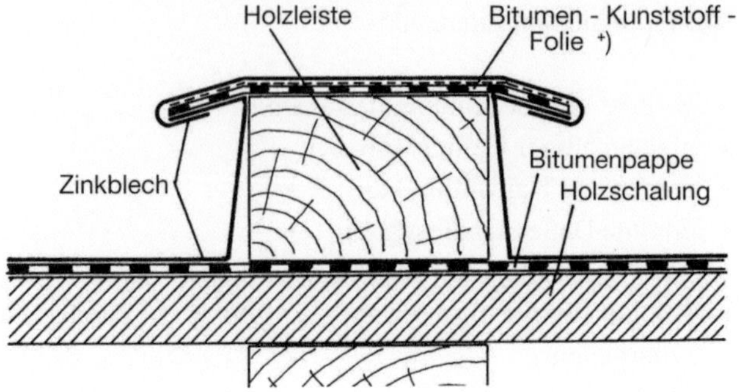

Abb. 5.128 Schnitt durch ein Leistendach mit Titanzinkeindeckung. (Quelle: ILS, Hamburg)

des Gesamtsystems etwa 1,2–2,5 mal länger ist als die Summe der Standzeiten der beiden Einzelschichten. Dieser sog. synergetische Effekt wird wie folgt begründet: a) Die Beschichtung schützt die Zinkoberfläche vor Angriff durch Verunreinigungen der Atmosphäre und behindert Metallabtrag. b) Der Zinküberzug schließt eine Unterrostung der Beschichtung auch dann aus, wenn diese örtlich verletzt ist. Zinkkorrosionsprodukte unterhalb einer Beschichtung sind im Hinblick auf eine Enthaftung der Beschichtung im Regelfall weniger kritisch als Rost.

5.3.6.5 Deckung mit Aluminium

Rostflecken auf Einfassungen, Rinnen und Ablaufrohren – was bei älteren Häusern oft zu sehen ist – müssen nicht sein. Heute nicht, morgen nicht und auch in 100 Jahren nicht. Das beweisen das Dach der Kirche San Gioacchino in Rom (1897), die Eros-Statue am Londoner Picadilly Circus und die Spitze des 170 m hohen Washington Memorials, die allesamt vor über 100 Jahren aus Aluminium gefertigt wurden und bis heute keine Anzeichen von Rost erkennen lassen (Abb. 5.129). Denn Aluminium bildet im Lauf der Jahre eine Schutzhaut, die sich, sollte sie verletzt werden, immer wieder von selbst schließt. Dadurch ist es absolut wetterbeständig und garantiert rostsicher. Bereits im letzten Jahrzehnt des 19. Jahrhunderts ist Reinaluminium mit Erfolg verlegt worden und hat sich bis heute gut erhalten, obgleich dieser Werkstoff damals noch nicht in gleicher Reinheit wie heute zur Verfügung stand.

Für den Einsatz von Aluminium an Dach und Wand sprechen die leichte Verarbeitbarkeit, das geringe Gewicht, eine günstige mechanische Festigkeit, chemische Beständigkeit und Langlebigkeit. Weitere positive Eigenschaften sind hohes Reflexionsvermögen von Wärme und Licht sowie Unbrennbarkeit und Funkenfreiheit.

In der Zwischenzeit wurden zahlreiche Sakral- und Profanbauten sowie umfangreiche Industrieanlagen mit diesem schönen Deckstoff belegt und saniert (Abb. 5.130). Für eine Sanierung mit einem Aluminiumdach sprechen auch folgende Überlegungen:

> Altes Haus, neues Dach – was so einfach klingt, kann bei der Eindeckung mit herkömmlichen Dachziegeln durchaus aufwändig und teuer werden. Nur allzu oft muss der alte Dachstuhl aus Gründen der Statik mit teuren Unterkonstruktionen und Verstärkungen auf die tonnenschwere Last moderner Dachziegel vorbereitet werden. Mit dem um ein Vielfaches leichteren

a b c

Abb. 5.129 Historische Alu-Konstruktionen. **a** San Gioacchino in Rom (1897), **b** Eros-Statue am Londoner Picadilly Circus, **c** Washington Memorial. (Quelle: Prefa, Wasungen)

a b

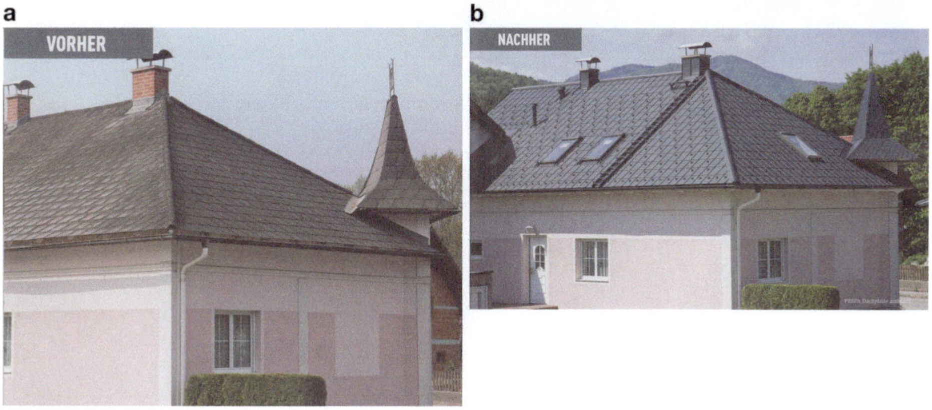

Abb. 5.130 Dachgestaltung – *vorher* einfache Schindeln, *nachher* Aluminiumdeckung. (Quelle: Prefa, Wasungen)

Aluminiumdach sind zusätzliche Verstärkungen so gut wie nie notwendig. So kann das neue Aluminiumdach schnell und unkompliziert auf den alten Dachstuhl montiert werden.

Ein weiterer Vorteil des Alu-Dachs besteht in der kompletten Gestaltung von weiteren Konstruktionen wie Abb. 5.131 zeigt.

In der Dachsanierung mit Aluminium haben sich in der Praxis zwei Oberflächenarten bewährt:

1. Natürliche Oberfläche
   Durch den Sauerstoff der Luft bildet sich auf der zunächst walzblanken Aluminiumoberfläche eine natürliche graue Schutzschicht (Abb. 5.132). Diese verstärkt sich im Laufe der Zeit, wodurch ihre Schutzwirkung noch erhöht wird.
2. Walzgeprägte (dessinierte) Oberfläche

Abb. 5.131 Konstruktionselemente die alle aus Aluminium hergestellt werden können. (Quelle: ILS Hamburg)

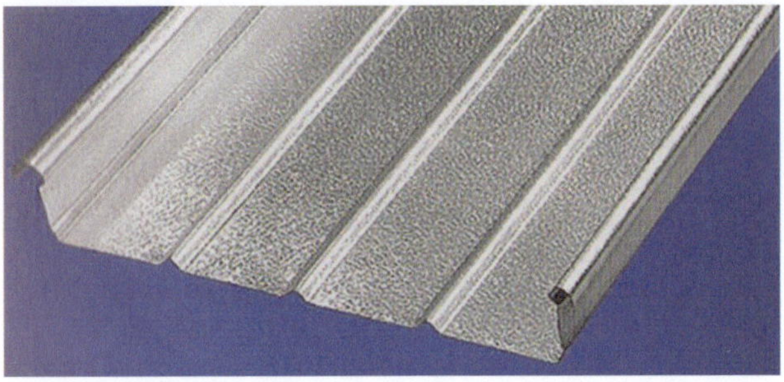

Abb. 5.132 Aluminium mit natürlicher Oberfläche. (Quelle: ILS, Hamburg)

Die naturbelassene metallisch wirkende Oberfläche kann mit Prägewalzen bearbeitet werden und es entsteht eine strukturierte, gemusterte (dessinierte) gleichmäßige Oxidschicht (Abb. 5.133).

Entsprechend den zuvor behandelten verschiedenen Metalldeckungen bleibt auch hier die sach- und fachgemäße Verlegung (verankert und belüftet!) für die Haltbarkeit von ausschlaggebender Bedeutung, wenn dabei auch allen klimatischen wie chemischen Einflüssen begegnet werden soll. Es ist somit wiederum von entscheidender Bedeutung, dass für die Verlegearbeit nur Ausführende herangezogen werden, die entsprechende technische Fähigkeiten nachweisen können.

Aluminiumdächer sollten grundsätzlich immer mit belüfteter Unterkonstruktion ausgeführt werden. Dadurch wird eventuelle Feuchtigkeit rasch abtransportiert und die Langlebigkeit der Dachkonstruktion und Dämmung unterstützt. Dennoch gibt es unterschiedliche

Abb. 5.133 Walzgeprägte (dessinierte) Oberfläche. (Quelle: ILS, Hamburg)

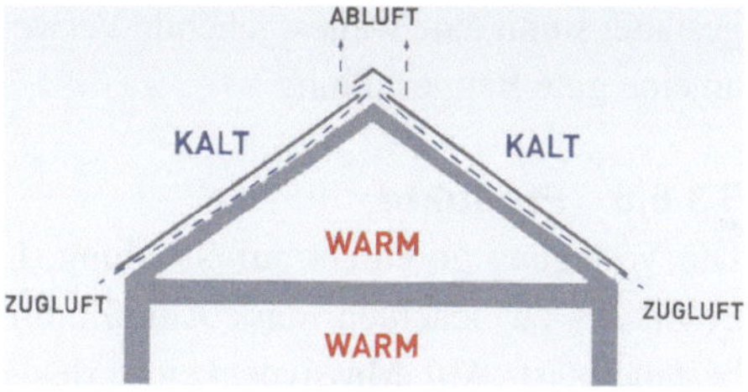

Abb. 5.134 Dachaufbau für ein warmes Dachgeschoss. (Quelle: Siepenkort, Münster)

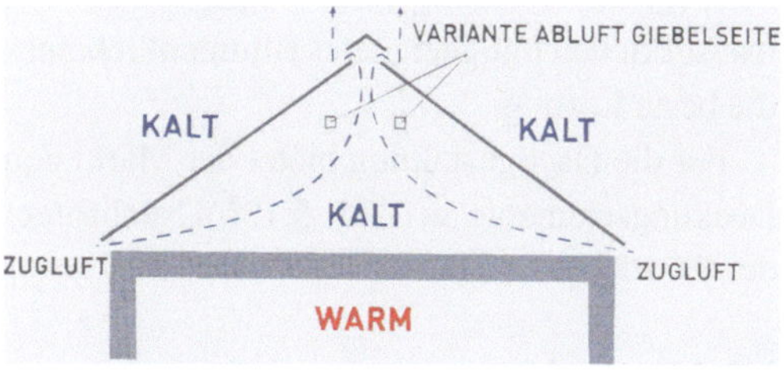

Abb. 5.135 Dachaufbau für einen kalten Dachboden. (Quelle: Siepenkort, Münster)

Arten der Montage, je nachdem, ob man den Dachraum als warmen Wohnraum nutzen möchte oder einfach nur als klassisch kalten Dachboden.

Um einen optimalen wärmegedämmten Dachwohnraum zu schaffen, wird empfohlen, einen zweischaligen Dachaufbau mit Konterlattung. Dadurch wird eine eigene Ebene zur Belüftung der Dachhaut eingezogen (Abb. 5.134). Sie können somit auch zwischen den Sparren Wärmedämmung anbringen.

Beim einschaligen Dachaufbau dient der gesamte Dachraum der Belüftung (Abb. 5.135). Es ist daher darauf zu achten, dass die gesamte Dachbodendecke optimal wärmegedämmt ist.

► **Achtung** Dieser Dachaufbau eignet sich nicht für einen späteren Dachausbau als Wohnraum!

Tab. 5.15 Flächengewichte verschiedener Metalleindeckungen

Zinkblech	0,74 mm	ca. 5,2 kg/m^2
Kupferdach	0,7 mm	ca. 6,2 kg/m^2
Aluminiumdach	0,77 mm	Je nach Verlegungsart ca. 1,9–2,8 kg/m^2

Als besonderer Vorzug ist das geringe Gewicht dieses Werkstoffs zu nennen, da er im Vergleich zu anderen Deckungsarten nur eine entsprechend leichte Dachkonstruktion erfordert. In Tab. 5.15 ist der Vergleich des Gewichts eines festen Aluminiumdachs ohne Unterkonstruktion mit Dächern anderer Metalleindeckungen angeführt.

Aluminium lässt sich sowohl im weichen, als auch im halbharten Zustand drücken, treiben oder biegen, aber auch falzen, bördeln, nieten, löten und schweißen. Dieser Werkstoff gestattet somit eine weitestgehende Verwendung, auch unter Beachtung aller Forderungen an eine gute Baugestaltung.

5.3.6.6 Produkte

Die Verlegung geschieht auf Schalung, Lattung, Beton, Bauplatten u. dgl. Es ist dabei besonders zu beachten, dass Aluminium gegen feuchten Beton und Kalkmörtel nicht beständig ist. Auf Massivdecken verlegt genügt Sperrung mit Pappe nicht, da infolge Schwitzwasserbildung beim Wegfaulen der Pappe das Aluminium bald zerstört wird! Sattes Aufkleben mit geeigneter Bitumenklebemasse (Ausdehnungsmöglichkeit) bleibt dabei die beste Lösung.

Für die Dachgestaltung bietet der Markt dem Sanierer eine breite Palette hochwertiger Deckungselemente an (Abb. 5.136). Nachfolgend eine kleine Auswahl aus dem Programm der Fa. PREFA.

5.3.6.7 Farben

Aluminiumdächer müssen aber nicht immer rot oder grau sein. So bietet beispielsweise die renommierte Firma PREFA eine breite Palette farbiger Gestaltungsmöglichkeiten (Tab. 5.16).

Während herkömmliche Dachziegel eine Dachneigung von mindestens 10°[5] erfordern, lässt sich ein Aluminiumdach bereits ab einer Dachneigung von nur 3° verlegen. Damit eröffnen sich für Planer, Architekten und Baumeister neue spannende Möglichkeiten in der Gestaltung und Architektur ihrer Häuser.

Gestaltungsmöglichkeiten Bei der Verwendung von Aluminium findet der Architekt viele konstruktiv einwandfreie Dachhautgestaltungsmöglichkeiten, gleichwohl, ob eine glatte oder mehr für die Schattenwirkung profilierte Dachfläche für das betreffende Bauvorhaben Verwendung finden soll.

Die Abb. 5.137a–d zeigt die gegenwärtig gebräuchlichsten Aluminiumdachdeckungen.

[5] In Österreich 5° Mindestdachneigung.

Tab. 5.16 Farben und Deckungsarten

	Dachplatte	Dachschindel	Falzschablone	PREFALZ	PREFALZ Deluxe	Dachrinne
Braun	•	•	•	•		
Anthrazit	•	•	•	•		
Oxidrot	•	•	•	•		
Hellgrau	•	•	•	•		
Steingrau	•	•	•	•		
Braun (Eigenfarbe)						•
Anthrazit (ähnlich RAL 7016)						•
Rotbraun (ähnlich RAL 8012)	•	•	•	•		
Ziegelrot (ähnlich RAL 8004)	•	•	•	•		•
Oxidrot (ähnlich RAL 3009)						•
Moosgrün (ähnlich RAL 6005)	•	•	•	•		•
Hellgrau (ähnlich RAL 7005)						•
Zinkgrau (Eigenfarbe)	•	•	•	•		•
Opalgrün (Eigenfarbe)				•		•
Prefaweiß (ähnlich RAL 9002)				•		•
Nussbraun Testa di Moro (Eigenfarbe)				•		•
Silbermetallic (ähnlich RAL 9006)				•		•
Naturblank				•		•
Delphin (Eigenfarbe)					•	
Titanium (Eigenfarbe)					•	
Zyprium (Eigenfarbe)					•	

Abb. 5.136 Produktauswahl

Zu den Gestaltungsmöglichkeiten zählen unter anderen auch Dach-, Kasten- und Saumrinnen. Diese gibt es in den Dimensionen 25, 28 33 und 40 in einer Standardlänge von 6 m.

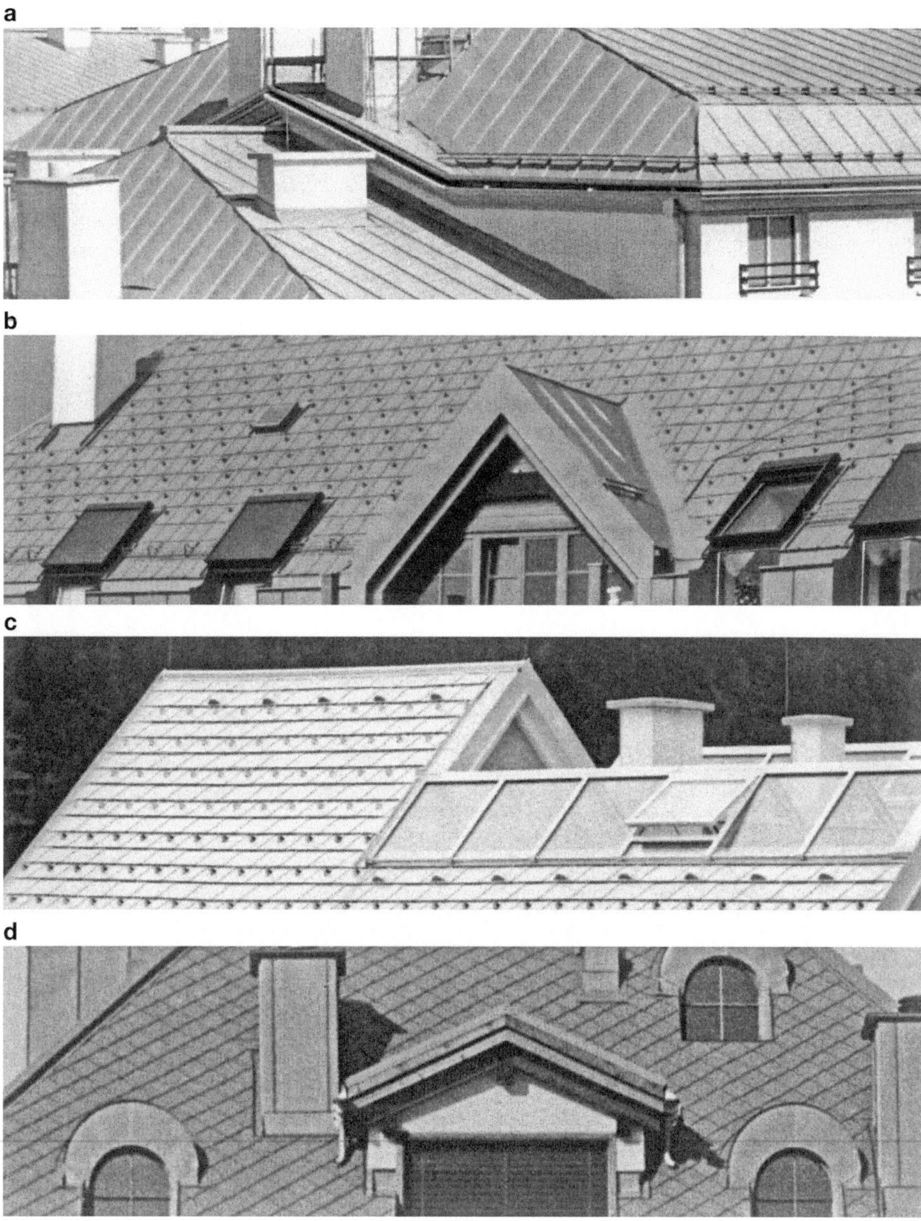

Abb. 5.137 Aluminiumdachdeckungen. **a** Alu-Falzdach ab 5°, **b** Alu-Dachplatten ab 12°, **c** Alu-Dachschindeln ab 25°, **d** Alu-Falzschablonen ab 22° Dachneigung. (Quelle: Prefa, Wasungen)

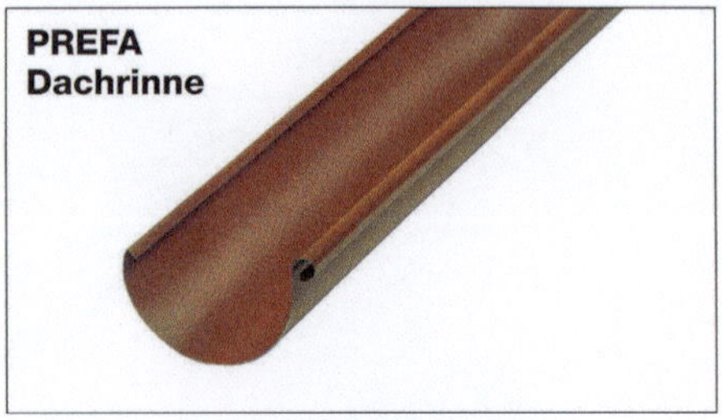

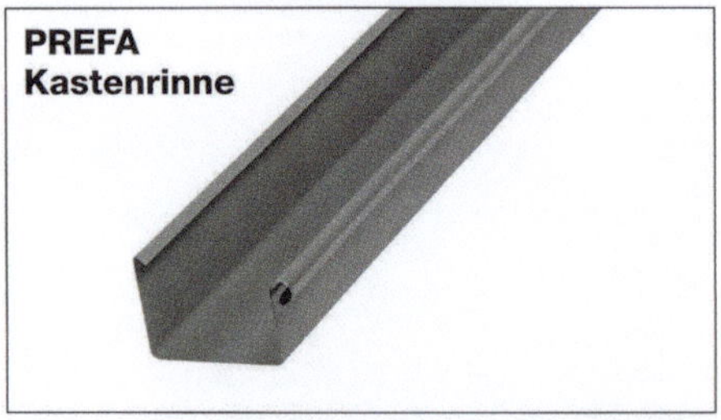

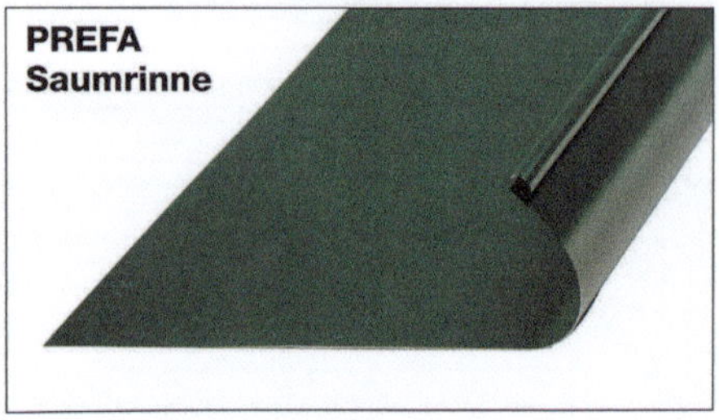

Abb. 5.138 Rinnenarten. (Quelle: Prefa, Wasungen)

Die Dachrinnenverbindungen werden nach dem neuesten Stand der Technik mittels Verklebung zusammengefügt (Abb. 5.138).

Mit einem fusselfreien Lappen wird Haftreiniger aufgetragen. Die Überlappung muss mindestens 6 cm betragen. Dann wird der Spezialkleber (ca. 5–8 mm) 5 cm vom äußeren Dachrinnenende aufgetragen. Nun werden die Rinnen von Hand zusammen gedreht und geschlossen (Abb. 5.139).

Aufgrund der Anforderungen und des werkstofftechnischen Potenzials von Aluminium haben sich im Wesentlichen 3 Arten von Dachdeckungen entwickelt:

- Falzprofile,
- Klemmrippenprofile,
- Trapezprofile.

Die **Falzprofile** unterscheiden sich in der handwerklichen Verarbeitung zur Winkel-, Doppel- oder Leistenfalz wenig von denen aus anderen Metallen wie Kupfer oder Zink,

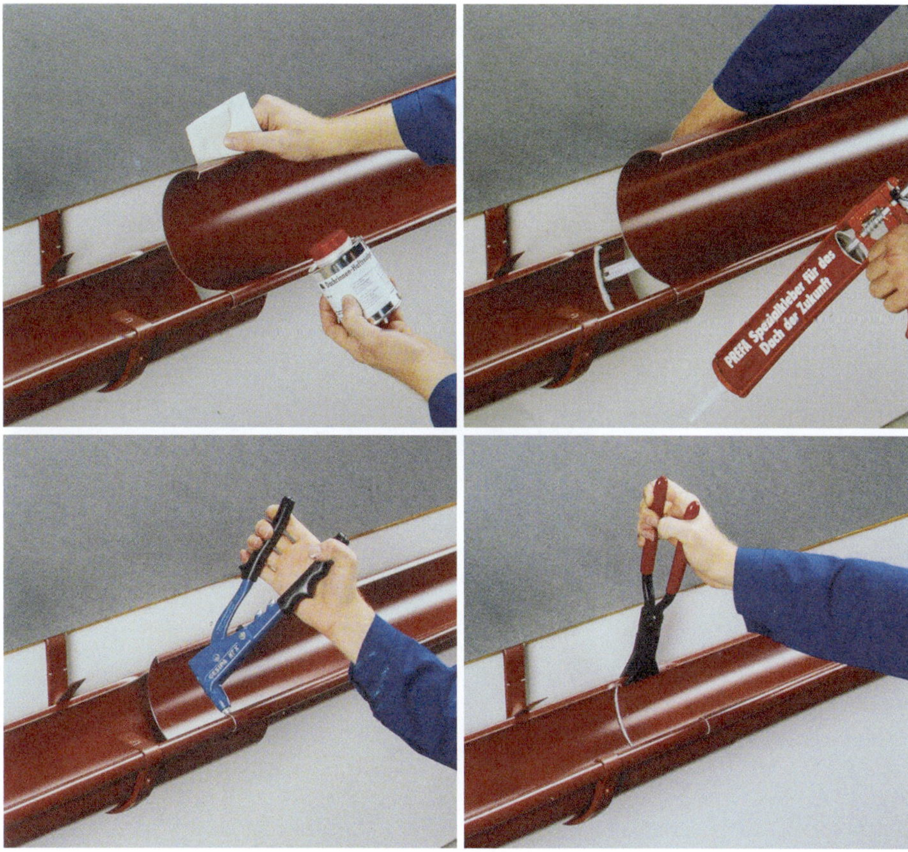

Abb. 5.139 Verklebung von 2 Dachrinnen. (Quelle: Prefa, Wasungen)

allerdings ist ihr herausragendes Merkmal die Möglichkeit der farblichen Gestaltung von Dächern (Abb. 5.140).

Unter **Klemmrippenprofilen** (Abb. 5.141) werden diejenigen Profilnormen eingeordnet, die ähnlich wie Falzprofile verarbeitet werden (Verbinden und Schließen der Längsränder durch Bördeln, Eindrehen, Einklipsen etc. mit oder ohne Maschinen), aber auch durch industrielle Vorfertigung (Rollformen) ihren nahezu endgültigen Querschnitt erhalten.

Trapezprofile schließlich sind vollständig durch Rollformen vorgefertigt und müssen auf der Baustelle nur noch verlegt werden. Es gibt sie in verschiedenen Abmessungen, sowohl was Höhe als auch Rippenbreite betrifft.

Abb. 5.140 Objekt mit industriell vorgefertigten Falzprofilen

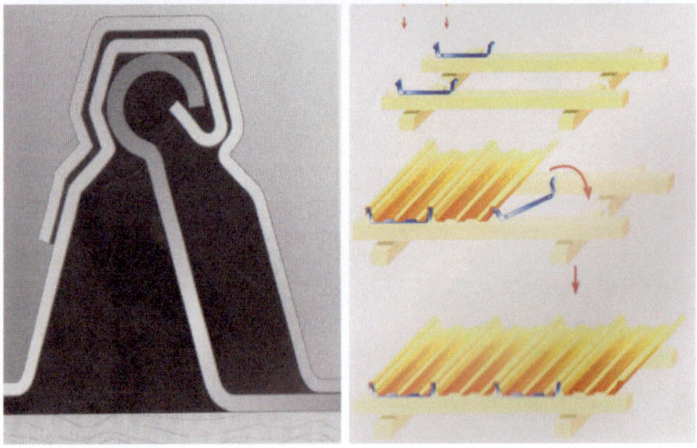

Abb. 5.141 Verlegefolge eines Klemmprofils. (Quelle: Fricke, Greven)

5.3.7 Dachränder für weiche Bedachungen

Weiche Bedachungen mit höherem Anspruch an die Lebensdauer des Dachrandes bzw. solche mit Innenentwässerung werden mit einem Übergangsblech zwischen Dachhaut und Dachrand ausgeführt, das nicht nur eine Unterstützung darstellt, sondern unabhängig von der Dachhaut auch selbst dauerhaft dicht ist.

5.3.7.1 Dachränder für weiche Bedachung mit dichtender Funktion

Unterschieden werden (a) Dachränder als Traufe mit einer Außenentwässerung sowie (b) Dachrandeinfassungen und (c) Wandanschlüsse im Falle einer Innenentwässerung.

Dachränder mit Außenentwässerung Standardlänge der einzelnen Traufstreifen, die je nach Befestigungsart mit oder ohne Rückkantung versehen sind, beträgt 2 oder 3 m. Der Zuschnitt hängt von der Auskragung sowie der Erscheinung des senkrechten Schenkels ab und berücksichtigt einen mindestens 12 cm breiten Klebeflansch. Bei Dachrändern mit

Tab. 5.17 Zuschnitte und Metalldicken

Zuschnittbreite	Mindestdicke
(mm)	(mm)
≤ 250	0,70
> 250	0,80

Kiesleiste muss der Flansch mindestens 20 cm breit sein. Die Metalldicke hängt unmittelbar vom Zuschnitt ab (Tab. 5.17), sollte aber bei größeren Auskragungen 0,8 mm betragen.

Befestigung Die Befestigung des Traufstreifens erfolgt indirekt, das heißt entweder durch Liegehafte, die in der Rückkantung des Traufstreifens eingehängt werden, oder durch Zahnhafte, in die der glatte Traufstreifen eingeklemmt wird (vgl. Abb. 5.142). Die Vorderkante des Traufstreifens wird in ein Vorstoßblech oder aber in die Federn der Rinnenhalter eingehängt. Die Unterlage des Traufstreifens, die Traufbohle, soll gegenüber der Wärmedämmung des Daches etwa 5 mm vertieft angeordnet sein, um den Wasserablauf nicht zu behindern. Die Einzellängen werden durch Weichlöten miteinander verbunden.

Bewegung Alle 6 m (von Ecken und Enden alle 3 m) werden Ein-Kopf-Bewegungsausgleicher (Abb. 5.143) in den Traufstreifen eingelötet. Ihre Länge beträgt mindestens 60 cm.

Übersicht
Der Bewegungsausgleicher ist durch Abkanten fast jedem vorgegebenen Profil anpassbar.

Die Bewegungsausgleicher dürfen ebenso wenig wie der Traufstreifen durch z. B. Nagelung in der Wärmedehnung behindert werden.

Zur Aufnahme der am Übergang zum eingeklebten Profilstreifen (hier Traufstreifen) unvermeidlichen Scherspannungen wird in diesem Bereich ein Schleppstreifen eingebaut, der die unmittelbare Verklebung der Randzone des Profils mit der Dachhaut verhindert.

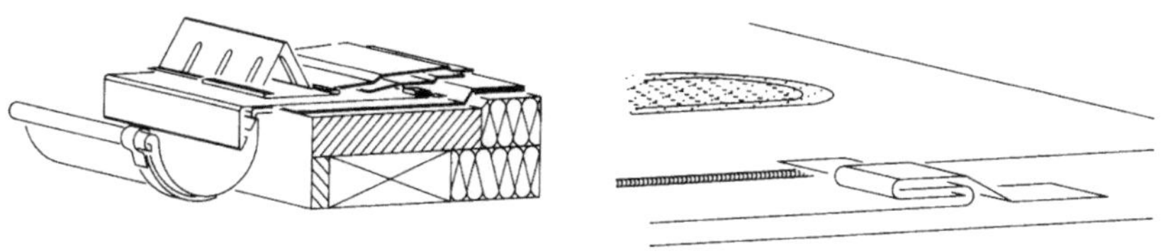

Abb. 5.142 Traufstein mit dichtender Funktion, indirekt befestigt und mit Schleppstreifen überklebt. (Quelle: Rheinzink, Datteln)

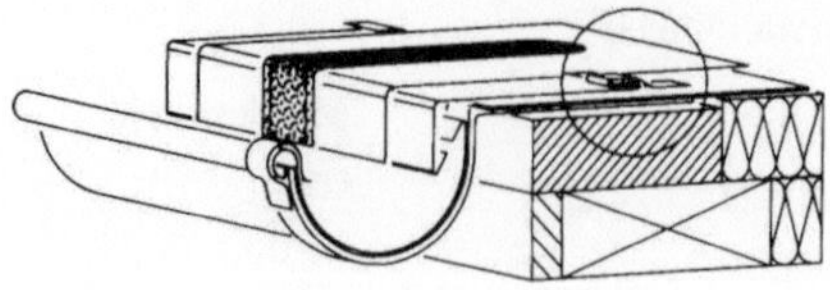

Abb. 5.143 Ein-Kopf-Bewegungsausgleicher für eingeklebte Traufstreifen mit dichtender Funktion. (Quelle: Rheinzink, Datteln)

Gefälle Der Traufbereich muss zur Vermeidung stehenden Wassers ein leichtes Außengefälle aufweisen.

> **Hinweis** Nicht überklebte Bereiche des Traufstreifens müssen je nach Bedachungsmaterial (insbes. bituminösen Dachabdichtungen) mit einem porenfreien Schutzanstrich versehen werden. Gleiches gilt dann selbstverständlich auch für die Dachentwässerung.

Bei Dachabdichtungen mit Kiesschüttung empfiehlt sich der Einsatz von Kiesleisten. Hierfür muss vor dem Auftragen eines ggf. erforderlichen Schutzanstrichs eine Haltevorrichtung aufgelötet oder aufgenietet werden, an der die Kiesleisten später befestigt werden können.

Dachrandeinfassungen Dachrandeinfassungen sind aus der Fußgängerperspektive gut erkennbar und durch ihre exponierte Lage als oberer Gebäuderand dementsprechend gestaltprägende Elemente.

Zuschnitt Aus diesem Grunde sollten die Profillängen nicht kürzer als 3 m sein, um damit die Anzahl der Querstöße zu minimieren. Der Zuschnitt ergibt sich aus der gewünschten Optik, die Metalldicke hingegen sollte hier aus den einleitend genannten Gründen 0,8 mm betragen. Wie bei den anderen eingeklebten Profilen auch, ist ein Klebeflansch von mind. 12 cm erforderlich. Darüber hinaus sollten zur senkrechten Überdeckung der Auflagenfuge des Profils mind. 5 cm vorgesehen werden. Zur Vermeidung von unkontrolliert ablaufendem Dachwasser, das in Abhängigkeit vom Dachdeckungsmaterial zur Korrosion oder zumindest zu Schmutzablagerungen führen kann, sollte die Aufkantung des Dachrandprofils gegenüber der Dachfläche mind. 40 mm, besser jedoch 60 mm betragen (Abb. 5.144).

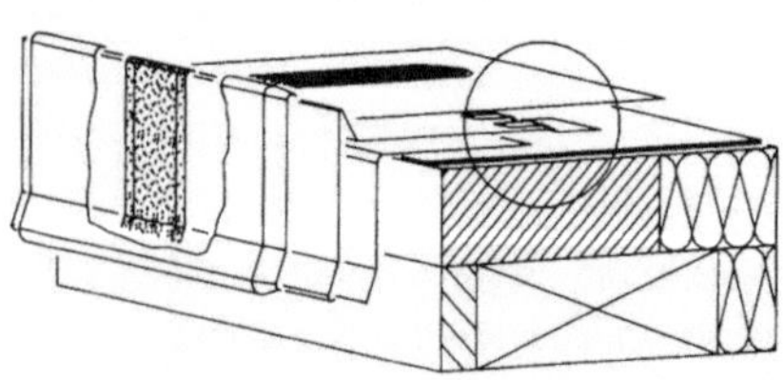

Abb. 5.144 Dachrandeinfassung mit einer Windfeder. (Quelle: Rheinzink, Datteln)

Befestigung Die Befestigung erfolgt am oberen Rand indirekt durch Liegehafte. Die Vorderkante wird in einen aus Gründen der Geradlinigkeit 1,0 mm dicken verzinkten Haftstreifen eingehängt. Die Verbindung der Einzellängen erfolgt durch Weichlöten.

Bewegung Die früher noch üblichen handwerklich hergestellten Bewegungsausgleicher (Schiebekästen) für Dachrandeinfassungen können zwar noch ausgeführt werden, sind aber wegen ihres erheblichen Lohnaufwands sowie unsicherer Funktion hinsichtlich ihrer tatsächlichen Dichtigkeit heute nicht mehr zeitgemäß. Stattdessen ist es zweckmäßiger, sich der modernen Ein-Kopf-Bewegungsausgleicher zu bedienen. Hierbei ist zu beachten, dass der Ein-Kopf-Bewegungsausgleicher mind. 60 cm auf der Dachfläche aufliegt.

Hinsichtlich der erforderlichen Abstände der Bewegungselemente gilt hier ganz besonders die Regel, dass von Ecken und Enden (d. h. auch Vor- oder Rücksprüngen) jeweils ein (> 30 cm) Abstand einzuhalten ist. Die Bewegungselemente werden im Sichtbereich mit einer dem Profilverlauf entsprechend gekanteten Abdeckkappe überdeckt. Diese wird nur auf einer Seite fixiert.

► **Hinweis** Es wird empfohlen, je nach Bedachungsmaterial, die Dachrandprofile bis zur Oberkante mit einem porenfreien Schutzanstrich zu versehen.

Wandanschlüsse Im Gegensatz zu Dachrandeinfassungen wird unter Wandanschlüssen der Übergang an eine aufgehende Wand verstanden (Abb. 5.145), auch wenn diese im Sinne einer Attika nur eine geringe Höhe aufweist.

Die früher üblichen handwerklich hergestellten Bewegungselemente (Schiebekästen) für Wandanschlüsse können zwar noch ausgeführt werden, sind aber gleich denen der Dachrandeinfassungen heute nicht mehr zeitgemäß. In der Schweiz beträgt der erforderliche Abstand der Bewegungselemente zu Innenecken nicht 3 m, sondern nur 1,5 m.

Bei Dachabdichtungen mit Kiesschüttung wird empfohlen, den Schutzanstrich bis 20 mm über Oberkante Kies zu führen. Ein Schutzanstrich ist auch bei Winkelblechen unter Terrassenbelägen erforderlich, da hier im Feuchtbereich kein freier Luftzutritt möglich ist, der zur Bildung einer natürlichen Schutzschicht nötig wäre. Auch dieser Schutzanstrich ist aus der Wasserebene heraus 20 mm oberhalb des Terrassenbelags aufzubringen.

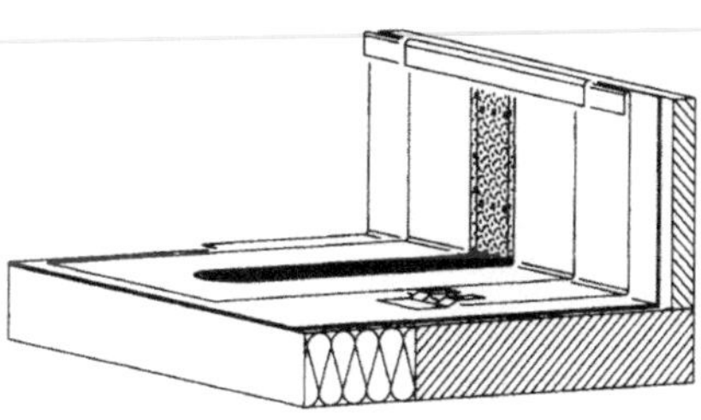

Abb. 5.145 Wandanschluss mit Winkelblech und Ein-Kopf-Bewegungsausgleicher. (Quelle: Rheinzink, Datteln)

5.3.7.2 Dachränder für weiche Bedachungen mit stützender Funktion

Funktionsbeschreibung Bei dieser Anwendung dienen Traufstreifen aus Zink lediglich der Unterstützung am meistens leicht auskragenden Übergang von weicher Bedachung zu Außenentwässerung, wie sie regional vor allem bei einfacheren Bauten üblich ist.

Die Traufbleche werden ohne Wasserfalz ausgeführt und mit einem vorderen Abschluss versehen, der den regionalen Gepflogenheiten entspricht (Abb. 5.146). Sie werden vollständig von den Dachbahnen überdeckt, die damit auch die dichtende Funktion übernehmen.

Zuschnitte Die Einzellängen werden aus Gründen der thermischen Längenänderung auf eine Länge von 3 m begrenzt, in den meisten Fällen ist eine Beschränkung auf 2 m üblich. Die Zuschnitte und entsprechenden Metalldicken sind von der Art der Ausführung abhängig, der in der Dachebene liegende Klebeflansch sollte jedoch eine Breite von 120 mm aufweisen.

Bei größeren Auskragungen des Traufstreifens sollte die Metalldicke unabhängig vom Zuschnitt mind. 0,8 mm betragen.

Befestigung Die Befestigung der einzelnen Längen erfolgt direkt durch geeignete Befestigungsmittel (in der Regel Deckstifte) auf der Traufbohle. Diese sollte gegenüber der Wärmedämmung des Daches etwa 10 mm vertieft angeordnet sein, um den Wasserablauf nicht zu behindern.

Die Einzellängen sollten etwa 10 cm überlappen, wodurch die Stabilität des senkrechten Schenkels erhöht wird (Abb. 5.147). Der Nagelabstand beträgt versetzt ca. 100 mm.

Die Durchstoßungen der direkten Befestigung haben keinen Einfluss auf die Dichtigkeit, da sie von der Dachabdichtung anschließend vollständig überklebt werden.

Bewegung Bei dieser einfachen Detailausführung ohne Anspruch an Dichtigkeit sind besondere Bewegungskonstruktionen nicht erforderlich, wenn die Einzellängen auf max. 3 m begrenzt werden. Die Funktionsfähigkeit der Dachabdichtung wird erhöht, wenn im Überlappungsbereich der Traufstreifen keine unmittelbare Verklebung erfolgt.

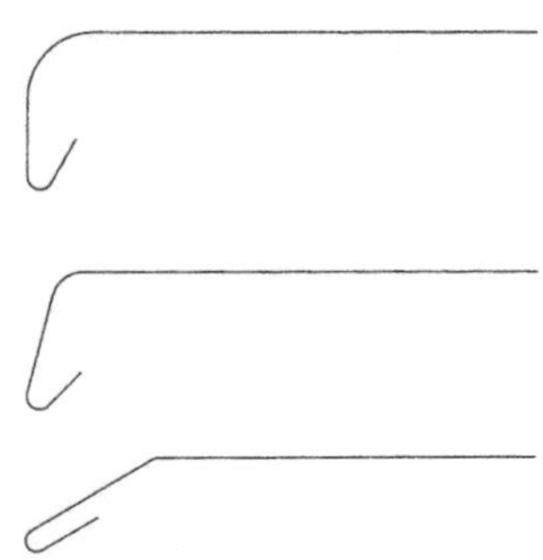

Abb. 5.146 Einige der regional unterschiedlichen Traufstreifen, bei dieser Anwendung ohne Wasserfalz

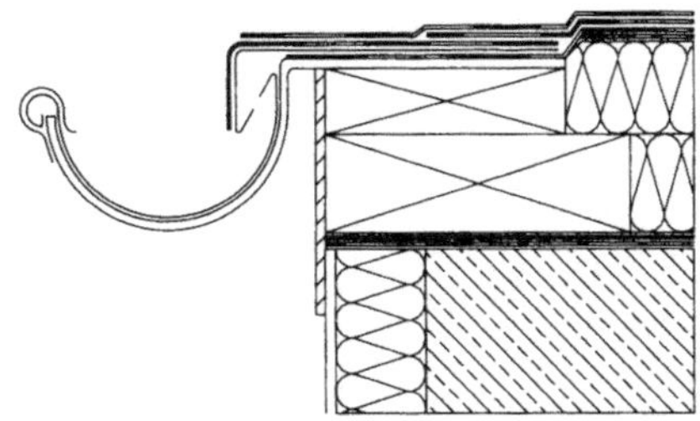

Abb. 5.147 Traufstreifen als Stützkonstruktion direkt befestigt und von der Dachhaut überklebt. (Quelle: Rheinzink, Datteln)

Gefälle Der Traufstreifen muss ein leichtes Gefälle nach außen aufweisen.

Kann eine vollständige Überklebung des Traufstreifens durch die Dachbahn nicht sichergestellt werden, so empfiehlt sich insbesondere bei bituminösen Dachabdichtungen ein porenfreier Schutzanstrich. Gleiches gilt selbstverständlich auch für die Dachentwässerung.

5.4 Abdeckungen

5.4.1 Mauer- und Dachrandabdeckung

Metallische Mauerabdeckungen stellen eine optimale Sicherung von Mauerkronen und Attiken gegen Niederschlag und dessen Folgen (Durchfeuchtungen, Ausblühungen, Frostabplatzungen etc.) dar. Dachrandabdeckungen verwahren darüber hinaus die aus der Wasserebene hochgeführte Dachabdichtung.

Zuschnitte Mauerabdeckungen werden aus optischen Gründen, d. h. zur Vermeidung zu häufiger Querstöße, in Längen von mindestens 3 m hergestellt und indirekt befestigt (Abb. 5.148).

Die Metalldicke hängt vom gewählten Zuschnitt sowie von dem Anspruch an Planheit ab, der Zuschnitt wiederum von der Konstruktionsart, der Abdeckungsbreite, dem erforderlichen Überstand sowie der Länge der senkrechten Schenkel. Unter beiden Gesichtspunkten werden die in Tab. 5.18 aufgestellten Mindestdicken empfohlen.

Die Konstruktion von Mauerabdeckungen kann aus einem, zwei oder mehr Elementen erfolgen (Abb. 5.149 und 5.150).

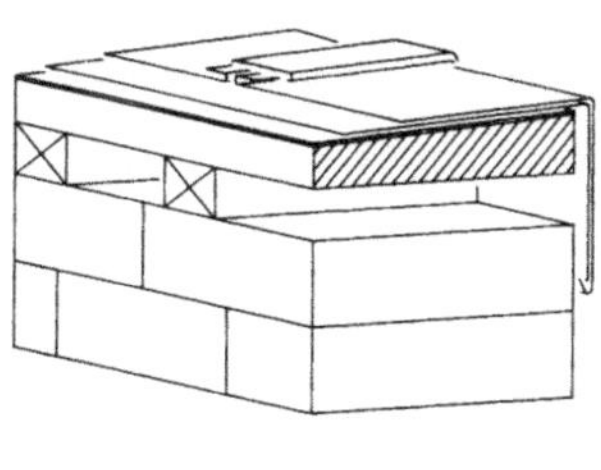

Abb. 5.148 Mauerabdeckung mit Flachschiebenaht, die in den vertikalen Bereich nicht fortgesetzt werden braucht. (Quelle: Rheinzink, Datteln)

Tab. 5.18 Zuschnitte und Mindestdicken

Zuschnitt (mm)	Mindestdicke	
	Befestigung mit Haftstreifen	Klebebefestigung ohne Haftstreifen
	(mm)	(mm)
≤ 400	0,70	0,80
> 400	0,80	1,00
> 600	1,00	1,00

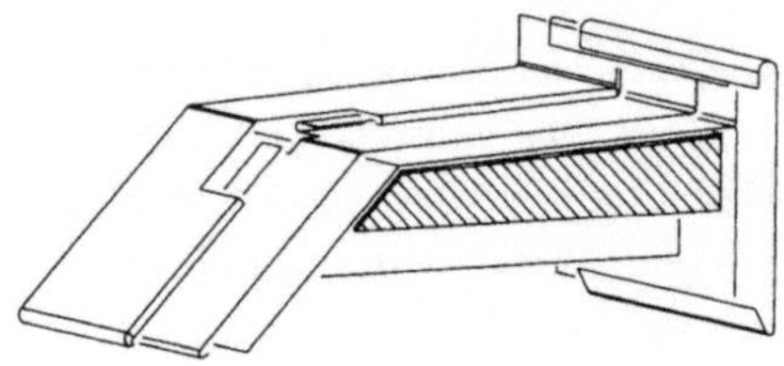

Abb. 5.149 Dachrandabdeckung mit starkem Gefälle zum Dach. (Quelle: Rheinzink, Datteln)

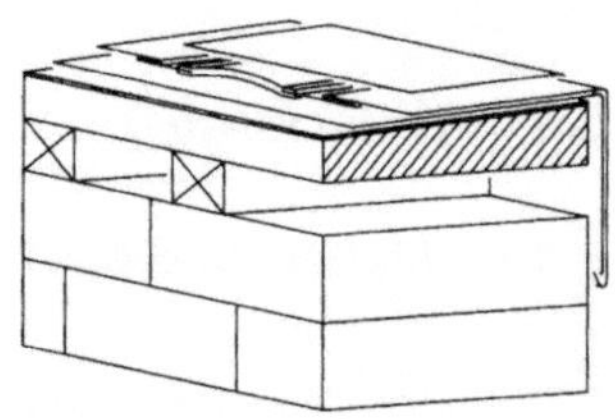

Abb. 5.150 Mauerabdeckung mit Zinkbewegungselement und Abdeckklappe. (Quelle: Rheinzink, Datteln)

Tab. 5.19 Überdeckung Wandabstand

Gebäudehöhe (m)	Überdeckung (mm)	Abstand Tropfkante (mm)
≤ 8	≥ 50	≥ 20
3–20	≥ 80	≥ 20
20–100	≥ 100	≥ 40

Der Zusammenbau aus mehreren Elementen hat in erster Linie gestalterische und bedingt auch bewegungstechnische Vorteile. Zu den gestalterischen Vorteilen zählt vor allem eine deutlich höhere Kantensteifigkeit (und damit Geradlinigkeit) des gesamten Systems durch Aufkantungen oder Einhänge. Ausdehnungskonstruktionen können je nach Neigung variiert werden, wodurch deren gestalterischer Einfluss auf ein Minimum reduziert werden kann. Weiterhin werden durch unterschiedliche Besonnung sich ggf. ergebende Materialspannungen durch derartige Trennungen reduziert.

Der Überstand der Mauerabdeckung soll eine Tropfkante mit 20 mm Wandabstand erhalten. Empfehlenswert ist jedoch ein Wandabstand von 30 mm (vgl. Tab. 5.19).

Übersicht
Insbesondere bei der Sanierung lassen sich die angegebenen Richtwerte aufgrund häufig vorzufindender Bautoleranzen nicht an allen Stellen einhalten. Insofern sind die Maßangaben als Mittelwerte anzusehen.

Die vertikale Schenkellänge beträgt 50 mm, genügt im Übrigen aber optischen Ansprüchen. Im Falle von Klebebefestigungen darf die Schenkellänge aus Gründen der Scher- bzw. Zugfestigkeit von Klebeverbindungen (Windsog) 50 mm nicht überschreiten. Werden größere Schenkellängen gewünscht, so wird der Einsatz von Haftstreifen erforderlich (Abb. 5.151).

Befestigung Die Befestigung von Mauerabdeckungen erfolgt indirekt durch Haftstreifen aus verzinktem Stahl oder durch Aufkleben mit Bitumenkleber.

Befestigung mit Bitumenkleber Die Befestigung der Mauerabdeckung kann auch mit Bitumenkleber (z. B. ENKOLIT) erfolgen. Diese hat sich über Jahrzehnte bewährt, erfordert jedoch wegen der fehlenden Stabilisierung durch Haftstreifen eine höhere Metalldicke. Eine Erhöhung der Metalldicke kann entfallen, wenn im Abstand von 1 m jeweils 20 cm breite Haftstreifen eingebaut werden. Diese Maßnahme wird sogar zwingend erforderlich, wenn Schenkelhöhen von 50 mm vorgesehen sind.

Zwingende Voraussetzung für derartige Klebebefestigungen ist eine glatte Unterlage.

Hier erfolgt die Verbindung der einzelnen Längen der Mauerabdeckung untereinander durch stumpfes Stoßen (Stoßfuge etwa 5 mm bei 3 m-Profilen) auf dem Verbinder oder einem 200 mm breiten Haftstreifen, der beidseitig (außer im Stoßfugenbereich) mit Bitumenkleber versehen ist (Abb. 5.152).

Bewegung Für die Aufnahme der temperaturbedingten Längenänderung ist ein Bewegungsausgleich zu schaffen, ohne dass hierdurch Undichtigkeiten hervorgerufen werden. Die temperaturbedingte Längenänderung kann durch nichts verhindert werden. Die in der Praxis im Falle fehlender Bewegungsausgleicher immer wieder anzutreffende „Lösung",

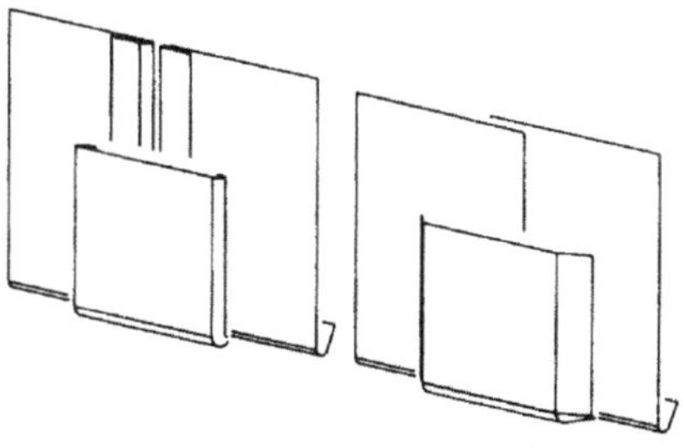

Abb. 5.151 Fortsetzungsmöglichkeiten der Flachschiebenaht im Bereich der vertikalen Schenkel. (Quelle: Rheinzink, Datteln)

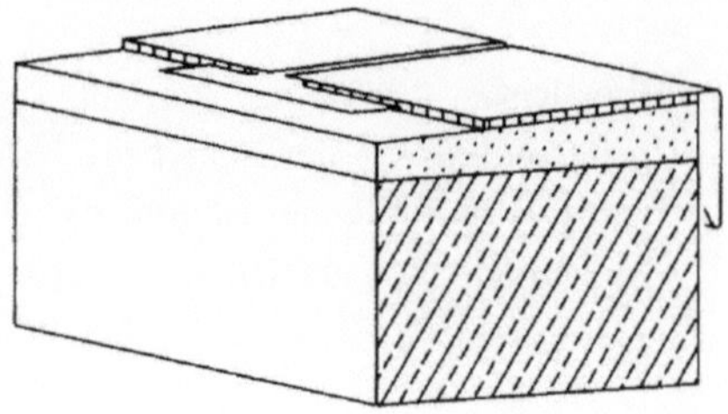

Abb. 5.152 Mauerabdeckung vollflächig geklebt, im Stoßbereich mit Unterprofil. (Quelle: Rheinzink, Datteln)

Tab. 5.20 Zuschnitte und max. Abstände

Zuschnitt	Max. Abstand der Bewegungselemente
(mm)	(m)
≤ 500	12
> 500	9

dass gerissene Lötnähte mehrfach überlötet, überklebt oder sogar festgenagelt und überlötet werden, führt zu keiner Verbesserung der Situation (Tab. 5.20).

Gefälle Mauerabdeckungen sollten ein Quergefälle $\geq 38°$ zur Dachseite aufweisen. Dieser Empfehlung liegen zwei Gesichtspunkte zugrunde: Zum einen bilden sich bedingt durch unvermeidbare leichte Unebenheiten flache Pfützen, die wiederum häufig Wasserränder (Zinkhydroxid) nach sich ziehen, die unter Umständen als optisch störend empfunden werden. Zum anderen sammeln sich bei gefällelosen Abdeckungen Umgebungsstäube, die bei Regen auf beiden Seiten der Mauerabdeckung ablaufen und zu entsprechenden Verunreinigungen führen. Diese nehmen zwar mit zunehmendem Abstand der Tropfkante (s. o.) von der Mauer in ihrer Dichte ab, sind aber im Grundsatz bei gefällelosen Mauerabdeckungen nicht zu vermeiden.

Befestigung mit Haftstreifen Der Haftstreifen genügt mit einer Dicke von 1,0 mm allen technischen Grundansprüchen. Werden aus gestalterischen Gründen Schenkelhöhen der Mauerabdeckung von über 10 cm gewünscht, so ist ein Haftstreifen aus verzinktem Stahl mit einer Dicke von 1,5 mm vorzuziehen, da er eine erheblich größere Stabilität und damit eine geradlinigere Kante gewährleistet.

Die Haftstreifen werden zweckmäßig auf einer Bohle aus Massivholz oder Holzwerkstoff montiert, die ihrerseits auf die Mauerkrone aufgedübelt wurde (Abb. 5.153). Eine Trennlage in jeglicher Form ist hier aufgrund der im Regelfall „geringen" Abdeckunqsbreite < 500 mm nicht erforderlich.

Die Verbindung der einzelnen Längen der Mauerabdeckung untereinander erfolgt bei einer Befestigung der Mauerabdeckung mit Haftstreifen üblicherweise durch Weichlöten. Regional üblich ist die Verbindung der Einzellängen durch Doppelstehfalze. Hier allerdings müssen die Einzellängen auf max. 2 m (besser 1 m) beschränkt und die Traufabschlüsse so sorgfältig hergestellt werden, dass sie keinerlei Anrisse aufweisen. Da die temperaturbedingte Längenänderung im Falzbereich aufgenommen wird, sind die Trauf-

Abb. 5.153 Metallabdeckung, Verbinder, Montageablauf. (Quelle: Rheinzink, Datteln)

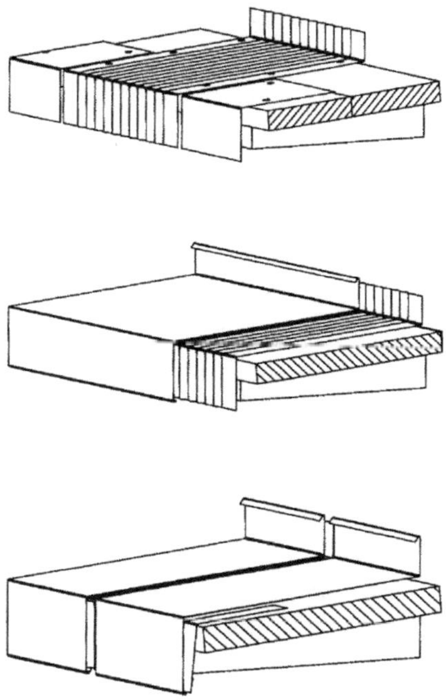

abschlüsse höheren Beanspruchungen als üblich ausgesetzt. Deshalb können sich die genannten Anrisse unter späterer Temperaturbeanspruchung zu Rissen ausweiten.

Bei Zuschnittbreiten von über 1 m sind Doppelstehfalzverbindungen unumgänglich. In diesem Fall ist die Mauerabdeckung als – wenn auch kurzes – Doppelstehfalzdach anzusehen. Damit gelten auch die entsprechenden Regeln in Bezug auf Schar- bzw. Bandbreiten und Metalldicken.

In besonderen Fällen sollte neben dem nach innen gerichteten Gefälle ein Dreikant an der Außenseite oder eine zweiteilige Ausführung vorgesehen werden. Hierdurch wird ein ungewollter Wasserablauf zu dieser Seite auch bei Wind wirkungsvoll verhindert. Bei Querneigungen $< 38°$ sind Quernähte wasserdicht auszuführen.

Für Mauerabdeckungen, die im Sinne eines Doppelstehfalzdachs verwahrt werden (Zuschnittbreiten von über 1 m, s. o.) gilt, wie für Dächer auch, eine Neigung $\leq 38°$. Je nach Unterkonstruktion kann aufgrund der geringen Scharlängen auf den Einbau von Dichtungsbändern verzichtet werden.

► **Hinweis** Neben den hier behandelten ebenflächigen Mauerabdeckungen werden – vor allem im Bereich der Denkmalpflege – bisweilen auch längs- oder quergerundete Mauerabdeckungen (Abb. 5.154) erforderlich. Neben handwerklich gefertigter Mauerabdeckungen sind auch industriell vorgefertigte Abdeckungen erhältlich.

Abb. 5.154 Geneigte Mauerabdeckung, horizontal gerundet, System KREHLE. (Quelle: Rheinzink, Datteln)

5.4.2 Gesimsabdeckungen

Gesimsabdeckungen dienen der Verwahrung von Gesimsen, wie sie bei Baustilen früherer Epochen häufig als Fassadengliederungsmittel benutzt wurden.

Übersicht
Ein häufiges Problem der Denkmalpflege ist die sachgerechte und/oder originalgetreue und/oder wirtschaftliche Wiederherstellung von Gesimsabdeckungen.

Zuschnitt Die Einzellängen sollen max. 3 m betragen, die Metalldicke mind. 0,7 mm.

Befestigung Die Befestigung in der Fläche erfolgt in Österreich traditionell durch aufgelötete Splinte (Abstand ca. 30 cm), die in dafür hergestellte Öffnungen im Gesims mit z. B. Drahtstiften (70/80 mm) oder Betonnägeln befestigt und eingeputzt werden.

Alternativ hierzu kann die Befestigung auch – wie vor allem in Deutschland üblich – mit Haftstreifen erfolgen.

Bei Untergründen, die eine Bohrbeanspruchung und damit auch eine Befestigung von Splinten oder Haftstreifen nicht mehr zulassen, muss auf Bitumenkleber zurückgegriffen werden. Diese Befestigungsmethode hat sich auch unabhängig von den genannten Zwängen als sehr effizient erwiesen.

Für die Befestigung am Wandanschluss stehen unterschiedliche Details zur Verfügung, je nach zu erwartender Witterungsbeanspruchung und örtlicher Tradition:

- Mauerhakenbefestigung in einfacher Aufkantung 10 mm, überputzt mit Kellenschnitt (Abb. 5.155),
- Verwahrung und Verschraubung in einem Haftstreifen aus Aluminium, der gleichzeitig eine Putzkante darstellt (Abb. 5.156),
- Aufkantung mit Wasserfalz und klassischer Verwahrung.

Bei der ersten Lösung, die in vielen Fällen der originalgetreuen Erscheinung am nächsten kommt, ist ein höheres Aufkantmaß wegen der mangelnden Putzhaftung nicht möglich. Daher sollte dieses Detail in stark schlagregenbeanspruchten Gegenden nicht ausgeführt werden.

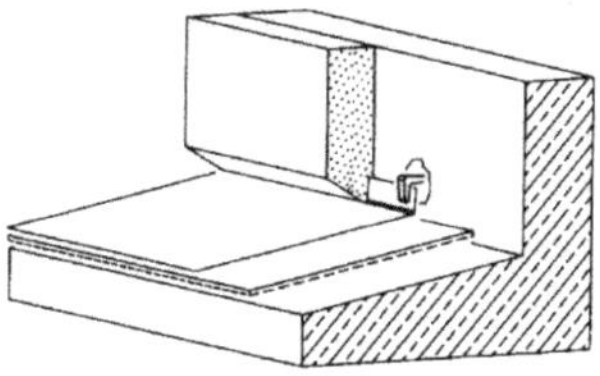

Abb. 5.155 Vor allem in Wien übliche Wandbefestigung mit einer ca. 10 mm hohen Aufkantung und Mauerhaken. (Quelle: Rheinzink, Datteln)

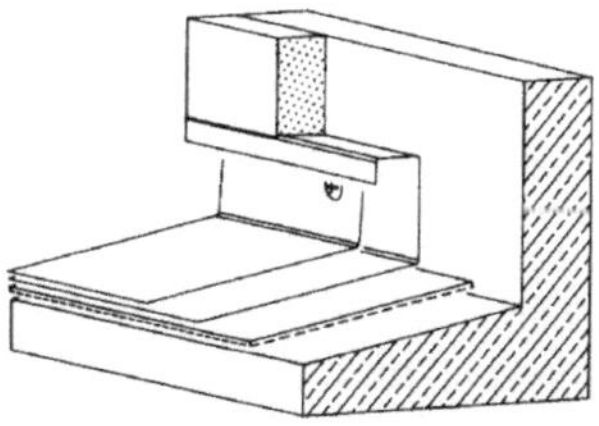

Abb. 5.156 Befestigung mit Putzleisten. (Quelle: Rheinzink, Datteln)

Die aufgeführten Befestigungsvarianten sind in Hinblick auf Verwahrung und Fläche/Vorderkante untereinander beliebig kombinierbar.

Bewegung Bei eingeputzten Gesimsen beträgt der Bewegungsabstand 3 m (von Ecken und Enden die Hälfte) und wird durch unterdeckende und damit optisch kaum wahrnehmbare Schiebenähte gewährleistet.

Bei allen anderen Gesimsen gelten die Bewegungsabstände wie für Mauerabdeckungen. Kommen Bitumenkleber zum Einsatz, werden die Schiebenähte z. B. mit RHEINZINK®-UDS-Verbindern oder Unterlagsblechen im Stoßbereich ausgebildet.

Neigung Vor allem bei Wandverwahrungen mit geringer Aufkantung ohne Wasserfalz beträgt die empfohlene Querneigung der Gesimsabdeckung $\geq 38°$.

Überstand Der Überstand der Metallabdeckung soll eine Tropfkante bzw. -wulst mit mindestens 20 mm Abstand zum Gesims haben. Im Sanierungsfalle allerdings ist dieses Maß aufgrund der häufig vorzufindenden Bautoleranzen lediglich als Mittelwert anzusehen.

Um im Falle von Splintbefestigungen das nachträgliche, fachgerechte Auftragen des Reibputzes nicht zu behindern, sollte die Rückkantung der Tropfkante möglichst flach anliegen.

► **Hinweis** Werden die Oberseiten der Gesimse im Zuge der Sanierung mit einem neuen Putz versehen (geglättet), so wird wegen der im Putz meist enthaltenen Zusatzstoffe (z. B. Frostschutz etc.) dringend die Verwendung einer geeigneten Trennlage empfohlen. Diese ist nur dann nicht erforderlich, wenn die Befestigung durch einen Bitumenkleber erfolgt, der bereits seinerseits eine Trennung darstellt.

5.4.3 Brüstungsabdeckungen

Zunehmend werden Flachdächer auch nutzbar gemacht, sei es als Gründach, als „Sonnendeck“ oder in Kombination. Gerade bei der Sanierung bieten sich Möglichkeiten der Veränderung an. Allerdings reicht hier eine Mauerabdeckung nicht mehr aus, sondern es gelten hier aus Gründen der Sicherheit und der Ästhetik andere Konstruktionsgrundsätze.

5.4.4 Fensterbankabdeckungen

Fensterbankabdeckungen aus Zink lassen sich beispielsweise im Gegensatz zu Bleiverkleidungen vom verarbeitenden Handwerk in allen beliebigen Maßen und Gestaltungen frei anfertigen.

Die Metalldicke sollte unabhängig vom Zuschnitt schon aus optischen Gründen 0,8 mm betragen. Bei Fensterbändern, bei denen mehrere Profile (Standardlänge 3 m) löttechnisch miteinander zu verbinden sind (nicht Regelfall), gilt für die Bewegungskonstruktionen das in Abschn. 5.4.2 Ausgeführte sinngemäß.

Befestigung Die Fensterbankabdeckungen werden an allen 4 Seiten mit den benachbarten Bauteilen verbunden. Der Untergrund muss unbedingt eben sein und die Fensterbankabdeckung vollflächig auf diesem Untergrund aufliegen, da es andernfalls zu Trommelgeräuschen kommen kann.

Zur Gewährleistung einer dauerhaft geradlinigen Vorderkante der Fensterbankabdeckung wird ein Haftstreifen aus verzinktem Stahl auf dem Untergrund befestigt, in den der vertikale Schenkel der Fensterbankabdeckung eingehängt wird. Dieser soll als Tropfkante mindestens 20 mm, besser jedoch 30 mm gegenüber der Fassade auskragen.

Für den seitlichen Anschluss an das aufgehende Bauteil stehen je nach Konstruktionsart der Fassade unterschiedliche Details zur Verfügung (s. Abb. 5.157).

Fensterseits wird die mit einem Wasserfalz versehene Aufkantung durch entsprechende Nute bzw. Abdeckungen im Fensterprofil verwahrt. Hierin erfolgt auch im Falle von Holzfenstern eine Fixierung (Edelstahlschraube) der Fensterbankabdeckung gegen Rutschen. Im Falle von Metallfenstern erfolgt diese Fixierung durch ein Klemmprofil.

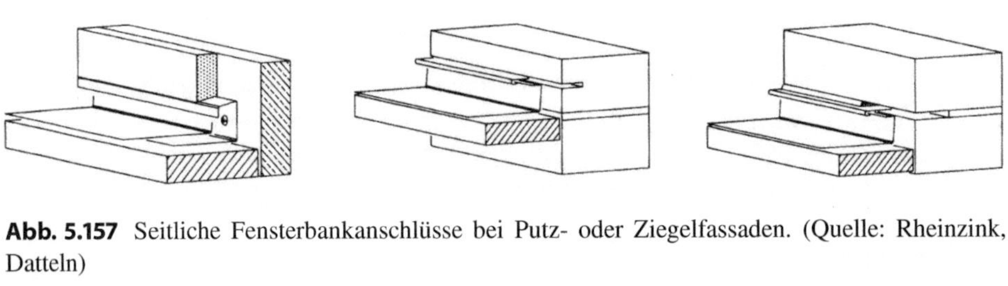

Abb. 5.157 Seitliche Fensterbankanschlüsse bei Putz- oder Ziegelfassaden. (Quelle: Rheinzink, Datteln)

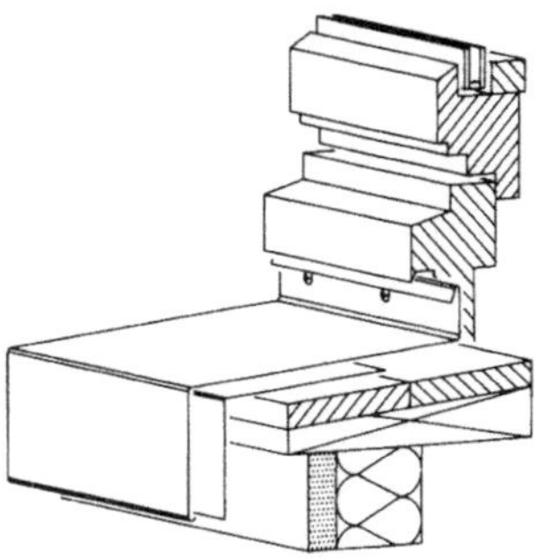

Abb. 5.158 Fensterbankabdeckung mit Verwahrung an einem Holzfenster. (Quelle: Rheinzink, Datteln)

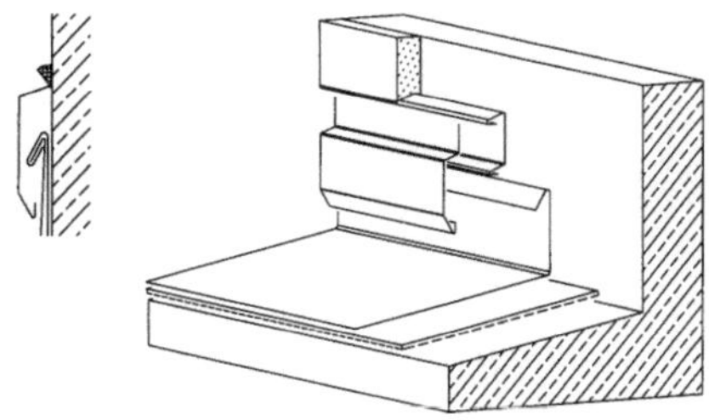

Abb. 5.159 Aufkantung mit Wasserfalz. (Quelle: Rheinzink, Datteln)

Bei kürzeren Längen kann eine direkte Befestigung in Fenstermitte erfolgen (Abb. 5.158).

Eine weitere, in Deutschland weit verbreitete Variante mit Aufkantung ist die in Abb. 5.159 dargestellte Lösung. Sie bietet einen erhöhten Schutz bei Schlagregenbeanspruchung und kommt auch dann zum Tragen, wenn eine Gesimssanierung ohne Putzarbeiten vorgesehen ist.

Gefälle Fensterbankabdeckungen sollten, wie Mauer- und Gesimsabdeckungen auch, eine Neigung von $\geq 38°$ aufweisen. Häufig allerdings wird schon aus gestalterischen Gründen eine stärkere Neigung bevorzugt.

Reinigung Im Bauwesen ist der Einsatz von Reinigungsmitteln entweder als „Endreinigung“ vor der Bauabnahme oder als Bestandteil der andauernden Gebäudepflege üblich. Die meisten dieser Mittel führen bei Kontakt mit Zink zu einer Störung des natürlichen Patinierungsprozesses, was sich in zumeist irreversiblen, optischen Beeinträchtigungen ausdrückt. Aus diesem Grunde muss der direkte Kontakt durch geeignete Abdeckungen vermieden werden.

► **Hinweis** Besondere Vorsicht ist im Zusammenhang mit Ziegelfassaden und den mancherorts üblichen Absäuerungen der Fassade geboten. Hier sind die Fensterbänke z. B. aus werkseitig geformten Tafeln oder Profilen oder bauseits besonders sorgfältig mit unterseitig trockenen Folien zu schützen.

5.5 Sicherheitssysteme auf Flachdachkonstruktionen

Wie schon zuvor beschrieben, wird das Flachdach zunehmend zum „Lebensraum". Der größte Teil der Sicherheitssysteme wird dabei aus Metall in seiner ganzen Vielfalt (Kupfer, Zink, Aluminium, Edelstahl) und Kombinationen bestehen.

Der Wandel des Flachdachs von der reinen Gebäudehülle hin zum Arbeitsplatz und Lebensraum stellt Architekten, Fachplaner und Sicherheitskoordinatoren zunehmend vor besondere Herausforderungen. Flachdachflächen werden für vielfältige (technische) Einrichtungen genutzt, die im Vorfeld optimal koordiniert und langfristig sinnvoll geplant werden müssen. Dabei sind folgende Schwerpunkte zu berücksichtigen:

- Funktionalität,
- Wirtschaftlichkeit,
- Nachhaltigkeit.

Funktionalität In der Praxis praktikable, technisch und optisch einwandfreie Lösungen (Abb. 5.160).

Wirtschaftlichkeit Energieeinsparung, Folgekostenbetrachtung und langfristige Kostenminimierung (Abb. 5.161).

Nachhaltigkeit Bezogen auf einen Lebenszyklus von etwa 20 Jahren und die zunehmende Flächennutzung (z. B. für Solaranlagen wie in Abb. 5.162, Blitzschutz, Klimatechnik, Begrünung)

Sicherheit Bereits in der Bibel steht geschrieben: „Wenn du ein neues Haus baust, sollst du an deinem Dach ein Gelände anbringen, damit du nicht Blutschuld auf dein Haus lädst, wenn jemand herunterfällt." (5. Mose 22,8).

Heutige Vorschriften und Regelwerke von Gesetzgeber und Berufsgenossenschaften enthalten klare Vorgaben zum Einsatz sicherheitstechnischer Einrichtungen. Vorkehrungen zur Absturzsicherung sind nicht nur beim Einbau, sondern auch bei nachfolgenden Pflege- und Wartungsarbeiten an technischen Einrichtungen oder Begrünungen auf Flachdächern eine gesetzlich geregelte Pflicht (Abb. 5.163). Permanente, kollektive Schutzmaßnahmen haben stets Vorrang, so sagt es der Gesetzgeber im Arbeitsschutzgesetz § 4 und in diversen Vorschriften und Verordnungen.

Rechtliche Grundlagen Eine aktuelle Veröffentlichung des unabhängigen Gremiums „D-A-CH-S Absturzsicherung" (eine internationale Expertengruppe mit Vertretern aus Deutschland, Österreich, Schweiz, Südtirol) konkretisiert die vielfältigen Vorschriften zum Thema Absturzsicherung auf Flachdächern.

Die übersichtliche Matrix unterstützt die Auswahl geeigneter Absturzsicherungsmaßnahmen in Abhängigkeit von Begehungsfrequenz, Berufsgattung und Qualifikation der auf dem Flachdach arbeitenden Personen.

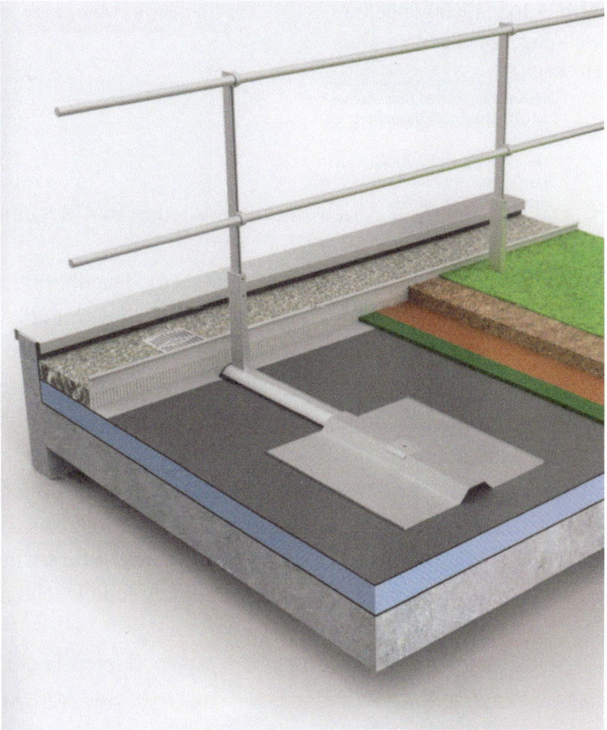

Abb. 5.160 Begrüntes Flachdach in einer Industrieanlage mit Sicherheitsumlauf. (Quelle: dani-alu, Hösbach)

Abb. 5.161 Selbsttragendes Metallbauteil. (Quelle: dani-alu, Hösbach)

Abb. 5.162 Sicherheitsgeländer mit integrierten Solarmodulen. (Quelle: dani-alu, Hösbach)

Abb. 5.163 Lichtkuppelumwehrung. (Quelle: dani-alu, Hösbach)

Die Nutzungskategorien sind untergliedert in 4 Begehungsfrequenzen:

- A – sehr gering (Intervall über 5 Jahre), Dachberufe; Personen die im Umgang, mit der Herstellung temporärer Absturzsicherungen und Anseilschutz geschult sind, z. B. Dachdecker, Spengler, Zimmerleute, Stahlbauer
- B – gering (Intervall 2–5 Jahre), atypische Dachberufe; Personen die im Umgang mit Anseilschutz geschult sind, z. B. Lüftungstechniker, Kaminfeger, Gärtner, Anlagenbauer, Installateure
- C – mittel (Intervall weniger als 2 Jahre), private Nutzer; Personen die nicht im Umgang mit Anseilschutz geschult sind, z. B. Eigentümer, Mieter, Hauspersonal
- D – hoch (mehrmals jährlich), Jedermann; öffentlicher Personenverkehr, z. B. Spielplätze auf Tiefgaragen, allgemein zugängliche Dachterrassen

Selbst bei der Berufsgattung von ausgebildeten Fachkräften am Dach (z. B. Dachdecker, Spengler, Zimmerleute, Stahlbauer) ist eine kollektive Schutzeinrichtung vorzusehen, d. h. Geländer oder Brüstung, sobald die Nutzungsfrequenz mehrmals jährlich überschreitet.

Verantwortung und Haftung Die Zuständigkeit und Verantwortung für Sicherheitseinrichtungen kommt nicht nur den planenden und ausführenden Firmen zu. Vor allem Bauherren und Betreiber stehen in puncto Sicherheit eindeutig in der Haftung. Im Schadensfall werden Versäumnisse entlang jeder Instanz in der Verantwortlichkeitskette überprüft, d. h. Auftragnehmer, Eigentümer, Bauherr, Planer, Sicherheitskoordinator, Betreiber.

Abb. 5.164 Kantenvarianten: gerundete und gerade Kante. (Quelle: dani-alu, Hösbach)

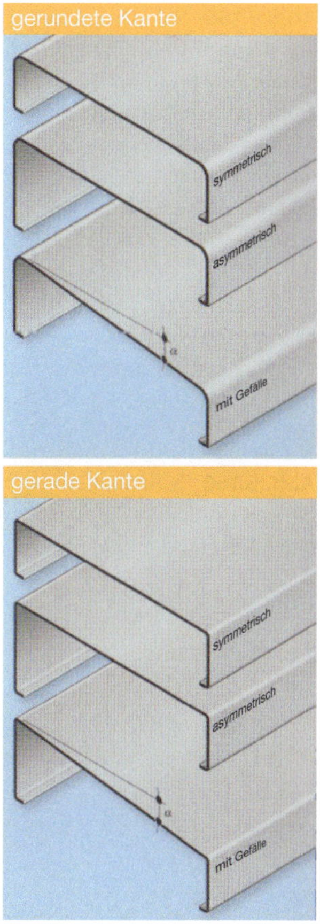

Mauerabdeckungen können:

- symmetrisch,
- asymmetrisch,
- mit Gefälle.

sein.

Kanten können wahlweise rund oder gerade sein (Abb. 5.164).

Halterungen Die Halterungen sind von außen nicht sichtbar. Es gibt 3 unterschiedliche Halterungen:

- Standardhalter (Abb. 5.165),
- Rillenhalter (Abb. 5.166),
- automatische Klipphalter (Abb. 5.167).

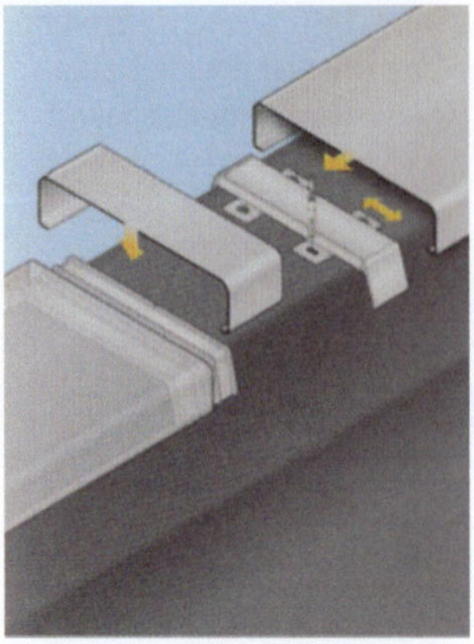

Abb. 5.165 Standardhalter aus stranggepressten, biegesteifen Alu-Profilen. Die in Höhe und Breite variablen Montagelaschen ermöglichen eine praktische Befestigung. (Quelle: dani-alu, Hösbach)

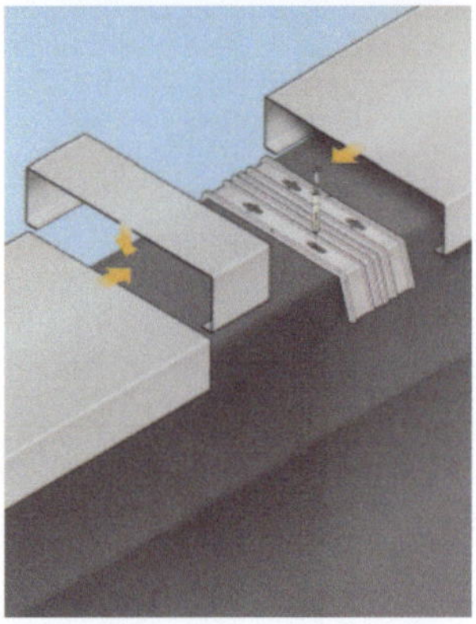

Abb. 5.166 Rillenhalter – die unwirtschaftliche Variante unter den Haltern. (Quelle: dani-alu, Hösbach)

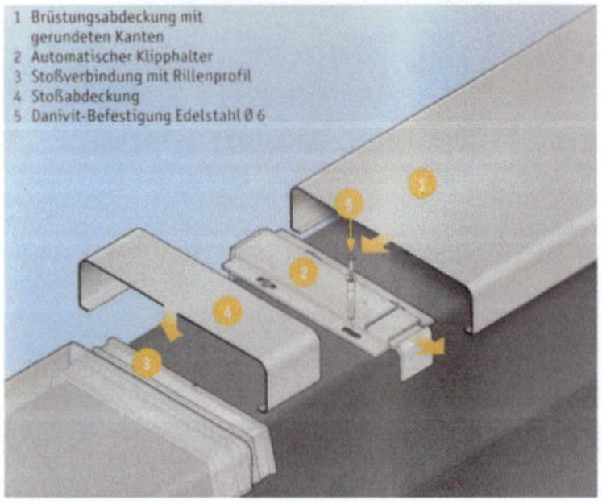

Abb. 5.167 Abdeckung mit automatischem Kipphalter. *1* Brüstungsabdeckung mit gerundeten Kanten, *2* automatischer Kipphalter, *3* Stoßverbindung mit Rillenprofil, *4* Stoßabdeckung, *5* Befestigung mit Edelstahl. (Quelle: dani-alu, Hösbach)

5.6 Sanierungsergänzungen durch metallische Einzelelemente und Dachaufbauten

Es ist in der Praxis üblich, manchmal auch erforderlich, sanierte Bauwerke mit Kleinbauteilen wie Schornsteinkopfbekleidungen, Dachgauben, Türmchen, Kaminen und Dachflächenfenstern zu ergänzen. Dabei nutzt man, wenn auch nicht immer unumstritten, korrosions- bzw. witterungsbeständige Metalle wie Zink oder Kupfer.

Abb. 5.168 Kontrastierende Schornsteinkopfbekleidungen. (Quelle: Rheinzink, Datteln)

Schornsteinkopfbekleidungen Metallische Schornsteinkopfbekleidungen sind als räumlich aus der Dachfläche herausragende Einzelelemente geeignet, die Gestaltung eines Daches, unabhängig von dessen Deckungsmaterial, erheblich zu beeinflussen. Abb. 5.168 zeigt zwei in der Gestaltung unterschiedliche, aber stark kontrastierende Bekleidungen auf Ziegel- bzw. Dachsteindächern.

► **Tipp** Zur Einhaltung allgemeiner technischer Regeln (z. B. Unterkonstruktionen, Be- und Entlüftung, Reinigungsöffnungen usw.) sind die Regeln der Klempner- und Schornsteinverbände der Länder zu beachten.

Dachgauben Häufig verfügen zu sanierende Gebäude schon über Dachgauben[6] (z. B. Fledermausgauben), die dann selbstverständlich in die Sanierung von Dächern oder Gebäuden einbezogen werden.

Aber die Dachlandschaft hat sich in Deutschland rasant verändert. Mit der Wiederbelebung des geneigten Daches mit einer Vielzahl unterschiedlicher Dachsteinen in Form und Farbe sowie die zunehmende Nutzung von Dachräumen ist es auch zu einer zunehmenden Verwendung von Gestaltungselementen auf dem Dach gekommen.

Im Bereich historischer Stadtkerne, aber auch im ländlichen Siedlungsraum hat die Verwendung von Dachaufbauten eine lange Tradition. Dachgauben markieren im Innenraum einen Ort besonderer Qualität, der die Möglichkeit aufrechten Stehens am Fenster bietet und als Ausguck dient.

Gauben und Dachhäuser (Zwerchhäuser) gliedern die Dachfläche, setzen die vertikale Gliederung der Fassade ins Dach fort oder betonen eine besondere Gebäudeachse.

Dem „Dach die Krone aufsetzen" kann ebenfalls die Verwendung einer besonders gestalteten Gaube bedeuten. Auch im Straßenbild können Gauben wie eine Auflösung einer imaginären Grenzlinie zwischen der Gebäudemasse und dem Himmel wirken.

[6] Die Schreibweise ist sowohl mit p als auch mit b möglich (Handwerkerlexikon DVA Stuttgart 1999).

Der Dachraum in der Sparkasse in Jena (Abb. 5.169) wurde zu einem großen Büroraum ausgebaut. Das zur Belichtung vorgesehene große Atelierfenster in der Ausführung eines Dachflächenfensters sollte sich der alten Fassade und der Dachform anpassen. So erhielt es Seitenkanten parallel zu den Dachgraten und Kehlen. Die linke Gaube verkörpert eine ideale Verbindung mit einem Ornament. Die 3 rechten Gauben gehören eigentlich nicht zu den traditionellen Gaubenformen, fügen sich aber harmonisch in die beispielhaft gelungene Sanierung Dach-Fassade ein.

Mit der Nutzung des Dachraums als Wohnraum kommt dem Bauteil Dachgaube gegenüber früheren Zeiten eine veränderte Bedeutung zu. Neben der gestalterischen Absicht (sowohl im Dachinnenraum als auch beim äußeren Erscheinungsbild des Gebäudes) werden Raumgewinn, Belichtung und Belüftung zu wichtigen Aspekten für die Planung von Gauben.

Abb. 5.169 Musterbeispiele schöner Dachgauben an sanierten Gebäuden. – Zurückspringendes Zwerchhaus; die Blende wurde in die Randschare eingebaut, – Verbindung von Dachgaube und Ornamentspenglerei (Ochsenauge), – Dachhäuser mit senkrecht verlaufenden Falzen der Stirnblenden in Fortsetzung des Fensterrasters, – Auch einfache Formen wirken optisch angenehm durch Materialkonstrast, – Rundgauben mit einem Tonnendach. Bei entsprechender Abstimmung der Radien kann die Anzahl der erforderlichen Kehlsegmente auch variiert werden, – Rundgaben mit schattenspendend vorgezogenen Ortgang. Die Ortgangelemente wurden mit Einhangfalzen verbunden, – Randgauben mit Firstentlüftung; die Belüftung kann auch alternativ über die Ortgänge in das Hauptdach geführt werden, – Dachgaube als Fortsetzung der vertikalen Betonung ins Dach. (Quelle: Rheinzink, Datteln)

Abb. 5.170 Türme mit Dünnblechverkleidungen. (Quelle: Rheinzink, Datteln)

Auch die Auswahl des Bekleidungsmaterials ist abhängig von der gebauten Umwelt, der Historie und Sanierung des Gebäudes, der architektonischen Einordnung und nicht zuletzt von der individuellen Vorstellung des Bauherrn.

Von Vorteil für die Auswahl eines Metalls sind die bauphysikalischen Erfordernisse und die Ausführung der nicht immer einfachen Anschlüsse (Dichtheit und Befestigung).

Türme stellen traditionell ein Gestaltungselement dar, das signalhafte Fernwirkung hat und schon seit dem Altertum zur Betonung bestimmter Gebäudeabschnitte oder -funktionen diente.

Einen Höhepunkt in der Verwendung dieses Stilelements stellen die Jahrzehnte um die Wende zum 20. Jahrhundert dar.

Neben den Kirchen wurden auch Wohn- und Rathäuser „bekrönt“. Für diese Türme wurden in der Mehrzahl Dünnbleche verwendet (Abb. 5.170).

Wenn auch Türme in aller Regel dem Kirchenbau vorbehalten bleiben, führt die Besinnung auf die Erhaltungswürdigkeit historischer Türmchen auf anderen Gebäuden zu einem erhöhten Sanierungsbedarf. Auch Neuaufbauten kleiner Türme auf sanierten Gebäuden ist „in Mode“ gekommen.

Kaminverwahrungen Sanierungsarbeiten am Haus nutzt man auch häufig um nachträgliche Einbauten wie Kamine (auch Dachflächenfenster) auszuführen.

► **Tipp** Bei der Durchdringung der Dachfläche von Hartbedachungen mit Kaminen entstehen Dichtungsprobleme, die sich mit metallischen Produkten recht gut lösen lassen.

Für die Anfertigung werden Kaminschablonen verwendet, mit denen sich optisch anspruchsvolle, zweiteilige Rahmen herstellen lassen, die auf der Baustelle nur noch zusammenzustecken und zu verwahren sind (Abb. 5.171).

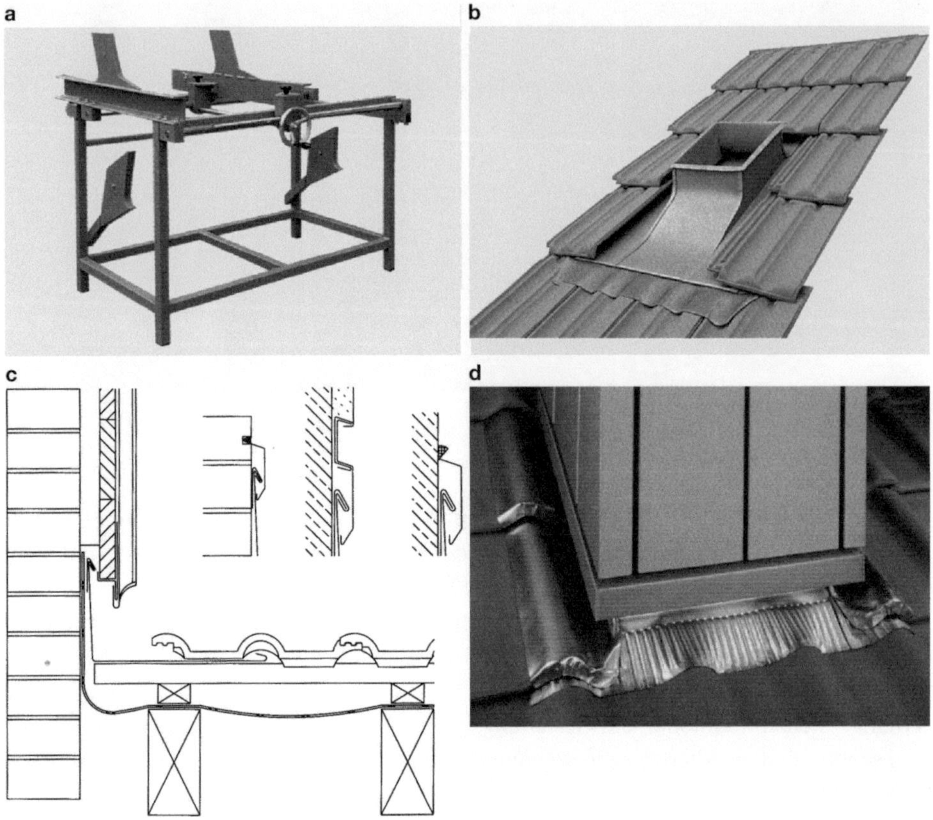

Abb. 5.171 Herstellung einer Kaminverwahrung. **a** Schablone zur Herstellung von Kaminverwahrungen, **b** handwerklich hergestellter Rahmen als dichtetechnische Verbindung zwischen Ziegeldeckung und Kaminkopf, **c** Verwahrung des Rahmens am Kaminkopf, **d** fertige Kaminverwahrung glatt und plissiert aus Zink. (Quelle: Rheinzink, Datteln)

Die handwerklich ausgeführte Verbindung der beiden Hälften erfolgt je nach Dachneigung entweder durch Weichlöten, Einhängefalze oder Überdeckungen. Der Übergang des Brustblechs an wellige Deckungsmaterialien erfolgt ggf. durch einen eingehängten oder untergelöteten Streifen aus Zink (oder Kupfer).

Für Hartbedachungen aus Ziegeln, Dachsteinen oder gewellten Profilen wird in der Fachsprache Anformzink (z. B. RHEINZINK®) verwendet. Diese weiche Zinkqualität mit guten Löt- und Falzeigenschaften ist die moderne Alternative zu Traditionswerkstoffen. Anformzink ist leicht und in den Ausführungen glatt und plissiert erhältlich.

Für die Verwahrung an der Oberfläche des Kaminkopfes stehen je nach Beschaffenheit mehrere Alternativen zur Verfügung. Die bautechnisch beste Alternative besteht in der Überdeckung durch eine oberhalb gelegene Bekleidung.

Abb. 5.172 Dachflächenfenster in der Ausführung des Wohn- und Ausstiegsfensters. (Quelle: Prefa, Wasungen)

► **Tipp** Aus Sicherheitsgründen ist die Schaffung einer zweiten Dichtungsebene empfehlenswert.

Dachflächenfenster Dachflächenfenster (Abb. 5.172) aus Metall sind industriell vorgefertigte Ein- und Abdeckrahmen, walzblank und „vorbewittert" für alle Bedachungsarten lieferbar.

Abb. 5.173 Anpassung eines keramischen Biberdachziegels an ein metallisches Dachflächenfenster. (Quelle: PREFA, Wasungen)

Die unterschiedlichen Eindeckrahmen unterscheiden sich lediglich in der Geometrie der Randbereiche, die eine anwendungstechnisch erforderliche Überdeckung zu den jeweiligen Bedachungsstoffen (Metall, Ziegel, Schiefer usw.) zu berücksichtigen hat (vgl. Abb. 5.173).

Eine sorgfältige Materialauswahl und architektonische Abstimmung zwischen Kamineinfassung, Schornsteinbekleidung, Gauben, Dachflächenfenstern und Bedachung stellt eine hohe qualitative Aufwertung von Sanierungen am Gebäude dar.

5.7 Solartechnik auf Metalldächern

Photovoltaik auf „normalen" Dächern gehört mittlerweile zum gewohnten Anblick in der deutschen Dachlandschaft.

Auf Metalldächern ist es bisher noch eher die Ausnahme als die Regel. Da aber Metalldächer zunehmend an Bedeutung gewinnen, ist es besonders wichtig, wenn ein bisher mit keramischen Dachziegeln gedecktes Dach mit einem Metalldach saniert werden soll, auch die Solarstromgewinnung einzubeziehen.

Das ist umso bedeutender, da Metalldächer in unterschiedlichen Werkstoffen und einer enormen architektonischen Breite angeboten werden. Die hauptsächlichsten Verlegearten sind dabei Stehfalz-, Leisten- und Rautendeckungen. Lange Zeit bestand das Problem darin, die Solarstromgewinnung zu integrieren. 2007 gelang es der Firma RHEINZINK ein Metalldecksystem (Herstellerbezeichnung: Treppendach QUICK STEP) mit einem Modul zu verbinden und daraus eine Photovoltaikanlage zu entwickeln, an deren Vervollkommnung ständig gearbeitet wird. Der gegenwärtige Stand (2013) soll deshalb nachfolgend umrissen werden.

Photovoltaik (PV) Photovoltaik ist die Bezeichnung für die direkte Umwandlung von Sonnenlicht in elektrische Energie. Solarzellen werden zu Solarmodulen zusammengesetzt, mehrere Module bilden einen leistungsstarken Solargenerator. Ohne mechanischen Verschleiß oder jegliche Emissionen erzeugen Photovoltaikanlagen direkt nutzbaren – auch in das öffentliche Netz einspeisbaren – Strom. Sonnenenergie wird zumeist direkt vom Dach des Hauses gewonnen. Die Montage der Solarmodule führt jedoch selten zu überzeugend handwerklichen und ästhetischen Ergebnissen.

Deckungssystem (QUICK STEP)-Solar PV Mit dieser Kombination ist es gelungen dacharchitektonische Integration und ökologische Solarenergiegewinnung miteinander zu verbinden.

Der aus einem Metall-Basisprofil (Abb. 5.174) mit unterseitig aufgebrachten Kapillarröhrchen bestehende, unverglaste Solarabsorber eignet sich hervorragend für moderne leistungsfähige Design- und Energiekonzepte.

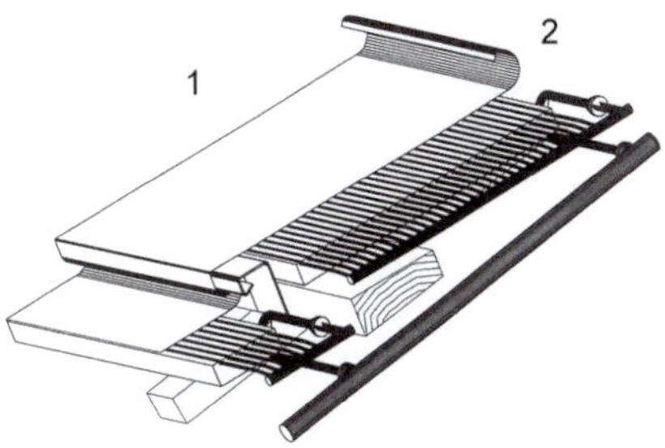

Abb. 5.174 Metall-Basisprofil (QUICK STEP). *1* Titanzinkpaneele, *2* Kollektor, *3* Kapillarröhrchen. (Quelle: Rheinzink, Datteln)

Abb. 5.175 Montage der steckfertig verrohrten QUICK STEP®-Solarpaneele. (Quelle: Rheinzink, Datteln)

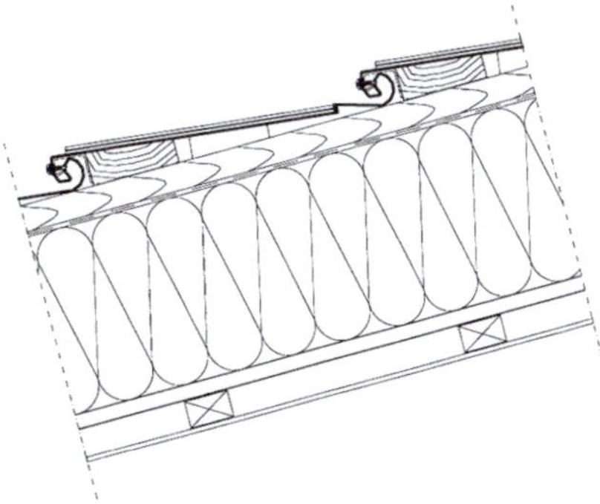

Abb. 5.176 Konstruktionsaufbau Treppendach. *1* Treppendach Zink, *2* Solar PV, *3* Unterkonstruktion, *4* Lattung/Kantholz, *5* Wärmedämmung, *6* sommerlicher Wärmeschutz, *7* Unterkonstruktion. (Quelle: Rheinzink, Datteln)

Dabei nutzt das Kollektorsystem die hohe Wärmeleitfähigkeit von RHEINZINK®-Titanzink. Die Solarthermie-Module – Absorber für Sonnen- und Umgebungswärme – sind zugleich eine hochwertige Dachdeckung.

Mit fortschrittlichster Technologie produzierte Solarmodule werden mit einem transparenten Hightechkleber direkt und vollflächig auf einzelne Paneele geklebt (Abb. 5.175). Das Ergebnis ist eine dauerelastische Verbindung der Werkstoffe Zink und Glas, die den besonderen Anforderungen an Lichtdurchlässigkeit, Witterungs- und Alterungsbeständigkeit perfekt gerecht wird. Ob feucht oder trocken, ob kälte- oder hitzeextrem: Das Klebeband behält seine konstante Leistungsfähigkeit. Eine häufig ausgeführte und konstruktiv durchdachte Konstruktion ist das Treppendach (Abb. 5.167).

Abb. 5.177 Dacheinteilung mit Systemlattung und -befestiger. (Quelle: PREFA, Wasungen)

Die „unsichtbar“ an der Unterseite der Basisprofile befestigten Fluidträger speisen die regenerative Wärme in die Haustechnik ein. Kombiniert mit einer Wärmepumpe, gewinnt das System auch bei geringen Lufttemperaturen Energie.

Montagefolge Die Montagerichtung der Module verläuft vom First zur Traufe (Abb. 5.177). Nachdem das erste Basismodul am First montiert ist, wird das folgende Solar PV-Modul mit seiner firstseitigen Rundung in den darüber liegenden Systembefestiger eingedreht

1. Das mitgelieferte 600 mm-Kabel des oberhalb montierten PV-Moduls wird unter der Systemlattung durchgeführt.
2. Bevor das eingehängte Modul fest montiert wird, erfolgt die Verkabelung (Steckverbindung) mit dem darüber liegenden Modul (Abb. 5.178, 5.179, 5.180 und 5.181).

RHEINZINK®-Titanzink ist ein natürlicher und wartungsfreier Werkstoff mit einer Lebensdauer im Dachbereich von ca. 100 Jahren.

Die Anordnung der Solarmodule schränkt die Wartungsfreiheit der Dächer nicht ein. Dies gilt sowohl für den Einsatz der Glas/Glas-Module bei dem Solar PV als auch für die Module bei den Falzdeckungssystemen (Abb. 5.182 und 5.183). Der Selbstreinigungsprozess bei allen Verlegesystemen erfordert ggf. die Laubbeseitigung in ganz besonders exponierten Lagen.

Vier weitere Möglichkeiten des Einsatzes von Solarelementen sowohl beim Neuaufbau als auch bei der Sanierung sind:

1. Trägerstruktur aus Aluminium für Solarmodule auf Flachdächern,
2. Solardachplatte,
3. PREFALZ Solar,
4. Solarelemente an Sicherheitssystemen.

Abb. 5.178 Verkabelung der QUICK STEP®-Solar PV-Module. (Quelle: PREFA, Wasungen)

Abb. 5.179 Verkabelung der QUICK STEP®-Solar PV-Module. (Quelle: PREFA, Wasungen)

Abb. 5.180 Geschlossene Dachdeckung mit QUICK STEP®-Solar PV. Nach der Montage die Qualitätsschraube zur Lagesicherung nicht vergessen! (Quelle: PREFA, Wasungen)

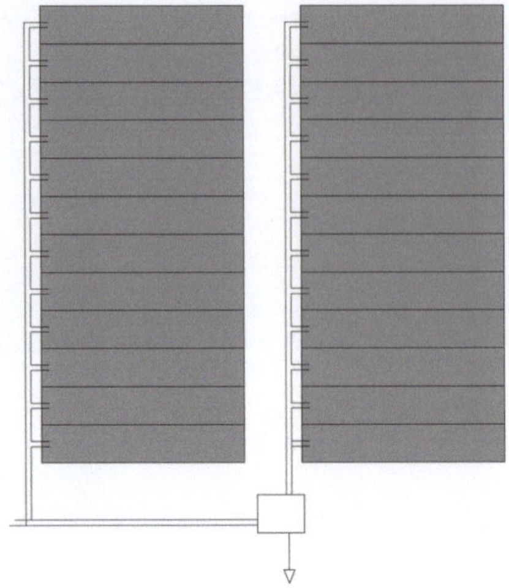

Abb. 5.181 Anschlussbeispiel: 2 Reihenschaltungen mit jeweils 12 Modulen; Anschluss der Reihenschaltungen erfolgt parallel an einem Wechselrichter. (Quelle: dani-alu, Hösbach)

Trägerstruktur aus Aluminium für Solarmodule auf Flachdächern Dieses System bietet den Vorteil, dass durch die voneinander unabhängige Regulierung am Stützenfuß, an der Verbindung der Stützen und Träger sowie an der Verbindung der Trägerschienen und den beiden dreieckigen Trägerelementen die Montage erleichtert wird und eine optimale Ausrichtung für das beste Einstrahlungsergebnis möglich ist (Abb. 5.184).

Während ein Fuß auf der stabilen Unterkonstruktion steht und gemäß der Flachdachrichtlinie vom Fachbetrieb abgedichtet wird, stehen die beiden anderen Füße auf dem Metalldach (oder auch anderen) und werden ebenfalls nach Herstellervorschrift verbunden. Die Abmessung der Trägerstruktur entspricht den Eurocodes. Die Berechnung erfolgt durch den Hersteller.

Abb. 5.182 Passiv-Wohnhaus in Coschen. (Quelle: dani-alu, Hösbach)

Abb. 5.183 PV Passiv-Wohnhaus in Coschen. (Quelle: PREFA, Wasungen)

Abb. 5.184 Trägerstruktur aus Aluminium für Solarmodule auf Flachdächern. (Quelle: PREFA, Wasungen)

Abb. 5.185 Solardachplatte (PREFA). Maße: $l = 600$ mm; $b = 420$ mm; $d = 3{,}5$ mm (0,7 mm Blechdicke), Leistung/Modul: 18,75 W_p ($\pm 10\,\%$), Solarzelle: monokristalline Solarzellen, Prüfungen: IEC 61215 beantragt, Schutzklasse II, Untergrund: PREFA Farbaluminium Dachplatten. (Quelle: PREFA, Wasungen)

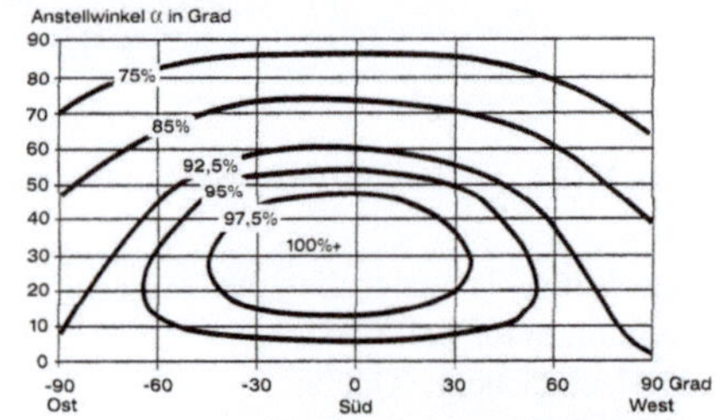

Abb. 5.186 Anstellwinkel – Ausrichtung. (Quelle: PREFA, Wasungen)

Abb. 5.187 Solarplatten im Verbund. (Quelle: PREFA, Wasungen)

Solardachplatte Solardachplatten können vor allem für Steildächer angewendet werden. Die Verlegung erfolgt ähnlich der mit keramischen Dachsteinen nach den allgemeinen Regeln des Dachdeckerhandwerks.

Solardachplatten (PREFA) sind in 10 Standardformen (Beispiel in Abb. 5.185) und ab einer Leistung von 1 kW_p erhältlich. Die erzielte Leistung ist sowohl vom Wetter als auch von der Lage und der Ausrichtung der Anlage abhängig. Die maximale Ausbeute erzielt man bei der Ausrichtung nach Süden und einer Dachneigung von 30° (s. Abb. 5.186 und 5.187).

Montage

- Es muss eine Leerverrohrung vom Dach zum Zählerkasten hergestellt werden.
- Es muss mit erhöhtem Platzbedarf für einen zusätzlichen Zähler im Zählerkasten gerechnet werden.
- Die Verlegung bis zum Solarschaltkasten (im Dachinneren) muss nicht notwendigerweise von einem konzessionierten Elektriker durchgeführt werden (Schutzkleinspannungsbereich!).
- Für den Solarschaltkasten im Dachboden muss in der Mitte einer 1 kW_p-Anlage eine Kabeldurchführung Ø 30 mm vorgesehen werden.

PREFALZ SOLAR

- Bezeichnung: PS. 68
- Maße: $l=2849$ mm; $b=394$ mm; $d=2{,}5$ mm
- Leistung/Modul: 68 W_p
- Bezeichnung: PS. 136
- Maße: $l=5486$ mm; $b=394$ mm; $d=2{,}5$ mm
- Leistung/Modul: 136 W_p
- Solarzelle: Dünnschicht Solarzellen
- Prüfungen: IEC 61646, Schutzklasse II
- Untergrund: Farbaluminiumbänder von PREFA
- keine Verlegung auf verzinkte oder gestrichene Bleche oder sonstige Bedachungsmaterialien

Solarelemente an Sicherheitssystemen Eine, wenngleich noch etwas gewöhnungsbedürftige Variante der Anordnung von Solarmodulen ist das Sicherheitsgeländer an (zurzeit 2012 noch ausschließlich) nicht öffentlich genutzten Dachterrassen (Abb. 5.188).

Abb. 5.188 Kombination Sicherheitsgeländer – Photovoltaikanlage. (Quelle: PREFA, Wasungen)

5.8 Sanierung von metallischen Fassaden

5.8.1 Entwicklung

Metalle spielten jahrhundertelang keine oder kaum eine Rolle in der Fassadengestaltung und somit auch nicht in der Sanierung.

Aus Metallen bestanden vorwiegend Rinnen, Fallrohre (Abb. 5.189) und Dachverzierungen aus Kupfer, Zink, teilweise Messing und Bronze.

Darauf bezieht sich auch die traditionelle Sanierungsarbeit.

In den letzten Jahren haben die Gebäude mit Metallfassaden unterschiedlichster ästhetischer Ausprägung enorm in der Gebäudelandschaft zugenommen.

Zu allen Zeiten war die äußere Hülle eines Bauwerks Wetterschutz und wurde für die architektonische Gestaltung des Gebäudes genutzt. Im Zeitalter des technischen Fortschritts und des wachsenden Umweltbewusstseins hat die Fassade jedoch weitere Aufgaben zu erfüllen. So wird die Integration haustechnischer Anlagen (z. B. Solartechnik zur Wassererwärmung und Stromerzeugung) konsequent weiterentwickelt.

Gerade im Bereich der Fassadensanierung mit variablen Metallkonstruktionen besteht die Möglichkeit, diese Erfordernisse umzusetzen.

Die häufig verwendeten Metalle sind Aluminium (walzblank oder vorpatiniert). Für die Reduzierung möglicher, sich optisch darstellender Beulenbildung walzblanker Metalloberflächen stellt die herstellende Industrie Verfahren zur Strukturierung der Bleche und Bänder zur Verfügung.

Abb. 5.189 Gusseiserne Symbolplatte auf einem Fallrohr. (Quelle: dani-alu, Hösbach)

5.8.2 Konstruktions- und Verlegeprinzipien

5.8.2.1 Die vorgehängte hinterlüftete Fassade (VHF)

Als Konstruktion für die Fassadenbekleidung aus Metall hat sich die vorgehängte hinterlüftete Fassadenkonstruktion (Abb. 5.190) bewährt. Sie erfüllt bei fachgerechter Ausführung die erforderlichen bauphysikalischen Aufgaben und gewährleistet eine dauerhafte Funktion.

Profile

Wellprofile Durch die fließende Form der klassischen Sinuswelle haben Wellprofile (Abb. 5.191) eine besonders filigran wirkende Anmutung. Die verschiedenen Arten der Verlegung – horizontal, vertikal oder diagonal – ermöglichen sowohl eine feine Strukturierung als auch die feldweise deutlich sichtbare Trennung des Fassadenbildes. Weiche

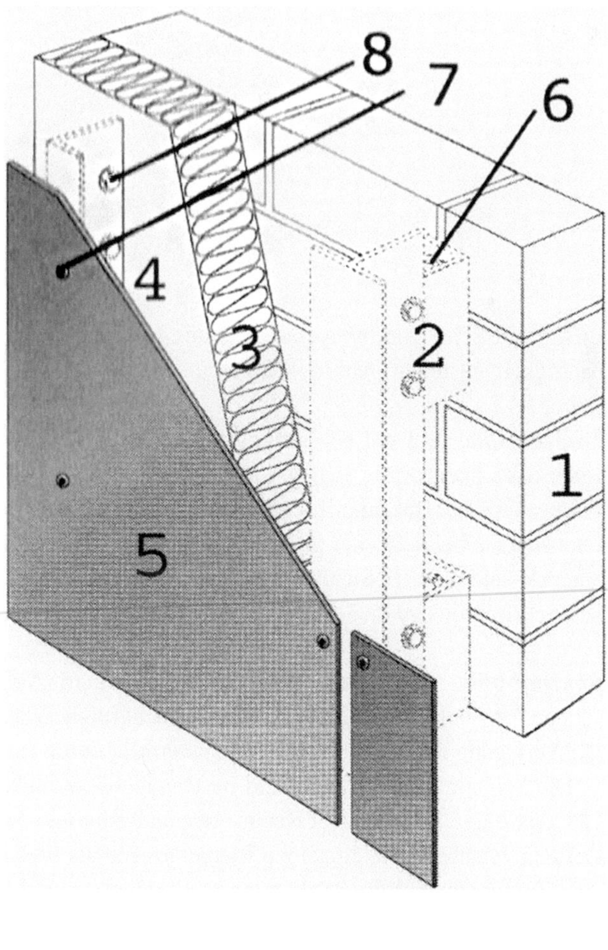

Abb. 5.190 Bauteile der Fassadenkonstruktion. *1* Verankerungsgrund, *2* Unterkonstruktion/Tragwerk, *3* Wärmedämmung, *4* Hinterlüftungsraum, *5* Bekleidung, *6* Verankerungsmittel, *7* Befestigungsmittel, *8* Verbindungsmittel. (Quelle: Rheinzink, Datteln)

Abb. 5.191 Wellprofile. (Quelle: Rheinzink, Datteln)

Licht- und Schatteneffekte lassen gerade bei großen Flächen eine optisch reizvolle Lebendigkeit entstehen (Abb. 5.192).

Trapezprofile Sowohl bei horizontaler, vertikaler als auch diagonaler Anordnung überzeugt das rippenförmig ausgebildete Trapezprofil (Abb. 5.193) durch seine kantig-kühle Formensprache. Der unter Lichteinfall entstehende kontrastreiche Effekt ist von größerer Intensität als bei dem eher gedämpft wirkenden Wellenprofil. Die Möglichkeit, zwischen einer A- und einer B-Sichtseite wählen zu können, macht diese Fassadenbekleidung zu einem Profil mit „zwei Gesichtern".

Rautenprofile Systemschindeln und Systemrauten (Abb. 5.194) bieten neben ihrer besonderen Ästhetik auch entscheidende wirtschaftliche Vorteile bei der Fassadengestaltung: Die Verlegung der Bekleidungselemente erfolgt durch einfaches Ineinanderhängen.

Die Schindeln und Rauten sind im Randbereich umlaufend mit einer Abkantung von 180° versehen. Jeweils zwei Randseiten sind mit einer Vorkantung bzw. mit einer Rückkantung versehen. Die einzelnen Elemente sind als links- oder rechtsdeckend erhältlich. Alle Kantungen und Ausklinkungen werden bereits werkseitig maschinell vorgenommen.

Abb. 5.192 Wellprofile; Terminallager Salzburg (Österreich). (Quelle: Rheinzink, Datteln)

a b

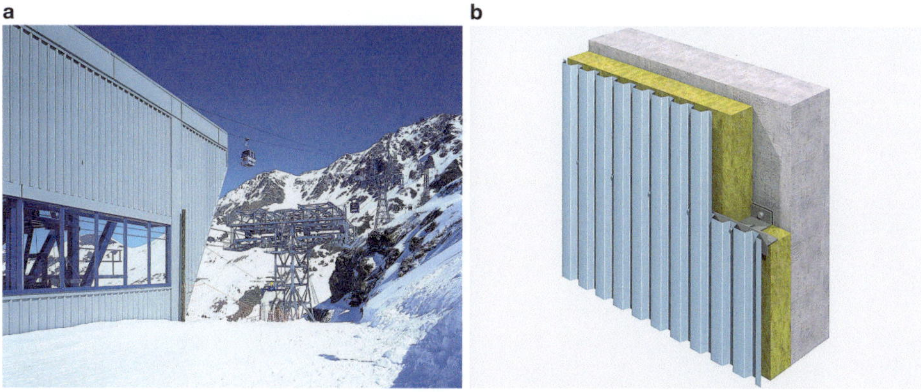

Abb. 5.193 Trapezprofile; Seilbahn Verbier (Schweiz). (Quelle: Rheinzink, Datteln)

An den Anschlussbereichen können die üblichen Verarbeitungstechniken wie Kanten, Falzen oder Biegen angewendet werden. Das ermöglicht eine wetterdichte Ausführung von Gebäudekanten und Anschlüssen an andere Bauteile wie Fenster und Türen (vgl. Abb. 5.195).

Unterkonstruktionen

Die Unterkonstruktion der Fassadenbekleidung ist das konstruktive Bindeglied zwischen Tragwerk und Bekleidungsebene. Sie muss bei der Planung und Ausführung immer auf die Anforderungen, die sich aus dem Verankerungsgrund (z. B. Mauerwerk, Stahlbeton) und der gewählten Fassadenbekleidung (z. B. Winkelstehfalz, Paneele etc.) ergeben, abgestimmt sein. Die Unterkonstruktion hat die Aufgabe, alle anfallenden Lasten der Fassa-

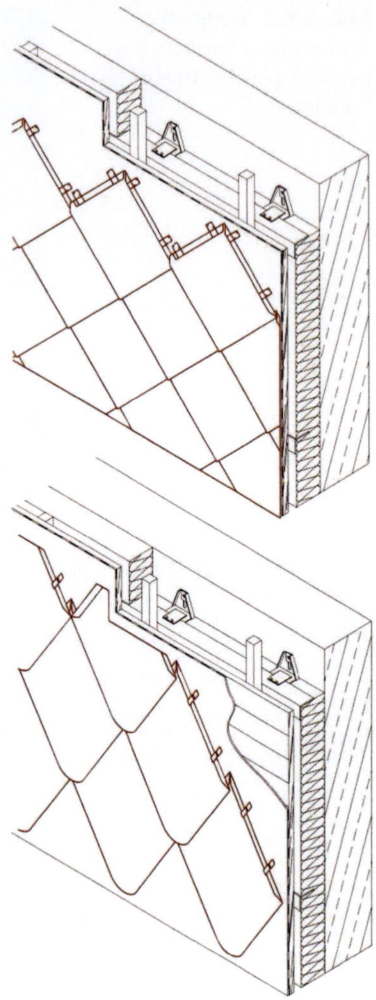

Abb. 5.194 Rauten; Systemschindeln in Rechteckdeckung und Systemrauten. (Quelle: Rheinzink, Datteln)

denkonstruktion (z. B. Eigenlast, Lasten aus Winddruck und Windsog, nach DIN 1055) in das Tragwerk einzuleiten.

Unterkonstruktionen bestehen heute in der Regel aus stranggepressten und zusammengesetzten Aluminiumprofilen oder anderen geeigneten Baumetallen. Die konventionellen Unterkonstruktionen aus Holz (Abb. 5.196) oder Kombinationen aus Holz und Metall (Abb. 5.197) sind technisch ebenfalls möglich. Sie verlieren jedoch aufgrund der gestiegenen Dämmstoffdicken und den Anforderungen an den baulichen Brandschutz zunehmend an Bedeutung. Mit dem Einsatz durchdachter Systemunterkonstruktionen können Bautoleranzen auf einfache Art ausgeglichen werden.

Abb. 5.195 Lofthaus in Hamburg. (Quelle: Rheinzink, Datteln)

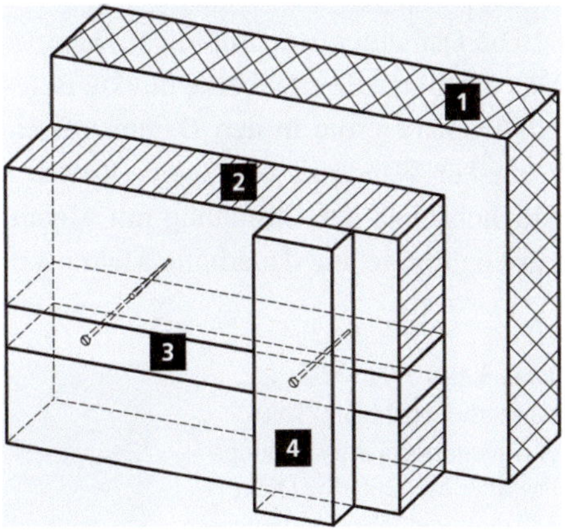

Abb. 5.196 Unterkonstruktion: Holzlatten einlagig, *1* Verankerungsgrund, *2* Dämmstoff, *3* Grundlattung, *4* Traglattung. (Quelle: FOAMGLAS, Erkrath)

Wärmedämmung Hinterlüftete Fassaden gelten als bauphysikalisch sichere Bauweise. Bei richtiger Materialwahl und entsprechender Konstruktion kann die vorgehängte Bekleidung Anforderungen bezüglich Wetterschutz und Ästhetik auf lange Sicht erfüllen. Wärmebrücken sollten möglichst vermieden werden. Beachtliche wärmetechnische Schwachpunkte entstehen z. B., wenn die Unterkonstruktion einer vorgehängten Fassade im Tragwerk verankert werden muss.

Wo eine Verankerung der Bekleidung durch die Wärmedämmung in die tragende Wand erforderlich ist, entstehen Wärmebrücken, die einen wesentlichen Einfluss auf den Gesamtdämmwert der hinterlüfteten Fassade haben. Es resultieren Wärmeverluste von ca. 13–80 %, je nach Konstruktion und verwendeten Materialien. Die negativen Auswirkungen erhöhen sich bei größeren Dämmdicken, weil auch die Verankerungen entsprechend stärker ausgebildet werden müssen.

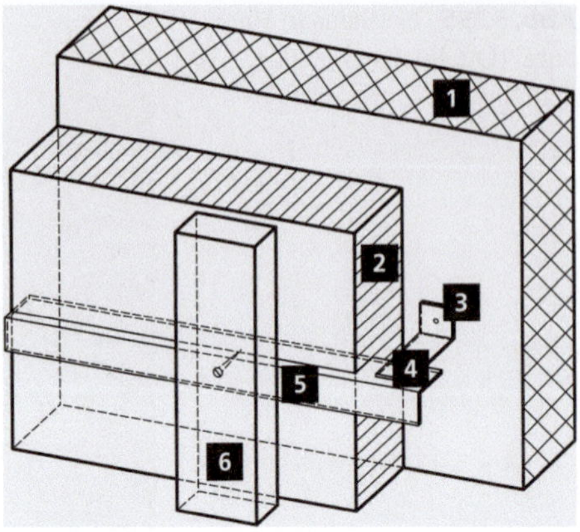

Abb. 5.197 Unterkonstruktion: Stahlkonsolen mit Stahlwinkelprofilen, *1* Verankerungsgrund, *2* Dämmstoff, *3* thermische Trennung, *4* Konsole, *5* Tragprofil, *6* Traglattung. (Quelle: FOAMGLAS, Erkrath)

Aus energiewirtschaftlichen Gründen lässt sich auch in Deutschland ein Trend zu steigenden Dämmdicken erkennen (Abb. 5.198 und 5.199). Innovative, energietechnisch optimierte Lösungen zur Vermeidung von Wärmeverlusten und Verbesserungen sind gefragt.

Die Dämmung ist dampfdicht, daher ist grundsätzlich keine Hinterlüftung notwendig. Die Warmfassade erlaubt die direkte Befestigung der Stehfalzbekleidung über Haften und Krallenplatten, die in den Dämmstoff eingedrückt werden. Daraus ergibt sich ein sehr schlanker Wandquerschnitt, der Kosten spart. Optimaler Wärmeschutz und vielfältige Möglichkeiten der Gestaltung mit Metall machen das System bestens geeignet für eine kostengünstige und dauerhafte Mehrzweckarchitektur.

Abb. 5.198 Warenfassade, Wasserhochbehälter, Stuttgart-Degerloch. Anwendung: Fassade, ca. 5200 m^2, Dicke 180 mm, verklebt; Bekleidung: Metall-Stehfalzbekleidung, ohne Hinterlüftung, Befestigungshaften fixiert auf PC® Krallenplatte. (Quelle: FOAMGLAS, Erkrath)

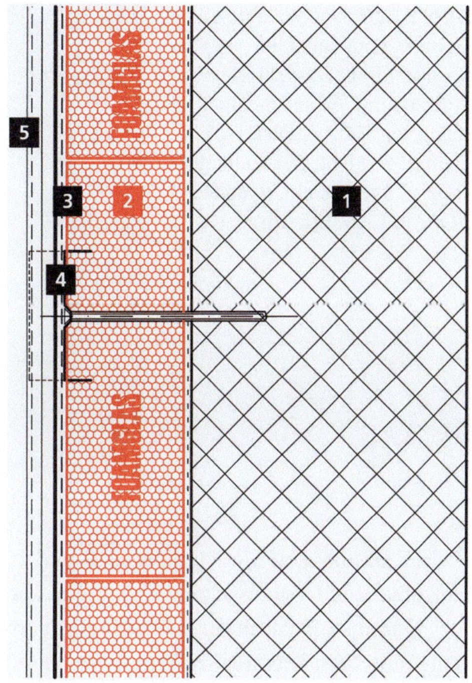

Abb. 5.199 Aufbau *1* Massivwand (Beton/Mauerwerk), *2* Dämmung, verklebt, *3* SK-Abdichtung, *4* PC® Krallenplatte mit Durchsteckanker, *5* Bekleidungsblech, gefalzt. (Quelle: FOAMGLAS, Erkrath)

Befestigung Mit diesem neuen System für hinterlüftete Fassaden können hervorragende bauphysikalische Werte an Außenwänden erzielt werden. Durch Verwendung von hoch druckfestem Schaumglas als Dämmstoff und Anordnung der Befestigungsebene für Unterkonstruktion und Bekleidung vor der Wärmedämmung – mittels eingepresster Krallenplatten und Sicherheitsanker – wird ein Aufbau mit minimalen Wärmebrücken erreicht.

Das neu entwickelte Fassadensystem FOAMGLAS® plus baut auf folgenden Konstruktionsprinzipien auf:

- Die selbsttragende Dämmschicht aus hoch druckfestem FOAMGLAS® wird wärmebrückenfrei auf der tragenden Außenwand angebracht (Verklebung und zusätzliche mechanische Sicherung durch Auflager, z. B. Winkelprofile).
- Krallenplatten (U-Profile aus verzinktem Stahl) werden als Befestigungselemente für Unterkonstruktion und Bekleidung von außen in die FOAMGLAS®-Platten eingepresst und mit Durchsteckankern gesichert. Die Befestigungsebene wird auf diese Weise mit minimalen Wärmebrücken vor die Wärmedämmung verlegt.
- Die Krallenplatten und Durchsteckanker erlauben die Montage handelsüblicher Unterkonstruktionen (Holz, Metall) und den Einbau von leichten bis mittelschweren Bekleidungen in Klein-, Mittel- oder Großformat.

Abb. 5.200 Vorgehängte Fassade, Blutbank Universitätsklinik Düsseldorf. Anwendung: Fassadendämmung, ca. 100 m^2, Dicke 50 mm, verklebt; Bekleidung: Kalzip® Profiltafeln. (Quelle: FOAMGLAS, Erkrath)

Bei Blutbanken sind temperierte und besonders hygienische Bedingungen gefragt. Entsprechende Voraussetzungen werden auch durch eine Fassadendämmung geschaffen. Der Dämmstoff ist alterungsbeständig, verrottungsfest und schädlingssicher. In Verbindung mit dem Fassadensystem wird eine ästhetisch-funktionale Architektur realisiert (Abb. 5.200 und 5.201). Gleichzeitig überzeugt diese Lösung durch Wirtschaftlichkeit, denn das geringe Eigengewicht der Profiltafeln führt zu erheblichen Gewichts- und Kosteneinsparungen an der Unterkonstruktion.

Der druckfeste und plan verlegbare Dämmstoff weist Einbautoleranzen auf, wodurch eine spannungs- und beulenfreie Ausführung der Außenschale möglich ist.

Oberflächengestaltung An Fassaden wird schon der Gestaltwirksamkeit wegen ein höherer Anspruch an die Oberfläche gestellt als an Dächer. Aus diesem Grunde sollten zur Vermeidung von Verwindungen während der Montage die Scharenlängen auf max. 6 m begrenzt werden. Sehr gute Erfahrungen liegen mit Scharen von 3 m Länge vor (Abb. 5.202).

Dieses Maß kommt vor allem der Verwendung von Tafel- anstatt Bandmaterial entgegen, das wegen seiner besseren Planheit häufig vorgezogen wird.

Die Verbindung der kurzen Einzellängen erfolgt durch einen einfachen Querfalz. Dieser kann entweder durchgehend sein und damit Falzkreuzungen („Kreuzfugen") verursachen oder jeweils zu dem der Nachbarschar versetzt angeordnet werden. Letzteres wird im Falle einer relativ gleichmäßigen Aufteilung auch Spiegeldeckung genannt und erzeugt darüber hinaus eine höhere Lebendigkeit der Fassade (Abb. 5.203).

Die Querfalze werden zumeist horizontal angeordnet, können aber auch in jeder beliebigen Neigung angeordnet werden (z. B. Jüdisches Museum, Berlin, Abb. 5.204).

Für den gestalteten Sichtbereich, der damit auch immer eine vergleichsweise steile Neigung der Flächen aufweist, gilt, dass die sich natürlicherweise einstellende Patinierung des Werkstoffs Zink längere Zeit in Anspruch nimmt. Gleichzeitig aber erscheinen dem Au-

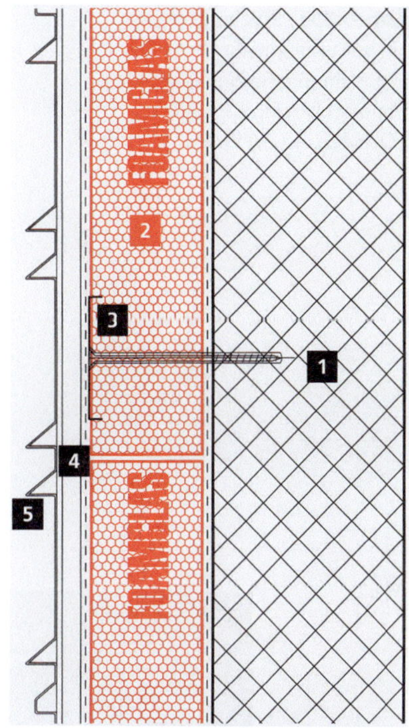

Abb. 5.201 Aufbau Fassade. *1* Massivwand (Beton/Mauerwerk), *2* FOAMGLAS® W+F, 50 mm, verklebt mit PC® 164, *3* PC® Krallenplatte mit Durchsteckanker, *4* Auflager Z-Profil, 50/35/50, 1,5 mm, *5* Kalzip Profiltafeln (TF 800). (Quelle: FOAMGLAS, Erkrath)

Abb. 5.202 Kürzere Scharenlängen. (Quelle: FOAMGLAS, Erkrath)

ge des Betrachters die für Dünnbleche typischen Welligkeiten in diesem Neigungsbereich reflexionsbedingt deutlich stärker als sie tatsächlich (und kaum messbar) sind, sodass sich der Einsatz der Oberflächenqualität „vorbewittert^{pro}" hier besonders anbietet. Desgleichen gilt besonders für wettergeschützte Fassadenbereiche, wie sie durch Rücksprünge oder auch durch die Art der Detailausbildung entstehen können. Tatsächlich werden heute bereits die meisten Fassaden in der Oberflächenqualität „vorbewittert^{pro}" ausgeführt.

Bei der Verwendung von RHEINZINK-„vorbewittert^{pro}" kommt der Oberflächenfarbton dem einer natürlichen patinierten Oberfläche sehr nah. Bei der Vorbewitterung handelt es sich nicht um eine Beschichtung mit RAL-Farbton, sondern um eine durch einen Beizprozess erzielte Oberfläche. Aufgrund des komplexen Herstellungsprozesses sind Farbun-

Abb. 5.203 Spiegeldeckung unter Aufnahme der Fenstermaße am Verwaltungsgebäude Malov (Dänemark). (Quelle: FOAMGLAS, Erkrath)

Abb. 5.204 Jüdisches Museum von Liebeskind, Berlin. (Quelle: FOAMGLAS, Erkrath)

terschiede in feine Nuancen möglich. Diesem Erscheinungsbild, dass sich über einen längeren Patinierungszeitraum an der Atmosphäre zunehmend angleicht, kann weitestgehend entgegengewirkt werden, indem zusammenhängende Fassadenflächen bei der Materialbestellung aus einer Produktionscharge bezogen werden.

Oberflächenschutz durch Folienbeschichtung Als Schutz der Winkelstehfalzschare gegen Verschmutzungen und Fingerabdrücke während der Bauphase empfehlen wir die Anwendung von werkseitig folierten Blechen. Die Folien sind direkt nach der Montage zu entfernen. Zur Vermeidung von Verunreinigungen im Sockelbereich von Fassaden (Bodennähe) sind ggf. zusätzliche Maßnahmen wie „Anti-Graffiti" etc. zu empfehlen.

Details Abschließend wieder einige Detailbilder. Im Grundsatz sind die dargestellten Ausführungen auf den Winkelstehfalz übertragbar. Deshalb wird hier im Wesentlichen nur auf die fassadenspezifischen Details eingegangen.

Abb. 5.205a zeigt einen speziell im Fassadenbereich eingesetzten Falzabschluss. Die Halbmondformen sollten nie frei enden, um Verletzungsgefahren zu vermeiden.

Mit einem optisch durchlaufenden Falz (Abb. 5.205b) wird insbesondere bei kleinen Flächen eine gestalterisch anspruchsvolle Wirkung erzielt.

In Abb. 5.205c ist eine geneigte Brüstung zu sehen, die in gleicher Form auch als oberer Fassadenabschluss ausführbar ist. Der Falz läuft optisch durch und endet frei. Nach einem ähnlichen Prinzip ist das Fassadenende in Abb. 5.205d mit frei endenden Falzen ausgeführt. Die Abdeckung und Entlüftung erfolgen jeweils auf der Dachseite.

In Abb. 5.205e wird die scharfkantige Wirkung der Außenecke durch einen einfach Winkelfalz unterstrichen.

In Abb. 5.205f wird die Struktur der Fassadenbekleidung durch Fortsetzen der Falze in die Fensterbankabdeckung aufgenommen.

Abb. 5.205g zeigt eine vollständig in der Werkstatt vorbereitete Fassadenöffnung. Das obere Falzende wird hier mit einer vorgefertigten Kappe abgedeckt.

Abb. 5.205h zeigt verschiedene Durchbrüche in einer Winkelstehfalzfassade. Ungewöhnliche Fensterdurchbrüche am Jüdischen Museum in Berlin (Abb. 5.205i) wurden von RHEINZINK konstruktiv gelöst.

In Abb. 5.205j ist eine Fensterabdeckung mit horizontal verlegten Winkelstehfalzscharen gezeigt.

In Abb. 5.205k ist der Fassadendurchbruch für eine Klimaanlage in der Lamellenkonstruktion an einem Verwaltungsneubau zu sehen.

Dachrinnen Historische Dachrinnen, die neu hergestellt werden sollen, sind individuelle Einzelanfertigungen, meist nach alten oder in Ausnahmefällen neuen Vorlagen.

Mit den neuen Beschichtungsverfahren sind sie auf Jahrzehnte hin korrosionssicher behandelt oder bilden wie im Fall des Werkstoffs Kupfer eine dauerhafte Patina. Es ist in zunehmendem Maße üblich, mehr Farbe nicht nur in die Fassaden- oder Dachgestaltung, sondern auch in die Entwässerungssysteme zu bringen.

Ein modernes Verfahren ist die Herstellung von Colordachrinnen aus farbbeschichteten Aluminiumbändern (nach PREFA, Abb. 5.206). Dabei werden die Bänder im Coil-Coating-Verfahren auf der Grundlage einer breiten Farbkarte (nach RAL- und NCS-Farbsystemen) oberflächenbehandelt. Die farbigen Dachrinnen sind dauertemperaturbeständig von −30 °C bis +80 °C, verformungsbeständig gegen alle allgemeinen Witterungseinflüsse und unterliegen werkseitig ständigen Kontrollen, beispielsweise durch Salzsprühtests und Freibewitterung.

Abb. 5.205 Detailansichten. **a** Speziell im Fassadenbereich eingesetzter Falzabschluss, **b** optisch durchlaufender Falz, **c** geneigte Brüstung, **d** oberes Fassadenende mit frei endenden Falzen, **e** einfacher Winkelfalz als Außenecke, **f** gefalzte Fensterbankabdeckung, **g** vollständig in der Werkstatt vorbereitete Fassadenöffnung, **h** verschiedene Durchbrüche in einer Winkelstehfalzfassade: rund, bogenförmig und rechtwinklig, letztere teilweise eingewechselt, **i** Fensterdurchbrüche am Jüdischen Museum, Berlin, **j** Fensterbankabdeckung bei horizontal verlegten Winkelstehfalzscharen, **k** Fassadendurchbruch für Klimaanlage. (Quelle: Rheinzink, Datteln)

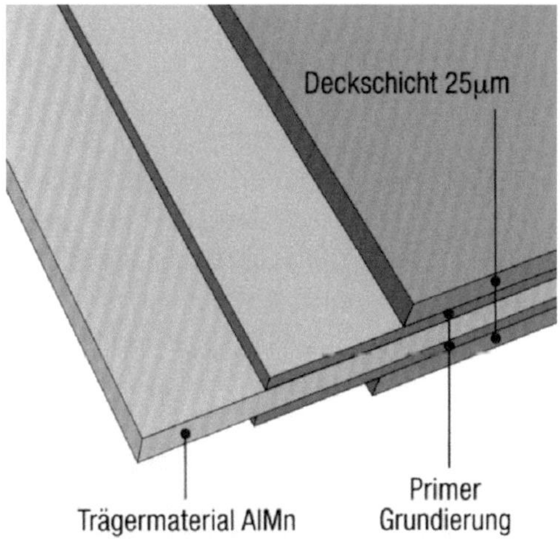

Abb. 5.206 Schichtenaufbau einer Colordachrinne. (Quelle: Rheinzink, Datteln)

Abb. 5.207 Aufbau eines Dachentwässerungssystems. (Quelle: Rheinzink, Datteln)

Meist erfolgt die Dachsanierung mit Dachentwässerungssystemen parallel zur Fassadensanierung. Wichtig ist dabei, dem Grundsatz zu folgen, dass sich das Entwässerungssystem flexibel in das Gesamtbild einfügt. Linien und Strukturen der Fassade werden integrativ nachvollzogen oder dezent betont. Damit kann die Notwendigkeit der Dachentwässerung zur Akzentuierung stilistischer Ausdrucksformen im Fassadenbild werden (Abb. 5.207).

5.8.3 Befestigung von Fassadenplatten

Wenn sich schon nach wenigen Jahren metallische Kassettenelemente von der Fassade lösen, können dafür a) fehlerhafte, praxisferne Planung, b) ungeeignete Befestigungselemente, c) mangelhafte Montage und d) unzureichende Bauüberwachung als Ursachen infrage kommen.

Wesentliche Faktoren bei der Sanierung von metallischen Fassadenverkleidungen sind die Auswahl und Verarbeitung der Befestigungselemente.

Deshalb müssen insbesondere die folgenden Punkte beachtet werden:

- Unterlegscheiben für die Verankerungsschrauben nicht zu klein und zu dünn wählen,
- Überdrehen der Schrauben durch zu großes Drehmoment muss verhindert werden,
- Dicke, Länge und Material der Verschraubung sind auf die Maße der Fassadenbekleidung abzustimmen,
- um temperaturbedingte Längenänderungen der Kassetten spannungsfrei zu ermöglichen, sind Presslöcher im Mittel von 2 mm für Niete vorzusehen.

Um mangelhafte Verschraubung und Vernietung der Wandbekleidung zu sanieren, ist es in der Regel erforderlich, die komplette Fassadenbekleidung zu entfernen. Dies erfolgt schrittweise unter genauer Kennzeichnung der jeweiligen Kassette in ihrer ursprünglichen Position.

Verklebung Mit der thermischen Optimierung der Verankerung und Unterkonstruktion können entscheidende Verbesserungen bei der Außenwanddämmung erreicht werden. Ein wärmetechnisches Optimum und damit ein minimaler Wandquerschnitt wird jedoch erst durch einen komplett „störungsfreien" Wandaufbau erreicht. Ein wärmebrückenfreier Fassadenaufbau ergibt sich, wenn die Eindeckung direkt auf die Dämmung geklebt wird. Dämmstoffe bieten dafür die notwendigen bauphysikalischen und materialtechnologischen Voraussetzungen.

5.8.4 Fassadensanierung mit Paneelen

Der größte Trend in der Instandsetzung und mit Einschränkung auch in der Sanierung liegt im Einsatz von Paneelen.

Allerdings nicht nur in der Sanierung, was aus traditioneller Sicht immer noch eine ästhetische und konstruktive Geschmacksfrage bleibt, sondern auch zeitgenössische Bauten werden mit Paneelen gestaltet (Abb. 5.208).

Das Grundprinzip der Paneele ist eine Entwicklung aus der Mitte des 20. Jahrhunderts und wurde schwerpunktmäßig zunächst im Fassadenbau in unterschiedlichen Profilabmessungen eingesetzt. Besonders verbreitet war es im Klempnerhandwerk, vor allem als handwerklich erstellte Sonderkantungen für Attikabekleidungen.

Seit einiger Zeit werden auch von den Klempnern Prinzipien des ingenieurmäßigen Montagebaus angewandt, und dadurch erfreut sich das Paneelensystem steigendem Interesse.

Bewährt haben sich die Paneelensysteme aufgrund ihrer Montagefreundlichkeit vor allem in der Sanierung der Dämmung von Fassaden. Es gilt, die Fassade nur mit geringem Gewicht statisch zu belasten und eine dauerhaft korrosionssichere Lösung anzubieten.

Abb. 5.208 Gebäude Ecco-Futura, Dänemark. Fassade: 500 m^2, anthrazitgrau. (Quelle: Rheinzink, Datteln)

Paneelensysteme werden konstruktiv als vorgehängte hinterlüftete Fassade ausgeführt und sollen einen langlebigen, wartungsfreien Wetterschutz für das Gebäude bieten. Gestalterisch zeichnen sich Paneelensysteme entweder durch Flächenbündigkeit oder durch geschuppte Formen aus. Die Befestigung erfolgt im Regelfall verdeckt.

Der Montagecharakter des Paneelensystems und die im Vergleich zu Falzsystemen nur eingeschränkte Möglichkeit der Vor-Ort-Anpassung setzen ein ingenieurmäßiges und demzufolge präzises Aufmaß voraus, das auch als Grundlage für die Bestellung der einzelnen Paneelen dient.

Paneele sind – je nach Konstruktion – zweiseitig mit einem Endboden versehene Fassadenelemente in Einzellängen bis zu 4000 mm und Baubreiten bis ca. 500 mm. Die bauseitige Montage erfolgt nach dem Nut- und Federprinzip oder mit Überlappung.

Die Paneelen können in verschiedene Richtungen verlegt werden – vertikal, horizontal oder diagonal. Je nach Konstruktionsprinzip lassen sich 3 Grundformen unterscheiden:

- Steckfalzpaneele als vertikale und flächenbündige Fassadenbekleidung (Abb. 5.209),
- Steckfalzpaneele als horizontale und flächenbündige Fassadenbekleidung (Abb. 5.210),
- Sonderpaneele mit sichtbarer oder verdeckter Befestigung in unterschiedlichen Verlegerichtungen, flächenbündig oder überlappend.

In den Tab. 5.21 und 5.22 werden ingenieurtechnisch-handwerkliche Aspekte aufgezeigt.

Falztechnik Falzsysteme verbinden die einzelnen Schare in Längsrichtung. Der Winkelstehfalz (Abb. 5.211) stellt im Fassadenbereich den Regelfall dar. Er zeichnet sich durch die kräftige Betonung seiner Falze (Breite ca. 12 mm) aus. Bei den Kantungen der

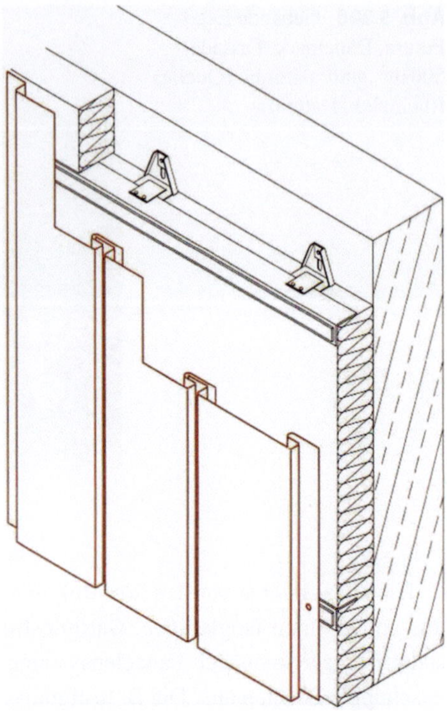

Abb. 5.209 Paneele vertikal. (Quelle: Rheinzink, Datteln)

Profile und dem Schließen der Falze sichert die weit verbreitete Maschinenverfügbarkeit rationelle Arbeitsabläufe. Unterschiedliche Scharlängen und -breiten machen selbst aufwendige Sonderformen realisierbar. Paneelen sind auch an gerundeten Fassaden möglich (Abb. 5.212).

Befestigung Die Befestigung erfolgt über das Einhängen der Profile in das Montageprofil. Das Montageprofil wird an der Unterkonstruktion mittels Niete oder selbstbohrender Schraube befestigt. Als Unterkonstruktion dient üblicherweise eine metallische Leichtkonstruktion, am häufigsten als Konsolensystem. Die Konsolen hängen von den zu erwartenden Windsoglasten, dem zugrunde gelegten statischen System als Ein-, Zwei- oder Mehrfeldträger sowie dem Befestigungsmittel ab. Die Befestigungsabstände für die Horizontalpaneele wurden mit einem Sicherheitsbeiwert von 1,7 prüfamtlich ermittelt und können in Anlehnung an die in der Fassadenstatik vermerkten aufzunehmenden Windlasten, objektbezogen bei der RHEINZINK Anwendungstechnik angefragt oder der Fassadendokumentation des ausführenden Unternehmens entnommen werden.

Bei der Befestigung der Montageprofile auf metallischen Leichtkonstruktionen wurden die besten Erfahrungen mit Blindnieten (4,0 × Klemmlänge 4–6 mm), oder Schrauben mit Flachkopf gemacht.

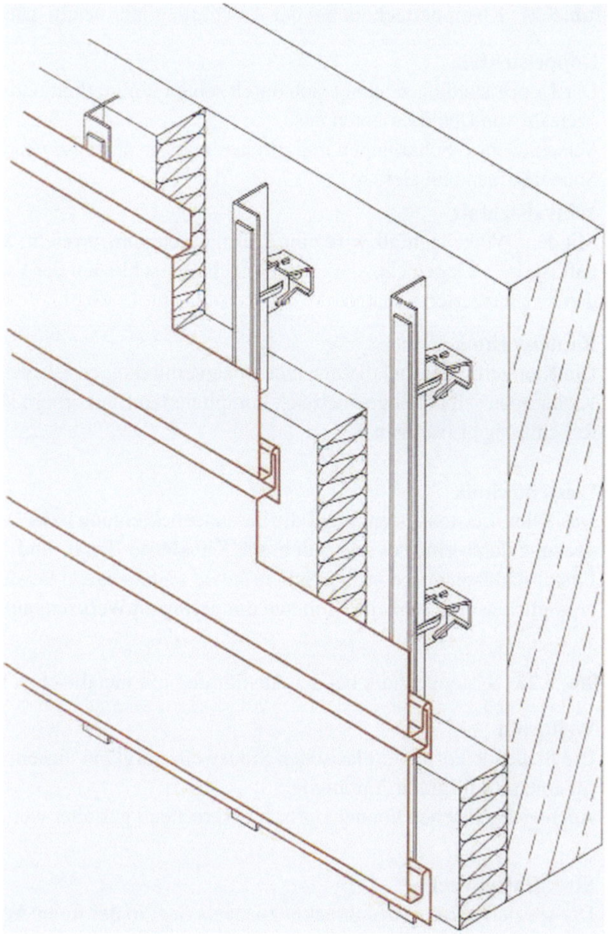

Abb. 5.210 Paneele horizontal. (Quelle: Rheinzink, Datteln)

„Solar PV Stehfalz" und „Solar PV Klick-Leiste" Zwei Solarlösungen, die ökologische Energiegewinnung und ästhetische Architektur in klassischer Falztechnik in idealer Weise verbinden: Leistungsfähige UNISOLAR®-Module werden vollflächig und dauerhaft auf Schare fixiert. Diese können ohne zusätzliche Befestigungselemente in den bewährten Falztechniken wie dem Doppel- bzw. Winkelstehfalz und dem Klick-Leistensystem (Abb. 5.213) auf Dächern und an Fassaden verlegt werden. Mit diesen Systemen lassen sich dank Triple Junction Technologie auch bei diffusem Licht und geringer Sonneneinstrahlung Energieeinträge erzielen (Abb. 5.214).

Steckfalzpaneele Der besondere Vorteil des Steckfalzpaneels liegt in der zwischen 200–333 mm freien Wahl seiner Achsmaße und den variablen Fugenbreiten von 0–30 mm (vgl. Abb. 5.215).

Tab. 5.21 Klempnertechnik bei der Ausführung mit metallischen Paneelen

Doppelstehfalz Der Doppelstehfalz zeichnet sich durch seine Feinlinigkeit und die Vielzahl von Detailvarianten aus. Verschiedenste Scharlängen und -breiten machen auch aufwendige Sonderformen realisierbar.	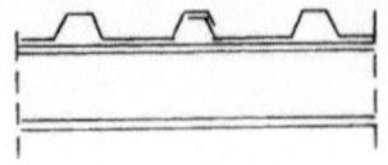
Winkelstehfalz Mit dem Winkelstehfalz wird eine kräftige Betonung erreicht. Vorteilhaft ist das verlegetechnisch recht einfache Verschließen der Falze bei den vorprofilierten Scharen.	
Rautentechnik Die Kleinteiligkeit und die liegenden Falzverbindungen erlauben mit Kleinrauten selbst bei geometrisch komplizierten Baukörpern konstruktiv schlüssige Lösungen.	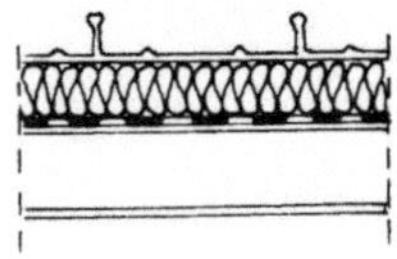
Leistentechnik Das Klick-Leistensystem prägt die Fassadenbekleidung bzw. Dachdeckung durch eine etwa 60 mm breite Klickleiste. Trauf- und Firstabschlüsse, vorgefertigte Schare sowie systemeigene Leistenhalter ermöglichen eine schnelle Montage mit geringem Werkzeugaufwand.	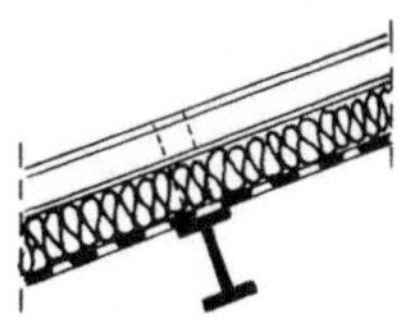

Tab. 5.22 Systemtechnik bei der Ausführung mit metallischen Paneelen

Wellprofil Die fließende Form der klasischen Sinuswelle sorgt bei diesem Profil für eine sehr filigrane Anmutung. Auch große Flächen können optisch ansprechend gestaltet werden.	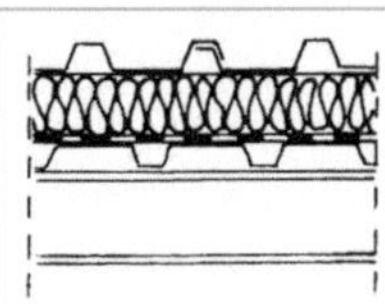
Streckfalzpaneel Der spezielle Vorteil des Streckfalzpaneels liegt in der freien Wahl der Achsmaße und den variablen Fugenbreiten. Unterschiedliche Baukörper können formal optimiert werden.	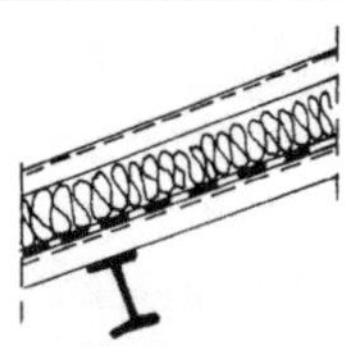
Stulppaneel Durch seinen schuppenartigen Charakter stellt das Stulppaneel eine besonders individuelle Fassadenbekleidung dar. Die spezielle Profilgeometrie bewirkt konturenstarke Schatteneffekte.	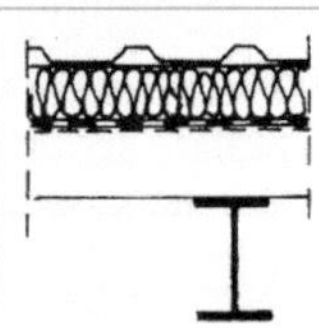

In Verbindung mit der Flexibilität bei den Verlegerichtungen (horizontal, vertikal, diagonal) bietet das Steckfalzpaneel dem Architekten außergewöhnliche Spielräume bei der Umsetzung seiner Gestaltungsideen (Abb. 5.216).

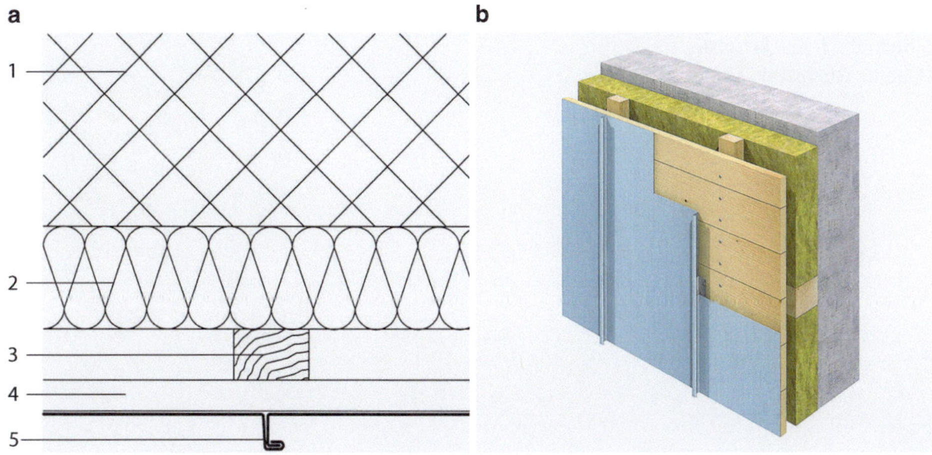

Abb. 5.211 **a** Schnitt und **b** Ansicht. *1* Wandsystem, *2* Dämmung, *3* Lattung (Unterkonstruktion), *4* Platte (Unterkonstruktion), *5* Falzsystem. (Quelle: Rheinzink, Datteln)

Abb. 5.212 Vertikale und gerundete Paneele, Bürogebäude in Reykjavik (Island). (Quelle: Rheinzink, Datteln)

Unterschiedlichst geformte Baukörper können formal optimiert werden. Zum Beispiel bei Sanierungen oder nachträglichen Dämmungen lassen sich so in kurzer Zeit dauerhafte Qualitätslösungen verwirklichen.

Stulppaneel Wegen seines schuppenartigen Charakters ohne Schattenfuge stellt das Stulppaneel (Abb. 5.217) eine besonders individuelle Fassadenbekleidung dar. Unter Einwirkung von Licht und Schatten ergeben sich auf Grund seiner Profilgeometrie reizvolle

Abb. 5.213 Solarmodule. **a** Stehfalz, **b** Klick-Leiste. (Quelle: Rheinzink, Datteln)

Abb. 5.214 Horizontalpaneele mit integrierten Solarmodulen, Lager Küchen-Lehmann in Rust. (Quelle: Rheinzink, Datteln)

Schattierungen und kräftige Konturen. Die maßgenaue Vorfertigung der Profile nach detaillierter Planung und Festlegung der Paneeldimension gewährleistet auf der Baustelle eine optimale und wirtschaftliche Montage.

Kleinrauten Die Quadrat- sowie die Spitzraute bilden die Gruppe der RHEINZINK®-Kleinrauten (Abb. 5.218). Im Gegensatz zu Platten oder Schindeln mit ähnlicher äußerer Erscheinung haben diese Rauten an der Oberseite Vor- und an ihrer Unterseite

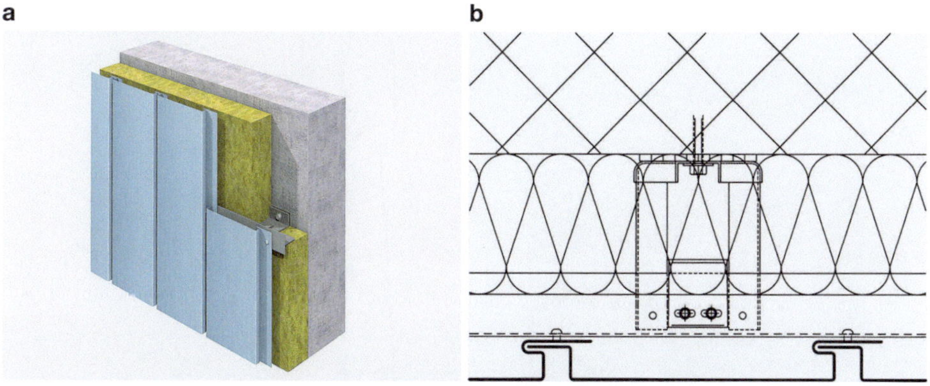

Abb. 5.215 Steckfalzpaneel. **a** Ansicht, **b** Schnitt. (Quelle: Rheinzink, Datteln)

Abb. 5.216 Vertikale Steckfalzpaneele mit optischer Teilung der Flächen am Musicaltheater Duisburg. (Quelle: Rheinzink, Datteln)

Rückkantungen in Form von einfachen Falzen. Durch die Kleinformatigkeit der einzelnen Elemente finden sich auch bei geometrisch komplizierten Baukörpern konstruktive Lösungen (Abb. 5.219). So ist unter anderem auch die Bekleidung von Dachgauben, Kaminköpfen oder Dachrändern mit Kleinrauten völlig problemlos.

Großrauten Das Hauptanwendungsgebiet der Großraute (Abb. 5.220) liegt im Bereich der großformatigen Fassadenflächen (Abb. 5.225). Hier entfalten sie ihre optische Präsenz am eindrucksvollsten.

Wird walzblankes Ausgangsmaterial verwendet, bilden die durch den Patinierungsprozess um Nuancen unterschiedlichen einzelnen Rauten ein spezielles Gestaltungsmerkmal. Um bestmögliche Qualität und objektbezogene Größe sicherzustellen, können die Rauten für jedes Objekt individuell gefertigt werden.

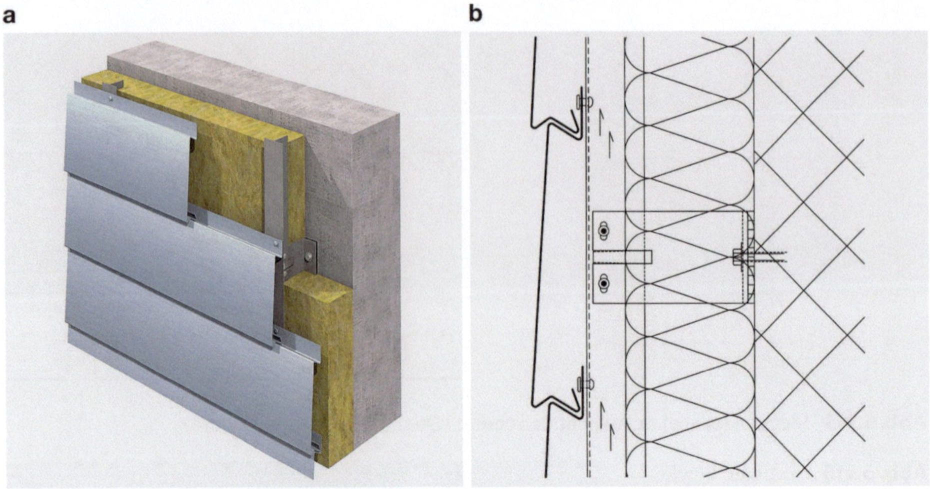

Abb. 5.217 Stulppaneel. **a** Ansicht, **b** Schnitt. (Quelle: Rheinzink, Datteln)

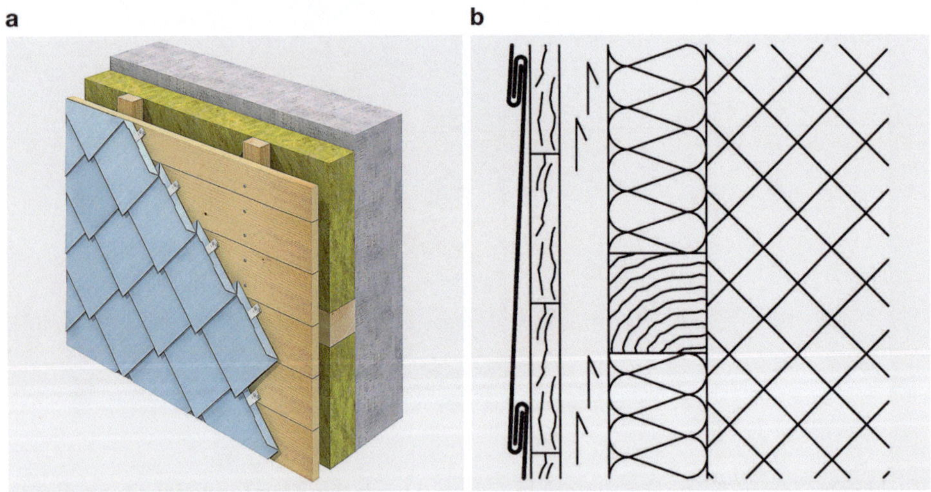

Abb. 5.218 Kleinrauten. **a** Ansicht, **b** Schnitt. (Quelle: Rheinzink, Datteln)

Kassetten Die Anwendung von Kassetten im Fassadenbereich entstand aus der Entwicklung großflächiger Bauteile für die rationelle Montage. Kassetten wurden abgeleitet aus Paneelsystemen, wobei sich in bestimmten Anwendungsgebieten aufgrund der resultierenden Flächengewichte eine spezielle Art der Unterkonstruktion als notwendig erweist. Kassetten werden in der Regel direkt auf einer Leichtmetallunterkonstruktion befestigt (Abb. 5.222 und 5.223). Es existieren jedoch Systeme, bei denen die Profile in Unterkonstruktionsschienen mit Agraffenhalterungen eingehängt werden. Auch Klemmsysteme sind auf dem Markt erhältlich.

Abb. 5.219 Kleinrauten an der konvexen Giebelseite der Physikalischen Fakultät der Universität Princeton, USA. (Quelle: Rheinzink, Datteln)

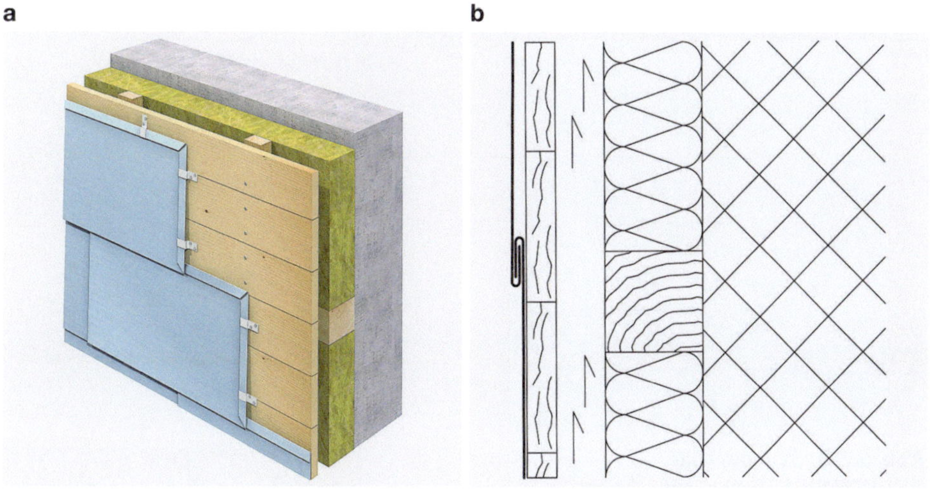

Abb. 5.220 Großrauten. **a** Ansicht, **b** Schnitt. (Quelle: Rheinzink, Datteln)

Kassetten sind allseitig gekantete Fassadenelemente mit Proportionen von 1 : 1 bis etwa 1 : 4. Ihre Fertigung erfolgt ausschließlich individuell vorprofiliert und/oder nach Planungsvorgabe.

Die Kassettenfassade gestattet konstruktionsbedingt eine große Flexibilität bezüglich Format, Fugengestaltung und Befestigungsprinzip (vgl. Abb. 5.224). Die allseitigen Abkantungen ermöglichen die vollständige Planlage auch größerer Blechformate in der Fassadenebene.

Abb. 5.221 Bad Oyenhausen. (Quelle: Rheinzink, Datteln)

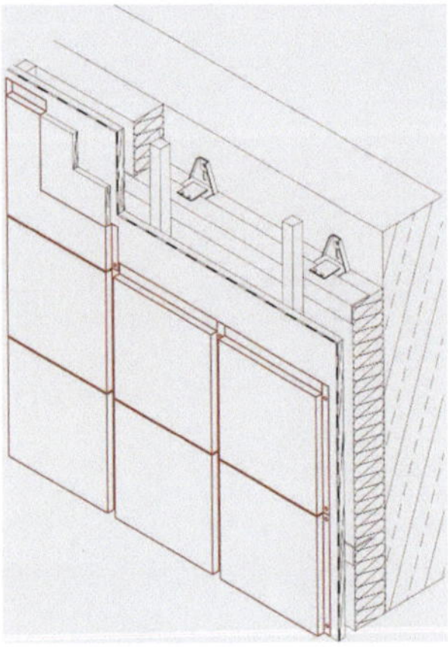

Abb. 5.222 Kassetten in Querformat. (Quelle: Rheinzink, Datteln)

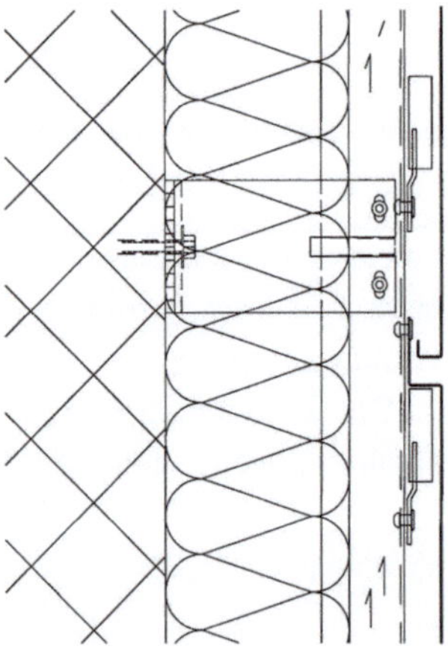

Abb. 5.223 Systemschnitt RHEINZINK-Kassetten mit Montageprofil. (Quelle: Rheinzink, Datteln)

Abb. 5.224 Gerundete Kassettenprofile, Kongens Bryghus in Kopenhagen (Dänemark). (Quelle: Rheinzink, Datteln)

Die Befestigung der Kassetten erfolgt in der Regel in Niettechnik, Schraubtechnik, mit Befestigungswinkeln oder mittels Bolzeneinhang direkt an der Unterkonstruktion.

Rheinzink-SP-Linie Ein innovatives und neues Komplettsystem ist Rheinzink-SP-Line. Es besteht aus einem vorgefertigten Basissystem und vorgefertigten (Abb. 5.225) Anschlußprofilen und kann sowohl horizontal auch als Vertikal verlegt werden. Dabei wird einfach „Paneel auf Paneel" gesteckt. Das System ergibt immer ein gleichmäßiges Fugenraster.

Die traditionell patina-blau-grauen Paneele lassen sich sowohl einzeln (Abb. 5.226a) als auch im Verbund mit anderen Baustoffen (Abb. 5.230b) ausführen.

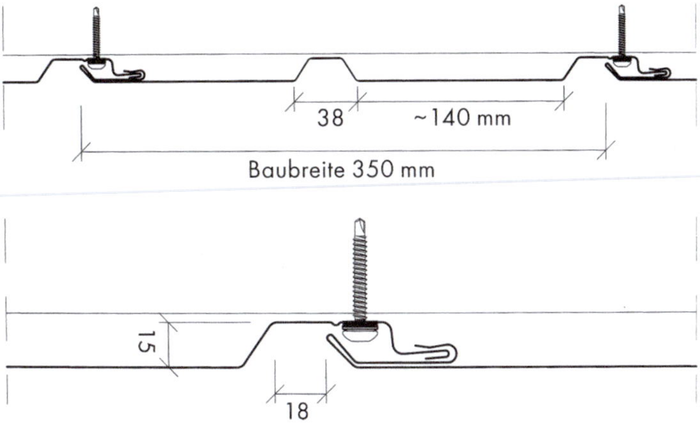

Abb. 5.225 Schnitt durch ein SP-Line-Modul. (Quelle: Rheinzink, Datteln)

Abb. 5.226 SP-Line-Paneel-Ausführung. **a** Wohnhaus, **b** Wohn- und Geschäftsgebäude, **c** Mehrfamilienhaus. (Quelle: Rheinzink, Datteln)

5.9 Sanierung von Fußböden

5.9.1 Ursachen

Die häufigsten Schäden an Fußböden treten auf, wenn Rohrleitungen ungeschützt in Fußböden verlegt werden. Dazu ist „nur“ die Einwirkung von Wasser erforderlich.

Der Angriff kann in 3 Formen erfolgen:

- Wasser von außen; Wasser aus dem Erdreich (z. B. undichte Dichtung im Keller), Niederschlagswasser von außen (z. B. durch eine undichte Balkontür),
- Wasser von innen; undichte Wasserleitungen, Löschwasser, Haushaltsschäden (z. B. übergelaufene Wannen und Becken, umgestürzte Eimer),
- Tauwasser.

5.9.2 Wesentliche Schadensfälle

Die wesentlichen Fragen, warum es zu Korrosionsschäden an Rohrleitungen im Fußboden kommen konnte:

1. Woher stammte das Wasser, das die Korrosionsschäden verursachte?
2. Wie waren die Leitungen vor Korrosion geschützt und wie waren sie konstruktiv im Fußboden angeordnet?

Tab. 5.23 Wasser von außen

Schadensfall	Ursache	Erscheinung	Behebung
Stahlrohre auf Stahlplatte	Bildung eines Korrosionselements zwischen Bewehrungsstahl (Kathode) und Stahlrohr (Anode)	Nach einigen Jahren zeigten sich im Wand-Boden-Bereich Durchfeuchtungen, weil infolge Lochfraß Heizungswasser ausgetreten ist	Austausch gegen Kupfer- oder Edelstahlrohre, weil im Beton durch Potenzialausgleich keine Angriffe (Abb. 5.227)
Stahlrohre durch Wasserangriff aus dem Erdreich	Heizungsrohre waren in einem Bodenkanal ohne Abdichtung gegen das Erdreich betoniert	Stahlrohre waren aus unlegiertem Stahl ohne Korrosionsschutz	Unlegierte Stähle mit Polypropylen ummanteln. Verbindungen mit verzinktem Press-fitting, Anschlussbereiche mit Korrosionsschutzbinden versehen (Abb. 5.228)

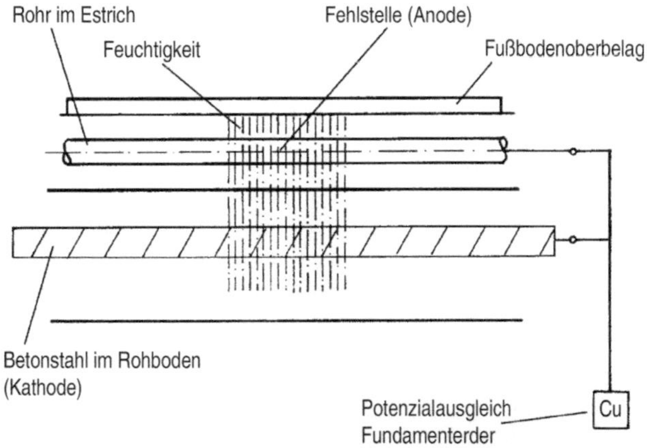

Abb. 5.227 Korrosionselement zwischen Bewehrungsstahl und Stahlrohr. (Quelle: ILS Hamburg)

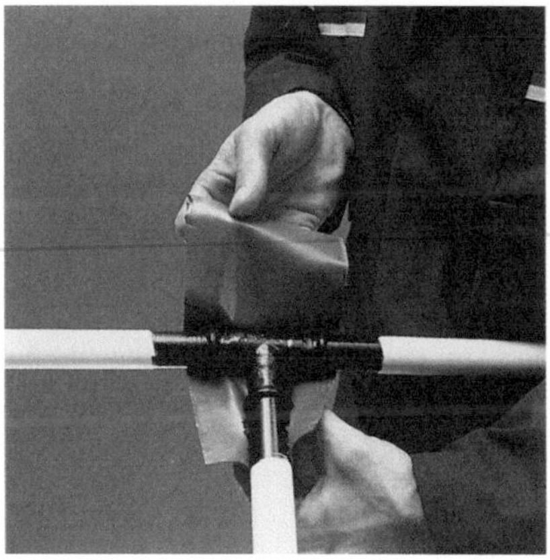

Abb. 5.228 Korrosionsschutzbinde auf Pressfitting. (Quelle: ILS Hamburg)

Tab. 5.24 Wasser von innen

Schadensfall	Ursache	Erscheinung	Behebung
Mangelhafter Schutzanstrich auf einer Geschossdecke	Die Stahlrohre waren nur durch einen einlagigen Alkydharzanstrich gesichert	Das Badewasser ergoss sich durch undichte Stellen auf die Betondecke	Austausch der Rohre gegen Edelstahl, Kupfer oder Kunststoff, wenn wirtschaftlich vertretbar, mehrlagiger Anstrich
Ungeschützte Rohre im nassen Sand unter keramischem Belag in Duschräumen	Die ungeschützten, unlegierten Heizungsrohre waren ohne Korrosionsschutz unter Fliesen dauerhafter Feuchtigkeit ausgesetzt	Heizungswasser trat nach zwei Jahren aus den völlig durchrosteten Rohren	Auswechseln der Heizungsrohre gegen korrosionsfeste Stahlrohre
Umhüllung von nur mit einem zweifachen Schutzanstrich versehen Wasserheizungsrohren in einer Perlitschüttung	Die sehr saugfähigen Perlite verteilen das Wasser ungebremst über große Bereiche, die durch einen Wassereinbruch noch gefördert wurden	Die Rohre waren noch nicht komplett ausgetrocknet und wiesen starke Lochfraßkorrosion auf	Empfehlenswert sind hier Verbundrohre aus PE-X Basisrohr aus vernetztem Polyethylen mit einer Aluminiumschicht (Abb. 5.229)
Ungeeigneter Korrosionsschutz durch Verzinkung	Durch jahrelange Einwirkung des Wassers auf die Zinkschicht wurde diese zu Zinkhydroxid gelöst, sodass der ungeschützte Stahl durch Wasser und Sauerstoff angegriffen wurde	Die Wasserleitungen waren sichtbar korrodiert, die umhüllende Bitumenschicht verrottet, der Beton war bröcklig	Ein Korrosionsschutz der maroden Rohre ist wenig sinnvoll, in diesem Fall sind neue Warmwasserleitungen zu installieren

Nach Zimmermann – er hat zwischen 1971 und 2003 diese Schäden kontinuierlich verfolgt und veröffentlicht[7] – gibt es die klassischen Korrosionsfälle (a) Wasser von außen (Tab. 5.23), (b) Wasser von innen (Tab. 5.24) und (c) Tauwasser (Tab. 5.25).

[7] Zimmermann 2003.

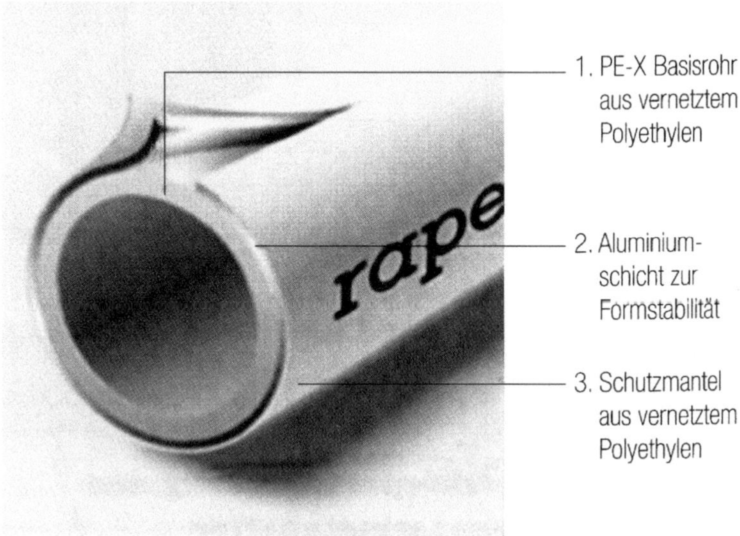

Abb. 5.229 Rohrsystem. (Quelle: ILS Hamburg)

Tab. 5.25 Tauwasser

Schadensfall	Ursache	Erscheinung	Behebung
Stahlrohre in Filzschläuchen an der Verbindung Wohnraum Balkon	Auf dem Balkon bildete sich Tauwasser, weil Wasserdampf aus dem beheizten Wohnraum infolge einer ungenügenden Dampfsperre in die Dämmschicht des Balkons diffundieren konnte (Abb. 5.230). Das Tauwasser lief auf der Dampfsperre der Decke in die Innenräume und tapezierten Innenwände als Tauwasser nieder	Das Tauwasser korrodierte auf den Stahlrohren der Decke, die unzulässig mit Filzschläuchen umwickelt waren, zwischen Stahlrohr und Filzschlauch haben sich dicke Rostkrusten gebildet	Ein sehr erheblicher Schaden, da die Dämmschichten, der Belag, die Dampfsperren, der Fußbodenbelag und die Leitungen komplett ausgewechselt werden müssen. Auch die Innenwände sind auszutrocknen und ggf. neu zu tapezieren

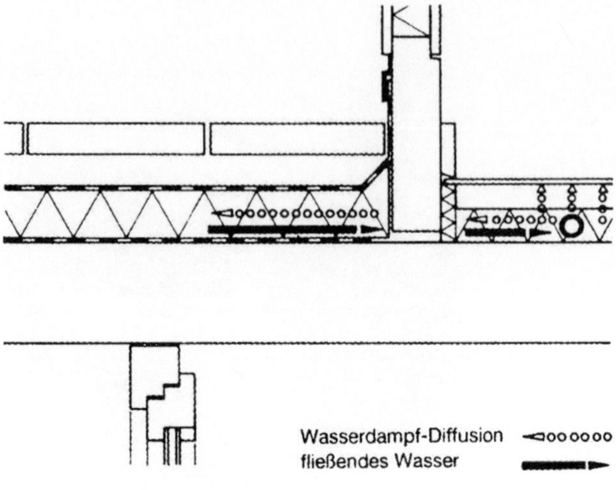

Abb. 5.230 Tauwasserbildung. (Quelle: ILS Hamburg)

5.10 Sanierung von Gittern und Geländern

Seit Jahrhunderten sind Gitter und Beschläge vor Fenstern, Türen und Balkonen, aber auch für Geländer und Zäune (Abb. 5.231) von hoch angesehenen Meistern aus Eisenerz oder Gestein kunstvoll geformt worden.

Während für einfache Bauwerke hauptsächlich Holz in einfachen Formen zur Anwendung kam, waren Kunstschmiedearbeiten vorwiegend den Repräsentationsbauten, Schlössern, Kirchen und Kathedralen vorbehalten. Als Materialien kamen in erster Linie Eisen, Gusseisen, Bronze und Messing zum Einsatz.

Tore und Zäune aus Metall waren früher dem herrschaftlichen Anwesen vorbehalten. Die rein handwerkliche Fertigung war sehr arbeitsintensiv und damit auch entsprechend teuer (Abb. 5.232).

Die meisten Teile, die zu schmiedeeisernen Toren zusammengesetz werden, kommen heute aus industrieller Fertigung.

Die Leistungen des Schmiede- und Schlosserhandwerks bestehen in erster Linie darin, den Kunden individuelle Maßanfertigungen zu liefern.

► Tore und Zäune, die ein Grundstück einfrieden, sollten in ihrer Gestaltung auf den Baustil des Gebäudes angepasst sein.

Kunstvolle schmiedeeiserne Formen sollten historischen Gebäuden und in entsprechendem Stil ausgeführten Neu- oder Sanierungsbauten vorbehalten bleiben. Zu heutigen vorherrschenden klaren und funktionellen Linien passen am besten gleichermaßen klare Formen, auch in den Details der Außengestaltung (Abb. 5.233).

An antiken Metalltoren finden sich häufig sehr aufwendig hergestellte schmiedeeiserne Elemente wie Speerspitzen oder kunstvoll gearbeitet Rosen. Die Stäbe, die das Grundge-

Abb. 5.231 Kunstvoll gestaltete Gitter und Beschläge. (Quelle: Hampe, Weimar)

Abb. 5.232 Traditionelle Handwerkskunst an einem großen Anwesen. Ein repräsentatives einflügliges Tor, dass für die Autoeinfahrt ganz und zum Durchlass von Personen nur durch die integrierte Tür in der Mitte geöffnet werden kann. Gebogene Schnörkel und geschmiedete Rosen bilden die Zierelemente zwischen den Streben. Die ganze Konstruktion wurde verzinkt und gewährleistet damit dauerhaften Korrosionsschutz. (Quelle: Meister, München)

Abb. 5.233 Harmonie der Baustoffe. Zur gepflasterten Einfahrtsfläche passt das zierliche Metalltor. Aber auch rechts der Holzzaun? (Quelle: Meister, München)

rüst des Tores bilden sind meist durch Nieten oder Bänder miteinander verbunden. Zierelemente wurden in sorgfältiger Handarbeit auf dem Amboss geschmiedet (Abb. 5.234).

Zum Schutze der Sicherheit sollte letztendlich nicht an den Kosten für eine entsprechende Alarmanlage gespart werden.

Abb. 5.234 Schmiedeeisernes Tor mit Pfostenverzierungen. Seitliche Pfosten tragen die Angeln und besitzen kunstvolle Kronen mit einer aufgesetzten Spitze. Solche Zierelemnte werden in sorgfältiger Handwerksarbeit auf dem Amboß geschmiedet. (Quelle: Meister, München)

5.10.1 Behandlung von Metallgittern

Bei der Sanierung von Gittern für Fenster, Türen, Brüstungen und Zäune halten sich der Einsatz neuer und die Beschichtung vorhandener Elemente gegenwärtig noch die Waage.

Ausschlaggebend für die Wahl sind:

- die Erhaltungswürdigkeit,
- die langfristige Korrosionsbeständigkeit,
- die Kosten,
- der Werkstoff,
- die Ästhetik,
- der handwerkliche Aufwand.

Fertige Gitter sind korrosionsbeständig vorgefertigt und stehen in Ausführungen vielfältig zur Verfügung.

Bei der Behandlung von Metalloberflächen unterscheidet man in der Sanierungsarbeit neben den in Kap. 4 behandelten Beschichtungsverfahren noch folgende, wenn auch mit unterschiedlichem Aufwand und vom Können der Restauratoren abhängigen, Techniken und Technologien:

- Lackieren,
- Brünieren,
- Phosphatieren,
- Chromatieren,
- Schwarzbrennen,
- Emaillieren,

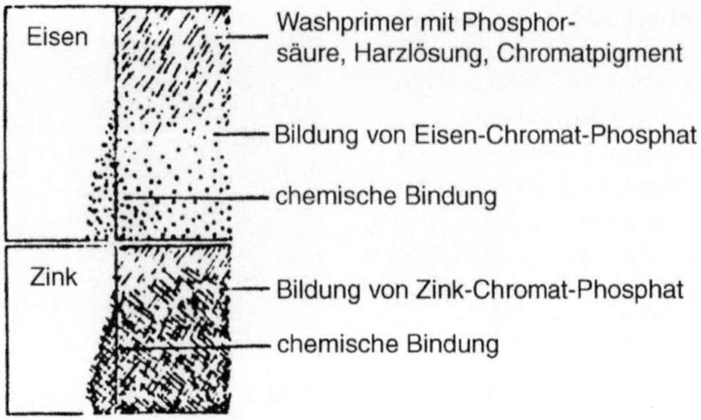

Abb. 5.235 Wirkweise von Washprimern. (Quelle: Schönburg, Milzau)

- Sherardisieren,
- Sandeln.

Alle diese Verfahren sind sehr aufwendig und sollten wirklich erfahrenen Fachkräften vorbehalten bleiben.

Lackfarbenanstriche Anstriche auf Öl- und Lackbasis sind außerordentlich vielseitig. Je nach Funktion und Anwendung unterscheidet man farblose, lasierende und farbgebende deckende Anstriche.

Die Metalloberfläche ist durch einen Grundanstrich vorzubehandeln. Diese Grundanstriche sollen Pigmente wie Graphit, Chromoxid, Eisenoxidrot, Titanweiß oder Bleimennige enthalten. Auch ein Zweikomponenten-Washprimer (Abb. 5.235) ist möglich.

Brünieren Bei diesem Verfahren wird eine dünne, braun bis schwarzfärbende Schutzschicht auf metallisch reine Eisen-, Stahl-, Messing-, Zink- oder Silberoberflächen aufgebracht.

Phosphatieren Zinkphosphat, Phosphorsäure und aus einem Nitratbeschleuniger bestehendes Phosphatierungsmittel wird in Wasser gelöst und das Metall eingelegt, woraufhin sich eine bis zu 20 µm dicke Phosphatschicht bildet. Beim Spritzen oder Streichen erzielt man nur Phosphatschichtdicken von etwa 5 µm.

Chromatieren Ein metallisch gereinigtes Metallteil wird in eine Lösung aus Chromsäure und verschiedenen Zusatzstoffen gelegt. Das so eingelegte Metallteil überzieht sich nach etwa 2 h mit einer bis zu 1 µm dicken basischen Chromatschicht.

Schwarzbrennen Ein sehr altes, aber immer noch wirksames Verfahren, wenngleich es viel handwerkliches Geschick voraussetzt. Das Metall wird mit Leinöl bestrichen und dann so lange einer kleinen Flamme ausgesetzt, bis das Öl zu einer anhaftenden Ölkohle verbrannt ist. Wenn man noch einen Graphitzusatz, etwa im Verhältnis 1 : 10, zugibt,

Abb. 5.236 Trennungsgitter in einem Kirchenschiff in der Heiligen-Geist-Kirche München. Das barocke Gitter trennt das Mittelschiff vom Altarraum. Die hellgraue Farbgebung mit Goldakzenten verleiht dem Gitter Leichtigkeit und harmoniert mit den Farben des Innenraums. (Quelle: Stahr, Leipzig)

erreicht man einen metallischen Glanz, der noch mit Öllasur oder Lackglanz überzogen werden kann.

Emaillieren Ein sehr kompliziertes Verfahren. Hier muss sich der Anwender eine Emailfritte, also ein Gemenge aus Feldspat, Borax, Quarz und farbigen Metalloxiden zusammenstellen. Das zu behandelnde Metall wird zum Glühen gebracht, die Fritte wird vorsichtig aufgesiebt und durch nochmaliges Erhitzen aufgeschmolzen.

Sandeln Ein sehr beliebtes Verfahren, besonders bei Skulpturen und Schildern der Denkmalpflege aus Zink, Aluminium, Kupfer und anderen Metalloberflächen. Diese Flächen erhalten zunächst einen Voranstrich aus Öl- oder Öllackfarbe. Anschließend erfolgt ein Anstrich mit einem Granulat.

5.10.2 Varianten von Gittern und Geländern

Die Abb. 5.236, 5.237, 5.238, 5.239, 5.240 und 5.241 zeigen Anwendungsvarianten von Gittern und Geländern an Treppen, Fenstern, Türen, Balkonen, Toren und Zäunen aus unterschiedlichen Werkstoffen.

5.10.3 Sanierung einbetonierter Geländer

Besonderer Beachtung bedarf der Korrosionsschutz teilweise einbetonierter Stahlteile (Fundamente bei Masten oder Füße von Geländern). Diese Teile müssen mindestens 5 cm in den Beton hineinreichend beschichtet werden. Ansonsten kann der Stahl bedingt

Abb. 5.237 Türgitter um 1900. Kunstvoll gestaltete Gitter auf Wohnungseingangstüren aus Holz gehörten um die Jahrhundertwende zum 20. Jh. zur „Grundausstattung“ an bürgerlichen Häusern. (Quelle: Stahr, Leipzig)

durch Karbonatisierung oder Chlorideindringung in den oberflächennahen Bereichen des Betons korrodieren; die voluminösen Korrosionsprodukte können den Beton aufsprengen (s. Abb. 5.242 und 5.243).

Diese Erscheinung wird durch Schwindrisse in der Grenzfläche Stahl/Beton und Eindringen von Schadstoffen in den Riss unterstützt. Ein Beschichten bis Oberkante Beton ist demnach nicht ausreichend, zumal dadurch seitliche Unterrostung der Beschichtung von der Betonseite her gefördert wird (Abb. 5.244).

Für die in den Beton hineinreichende Beschichtung müssen verseifungsbeständige[8] Stoffe gewählt werden. Gut eignen sich z. B. Epoxidharze wegen ihrer ausgezeichneten Haftung auf Stahl und Beton.

[8] Unter Verseifung versteht man die Hydrolyse eines Esters durch die wässrige Lösung eines Hydroxids, z. B. durch Natriumhydroxid. Als Produkte der Reaktion entstehen der Alkohol und das Salz der Säuren, aus denen der Ester hergestellt wurde.

Abb. 5.238 Bogengitter. Halbrundbogengitter über den Eingang zu einer insgesamt kunstvoll gestalteten Passage in Leipzig. (Quelle: Stahr, Leipzig)

a b

Abb. 5.239 Torgitter an einer Krankenhauseinfahrt. Das sich ästhetisch in die mit schmiedeeisernen Lampen bekrönten Putzpfeiler den Natursteinbogen einfügende Tor lässt sich sowohl als repräsentative Eingangstür als auch als Funktionstor nutzen. Die Diagonalverstrebung dient zur Stabilisierung und zusammen mit dem feinmaschigen Gitter als zusätzlicher Sicherheitsfaktor. (Quelle: Stahr, Leipzig)

Abb. 5.240 Balkonbrüstungen. Schmiedeeiserne Gitter mit pflanzlichen Motiven an einem bürgerlichen Wohnhaus in Leipzig um 1910. Bemerkenswert ist der Wechsel von Material und Gestaltungselementen an der harmonisch abgestimmten Fassade. (Quelle: Stahr, Leipzig)

Bei starker Weißrostbildung ist zu prüfen, ob der Korrosionsschutzwert der Feuerverzinkung beeinträchtigt worden ist. Dies lässt sich nur durch eine Schichtdickenmessung, nach Entfernung des Weißrostes durch leichtes Abbürsten, feststellen. Ist die Schädigung des Zinküberzugs erheblich und liegt die verbleibende Dicke des Zinküberzugs deutlich unter den geforderten Werten, so müssen Maßnahmen zur Abhilfe getroffen werden. Bei starker Weißrostbildung und Auftreten von Rotrost muss die betroffene Fläche ausgebessert werden. Im Regelfall wird man stark geschädigte Flächen zusätzlich mit einer Beschichtung versehen.

Ein Beispiel für starke Weißrostbildung sei im Folgenden genannt: Bei einem feuerverzinkten Geländer (Zinkschichtdicke ca. 100 mm) kam es noch während der Bauphase zu Korrosionserscheinungen an den Pfosten im Bodenbereich.

Die Geländerpfosten einer Stahlbetonbrücke waren zunächst in Öffnungen eingehängt worden, die anschließend mit Zementmörtel verfüllt wurden. Korrosionserscheinun-

Abb. 5.241 Treppengeländer am Schloss Rheinfels. Das einfache Treppengeländer an der (sanierungsbedürftigen) Treppe wird durch das Familienwappen des Besitzers verziert. (Quelle: Stahr, Leipzig)

Abb. 5.242 Risse und Abplatzungen in einer Betonmauer infolge Korrosion eines einbetonierten Geländerfußes. (Quelle: ILS, Hamburg)

gen traten ausschließlich in einer zunächst nicht verfüllten 3 cm tiefen Aushöhlung im Bodenbereich auf. Diese sollte am Ende der Bauphase nach der zusätzlichen Beschichtung des Geländers mit einem kunststoffmodifizierten Zementmörtel verfüllt werden. Nach ca. 2 Monaten kam es bei den Pfosten an der Oberkante des Zementmörtels zu starker Weißrostbildung (Abb. 5.245a) und nach etwa 4 Monaten zu Stahlkorrosion (Abb. 5.245b).

Abb. 5.243 Wie bei Abb. 5.244, nach Entfernung der Betonabplatzungen. (Quelle: ILS, Hamburg)

Abb. 5.244 Seitliche Unterrostung der Beschichtung eines nur bis Oberkante Beton geschützten Geländers nach 16 Jahren. (Quelle: ILS, Hamburg)

Die Korrosion trat ringförmig in 1–2 cm Höhe auf. Die Dauerfeuchte behinderte die Ausbildung karbonatischer Deckschichten. Die Abzehrung der Zinkschicht wurde durch die Alkalität des Wassers noch beschleunigt. Durch konstruktive Maßnahmen hätte die Ansammlung von Wasser am Geländerfuß verhindert werden müssen. Eine Beschichtung oder zumindest Teilbeschichtung des Geländers vor dem Einbau wäre sinnvoll gewesen.

Werden verzinkte Teile nicht satt von (Frisch-)Beton umgeben, sondern haben nur berührenden Kontakt mit bereits erhärtetem Beton, so kann Zink infolge Bildung von nichtschützendem Weißrost verhältnismäßig schnell abgetragen werden und die Stahlkorrosion wird eingeleitet. Insbesondere dann, wenn sich im Kontaktbereich CO_2-armes Wasser über längere Zeit halten kann, ist die Ausbildung einer schützenden Zinkkarbonatschicht nicht möglich. Dies gilt in besonderer Weise für den Kontakt von verzinktem Stahl mit feuchtem Beton. Hierfür gelten folgende Korrosionsursachen:

Abb. 5.245 Geländerfuß nach 2 Monaten mit Weißrost (**a**) bzw. nach 4 Monaten mit Rotrost (**b**). (Quelle: ILS, Hamburg)

- Der Spalt verzinktes Teil/feuchter Beton ist nur schlecht belüftet.
- CO_2 (aus der Luft) wird, falls dennoch in geringen Mengen im Spalt vorhanden, vom Beton sofort abgebunden und gelangt nicht an die verzinkte Oberfläche.

Beispielsweise wurde ein feuerverzinktes Trapezblech unmittelbar auf den häufig feuchten Beton ausgesetzt. Nach 9 Jahren wurde im Kontaktbereich Blech/Beton eine starke Rostbildung festgestellt; im luftseitigen Bereich war die Verzinkung kaum abgetragen.

Der Gründung von Konstruktionen wie Stützenfüßen von Masten und Geländerpfosten ist besondere Aufmerksamkeit zu widmen. Insbesondere Spalte von der kritischen Größe einiger Zehntelmillimeter sind sehr gefährlich, da sie nicht nur ständig feucht bleiben, sondern leicht Belüftungselemente (Spaltkorrosion) ausbilden.

Abb. 5.246 Betondeckung

5.11 Sanierung von Betonstahl

Der im Beton erhaltenen Zementstein schützt den Bewehrungsstahl durch sein alkalisches Milieu mit einem ph-Wert 12–14 vor Korrosion Bei einem Wert von 10 ist dieser Schutz, die sogenannte Passivierung, nicht mehr sichergestellt. Da der Beton mit der Zeit von außen nach innen karbonatisiert und dabei in seinem pH-Wert absinkt, muss der Bewehrungsstahl vollständig mit einer ausreichenden Betondeckung umschlossen sein (Abb. 5.246). Konstruktiven Schutz erzielt man bereits durch fachgerechte Ausbildung von Knotenpunkten, sichere und schnelle Ableitung des Schwitzwassers und der Niederschläge sowie ausreichende Überdeckung. Das Zusammenbinden einzelner Bewehrungselemente mittels Bewehrungsdraht (rödeln) und der Einbau von Abstandshaltern (Betonklötzchen oder aufgeklemmte Räder aus Kunststoff) gewährleisten, dass der Bewehrungsstahl fest sitzt und den richtigen Abstand hat.

5.12 Sanierungsbeispiel Stein – Holz – Metall

Im weltberühmten Pergamonmuseum auf der Berliner Museumsinsel gehört neben anderen antiken Prunkstücken wie dem Pergamonaltar auch die zweistöckige Fassade des römischen Nordtors zum Staatsmarkt der kleinasiatischen Stadt Milet (Abb. 5.247). Die Frontfassade, die alle anderen Markthallen weit überragte, wurde im 2. Jahrhundert n. Chr. erbaut und 1905 von deutschen Archäologen ausgegraben.

Nach einer Fundteilung mit der Türkei wurden die etwa 80 % der erhaltenen Bauglieder der Säulenarchitektur 1998 nach Berlin überführt.

Im antiken System waren die Marmorteile pressfugig versetzt und mit in Blei eingefassten Metalldübeln verbunden (Abb. 5.248a). Diese Verbindungen waren sehr flexibel und konnten Bewegungen aufnehmen.

Abb. 5.247 Markttor von Milet im Pergamonmuseum Berlin – Antikensammlung. (Quelle: ILS, Hamburg)

Aus heutiger Sicht ein für damalige Zeit fast technisches Weltwunder.

1928 wurden die Fundstücke im Pergamonmuseum (29 m breit, 16,73 m hoch und 1500 t schwer) aufgebaut.

An das prächtige Markttor (Abb. 5.247) sind weitstehende Säulenpaare in zwei Geschossen vor die Wand gesetzt. Sie bilden einen lockeren Rahmen für die drei Portale und die darüber befindlichen Nischen. Durch das unterbrochene Gebälk (lat. Architrave) und durch die hervortretenden Seitenflügel ist eine stark plastische Fassade entstanden. Die neue freie Verwendung der Säulen sind bereits Merkmale des Hellenismus.

Der Zustand der Säulen und Balken (lat. Architrave) war allerdings sehr marode und es fehlten auch einige Teilstücke. Nach dem neuesten technisch-architektonischen Wissen in den 20er-Jahren des 20. Jh. wurde eine Eisenkonstruktion mit T-Trägern, Schrauben, Nieten und Winkeleisen als ingenieurmäßiges Tragwerk gestaltet und mit dem Markt-

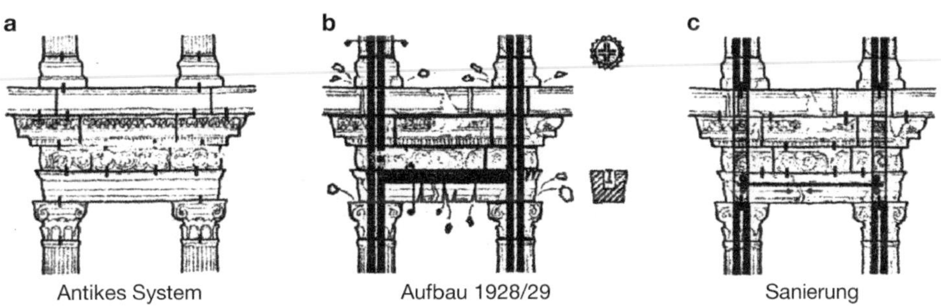

Abb. 5.248 Markttor von Milet, Knotenpunkte SäuleGebälk (Arge Pfanner, Kramer – Antikensammlung SMB). (Quelle: ILS, Hamburg)

tor ummantelt (Abb. 5.248b). Die Hohlräume wurden mit Mörtel und Beton verbunden. Seitdem bestimmen Mörtelfugen, abweichend von den pressfugigen Blöcken der Antike, das Bild. Außerdem wurde das Tor sicherungstechnisch mit der Rückwand des Gebäudes verbunden.

Nunmehr ist das Gebäude sanierungsbedürftig, was auf folgende Ursachen zurückzuführen ist:

- In den Knotenpunkten ergeben sich Verformungen, weil die innere Eisenkonstruktion ein anderes Bewegungsverhalten zeigt als die äußere steinerne Ummantelung, es fallen Marmorbruchstücke herunter.
- Durch die Verbindung mit der Gebäudewand werden Bewegungen auf das Tor übertragen.

Sanierungskonzept

- Abbau – Restaurierung in einer Spezialwerkstatt – Wiederaufbau (Zeitraum etwa 12 Jahre)
- Wiederanpassung an das antike System, d. h. beispielsweise die Säulen statt mit Winkeleisen mit Dübeln zu verbinden (Abb. 5.248c)
- Um den noch vorhandenen (dünnen) antiken Marmormantel der Säulen zu erhalten, werden diese nicht mehr aufgebohrt und auch nicht mehr in das Tragwerk einbezogen
- Die Steinfugen werden nicht wieder vermörtelt, um ein Ausbrechen des mineralischen Werkstoffs zu vermeiden, sondern gesteckt oder geschraubt, und können bei Bedarf wieder gelöst werden
- Die Architrave werden nicht mehr mit I-Trägern stabilisiert, sondern durch ein Spannsystem gehalten. Dadurch werden die Natursteinbalken auf ihr natürliches statisches Verhalten, nämlich die Aufnahme von Druckbelastungen zurückgeführt und nicht mehr auf Zug bzw. Biegung beansprucht
- Ausführung der Metalle in Blei oder Edelstahl

Zusammenfassend kann festgestellt werden, dass (a) als wichtiges Kriterium moderner Sanierung und Denkmalpflege das System reversibel ist und (b) Metall und Stein durch Berücksichtigung des „Eigenlebens“ der statischen Kräfte harmonisch aufeinander abgestimmt wurden.

Entwicklung von Kunstschlosserarbeiten und Metallberufen

6

6.1 Entwicklung der Eisentechnik und des Eisenstils

Vor etwa 30 Jahren hat eine starke Rückbesinnung auf alle dieser metallischen Kunstschmiedearbeiten begonnen. Dabei ist man bemüht, viele Teile im Original zu erhalten und zu sanieren. Über moderne Möglichkeiten wurde in den vorangegangen Kapiteln informiert. Aber auch neue Formen sind wieder aktuell.

In der Metallsanierung unterscheidet man 4 Gruppen der Formgebung:

1. Blecharbeit; Anwendung durch Belegen, Verkleiden, Treiben (ausgehämmert, gewalzt, ausgeschnitten, gestanzt),
2. Drahtarbeit; Anwendung durch Biegen, Einrollen, Verflechten, Zusammensetzen (gehämmert, gezogen, gewalzt),
3. Guss; Voll- und Hohlguss,
4. Arbeit aus dem Vollen; Formgebung durch Schmieden, Schneiden oder durch Entfernen überflüssiger Teile.

Vervollkommnung und Verschönerung

1. zur Erhöhung der Materialwirkung und Brauchbarkeit: Härten, Färben, Anlassen, Beizen, Damaszieren, Schleifen, Polieren, Überziehen mit anderen Metallen, Ziselieren, Gravieren, Ätzen, Emaillieren, Nivellieren, Tauschieren
2. zum Anfügen von Teilen: Nieten, Löten, Schweißen

Die erste Betätigung in der Antike war das Aushämmern von im gediegenen Zustand aufgefundenen Metallen (Kupfer und Gold) zu dünnen Blechen, die zum Schmuck des Körpers, der Kleidung, der Geräte und für Götterbilder verwendet wurden. Bei ägyptischen Halskränzen (Abb. 6.1) wurden die Blätter an ihren Stilenden mittels eines Fadens aneinandergereiht und die Spitzen anschließend nach unten fallen gelassen.

M. Stahr und K.-P. Radermacher, *Sanierung von Metallbauteilen*,
https://doi.org/10.1007/978-3-658-30625-0_6

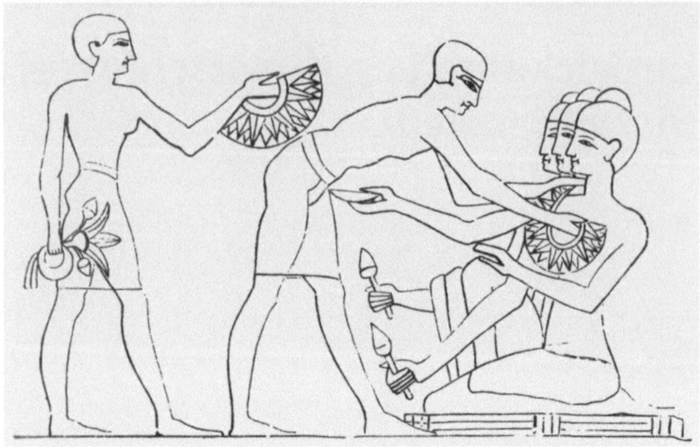

Abb. 6.1 Gestaltung und Anwendung ägyptischer Halskränze. (Quelle: Klein, Delmenhorst)

Als man die Metalle gießen und schmelzen lernte, stellte man zuerst kleinere Gebrauchsgegenstände aus massivem Metall her, z. B. Pfeilspitzen und Werkzeuge. Die ältesten mittelalterlichen Schmiedeeisengitter bestehen aus senkrechten, weit auseinanderstehenden Vierkantstäben, deren Felder mit Schnörkeln aus dünnerem Eisen gleichmäßig und dicht gefüllt sind. Die Stäbe wurden mit eingehauenen Punkten, Zickzack und Rankenlinien verziert. Die Stäbe wurden von Hand ausgeschmiedet. Die Schnörkelspiralen wurden möglichst eng gewickelt. Die Stab- und Bandeisen wurden durch Vernieten, Umlegen oder Verlaschen verbunden.

Der Eierstab in Abb. 6.2 zeichnet sich durch scharfe, plastische Ausbildung aus. Er soll eiförmigen Blättern nachempfunden werden.

Besonders gern und mit Phantasie beschäftigten sich die Kunstschmiede mit Leuchtgerätschaften. Sehr beliebt waren seit dem 14. Jahrhundert Kirchenkronen, aber auch weltliche Leuchter. Seinen ganzen Erfindungsreichtum konnte der Kunstschmied bei Tisch-, Altar- und Tafelkerzenleuchtern entfalten. Ein weiteres Tätigkeitsfeld waren Laternen, Fackel-, Fahnen- und Pferdehalter.

Am mannigfaltigsten entwickelte sich das Kunstschmiedewerk in der Renaissance und im Barock (1600–1750) in Deutschland. Die Gitter- und Ornamenttechnik wuchs sich zur volkstümlichsten Kunst aus. Unermüdlich wurden die schwierigsten metallischen Arten kunstvoll verschlungen und durchgesteckte Stabwerke angefertigt. Schlösser (Abb. 6.3) waren „Hochkultur“ der Kunstschlosserarbeiten. Abb. 6.3a zeigt die „raffinierte“ Technik.

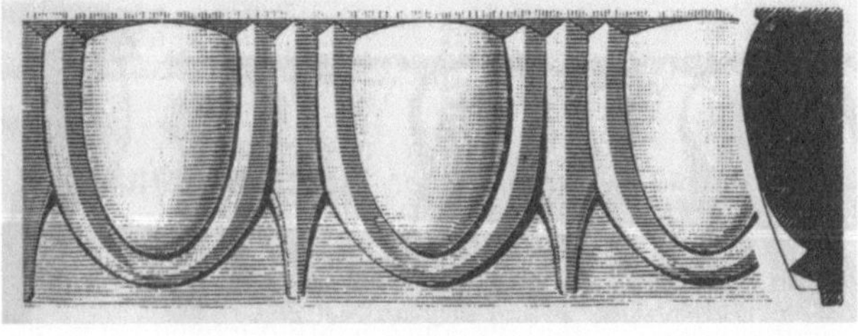

Abb. 6.2 Eierstab. (Quelle: Klein, Delmenhorst)

Abb. 6.3 Spätgotische Truhenschlösser (Germanisches Museum Nürnberg)

Einzelformen wurden aus der Natur „kopiert", beispielsweise Blätter, Bäume, Zweige usw. Besonders zeigen die Ornamentgitter eine unerschöpfliche Fülle der Motive, sowohl in den Zeichnungen der Linienführung als auch in der Ausschmückung mit Blättern, Blumen, Köpfen, Figuren usw. Mit viel Sach- und Kunstverstand wurden die füllenden Zierformen verteilt. Sehr anschaulich wirken auch die Hüllentrichter und Kelche, aus denen die Stäbe und Ranken wachsen.

Leider verlor sich die Kunstschmiedekunst Ende des 19. bis weit in das 20. Jahrhundert. Aber die Rückbesinnung in den letzten Jahrzehnten lässt für die Kunstschmiedekunst wieder hoffen.

Produktionsdenkmale Das bekannteste Bauwerk aus den Anfängen der Produktionsentwicklung in Deutschland ist die Weidendammer Brücke in Berlin (Abb. 6.4).

Auch in der Anwendungstechnik fanden metallische Erzeugnisse eine Vielzahl von Anwendungen. Sehr markant und besonders in der Landwirtschaft eingesetzt waren Windschöpfungsräder.

Durch das Drehen des – in der Regel im Durchmesser 10 m – Windrads wurde eine archimedische Schnecke in Bewegung gesetzt, die das Wasser anhob und damit zur

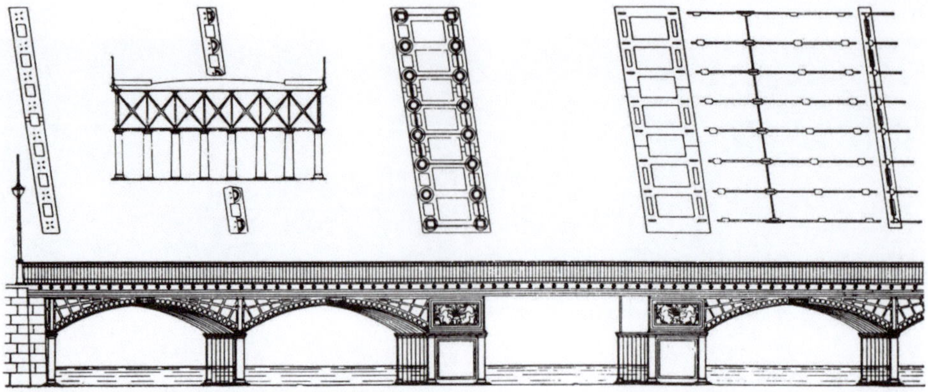

Abb. 6.4 Weidendammer Brücke in Berlin (1824–1826). Je 8 zweiteilige Gusseisenbögen, 5 Öffnungen, Klappendurchlass, Seitenöffnung mit je 9,25 m lichte Weite. (Quelle: Patzelt, Berlin)

Entwässerung landwirtschaftlicher Flächen beitrug. Mit diesem Windschöpfwerk konnte auch ein fehlende Vorflut ersetzt werden.

Abb. 6.5 zeigt ein Windschöpf-Pumpwerk in Lobbe auf Rügen um 1900 (in Betrieb bis 1964). Der Durchmesser des Windrads beträgt 9,90 m und die Achshöhe 14,00 m.

Aber auch seemännische Tätigkeiten fanden Eingang in das Kunstschlosserhandwerk, wie die feine filigrane Arbeit eines kleinen Metalldenkmals (Abb. 6.6) in Seebad Göhren an der Ostsee zeigt.

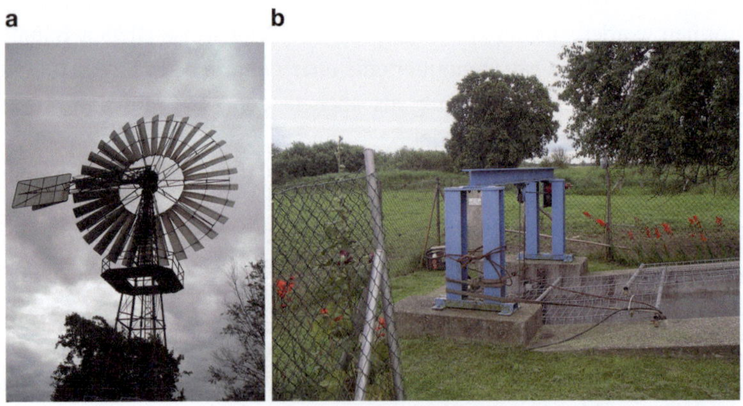

Abb. 6.5 Windschöpf-Pumpwerk Lobbe auf Rügen. (Quelle: Stahr, Leipzig)

Abb. 6.6 Seemannsdenkmal in Göhren (Rügen). (Quelle: Stahr, Leipzig)

6.2 Ornamente – Krönung der Metallsanierung

6.2.1 Entstehung und historische Entwicklung

Unter einem Ornament versteht man ein künstlerisches Schmuck- und Gliederungselement (ornare = lat. schmücken).

In allen Stilepochen, vom frühen Altertum bis zur Neuzeit zeigten sich das angeborene Bedürfnis und die Lust aller Völker, Dinge zu verzieren. Dies betraf nicht nur ihre Kleidung, sondern auch ihre Gebrauchsgegenstände. Das Säumen des Tierfells, mit der die Frauen ihre Kleider schmückten, die ersten Punkte oder Ritzen auf den Waffen der Männer – das waren vermutlich die ersten Ornamente. Unter dem Ornament versteht man einen künstlerischen Schmuck (lat. ornare = schmücken). Der sich daraus ableitende Be-

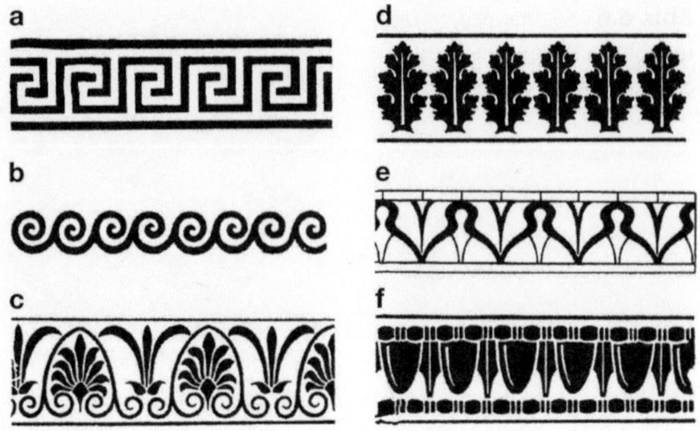

Abb. 6.7 Frühzeitliche Ornamentformen: **a** Mäander, **b** Wellenband, **c** Anthemion, **d** Akanthusband, **e** Herzblattstab, **f** Eierstab. (Quelle: Carius, Frankfurt/M.)

griff Ornamentik ist eine sehr bewusste und sinnvolle Wortbildung, denn die Ornamentik ist keine selbstständige Kunst, sondern schmückendes Beiwerk anderer Kunstgattungen.

Die geometrische Form ist die Urform des Ornaments. Sie zeichnet sich durch ausgewogene Harmonie aus und ordnet sich streng der Architektur, die sie schmückt, unter. Bereits in der Frühgeschichte findet sich eine Vielzahl an Ornamenten in Flechtbändern (Abb. 6.7).

Mit dem ägyptischen Stil (3000 v. Chr.) kam das pflanzliche Motiv mit relativ wenigen, aber symbolischen Motiven dazu. So war die Palme das Zeichen für Sieg, der Ölzweig für Frieden, die Zypresse für Wehmut und Tod, Lotos für irdische Kraft (Abb. 6.8).

Wann genau tierische Motive als Ornamente verwendet wurden, ist nicht mehr (oder noch nicht) feststellbar, in Griechenland wurden allerdings schon ab dem 6. Jh. v. Chr. tierische Metallornamente nachgewiesen. Beispielsweise die Schlange für die Verführung, die Eule für Weisheit. Außer den Nachbildungen wirklich existierender Tierarten verwendet die Kunst schon frühzeitig Fabelwesen. So entsteht der Greif dadurch, dass dem Rumpf des Löwen der Kopf und die Flügel des Adlers beigegeben werden.

Viel stärker als bei den Griechen tritt bei den Römern das Ornament als Verzierung der Bauglieder auf.

Abb. 6.8 Frühzeitliche Symbole. (Quelle: Carius, Frankfurt/M.)

Abb. 6.9 Maske und Mythos. (Quelle: Schubert von Soldern, Prag)

Auch die menschliche Gestalt wurde schon frühzeitig künstlerisch nachgebildet. Neben der Darstellung des menschlichen Antlitzes wurde die Ornamentik auch auf Masken, Fratzen und Grotesken sowie die Zusammensetzung des Menschen mit tierischen und pflanzlichen Elementen ausgeweitet (Abb. 6.9).

In der geometrischen Ornamentik der Germanen gibt es einfache Kreise, Radkreuze, Hakenkreuze, Wirbelrosetten, Spiralen und Mäander. Um 1500 kamen in der Baukunst in Deutschland erste Ornamente in Form eines eigenartigen Zierglieds auf: die Kartusche (Abb. 6.10). Sie setzt sich aus einer schildförmigen Fläche und einem rollwerkartigen Rahmen zusammen. Zwischen 1680 und 1815 wurden die Kartuschen mit Girlanden und Kränzen umrankt.

Ebenso bedeutsam ist der Metallschnitt. So ließen sich Reliefs durch Treibarbeit an Flächen aus verschiedenen Metallen ausführen.

Das 19. Jahrhundert brachte keine eigenen Ornamentformen, höchstens mehr oder weniger gelungene Imitationen hervor.

Abb. 6.10 Kartusche. (Quelle: Schubert von Soldern, Prag)

Auch das 20. Jahrhundert entwickelte keine eigenen Formen mehr, jedoch werden durch neue Werkstoffe und Techniken alte Materialstrukturen sichtbar gemacht. Und im Rahmen der modernen und aktuellen Sanierung und der an Bedeutung gewonnenen Denkmalpflege ist an Gittern, Geländern und Zähnen die alte Tradition der Ornamentierung wieder aufgelebt. Zu den traditionellen Werkstoffen kommen noch Edelstahl, Holz und Glas (einzeln oder in Kombinationen) als bereicherndes Material in alten Formen zum Einsatz.

Die Ornamentik gehört vor allem der Baukunst und dem Kunsthandwerk an. Die Orte, an welchen Ornamente angewendet werden können, sind sehr verschiedenartig und richten sich nach dem Charakter des Bauglieds, das es schmücken soll.

Bei der attisch-ionischen Ordnung (Abb. 6.11) dient es sowohl statischen als auch schmückenden Zwecken.

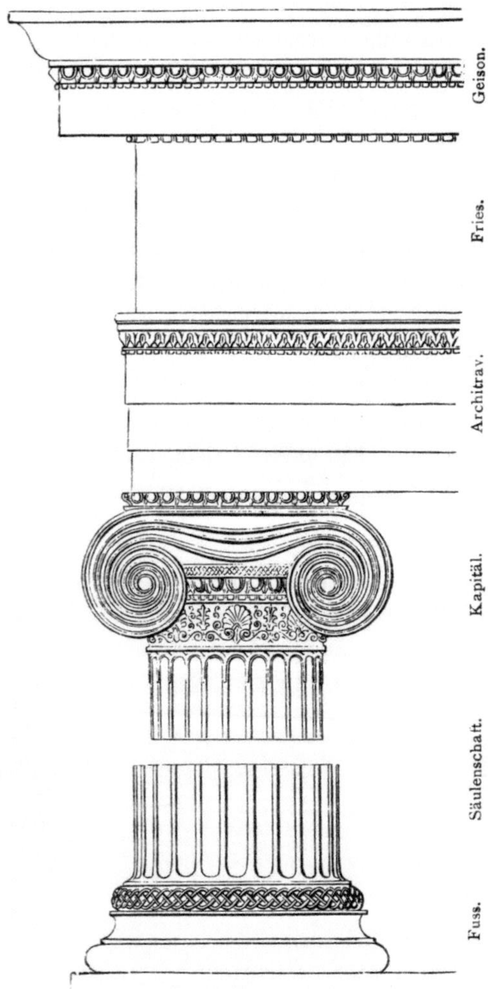

Abb. 6.11 Attisch-ionische Ordnung. (Quelle: Jäckel, München)

Strenge Trennung zeigt das dorische Fries (Abb. 6.12).

In vielen Fällen ist die Ornamentik ein Schlüssel zur Datierung von Bauwerken und zur Herstellung eines stilistischen Zusammenhangs zwischen ganzen Baustilen.

Eine besondere Bedeutung ist auch der Symbolik von Ornamenten beizumessen.

Eins der bekanntesten Beispiele ist das Namenssymbol Johann Sebastian Bachs am Torgitter der St. Georgenkirche in Eisenach (Thüringen), in der Bach 1685 getauft wurde (s. Abb. 6.13).

Im Rahmen der modernen und aktuellen Sanierung und der an Bedeutung gewonnenen Denkmalpflege ist an Gittern, Geländern und Zäunen die alte Tradition der Ornamentierung wiederaufgelebt.

Zu den traditionellen Werkstoffen kommen noch Edelstahl, Holz und Glas als bereicherndes Material, einzeln oder in Kombinationen mit alten Formen zum Einsatz.

Nachfolgend einige Beispiele:

Putz Bereits um 1650 wurden vor allem in geputzte Fachwerkfelder Ornamente eingekratzt, Abb. 6.14 zeigt ein Motiv aus dieser Zeit.

Im frühen 20. Jahrhundert kombinierte man Kratzornamente mit verschiedenen Applikationen (Abb. 6.15).

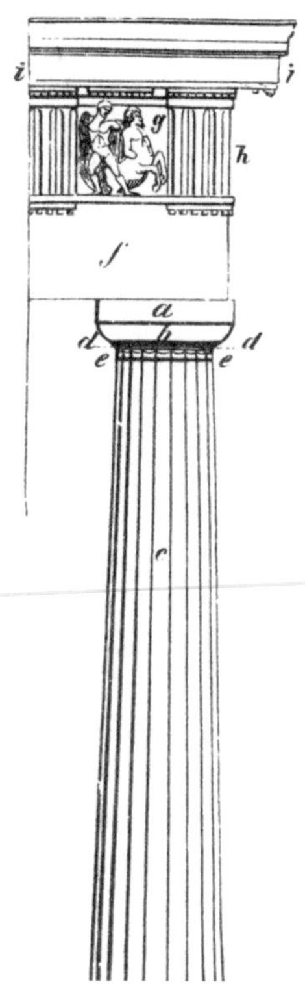

Abb. 6.12 Dorische Säule. (Quelle: Jäckel, München)

Abb. 6.13 Wappen von Johann Sebastian Bach. (Quelle: Stahr, Leipzig)

Abb. 6.14 Blumenornament auf Lehmputz. (Quelle: Carius, Frankfurt/M.)

Fig. 254

Holz Eine im 17. Jahrhundert weit verbreitete Konstruktion bestand darin, dass man die untere Kante der Schwelle durch eine Hohlkehle abfaste, die nach den Balkenköpfen hin zu einer Spitze verlief (Abb. 6.16 und 6.17).

Sie konnte rund, spitz oder geschwungen ausgebildet sein und konnte mit ihrem Schatten wirkungsvoll den ganzen Aufbau des Hauses beleben.

Abb. 6.15 Putzfassade 1904 mit verschiedenen Ornamenten. (Quelle: Bieker, Dortmund)

6.2.2 Funktion und Formgebung

Wichtig beim Entfernen oder der Auswahl von Ornamenten ist die Beachtung (a) der Funktion und Zweckmäßigkeit und (b) der Formgebung und Ästhetik.

Bei der Sanierung ist man wieder auf ein Jahrhunderte altes, aber lange leider vernachlässigtes Detail, den Wandarm (Abb. 6.18), gestoßen. An ihm hingen Gasthausschilder, Zunftzeichen, Firmenschilder und Lampen, aber auch Dachrinnen und Fallrohre.

Ein Wandarm ist statisch gesehen zum Tragen bestimmt. Er muss also infolgedessen alle Eigenschaften besitzen, die durch diese Funktion vorgeschrieben sind, d. h., er muss das Gewicht des daran hängenden Gegenstands tragen ohne sich zu verformen. Die Abstützung der Kräfte erfolgt über Streben in die Wand. Wenn diese Funktion der Streben gesichert ist, können sie in der Form ästhetisch gestaltet werden. Dem Gestalter sind dabei keine Grenzen gesetzt.

Abb. 6.16 Abfasung am Balkenkopf. (Quelle: Fiedler, Dresden)

Fig. 23. Stolberg a. H. (Reiseskizze).

Trotz genauer Befolgung der Übereinstimmungen von Form und Funktion können noch Fehler in Bezug auf die Ornamentik auftreten. Es wäre z. B. nicht von Vorteil, wenn für ein Denkmal, das durch seine Bestimmung ein Gefühl der Freude und Verehrung hervorrufen soll, ein einfaches, wenig strukturiertes Gitter gewählt würde.

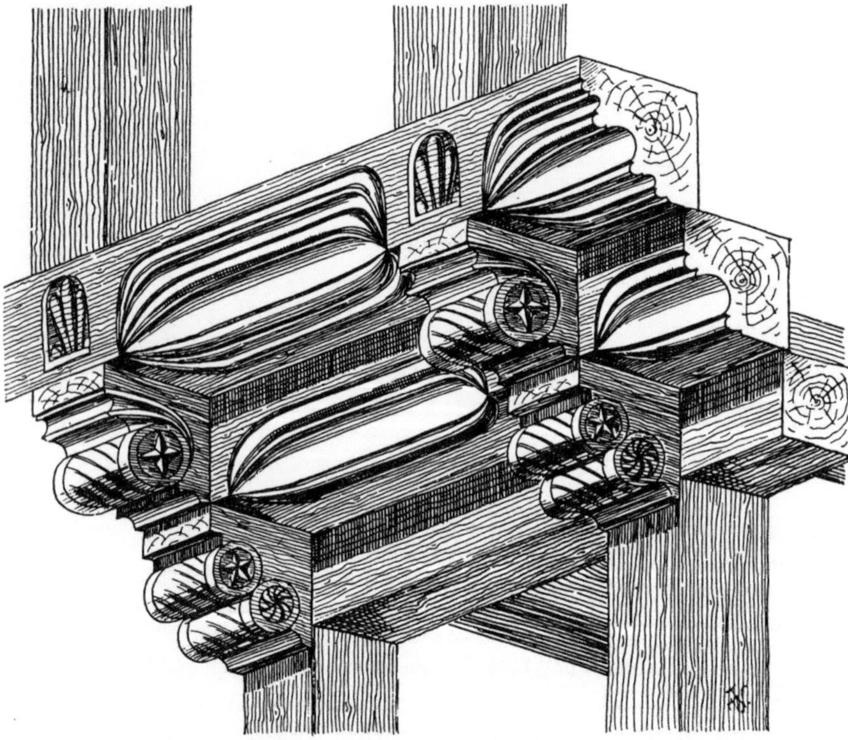

Fig. 22. Halberstadt, Holzmarkt 23.

Abb. 6.17 Balkengestaltung an einem Fachwerkhaus in Halberstadt um 1750. (Quelle: Fiedler, Dresden)

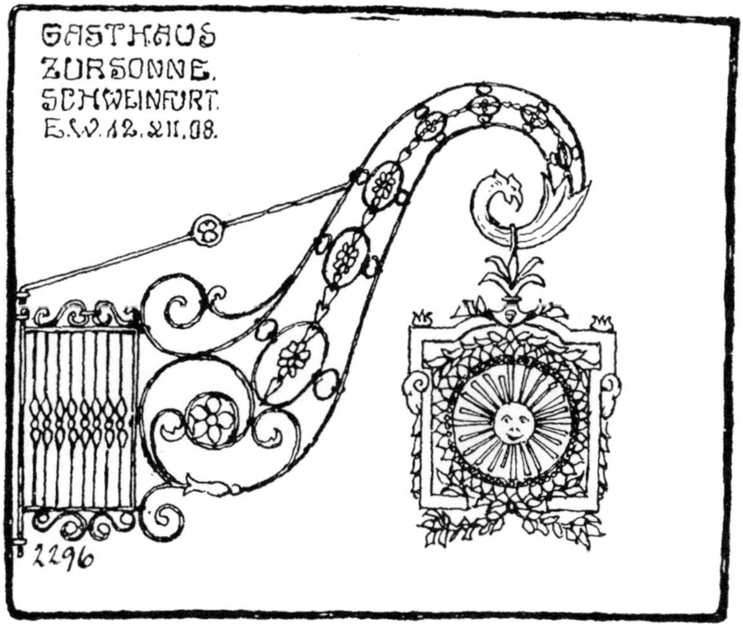

Abb. 6.18 Wandarmgestaltung (Quelle: Kurth, T. Meyer, KH Karlsruhe)

Abb. 6.19 Grabkreuz. (Quelle: Kurth, T. Meyer, KH Karlsruhe)

Abb. 6.20 Turmkreuz an der kath. Kirche Maria-Magdalena in Goch. Das Turmkreuz besteht aus verzinktem, mehrfach beschichtetem Stahl. (Quelle: Appel, Berlin)

Ein Grabgitter wiederum würde durch allzu prunkhafte oder verspielte Ornamentik der Würde des Friedhofs und seiner Besucher widersprechen. Dasselbe Motiv aber, das für ein Grabgitter angemessen ist, würde sich niemals für die Einfassung eines Brunnens eignen. Die Übereinstimmung von Form und Funktion erfordert noch eine Reihe von weiteren Überlegungen.

Ein Grabkreuz beispielsweise wird immer aus nächster Nähe betrachtet, es muss also vermieden werden, dass größere leere Räume entstehen (Abb. 6.19). Auch die Regelmäßigkeit der vier Kreuzfelder ist bedeutsam.

Ein Turmkreuz dagegen benötigt, weit entfernt vom Betrachter, eine ganz andere Formgebung. Die Zwischenräume sind sehr groß, die Form muss einfacher, aber bestimmender sein (Abb. 6.20). Die Höhe der Befestigung erfordert aus optischen Gründen eine größere Länge des senkrechten Armes als die der Seitenteile.

Ein weiteres Beispiel zeigt Abb. 6.21 mit in Kupfer getriebenen christlichen Symbolen.

Für die Sanierung sind also folgende Fragen zu beantworten:

Abb. 6.21 Moderne Kreuzgestaltung „Verharren“. (Quelle: Ferl, Göttigen)

- Was ist die Funktion des Gegenstands?
- Welche Form entspricht der Funktion?
- Welche sonstigen Gründe sind für die Formgebung wichtig?

Es ergeben sich folgende Schwerpunkte für die Ornamentanwendung:

- Jedes Ornament soll beim Betrachter eine Emotion hervorrufen.
- Die ästhetische Gestaltung ist von der Funktion anhängig.
- Das Ornament kann die Fläche überziehen oder gliedern oder einzelne Punkte betonen.
- Die Ornamentierung muss alle Strukturelemente harmonisch verbinden.

6.2.3 Maßwerk

Definition Unter Maßwerk versteht man die, vorzugsweise dem gotischen Baustil angehörenden, *rein geometrischen Verzierungen*, die eigentümliches, entweder durchbrochenes oder auch aufliegendes Flechtwerk bilden und die Flächen oder Öffnungen ausfüllen. Das Wort „Maßwerk“ bedeutet demnach so viel wie „gemessenes Werk“, im Gegensatz zu Laubwerk oder frei modelliertem Ornament.

Alle Maßwerksverzierungen können aus einfachen, rein geometrischen Grundlagen hergeleitet werden. Solche Grundlagen bilden der Kreis und die *geradlinigen Figuren*. Der gotische Stil macht damit sogar mathematische Figuren für Kunstschlosserarbeiten nutzbar.

Die Hauptform des gotischen Baustils ist der **Spitzbogen**. Der Konstruktion von Spitzbogen liegen Dreiecke zugrunde. Von den Eckpunkten des Dreiecks, die man als Radius

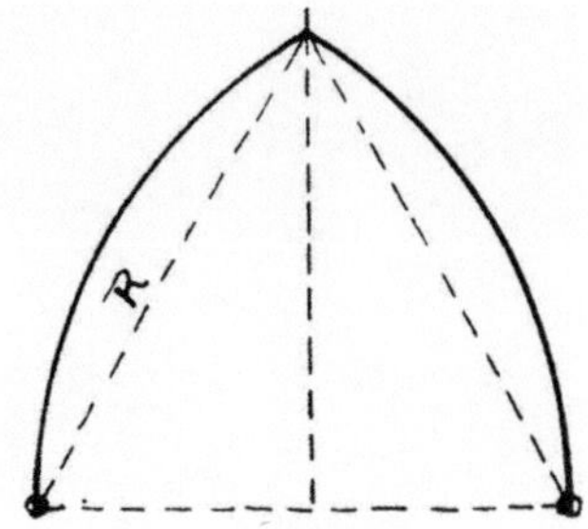

Abb. 6.22 Konstruktionen eines Spitzbogens. (Quelle: ILS Hamburg)

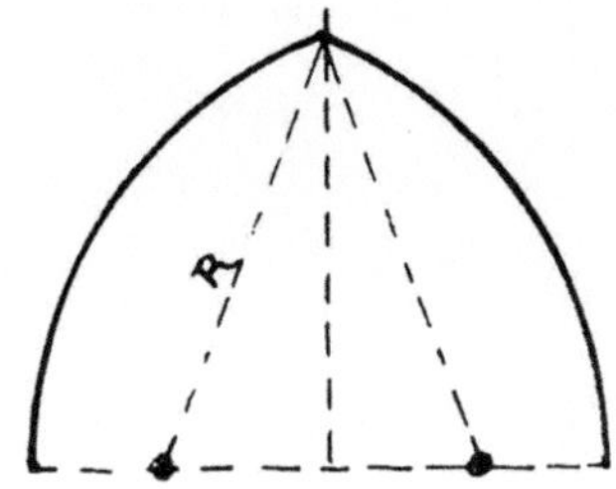

Abb. 6.23 Niedriger Spitzbogen. (Quelle: ILS Hamburg)

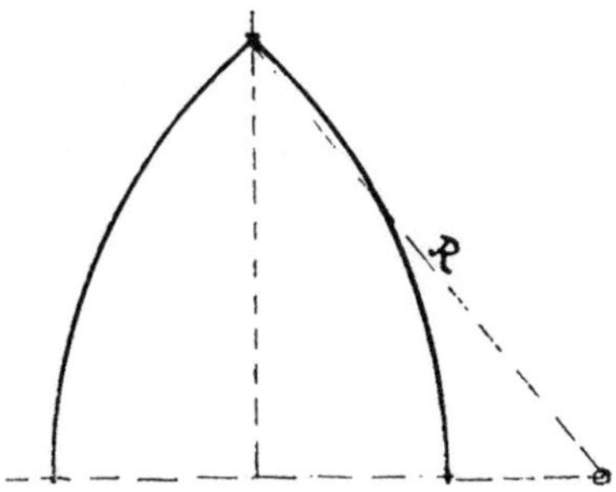

Abb. 6.24 Hoher Spitzbogen. (Quelle: ILS Hamburg)

zugrunde legt, schlägt man mit einem Zirkel je einen Kreisbogen (Abb. 6.22). Im Bild ergibt sich ein Spitzbogen. Für niedrigere Bogen (Abb. 6.23) wird wiederum in den Dreieckspunkten der Zirkel angesetzt, die Kreisbogen aber innerhalb des Radius zusammengerückt. Werden sie auseinander gezogen, entsteht eine höhere Spitzbogenform (Abb. 6.24).

Außer den Spitzbogen kommen noch andere Arten des oberen Abschlusses vor.

Das sind z. B. Halbkreise und einzelne flachere Kreisbögen sowie verschiedene Halbmesser und Kreisbögen mit entgegengesetzter Krümmung. In der Fachsprache heißen sie Eselsrücken (s. Abb. 6.25).

Recht eigentümliche Maßwerksteile sind die sogenannten Nasen. Die Konstruktion der Nasen beendet das Aufreißen des Maßwerks.

Nasen werden aus zwei kreisbogenförmigen Stäben, den Nasenbögen, gebildet, die in einiger Entfernung voneinander aus einer stabförmigen oder aus einer umschließenden Gliederung heraustreten, sich im Inneren des davon umschlossenen Feldes oder freien Raumes vereinigen und kurz darauf endigen (vgl. Abb. 6.26).

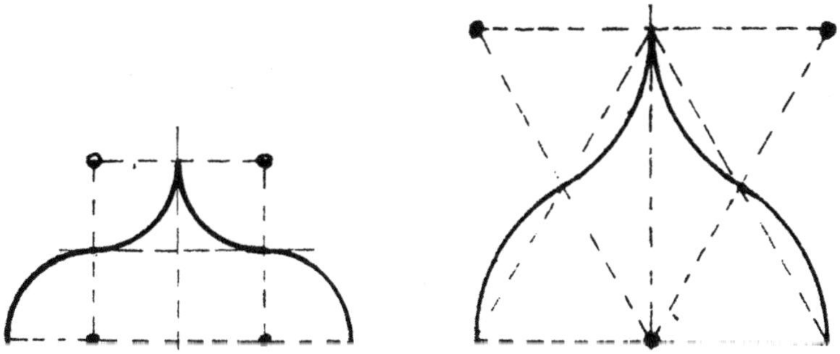

Abb. 6.25 Konstruktionsformen von Eselsrücken. (Quelle: ILS Hamburg)

Abb. 6.26 Nasen. (Quelle: ILS Hamburg)

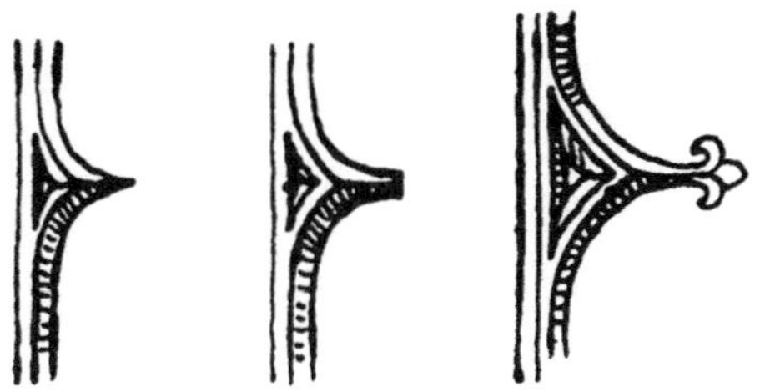

> **Tipp** Aus den aufgezeigten Hauptformen von Maßwerken kann man entweder an Hand von Vorlagen oder nach freier Fantasie eine Vielzahl von Mustern zusammensetzen.

Beispiele Abb. 6.27 zeigt Konstruktionen mit Nasen aus dem gleichseitigen Dreieck.

Konstruktionen mit Nasen innerhalb Vierecken (Abb. 6.28) sind nahezu identisch mit den Verfahren innerhalb Dreiecken. Gleiches gilt für Vielecke/Polygone (Abb. 6.29).

Konstruktionen mit Nasen in Kreisen unterscheiden sich durch die Anzahl der Nasen.

Sie variieren von 3–8 und die Konstruktion nennt man je nach Nasenzahl Dreipass (Dreibogen, s. Abb. 6.30), Vierpass (Vierbogen, s. Abb. 6.31), Fünfpass (Fünfbogen) usw.

Ein häufig angewandtes, vielfältiges, aber nicht ganz einfaches gotisches Maßwerkmotiv sind die Fischblasen, die auch als Schneuß bezeichnet werden. Sie können rundbogig und spitzbogig ausgeführt werden (vgl. Abb. 6.32).

Abb. 6.27 Spitzbogen mit Nasen. (Quelle: ILS Hamburg)

Abb. 6.28 Nasen in viereckigen Räumen. (Quelle: ILS Hamburg)

Abb. 6.29 Nasen in vieleckigen Räumen. (Quelle: ILS Hamburg)

Abb. 6.30 Dreipass. (Quelle: ILS Hamburg)

Abb. 6.31 Vierpass. (Quelle: ILS Hamburg)

Abb. 6.32 Fischblasen. (Quelle: ILS Hamburg)

Abb. 6.33 Dreiteiliges Fischblasenmuster. (Quelle: ILS Hamburg)

Abb. 6.34 Mehrteiliges Fischblasenmuster. (Quelle: ILS Hamburg)

Meistens werden sie in Kreisfiguren als zwei-, drei- und mehrteilige Muster eingefügt (vgl. Abb. 6.33 und 6.34).

Fischblasen lassen sich auch in quadratischen, rechteckigen und vieleckigen Füllungen sowie in Spitzbogen anbringen.

Abb. 6.35 Gotischer Türklopfer. (Quelle: ILS Hamburg)

Abb. 6.36 Gotische Türklopferplatte. (Quelle: ILS Hamburg)

Die Abb. 6.35 und 6.36 zeigen 2 wunderschöne Anwendungen gotischer Türklopfer.

Von besonderer Wichtigkeit für den Effekt des Maßwerks ist die **Gliederung der Stäbe**. Meistens bestehen sie aus Plättchen, Hohlkehle und Rundstab. Während in der Zeit der Gotik die Stäbe durch Verdopplung auf Blechunterlagen hergestellt wurden, versieht man sie bei modernen Kunstschlosserarbeiten mit einem Profil, beispielsweise als Vierkant oder Rundeisen. Das Maßwerk ist also das gotische Ornament, das prädestiniert dafür ist, einem metallischen Gegenstand einen gotischen Charakter zu verleihen.

Die vorgenannten Konstruktionsgrundlagen lassen sich beim Entwerfen im gotischen Stil sowohl für einfache Motive als auch für anspruchsvollere wie Blätter, Blumen, Rosetten usw. anwenden. Das Maßwerk ist aber auch für aufwendigere Entwürfe, beispielsweise eines Gitters, einer Tür oder einer Konsole, geeignet.

Die handwerkliche Ausführung ist natürlich durch erfahrene Fachleute an allen Eisenarten relativ problemlos und wirkt meist sofort dekorativ.

Viele Gegenstände, wie runde und halbrunde Füllungsgitter, ergeben sich aus den angeführten Mustern. Friese, Bänder usw. werden durch Aneinanderreihung gewonnen. Große Raumöffnungen lassen sich mit etwas Geschick zu geometrischen Mustern einteilen, in die verschiedene Motive eingezeichnet werden können.

6.2.4 Die Flora im Ornament

Die Pflanzenwelt beruht in etwas versteckter Form auf geometrischen Gesetzen. Die Zahl und die Stellung der Blätter in der Blüte, aber auch die Blätter selbst führen häufig auf die Kreisteilung zurück (Abb. 6.37). Pflanzenstängel haben einen Kreis- oder Vieleckquerschnitt.

Für das Efeublatt zeichnet man ein Viereck in den Kreis ein, wobei der untere Eckpunkt um den halben Radius zum Mittelpunkt hin versetzt wird (Abb. 6.38). Dieser Punkt bildet das Auge und den Ausgangspunkt für die Hauptnervenstränge des Blattes nach den 3 übrigen Punkten des eingezeichneten Quadrates.

Abb. 6.37 Konstruktion eines Lindenblatts mit einem Kreis als Grundform. (Quelle: ILS Hamburg)

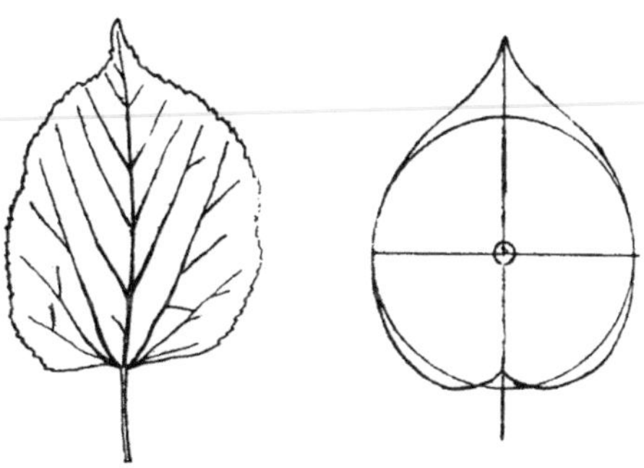

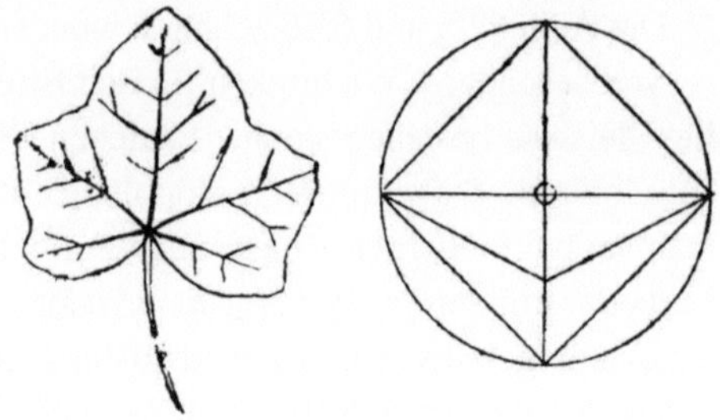

Abb. 6.38 Konstruktion eines Efeublattes mit einem Kreis und einem Quadrat. (Quelle: ILS Hamburg)

6.2.5 Die Fauna im Ornament

Obwohl die Tierwelt eine große Anzahl von Motiven für die Ornamentik bietet, kommt sie bei Kunstschlosserarbeiten weitaus weniger zum Einsatz als pflanzliche Gebilde. Allerdings ist ihre Anwendung sehr zeitbezogen. Im romanischen Stil finden wir Tiergestalten sehr reichhaltig in Kunstschmiedearbeiten, besonders bei Ranken und Beschlägen. In der Renaissance treten uns alle Arten von Tiergestalten, ganz besonders in den Ornamenten der Ätzarbeiten, entgegen.

Im Barock- und Rokokostil wurden Einzelpartien auch plastisch hervorgehoben.

Die Art und Weise der Stilisierung ist zu verschiedenen Zeiten und Epochen stets unterschiedlich. So wurde die Tierwelt vom krassesten Naturalismus bis zur Unkenntlichkeit als Ornament benutzt.

Erfindungsreiche Kunstschlosser erfanden neue Formen von Tiergestalten, von denen selbst Zoologen keine Ahnung hatten (Abb. 6.39). Das am meisten stilisierte Motiv war der Löwe.

Abb. 6.39 Aus Blech getriebener Delphin als Wasserspeier. (Quelle: Bieker, Dortmund)

6.2.6 Die menschliche Gestalt im Ornament

Selbstverständlich diente die menschliche Gestalt schon frühzeitig zur künstlerischen Nachbildung im Ornament. Tugenden, Laster, Wissenschaften, Künste, Jahres- und Tageszeiten, Weltteile und vieles andere werden symbolisch durch menschliche Figuren (Allegorien) zum Ausdruck und damit zur bildlichen Anschauung gebracht. Allerdings blieb die Darstellung der menschlichen Gestalt für den Kunstschmied immer von eher untergeordneter Bedeutung.

Vom „stilisierten Menschen" ist zumeist das Antlitz im Ornament mitverwendet worden. Wird dieses der Natur nachgebildet oder willkürlich verändert, so entstehen die **Maske** und **Fratze**.

Masken sind ja eigentlich für schauspielerische oder Verkleidungszwecke gedacht und ein künstliches hohles Gesicht, mitunter auch grotesk verzerrt.

Masken im metallischen Ornament (Abb. 6.40) sind aber die Darstellung schöner, der Natur treu bleibender oder sie idealisierende Antlitze.

Als Fratzen bezeichnet man grinsende, verzerrte oder durch andere Zutaten verunstaltete, in Blattwerk auslaufende Gesichter.

Während die Masken schon im Altertum gerne zur ornamentalen Verwendung kamen, liebte die Antike die Anwendung der Fratzen nicht. Das Mittelalter verwendete die Fratze des Öfteren. Die größte und vielseitigste Verwendung haben die Fratzen aber in der Renaissance gefunden.

Eine weitere Verwendung des menschlichen Körpers finden wir in den **Grotesken** (Abb. 6.41).

Abb. 6.40 Menschenkopf als Maske an einem gotischen Türklopfer. (Quelle: Bieker, Dortmund)

Abb. 6.41 Grotesken. (Quelle: Bieker, Dortmund)

Das sind fantasiereiche, oft recht hässliche Gestalten, entstanden durch die Zusammensetzung menschlicher, tierischer und pflanzlicher Formen. Sie spielen besonders im Ornament der Renaissance eine bedeutende Rolle.

Als beliebtes Ornamentmotiv dienten von der Antike bis in die heutige Zeit die **Halbfiguren**. Sie wurden aber auch als Plastiken z. B. für Tisch- und Beckenfüße oder Wetterhähne, gefertigt. Der Unterkörper geht in Pflanzenwerk oder menschliche Gliedmaßen über, während der Oberkörper, eventuell mit geringen Abweichungen, natürlich dargestellt wird.

Der Fuß der Wärmepfanne in Abb. 6.42 stellt eine Löwentatze, die Kraft verkörpern soll, dar. Die Flügel drücken das Umfassen und Emporhalten der Pfanne und der weibliche Oberkörper die harmonische Verbindung aus. Jedes dieser Teile verkörpert eine eigene symbolische Sprache und sie müssen in den Größenverhältnissen nicht zueinander stehen.

Abb. 6.42 Fuß einer Wärmepfanne aus Pompeji. (Quelle: Krauth, T./Meyer,F., Karlsruhe)

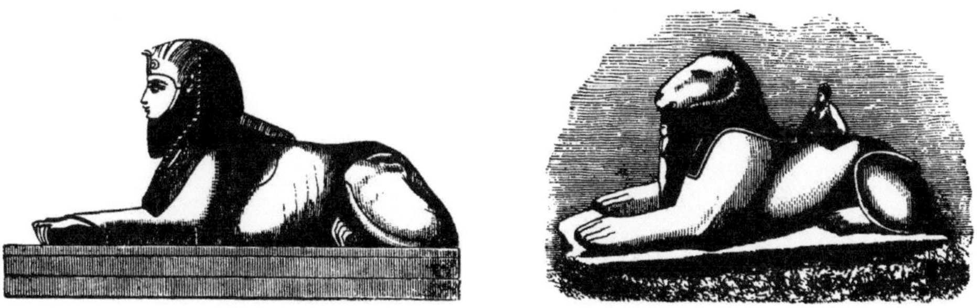

Abb. 6.43 Sphinx. (Quelle: Krauth, T./Meyer,F., Karlsruhe)

Weitere ornamentale Bildungen aus dem menschlichen Körper sind die Sphinxe und Zentauren. Die Sphinx (Abb. 6.43) verbindet den menschlichen Körper mit dem Rumpf eines Löwen. Sie ist eine spezifische ägyptische Erfindung.

Zentauren (Abb. 6.44) sind wilde, kampflustige Gestalten mit menschlichem Oberleib und dem Hinterteil eines Pferdes.

Bei der Verwendung menschlicher Bildungen sind noch Engelsköpfe und Engelsfiguren sowie Totenköpfe zu nennen.

Abb. 6.44 Zentaur. (Quelle: Krauth, T./Meyer,F., Karlsruhe)

6.3 Metallornamentik in der Baugestaltung

Bereits in der Gotik schmückten Türmchen, Erker und Wasserspeier, kunstvoll aus Stein geschlagen, repräsentative Gebäude wie etwa Kirchen, Rathäuser und Burgen. Reich verzierte Stuckateurarbeiten zierten die Bauwerke der Barock- und Rokokozeit.

Im vorletzten Jahrhundert, etwa ab 1860, kam die sogenannte „Metallornamentik" in Mode (Abb. 6.45). Nach der Französischen Revolution war das Bürgertum mächtiger geworden und wollte dieses gesteigerte Selbstbewusstsein auch in der Baukunst zum Ausdruck bringen. Darüber hinaus wurden Metalle Sinnbild und Aushängeschild des nach der ersten Industriellen Revolution einsetzenden ungebrochenen technischen Fortschrittglaubens der bürgerlichen Kräfte.

Wenn auch der Ursprung für das bürgerliche Bedürfnis nach Machtdemonstration in Frankreich lag, so setzte es sich doch zügig über Deutschland und die Schweiz in die österreichische Donaumonarchie mit den Ländern Böhmen, Mähren, Ungarn und Kroatien sowie in den polnischen Kulturraum fort. Überall dort begann man, Teile von Fassaden und Dächern mit getriebenen Blechteilen zu schmücken.

Abb. 6.45 Metallornamentik als Verzierung von Turmspitzen, Fenstern, Gesimsen, Mansarden und als Vase. (Quelle: Rheinzink, Datteln)

Abb. 6.46 Die Titelseite des Katalogs der „Metallornamenten-Fabrik“ SPORER von 1905. Die 1882 gegründete Firma bietet die aufgeführten Formen noch heute an. (Quelle: Rheinzink, Datteln)

► Eine wichtige Voraussetzung für die Entwicklung der Metallornamentik waren die zunehmend verbesserten industriellen Möglichkeiten bei der Herstellung von Dünnblechen einerseits und andererseits die sich entwickelnde industrielle Metallbearbeitungstechnik.

Die Blechornamente wurden in Einzelstücken oder kleinen Serien zunächst von Kupferschmieden und Klempnern/Spenglern, bald jedoch schon von spezialisierten „Metallornament-Fabriken“ angefertigt und in den Handel gebracht. So wurden Blechornamente auch in reicher Auswahl und entsprechend der jeweiligen Stilrichtung (Neoklassizismus, Neurenaissance, Neugotik, Neubarock und später auch Jugendstil) vorgefertigt und angeboten. Von der beträchtlichen Auswahl zeugen noch heute die Kataloge der damaligen Hersteller (Abb. 6.46).

Die Ornamente waren in zweifachen Sinne darauf angelegt, den Betrachter in gewisser Art zu täuschen: Zum einen wurden sie bisweilen überstrichen, um damit eine in Stein gehauene Ornamentik zu imitieren, zum anderen täuschten sie in natürlichem Zustand belassen und blank poliert eine Massivität der Figuren, Vasen, Turmspitzen etc. vor, obwohl sie vollständig hohl waren (Abb. 6.47). Beiden Zielen diente eine perfekt beherrschte Verbindungstechnik durch Löten, wobei die Verbindungsnähte sauber verputzt (d. h. mit scharfen Schabern abgezogen) wurden und damit kaum zu sehen waren. Heute wird die Verbindungstechnik weiter perfektioniert durch den Einsatz des Schutzgasschweißens.

Dabei hätte dem geschulten Auge dieser „Betrug“ durchaus auffallen können, indem die in Metall getriebenen oder gezogenen Formen allgemein filigraner wirkten als die

Abb. 6.47 Mansarddachknickpunkt durch Ornamente verzinkt an der Universität Bern. (Quelle: Rheinzink, Datteln)

bis dahin überwiegend gewohnten Steinarbeiten. Im Unterschied dazu aber waren die Metallornamente durch Formenwiederholung und entsprechende industrielle Fertigung wesentlich preiswerter (Abb. 6.48).

Die auch heute noch von nur wenigen Firmen beherrschte Technik der Ornamentenherstellung bedient sich vorwiegend Zugbänken, Fallwerken und Abkantbänken für die verschiedensten Biegeradien. Zu den Zugbänken gehört eine Vielzahl von Matrizen, durch deren Einsatz eine absolute Übereinstimmung und Geradheit der zuvor gekanteten Profile sichergestellt wird. Dadurch erst werden Gehrungsverbindungen mit höchsten Ansprüchen an eine präzise Profilübereinstimmung möglich. Fallwerke dienen hauptsächlich der Herstellung von gekrümmten Profilen sowie Prägeverformungen, wobei in der Regel mehrere Arbeitsgänge erforderlich sind. Die so verformten Bleche haben eine glatte Oberfläche ohne Schläge.

Dabei kommen alte handwerkliche Fertigkeiten für das Verformen von Blechen, wie z. B. Treibarbeiten in Formenkitt, zum Einsatz.

Abb. 6.48 Daringer Hof. (Quelle: Rheinzink, Datteln)

Neben den geometrischen Formen und Motiven, die die organische Natur in die Ornamentik einbezieht, werden zur Vervollkommnung der Einzelteile noch **künstlerische**, d. h. von Menschenhand geschaffene Formen verwendet.

Das können künstliche Gegenstände wie Gefäße, Werkzeuge, Waffen, Instrumente, Schleifen, Wappen, Bänder, Pumpen, Glockenspiele, Turmuhren usw. sein. Die Ursprünge liegen schon in der antiken Kunst.

Die beiden 3,5 m großen Männergestalten aus Kupferblech mit drehbarem Oberkörper in Abb. 6.49 schlagen viertelstündlich mit einem etwa 50 kg schweren Hammer eine Bronzeglocke an. Das Kreuz auf der Glocke, die Eckkugeln, der Zeiger und das Zifferblatt der Uhr bestehen aus vergoldetem Gussstahl.

Die Zusammenstellungen von Jagd- und Kriegsgeräten nennt man *Trophäen*, die aus Werkzeugen, Apparaten usw. heißen *Embleme* (Abb. 6.50).

Abb. 6.49 Glockenschlägerspiel auf einem Bankhochhaus in Leipzig. Jüdisches Bankhaus Kroch von 1898, nach der Sanierung 2008. (Quelle: Stahr, Leipzig)

Abb. 6.50 Handwerker-Emblem. (Quelle: Krauth, T./Meyer, F., Karlsruhe)

Abb. 6.51 Hauptportal Probsteikirche Magdeburg. (Quelle: Stahr, Leipzig)

Ein beispielhaftes Meisterstück der Kombination von Bronzeornamenten ist das Hauptportal der Kathedrale und Probsteikirche Magdeburg. An dem etwa 2 × 4 m großem Portal sind verschiedene Szenen aus der biblischen Geschichte anschaulich dargestellt: Taube mit Ölzweig(oben links) Tiere besteigen die Arche Noah (oben rechts) (Abb. 6.51).

Ebenso interessant dürfte ein jüdisches Grabensemble auf dem Südfriedhof in Leipzig sein (Abb. 6.52).

Abb. 6.52 Grabplatte aus Granit auf dem Südfriedhof in Leipzig. (Quelle: Stahr, Leipzig)

6.4 Wandarme - Aushängeschilder - Zunftzeichen

6.4.1 Wandarme und Aushängeschilder

Schmiedeeiserne Wandarme finden sich schon vom Mittelalter ab zu den verschiedensten Zwecken in Anwendung, so z. B. als Kerzenträger, als Fackelhalter, als Handtuchhalter, als Träger für die Deckel von Taufsteinen etc. Schon frühzeitig sind Schenken und Wirtshäuser und die Innungsstuben der einzelnen Gewerke durch Aushängezeichen kenntlich gemacht worden und späterhin haben auch einzelne Gewerbetreibende, insbesondere die Schlosser sich dieser Sitte angeschlossen (Abb. 6.53 und 6.54).

Zu den Zeiten, da nicht jedermann lesen konnte, schien es angebracht, allgemein verständliche Abzeichen auszuhängen, und so finden wir denn häufig die betreffenden Dinge plastisch nachgebildet oder in Blech ausgeschnitten und bemalt und vergoldet. An den Wirtshäusern begegnen wir Tieren und menschlichen Gestalten, Sternen, Sonnen, Kronen, Kannen etc. An Handwerkshäusern finden wir Schlüssel, Stiefel, Bretzeln, Handwerkszeuge etc. Heute ist man von diesen bildlichen und sinnbildlichen Darstellungen ziemlich abgekommen und zieht es vor, ein Schriftschild auszuhängen, welches das Nötige besagt. Früher wurde mit den Aushängeschildern ein großer Aufwand entfaltet, dann folgte ei-

Abb. 6.53 Renaissancewandarm aus Innsbruck. (Quelle: Krauth, T./Meyer, F., Karlsruhe)

Abb. 6.54 Wandarm aus Zürich. Barock. (Quelle: Krauth, T./Meyer, F., Karlsruhe)

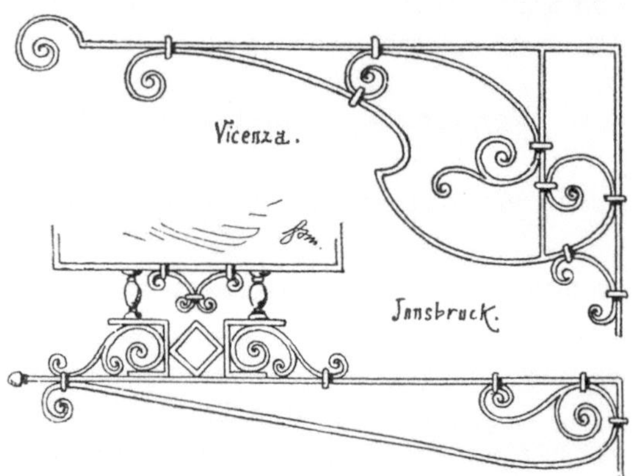

Abb. 6.55 Wandarmmotive aus Vicenza und Innsbruck. (Quelle: Krauth, T./Meyer, F., Karlsruhe)

ne wesentliche Ernüchterung und Vereinfachung, wogegen in neuester Zeit wieder mehr Wert auf künstlerische Gestaltung gelegt wird.

Gewöhnlich bildet ein senkrecht zur Wand stehendes, starkes Rund- oder Quadrateisen den eigentlichen Wandarm, welcher an seinem freien Ende angehängt oder aufgesetzt die Abzeichen oder Schilder trägt. Eine schräg ansteigende Strebe unterstützt den Hauptarm, und das auf diese Weise entstehende Dreiecksfeld wird mit ornamentalem Rankenwerk ausgefüllt und versteift. Oft und für leichte Wandarme nimmt der Träger auch geschweifte und konsolartige Formen an (Abb. 6.55).

Abb. 6.56 Aushängeschild für eine Bäckerei. (Quelle: Krauth, T./Meyer, F., Karlsruhe)

Häufig entfällt auch die Strebe und das Rankenwerk allein bildet die Unterstützung. Gewöhnlich wird dann oberhalb des Armes noch eine schräg oder geschwungene, von der Wand, auf den Arm zulaufende Aufhängestange angeordnet. Für weit ausladende und schwere Schilder sind auch 2 Aufhängestangen gebräuchlich, die ein gleichschenkliges Dreieck bilden, dessen Grundlinie in der Wand zu suchen ist. Die Befestigung ist sehr solid und schützt den Wandarm gleichzeitig gegen seitliches Schwanken infolge des Windangriffs. Die Aufhängestangen werden gerne zierlich gewunden und durch kleine Verzierungen in der Form von Blumen, Durchschiebungen etc. geschmückt. An Stelle der geraden Aufhängestange kann auch ein geschweiftes Eisen treten (Abb. 6.56).

Der Hauptarm selbst endigt nach vorn in einen Einhängehaken oder wird durch eine hübsche Blume zur freien Endigung gestaltet. Nur für kleine und ganz leichte Wand-

Abb. 6.57 Wandarm aus Innsbruck. (Quelle: Krauth, T./Meyer, F., Karlsruhe)

arme bildet wohl auch ein einziges, kühn geschwungenes Eisen die ganze Ausstattung (Abb. 6.57).

Soll der Wandarm drehbar beweglich sein, was für Aushängeschilder meist nicht gewünscht wird, so läuft der untere Teil in einem Zapfenlager und der obere Teil erhält ein Halsband (Abb. 6.58). Die beiden Kloben werden im Stein oder in der Wand befestigt. Für feste Wandarme bringt man des besseren Aussehens halber gewöhnlich eine Wandschiene aus breitem Flacheisen an und befestigt diese mit Steinschrauben in der Wand, während der Arm mit der Schiene vernietet oder verschraubt wird. Diese Schiene kann durch Aufrollen an den Enden oder anderweitig selbst wieder verziert werden.

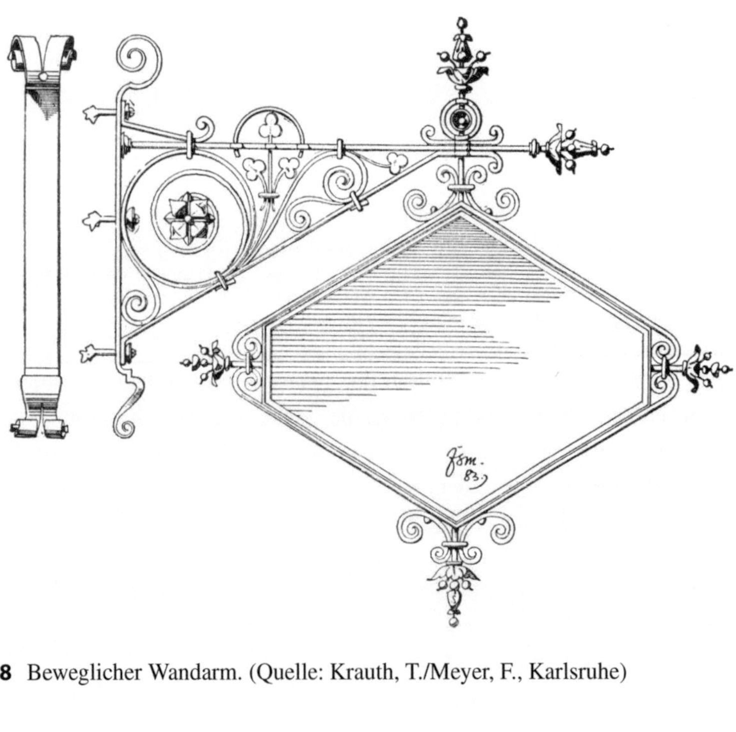

Abb. 6.58 Beweglicher Wandarm. (Quelle: Krauth, T./Meyer, F., Karlsruhe)

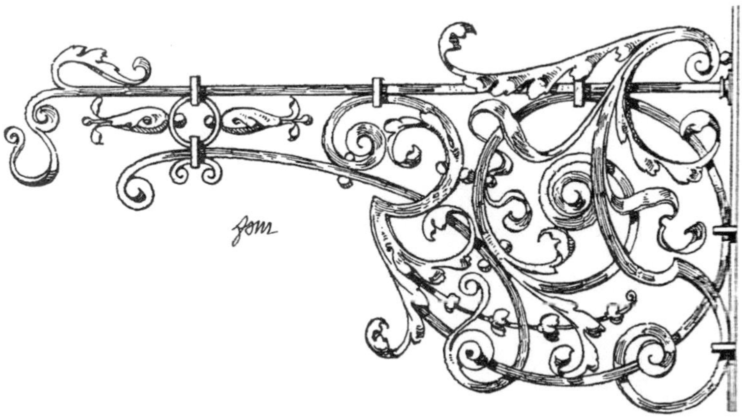

Abb. 6.59 Wandarm, im Barockstil entworfen. (Quelle: Krauth, T./Meyer, F., Karlsruhe)

Will man diese Schiene vermeiden, sind die Stellen, wo das Eisen in die Wand eingreift, mit durchlochten Rosetten oder „Manschetten" abzudecken. Als Material für die Träger verwendet die Renaissance mit Vorliebe Rundeisen, die Barockzeit aber Vierkanteisen (Abb. 6.59). Blätter und andere Details werden aus Blech getrieben oder aus dem Stück geschmiedet.

Abzeichen wie Schlüssel, Stiefel, Schiffe, Kronen, Kannen etc. werden gewöhnlich aus einzelnen Teilen getrieben und zusammengesetzt (Abb. 6.60).

Ein gleiches gilt für einfach geformte Tiere wie Fische, Schwäne u. a. Nur dünnleibige Gestalten, wie die Eidechse in Abb. 6.61 werden wohl auch aus dem Stück geschmiedet. Menschliche Figuren, Engel, heraldische Adler, Löwen und andere reich geformte Figuren werden meist aus Blech in lebhaften Umrissen ausgeschnitten und entsprechend bemalt, wie bereits erwähnt. Für diese Dinge muss dann ein passender Rahmen geschaffen werden, in welchem sie unterkommen. Gewöhnlich hat er die Form von Ringen, Kränzen oder Kartuschen.

Die Schriftschilder werden aus Blechtafeln geschnitten und gewöhnlich am Rande durch aufgenietete Flacheisen oder kleine Winkel- oder T-Eisen verstärkt. Dies gilt namentlich für einfache rechteckige Formen. Reichere Schildformen werden als Kartuschen behandelt, mit Voluten, Ranken und ausgerollten Zeilen geschmückt.

Die Befestigung des Schildes am Wandarm geschieht selten durch loses Einhängen. Um das Baumeln im Wind zu verhindern, wählt man meist eine feste Verbindung. Auch da, wo scheinbar durch Einhängeringe eine lose Verbindung erstrebt ist, empfiehlt es sich aus genannten Gründen, die Verbindung tatsächlich durch Vernietung oder Verschraubung zur festen zu machen. Man kann auch das Schriftschild längs seiner Oberkante mit dem Haupteisen des Armes vernieten. Das Beispiel in Abb. 6.62 zeigt auch anschauliche Endigungen für die Wandschiene.

Abb. 6.60 Wirtsschild im Renaissancestil. (Quelle: Krauth, T./Meyer, F., Karlsruhe)

Abb. 6.61 Kartusche zur Aufnahme eines Abzeichens. (Quelle: Krauth, T./Meyer, F., Karlsruhe)

Abb. 6.62 Aushängeschild. (Quelle: Krauth, T./Meyer, F., Karlsruhe)

6.4.2 Zunftzeichen

Die mittelalterlichen Zünfte symbolisierten ihr Berufs- und Gemeinschaftsverständnis in Form von Zunftzeichen. Diese Zeichen sind teilweise von einem Wappenschild umgeben.

Obwohl es keine Zünfte in handwerklicher Tradition mehr gibt, existieren ihre Zeichen und erfreuen sich immer größerer Beliebtheit.

Sie werden als Berufszeichen er- und anerkannt; finden sich häufig in abgewandelten Formen heute noch auf Firmenfahrzeugen, -inseraten und -briefköpfen. Auf Versammlungen von Innungen werden diese Zeichen zum Teil auf Zunftflaggen gezeigt. In Zunftzeichen wurden symbolisierte Werkzeuge der jeweiligen Handwerke verwendet. Neben den sprechenden Zeichen, wie beispielsweise eine Brezel für den Bäcker oder der Hammer für den Schmied, gaben sich die Zünfte auch durch nichtsprechende Zeichen, durch Verwendung von Schutzheiligen zu erkennen. In katholischen Gegenden waren es Heilige und in protestantischen später Gestalten der antiken Mythologie. Wie die Zusammensetzung der Zünfte (in denen z. T. verschiedene Berufe kombiniert waren), variierten auch die Zeichen je nach Region.

Abb. 6.63 Auswahl von Zunftwappen: *1* Schuster, *2* Fischer, *3* Schlachter, *4* Tuchmacher, *5* Weber, *6* Maler, *7* Müller, *8* Maurer, *9* Stellmacher, *10* Dachdecker, *11* Schneider, *12* Bäcker, *13* Sattler, *14* Schmiede, *15* Kürschner, *16* Gerber. (Quelle: Riedl, Nürnberg)

Abb. 6.64 Vielfältige Gestaltung von Wandarmen. (Quelle: Stahr, Leipzig)

Die Zunftzeichen hatten nicht nur eine Bedeutung für das Verständnis der jeweiligen Zunft nach innen, sondern dienten als Werbung oder als Zeichen für des Lesens nicht mächtige oder unterschiedlich mehrsprachige Bevölkerungsgruppen.

Abb. 6.63 zeigt Zunftzeichen aus vielen Gewerbebereichen in Deutschland.

Aushängeschilder und Zunftzeichen sind seit etwa 20 Jahren wieder „hochmodern". Abb. 6.64 gibt einen Einblick in die Vielfältigkeit in Deutschland.

6.5 Blattmetalle und Vergoldungen

6.5.1 Begriffe und historischer Abriss

Blattmetalle sind hauchdünne gewalzte und geschlagene Metallfolien. Mit den Blattmetallen werden Untergründe überzogen, um ihnen das Aussehen der verwendeten Metalle zu verleihen (Tab. 6.1).

Qualitativ hochwertige Arbeiten mit Blattmetallen sind sehr aufwendig. Einige Blattmetalle, besonders Blattgold, sind außerdem sehr teuer. So werden Blattmetalle häufig für wertvolle Arbeiten, zum Beispiel in der Restauration und Sanierung eingesetzt (Tab. 6.1).

Historischer Abriss Schon Jahrtausende vor Christus hat Gold die Menschen fasziniert. Sie schmückten (später auch mit Silber) ihre Kleidungen, Waffen und belegten damit ihre Bauwerke sowohl innen als auch außen. Gold kam auch als Zahlungsmittel zur Anwendung.

Aus Sparsamkeitsgründen begann man schon im Altertum die wertvollen Metalle zu Blattgold, Goldpulver und Blattsilber zu verarbeiten. Große Bedeutung für die Gestaltung sakraler Bauwerke hatte das Goldpulver für die Herstellung von Aufplattungen.

Tab. 6.1 Übersicht über die Blattmetalle

Bezeichnung	enthaltene Metalle	Anwendung
Blattgold	Gold, meistens jedoch Goldlegierungen	Außen und Innenvergoldung
Blattsilber	Silber	Innenversilberung
Blattaluminium	Aluminium 1/1000 mm dick	Außen- und Innenbeläge
Kompositionsgold bzw. Schlagmetall	Messing (= Kupfer-Zink-Legierung) oder Tombak (= Kupfer-Zinn-Legierung, 1/2000 mm dick)	Unechte Innenvergoldung

6.5.2 Materialien

Zur Vorbereitung der Sanierung bzw. Restaurierung von Blattmetallbelägen ist es erforderlich, die Blattmetallarten zu kennen und zu prüfen (Tab. 6.2).

Von den Blattmetallen wird Blattgold am häufigsten verwendet, vorwiegend in der Denkmalpflege (Restaurierung historischer Bauten und Kunstwerke) (Tab. 6.3).

Blattgold *Herstellung*

Das Gold wird rein oder mit genau ausgewogenen Anteilen von Platin, Silber und Kupfer geschmolzen und in Formen gegossen. Anschließend walzt man das Gold in Maschinen zu Goldblech mit einer Dicke von ca. 0,33 mm.

Das Goldblech wird nun in kleine Blättchen zerschnitten. Die einzelnen Blättchen legt man in der Goldschlägerform zwischen Lagen von speziellen Kunststoffblättchen (früher verwendete man dazu präparierten Ochsenblinddarm). Die in der Goldschlägerform übereinander gelegten 400–500 Goldblättchen werden nun vom Goldschläger unter ständigem Drehen mit einem Hammer bis auf 1/1000 mm dünn geschlagen.

Anschließend schneidet man die Blättchen wiederum in 4 Teile und schichtet sie wieder in der Goldschlägerform, getrennt von Kunststoffblättchen, übereinander. Nun treibt der Goldschläger das Gold mit immer schwereren Hämmern von der Mitte nach außen, bis das Blattgold bis zu 1/10.000 mm dünn ist.

Seit einiger Zeit lässt sich auch mit Maschinen Blattgold in einer Dicke von ca. 1/8000 mm herstellen.

Für spezielle Arbeiten wird aber auch Doppelgold und Dreifachgold hergestellt. Diese Blattgoldsorten sind etwas dicker als das übliche Blattgold.

Das Blattgold wird in Quadrate mit 80 mm bzw. 85 mm Seitenlänge zugeschnitten, wobei auch Sondermaße, z. B. 65 mm, üblich sind. Das Blattgold wird dann Blatt für Blatt in Heftchen aus Seidenpapier eingelegt. Ein Heftchen enthält 25 Stück Blattgold. Zwölf Heftchen werden zu einem Buch zusammengefasst. Das Blattgold ist als Heftchen oder als Buch erhältlich.

Blattgoldsorten Die verschiedenen Blattgoldsorten unterscheiden sich in der Blattdicke oder im Goldgehalt und damit auch im Farbton (Tab. 6.4).

Der Anteil an Legierungsmetallen wie Silber und Kupfer beeinflusst Farbton und Wetterbeständigkeit des Blattgolds.

Tab. 6.2 Blattmetallarten

Blattmetalle	Metallpulver	Perlglanzpigmente
Blattgold u. Blattsilber, gold- u. silberfarbene Blattmetalle, z. B. Kompositionsgold, Blattaluminium u. -stanniol	Pudergold u. -silber, gold-, kupfer- u. silberfarbene Bronzen	Gold-, Kupfer- u. Silberfarben, auch transparent gefärbt

Tab. 6.3 Art – Eigenschaften – Verwendung von Blattmetallen

Art und Sorte	Bestandteile, Eigenschaften (Lieferform)	Verwendung
Blattgoldsorten nach Farbtönung		
Naturgold	1000/1000 Feingold	Ölvergoldungen
Rosenobelgold	988/1000 Feingold	Außen
Dukatengold	975/1000 Feingold	
Orangegold	917/1000 Feingold	Ölvergoldungen
Zitronengold	762/1000 Feingold	Innen, Poliment- und Hinterglasvergoldungen
	Rosenobel- und Zitronengold enthalten als Legierungszusatz Silber und Kupfer. Beständigkeit gegen Licht, Witterung und Chemikalien: sehr gut bei Natur-, Rosenobel- und Dukatengold; genügend bei Orange- und Zitronengold (Blatt- und Streifenform)	
Blattsilber	1/1000 mm dick, Feinsilber nicht luftbeständig, allmähliche Schwärzung (Blattform)	Blattsilberbeläge innen, erhalten Überzug mit neutralem Klarlack
Blattaluminium	1/1000 mm dick, Reinaluminium luft- und wasserbeständig (Blatt- und Streifenform)	Blattaluminiumbeläge innen und außen
Goldfarbenes Schlagmetall	1/1000 mm dick, Kupfer-Zink-Legierung oxidiert, dadurch allmähliche Schwärzung und nicht luft- und wetterbeständig (Blatt- und Streifenformen)	Unechte Vergoldungen innen, erhalten Überzug mit neutralem Klarlack

Tab. 6.4 Unterscheidung der Blattgoldsorten nach Blattdicke

Blattgoldsorte	Blattdicke	Verwendung
Einfachgold	Übliche Blattdicke, also ca. 1/10.000 mm	Für die meisten Vergoldungen, besonders im Innenraum
Doppelgold	Ursprünglich doppelt so dick wie das Einfachgold; heute zwar dicker als das Einfachgold, aber nicht mehr doppelt so dick, ca. 1/5000 mm dick	Besonders für Außenvergoldungen
Dreifachgold	Dicker als Doppelgold, aber nicht mehr wie früher dreimal so dick wie Einfachgold, 1/3000 mm dick	Für besonders beständige Außenvergoldungen

Der Goldanteil des Blattgolds wird jeweils in Karat ausgedrückt. Reines Gold hat 24 Karat[1].

[1] Karat (gr.: getrockneter Samen des Johannesbrotbaums, der früher zum Wiegen von Gold und Diamanten verwendet wurde) war im Mittelalter die Bezeichnung für einen Teil der in 24 Teile geteilten Kölnischen Mark. Reines Gold hat 24 Karat. Ein Blattgold mit 23 Karat enthält 23 Teile

Da Silber und Kupfer oxidieren und so den Farbton ändern, sind im Außenbereich ohne Schutzlackierung nur Blattgoldsorten über 23 Karat beständig.

Um außen bei stärkerer Luftbewegung Blattgold leichter verarbeiten zu können, wird das Gold auch auf Seidenpapier gepresst. Dieses Blattgold ist als Transfergold oder Sturmgold im Handel. Transfergold lässt sich gemeinsam mit dem Seidenpapier mit der Schere schneiden. Bei Ölvergoldungen wird das Gold mit dem Seidenpapier nach oben in das Mixion (= Anlegeöl) eingelegt und leicht angerieben. Dadurch haftet das Blattgold auf dem Anlegeöl. Das Seidenpapier wird weggenommen.

Blattsilber Die Herstellung des Blattsilbers entspricht der des Blattgolds. Allerdings kann das Blattsilber nicht so dünn ausgeschlagen werden wie das Blattgold, dazu ist das Silber zu spröde. Blattsilber wird wie das Blattgold in Heftchen mit jeweils 25 Stück Blattsilber gehandelt, wobei 12 Heftchen wiederum ein Buch Blattsilber ergeben.

Blattsilber ist gegen Hitze und schweflige Verunreinigungen in der Luft sehr empfindlich. Deshalb muss Blattsilber stets mit einem Lacküberzug geschützt werden. So hält sich die Anwendung von Blattsilber in Grenzen.

Blattaluminium Blattaluminium ist dünn gewalztes, reines Aluminium. Es wird in Heftchen und ohne Papierzwischenlage in Schlägen zu 50 Blatt in verschiedenen Größen gehandelt.

Blattaluminium ist wetterbeständig. So wird es häufig als Ersatz für Blattsilber eingesetzt.

Kompositionsgold und Schlagmetall Kompositionsgold und Schlagmetall sind goldfarbene Metallblättchen, die durch Legierung von Kupfer mit Zink oder Zinn und anschließendes Walzen hergestellt werden. Kompositionsgold wird in Heftchen und Büchern, ähnlich dem Blattgold, gehandelt. Allerdings ist das Metall hier mit dem Heftchen zugeschnitten und nicht wie Blattgold in das Heftchen eingelegt.

Schlagmetall wird ohne Papierzwischenlage in Schlägen zu 50 Blatt in verschiedenen Größen gehandelt.

Da Kompositionsgold und Schlagmetall gegenüber Sauerstoff, Laugen und Säuren sowie Hitze sehr empfindlich sind, müssen sie stets mit einem Lacküberzug geschützt werden.

Kompositionsgold und Schlagmetall werden stets für billigere Imitationen des teuren Goldes eingesetzt.

Unterscheidungsmerkmale Häufig in der Praxis angewandte Unterscheidungsmerkmale beschreibt Schönburg.

Gold und 1 Teil anderer Metalle. Bei Schmuck wird der Goldgehalt seit langem in Tausendstel ausgedrückt. So besagt der Stempel 333 auf einem Schmuckstück, dass es aus 333 Teilen Gold und 667 Teilen anderer Metalle besteht, dies würde etwa 8 Karat entsprechen. Bei Edelsteinen ist das Karat ein Gewichtsmaß: 1 Karat = 0,2 g.

Unterschiede zwischen Blattgold und Kompositionsgold

- *Art der Verpackung*
  Blattgoldplättchen sind kleiner als das Seidenpapier. Kompositionsgold und das Seidenpapier sind gleichgroß, weil sie gleichzeitig beschnitten werden.
  Im Allgemeinen ist Naturgold in rötlichem, Dukatengold in violettem, Orangegold in rosafarbenem und Zitronengold in weißem Seidenpapier verpackt.
- *Knisterprobe*
  Kompositionsgold knistert beim Bewegen, Blattgold nicht.
- *Flammprobe*
  Blattgold schmilzt in offener Flamme zu Goldkügelchen zusammen; Kompositionsgold färbt sich dabei nur braun.
- *Chemischer Nachweis*
  Anorganische Säuren greifen Blattgold nicht an; dagegen löst sich Kompositionsgold darin unter Bildung eines blauen oder kupferfarbenen Rückstands.

Unterschiede zwischen Blattsilber und Blattaluminium

- *Knisterprobe*
  Blattaluminium knistert beim Bewegen, Blattsilber nicht.
- *Chemischer Nachweis*
  Blattsilber wird durch Schwefelwasserstoff geschwärzt, Blattaluminium nicht (Lithopone auf Blattsilber mit verdünnter Salzsäure angefeuchtet, hinterlässt einen dunklen Fleck).
  Natronlauge löst Aluminium auf, Silber nicht. Chromsäure bildet auf Silber dunkelrote Flecken, Aluminium und Stanniol werden davon nicht verfärbt.

Untergründe Untergründe sind sorgfältig vorzubereiten, da auch Blattgold bei einer ungenügenden Vorbehandlung die Korrosion eines Metalluntergrunds (Stahl) nicht verhindern könnte. Im Gegenteil, die Blattmetalle, gleich welcher Art, würden mit zerstört.

Tab. 6.5 gibt deshalb eine kleine Übersicht.

Tab. 6.5 Untergrundvorbehandlung für Blattmettalbeläge (nach Schönburg)

Untergrund	Vorbehandlung
Eisen und Baustähle	Entfetten, metallrein entzundern und entrosten (beim Strahlen auf geringe Rautiefe achten); Korrosionsschutz-Anstrichsystem; spachteln nur innen
Zink	Entfetten, reinigen; auf neues Zink Haftungsgrundierung, Öl- oder Alkydharz-Anstrichsystem
Kupfer und Messing	Reinigen, evtl. Patina nicht entfernen, sondern mit Leinölfirnis überstreichen und durch intensives, feines Schleifen in den Firnis einschleifen; Öl- oder Alkydharz-Anstrichsystem, schleifen
Aluminium	Reinigen, entfetten; geeignete Haftgrundierung, z. B. PVB-Washprimer, Öl- oder Alkydharz-Anstrich, schleifen

6.5.3 Arbeitstechniken

Vergoldungen und Versilberungen sind seit Jahrhunderten nahezu unveränderte Arbeitstechniken. Eingeteilt werden sie verfahrens- und arbeitstechnisch in mechanische und chemische Verfahren (s. Tab. 6.6).

Während die mechanischen Verfahren von den Handwerkern (Vergolder, Restauratoren) am örtlichen Bauwerk ausgeführt werden können, sind für die chemischen Verfahren besondere industrielle Anlagen oder Werkstätten erforderlich. Einige Techniken, die vorwiegend in der Metallbearbeitung zur Anwendung kommen, sollen nachfolgend beispielhaft aufgezeigt werden.

Mechanische Verfahren

- **Plattierung**, bei der gewöhnlich Gegenstände aus Kupfer mit dünnem Gold- oder Silberblech und solche aus Silber mit Goldblech belegt werden. Dabei wird die gereinigte Kupfer- oder Silberoberfläche mit Goldchloridlösung bestrichen. Nach dem Trocknen legt man das dünne Goldblech auf, das dann durch Erhitzen im Muffelofen bis zur Rotglut sowie durch Aufpressen, Anreiben und Glätten mechanisch, teilweise auch durch Diffusion mit der Kupferoberfläche haftend verbunden wird.
- **Polimentvergoldung und -versilberung**, bei der das aufgelegte Blattmetall durch Adhäsion an den stark saugenden Polimentgrund haftet, das dann mit Achatpoliersteinen auf Hochglanz poliert wird. Deshalb wird das Verfahren auch als Glanzvergoldung bezeichnet.
- **Perlglanzpigment-Effektaufstriche** können in allen Edelmetall- und Halbedelmetallfarben ausgeführt werden und zwar gebunden in geeigneten dünnflüssigen Tinkturen durch Streichen und Spritzen sowie durch Aufpudern auf einen klebrigen Lackanstrich.

Chemische Verfahren

- **Feuervergoldung**, die darin besteht, dass aus einem auf das präparierte Grundmetall aufgetragenen Goldamalganüberzug das darin enthaltene Quecksilber mit Hilfe einer Gasflamme verdampft wird – ein sehr giftiges Verfahren. In ähnlicher Weise führt man die Amalganvergoldung aus.

Tab. 6.6 Arbeitstechniken

Mechanisches Vergolden und Versilbern	Chemisches Vergolden und Versilbern
Plattierung Polimentvergoldung u. -versilberung Ölvergoldung u. -versilberung Mordentvergoldung u. -versilberung Hinterglasvergoldung u. -versilberung Pulververgoldung u. -versilberung Unechte Blattmetalle	Feuervergoldung Amalganvergoldung Galvanische Vergoldung u. Versilberung Nasse Vergoldung Anreibevergoldung u. -versilberung

- **Galvanische Vergoldung**, das am häufigsten angewendete Verfahren zur Vergoldung von Kupfer, Messing sowie von verkupfertem Eisen und Zink, bei dem der zu vergoldende Gegenstand in eine Goldsalzlösung eingetaucht wird, aus der sich durch einen elektrochemischen (galvanischen) Vorgang das Gold herauslöst und als Goldschicht auf den Gegenstand niederschlägt.
- **Eloxieren**. Ein elektrochemisches Verfahren zur Herstellung von silber-, kupfer- und goldfarbenen Überzügen auf den Oberflächen von Aluminium und Al-Legierungen. Dabei wird auf der Aluminiumoberfläche, z. B. im Gleichstrom-Schwefelsäure-Bad, durch anodische Oxidation eine bis zu 30 µm dicke, dichte, glänzende silberfarbene Aluminiumoxidschicht erzeugt, die durch Einbinden organischer Farbstoffe auch die Farben von Kupfer, Gold, Grün- und Rotgold haben kann.

Abschließend sollen aus der Vielzahl der Vergoldungstechniken noch fünf „metallisch orientierte" Restaurierungsverfahren kurz angerissen werden.

Der Restaurator Kurt Schönburg beschreibt dazu folgende interessante alte Techniken:

- **Patinieren**, d. h. optische Vortäuschung der „Patina" von gealterten Vergoldungen und Versilberungen. Durch Patinieren können auch plastische Formen und Strukturen, z. B. von Stuck, Schnitzereien und Skulpturen optisch verändert werden. Das Patinieren beginnt mit dem hauchdünnen Auftragen einer oder mehrerer Öl- oder Öltempera-Lasurfarben. Dann wird die frische Lasurfarbe von den erhabenen Stellen mit einem Tuch durch Tupfen und Wischen wieder entfernt.
- **Goldfirnisaufstriche** werden für Silber, Blattsilberbeläge und silberfarbene Anstriche angewendet, wenn sie im Goldfarbton erscheinen sollen. Im Mittelalter hat man damit Zinngefäße „vergoldet". Als Goldfirnis wurden Gemische aus Schellacklösung oder von anderen lichtbeständigen Naturharzen, Venezianischem Terpentin und Farbharzen, z. B. Drachenblut und Gummigut, verwendet. Der Goldfirnis muss mit vollem Haarpinsel gleichmäßig und zügig aufgetragen werden.

Zwei Rezepturen für Goldfirnis (von Schönburg (2002) empfohlen)

1.	500 g Schellack in 900 ml Spiritus kalt lösen 42 g Mastix in 170 ml Spiritus heiß lösen 83 g Gummigut in 170 ml Spiritus heiß lösen 18 g Drachenblut in 100 ml Spiritus heiß lösen 50 g Sandelholz in 250 ml Spiritus heiß lösen Alle Lösungen mischen und erhitzen 66 g Venezianisch Terpentin/Balsam in 100 ml Spiritus heiß lösen und der o. g. Mischung heiß zusetzen und sieben	2.	120 g Rubinschellack in 200 ml Spiritus kalt lösen 20 g Sandelholz in 50 ml Spiritus heiß lösen 15 g Venezianisches Terpentin in 60 ml Spiritus heiß lösen Alle Lösungen mischen, erhitzen und sieben

- **Silber chemisch färben.** Ungeschützte Silberoberflächen werden unter dem Einfluss der Atmosphäre allmählich schwarz. Dies ist hauptsächlich auf die große Affinität des

Silbers zu Schwefel, der in der Luft als Schwefeldioxid und Schwefelwasserstoff vorkommt, zurückzuführen. Es bildet sich das schwärzliche Silbersulfid bzw. Silbersulfat. Beim chemischen Färben behandelt man entweder das noch nicht verarbeitete Blattsilber oder die ausgeführten Versilberungen mit Schwefelverbindungen. Hierzu ein Beispiel:

Das Blattsilber oder die Versilberung mit Schwefelammonium besprühen. Durch Abdecken mit Schablonen, Leim, Vaseline usw. können Teile in Form von Bändern, Ornamenten und Figuren von der schwarzbraunen Verfärbung ausgespart werden.

- **Bronzierungen**. Alle Messing-, Kupfer- und Aluminiumpigmente von blättrig-lamellarer Struktur werden nach ihrer metallischen optischen Erscheinung als Gold-, Kupfer- und Silberbronze bezeichnet. Ihre Blättchenstruktur wird durch Zerstampfen der Metalle erreicht.

  Nach ihrem Verhalten im flüssigen Bindemittel unterscheidet man zwei Typen.

a) Schwimmfähige Bronzen: Durch ihren sog. Leafing-Effekt schwimmen die besonders präparierten Bronzeblättchen an der Oberfläche einer geeigneten Bindemittellösung zu einem glänzenden Metallspiegel zusammen. Sie werden für alle Bronzierungen verwendet.
b) Nichtschwimmfähige Bronzen (Non Leafing-Typ), die hauptsächlich in Metalleffektlacken eingesetzt werden.

Beispiel

- goldfarbene Bronzierung auf Eisen und Stahl
- Alkydharz-Korrosionsschutz-Anstrichsystem
- zwei Bronzeanstriche, alkydharzlackgebunden
- Alkydharz-Lacküberzug ◄

- **Retuschieren von Schäden und Fehlstellen an Vergoldungen**
  Nach fachgerechter Reinigung werden die schadhaften Stellen mit stark verdünntem, gebleichtem Schellack grundiert. Sehr dunkle Schadstellen sind mit einer goldockerfarbenen, fetten Temperafarbe abzudecken. Das in seinem Farbton mit der Vergoldung übereinstimmende Perlglanzpigment wird in die zuvor genannte Schellacklösung dünn eingerührt und auf die Schadstelle aufgetragen.

Vergolden mit Pigmenten Schon die Eiszeitmenschen verwendeten farbige Pigmente in Gelb-, Rot- und Brauntönen, die durch Eisenoxide bestimmt waren, die jedermann in Form von Rost kennt. Als weitere Farbgebung kamen auch Ruß und natürliche Rohstoffe hinzu wie Pflanzensäfte und Tierextrakte; z. B. Karmin, das aus der Schildlaus gewonnen wurde. Um 1500 v. Chr. waren bereits 30 verschiedene Farbmittel bekannt. Außer

Abb. 6.65 Industriewaren – Ofenplatten Perlglanz in 2-K Lack gespritzt. (Quelle: Riedl, Nürnberg)

Wandgestaltungen nahmen Schminktechniken einen breiten Raum ein. Hier taucht bereits das Wort „Perlweiß“ auf, ein wismuthaltiges Pulver, das bereits in der Antike als Grundlage für Gesichtskosmetik galt. Diese irisierenden Glanzeffekte wurden schon damals als besonders attraktiv empfunden, und es hat sich daran bis heute nichts geändert. Im 18. Jahrhundert wurden erstmals „Perlglanzpigmente“ erwähnt. In Paris bestand bis Ende des letzten Jahrhunderts eine blühende Industrie zur Herstellung von „Perlessencen“, die aus Fischschuppen gewonnen wurden. Aufgrund des hohen Preises dieses Naturprodukts und des wachsenden Bedarfs, brachte eine aufstrebende Kunststoffindustrie mechanisch, chemisch und physikalisch stabile und preiswerte Perlglanzpigmente auf den Markt. Der entscheidende Durchbruch zu Perlglanzpigmenten mit universellen Einsatzbereichen kam jedoch in den 60er Jahren mit der Erfindung der „Glimmer-Metalloxid-Pigmente“. Das sind Perlglanzpigmente, die die Effekte der natürlichen Perle auf einfache Weise nachahmen und völlig neue Möglichkeiten der Farbgestaltung in allen Bereichen des täglichen Lebens eröffnen (Abb. 6.65).

Seit mehr als 40 Jahren verfügt die **Fa. Riedel** in Nürnberg über einen riesigen Erfahrungsschatz.

Die heutigen Perlglanzpigmente aus Glimmer, die unter dem Namen „Iriodin“ weltbekannt sind, sind nicht toxisch, im Gegensatz zu den früheren synthetischen Verbindungen in Form von plättchenförmigen Kristallen von Zink-, Quecksilber-, Blei- und Wismutverbindungen. Glimmer ist ein in der Natur weit verbreitetes Mineral, und gehört der Gruppe der Schichtsilikate an. Man kann ihn leicht zu dünnen, biegsamen Plättchen zermahlen. Diese Perlglanzpigmente sind nichtoxidierend, vergrauen nicht, sind also farbstabil und für den Außenbereich besonders geschützt. Die unterschiedlichen Farberscheinungen in der Natur lassen sich nicht eindeutig mit einer bestimmten Farbe benennen.

Je transparenter das Medium ist, in dem Perlglanzpigmente eingearbeitet sind, umso mehr Licht trifft auf die Pigmentoberfläche und wird reflektiert. Alle deckenden und trüben Zusätze verringern den Glanz. Perlglanzpigmente sehen in loser Form relativ unscheinbar aus und haben keinen Glanz. Dieser entfaltet sich erst, wenn das Pigmentplättchen auf der Oberfläche schuppenförmig ausgerichtet ist und der Lichteinfall die Oberfläche erreicht. Hier ist es gleich, ob das Pigment im Lack mit dem Pinsel aufgetragen wird, ob mit einer Spritzpistole gearbeitet wird oder ob es mittels Pigment-Pudergerät aufgepudert wird (Abb. 6.66 und 6.67).

Um einen schönen Goldton zu erzielen, ist eine gelbe oder rötliche Grundierung empfehlenswert, eine rote auch bei einem Silberton. Dieser farbliche Untergrund entfällt bei kleinen Flächen und Restaurierungsarbeiten. Hier wird vorwiegend mit Gold- und Silbertönen gearbeitet. Durch die unkomplizierte Handhabung des Perlglanzpigments ist die Verarbeitung – zusammen mit echtem Blattgold oder Schlagmetall – sehr vorteilhaft, da weder ein anderer Untergrundaufbau noch ein besonderes Klebemittel erforderlich sind.

Die angebotenen Goldtöne und Silbertöne sind nur der Grundstock für die Farbvielfalt, da alle Pigmente untereinander mischbar sind und somit so gut wie jede Farbnuance dargestellt werden kann. So sind auch Farbangleichungen an alte Vergoldungen kein Problem. Nach Farbmuster können diese Mischungen angeboten werden, da oft Braun-, Kupfer- oder Grüntöne in kleiner Menge zugemengt werden müssen. Man mischt immer nur so viel Lack mit Pigment an, wie man für die Arbeit benötigt (Abb. 6.68).

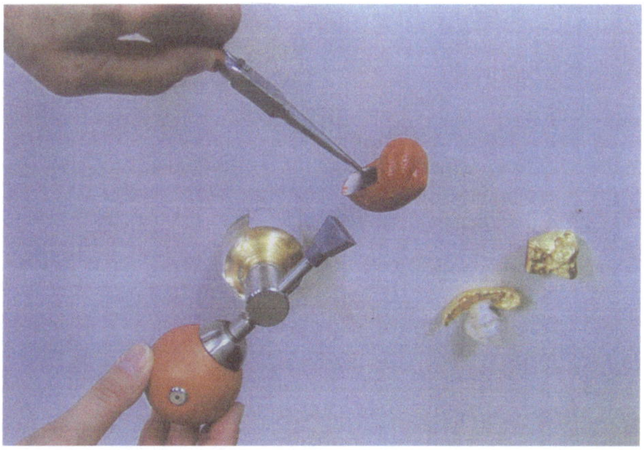

Abb. 6.66 Pigment-Pudergerät. (Quelle: Riedl, Nürnberg)

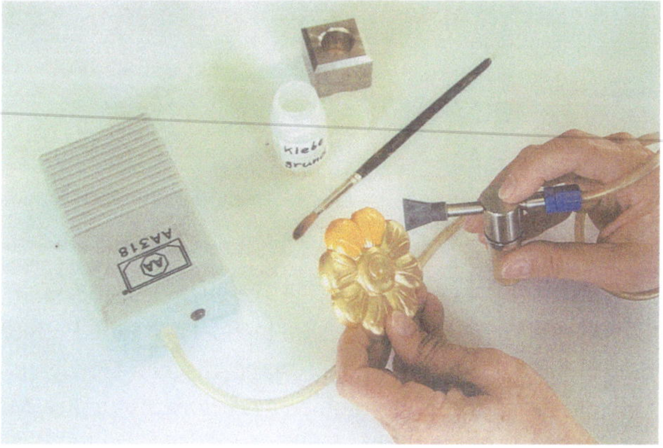

Abb. 6.67 Pigment-Pudergerät mit Batterie für flächige und stark strukturierte Flächen. (Quelle: Riedl, Nürnberg)

Abb. 6.68 Perlglanz/Außenlack für Metall (Messer/Schere) mit Pinsel aufgetragen. (Quelle: Riedl, Nürnberg)

Abb. 6.69 Mit goldenen Perlglanzpigmenten beschichtete Dombergkuppel einer Autobahnkirche an der A 61. (Quelle: Riedl, Nürnberg)

Diese Angaben sind Hinweise, die leicht variabel sind. Hier entscheidet oft das spezifische Gewicht des Pigments. Man rechnet ca. 30 % Pigmentanteil im Lack. Bei Metallpigmenten ist aufgrund des höheren spezifischen Gewichts, im Gegensatz zu Perlglanzpigmenten, das spezifische Volumen des Pigments kleiner. Man sollte durch Probeaufspritzen die Deckkraft prüfen (Abb. 6.69).

Die Perlglanzpigmente gibt es auf Wunsch auch für den Außenbereich. Hier ist die Farbe geschützt, denn diese Pigmente sind aus Glimmer. Glimmer wird im Bergbau abgebaut und dann auf verschiedene Weise eingefärbt. Glimmerpigmente werden vielseitig verwendet, in der Kosmetik, Industrie und Handwerk. Man kann diese auch im Lack spritzen.

6.6 Entwicklung der Metallberufe

Bereits 4000–5000 Jahre vor Beginn unserer Zeitrechnung bearbeitete der Mensch Metalle zu seinem Nutzen. Besonders in China, Japan und Indien war der Bronzeguss hoch entwickelt. Erst 2000 Jahre später wurde sie den Ägyptern, Phöniziern, Babyloniern und den Assyriern durch Handelsverbindungen bekannt. Jahrhunderte später brachten auch die Griechen, Römer und Etrusker die Metallverarbeitung auf einen hohen Entwicklungsstand. Die dargestellten Gebrauchsgegenstände beweisen, dass man im Altertum außer dem Gießen und Schmieden, Treiben und Ziselieren auch das Weich- und Hartlöten sowie Nieten bereits kannte.

Zuerst beschränkte man sich bei der Verarbeitung von Metallen, die zum Herstellen von Waffen, Hausgerät und Schmuck dienten, auf Kupfer und seine Legierungen mit Zinn, Gold und Silber (Abb. 6.70). Die Legierung Messing, damals Goldkupfer genannt, wurde ebenfalls schon verarbeitet, ohne dass Zink als reines Metall bekannt war. Mit dem

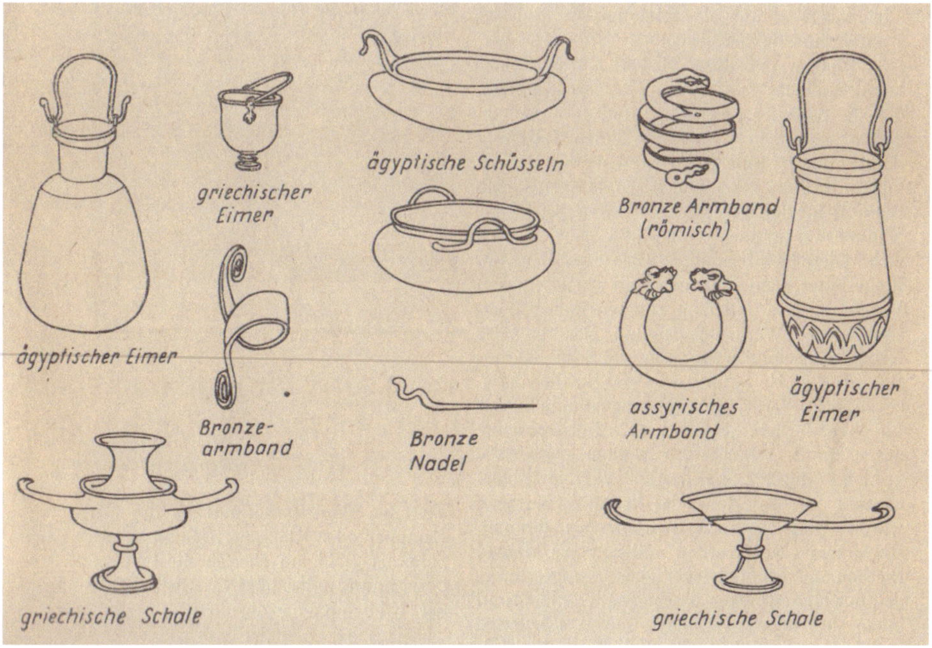

Abb. 6.70 Gebrauchsgegenstände aus dem Altertum. (Quelle: Haid, Längenfeld)

Untergang und dem Verfall der griechisch-römischen Kultur sind auch viele Metallverarbeitungstechniken in Vergessenheit geraten.

Kunstschlosserarbeiten haben eine lange Tradition von mehr als 2000 Jahren. Der berufliche Ursprung des kunstgewerblichen Schaffens liegt in der Tätigkeit des Sensenschmieds und des Flaschners (französischer Ursprung „Ferblantier"). Dieser war ein Geräteklempner, der Kannen, Deckel und Trichter aus einem dünnen, mit Zink beschichteten Blech, dem „Ferblanc" herstellte.

Abb. 6.71 Der Sensenschmied. (Quelle: Klein, Delmenhorst)

Abb. 6.72 Alte Sensenschmiede im Bergdorf Pradleves, südpiemontesische Alpen. Seit über 400 Jahren werden bis zum heutigen Tag Sensen und Sicheln hergestellt. Die Schmiede wird immer noch mit Wasserkraft betrieben. Links im Bild ist das Wasserrad erkennbar. (Quelle: Klein, Delmenhorst)

Sensenschmiede gehörten zu den allerersten und von den Bauern am meisten geschätzten Fertigkeiten aller Handwerker (Abb. 6.71). Sensen und Sicheln werden bis in die Gegenwart in althergebrachten Werkstätten, von erfahrenen Handwerkern nach alten Mustern, Schablonen und Vorrichtungen hergestellt. Es sind nur mehr Relikte eines einst blühenden Gewerbes und Handwerks. Solche Zentren lagen unter anderem in der Eisenwurzen (Niederösterreich/Steiermark und Teilen von Oberösterreich), in Tirol, aber auch in südpiemontesischen Bergtälern, immer an Orten mit Wasser. Das Zusammenwirken von Wasser und Handwerk hat einen beträchtlichen Teil des alten Handwerks überhaupt erst ermöglicht. Besonders Schmieden, Mühlen, Walken und Sägen wurden an Stellen errichtet, wo das vorbeifließende Wasser zugeleitet und über ein Rad die Kraft übertragen werden konnte (Abb. 6.72).

Aus dem Bedarf an Metallerzeugnissen wie Werkzeuge, Wagenbeschläge, Scharniere für Riegel, Schlösser für Fenster und Türen erklärt sich, dass sich der Schmied als erster spezialisierter Handwerksberuf entwickelt hat (Abb. 6.75).

Kunstschlosserarbeiten im Sinne von Ornamenten, Verzierungen, später von Gittern, Kreuzen, Tafeln, Wandarmen, Türbeschlägen usw. führten seit etwa 500 Jahren vorwiegend interessierte und dafür talentierte Schmiede aus (Abb. 6.73 und 6.74).

Abb. 6.73 Der Schmied. (Quelle: Klein, Delmenhorst)

Die sich herausbildende Berufsteilung beim Schmied gliedert sich in ihren Anfängen nach dem Werkstoff (Gold-, Silber-, Kupfer- und Eisenschmiede), den Legierungen, die verarbeitet wurden (Gelbgießer, Messingschläger und Rotschmiede), oder die Berufsbezeichnung ergab sich durch die Art der Produkte (Waffenschmied, Hufschmied, Bogner oder Armbruster, Schlosser sowie Blechschmied, der Harnische, Helme und Blechrüstungen herstellte). Mit dem Aufkommen der Feuerwaffen boten die Blechrüstungen keinen

Abb. 6.74 Der Kupferschmied. (Quelle: Klein, Delmenhorst)

Schutz mehr und die Plattner und Panzermacher fertigten in zunehmendem Maße billige Gegenstände aus Blech für den Haushalt.

Um das Jahr 1360 wurden bei einer Gewerbezählung in Nürnberg 33 Meister als Messingsmitt, Spengler, Gürtler und Zinngießer erwähnt. Diese alten Berufe werden heute vor allem als Vorläufer der Metallgießer und der Kupferschmiede angesehen.

Im Allgemeinen versteht man unter „Gewerbe" die Tätigkeit, die darauf gerichtet ist, den Wert der natürlichen Produkte durch Bearbeitung zu erhöhen.

Ein (metallisches) Gewerbe, das den geschaffenen bzw. zu schaffenden Gegenständen eine veredelte, künstlerische Form verleiht, wird als Kunstgewerbe bezeichnet.

Im Altertum und später auch im Mittelalter gab es die Trennung von Gewerbe und Kunstgewerbe im Handwerk nicht.

Der Flaschner befasste sich aber nicht mit der Bauklempnerei – für diese Arbeiten war der Couvreur bzw. Plombier zuständig (Abb. 6.76 und 6.77).

Der Klempner im Norden fertigt heute dieselben Produkte wie der Spengler oder Flaschner im Süden. Aber in der geschichtlichen Entwicklung war der Kupferschmied

Abb. 6.75 Diese Geräte werden mit Kupfer gefasst – auch hier kommt wieder der heimische Kupferschmied zum Zug. Formschön sind die Leuchter mit Öl. (Quelle: Klein, Delmenhorst)

Abb. 6.76 Blick in eine Geräteklempner- oder Flaschnerwerkstatt um 1780. (Quelle: Klein, Delmenhorst)

schon früher bekannt, vor allem beim Herstellen von Hausgeräten. In dieser Sparte war auch der Flaschner angesiedelt, aus dem sich der Beruf des Klempners entwickelte.

Ein Beispiel ist der „Flaschschmied“. Er ist in den Darstellungen der Mendelschen Zwölfbrüderstiftung abgebildet. Von ihm stammt mit Sicherheit die Berufsbezeichnung „Flaschner“. Im Ständebuch von Jost Amann mit den Versen von Hans Sachs sind die „Blatner“ (vgl. Abb. 6.79) und der „Laternmacher“ (vgl. Abb. 6.78) zu finden. Auch diese Berufe sind Vorgänger des Klempners.

Abb. 6.77 Flaschner bei der Arbeit. (Quelle: Klein, Delmenhorst)

Um 1400 waren diese Gewerbe schon anerkannt, und das Zunftwesen war so ausgeprägt, dass die Spengler und Blechschmiede eines von den 8 Gewerken waren, die einen Ratsstuhl innehatten. Klipper waren um diese Zeit Metallschläger, die aus rohen Eisenklumpen kleine Blechtafeln fertigten, denn wassergetriebene Hammerwerke oder Walzwerke gab es noch nicht. Diese kleinformatigen Bleche wurden vom Fingerhuter, dem Flaschner und Spengler, dem Wägleinmacher und dem Hauben- oder Helmschmied als Werkstoff genutzt. Der Spengler fertigte vornehmlich Spangen und Schnallen aus Blech für die Gewandmacher und für die Zaumzeuge der Pferde (Abb. 6.81). Der Flaschenschmied oder Flaschner fertigte „Stücke“, d. h. Speisegeschirr aus verzinktem Blech, das in einer großen vogelkäfigförmigen „Speisflasche“ vom jeweiligen Gasthof in das Haus des Kunden getragen wurde. Diese Transportflaschen aus dünnem schwarzem Blech wurden mühsam aus kleinen Blechen im Schmiedefeuer zusammengeschmiedet, mit Hal-

Abb. 6.78 Der Laternmacher. (Quelle: Klein, Delmenhorst)

teschienen beschlagen, vernietet und innen und außen verzinnt – eine schwierige und kunstvolle Arbeit, die deshalb als Meisterstück anerkannt wurde.

Mit Aufkommen des Schlosserberufs (in Deutschland 1469 das erste Mal nachweisbar) entwickelte sich auch der Kunstschlosser.

Im 15. Jahrhundert sonderten sich Kleinschmiede (die späteren Schlosser) von den Grob- und Hufschmieden ab; die Tätigkeitsfelder der Kupferschmiede, Klipper (die späteren Klempner) und Laternenmacher bildeten sich heraus.

Bedeutungsvoll war auch die Herstellung von Laternen aus Blech (Abb. 6.82). Sie konnten feuersicher Tran oder Öl als Brennmaterial aufnehmen und als Handlampen gebraucht oder an Fuhrwerken und Kutschen angebracht werden.

Mit Beginn der städtischen Straßenbeleuchtung wurden vom Lampner Blechlampen angefertigt. Verglaste dreiseitige Öllaternen, die sogenannten Dreieckigen auf Pfählen, waren die Anfänge einer zentral organisierten Stadtbeleuchtung (Abb. 6.83).

Von den Berufsbezeichnungen des Mittelalters Lampner oder Klampner, Klipper oder Klapperer ist wohl am ehesten die heutige Bezeichnung aller blechverarbeiteten Handwerker Klempner abzuleiten.

Abb. 6.79 Der Blatner. (Quelle: Klein, Delmenhorst)

Der kolorierte Kupferstich in Abb. 6.84 stellt eine Rarität dar, da nur selten ein Blatt aus dem genannten Werk in einem Antiquariat auftaucht. Gerad Valck wird in den Lexika als Kupferstecher und Kartograph geführt, der zwischen 1651 und 1726 in Amsterdam lebte und arbeitete. Die Herausgabe eines großen Landkartenwerks gehört mit zu seinen wesentlichen Arbeiten.

Die Erfindung und Anwendung von verzinntem Stahlblech führte im 17. Jahrhundert zu einem weiteren Aufschwung in der Blechbearbeitung. Reiche Zinnvorkommen in Böhmen und Sachsen schufen die Vorrausetzung dafür. In gleicher Weise wie die Stahlblechverarbeitung entwickelte sich die Fertigkeit, größere Kupferbleche herzustellen und zu bearbeiten. Zwei bekannte Beispiele dafür sind das 1733–1736 aus Kupferblech getriebene Denkmal August des Starken in Dresden sowie die auf dem Brandenburger Tor stehende Quadriga, vom Bildhauer Schadow modelliert und von den Berliner Klempnern Gericke und Jury 1789–1794 aus Kupferblech getrieben.

Erst im 19. Jahrhundert brachten die Anwendung von Leuchtgas, das Anfertigen von Röhren aus Metall und die Herstellung von billigem gewalztem Zink auch andere Betätigungen für die Klempner hervor. Es lag nahe, dass die Berufe, die Lampen, Gefäße und

Abb. 6.80 Der Glockengießer

Der Glockengieſſer.

Ich kan mancherley Glocken gießn/
Auch Büchſen/darauß man thut ſchießn/
Auch Mörſer/damit man würfft Feuwr
Zu den Feinden / gar vngeheuwr/
Auch Ehrn Häfen auff dreyen beyn/
Auch Ehrin öfen / groß vnd klein/
Auß Glocken Ertz/künſtlich gegoßn/
Lydus hat dieſe Kunſt außgoßn.

Abb. 6.81 Der Spengler. (Quelle: Klein, Delmenhorst)

Blechgeschirr aller Art fertigten, auch die Rohre zur Gasbeleuchtung verlegten (Rohrschlosser). Durch diese Verknüpfung ihrer Tätigkeiten mussten sich die Klempner auch die Fachkenntnisse eines Gas- und Wasserinstallateurs aneignen.

In den hochspezialisierten Hammerwerken, beispielsweise in der Eisenwurzen, war die Arbeit auf eine Vielzahl von Spezialisten verteilt. Jede Arbeit musste in einem differenzierten Verfahren wie in Fließbandarbeit durchgeführt werden. Um die Jahrhundertwende haben Eßmeister, Bröcklschneider, Hainheizer, Hammerschmiede, Warhenmacher, Ausspitzer, Breiten- und Rückenheizer, Zusammenhammerer, Abrichter, Spitzformer, Beizer, Kleinhammerer, Beschneider und Märker gearbeitet.

Ganze Täler lebten von der Eisenverarbeitung. Ebenso waren dann wieder ganze Talschaften samt Familie und Kleinstlandwirtschaft nach der Blütezeit zum langsamen und dann zum endgültigen Aussterben verurteilt.

Auf Gedeih und Verderb waren die vielen hundert Familien zuerst vom Hammerherrn und seinen Gewerken, später von der Mechanisierung abhängig. Aus den einst blühenden Tälern wurden Problemregionen.

In wenigen Fällen gab es Alternativen, gab es ein rechtzeitiges Umstellen oder ein noch differenziertes Spezialisieren. Das bekannteste Beispiel dafür ist die Kleineisenindustrie und Verarbeitung Fulpmes im Stubaital/Tirol. Mit eisernen, geschmiedeten, spezialgehärteten Geräten für Bergsteiger und Kletterer haben die Stubaier Weltruf erlangt.

Abb. 6.82 Altes Windlicht, unverglast. (Quelle: Klein, Delmenhorst)

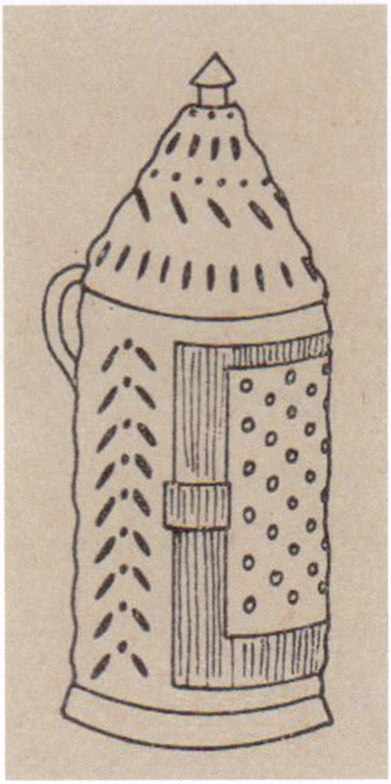

Abb. 6.83 Blechlampe der ersten Stadtbeleuchtung (von Schönburg empfohlen). (Quelle: Klein, Delmenhorst)

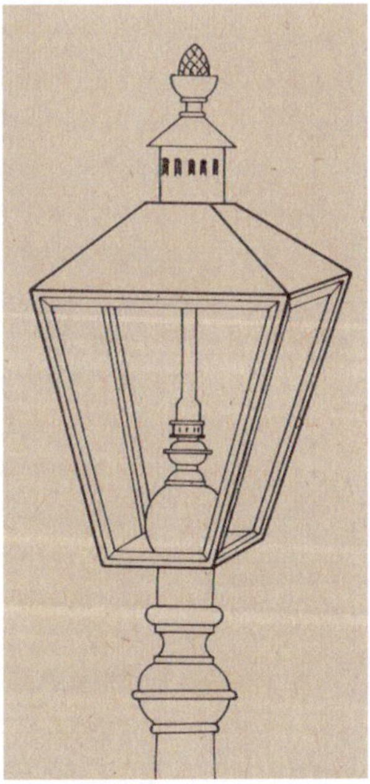

Abb. 6.84 Habit de Ferblanquier. Bekleidung des Klempners von Gerard Valck, Kupferstich, 190 × 270 cm. (Quelle: Klein, Delmenhorst)

Trotz der raschen technischen Entwicklung in den vergangenen hundert Jahren – billiges gewalztes Blech aus Stahl und Zink gestattete eine vielseitige Anwendung für Dacheindeckungen und Dachentwässerungen, die Trinkwasserversorgung wurde für alle Städte selbstverständlich, zentrale Dampf- und Warmwasserheizungen entwickelten sich ebenso wie viele Einrichtungen zur Erzeugung von Warmwasser – blieb es bei der beruflichen Verbindung zwischen dem Bauklempner und dem Gas- und Wasserinstallateur. Sie sicherten im Gegensatz zu anderen Bauarbeiten ganzjährige Arbeit. Diese auch heute noch im Bauablauf technologisch bedingte Verbindung dieser drei Berufe hat aber inhaltlich einen derartigen Umfang angenommen, dass die Vielfalt der technischen Einrichtungen und die breite Palette der einzusetzenden Werkstoffe eine erneute berufliche Spezialisierung erforderten. Deshalb gibt es, ausgehend von dem breitprofilierten Beruf des Installateurs, schon in der Phase der Berufsausbildung die Spezialisierung in den Fachrichtungen Heizungsinstallateur, Lüftungsinstallateur, Gas-Wasser-Installateur und Klempner.

Die Spezialisierungsrichtung Klempner ist ein blechverarbeitender Beruf geblieben. Traditionell gewachsen, werden Rohre, Rinnen und Abdeckungen aus Blech gefertigt, Dächer und Türme mit Blech eingedeckt und teilweise auch noch Blechgefäße angefertigt, deren geringe Stückzahl keine industrielle Produktion erfordert.

Gleiche und ähnliche Arbeitstechniken der Blechbearbeitung haben auch die Berufe Feinblechner, Karosserieklempner, Lüftungsklempner, Kühlklempner und Kupferschmied. Diese Berufe verarbeiten auch Stahlblech, verzinktes Stahlblech, Aluminiumblech, Messing- und Kupferblech, Zinkblech und nichtrostende legierte Stahlbleche für ihre berufsspezifischen Erzeugnisse, nur dass des damaligen Blechschmieds wichtigstes Werkzeug, der Hammer, heute von modernen Blechbearbeitungsmaschinen abgelöst und dadurch weniger monotone, schwere körperliche Arbeit erforderlich ist.

Heutzutage werden die Arbeiten von Schlossern, Metallbearbeitern und in der Sanierung auch von Restauratoren ausgeführt. In jedem Falle setzt das kunstgewerbliche Schaffen eine Reihe von Kenntnissen und ein solides handwerkliches Können voraus.

Neben gründlicher Handwerkstechnik wird erwartet, dass der Ausführende die Fähigkeit besitzt, getriebene Arbeiten nach Zeichnung und in feiner Modellierung ausführen zu können. Er sollte auch in der Lage sein, selbstentworfene Skizzen vorzulegen und nach vorhandenen Vorbildern zu arbeiten. Wichtig sind auch anwendungsbereite Kenntnisse der Stilarten.

Das bedeutet auch, alte, möglicherweise schon stark korrodierte Metallgegenstände (beispielsweise Ornamente) auch ohne zeichnerische Vorlage fachgerecht zu sanieren.

Rechtliche Grundlagen 7

Im nachfolgenden Kapitel werden die rechtlichen Grundlagen, die bei der Durchführung einer Baumaßnahme, insbesondere einer Sanierung, zu beachten sind, dargestellt. Der Schwerpunkt liegt bei dem sogenannten privaten Baurecht, also dem Werkvertragsrecht, wobei die Darstellung dem üblichen Verlauf einer Baumaßnahme, also vom Angebot über den Vertragsschluss, die Bauabwicklung inklusive Vergütungsfragen, die Abnahme bis hin zur Gewährleistung/Mängelansprüche, folgt. Hiermit zusammenhängende Themenbereiche, wie die Vergabe, das Architektenrecht, das öffentliche Baurecht und das Bauproduktenrecht, werden ebenfalls angesprochen.

7.1 Der Bauvertrag

> Ein Bauvertrag ist ein Vertrag über die Herstellung, die Wiederherstellung, die Beseitigung oder den Umbau eines Bauwerks, einer Außenanlage oder eines Teils davon (§ 650a Absatz 1 Satz 1 BGB).

Seit 2018 ist der Bauvertrag ausdrücklich innerhalb des Werkvertragsrechts des BGB geregelt (§§ 650a–h BGB mit Sonderregelungen für Verbraucher[1] in §§ 650i–650o BGB). Zudem gilt das allgemeine Werkvertragsrecht (§§ 631–650 BGB). Ohne besondere Vereinbarung gelten somit bei der Durchführung einer Baumaßnahme die gesetzlichen Regelungen, insbesondere zum Bauvertrag und zum Werklieferungsvertrag (§ 650 BGB), aber auch zum Kaufvertrag (§§ 433 ff BGB). Sehr häufig wird auch die Geltung der VOB/B [2] vereinbart. Sie ist weder ein förmliches Gesetz (also ein durch den Gesetzgeber,

[1] „Verbraucher" ist gem. § 13 BGB jede natürliche Person, die ein Rechtsgeschäft zu Zwecken abschließt, die überwiegend weder ihrer gewerblichen noch ihrer selbständigen beruflichen Tätigkeit zugerechnet werden können.

[2] Vergabe- und Vertragsordnung für Bauleistungen, Fassung 2016, in Anwendung seit dem 18.04.2016.

M. Stahr und K.-P. Radermacher, *Sanierung von Metallbauteilen*,
https://doi.org/10.1007/978-3-658-30625-0_7

dem Parlament erlassenes Gesetz) noch eine Rechtsverordnung, sondern stellt „lediglich“ Vertragsrecht dar. Es handelt sich im Ergebnis um so genannte Allgemeine Geschäftsbedingungen, die einem Werkvertrag, der als Bauvertrag ausgestattet ist, zugrunde gelegt werden.

Während die gesetzlichen Vorschriften des BGB grundsätzlich auch ohne vertragliche ausdrückliche Vereinbarung als Gesetzesrecht immer gelten, kommt die VOB/B nur zur Anwendung, wenn sie in jedem Einzelfall vertraglich ausdrücklich vereinbart wurde.

7.1.1 Vertragsschluss

Ein Vertrag kommt nach den Grundregelungen des BGB durch Angebot und Annahme zustande (§§ 145, 147 ff BGB). Der Auftragnehmer bietet seine Leistungen auf der Grundlage einer Ausschreibung des Auftraggebers oder einer sonstigen Anfrage an. Dies geschieht durch Übersendung eines Angebots, wobei regelmäßig bestimmte Bewerbungsbedingungen eingehalten werden müssen. Gerade bei öffentlichen Auftraggebern werden Bieterkriterien abgefragt. Es erfolgen zudem Angaben zur Leistung, meist unter Rücksendung eines vom Auftraggeber vorbereiteten und vom Auftragnehmer ausgefüllten, bepreisten Leistungsverzeichnisses.

Ein Angebot liegt vor, wenn der andere Vertragspartner es nur noch durch einfaches „Ja“ annehmen kann. Nimmt der Auftraggeber im Falle des Werkvertrages somit das Angebot an, indem er den Auftragnehmer auf der Grundlage seines Angebotes beauftragt, ist durch diese Annahme/durch den Auftrag der Vertrag zustande gekommen. Hat der Auftragnehmer sein Angebot einmal vorgelegt, bedarf es rein rechtsgeschäftlich keiner Verhandlungen mehr, sondern der Auftraggeber kann das Angebot annehmen, und der Auftragnehmer ist verpflichtet, auf dieser Grundlage seine Leistungen zu erbringen (§ 145 BGB).

Ein Vertrag kommt allerdings, jedenfalls unter Privatleuten, nicht stillschweigend zustande. Im Privatrechtsverkehr gilt Schweigen nicht als Zustimmung zu einem Rechtsgeschäft. Allenfalls kann ein solcher Vertrag durch schlüssiges Verhalten der Parteien (konkludent) zustande kommen, etwa wenn der Auftragnehmer mit der Ausführung der Leistungen beginnt und der Auftraggeber dem nicht widerspricht. Dann haben die Parteien zu erkennen gegeben, von einem bestehenden Vertragsverhältnis auszugehen, das sie abwickeln.

Die Schriftform ist für den Verbraucherbauvertrag ausdrücklich gesetzlich vorgesehen (§ 650 i Absatz 2 BGB). Ansonsten gilt Formfreiheit, d. h. die Schriftform eines Vertrages muss für jeden Einzelfall vereinbart werden (was sich aber schon aus Beweisgründen empfiehlt). Sofern ein Grundstück mit Bauerrichtungsverpflichtung erworben wird, gilt das gesetzliche Formerfordernis der notariellen Beurkundung (§ 311b BGB). Schon indem die Parteien einen schriftlichen Vertrag abfassen, haben sie sich, wiederum schlüssig, zur Schriftform entschieden. Die Schriftform ist, insbesondere bei komplexeren Verträgen, in jedem Falle anzuraten, da durch den schriftlichen Vertrag die Rechte und Pflichten der Vertragsparteien nachvollziehbar, insbesondere für einen etwaigen späteren Streitfall, dokumentiert sind.

Allerdings kann auch der Werkvertrag als sog. „Handschlagsgeschäft“ zustande kommen, wenn die Vertragsparteien sich einig sind, dass Werkleistungen gegen Vergütung erbracht werden sollen. Dies kann bei jeder Bauleistung der Fall sein und erfolgt im Alltag etwa regelmäßig durch die Vergabe von kleinen Reparaturaufträgen oder auch Aufträgen in Autowerkstätten etc. Auch dieser Vertrag ist ein gültiger Werkvertrag, da Formerfordernisse nicht bestehen.

7.1.2 Schweigen im kaufmännischen Rechtsverkehr

Im kaufmännischen Rechtsverkehr geht die Rechtsordnung davon aus, dass die beteiligten Parteien als Kaufleute mit den Gepflogenheiten des Geschäftsverkehrs besser vertraut sind, als wenn ein etwa versierter Unternehmer mit einem Privatkunden, der nur sehr selten Bauwerkverträge schließt, kommuniziert. Im kaufmännischen Rechtsverkehr gelten daher gegenüber dem sonstigen, „normalen“ Privatrechtsverkehr durchaus schärfere Regeln, wie sie etwa für das Handelgeschäft in den §§ 345 ff HGB niedergelegt sind.

Zunächst regelt das Gesetz in § 362 HGB: „Geht einem Kaufmann, dessen Gewerbebetrieb die Besorgung von Geschäften für andere mit sich bringt, ein Antrag über die Besorgung solcher Geschäfte von jemand zu, mit dem er in Geschäftsverbindung steht, so ist er verpflichtet, unverzüglich zu antworten; sein Schweigen gilt als Annahme des Antrags.“

Hier reicht es für das Zustandekommen eines Rechtsgeschäftes durch Schweigen aus, dass die Parteien als Kaufleute in einer Geschäftsbeziehung stehen. Wenn im Zuge dieser Geschäftsbeziehung der eine Teil dem anderen ein Angebot über ein weiteres Geschäft unterbreitet, so muss der andere Teil unverzüglich antworten, da sein Schweigen anderenfalls als Zustimmung gilt. Bei einem Geschäft zwischen Privatleuten, die Nichtkaufmann sind, kann eine solche Willenserklärung dagegen nicht zum Zustandekommen eines Vertrages führen. Bei Kaufleuten, die in einer Geschäftsbeziehung stehen, geht das HGB allerdings davon aus, dass es dem jeweils anderen Teil ohne weiteres zumutbar ist, unverzüglich, also so schnell wie möglich, einem solchen Antrag zu widersprechen, wenn er damit nicht einverstanden ist, da anderenfalls das Rechtsgeschäft ohne weiteres zustande kommt.

Einen Sonderfall stellt das kaufmännische Bestätigungsschreiben dar. Ein solches Bestätigungsschreiben bestätigt den Inhalt vorangegangener Verhandlungen, wie sie der Bestätigende verstanden hat. Problematisch ist der Fall, wenn die Verhandlungsergebnisse unbewusst, aber auch bewusst, nicht korrekt bestätigt werden, so dass sich ein anderer schriftlicher Inhalt ergibt, als zuvor mündlich verhandelt wurde. Ist der Empfänger mit dem Inhalt des Bestätigungsschreibens, das mit Blick auf vorausgegangene Verhandlungen durchaus auch „falsch“ sein kann, nicht einverstanden, muss er unverzüglich widersprechen. „Unverzüglich“ heißt dabei: ohne schuldhaftes Zögern; das Handelsrecht definiert dies in § 377 HGB in anderem Zusammenhang so, dass eine Reaktion sofort zu erfolgen hat, „sofern es nach dem Geschäftsgang tunlich ist"[3].

Bei kaufmännischen Bestätigungsschreiben ist, wie üblich in solchen Fällen, eine Einzelfallbetrachtung erforderlich, wobei allerdings generalisierend eine maximale Dauer von drei Tagen zugrunde zu legen sein wird[4].

Widerspricht der Empfänger des kaufmännischen Bestätigungsschreibens nicht unverzüglich im vorgenannten Sinne, kommt der Vertrag oder die Regelung mit dem Inhalt des Bestätigungsschreibens zustande, auch wenn die Parteien vorher etwas anderes besprochen hatten.

Auch Baustellen- oder sog. Jour-Fix-Protokolle können die Rechtswirkung eines kaufmännischen Bestätigungsschreibens erlangen. Ist also der Unternehmer, der ein Besprechungsprotokoll von einer Baustellenbesprechung erhält, mit dem Inhalt nicht einverstanden oder sieht er sich falsch wiedergegeben, ist ihm anzuraten, unverzüglich schriftlich zu widersprechen.

7.1.3 Regelungen im Bauvertrag

Neben den allgemeinen gesetzlichen Bestimmungen, die die Vergütungspflicht beim Werkvertrag, Mängelansprüche und Verjährungsvorschriften beinhalten, besteht der Bauvertrag regelmäßig auch aus individuellen Regelungen. So muss u. a. geklärt werden,

- welches Bauvorhaben bearbeitet werden soll.
- welche Vergütung konkret hierfür zu zahlen ist; anderenfalls gilt nach § 632 BGB die vor Ort angemessene und ortsübliche Vergütung als vereinbart.
- welche einzelfallbezogenen, v. a. technischen Besonderheiten bei der Abwicklung des Bauvertrages, etwa bei Sanierungsarbeiten, zu berücksichtigen sind.
- welche weiteren Vertragsunterlagen vereinbart werden sollen (z. B. Angebot, Leistungsverzeichnis, sonstige Allgemeinen Geschäftsbedingungen des Auftraggebers, zusätzliche technische Vertragsbedingungen, Verhandlungsprotokoll etc.).
- ob eine Vertragsstrafe und wenn ja in welcher Höhe vereinbart werden soll.
- ob eine förmliche Abnahme durchgeführt werden soll.
- welche Regelungen bezüglich der Vergütung und der Abrechnung gelten sollen.
- wie lange die Verjährungsfrist für Mängelansprüche laufen soll.
- welche Sicherheiten gegebenenfalls zu stellen sind.

Dementsprechend wird der Bauvertrag auch individuelle Vereinbarungen enthalten, die Vertragsbestandteil werden. Die Parteien sind bei der Vereinbarung individueller Regelungen sehr frei; das BGB beschränkt sie dabei nur durch gesetzliche Verbote (§ 134 BGB,

[3] Vgl. § 377 Abs. 1 HGB.

[4] *Palandt-Ellenberger*, § 147, Rdnr. 8, 17.

z. B.: Verstoß gegen einen Bebauungsplan oder strafrechtliche Vorschriften[5]) oder durch einen Verstoß gegen die guten Sitten (§ 242 BGB), wobei streitig ist, was hierunter im Einzelnen zu verstehen ist (Auslegungsfrage)[6]. In diesem Rahmen können die Parteien individuell jede beliebige Regelung treffen.

7.1.4 Allgemeine Geschäftsbedingungen (AGB)

Im Bauwesen hat sich allerdings herauskristallisiert, dass die Parteien sehr oft auf sog Allgemeine Geschäftsbedingungen (AGB) zurückgreifen, wozu etwa auch die VOB/B gehört.

Allgemeine Geschäftsbedingungen sind alle für eine Vielzahl vorformulierte Regelungen, die die eine Partei (der Verwender) der anderen Partei bei Vertragsabschluss stellt (§ 305 Abs. 1 Satz 1 BGB).

Bei den Allgemeinen Geschäftsbedingungen werden daher von demjenigen, der diese zur Verfügung stellt, regelmäßig wiederkehrende Sachverhalte zusammengefasst regelt. Dies kann darin begründet liegen, dass er eine Vielzahl von Geschäften immer gleich abwickeln oder aber bei einer größeren Baumaßnahme eine Vielzahl von Regelungen für möglichst viele Gewerke gleichlautend zugrunde legen möchte.

Gleichzeitig besteht die Gefahr, dass der Verwender von Allgemeinen Geschäftsbedingungen diese einseitig zu seinen Gunsten und somit zu Lasten des Vertragspartners formuliert. Deshalb unterliegen Allgemeine Geschäftsbedingungen, anders als Individualvereinbarungen, erheblichen weiteren Beschränkungen; sie sind auf der Grundlage der §§ 307 ff BGB auch gerichtlich überprüfbar. Als Maßstab ist dabei zugrunde zu legen, dass Regelungen, die den Vertragspartner entgegen den Geboten von Treu und Glauben unangemessen benachteiligen, stets unwirksam sind (§ 307 BGB). Dies ist etwa der Fall, wenn eine unangemessene Benachteiligung, eine Ungleichbehandlung oder eine fehlende Transparenz der beanstandeten Regelung vorliegen. Einzelfälle regelt das BGB in den §§ 307–309.

Als Faustformel für die Überprüfung gilt: Erweist sich eine AGB als unwirksam, ist sie insgesamt nichtig und ungültig. Eine so genannte geltungserhaltende Reduktion, also eine Auslegung dahingehend, was die Parteien denn sonst gemeint haben könnten, findet anders als bei einer normalen Vertragsauslegung hier nicht statt – das Risiko der Unwirksamkeit und fehlenden Transparenz geht in jedem Falle zu Lasten des Verwenders (§ 305c Abs. 2 BGB). Eine zwischen den Parteien getroffene individuelle Regelung hat stets Vorrang vor AGB (§ 305b BGB).

Im Regelfall eines baulichen Vertragsabschlusses werden neben dem normalen Auftragsschreiben und/oder einem Verhandlungsprotokoll, die regelmäßig die individuellen

[5] Überblick bei *Palandt-Ellenberger*, § 134 Rdnr. 14 ff.

[6] Überblick und Fallgruppen bei *Palandt-Grüneberg*, zu § 242.

Vereinbarungen enthalten, auch in großem Umfang Allgemeine Geschäftsbedingungen vereinbart, wie etwa:

- VOB/B und C
- Allgemeine Vertragsbedingungen
- Zusätzliche Vertragsbedingungen
- Besondere Vertragsbedingungen (BVB) nebst weiteren besonderen Vertragsbedingungen (WBVB)
- Zusätzliche Technische Vertragsbedingungen (ZTV)
- Allgemeine Technische Vertragsbedingungen (ATV)

Vorgenannte Aufzählung ist nicht abschließend; die Bestandteile können alternativ oder kumulativ in der Baupraxis auftreten.

Im Streitfall werden die Parteien darüber unterschiedlicher Auffassung sein, ob eine Individualvereinbarung vorliegt (die regelmäßig zulässig ist) oder eine Allgemeine Geschäftsbedingung, die bei einer Kontrolle durch die Rechtsprechung am Maßstab der allgemeinen gesetzlichen Bestimmungen (gesetzliches Leitbild) unwirksam ist.

Dabei ist regelmäßig schon streitig, wann Allgemeine Geschäftsbedingungen tatsächlich vorliegen. Sie sind jedenfalls dann ausgehandelt, wenn der Verwender den in seinen AGB enthaltenen gesetzesfremden Kerngehalt inhaltlich ernsthaft zur Disposition stellt und dem Vertragspartner Gestaltungsfreiheit zur Wahrung eigener Interessen mit der realen Möglichkeit einräumt, die inhaltliche Gestaltung der Vertragsbedingungen zu beeinflussen[7]. Der Auftraggeber muss also dem Auftragnehmer bei der Verwendung von Allgemeinen Geschäftsbedingungen die Gelegenheit geben, ernsthaft über Regelungen zu diskutieren und zu verhandeln. Lässt sich der Auftragnehmer nach einer solchen Verhandlung auf die beanstandete Regelung ein, liegt keine Allgemeine Geschäftsbedingung vor, sondern eine Individualvereinbarung. Wird umgekehrt dem Auftragnehmer das Regelwerk lediglich überreicht und wird ggf. auch über einzelne Regelungen gesprochen, aber nicht ernsthaft verhandelt und werden die Seiten sogar ggf. noch zum Zeichen des Einverständnisses paraphiert, liegen dennoch weiterhin Allgemeine Geschäftsbedingungen vor, bei denen sich der Auftragnehmer auch später im Verlauf des Vertrages noch auf die Unwirksamkeit berufen kann.

Unwirksam sind z. B. folgende Vertragsklauseln, die nachfolgend sinngemäß wiedergegeben werden:

> Die stets förmliche Abnahme der Leistung erfolgt nach der Fertigstellung der gesamten Baumaßnahme.

Die Regelung ist unwirksam, weil der Auftragnehmer, der zunächst den Rohbau errichtet hat, danach warten müsste, bis die Gesamtleistung, also auch der Innenausbau etc.

[7] *OLG Celle*, NZBau 2004, 14 (Kurzform in IBR 2005, 460); *BGH*, BauR 2005, 1154.

fertig gestellt ist. Dies stellt eine unangemessene Benachteiligung dar, da der Unternehmer, der so lange warten muss, ein erheblich verlängertes Vorleistungsrisiko trägt und keine Abnahme für die Leistung erhält, mit der Folge, dass auch die Gewährleistungsphase und die Schlussrechnungsreife nicht eintreten können[8].

> In jedem Falle hat der Auftragnehmer nachzuweisen, dass er die Ursache für den Mangel nicht gesetzt hat.

Die Klausel ist unwirksam, da nach den allgemeinen Beweislastregeln vor der Abnahme zwar der Auftragnehmer, nach der Abnahme aber der Auftraggeber für das Vorliegen von Mängeln darlegungs- und beweisverpflichtet ist. Hier wird eine gesetzliche Grundregel – die Gefahrtragung – zu Lasten des Auftragnehmers abgeändert, so dass die Regelung unwirksam ist.

> Der Auftraggeber kann Mängel ohne weitere durch Dritte beseitigen lassen.

Auch diese Regelung ist unwirksam, da dem Auftragnehmer kraft Gesetzes ein Nachbesserungsrecht zusteht (§ 635 BGB), das der Auftraggeber hier umgehen könnte[9].

Bezüglich der VOB/B wurde früher die Auffassung vertreten, dass diese immer wirksam ist, wenn sie „als Ganzes" vereinbart ist, da es sich um ein ausgewogenes Regelwerk handelt, das die Interessen der am Bauvertrag Beteiligten in ein angemessenes Verhältnis setzt. Abweichungen sollten nur dann AGB-rechtlich relevant sein, wenn der Kerngehalt der VOB als Ganzes beeinträchtigt war. Da sich hier Abgrenzungs- und Auslegungsschwierigkeiten bei dem Versuch der Festlegung, wann der Kernbereich konkret betroffen ist, ergeben haben, führt jetzt jede vertragliche Abweichung von der VOB/B dazu, dass diese nicht mehr als Ganzes vereinbart ist; unerheblich ist es dabei, welches Gewicht der Eingriff hat[10].

Schon zur Dokumentation und aus Beweiszwecken sollte die VOB/B stets schriftlich vereinbart werden. Bei sog. „Häuslebauern" und Kleinbetrieben, die mit dem Bauwesen nicht vertraut sind, ist es erforderlich den vollständigen Text der VOB/B nachweislich dem Auftraggeber zu überreichen[11].

[8] S. hierzu Abschn. 7.5 zur Abnahme und Abschn. 7.7 zu den Mängelansprüchen.

[9] Umfassende Nachweise für unwirksame Bauvertragsklauseln finden sich bei *Glatzel/Hofmann/Frikell*, Unwirksame Bauvertragsklauseln, 12. Auflage 2015.

[10] *BGH* BauR 2004, 668 (Kurzform in IBR 2004, 179); *BGH*, IBR 2007, 412.

[11] Überblick bei *Werner/Pastor*, Rdnr. 1239 ff.

7.2 Die Bauabwicklung

Bei der Bauabwicklung werden erfahrungsgemäß folgende Themenkomplexe, insbesondere auch bei Sanierungsarbeiten, relevant:

7.2.1 Untersuchungs- und Rügepflicht

Üblicherweise stehen dem Käufer einer Ware Mängelansprüche, wie Nachbesserung, Umtausch, Wandlung oder Schadenersatz zu. Diese Rechte kann der Käufer vorbehaltlich anderweitiger vertraglicher Regelungen im Regelfall zwei Jahre, bei Bauwerken und Sachen, die für ein Bauwerk verwendet werden, fünf Jahren nach dem Kauf geltend machen (§ 438 Abs. 1 BGB).

Im kaufmännischen Rechtsverkehr hat sich eine solche Regelung als wenig zweckmäßig erwiesen. Mit Blick auf die bereits im vorangegangenen Teil angesprochenen Besonderheiten bei der kaufmännischen Vertragsabwicklung gelten daher für gelieferte Waren gemäß § 377 HGB besondere Regeln:

Sofern der Kauf für beide Teile ein Handelsgeschäft ist, hat der Käufer die Ware unverzüglich nach Ablieferung durch den Verkäufer zu untersuchen und, wenn sich ein Mangel zeigt, diesen dem Verkäufer unverzüglich anzuzeigen (§ 377 Abs. 1 HGB). Unterlässt der Käufer die Anzeige, gilt die Ware als genehmigt, es sei denn, dass es sich um einen Mangel handelt, der bei der stichprobenartigen Untersuchung nicht erkennbar war (§ 377 Abs. 2 HGB). Zeigt sich ein solcher Mangel später, muss die Anzeige unverzüglich nach der Entdeckung erfolgen, da anderenfalls auch dann die Ware als genehmigt gilt (§ 377 Abs. 3 HGB).

Kernaussage der gesetzlichen Regelung ist also, dass angelieferte Ware unverzüglich und zumindest stichprobenartig darauf zu untersuchen ist, ob sie mangelfrei ist. So wird z. B. nicht jedes Fassadenprofil oder jede Fensterscheibe umfassend untersucht werden können, sobald es angeliefert wird. Aber eine stichprobenartige Untersuchung erscheint möglich, da sich dabei zumindest zeigt, ob Verpackungen beschädigt sind oder sonstige grob erkennbare Beschädigungen vorliegen und ob die Ware vollständig geliefert wurde.

Eine solche Kontrolle hat unverzüglich zu erfolgen, wobei das Gesetz in § 377 Abs. 1 HGB dies so definiert, dass die Prüfung zu erfolgen hat „sofern dies nach dem Geschäftsgange tunlich ist“. Je nach Ware kann die Rügefrist daher lediglich tageweise bemessen sein[12]. Erfolgt diese Anzeige nicht, gilt die Ware als genehmigt, der Käufer ist also mit Einwendungen gegen die zumindest bei einer stichprobenartigen Überprüfung feststellbaren Mängel ausgeschlossen und muss die Ware, obwohl sie objektiv mangelhaft ist, akzeptieren. Ihm stehen dann keine Mängelansprüche gegen den Verkäufer mehr zu.

[12] Überblick bei *Baumbach/Hopt*, § 377 Rdnr. 23 ff.

Werden z. B. bestellte Scheiben oder Fassadenprofile ohne die erforderliche CE-Kennzeichnung geliefert[13], stellt dies einen Mangel dar. Der Verstoß ist dadurch zu bemerken, dass entweder keine Kennzeichnung auf dem Produkt erfolgt ist oder sich aus den Lieferscheinen keine ordnungsgemäße Zuordnung ergibt. Rügt der Auftragnehmer einen solchen Verstoß, der zumindest bei stichprobenartiger Prüfung erkennbar war, nicht unverzüglich, stellt dies eine Verletzung gegen die Untersuchungs- und Rügepflicht gemäß § 377 HGB dar. Dies hat zur Folge, dass selbst eine objektiv fehlende CE-Kennzeichnung, die dazu gesetzwidrig ist (Bauproduktenrecht), den Käufer nicht zur Geltendmachung von Ansprüchen berechtigt.

Umgekehrt trifft die Untersuchungs- und Rügepflicht den Auftraggeber bezüglich einzelner Funktionen einer Gesamtanlage nicht schon mit der Lieferung und Montage der Einzelteile, sondern erst mit der ersten Inbetriebnahme der Gesamtanlage[14]. Es ist daher im Einzelfall und nach den Gepflogenheiten des jeweiligen Gewerks und der diesbezüglichen Handelsbräuche zu entscheiden, wann eine unverzügliche Rüge erforderlich ist und wann die Unverzüglichkeit noch eingehalten ist; eine generalisierende Betrachtung ist aufgrund der Besonderheiten der einzelnen Fälle nicht möglich[15].

Ein Käufer muss gemäß § 377 HGB den angelieferten Stahl auf den vereinbarten Kohlenstoffgehalt untersuchen und ggf. Mängel rügen, wenn ihm bei Anlieferung durch den Verkäufer ein Werkszeugnis über die chemische Stahlgüte vorgelegt wird[16].

7.2.2 Bedenken- und Hinweispflicht

Während der Bauausführung kommt es immer wieder vor, gerade wenn Sanierungsarbeiten im Bestand ausgeführt werden, dass erst nach Aufnahme der Arbeiten erkannt wird, dass bestimmte Vorgaben aus dem Auftrag/Leistungsverzeichnis vor Ort gar nicht umsetzbar sind oder zu Gefährdungen oder Mängeln führen, für die der Auftragnehmer dann nicht einstehen will.

Insoweit bestimmt § 4 Abs. 3 VOB/B, der als allgemeiner Rechtsgrundsatz auch für Verträge nach dem BGB gilt[17] dass der Auftragnehmer, der Bedenken gegen die vorgesehenen Art der Ausführung, auch wegen der Sicherung gegen Unfallgefahren, gegen die Güte der vom Auftraggeber gelieferten Stoffe oder Bauteile oder gegen die Leistungen anderer Unternehmer hat, sie dem Auftraggeber unverzüglich und möglichst schon vor Beginn der Arbeiten schriftlich mitzuteilen hat. Wird diese Bedenkenanmeldung unterlassen, haftet der Auftragnehmer für einen Mangel, der auf die Vorleistung eines anderen Unternehmers zurückzuführen ist[18].

[13] Siehe hierzu das Abschn. 7.9 zum Bauproduktenrecht.

[14] *OLG Naumburg*, IBR 2010, 204.

[15] *Baumbach/Hopt*, § 377 Rdnr. 20 ff.

[16] *OLG Hamm*, BauR 2010, 1812 (Kurzform in IBR 2010, 568).

[17] *Ingenstau/Korbion-Oppler*, § 4 Abs. 3 VOB/B, Rn 2 f.

[18] *Kapellmann/Messerschmidt*, § 4 VOB/B, Rdnr. 80 ff.

Der Auftragnehmer ist daher gut beraten, in jedem Fall, in dem er konkrete Bedenken gegen die vorgesehen Art der Ausführung hat, zwingend schriftlich den Auftraggeber hierüber unverzüglich und in der gebotenen Klarheit zu unterrichten. Nur durch Einhaltung der Schriftform wird die Warn- und Informationsfunktion der Bedenkenanzeige zu Gunsten des Auftraggebers gewahrt. Der Auftragnehmer wird in die Lage versetzt, im Rahmen eines gerichtlichen Verfahrens ggf. nachweisen zu können, auf Bedenken hingewiesen zu haben. Der Auftraggeber kann aufgrund der schriftlichen Bedenkenanzeige seine weitere Vorgehensweise koordinieren und abstimmen. Er ist zudem verpflichtet, auf die Anzeige zu reagieren[19].

Ordnet der Auftraggeber trotz der geäußerten Bedenken die für mangelhaft gehaltene Ausführung der Leistung an, kann er sich später nicht auf die Mangelhaftigkeit gegenüber dem Auftragnehmer berufen. Im Falle einer ordnungsgemäßen Bedenkenanzeige ist der Auftragnehmer von der Gewährleistung frei, wenn der Auftraggeber die beanstandete Leistungserbringung dennoch zur Ausführung anordnet[20].

Dem Auftragnehmer, der Bedenken hat, sei an dieser Stelle geraten, lediglich auf die Bedenken hinzuweisen und nicht, wie häufig beobachtet, zugleich Lösungsvorschläge zu unterbreiten. Es entspricht zwar üblicherweise auf Unternehmensseite der „Handwerkerehre“, entsprechende Überlegungen in einen Lösungsvorschlag zu übernehmen. Der Auftragnehmer übersieht aber häufig in solchen Fällen, dass er ggf. für eine bislang nicht vorgesehene Ausführungsvariante das Planungsrisiko übernimmt, das bislang beim Auftraggeber gelegen hat (vorbehaltlich anderer vertraglicher Regelungen, insbesondere der ausdrücklichen Übernahme von Planungsleistungen durch den Auftragnehmer).

Allerdings darf die Pflicht oder das Recht zur Anmeldung von Bedenken gemäß § 4 Abs. 3 VOB/B nicht dazu führen oder missbraucht werden, dass der Auftragnehmer nachträglich bereits im Angebotsstadium erkannte Schwachstellen während der Bauausführung heranzieht, um Bedenken anzumelden und ggf. auch Nachträge hieraus begründen zu wollen. Für den Auftragnehmer erkennbare Mängel in der Ausschreibung, etwa unklare, unrichtige oder unvollständige Leistungsbeschreibungen, sind schon im Angebotsstadium zu artikulieren und dem Auftraggeber bekannt zu geben. So kann z. B. ein Anspruch auf Mehrvergütung für zusätzliche Leistungen[21] abzulehnen sein, wenn der Auftragnehmer so kalkuliert hat, dass er eine für ihn erkennbare bzw. schon erkannte Lücke oder Unklarheit im Leistungsverzeichnis ohne Rückfrage und Klarstellung bei dem Auftraggeber mit ihm günstigen Annahmen eigenmächtig ausgefüllt hat[22].

Die entsprechende Verpflichtung des Auftragnehmers rührt auch daher, dass der Auftraggeber darauf vertrauen darf, dass der Auftragnehmer über die von einem Fachunternehmer zu erwartenden speziellen Kenntnisse verfügt und daraus ggf. auch seine Bedenkenanmeldungen ableiten kann. Hierbei ist ein objektiver Maßstab zu Grunde zu legen.

---

[19] *Ingenstau/Korbion-Oppler*, § 4 Abs. 3 VOB/B, Rdnr. 75.

[20] S. etwa *Leinemann*, § 4 VOB/B, Rdnr. 97 ff. (107).

[21] Siehe hierzu das Abschn. 7.3 zu Vergütung und Nachträgen.

[22] *BGH* BauR 1987, 683.

Der Umfang der Prüfungspflicht richtet sich danach, was unter normalen Umständen bei einem auf dem betreffenden Fachgebiet tätigen Unternehmer vorausgesetzt werden muss, also nach der Sorgfalt eines ordentlichen Unternehmers, der über den jeweils anerkannten Stand der Regeln der Technik orientiert ist[23].

In seiner Bedenkenanmeldung sollte der Auftragnehmer ausdrücklich darauf hinweisen, dass es ohne Abhilfe gegen die Bedenken zu späteren Mängeln kommen kann, für die er nicht verantwortlich ist. Er sollte den Auftraggeber zur Stellungnahme innerhalb einer zu setzenden angemessenen Frist auffordern. In jedem Fall ist dem Auftragnehmer zu empfehlen, eine ausdrückliche Klärung herbeizuführen und darauf hinzuwirken, dass der Auftraggeber sich äußert. Allein in einem Schweigen des Auftraggebers, insbesondere wenn es sich um eine Privatperson handelt, die im Bauwesen nicht erfahren ist, kann, wie eingangs bereits erwähnt, keine Zustimmung einer Leistungsänderung oder zur Inkaufnahme von Mängeln erblickt werden. Ggf. muss der Auftragnehmer, je nach Schwere der Bedenken, sogar seine Arbeiten einstellen, bis der Auftraggeber eine entsprechende Anordnung zur Weiterführung der Arbeiten getroffen hat. In diesem Fall muss der Auftragnehmer nach § 6 Abs. 1 VOB/B zugleich Behinderung bei der weiteren Ausführung anmelden.

Mit Blick auf das Spannungsfeld zwischen Bedenkenanmeldung und Befreiung von der Haftung einerseits und den überragenden Kenntnissen des Fachunternehmers andererseits ist auf das Beispiel hinzuweisen, wonach der Hersteller von nur wasserabweisend beschichteten Fassadenelementen aus Naturbims kraft seines Sonderwissens den Auftraggeber darüber aufklären muss, dass die Elemente, sobald sie mit Bodenfeuchte in Berührung kommen, zusätzlich einer wasserundurchlässigen Beschichtung bedürfen[24]. Unterlässt er eine solche Anzeige, geht dies zu Lasten des Auftragnehmers.

Auch wenn der Bauherr selbst fachkundig ist oder sich die Fachkunde von Mitarbeitern/Beauftragten zurechnen lassen muss, insbesondere wenn er Fachplaner, Projektsteuerer, Architekten o. ä. eingeschaltet hat, entfällt die Prüfungs- und Hinweispflicht des Auftragnehmers nicht vollständig[25]. Nach § 4 Abs. 2 VOB/B hat der Auftragnehmer seine Leistung unter eigener Verantwortung nach dem Vertrag auszuführen und dabei die anerkannten Regeln der Technik sowie die einschlägigen gesetzlichen und behördlichen Bestimmungen zu beachten.

Äußert andererseits der Auftragnehmer technisch begründete Bedenken gegen die Umsetzbarkeit der Bauausführungsplanung des Auftraggebers, rechtfertigt dies grundsätzlich keine Kündigung aus wichtigem Grund seitens des Auftraggebers, da insbesondere auch kein Vertrauensverlust vorliegt, wenn der Auftragnehmer auf seine fachlich begründeten Bedenken hinweist[26].

[23] *Ingenstau/Korbion-Oppler*, § 4 Abs. 3 Rdnr. 10.
[24] *OLG Koblenz*, IBR 2010, 386.
[25] *BGH*, BauR 2001, 622 (Kurzform in: IBR 2001, 177).
[26] *OLG Naumburg*, BauR 2009, 980 (Kurzform: IBR 2009, 136).

Anderseits ist zu bedenken: Der Auftragnehmer hat für ihn erkennbare Mängel schon in der Ausschreibung (etwa unklare, unrichtige oder unvollständige Leistungsbeschreibungen) noch vor Angebotsabgabe unverzüglich dem Auftraggeber mitzuteilen, um auch hier wieder seinen Untersuchungspflichten einerseits und den Hinweispflichten andererseits zu genügen. Ein Anspruch auf Mehrvergütung, der später hieraus abgeleitet wird, auch bei tatsächlicher Ausführung von zusätzlichen Leistungen, kann dann abzulehnen sein, wenn der Auftragnehmer so kalkuliert hat, dass er eine für ihn erkennbare bzw. durch ihn erkannte Lücke oder Unklarheit im Leistungsverzeichnis ohne Rückfrage und Klarstellung dem Auftraggeber mit ihm günstigen Annahmen eigenmächtig ausgefüllt hat[27]. Auch diese Erwägung beruht wieder darauf, dass den Auftragnehmer Prüfungs- und Hinweispflichten treffen, weil der Auftraggeber darauf vertrauen darf, dass der Auftragnehmer über die von einem Fachunternehmen zu erwartenden speziellen Kenntnisse verfügt.

7.2.3 Der Schutz der Leistung/Gefahrtragung

§ 4 Abs. 5 VOB/B bestimmt, dass der Auftragnehmer die von ihm ausgeführten Leistungen und die ihm für die Ausführung übergebenen Gegenstände bis zur Abnahme vor Beschädigung und Diebstahl zu schützen hat. Auf Verlangen des Auftraggebers hat er sie vor Winterschäden und Grundwasser zu schützen, ferner Schnee und Eis zu beseitigen, wofür ihm gegebenenfalls eine zusätzliche Vergütung zustehen kann, sofern die Leistung nicht ohnehin nach dem Vertrag schon geschuldet ist.

Damit wird geregelt, dass der Auftragnehmer bis zur Abnahme seiner Leistung voll hierfür verantwortlich ist und verpflichtet ist, diese Leistung gegen Beschädigung etc. zu schützen.

§ 644 BGB bestimmt bezüglich der Gefahrtragung, dass der Unternehmer die Gefahr bis zur Abnahme des Werkes trägt. Für den zufälligen Untergang und eine zufälligen Verschlechterung des von dem Besteller gelieferten Stoffes ist der Unternehmer nicht verantwortlich, haftet aber ansonsten auch für etwaige Vandalismusschäden (zerstörte Verglasung oder Graffitischmierereien bzw. sonstige Beschädigungen). Die insoweit geregelte Leistungsgefahr besagt, dass der Unternehmer bis zur Abnahme das Risiko der Beschädigungen zu tragen hat und seine Leistung gegebenenfalls nochmals erneut erbringen muss. Für die erbrachte, aber durch Beschädigung oder Ähnliches wertlos gewordene Leistung entfällt auch die Vergütungspflicht; bezahlt wird nur der tatsächliche Werkerfolg, der etwa durch eine Neuerbringung der Leistung erst herbeigeführt werden kann.

§ 7 VOB/B bestimmt in diesem Zusammenhang, dass die Vergütungsgefahr, insoweit abweichend von § 644 BGB und zu Gunsten des Unternehmers, vorzeitig auf den Auftraggeber übergeht, wenn die Leistung vor der Abnahme durch höhere Gewalt, Krieg oder Aufruhr bzw. andere objektiv unabwendbare, vom Auftragnehmer nicht zu vertretende

[27] *BGH* BauR 1987, 683.

Umstände beschädigt oder zerstört wird, also etwa Naturereignisse, nicht aber Hochwasser, mit dem gerechnet werden kann[28].

Insoweit hat der Auftragnehmer die Leistung erneut zu erbringen, da er die Leistungsgefahr trägt. Für die ausgeführten Teile steht ihm nach § 7 Abs. 1 i. V. m. § 6 Abs. 5 VOB/B aber ein Vergütungsanspruch zu. Dies ist der Grund, weshalb in zahlreichen Verträgen ausschließlich die Regelung des § 644 BGB unter Ausschluss der VOB-Regelungen für die Gefahrtragung vereinbart wird[29].

In zahlreichen Fällen hat der Auftraggeber eine Bauwesenversicherung oder Bauleistungsversicherung abgeschlossen, die für solche Schäden haftet und die er auch auf den jeweiligen Auftragnehmer erstreckt. Üblicherweise erfolgt die Abrechnung der Versicherung über eine prozentuale Beteiligung, berechnet von der Auftragssumme (z. B. 0,2 % für Bauwesenversicherung von der Auftragssumme). Dies bietet den Vorteil, dass solche Beschädigungen dann (zumeist bis auf einen verbleibenden Selbstbehalt) über eine Versicherung abgedeckt sind.

Besteht eine solche Versicherung nicht, kommt bei bereits eingebauten Teilen die Anwendung der Grundsätze über die so genannte Drittschadensliquidation[30] in Betracht. Regelmäßiger Anwendungsfall ist, dass bereits eingebaute Fassadenteile nach Einbau durch andere Gewerke oder Vandalismus beschädigt werden. Durch den Einbau der Teile werden sie gemäß § 946 BGB mit einem Grundstück so verbunden, dass sie wesentlicher Bestandteil des Grundstücks werden. Das Eigentum an dem Grundstück erstreckt sich somit auch auf die eingebaute Sache. Geschädigt wird also eigentlich der Eigentümer, im Regelfall der Bauherr. Dies gilt unabhängig von der Erfüllung vertraglicher Verpflichtungen und begründet sich rein sachenrechtlich durch die Regelung über den Eigentumsübergang in § 946 BGB.

Gleichzeitig ist eine vom Auftragnehmer eingebaute Sache beschädigt worden, so dass nach den vorstehenden skizzierten Gefahrtragungsregeln der Auftragnehmer für die Beseitigung des Schadens verantwortlich ist.

Beispielsfall Bei der Errichtung eines Hochhauses reißt dem Rohbauer auf der 30. Etage eine Schalungsbühne. Betonschlämme werden über die darunter bereits eingebauten Fassadenteile des Metallbauers verteilt und beschädigen diese zum Teil erheblich. Einige Scheiben müssen sogar ausgetauscht werden, bei anderen ist eine aufwendige Reinigung erforderlich.

Geschädigt ist hier eigentlich der Eigentümer, da die Fassadenelemente durch Einbau in sein Eigentum übergegangen sind (§ 946 BGB). Der Auftraggeber des Fassadenbauers kann aber einwenden, dass die Fassadenelemente vor Abnahme geschädigt wurden und sich auf die Gefahrtragungsregelungen, wie vorstehend beschrieben und auf den Schutz der Leistung nach § 4 Abs. 5 VOB/B beziehen. Der Auftragnehmer müsste dann, vor-

[28] *BGH* BauR 1997, 1021 – Schürmann-Bau Bonn.

[29] Überblick bei *Ingenstau/Korbion-Oppler*, § 7 VOB/B, Rdnr. 8 ff.

[30] Überblick bei: *Werner/Pastor*, Rdnr. 2221 ff.; *Palandt-Grüneberg*, vor § 249, Rdnr. 105 ff.

behaltlich anderer Regelungen und bestehender Versicherungen auf eigene Kosten den Schaden nachbessern. Hier gibt die Drittschadensliquidation die Möglichkeit, dass der Auftraggeber verpflichtet ist, dem Auftragnehmer Ersatzansprüche gegen den Schädiger abzutreten. Der Auftragnehmer hat dann die Möglichkeit, den ihm entstandenen Schaden unmittelbar gegenüber dem Verursacher, im Beispielsfall dem Rohbauer, geltend zu machen.

Derartige Probleme, wie im Beispielsfall, können auch dadurch umgangen werden, dass der Auftraggeber eine kombinierte Bauleistungs- und Haftpflichtversicherung abschließt, um solche Schäden angemessen bewältigen zu können.

Problematisch ist es, im Einzelfall festzulegen, wie weit die Schutzpflicht des Unternehmers reicht. Die Erhaltungspflicht beschränkt sich nach § 4 Abs. 5 Satz 1 VOB/B ausdrücklich auf die von ihm selbst ausgeführten Leistungen und die hier zu übergebenen Gegenstände, nicht aber auch auf andere Gewerke. Verallgemeinernd ist festzuhalten, dass der Schutz vor Beschädigungen die Verpflichtung des Auftragnehmers bedeutet, seine Leistung und die hierzu erhaltenen Gegenstände bis zur Abnahme vor schädigenden Einflüssen zu bewahren. Inwieweit Schutzmaßnahmen zu treffen sind, regelt sich allerdings auch nach der sogenannten Gewerbesitte oder den tatsächliche Einflussnahmemöglichkeiten des Auftragnehmers und muss letztlich in jedem Einzelfall entschieden werden.

Maßstab soll die konkret auf das einzelne Bauobjekt bezogene, allgemein auf dem betreffenden Bausektor anerkannte und zu verlangende Übung sein[31]. Hier müssen in jedem Einzelfall gewerkspezifische Besonderheiten und Gepflogenheiten berücksichtigt werden. Über das „Normalmaß" hinausgehende Schutzmaßnahmen kann der Auftragnehmer versuchen, als Nachtragsleistung gegenüber dem Auftraggeber geltend zu machen. Wünscht der Auftraggeber etwa eine zusätzliche, nicht übliche Schutzmaßnahme (z. B. Schutz der Fassadenelemente durch Bretter) dürfte dies regelmäßig eine mehrvergütungspflichtige Leistung im Sinne des § 2 Abs. 6 VOB/B darstellen.

7.2.4 Dokumentation

In vielen Fällen der baurechtlichen Beratungspraxis zeigt sich, dass Probleme im Nachgang zur Baumaßnahme, etwa im Zuge der Führung eines Rechtsstreits, nicht mehr sachgerecht zu bewältigen sind, weil die erforderliche Projektdokumentation nicht erfolgt ist. Insbesondere mit Blick auf die erheblichen Anforderungen, die die Rechtsprechung etwa im Zusammenhang mit der Darlegung von Behinderungsschäden stellt[32], aber auch zum Nachweis sonstiger möglicherweise problematischer Punkte empfiehlt sich während der Bauausführung die Dokumentation der ausgeführten Arbeiten und ergangener Anordnungen sowie das Führen eines angemessenen, durchaus auch umfassenden Schriftverkehrs. An Möglichkeiten für die Dokumentation stehen dem Auftragnehmer zur Verfügung:

---

[31] *Ingenstau/Korbion-Oppler*, § 4 Abs. 5 Rdnr. 10.

[32] Vgl. Abschn. 7.3 über Vergütung und Abschn. 7.4 (bauzeitbedingte Ansprüche).

- Eigendokumentation
- Bautagebuch
- Privatgutachten
- selbständiges Beweisverfahren

Die Dokumentation des Zustandes von ausgeführten Leistungen kann durch die Fertigung von Aktenvermerken, der Führung entsprechender Korrespondenz und von Fotodokumentationen erfolgen (*Eigendokumentation*).

In vielen Fällen besteht bereits eine vertragliche Verpflichtung zur Führung eines *Bautagebuchs*. Ungeachtet ist, auch ohne eine solche Verpflichtung, die Führung des Bautagebuchs geboten. Es kann bei späteren Streitigkeiten eine erhebliche Stütze im Rahmen der Nachweisführung für konkrete Umstände der Baustelle und ihrer Besetzung sein.

Mit Blick auf die nötige Dokumentation empfehlen sich folgende Eintragungen:

- tägliche Leistung des Auftragnehmers
- Beginn/Beendigung einzelner Bauarbeiten
- Unterbrechung/Verzögerung der Arbeiten nebst Erfassung der Ursachen
- außergewöhnliche Ereignisse, wie Unfälle etc.
- Notwendigkeit etwaiger Abweichungen von den genehmigten Bauzeichnungen einschließlich der Begründung
- Vermerk über Aufmasse
- personelle Besetzung der Baustelle

Je nach Einzelfall können weitere Eintragungen hinzukommen.

Insbesondere bei Streitigkeiten über die Mangelhaftigkeit der erbrachten Leistung oder die Abnahmefähigkeit kann es sinnvoll sein, einen *Privatgutachter* zur Dokumentation und gegebenenfalls zur Bewertung von ausgeführten Bauleistungen hinzuzuziehen.

Ein Privatgutachten sollte, um dem in der Praxis üblichen Einwand des „Gefälligkeitsgutachtens" oder des Parteigutachtens zu entgehen, einem gerichtlichen Gutachten vergleichbar sein, also objektiv und fachlich richtig erstellt werden und nicht einseitig die Interessen des Auftraggebers wiedergeben.

Der Privatgutachter kann in einem Bauprozess als sachverständiger Zeuge benannt werden. Es empfiehlt sich, einen für das Fachgebiet spezialisierten öffentlich, von der IHK oder HWK bzw. Architektenkammer, bestellten und vereidigten Sachverständigen zu beauftragen.

Wird ein dem gerichtlichen Gutachten substantiiert widersprechendes Privatgutachten vorgelegt, muss das Gericht die Streitpunkte dieser Fachleute mit dem gerichtlichen Sachverständigen erörtern und die hierauf beruhende Abwägung in den Entscheidungsgründen belegen[33]. Dies bedeutet, dass sich ein Gericht im Streitfall mit einem qualifizierten Gutachten in jedem Falle auseinandersetzen muss und dies nicht als Privatgutachten unbeachtet lassen kann.

[33] *BGH* IBR 2010, 308.

Sollte es zum Streitfall kommen, sind Privatgutachterkosten grundsätzlich Mangelfolgeschäden, wenn sie etwa vom Bauherrn aufgewendet werden mussten, um Mängel am Bauwerk des Unternehmers feststellen zu lassen oder vom Auftragnehmer, um z. B. die Abnahmereife seines Werkes nachzuweisen. Die Angemessenheit der zu erstattenden Kosten bemisst sich dabei nach den Kosten, die ein vernünftig und wirtschaftlich denkender Auftraggeber im konkreten Einzelfall akzeptieren würde[34].

Als „sicherste" Maßnahme erweist sich die Einleitung beweissichernder Maßnahmen durch das zuständige Gericht. Hierfür steht das *selbständige Beweisverfahren* nach §§ 485 ff. ZPO zur Verfügung[35]. Dieses Verfahren dient regelmäßig der Feststellung von Baumängeln und ist deshalb eine vorweggenommene Tatsachenfeststellung durch gerichtliche Beweiserhebung, um dadurch einen Hauptsacheprozess vorzubereiten oder zu vermeiden. Durch einen gerichtlich zu bestellenden Sachverständigen, regelmäßig ein öffentlich bestellter und vereidigter Sachverständiger für das jeweilige Fachgebiet, soll festgestellt werden, ob Baumängel vorliegen und wenn ja, welche Ursachen hierfür verantwortlich sind. Gleichzeitig werden die erforderlichen Sanierungsmaßnahmen und die hierfür anfallenden Kosten ermittelt. Zudem soll damit die Feststellung der Verantwortlichkeit für Mängel und gegebenenfalls auch die Richtigkeit von Aufmassen etc. überprüft werden.

Der Vorteil des Verfahrens besteht darin, dass der Antragsteller eines solchen Verfahrens Feststellungen zum Sachverhalt mit Beweiswert, insbesondere zu Mangelfragen oder Aufmassproblemen erhält.

In zeitlicher Hinsicht nachteilig wirkt sich aus, dass das Verfahren regelmäßig so ausgestaltet ist, dass dem Antragsgegner rechtliches Gehör gewährt wird (prozessuales Grundrecht!) und nur ganz ausnahmsweise ohne eine Stellungnahme des Auftragnehmers ein Beweisbeschluss erlassen wird. Der Erlass des Beweisbeschlusses führt dazu, dass zunächst ein Sachverständiger ausgewählt werden muss. Hierzu wird vom Gericht die in Betracht kommende Kammer (IHK, HWK oder Architektenkammer) befragt, es sei denn, die Parteien können sich gemeinsam auf einen vom Gericht zu beauftragenden Sachverständigen einigen. Sodann wird ein Vorschuss vom Antragsteller eingefordert. Haben die Parteien wechselseitig Fragen gestellt, muss von beiden oder mehreren Parteien der entsprechende Vorschuss eingefordert werden. Es vergeht somit eine recht erhebliche Zeit, bis der Sachverständige überhaupt seine Arbeit aufnehmen kann. Gerichtlich beauftragte Sachverständige sind im Regelfall sehr stark ausgelastet, so dass eine zeitnahe Begutachtung nur sehr selten erfolgt. Selbst ein zügig arbeitender Gutachter benötigt nach der Ortsbesichtigung (oder mehreren Terminen zur Ortsbesichtigung) eine gewisse Zeit, um sein Gutachten auszuarbeiten.

Der Grundsatz des rechtlichen Gehörs und die Tatsache, dass es sich um letztlich beweiskräftige Feststellungen handelt, bedingt, dass die Parteien Gelegenheit zur Stellungnahme zu dem Gutachten erhalten. Regelmäßig wird die Partei, die mit dem Gutachten

[34] *OLG Frankfurt*, IBR 2009, 513.

[35] Überblick bei *Voit/Manteufel*, Kapitel 2A; s. a. Abschn. 7.14.2 dieses Buchs.

„nicht einverstanden“ ist, Einwendungen gegen das Gutachten erheben und den Gutachter zur Ergänzung seines Gutachtens unter Berücksichtigung der Fragen der jeweiligen Partei auffordern. Beide Parteien sind im Übrigen berechtigt, auch ohne Angabe von Gründen, das Erscheinen des Sachverständigen vor Gericht anordnen zu lassen[36]. Der Sachverständige muss dann in einer mündlichen Verhandlung sein Gutachten erläutern. Daran zeigt sich, dass das selbständige Beweisverfahren durchaus sehr langwierig sein kann und dem Interesse, kurzfristig einen bestimmten Zustand zu dokumentieren sowie der gesetzlichen Ausgestaltung als „Eilverfahren“, eher zuwiderläuft. Insbesondere bei Fragen zur Abnahmefähigkeit des Werkes, wo kurzfristig Feststellungen zu treffen und zu dokumentieren sind, besteht zwar objektiv die Möglichkeit des selbständigen Beweisverfahrens – vorzugswürdig erscheint aber mit Blick auf die kurzzeitige Dokumentationsfunktion die Einschaltung eines privaten, auf das betroffene Fachgebiet spezialisierten Sachverständigen.

7.3 Vergütung/Nachträge

7.3.1 Vergütungsformen

Das Wesen des Werkvertrages besteht darin, dass der Unternehmer seine Leistungen nur gegen Vergütung erbringt (§ 631 Abs. 1 BGB). Haben die Parteien sich also nicht über eine konkrete Vergütung geeinigt, was zumindest bei Bauverträgen mit nicht ganz geringfügigen Beträgen unüblich wäre, gilt nach § 632 BGB eine Vergütung jedoch als stillschweigend vereinbart, wenn die Herstellung des Werkes den Umständen nach nur gegen eine Vergütung zu erwarten ist. Ist die Höhe der Vergütung nicht bestimmt, so ist die übliche Vergütung als vereinbart anzusehen (§ 631 Abs. 2 BGB). Haben die Parteien also keine eigenständige Vergütungsregelung getroffen, gilt die vor Ort angemessene und ortsübliche Vergütung, die sich am Durchschnitt der vergleichbaren Vergütung für entsprechende Bauleistungen ergibt. Im Zweifel muss die Vergütung durch einen Sachverständigen ermittelt werden.

Haben die Parteien bei dem Abschluss des Vertrages die Geltung der VOB/B vereinbart, kommen folgende Vertragstypen[37] in Betracht:

Einheitspreisvertrag Der Einheitspreisvertrag soll zumindest bei öffentlichen Bauaufträgen die Regel sein (§ 4 Abs. 1 Nr. 1 VOB/A). Üblicherweise wird insoweit ein Leistungsverzeichnis erstellt, bei dem die konkrete Leistung beschrieben wird und der Auftragnehmer Angaben zur Menge und zu den Einheitspreisen zu machen hat. Die Angabe der Menge wird als „Vordersatz“ bezeichnet. Im Regelfall wird hierfür ein Einheitspreis

[36] *Zöller-Greger*, § 411, Rdnr. 4–6.

[37] Vertiefte Darstellung der Vertragstypen etwa bei *Werner/Pastor*, Rdnr. 1492 ff. mit umfangreichen weiteren Nachweisen.

(EP) ausgeworfen, den der Auftragnehmer kalkuliert. In der Multiplikation der Menge mit dem Einheitspreis ergibt sich der Gesamtpreis für die Position, der Positionspreis. Zum Beispiel:

Position 02.01.0100 Baustelleneinrichtung		
1000 psch	€ 10.000,00	€ 10.000,00
Position 02.01.0110 Spritzbeton in Betonfertigkeitsklasse C 20/25 in einer mittleren Wandstärke von 20 cm herstellen		
210.000 qm	€ 134,70	€ 28.287,00

Der Beispielsfall veranschaulicht, dass etwa bezüglich der Baustelleneinrichtung eine Pauschale vereinbart werden kann – denkbar ist selbstverständlich auch, dass für die Baustelleneinrichtung ein Wert pro Monat oder pro Woche angesetzt wird.

Im Beispielsfall ist die Leistungsposition „Spritzbeton“ mit einer bestimmten Menge vorgesehen (Vordersatz: 210 qm), die mit dem vom Unternehmer kalkulierten Einheitspreis in Höhe von € 134,70 zu multiplizieren ist, so dass man den Betrag von € 28.287,00 als Vergütungsansatz für das Angebot, den Positionspreis, erhält.

Die Summe aller Positionspreise, gegebenenfalls noch nach Sachgebieten („Titel“) aufgegliedert, ergibt die Angebotssumme, auf deren Grundlage der Auftrag erteilt bzw. die Summe nochmals verhandelt wird.

Hinweise für die Art und Weise der Abrechnung erhalten die Vertragsparteien aus den einschlägigen DIN sowie aus der allgemeinen technischen Vorschrift DIN 18299 (VOB/C).

Die Abrechnung erfolgt auf der Grundlage eines gemeinsamen Aufmasses (§ 14 Abs. 1 VOB/B).

Verbindlich für die Abrechnung sind dabei die Einheitspreise, die Grundlage der Angebotspreise geworden sind. Es muss gegebenenfalls erforderlich werdenden mengenmäßigen Abweichungen Rechnung getragen werden, so dass der Einheitspreis als maßgeblicher Faktor für die Preisermittlung bei der Abrechnung zu berücksichtigen ist; stärkere Abweichungen können bei einem VOB/B-Bauvertrag nach § 2 Abs. 3 VOB/B zu Vertragsanpassungen führen.

Pauschalvertrag Die Parteien können allerdings auch die Vergütung für die zu erbringenden Leistungen pauschalieren (vorgesehen etwa in § 4 Abs. 1 Nr. 2 VOB/A für „geeignete Fälle“). Der Unterschied zum Einheitspreisvertrag besteht darin, dass die Parteien insbesondere das Mengenrisiko bewusst pauschalieren. Erhöht sich die Menge, trägt der Auftragnehmer das entsprechende Vergütungsrisiko; verringert sich die Menge, trägt der Auftraggeber das entsprechende Vergütungsrisiko. Die Risiken sollen durch die Pauschalierung angemessen abgewogen werden; die Parteien wollen sich Streit über Aufmassfragen und angefallene Mengen ersparen.

Einigen sich die Parteien auf der Grundlage eines Leistungsverzeichnisses, das mit Einheitspreisen versehen wurde (s. o.) auf eine Pauschalierung, werden also nur die Positionssummen bzw. die Angebotssumme zu einer Pauschale zusammengefasst, spricht man von einer Detailpauschale. Insoweit gilt dann nur noch der Pauschalpreis, unabhängig von den tatsächlich erbrachten Mengen.

Liegt der Ausschreibung weitergehend eine funktionale Leistungsbeschreibung zu Grunde und erfolgt auf dieser Grundlage eine Pauschalierung, handelt es sich um einem Global-Pauschalvertrag. Bei einer solchen Pauschale sind sämtliche erforderlichen Leistungen zur Erreichung des beschriebenen Bauziels mit der vereinbarten Vergütung abgegolten. Der Auftragnehmer geht hier ein erhebliches Risiko bezüglich der Übernahme von Planungsleistungen ein. Dennoch wird dieser Vertrag recht häufig angewendet, wenn der Auftraggeber sich Einzelheiten der Planung ersparen möchte und z. B. „ein Stück Fassade" vollständig angeboten erhalten möchte. Bei einem Global-Pauschalvertrag dürfte es dem Auftragnehmer relativ schwerfallen, Mehrvergütungsansprüche (dazu sogleich) durchzusetzen, da bereits das Leistungssoll in weitem Umfang pauschaliert ist und sich das Risiko einer Abweichung regelmäßig zu Lasten des Auftragnehmers realisieren wird.

Stundenlohnvertrag Einheitspreis- und Pauschalpreisvertrag stellen die regelmäßigen Vertragstypen bei einem VOB-Bauvertrag dar. Für nicht konkret erfassbare Leistungen kann es sich aber anbieten, auch einen Stundenlohnvertrag zu schließen, bei dem die Bauleistungen – regelmäßig geringeren Umfangs –, die überwiegend Lohnkosten verursachen, im Stundenlohn vergeben werden (s. § 4 Abs. 2 VOB/A).

Üblicherweise enthalten insbesondere Einheitspreisverträge Positionen, für die bereits festgelegt ist, welche Kosten für den Einsatz eines Meisters, eines Facharbeiters oder eines Hilfsarbeiters anfallen. Werden dann solche Arbeiten zur Ausführung beauftragt (§§ 2 Abs. 10 und 15 VOB/B), steht für die Parteien der Vergütungssatz bereits fest.

Der Auftragnehmer muss sich darüber im Klaren sein, dass er im Streitfall darzulegen und zu beweisen hat, dass die Stundenlohnarbeiten vor ihrer Ausführung durch den Auftraggeber angeordnet wurden. Die häufig zu beobachtende Übung, wonach Leistungen, die nicht gesondert im Leistungsverzeichnis erfasst waren, mit Stundenlohnarbeiten in der Schlussrechnung abgerechnet werden, entspricht nicht den gesetzlichen Vorgaben bzw. den Regelungen der VOB/B und müssen nicht vergütet werden, sofern nicht die Anforderung insbesondere des § 15 VOB/B erfüllt sind. Demnach ist dem Auftraggeber die Ausführung von Stundenlohnarbeiten vor Beginn anzuzeigen. Über die geleisteten Arbeitsstunden und den dabei erforderlichen, besonders zu vergütenden Aufwand für den Verbrauch von Stoffen, für Vorhaltung von Einrichtungen, Geräten, Maschinen, für Frachten etc. sowie sonstige Sonderkosten sind je nach der Verkehrssitte werktäglich oder wöchentlich Listen (Stundenlohnzettel) einzureichen. Der Auftraggeber hat die von ihm bescheinigten Stundenlohnzettel unverzüglich, spätestens jedoch innerhalb von sechs Werktagen nach Zugang zurückzugeben. Er kann dabei Einwendungen auf den Stundenzetteln oder gesondert schriftlich erheben. Nicht fristgemäß zurückgegebene Stundenlohnzettel gelten allerdings als anerkannt. Dennoch kann der Auftraggeber inhaltliche Einwendungen gegen die Abrechnung erheben, muss dann aber darlegen und beweisen, warum die Abrechnung durch den Auftragnehmer unzutreffend ist.

7.3.2 Nachträge (Mehrvergütungsansprüche)

Kaum eine Baumaßnahme kommt erfahrungsgemäß ohne sog. Nachträge aus. Hierbei handelt es sich um Mehr- oder Minderkosten, also Vergütungsansprüche, Aufwendungsansprüche oder Schadenersatzansprüche, die der Auftragnehmer nach Abschluss des Bauvertrags über den bisher vereinbarten Preis hinaus geltend macht. Ein Nachtrag entsteht aus einer Abweichung zwischen ursprünglich vereinbarter Leistung (Bau-Soll) und tatsächlich geforderter bzw. erbrachter Leistung (Bau-Ist).

Beispiele Im Rahmen der Sanierung von Bestandsfenstern an einem alten Bauvorhaben ordnet der Auftraggeber nach Auftragserteilung ein anderes als das ausgeschriebene Verfahren zur Entlackung der alten Holzfenster an (Leistungsänderung).

Bei einer Schadstoffsanierung wird festgestellt, dass zusätzlich zu den ausgeschriebenen Schadstoffsanierungsarbeiten nach Auftragserteilung aufgrund nachträglicher Messungen auch noch weitere Schadstoffe zu entsorgen sind (z. B. PAK zusätzlich Asbestsanierung – zusätzliche Leistung).

§§ 650b und 650c BGGB treffen über die Änderung des Vertrages und Vergütungsanpassungen konkrete Regelungen für den Bauvertrag ergänzend zur der allgemeinen werkvertraglichen Vergütungspflicht (§§ 631 Abs. 1, 632 BGB). Nachträge führen auch bei Vereinbarung der VOB/B zu einer Vergütungsänderung.

Zusammenfassend bestehen, wie dem nachfolgenden Überblick zu entnehmen ist, folgende Anspruchsgrundlagen:

Werkvertrag

nach BGB

allgemein
- § 631 Abs. 1 BGB (Zahlung der vereinbarten Vergütung)
- § 632 BGB (werkvertragliche Vergütungspflicht)

speziell für Bauvertrag
- § 650 c BGB (Vergütungsanpassung)

im Übrigen
- § 313 BGB (Störung der Geschäftsgrundlage)
- §§ 677 ff. BGB (Geschäftsführung ohne Auftrag)
- §§ 812 ff. BGB (ungerechtfertigte Bereicherung)

nach VOB/B
- § 2 Abs. 3 VOB/B (Mehr-/Minderleistung)
- § 2 Abs. 5 VOB/B (geänderte Leistung)
- § 2 Abs. 6 VOB/B (zusätzliche Leistung)
- § 2 Abs. 7 VOB/B (Vergütungsänderung bei Pauschalpreisverträgen)
- § 2 Abs. 8 Nr. 2 VOB/B (Leistungen ohne Auftrag)
- § 2 Abs. 9 VOB/B (Vergütung für Zeichnungen, Berechnungen oder andere Unterlagen)

7.3.2.1 § 650c BGB

§ 650c BGB regelt die Vergütungsanpassung bei Anordnungen des Auftraggebers zur Änderung des Vertrages gemäß § 650b BGB. Nach § 650b BGB ist der Besteller berechtigt, eine Änderung des vereinbarten Werkerfolges oder eine Änderung, die zur Erreichung des vereinbarten Werkerfolges notwendig ist, anzuordnen. § 650b Abs. 1 Satz 2 BGB sieht dabei vor, dass die Parteien Einvernehmen über die Änderung und die infolge der Änderung zu leistende Mehr- oder Mindervergütung anstreben. Können die Parteien sich nicht einigen, kann der Auftraggeber die Ausführung der geänderten Leistung anordnen, wobei der Auftragnehmer verpflichtet ist, der Anordnung nachzukommen, jedenfalls wenn die Ausführung für ihn zumutbar ist.

Die Höhe des Vergütungsanspruchs für den nach einer Anordnung des Bestellers nach § 650b Abs. 2 BGB vermehrten oder verminderten Aufwand ist nach den tatsächlich erforderlichen Kosten mit angemessenen Zuschlägen für die allgemeinen Geschäftskosten[38], Wagnis[39] und Gewinn abzurechnen. Dabei kann zur Berechnung der Vergütung für den Nachtrag auf die Ansätze in einer vereinbarungsgemäß hinterlegten Urkalkulation zurückgegriffen werden. Einigen die Parteien sich nicht über eine Mehrvergütung, kann der Unternehmer nach § 650c Abs. 3 BGB 80 % einer in einem Angebot genannten Mehrvergütung ansetzen. Über die tatsächliche Vergütung müsste dann gegebenenfalls gerichtlich gestritten werden, wenn noch immer keine Einigkeit herbeigeführt werden kann.

Die Regelung will zugunsten des Auftragnehmers also sicherstellen, dass er zu einer Vergütung für angeordnete bzw. vereinbarte geänderte Leistungen kommt und nimmt zu seinen Gunsten an, dass jedenfalls 80 % aus einem vorgelegten Angebot, wenn darüber keine Einigkeit erzielt werden kann, für eine Nachtragsforderung vorläufig als begründet angesehen werden.

Diesen Vergütungsanspruch kann der Auftragnehmer gegebenenfalls nach § 650d BGB mit einer einstweiligen Verfügung durchsetzen.

7.3.2.2 § 2 Abs. 7 VOB/B

Bei Pauschalverträgen, insbesondere bei sog. Global-Pauschalverträgen besteht naturgemäß wenig Raum für Nachtragsleistungen. Aber auch dann, wenn keine konkrete Zuordnung der Änderung zu dem Pauschalleistungsbereich möglich ist, kann nach § 2 Abs. 7 Nr. 1 Satz 1 VOB/B eine Anpassung der Vergütung unter dem Gesichtspunkt des Wegfalls der Geschäftsgrundlage bzw. nach Treu und Glauben (§ 242 BGB) in Betracht kommen, ausdrückt.

Ohne dass es hier eine gesetzliche Festlegung gibt, hat sich in der Rechtsprechung mit allen Vorbehalten wegen der Berücksichtigung von Besonderheiten des konkreten Einzel-

---

[38] Allgemeine Geschäftskosten (AGK) sind Verwaltungsgemeinkosten, wie Personalkosten, Abschreibungen, Mieten, Betriebskosten, Steuern und öffentliche Abgaben, Beratungskosten, Reisekosten etc.

[39] Wagnis bezeichnet die Verlustgefahr, die sich aus der Abwicklung eines Bauvorhabens ergeben kann.

falls eine Linie herausgebildet, wonach eine Veränderung des Gesamtpreises von mehr als 20 % zu einer derartigen Vergütungsanpassung führen soll[40].

Grundlage hierfür ist die Überlegung, dass die Parteien grundsätzlich am Pauschalpreisvertrag festgehalten werden sollen und sie Mengenabweichungen, aber auch Preisabweichungen, in einem gewissen Umfang bewusst in Kauf genommen haben. Entscheidend ist ein unerträgliches Missverhältnis zwischen der Gesamtbauleistung einerseits und dem ursprünglich vereinbarten Pauschalpreis andererseits. Bezogen auf die Gesamtleistung/den ursprünglich vereinbarten Pauschalpreis, muss es zu einem unzumutbaren Missverhältnis gekommen sein – nur dann kann ausnahmsweise eine Vergütungsanpassung in Betracht kommen. § 313 Abs. 1 BGB gibt hierfür die erforderlichen Rahmenbedingungen vor: Haben sich Umstände, die zur Grundlage des Vertrages geworden sind, nach Vertragsschluss schwerwiegend verändert und hätten die Parteien den Vertrag nicht oder mit anderem Inhalt geschlossen, wenn sie diese Veränderung vorausgesehen hätten, so kann Anpassung des Vertrages verlangt werden, soweit einem Teil unter Berücksichtigung aller Umstände des Einzelfalls, insbesondere der vertraglichen oder gesetzlichen Risikoverteilung, das Festhalten am unveränderten Vertrag nicht zugemutet werden kann.

Abgesehen davon ist es auch bei einem Pauschalpreisvertrag denkbar, dass zusätzliche Leistungen abgefordert werden, die bei der Pauschalierung nicht bekannt waren. § 2 Abs. 7 Nr. 2 VOB/B regelt ausdrücklich, dass die Regelungen über Mehrvergütungsansprüche durch geänderte oder zusätzliche Leistungen auch bei Vereinbarung einer Pauschalsumme gelten. Leistungsänderungen und zusätzliche Leistungen sind somit auch bei Vorliegen eines Pauschalvertrages möglich.

7.3.2.3 § 2 Abs. 5 VOB/B

Nach § 2 Abs. 5 VOB/B ist ein neuer Preis unter Berücksichtigung der Mehr- oder Minderkosten zu vereinbaren, wenn durch eine Änderung des Bauentwurfs oder andere Anordnungen des Auftraggebers die Grundlagen des Preises für eine im Vertrag vorgesehene Leistung geändert werden. Die Vereinbarung sollte dabei vor der Ausführung getroffen werden.

Die Anspruchsgrundlage zu Gunsten des Auftragnehmers korrespondiert mit dem sog. Anordnungsrecht des Auftraggebers aus § 1 Abs. 3 VOB/B: Danach bleibt es dem Auftraggeber vorbehalten, Änderungen des Bauentwurfs anzuordnen. Der Auftragnehmer hat die Leistungen auf Verlangen auszuführen, außer wenn sein Betrieb auf derartige Leistungen nicht eingerichtet ist (§ 1 Abs. 4 VOB/B). Eine solche, der VOB/B entlehnte Regelung findet sich seit 2018 nunmehr auch in der gesetzlichen Regelung des § 650b BGB. Sie erlangt damit Leitbildcharakter[41], lässt sich also durch Allgemeine Geschäftsbedingungen nicht mehr wirksam abbedingen.

Es muss also eine Änderung des Bauentwurfs oder eine Änderung der Bauumstände vorliegen, die von Seiten des Auftraggebers veranlasst („angeordnet“) wird. Für diese

[40] *Werner/Pastor*, Rdnr. 1546 m. w. N.; *Kapellmann/Messerschmidt*, § 2 VOB/B, Rdnr. 526.

[41] *Palandt-Sprau*, § 650b, Rdnr. 1.

Änderungen ist der Auftragnehmer bei der etwaigen Geltendmachung von Ansprüchen darlegungs- und beweisverpflichtet. Der Auftragnehmer ist daher gut beraten, Nachtragsleistungen sorgfältig zu dokumentieren und den Auftraggeber frühzeitig, schriftlich auf etwaige Mehrvergütungsansprüche hinzuweisen, auch wenn § 2 Abs. 5 VOB/B keine Schriftform vorsieht.

Ein Nachtragsangebot kann dabei so aufgebaut werden, dass zunächst das Bau-Soll auf der Grundlage der einschlägigen vertraglichen Regelungen, insbesondere der betroffenen Positionen im Leistungsverzeichnis beschrieben wird. In einem weiteren Schritt sollte dargelegt werden, was tatsächlich auf Anordnung des Auftraggebers anders, zusätzlich oder unter anderen Randbedingungen etc. gebaut werden soll. Dabei sollen, soweit möglich, der wesentliche Schriftwechsel, Besprechungsprotokolle etc. als Nachweise dem Nachtrag beigefügt werden, ebenso wie aussagekräftige Pläne.

Zudem sollte konkret bezeichnet werden, worin die vom Bau-Soll abweichenden Leistungen bestehen. Der Auftragnehmer sollte erläutern, inwieweit sich die Änderungen auf das vorgesehene Bauverfahren, die Bauzeit und die vereinbarte Vergütung auswirkt.

Der Auftragnehmer ist auf der Rechtsfolgenseite verpflichtet, einen neuen Preis für die geänderte Leistung „unter Berücksichtigung der Mehr- oder Minderkosten" zu bilden, im Idealfall sogar mit dem Auftraggeber vor Ausführung zu vereinbaren (§ 2 Abs. 5 VOB/B). Hierzu ist es neben der konkreten Leistungsbeschreibung der vom Bau-Soll abweichenden Leistung vor allem hinsichtlich der geänderten Qualität, Funktion, Gebrauchstauglichkeit etc. erforderlich, eine nachprüfbare Mengenermittlung der vom Bau-Soll abweichenden Leistung vorzulegen. Von entscheidender Bedeutung mit Blick auf die angesprochene Rechtsfolge ist eine prüfbare Preisermittlung, also eine nachrechenbare Kalkulation und Preisbildung des Anspruchs auf der Grundlage der Urkalkulation, die die vereinbarte Vergütung nachvollziehbar wiedergibt[42].

Die VOB/B geht dabei davon aus, dass für jedes Bauvorhaben üblicherweise eine sog. Urkalkulation erstellt wird, in der die preislichen Annahmen des Auftragnehmers hinterlegt sind. Der Umfang der Kalkulation hängt naturgemäß von dem zugrunde liegenden Auftrag und dem Leistungsumfang ab. Einfach zu erbringende Leistungen werden naturgemäß nicht so umfassend kalkuliert, wie schwierige Großbauvorhaben. Allen Kalkulationen sollte allerdings gemein sein, dass der Auftraggeber nachweisen kann, wie seine Allgemeinen Geschäftskosten (AGK) sowie der Ansatz für Wagnis und Gewinn berechnet werden. Bei öffentlichen Auftraggebern wird hierzu regelmäßig im Angebotsstadium ein Formblatt mit dem Titel „EFB Preis"[43] ausgefüllt. Darin können auch zugrunde zu legende Stundensätze angegeben werden.

Die Urkalkulation beinhaltet zudem grundsätzliche Annahmen für Material-, Geräte- und Stoffkosten sowie für Personalkosten. Gerade bei mittleren und größeren Bauvorhaben empfiehlt sich in jedem Falle die Aufstellung einer solchen Urkalkulation, um im

[42] Überblick bei *Ingenstau/Korbion-Keldungs*, § 2 Abs. 5 VOB/B Rdnr. 46 ff.

[43] Vergabehandbuch des Bundes 2017, Stand Juli 2019, Formulare 221–223 (z. B. www.vob-online.de).

Streitfall die Berechnung von Nachtragsleistungen auf den Grundlagen der Vertragspreisermittlung nachweisen zu können.

Keinesfalls ausreichend ist es, bei einem VOB/B-Vertrag auf die Angemessenheit und Ortsüblichkeit von Vergleichspreisen hinzuweisen. Diese Kategorie kann sinngemäß nach § 650c BGB bei einem BGB-Werkvertrag, bei dem die VOB/B nicht zur Anwendung gelangt, einschlägig sein („tatsächlich erforderliche Kosten mit angemessenen Zuschlägen"), wobei die gesetzliche Reglung als Berechnungsmöglichkeit auch eine „vereinbarungsgemäß hinterlegte Urkalkulation ausreichen lässt". Hintergrund ist die Überlegung, dass der Auftragnehmer, der seine Leistungen sorgfältig kalkuliert hat, im Falle von Nachtragsleistungen nicht schlechter gestellt werden soll als er kalkuliert hat, aber auch nicht besser. Somit gilt der Grundsatz „Guter Preis bleibt guter Preis – schlechter Preis bleibt schlechter Preis"[44]. Dies bedeutet: Hat der Auftragnehmer in einer Position einen günstigen Einheitspreis kalkuliert und ändert sich diese Position später, darf er die ursprüngliche, ihm günstige Position auf diesem Preisniveau fortschreiben. Unabhängig davon, ob der Preis möglicherweise auch deutlich über dem ortsangemessenen Vergleichspreis liegt, steht dem Auftragnehmer ein „gut" kalkulierter Vertragspreis auch im Nachtragsfall zu, wenn eine einschlägige Position fortgeschrieben werden kann.

Dem gegenüber muss sich der Auftragnehmer an einer „schlechten" Kalkulation festhalten lassen, wenn sich die Leistung in dieser Position ändert. Der Auftragnehmer kann dann nicht den Nachtragssachverhalt als willkommenen Anlass nehmen, seinen zunächst schlechten Preis jetzt aufzubessern. Er muss sich vielmehr an seinen vergleichsweise ungünstigen kalkulatorischen Annahmen festhalten lassen, auch wenn der ortsübliche Vergleichspreis weit über dem vertraglichen Preis liegt.

Bei komplexen Sachverhalten kann es sich empfehlen, die Hilfe baubetrieblicher Sachverständiger zur Vergütungsberechnung ergänzend in Anspruch zu nehmen.

Hinzuweisen ist in diesem Zusammenhang auch darauf, dass die sog. „spekulative Kalkulation" oder, wie der BGH sie auch genannt hat, die „frivole Kalkulation"[45] den Auftragnehmer berechtigen könnte, seine Angebotspreise unter dem Gesichtspunkt eines Irrtums anzufechten, mit der Folge, dass die Preise nichtig sein und durch ortsübliche Preise ersetzt werden könnten. In solchen spekulativen Fällen oder einer Kalkulation „in's Blaue hinein" lässt der BGH einen sog. Motivirrtum nicht gelten; dieser ist dann unbeachtlich und berechtigt den Auftragnehmer nicht zur Anfechtung[46]. Der Auftragnehmer ist dafür darlegungs- und beweisverpflichtet, dass ihm im Kalkulationsfall lediglich ein Schreib- oder Erklärungsfehler unterlaufen ist, der zur Anfechtung berechtigen könnte. Regelmäßig wird es sich aber bei falschen Preisangaben um mehr oder weniger bewusste preisliche Überlegungen handeln, bei denen sich später herausstellt, dass sie für die Kalkulation der Vertragsleistung unzutreffend waren. Dies stellt aber einen Fall des sog.

[44] *Werner/Pastor*, Rdnr. 1464, 1480; *Leinemann* § 2 VOB/B, Rdnr. 322 ff.
[45] *BGH*, BauR 1988, 338.
[46] *BGH*, a. a. O.; Überblick bei *Werner/Pastor*, Rdnr. 1415 ff. (1421) m. w. N.

unbeachtlichen Motivirrtums dar und berechtigt nicht zur Anfechtung und/oder Preisanpassung.

Der Auftragnehmer muss in der Nachtragskalkulation konkret darlegen, wie er den ursprünglichen und den neuen Preis errechnet hat. Ohne Berücksichtigung der Kalkulationsgrundlagen kann der Preis auch nachfolgend in einem Prozess nicht schlüssig vorgetragen werden, wobei auch ein zugezogener Sachverständiger sich hierbei nicht auf Erfahrungssätze berufen darf, sondern die Kalkulation zu prüfen hat[47].

In der Rechtsprechung zeichnet sich derzeit eine Tendenz ab, die Preisanpassungen im VOB-Bauvertrag primär nach tatsächlich erforderlichen Kosten zu bestimmen. In einer ergänzenden Vertragsauslegung vorzunehmende Abwägung der beiderseitigen Interessen der Parteien nach Treu und Glauben ergebe, dass, soweit nichts anderes geregelt ist, für die Bemessung des neuen Einheitspreises die tatsächlich erforderlichen Kosten zuzüglich angemessener Zuschläge maßgeblich seien[48]. Damit orientiert sich die Rechtsprechung an § 650c Abs. 1 BGB, wobei § 650c Abs. 2 BGB durchaus im Rückgriff auf eine Urkalkulation zulässt.

§ 2 Abs. 5 VOB/B setzt eine Anordnung voraus, also eine Äußerung des Auftraggebers, wonach die vertragliche Leistungspflicht geändert und eine andere oder neue Verbindlichkeit des Auftragnehmers begründet wird. Nicht erfasst sind allerdings Fälle, in denen die geänderte Leistung vom bisher bestehenden vertraglichen Leistungsumfang bereits umfasst ist, der Auftragnehmer also zur Ausführung des Angeordneten vertraglich ohnehin schon verpflichtet war, so dass die zusätzliche Anordnung lediglich den Charakter eines Hinweises auf bereits bestehende vertragliche Pflichten besitzt[49].

Entgegnet der Auftraggeber auf ein Nachtragsangebot, etwa für zusätzlichen Erdaushub, dass dem Auftragnehmer Grund und Boden habe bekannt sein müssen und er daher die Kosten zu tragen habe, fordert er aber gleichzeitig die zügige Weiterarbeit, kann er damit eine Änderungsanordnung mit der Vergütungsfolge des § 2 Abs. 5 VOB/B getroffen haben[50].

Für den Auftragnehmer ist auch zu beachten, dass der vor Ort tätige Architekt grundsätzlich nicht bevollmächtigt ist, Zusatzaufträge auf Rechnung des Auftraggebers anzuordnen und zu vergeben. Dabei ist zu berücksichtigen, dass der Architekt zwar weitgehend die Interessen des Auftraggebers vertritt, aber im Regelfall nicht die sog. Budgethoheit über das Vermögen des Auftraggebers besitzt. Es ist daher richtig, wenn die Architektenvollmacht vor Ort auf technische Sachverhalte begrenzt ist. Rechtsgeschäftliche Anordnungen, die finanzielle Auswirkungen für den Auftraggeber haben können, können aber nur von diesem selbst angeordnet werden. Grundsätzlich ist der Architekt allerdings

[47] *OLG Bamberg*, NZBau 2004, 100 (Kurzform: IBR 2003, 526).

[48] *BGH*, Urteil vom 08.08.2019, VII ZR 34/18 = NZBau 2019, 706; Besprechung bei *von Rintelen*, NZBau 2019, 696; *KG* Urteil vom 27.08.2019, 21 U 160/18 = BauR 2019,1931.

[49] *OLG Celle*, BauR 2003, 710.

[50] *OLG Dresden*, IBR 2006, 127 (rechtskräftig).

nicht bevollmächtigt, ohne entsprechende zusätzliche Bevollmächtigung Nachträge anzuordnen[51].

Zu berücksichtigen ist, dass AGB-Klauseln in Verträgen, wonach die Vergütung einer Nachtragsleistung ohne schriftlichen Auftrag generell auszuschließen sind, unwirksam sind[52]. Allerdings ist hierbei zu beachten, dass der Auftraggeber sich mit dieser Regelung möglicherweise selbst die Fortführung der Arbeiten verzögert. Macht er nämlich die Ausführung von Nachträgen von einer vorherigen schriftlichen Anordnung/Beauftragung abhängig, darf der Auftragnehmer die Arbeiten gar nicht ausführen, bis die Anordnung/Beauftragung vorliegt. Der Auftragnehmer darf dann sogar die Leistung verweigern und mit Hinweis auf die vertragliche Klausel, auf deren Unwirksamkeit sich der Auftraggeber als Verwender nicht berufen kann, an die schriftliche Beauftragung des Nachtrags erinnern. Um also Sicherheit über die Vergütung des Nachtrags zu erlangen, kann der Auftragnehmer die an sich unwirksame Klausel durchaus auch in seinem Sinne nutzen.

Allerdings darf der Auftragnehmer nicht ohne weiteres die Leistungen einstellen, weil ein Nachtrag nicht beauftragt wird, es sei denn, ein solches Recht wäre vertraglich vorgesehen. In allen übrigen Fällen ungeklärter oder streitiger Vergütungsanpassung nach § 2 Abs. 5 VOB/B (auch § 2 Abs. 6 VOB/B) steht dem Auftragnehmer ein Recht, die Arbeiten einzustellen oder den Vertrag sogar zu kündigen jedenfalls nur dann zu, wenn der Auftraggeber eine Vergütungsanpassung endgültig abgelehnt hat oder wenn eine vereinbarte und damit unstreitige Vergütung bei Fälligkeit nicht gezahlt wird[53].

Dies bedeutet aber in der Praxis, dass der Auftragnehmer sich nahezu sicher sein muss, einen nachweisbaren Nachtragssachverhalt, auch in kalkulatorischer Hinsicht, behaupten zu können. In vielen Fällen besteht Streit darüber, ob tatsächlich eine Nachtragssituation vorliegt, die ggf. später in einem gerichtlichen Verfahren zu klären ist. Zu beachten ist dabei, dass nach der Grundregel des § 18 Abs. 5 VOB/B Streitfälle den Auftragnehmer nicht berechtigten, die Arbeiten einzustellen. Nur dann, wenn der Auftraggeber einen Nachtrag anerkannt hat, diesen aber nicht bezahlt oder wenn sicher ist, dass eine Nachtragssituation von im Verhältnis zur Auftragssumme erheblicher finanzieller Tragweite vorliegt, kann daher ausnahmsweise ein Leistungsverweigerungsrecht für den Auftragnehmer in Betracht kommen.

Vielmehr verletzt der Auftragnehmer seine Kooperationspflichten schwerwiegend, wenn er die weitere Erbringung seiner Leistung unverhandelbar von einer Nachtragsbeauftragung abhängig macht (es sei denn, die schriftliche Beauftragung ist vertraglich vorgesehen). Eine solche Kooperationspflichtverletzung berechtigt den Auftraggeber zur Kündigung des Bauvertrages aus wichtigem Grund[54].

---

[51] *OLG Oldenburg*, BauR 2009, 1917 (Kurzform: IBR 2009, 692).
[52] *OLG Koblenz*, NJW-RR 2010, 594 (Kurzform: IBR 2010, 486).
[53] *OLG Bremen*, BauR 2010, 1277 (Kurzform: IBR 2010, 434).
[54] *OLG Brandenburg*, BauR 2003, 1734 (Kurzform: IBR 2003, 662).

Die tatsächliche Unsicherheit über eine (außergerichtliche) Einigung mit dem Auftraggeber über Grund und Höhe eines Mehrvergütungsanspruchs rechtfertigt ausdrücklich keine Einstellung der Arbeit oder ein Zurückbehaltungsrecht des Auftragnehmers[55].

Die Vertragsparteien eines VOB/B-Vertrages sind bei der Vertragsdurchführung generell zur Kooperation verpflichtet und haben daher auch bezüglich Nachträgen durch Verhandlungen eine einvernehmliche Beilegung von Meinungsverschiedenheiten zu versuchen[56]. Hierbei handelt es sich um einen allgemeinen Rechtsgrundsatz des Bauvertragsrechts. Der Auftragnehmer verletzt seine Kooperationspflichten schwerwiegend, wenn er eine weitere Erbringung seiner Leistungen unvermeidbar von der Nachtragsbeauftragung abhängig macht, zumal, wenn keine klare Nachtragssituation besteht (s. o.); eine solche Kooperationspflichtverletzung berechtigt den Auftraggeber zur fristlosen Kündigung des Bauvertrages aus wichtigem Grund[57].

In der Baupraxis, gerade bei Sanierungsarbeiten, kommt es häufig vor, dass der vom Auftraggeber beauftragte Architekt nachträglich im Zuge der Ausführung der Arbeiten technische Änderungs- und/oder Ergänzungserfordernisse erkennt oder zusätzliche Wünsche zur Ausführung der Arbeiten hat. Nach der originären Architektenvollmacht[58] kann der Architekt in technischer Hinsicht Vorgaben bei der Ausführung machen. Diese Vollmacht endet aber, sofern sie nicht ausdrücklich vom Auftraggeber erweitert wurde, dort, wo es um rechtsgeschäftliche Handlungen, die den Auftraggeber verpflichten können, geht. Ordnet der Architekt also mehrvergütungspflichtige Leistungen an, ist seine diesbezügliche Anordnung ohne ausdrückliche, zusätzliche Bevollmächtigung durch den Auftraggeber unwirksam; im schlimmsten Fall muss der Architekt sich als Vertreter ohne Vertretungsmacht behandeln lassen und für die insoweit entstandenen Kosten selbst aufkommen. Der Architekt ist grundsätzlich nicht bevollmächtigt, Zusatzaufträge auf Rechnung des Auftraggebers zu vergeben; eine Ausnahme kann gelten, wenn die zusätzliche oder geänderte Leistung im Verhältnis zur Gesamtleistung nur einen geringfügigen Umfang hat.[59]

Der betroffene Auftragnehmer, der möglicherweise Probleme hat, seinen Vergütungsanspruch durchzusetzen, weil ihm vom Auftraggeber entgegengehalten wird, der Architekt sei nicht bevollmächtigt gewesen, kann hiergegen allerdings mit den Grundsätzen der Anscheins- und Duldungsvollmacht[60] argumentieren. Hat sich demnach der Architekt auf der Baustelle vom Auftraggeber unwidersprochen so verhalten, dass der Auftragnehmer den Eindruck gewinnen musste, der Architekt sei auch befugt, den Auftraggeber rechtsgeschäftlich zu vertreten, und ist der Auftraggeber dem zu keinem Zeitpunkt entgegengetreten, kann sich der Auftraggeber auf eine im Innenverhältnis zwischen ihm und dem Architekten bestehende fehlende Vollmacht nicht berufen, sondern muss sich nach

[55] *OLG Brandenburg*, BauR 2006, 529 (Kurzform: IBR 2005, 668).
[56] *BGH*, NJW 2000, 807 (Kurzform: IBR 2000, 110).
[57] *OLG Brandenburg*, IBR 2003, 662 (rechtskräftig).
[58] zur originären Vollmacht des Architekten *Werner/Pastor*, Rdnr. 1341 ff.
[59] *OLG Oldenburg*, Urteil vom 18.01.2007, IBR 2009, 692.
[60] S. hierzu: *Palandt-Ellenberger*, § 172, Rdnr. 6 ff.

den Grundsätzen der Anscheins- und Duldungsvollmacht zurechnen lassen, wenn der Architekt ihn insoweit verpflichtet hat[61]. Dies stellt auch für den Auftraggeber kein unbilliges Ergebnis dar, weil der Auftraggeber im Verhältnis zum Architekten gegebenenfalls Regressansprüche geltend machen kann.

Der Auftragnehmer, der sich über die Frage der Vollmacht nicht im Klaren ist, ist jedenfalls gut beraten, den Auftraggeber ausdrücklich, vorzugsweise auch schriftlich, aufzufordern zu erklären, wer neben ihm selbst gegebenenfalls noch zusätzlich auf der Baustelle bevollmächtigt ist. Dies stellt ein legitimes Ansinnen dar und sollte den Auftragnehmer nicht von der Führung des erforderlichen Schriftverkehrs abhalten.

Nochmals: Ein Zurückbehaltungsrecht des Auftragnehmers kommt im Hinblick auf die eindeutige Verhaltensregelung in § 18 Abs. 5 VOB/B – „Streitigkeiten berechtigen nicht zur Leistungseinstellung" – nur ganz ausnahmsweise in Betracht. Die tatsächliche Unsicherheit über eine außergerichtliche Einigung mit dem Auftraggeber über Grund und Höhe eines Mehrvergütungsanspruchs rechtfertigt keine Einstellung der Arbeit[62].

Bei der Kalkulation der Nachtragspreise ist zu berücksichtigen, dass ein beauftragter Preisnachlass auf einen im Angebot enthaltenen Einheitspreis im Regelfall auch den nach §§ 2 Abs. 5 bzw. Abs. 6 zu bildenden neuen Einheitspreis erfasst[63] – ein einmal gewährter Nachlass gilt daher auch für Nachtragspreise, es sei denn, der Nachtrag sei im Angebot ausdrücklich als Akquisitionsnachlass (also allein bezogen auf die Angebotssumme) gekennzeichnet worden, was eher selten geschieht.

Generell gilt als Grundsatz des Kooperationsgedankens, dass die Vertragsparteien eines VOB/B-Vertrages sich bei der Vertragsdurchführung auch ohne ausdrückliche Vereinbarung zur Kooperation verpflichtet haben und deshalb durch Verhandlungen eine einvernehmliche Beilegung von irgend gearteten Meinungsverschiedenheiten zu versuchen haben[64].

7.3.2.4 § 2 Abs. 6 VOB/B

Nach § 2 Abs. 6 VOB/B hat der Auftragnehmer einen Anspruch auf besondere Vergütung, wenn eine im Vertrag nicht vorgesehene Leistung gefordert wird. Er muss jedoch den Nachtrag dem Auftraggeber ankündigen, bevor er mit der Ausführung der Leistung beginnt. Die Vergütung bestimmt sich dann nach den Grundlagen der Vertragspreisermittlung/Urkalkulation (s. o.) für die vertragliche Leistung und den besonderen Kosten der zusätzlich geforderten Leistung. Sie soll möglichst vor Ausführung vereinbart werden.

Voraussetzung ist also, in Abgrenzung zu § 2 Abs. 5 VOB/B (Leistungsänderung), dass hier eine zusätzliche, vertraglich zunächst nicht vorgesehene Leistung vom Auftraggeber gefordert wird. Entschließt sich der Auftraggeber *beispielsweise* zu restaurierende Fenster zusätzlich mit einem speziellen Leinölkit zu bearbeiten und ist dies zunächst nicht ausgeschrieben, stellt sich dieser Wunsch in vergütungsrechtlicher Hinsicht als zusätzliche,

[61] Allgemein: *Werner/Pastor*, Rdnr. 1354 ff.
[62] *OLG Brandenburg*, Urteil vom 19.10.2005, 4 U 151/04, IBR 2005, 668.
[63] *BGH*; Urteil vom 24.07.2003, VII-ZR 79/02, IBR 2006, 591.
[64] *BGH*, Urteil vom 28.10.1999, VII ZR 393/98.

vertraglich nicht vorgesehene Leistung dar, die den Auftragnehmer, sofern die Leistung zur Ausführung angeordnet wird, zur Mehrvergütung berechtigt.

Aus Gründen der Dokumentation sowie der Hinweisverpflichtung hat der Auftragnehmer die Mehrvergütungspflicht dem Auftraggeber vor Ausführung der Arbeiten anzukündigen[65] – der Auftraggeber soll darüber unterrichtet sein, dass er mehrvergütungspflichtige Maßnahmen ausgelöst hat, um auch im eigenen Interesse über die Budgetausschöpfung unterrichtet zu sein.

Die Verpflichtung, den Auftraggeber vor Ausführung der Arbeiten, möglichst schriftlich (aus Beweisgründen), zu unterrichten, kann ausnahmsweise entbehrlich sein, wenn die Anordnung der Arbeiten offenkundig zu Mehrvergütungen führt. Einer Ankündigung bedarf es daher nicht, wenn für den Auftraggeber unzweifelhaft feststeht, dass die zusätzliche Leistung nur gegen Vergütung ausgeführt wird oder wenn beide Vertragsparteien bei Erteilung des Zusatzauftrages von der Entgeltlichkeit der Bauleistung ausgehen, was gegebenenfalls durch Auslegung zu ermitteln ist. Auch wenn objektiv keine Alternative zur sofortigen Ausführung der Leistung besteht, kann von dem Ankündigungserfordernis abgesehen werden[66].

Bei einem auf dem Bauwesen versierten Auftraggeber dürfte daher von vornherein zu erwarten sein, dass dieser die Mehrvergütungspflicht kennt, wenn er zusätzliche, vertraglich nicht vorgesehene Leistungen anordnet[67]. Bei einem mit dem Baubetrieb nicht vertrauten Auftraggeber sollte der Auftragnehmer allerdings nicht auf die Offenkundigkeit vertrauen, sondern im Interesse der Warn- und Hinweisfunktion auf die Mehrvergütung vor Ausführung hinweisen. Der Auftragnehmer ist dafür darlegungs- und beweisverpflichtet, dass er den Auftragnehmer rechtzeitig vor Ausführung auf die Mehrvergütungspflicht hingewiesen hat bzw. dass ausnahmsweise Offenkundigkeit vorliegt. Zu Gunsten des Auftragnehmers ist hier zu berücksichtigen, dass Werkleistungen nach dem Grundgedanken des BGB nicht ohne Vergütung erbracht werden (§§ 631, 632 BGB).

Die Vergütung muss wiederum auf den Grundlagen der Vertragspreisermittlung beruhen. Auf die Vorausführungen zu § 2 Abs. 5 VOB/B wird Bezug genommen. Der Auftragnehmer hat es hier möglicherweise etwas leichter, da er gegebenenfalls für die neue, bislang nicht vorgesehene Position keine Referenzpositionen in seinem Leistungsverzeichnis bzw. in seiner Urkalkulation findet und er somit berechtigt, aber auch verpflichtet ist, die Vergütung neu zu berechnen. Allgemeine Vertragsbestandteile, wie Lohnkosten und Zuschläge für Allgemeinkosten sowie Wagnis und Gewinn oder etwaige Subunternehmerzuschläge bleiben aber unverändert und müssen bei der Kalkulation der Nachtragsposition in Fortschreibung der Urkalkulation berücksichtigt werden.

Der Hinweis in der VOB, dass die Vergütung möglichst vor Beginn der Ausführung zu vereinbaren ist, stellt eine Verhaltensregelung dar. Oft sind die Parteien sich über die Ver-

[65] Überblick zum Ankündigungserfordernis und Kritik bei *Kapellmann/Messerschmidt*, § 2 VOB/B, Rdnr. 354 ff.

[66] *Werner/Pastor*, Rdnr. 1479 unter Verweis auf *OLG Hamm*, BauR 2001, 1914, *BGH* BauR 1978, 314 und *BGH* BauR 1996, 542.

[67] *OLG Hamm*, BauR 2001, 1914.

gütung dem Grunde nach einig, müssen sich der Höhe nach aber später nach Ausführung der Arbeiten noch auseinandersetzen. Die vorherige Vereinbarung des Preises ermöglicht den Parteien allerdings, Streit über die Vergütung zu vermeiden.

7.3.2.5 § 2 Abs. 8 VOB/B

Die VOB/B regelt auch den Fall, dass der Auftragnehmer Leistungen ohne Auftrag oder unter eigenmächtiger Abweichung vom Auftrag ausführt. Derartige Leistungen werden regelmäßig nicht vergütet (§ 2 Abs. 8 Nr. 1 VOB/B). Der Aufragnehmer hat sie sogar innerhalb einer angemessenen Frist auf Verlangen zu beseitigen und riskiert, hierfür in die Haftung genommen zu werden, also für die Beseitigung und hieraus resultierende Schäden finanziell einstehen zu müssen.

Allerdings steht dem Auftragnehmer eine Vergütung zu, wenn der Auftraggeber solche Leistungen nachträglich anerkennt (§ 2 Abs. 8 Nr. 2 Satz 1 VOB/B); die Vergütung steht ihm auch zu, wenn die Leistungen für die Erfüllung des Vertrages notwendig waren, dem mutmaßlichen Willen des Auftraggebers entsprachen und ihm unverzüglich angezeigt wurden (§ 2 Abs. 8 Nr. 2 Satz 2 VOB/B).

Dieser Fall kommt in der Praxis häufiger vor. Die Parteien haben nicht ausdrücklich eine Vergütung über eine Leistung vereinbart. Der Auftragnehmer hat sie, gegebenenfalls auch unter pragmatischer Betrachtung, bereits ausgeführt und durfte sie für erforderlich halten, da anderenfalls der Vertragszweck nicht erreicht werden würde. Hierfür ist er allerdings, wie für die weiteren Tatbestandsvoraussetzungen darlegungs- und beweisverpflichtet. Er muss daher auch nachweisen, dass die ausgeführte, nicht beauftragte Leistung jedenfalls dem mutmaßlichen Willen des Auftraggebers entsprach. Er muss zudem nachweisen, dass er die Ausführung der Arbeiten und die Mehrvergütungspflicht unverzüglich, also ohne schuldhaftes Zögern dem Auftraggeber, angezeigt hat. Hieran scheitern diese Ansprüche regelmäßig, da oft erst im Zuge fortgeschrittener Abschlagsrechnungen oder der Schlussrechnung solche Leistungen aufgeführt und dem Auftraggeber damit vergütungsmäßig bekannt gegeben werden. Da es sich ohnehin bereits um eine Leistung ohne Auftrag handelt, dürfte der Nachweis der Offenkundigkeit des Vergütungsanspruchs schwer fallen, so dass die unterlassene vorherige Ankündigung dann dazu führt, dass der geltend gemachte Vergütungsanspruch nicht besteht.

7.3.2.6 § 2 Abs. 9 VOB/B

Eine zusätzliche Vergütung erhält der Auftragnehmer auch, wenn der Auftraggeber Zeichnungen, Berechnungen oder andere Unterlagen verlangt, die der Auftragnehmer nach dem Vertrag, besonders den technischen Vertragsbedingungen oder der gewerblichen Verkehrssitte nicht zu beschaffen hat.

Hierzu zählt, wenn beispielsweise der Auftraggeber vom Auftragnehmer, weil der bauseitige Planer sich mit seiner Leistung in Verzug befindet, zusätzliche Planzeichnungen und Ausführungszeichnungen verlangt. Auch bei umfangreichen Änderungen des Bauentwurfs kann eine Vergütungspflicht über § 2 Abs. 9 VOB bestehen, wenn der Unternehmer ein Nachtragsleistungsverzeichnis planen und/oder erstellen soll, sofern diese Leistung nicht ohnehin schon von § 2 Abs. 5 VOB/B erfasst ist. Was im Einzelnen an zusätzlichen, gemäß § 2 Abs. 9 VOB/B zu vergütenden Leistungen anfallen kann, muss im Einzelfall nach der Verkehrssitte und den Besonderheiten des jeweils betroffenen Gewerks beurteilt werden[68]. Hilfreich sind dabei die einschlägigen DIN, in denen die Erbringung von ohnehin geschuldeten Leistungen oder besonderen Leistungen, die nur gegen Vergütung erwartet werden können, dokumentiert sind.

7.3.2.7 § 2 Abs. 3 VOB/B

Bei einem Einheitspreisvertrag kann es zur Erforderlichkeit von Preisanpassungen kommen, wenn die ursprünglich vorgesehenen Mengen und Massen um mehr als 10 % von dem im Vertrag vorgesehenen Umfang nach oben oder nach unten abweichen.

Beispiel Für eine Baumaßnahme ist im Vertrag eine Position vorgesehen, wonach der Unternehmer 500cbm Boden auszuheben und zu beseitigen hat. Bei der tatsächlichen Ausführung stellt sich heraus, dass tatsächlich 650cbm anfallen.

Hier bleibt das Leistungsziel – Aushub – unverändert, während der Mengenansatz um mehr als 10 % von der vertraglichen Grundlage abweicht. Grundlage der Regelung des § 2 Abs. 3 VOB/B ist die Erwägung, dass bei erheblichen Verschiebungen der Mengenansätze in Einzelpositionen die Kalkulation des Auftragnehmers nicht mehr zur ursprünglichen Leistung „passt". Bei größeren Mengen als im Vertrag vorgesehen würde der Auftragnehmer häufig unangemessen besser gestellt, während er bei erheblich kleineren Mengen Nachteile hinnehmen müsste, wenn eine Preisanpassung nicht möglich wäre[69].

Als Grundregel bestimmt § 2 Abs. 3 Nr. 1, dass der Einheitspreis gleichbleibt, wenn die ausgeführte Menge um nicht mehr als 10 % von dem im Vertrag vorgesehenen Umfang abweicht.

Bei einer über 10 % hinausgehenden Überschreitung des Mengenansatzes ist nach § 2 Abs. 3 Nr. 2 VOB/B auf Verlangen einer Vertragspartei ein neuer Preis unter Berücksichtigung der Mehr- oder Minderkosten zu vereinbaren. Betroffen von der Regelung ist die Menge, die über 110 % hinausgeht, da eine Marge von 10 % bereits von der Regelung des § 2 Abs. 3 Nr. 1 VOB/B erfasst ist.

Bei einer über 10 % hinausgehenden Unterschreitung des Mengenansatzes ist nach § 2 Abs. 3 Nr. 3 VOB/B auf Verlangen der Einheitspreis für die tatsächlich ausgeführte Menge der Leistung zu erhöhen, soweit der Auftragnehmer nicht durch Erhöhung der Mengen bei anderen Positionen oder in anderer Weise einen Ausgleich erhält. Die VOB gibt dabei vor, dass die Erhöhung des Einheitspreises im Wesentlichen dem Mehrbetrag entsprechen soll, der sich durch Verteilung der Baustelleneinrichtungs- und Baustellengemeinkosten sowie der Allgemeinen Geschäftskosten auf die verringerte Menge ergibt[70]. Bei einer Mengenunterschreitung wird die gesamte tatsächlich ausgeführte Leistung daher nach ei-

[68] Überblick bei *Ingenstau/Korbion-Keldungs* zu § 2 Abs. 9 VOB/B.
[69] *Vygen/Wirth/Schmidt*, Bauvertragsrecht, Seite 131.
[70] Zur Preisbildung *Ingenstau/Korbion-Keldungs*, § 2 Abs. 7 VOB/B, Rdnr. 34 ff.

nem neuen, regelmäßig höheren Einheitspreis errechnet, es sei denn, der Auftragnehmer kann auf andere Weise in seinem Preisgefüge einen Ausgleich für die Mengenreduzierung erlangen. Grundlage ist, wie bereits bei den Nachträgen gemäß § 2 Abs. 5 und 6 VOB/B das ursprüngliche Preisgefüge, also die Urkalkulation.

Die vorstehenden Regelungen des § 2 Abs. 3 VOB/B kommen dabei immer nur zur Anwendung, wenn der Auftraggeber nicht seinerseits eingegriffen hat. In diesem Falle liegt regelmäßig eine Änderung der Leistung gemäß § 2 Abs. 5 VOB/B vor, so dass eine Mehrvergütung nach dieser Vorschrift zu bilden ist. Nur wenn sich Mengenänderungen ohne Eingriffe des Auftraggebers ergeben, ist Raum für die Anwendung des § 2 Abs. 3 VOB/B. Auch dann ist aber noch abzugrenzen, ob eine extreme Mengenveränderung nicht tatsächlich doch auch eine Leistungsänderung darstellen kann mit der Folge, dass diese auch nach § 2 Abs. 5 VOB/B zu beurteilen ist.

7.4 Behinderung bei der Leistungserbringung

Bei der Bauabwicklung kann es zu teils erheblichen Verzögerungen kommen – als prominente *Beispiele* seien hier angeführt:

- Das Bauvorhaben Elbphilharmonie in Hamburg, das Bahnprojekt Stuttgart 21 oder der neue Berliner Flughafen BER.

Die Behinderung bei der Erbringung einer Leistung kann dazu führen, dass sich Terminvorgaben verschieben oder gänzlich erübrigen, sofern sie nicht neu vereinbart werden. Weiterhin können hier Mehrkosten entstehen, die den Unternehmer berechtigen können, entsprechende zusätzliche Vergütungs- bzw. Schadenersatzansprüche geltend zu machen. Auch der Auftraggeber kann aus einer vom Auftragnehmer verschuldeten Behinderung Schadenersatzansprüche ableiten. Gerade in diesem Bereich spielt die Dokumentation der Baumaßnahme eine erhebliche Rolle[71].

Bei einem VOB-Vertrag finden sich Regelungen zur Handhabung von Behinderungen in § 6 VOB/B. Eine ausdrückliche gesetzliche Regelung für die Thematik existiert nicht, es wird allerdings auf § 642 BGB zurückgegriffen, der die Rechtsfolgen unterlassener Mitwirkungshandlungen des Auftraggebers regelt, und auf § 2 Abs. 5 VOB/B unter dem Gesichtspunkt bauzeitrelevanter Anordnungen des Auftraggebers.

Rechtsfolge einer Behinderung, die ordnungsgemäß angezeigt wurde, ist gemäß § 6 Abs. 1 VOB/B, dass sich die Bauzeit um die Dauer der Behinderung zuzüglich angemessener Vorlaufzeit verlängert.

Weitere Rechtsfolge ist gemäß § 6 Abs. 6 VOB/B und gegebenenfalls weiterer Anspruchsgrundlagen ein Schadensersatz- bzw. Mehrvergütungsanspruch für die Folgen der entstandenen Behinderungen.

[71] Vgl. hierzu vorstehend 7.2.4 – Dokumentation.

Von erheblicher Bedeutung zur Anspruchsdurchsetzung ist die ordnungsgemäße Darlegung von Behinderungssachverhalten und den daraus resultierenden Schäden bzw. Vergütungsansprüchen:

7.4.1 Anforderungen der Rechtsprechung an die Darlegung von Baubehinderungen und ihren Folgen

Ausgangspunkt der Betrachtung ist die Anspruchsgrundlage des § 6 Abs. 6 VOB/B, der Schadensersatz für den Fall von Baubehinderungen unter folgenden Voraussetzungen gewährt:[72]

- tatsächliches Vorliegen einer Behinderung
- unverzügliche schriftliche Behinderungsanzeige bzw. Offenkundigkeit der Behinderung
- Behinderung ist adäquat-kausal (ursächlich) für Verzögerungen im Bauablauf des Auftragnehmers
- die hindernden Umstände sind vom Auftraggeber zu vertreten (Verschulden)
- adäquat-kausaler Schaden des Auftragnehmers durch die Behinderung

Unter Berücksichtigung der gefestigten Rechtsprechung des *BGH* [73] sind daher für die Darlegung entsprechender Ansprüche folgende Voraussetzungen zu beachten:

Von besonderer Bedeutung ist die schlüssige Darlegung der Behinderung und der daraus ursächlich folgenden Bauzeitverlängerung. Dem Gericht reicht es dabei nicht aus, eine oder mehrere Pflichtverletzungen pauschal vorzutragen. Der Auftragnehmer muß vielmehr substantiiert zu den entstandenen Behinderungen seiner Leistung vortragen. Dazu ist in der Regel eine konkrete, bauablaufbezogene Darstellung der jeweiligen Behinderung unumgänglich. Dem Anspruchsteller ist es zuzumuten, eine aussagekräftige Dokumentation zu erstellen, aus der sich die Behinderung sowie deren Dauer und Umfang ergeben. Ist ein Auftragnehmer mangels einer ausreichenden Dokumentation der Behinderungstatbestände **und** der sich daraus ergebenden Verzögerung zu einer den Anforderungen entsprechenden Darstellung nicht in der Lage, geht dies grundsätzlich zu seinen Lasten[74].

Der *BGH* ist der Auffassung, daß erst die exakte Beschreibung der Behinderung und ihrer Folge eine sachgerechte Auseinandersetzung mit der Schadensbehauptung ermöglicht. Der Auftragnehmer hat die Angaben zu machen, ob und wann seine Arbeiten, die nach dem Bauablauf nunmehr ausgeführt werden müßten, nicht oder nicht wie vorge-

---

[72] Zu den Anspruchsvoraussetzungen *BGH*, BauR 2002, 1249, 1251/1252; *Werner/Pastor*, Rdnr. 2332 ff.

[73] *BGH* NZBau 2005, 387 und NJW 2005, 1650; *OLG Köln* NJW 2014, 3039; *OLG Düsseldorf* BauR 2015, 1168.

[74] *BGH* NZBau 2005, 387 (388).

sehen ausgeführt werden konnten. Maßgeblich ist nicht die Fülle der Details. Vielmehr kommt es darauf an, ob sich aus der Darstellung des Auftragnehmers nachvollziehbar ergibt, dass und in welchem Umfang eine Pflichtverletzung eine Behinderung verursacht hat. Das Gericht darf daher widerspruchsfreie, detaillierte Angaben beispielsweise dazu erwarten, aufgrund welcher Planverzögerungen welche vorgesehenen Arbeiten nicht durchgeführt werden konnten und wie sich eine Planverzögerung konkret auf die Baustelle ausgewirkt hat. Eine pauschalierende Darstellung ohne nähere Erläuterung, insbesondere ohne Einordnung der Behinderungen in Balkenterminpläne, reicht daher für einen schlüssigen Vortag nicht aus. Vielmehr wird eine ausreichend konkrete Zuordnung der für den tatsächlichen Bauablauf erheblichen Verzögerungen zu ausreichend verdeutlichten konkreten Behinderungen erwartet. Der Auftragnehmer ist verpflichtet, eine baustellenbezogene Darstellung der Ist- und Soll-Abläufe vorzutragen, die die Bauzeitverlängerung nachvollziehbar macht. Zu diesem Zweck kann sich der Auftragnehmer der Hilfe grafischer Darstellungen durch Balken- oder Netzpläne bedienen, die gegebenenfalls ergänzend schriftsätzlich erläutert werden[75].

Erst wenn damit der Haftungsgrund umfassend und hinreichend vorgetragen ist, besteht auf der Schadensseite eine Darlegungs- und Beweiserleichterung, wonach das Gericht den etwaigen Schaden gemäß § 287 ZPO schätzen kann. Die Beurteilung der Folgen einer konkret dargelegten Behinderung, also der durch die Behinderung erlittene Schaden, kann gemäß § 287 ZPO geschätzt werden. Es unterliegt daher der einschätzenden Bewertung durch den Tatrichter, inwieweit etwa eine konkrete Behinderung von bestimmter Dauer zu einer Verlängerung der gesamten Bauzeit geführt hat, weil sich z. B. Anschlußgewerke verzögert haben. Auch ist eine Schätzung gemäß § 287 ZPO möglich, wenn es darum geht, inwieweit verschiedene Behinderungen Einfluss auf eine festgestellte Verlängerung der Gesamtbauzeit genommen haben[76].

Zusammenfassend: Der Bereich der sogenannten haftungsbegründenden Kausalität (Behinderung und konkrete Behinderungsfolge auf der Zeitschiene) muß immer konkret baustellenbezogen vorgetragen werden; im Bereich der haftungsausfüllenden Kausalität (Berechnung des Schadens) ist mindestens der Vortrag von konkreten Anhaltspunkten („Anknüpfungstatsachen“), die eine gerichtliche Schätzung ermöglichen, erforderlich.

7.4.2 Folgerungen für den Umgang mit Behinderungsnachverhalten

Es ist somit erforderlich, dass der Auftragnehmer schriftlich die Behinderung in der Leistungserbringung anzeigt. Nach § 6 Abs. 1 VOB/B ist der Auftragnehmer zur Anzeige von Behinderungen schon verpflichtet, wenn er sich in der Leistungserbringung nur behindert glaubt. Dem Auftraggeber ist zu Dokumentationszwecken, insbesondere wenn später Ansprüche auf Bauzeitverlängerung und insbesondere Mehrvergütung/Schadenersatz geltend

[75] *BGH* a. a. O., 388, 389; NJW 2005, 1650 (1652).
[76] *BGH* NJW 2005, 1650 (1652).

gemacht werden sollen, dringend anzuraten, einen entsprechenden Schriftverkehr zu führen. Dabei ist nicht nur die konkrete Behinderung mit ihren etwaigen Folgen darzulegen, wichtig ist auch, dass der Auftragnehmer dem Auftraggeber anzeigt, wann der Behinderungssachverhalt nicht mehr besteht.

Damit lässt sich für den Auftragnehmer, der später Ansprüche ableiten möchte, nachvollziehbar darlegen, wie lange eine Behinderung konkret gedauert hat. Auch bei einer offenkundigen Behinderung, also einem Sachverhalt, der dem Auftraggeber ohne weiteres – beweisbar – bekannt ist, muss der Auftragnehmer später im Streitfall darlegen und beweisen, dass eine solche Behinderung offenkundig war und wie lange sie angedauert hat. Gerade in diesem Bereich ist den Parteien, insbesondere wenn sie Ansprüche geltend machen wollen bzw. die Geltendmachung von Ansprüchen befürchten, eine besonders sorgfältige Dokumentation anzuraten.

Die vorliegenden Behinderungsanzeigen sind baustellenbezogen auszuwerten. Dazu sind ein „Bauzeitenplan Soll", ein „Bauzeitenplan Ist" und ein „störungsmodifizierter Bauzeitenplan" zu erstellen und die entsprechenden Behinderungen einzutragen, also grafisch kenntlich zu machen.

Grundsätzlich müssen dabei sämtliche Behinderungsanzeigen berücksichtigt werden. Gegebenenfalls können Behinderungsanzeigen in Gruppen zusammengefaßt werden (z. B. mehrfaches Anmahnen von Plänen oder ausstehende Beauftragungen).

Hinsichtlich des Nachweises konkreter Schäden muß aufgrund der vorgenannten Grundsätze eine konkrete Darlegung jeder einzelnen Behinderung mit ihrer Auswirkung auf den Bauablauf und möglichst auch der konkreten Schadensfolge erfolgen.

Im Übrigen hat der Anspruchsteller, der neben der Bauzeitverlängerung auch Schadensersatz verlangt, darzulegen und zu beweisen, dass den Anspruchsgegner an der Behinderung ein Verschulden trifft, um Schadenersatzansprüche geltend machen zu können. Eine Behinderung durch höhere Gewalt (wie z. B. die Corona-Pandemie) fällt demnach nicht unter den Tatbestand des § 6 Abs. 6 VOB/B. Der Auftraggeber muss die Verzögerung also zu vertreten haben, mithin verschuldet haben. Anerkannt sind die Verschuldensmaßstäbe der Fahrlässigkeit und des Vorsatzes. Einfache Fahrlässigkeit liegt dabei vor, wenn es zu einer Fehlhandlung gekommen ist, die jede andere Person in einer vergleichbaren Situation nicht begangen hätte. Grobe Fahrlässigkeit liegt vor, wenn es sich um ein Fehlverhalten handelt, das in Folge eines schwerwiegenden Pflichtenverstoßes zu einem Schaden geführt hat. Bei Vorsatz ist eine Haftung ohnehin gegeben, da hier eine absichtliche, bewusste und gewollte Schädigung stattgefunden hat. Im Zivilrecht reicht allerdings regelmäßig die einfache oder sogar leichte Fahrlässigkeit aus, um den Verschuldensnachweis zu führen[77].

Der Auftraggeber hat z. B. eine Behinderung verschuldet, wenn er – etwa zur Klärung eines Nachbarwiderspruchs – einen Baustopp anordnet oder wenn er, obwohl er hierzu verpflichtet gewesen wäre, die Einholung eines Bodengutachtens unterlassen hat. Ein Verschulden liegt auch vor, wenn der Auftraggeber von ihm beizustellende Stoffe

[77] Zu den Verschuldensformen: *Palandt-Grüneberg*, § 276, Rdnr. 5 ff.

oder Bauteile nicht rechtzeitig zur Verfügung stellt und es hierdurch zu Verzögerungen kommt[78].

Grundsätzlich hat der Auftraggeber sich auch das Verschulden seiner Erfüllungsgehilfen, wie Architekten, Ingenieure oder sonstiger Sonderfachleute, aber auch seiner anderen Nachunternehmer zurechnen zu lassen (§ 278 BGB). Allerdings ist nach Auffassung des *BGH* der Vorunternehmer grundsätzlich nicht als Erfüllungsgehilfe des Auftraggebers anzusehen, so dass sich dieser ein Verschulden des Vorunternehmers im Verhältnis zum Nachfolgeunternehmer nicht als eigenes Verschulden anrechnen lassen müsse[79]. Die Kritik ist insoweit berechtigt, als der Auftraggeber, der im Verhältnis zu einem Unternehmer unter bauzeitbedingten Gesichtspunkten für Schadenersatz/Vergütung einzustehen hat, bei dem Unternehmer, der die Verzögerung verursacht hat, z. B. Rohbau, Rückgriff nehmen könnte. Allerdings ist es zulässig, dass der Auftragnehmer Ansprüche gegen den Auftraggeber, auch bei Verzögerung von Vorarbeiten, unter dem Gesichtspunkt des § 642 BGB wegen unterlassener Mitwirkung als verschuldensunabhängigen Entschädigungsanspruch geltend macht[80]. Der Auftragnehmer hat dann zwar keinen Anspruch auf Schadenersatz, wohl aber einen Anspruch auf angemessene Entschädigung.

7.4.3 Rechtsfolgen (Bauzeitverlängerung und Schadensersatz/Mehrvergütung)

Auf der Rechtsfolgenseite gewährt § 6 Abs. 2 VOB/B einen Anspruch auf Verlängerung der Ausführungsfrist, wenn die Behinderung aus der Risikosphäre des Auftraggebers stammt oder Streik, Aussperrung und vor allem höhere Gewalt oder andere für den Auftragnehmer unabwendbare Umstände für eine Behinderung verantwortlich sind. Die Fristverlängerung berechnet sich nach der Dauer der Behinderung mit einem Zuschlag für die Wiederaufnahme der Arbeiten und eine etwaige Verschiebung in die ungünstige Jahreszeit (§ 6 Abs. 4 VOB/B).

Weiterhin ermöglicht § 6 Abs. 6 VOB/B den Ersatz des nachweislich entstandenen unmittelbaren Schadens. Entgangenen Gewinn kann der Auftragnehmer nur bei Vorsatz oder grober Fahrlässigkeit des Auftraggebers beanspruchen, wofür der Auftragnehmer darlegungs- und beweispflichtig ist.

Trotz der Möglichkeit der Schätzung muß der Schaden möglichst konkret dargelegt und unter Beweis gestellt werden. Auch bei einer Großbaustelle ist eine entsprechende Dokumentation des Bauablaufs, etwa in Form von Tagesberichten, unter Berücksichtigung etwaiger Leerarbeit oder Leerkosten zu erwarten[81]. Bei der Darlegung der Behinderungsschäden ist darauf zu achten, daß der Auftragnehmer auch im Falle einer Behinderung

[78] Beispiele nach *Ingenstau-Korbion-Döring*, § 6 Abs. 6 VOB/B, Rdnr. 19.

[79] *BGH*, BauR 2000, 722 und zahlreiche weitere Nachweise mit kritischer Kommentierung bei *Werner/Pastor*, Rdnr. 2338.

[80] *BGH*, a. a. O.; *Werner/Pastor* a. a. O.

[81] Überblick bei *Werner/Pastor* Rdnr. 2341 ff; zur Dokumentation *Reister*, NZBau 2001, 1 ff.

gegebenenfalls andere Arbeiten ohne zusätzliche Kosten ausführen konnte. Der Auftragnehmer hat daher auch darzulegen, weshalb es ihm im konkreten Falle nicht möglich war, andere Arbeiten auszuführen, so daß die entsprechenden Wartezeiten etc. angefallen sind und nicht kompensierbar waren.

Generell kommen als störungsbedingte Schadensposten in Betracht[82]:

- Stillstandskosten
- Mehrkosten wegen verlängerter Bauzeit, also etwa zeitabhängige Gemeinkosten der Baustelle, Vorhaltekosten für Geräte, Schalung, Baustellenunterkünfte und Maschinen sowie Preiserhöhungen bei Subunternehmerleistungen oder sonstiger Mehraufwand (z. B. bereits aufgewendete Kosten für Lieferanten; Lagerungskosten, Kosten für die Überwachung/Unterhaltung der stilliegenden Baustelle, Vorhaltekosten etwa für nicht anderweitig einsetzbare Geräte)
- zusätzliche allgemeine Geschäftskosten sowie Wagnis und Gewinn; Löhne und Gehälter, Lohn- und Materialpreissteigerungen
- Finanzierungskosten, die durch den Verzug angefallen sind
- etwaige weitere Nebenkosten (etwa Kosten für Sachverständige)

7.4.4 Weitere Anspruchsgrundlagen

Es kann zugleich erwogen werden, einen Anspruch auf Vergütungsanpassung gemäß § 2 Abs. 5 VOB/B geltend zu machen. Auch wenn insoweit kein Verschulden des Auftraggebers nachgewiesen werden muss, ist aber auch im Rahmen dieser Anspruchsgrundlage der Behinderungssachverhalt entsprechend den vorstehenden Grundsätzen vorzutragen, so dass die vorangegangenen Darlegungen auch für diese Anspruchsgrundlage nutzbar zu machen sind. Der Vergütungsanspruch ist kalkulatorisch, also unter Berücksichtigung der Urkalkulation bzw. auf Grundlage der tatsächlich erforderlichen Kosten mit angemessenen Zuschlägen für allgemeine Geschäftskosten sowie Wagnis und Gewinn nachzuweisen[83].

Schließlich kann ein behinderungsbedingter, auf Geld gerichteter Anspruch mit § 642 BGB begründet werden. Danach erhält der Unternehmer eine angemessene Entschädigung, wenn der Besteller bei der Herstellung des Werkes eine erforderliche Mitwirkungshandlung unterläßt und hierdurch in Annahmeverzug gerät. Auch insoweit gelten die vorstehenden Ausführungen zur Darlegung des Sachverhalts (hier: unterlassene Mitwirkungshandlung, die zu einer Verzögerung und einem Entschädigungsanspruch geführt hat) und zur Forderungshöhe (konkreter Nachweis der Entschädigung unter Berücksichtigung der Urkalkulation). Der Verschuldensnachweis bezieht sich auf den Annahmeverzug.

---

[82] Vgl. hierzu *Werner/Pastor*, a. a. O., Rdnr. 2343–2348 m. w. N.; *Ingenstau/Korbion-Döring*, § 6 Abs. 6 VOB/B, Rdnr. 39 ff.

[83] S. hierzu Abschn. 7.3.2.3.

7.4.5 Weitere behinderungsbedingte Rechtsfolgen

Neben dem Anspruch auf Bauzeitverlängerung und Schadenersatz sieht § 6 Abs. 4 VOB/B vor, dass dem Auftragnehmer für den Fall der Beseitigung der Behinderung eine angemessene Frist zur Wiederaufnahme der Arbeiten zuzubilligen ist. Hat der Auftragnehmer, etwa zur Schadensminderungspflicht, bei einer länger andauernden Behinderung sein Personal abgezogen, um es anderweitig einzusetzen, kann von ihm nicht erwartet werden, dass der Auftragnehmer sein Personal sofort wieder auf der Baustelle hat, wenn die behindernden Umstände entfallen sind. Dem Auftragnehmer ist hier eine angemessene Dispositionszeit zuzubilligen, um das zuständige Personal wieder auf der Baustelle einsetzen zu können.

Etwaige terminliche Absprachen sind durch Behinderungen hinfällig geworden. Der Auftraggeber, der an der ursprünglich Vertragsstrafenregelung festhalten will und in diesem Zusammenhang auf die Einhaltung vertraglich vereinbarter Termine angewiesen ist (§ 11 VOB/B), kann die Geltung der ursprünglichen Termine und von Vertragsstrafe nur dadurch erreichen, dass er mit dem Auftragnehmer neue, verbindliche und vertragsstrafenbewehrte Termine vereinbart. Eine Fortgeltung von Vertragstrafenregelungen oder Fertigstellungsfristen findet durch eine einmal eingetretene Behinderung nicht mehr statt, es sei denn, dass vertraglich wirksam etwas anderes vereinbart worden wäre.

Bei einer Behinderung, die länger als drei Monate andauert, ist der Auftragnehmer nach § 6 Abs. 7 VOB/B berechtigt, den Vertrag mit dem Auftraggeber zu kündigen. § 6 Abs. 7 VOB/B räumt dem Auftragnehmer somit ein Sonderkündigungsrecht ein, obwohl die Kündigungsmöglichkeiten für den Auftragnehmer während der Abwicklung des Bauvertrages beschränkt sind (vgl. § 9 VOB/B). Der Auftragnehmer soll aber nicht für einen längeren Zeitraum ohne Beschäftigung auf der Baustelle an seinen ursprünglichen Preisen und vertraglichen Zusicherungen festgehalten werden, so dass ihm die Möglichkeit einer Kündigung zusteht. Voraussetzung ist allerdings, dass auf der Baustelle durch den Auftragnehmer objektiv für die Dauer von drei Monaten tatsächlich überhaupt nicht gearbeitet worden ist. Jede Tätigkeit während dieser Frist führt dazu, dass die Frist nach Beendigung der Tätigkeit erneut zu laufen beginnt. Nur bei einer ununterbrochenen Untätigkeit von drei Monaten kommt das Kündigungsrecht zur Anwendung.

7.5 Abnahme

Die Abnahme ist einer der zentralen Punkte bei der Bauabwicklung. Mit der Abnahme endet die Phase der Vertragserfüllung und damit die Vorleistungspflicht des Auftragnehmers, das Werk mangelfrei zu erstellen (§§ 631, 633 BGB und § 4 Abs. 7 VOB/B). Es beginnt die Phase der Mängelhaftung (früher: „Gewährleistung"), also die Verpflichtung des Auftragnehmers, alle während der Verjährungsfrist auftretenden Mängel zu beseitigen (§§ 634, 633 BGB, § 13 Abs. 1 VOB/B).

Gleichzeitig ändert sich mit der Abnahme die Beweislast: Während bis zur Abnahme, also während der Phase der Vertragserfüllung, der Auftragnehmer darlegen und gegebenenfalls vor Gericht beweisen muss, dass seine Leistungen mangelfrei sind, hat für nach der Abnahme auftretende Mängel der Auftraggeber die Darlegungs- und Beweislast.

Schließlich ist die Abnahme Fälligkeitsvoraussetzung, damit der Auftragnehmer seine Leistungen abschließend abrechnen, also Schlussrechnung legen kann.

7.5.1 Allgemeiner Überblick

BGB-Vertrag (§§ 640 f. BGB)	VOB-Vertrag (§ VOB/B)
– **Ausdrückliche Abnahme**; §§ 640 Abs. 1, 641 Abs. 1 BGB ggf auch für Teile der Leistung – **Stillschweigende Abnahme**; § 640 Abs 1 BGB – **Fiktive Abnahme**; § 640 Abs 1 S. 3 BGB	– **Förmliche Abnahme**; § 12 Abs. 4, Abnahmeniederschrift erforderlich – **Stillschweigende Abnahme**; Abnahmehandlung durch AG und Abnahmewille müssen vorliegen – **Teilabnahme**; § 12 Abs. 2, rechtliche Teilabnahme – **Fiktive Abnahme**; § 12 Abs. 5, Fertigstellungsanzeige, Ingebrauchnahme

Nach den werkvertraglichen Regelungen ist der Auftragnehmer verpflichtet, dem Auftraggeber das Werk mangelfrei herzustellen. Er muss also den entsprechenden Werkerfolg herbeiführen (§§ 631, 632 BGB). Der Auftraggeber muss daher das Werk nur dann abnehmen, wenn die Leistungen des Auftragnehmers frei von wesentlichen Mängeln sind. Hierin zeigt sich gerade die den Werkvertrag kennzeichnende Erfolgshaftung des Werkunternehmers.

Da es aber gerade bei größeren Bauvorhaben nahezu unvermeidlich ist, dass zumindest geringfügige kleinere Mängel vorhanden sind, die aber im Verhältnis zur Gesamtbauleistung kaum ins Gewicht fallen und dass gerade bei Großbauvorhaben noch unwesentliche Restarbeiten auszuführen sind, die der Funktionstauglichkeit des Werks aber nicht entgegenstehen, verfolgt die VOB einen etwas abweichenden Abnahmebegriff, der sich auch bei der Abnahmedefinition des BGB durchzusetzen beginnt. § 12 Abs. 1 VOB/B sieht vor, dass der Auftraggeber das Werk abzunehmen hat, wenn die Leistungen des Auftragnehmers „im Wesentlichen frei von Mängeln" sind. Die absolute Mangelfreiheit des BGB wird also in der VOB/B durch eine relative Mangelfreiheit ersetzt – das Werk muss schon abgenommen werden, wenn es frei von wesentlichen Mängeln ist – unwesentliche Restmängel stehen der Abnahme damit nicht entgegen.

Zu beachten ist allerdings, dass für die Frage, ob die Mängel wesentlich sind, der Auftragnehmer die Beweislast trägt, da erst nach erklärter Abnahme die Beweislast wechselt und die Gewährleistungsphase beginnt.

Wann ein „wesentlicher" Mangel vorliegt, ist unter Berücksichtigung der konkreten Umstände des jeweiligen Einzelfalls zu entscheiden. Zu berücksichtigen sind Art und Umfang des Mangels sowie die voraussichtlichen Mangelbeseitigungskosten, die Auswirkungen des Mangels und die vertraglichen Vorgaben, die vom Auftragnehmer zu beachten waren[84]. Als wesentliche Mängel werden etwa Gefälle in einem Küchenboden oder die Verarbeitung einer anderen Holzart als ursprünglich vereinbart oder Risse in einer Attika mit Auswirkungen auf die Standsicherheit betrachtet[85].

7.5.2 Vorbehalte des Auftraggebers

Der Auftraggeber kann bei der Abnahme Vorbehalte erklären – tut er dies nicht, können ihm Rechtsverluste drohen.

7.5.2.1 Vorbehalt der Vertragsstrafe

Insbesondere vertragliche Regelungen ermöglichen es dem Auftraggeber daher, erklärte Vorbehalte auch noch bis zur Schlussrechnung aufrechtzuerhalten. Dies gilt etwa für den Vorbehalt der vertraglich vereinbarten Vertragsstrafe. Die Vertragsstrafe wird ihren Sinn und Zweck nach grundsätzlich mit der Abnahme fällig, da zu diesem Zeitpunkt die mangelfreie Fertigstellung des Werkes bescheinigt wird. Für einen Zeitraum danach besteht somit keine Möglichkeit mehr, die Vertragsstrafe geltend zu machen. Sie muss also eigentlich bei der Abnahme erklärt werden.

Es hat sich allerdings in der Baupraxis herausgestellt, dass ein solches Verfahren unpraktisch ist, da erst im Zuge der Abrechnung Werklohnansprüche des Auftragnehmers und etwaige Gegenansprüche des Auftraggebers gegenübergestellt, also saldiert werden.

Der Auftraggeber ist daher berechtigt, die Geltendmachung der Vertragsstrafe auch noch im Zuge der Schlussrechnung zu erklären. Einen solchen Vorbehalt muss er allerdings bei der Abnahme erklären – sie ist zweckmäßigerweise auf der Abnahmebescheinigung zu vermerken. Sie kann sich allerdings auch aus vertraglichen Regelungen ergeben, wobei dann jedoch im Einzelfall zu prüfen ist, ob eine solche Vertragsregelung möglicherweise wegen Verstoßes gegen die Regeln über die Allgemeinen Geschäftsbedingungen unwirksam sein kann. Eine Formulierung, auch in Formularverträgen, wonach der Auftraggeber berechtigt sein kann, die Vertragsstrafe auch bis zur Schlussrechnung geltend zu machen, begegnet allerdings üblicherweise keinen Bedenken.

7.5.2.2 Vorbehalte bekannter Mängel

§ 640 Abs. 2 BGB sieht ausdrücklich vor, dass eine Abnahme eines Werkes in Kenntnis von bestehenden Mängeln den Auftraggeber nicht dazu berechtigt, später diese Mängel zu rügen. Nimmt der Auftraggeber das Werk daher in Kenntnis von Mängeln ab, kann er sich später nicht mehr auf die diesbezügliche Mangelhaftigkeit berufen.

Dies ist auch sach- und interessengerecht. Wenn der Auftraggeber einen Mangel kennt, aber bereit ist ihn zu billigen, so wäre es treuwidrig und widersprüchlich, wenn er sich

[84] Übersicht über Einzelfälle zum Kriterium der Wesentlichkeit bei *Ingenstau/Korbion-Oppler*, § 12 VOB/B, Rdnr. 33.

[85] Beispiel nach *Werner/Pastor*, Rn 1852.

später, wenn das Bauvorhaben insgesamt abgewickelt ist und die Zahlungen ausgeglichen sind, dann doch wieder auf den Mangel berufen könnte. Der Auftragnehmer benötigt hier eine gewisse Planungssicherheit. Nimmt der Auftraggeber daher das Werk in Kenntnis eines Mangels ab, verzichtet er somit ausdrücklich auf ihm zustehende Rechte, worauf der Auftragnehmer vertrauen darf.

7.5.3 Beispielfälle

Der Auftraggeber einer Werkleistung ist verpflichtet, diese nach Fertigstellung und Mängelfreiheit abzunehmen. Dies gilt auch, wenn eine Solaranlage in der Winterzeit zum Zeitpunkt der Abnahme nicht in Betrieb genommen werden kann.[86]

Gerne neigt der Auftragnehmer dazu, wenn seine Leistungen fertig gestellt sind, bereits die Schlussrechnung zu legen, obwohl er noch keine Abnahme, insbesondere keine förmliche Abnahme, vom Auftraggeber erhalten hat. Grundsätzlich fehlt für eine solche Schlussrechnung die entscheidende Fälligkeitsvoraussetzung, nämlich die Abnahme. Stellt der Auftragnehmer eine Schlussrechnung ohne Verlangen der vereinbarten förmlichen Abnahme und zahlt der Auftraggeber den restlichen Werklohn bis auf einen nicht näher begründeten geringfügigen Betrag, kann das Verhalten der Parteien als übereinstimmender Verzicht auf eine förmliche Abnahme und als Abnahmeerklärung des Auftraggebers ausgelegt werden.[87]

Andererseits kann der Auftragnehmer sich nicht darauf verlassen, dass auch nach einem längeren Zeitablauf der Auftraggeber sich nicht auf die fehlende Abnahme berufen wird. In einem von dem OLG Hamm entschiedenen Fall hat das Gericht geurteilt, dass es auch nach einer über sechsjährigen Ingebrauchnahme eines Gebäudes an einer konkludenten Abnahme fehlen kann. An die Feststellung des konkludenten Verzichtswillens bezüglich der vertraglich vereinbarten förmlichen Abnahme sind erhebliche Anforderungen zu stellen, die in einem bloßen Stillschweigen nicht gesehen werden können.[88]

Es kommt vor, dass der Bauvertrag noch vor Fertigstellung der Leistungen des Auftragnehmers gekündigt wird, sei es etwa aus wichtigem Grund, weil z. B. der Auftragnehmer absprachewidrig Nachunternehmer eingesetzt hat, ohne hierauf vorher hinzuweisen (Verstoß gegen § 4 Abs. 8 VOB/B)[89], sei es weil der Auftraggeber den Vertrag frei gekündigt hat (§ 8 Abs. 1 VOB/B) oder weil der Aufragnehmer den Vertrag gekündigt, etwa da er vom Auftraggeber keine Zahlungen mehr erhalten hat (§ 9 Abs. Nr. 1a VOB/B). Für solche Fälle hat der BGH entschieden, dass nach Kündigung eines Bauvertrages die Werklohn-

[86] *LG Kiel,* BauR 2010, 122 (Kurzform: IBR 2010, 16).

[87] *OLG Stuttgart*, BauR 2010, 1083 (Kurzform: IBR 2010, 381) – Nichtzulassungsbeschwerde vom *BGH* zurückgewiesen: IBR 2010, 381.

[88] *OLG Hamm*, IBR 2009, 700 (rechtskräftig).

[89] wegen der Kündigungssachverhalte siehe das Kapitel zur Kündigung, 7.10.

forderung grundsätzlich erst mit der Abnahme der bis dahin erbrachten Werkleistungen fällig wird.[90]

Dementsprechend ist in § 8 Abs. 7 VOB/B geregelt, dass auch im Falle einer Kündigung eine Abnahme zu erfolgen hat. Ohne diese Fälligkeitsvoraussetzung kann auch der gekündigte Auftragnehmer keine Schlussrechnung legen. Der BGH begründet dies damit, dass nach der gesetzlichen Wertung des § 641 Abs. 1 Satz 1 BGB die Abnahme immer Fälligkeitsvoraussetzung für den Werklohnanspruch des Auftragnehmers ist. Es besteht daher kein rechtfertigender Grund, von dieser Voraussetzung abzusehen, wenn der Auftragnehmer infolge der Kündigung eines Vertrages lediglich Teilleistungen erbracht hat. Es sei auch kein Grund ersichtlich, an die Fälligkeitsvoraussetzungen des für den bis zur Kündigung erbrachten Leistungsteils geschuldeten Vergütungsanspruchs geringere Anforderungen zu stellen. In der Regel liegen nach Auffassung des Gerichts hinreichend abgrenzbare Teilleistungen vor, die auch in diesem Stadium der Überprüfung zugänglich sind, ob der Auftragnehmer sie vertragskonform erbracht hat.[91]

Die Begründung des *BGH* mag rechtsdogmatisch zutreffend sein – in der Praxis führt sie jedoch nicht selten zu erheblichen Problemen. Wird etwa der Auftragnehmer wegen eines vertragswidrigen Verhaltens während der Auftragsabwicklung gekündigt, ist ein Streit über die bis dahin erbrachten Leistungen und ihre Mangelhaftigkeit absehbar. Gerade im Falle einer außerordentlichen Kündigung ist das Verhältnis der Vertragsparteien naturgemäß extrem angespannt. Der Auftraggeber wird in jedem Falle versuchen, so viele Mängel an der Werkleistung des Auftragnehmers zu finden, dass er die Abnahme verweigern kann. Der Auftragnehmer hat dann allerdings keine Möglichkeit, seine Schlussrechnung zu legen. Er muss dann nachweisen, dass die bis zu dem Zeitpunkt der Kündigung erbrachten Leistungen mangelfrei waren. Hierbei hat er allerdings damit zu kämpfen, dass in Fällen insbesondere der Auftragsentziehung oder fristlosen Kündigung gelegentlich auch ein Baustellenverbot ausgesprochen wird, so dass ihm die Nachweisführung deutlich erschwert wird. Es bleibt abzuwarten, ob die Rechtsprechung in einem solchen Fall eine Beweislastumkehr jedenfalls dann befürwortet, wenn ein Baustellenverbot ausgesprochen wird und der Auftraggeber die Arbeiten fortsetzen lässt, ohne dem Auftragnehmer Feststellungen zu ermöglichen.

In praktischer Hinsicht ist dem Auftragnehmer daher zu raten, nach der Kündigung eines Vertrages die Abnahme und die Leistungsstandsfeststellung und -abgrenzung zu beantragen. Der Auftragnehmer muss im Falle einer Abnahmeverweigerung oder -verzögerung nachweisen, dass der Auftraggeber die Abnahme des Werkes ernsthaft und endgültig ablehnt oder der Auftraggeber die Mängel nachweislich selbst beseitigt hat und sich daher nicht mehr darauf berufen kann, ursprünglich die Abnahme zu Recht verweigert zu haben.

Allerdings kann sich der Auftraggeber, der sofort eine Ersatzvornahme veranlasst und die Arbeiten durch ein Nachfolgeunternehmen fertig stellen lässt, ohne dass es zu einer

[90] *BGH*, NJW 2006, 2475 (Kurzform: IBR 2006, 432).
[91] *BGH*; a. a. O.

Abgrenzung zu anderen Teilleistungen des gekündigten Auftragnehmers gekommen ist, nicht mehr auf die fehlende Abnahme für die erbrachte Teilleistung berufen[92].

7.5.4 Sonderfall: Schäden/Gefahrtragung vor Abnahme

Ein häufiges Problem ist die Beschädigung der Leistung des Auftragnehmers, noch bevor die Arbeiten abgenommen sind. Aufgrund der gesetzlichen Regelungen und der Regelungen in der VOB/B trägt der Auftragnehmer die Erfüllungsgefahr, er haftet also dafür, dass die Leistungen bis zur Abnahme frei von wesentlichen Mängeln sind. Flankiert wird diese Wertung durch § 4 Abs. 5 VOB/B, wonach dem Auftragnehmer die Verpflichtung obliegt, seine Leistungen bis zur Abnahme zu schützen.

Beispielsfall Bei Errichtung einer Hochhaus-Fassade arbeiten mehrere Gewerke zusammen. Während die Fassadenarbeiten in den unteren Geschossen schon begonnen haben, führt der Rohbauer weitere Arbeiten zur Errichtung der höher gelegenen Geschosse aus. Beide Gewerke können bei diesem erprobten Bauablauf selbst nicht zusammenarbeiten. In einem Fall ist es allerdings dazu gekommen, dass eine Schalungsbühne des Rohbauers gerissen ist, so dass sich Betonschlämme auf einer Fassadenseite des Hochhauses über 30 Etagen verteilt haben.

Ein ähnliches *Beispiel* ergibt sich aus dem bekannten Bonner Schürmann-Bau, bei dem vor Abnahme infolge einer Bauunterbrechung durch ein Rhein-Hochwasser das Gebäude beschädigt wurde und abrissreif war.

Die Rechtslage, insbesondere nach dem BGB, ist eindeutig: § 644 Abs. 1 BGB weist die Gefahrtragung dem Auftragnehmer bis zur Abnahme ausnahmslos zu. Die Rechtsprechung hat dementsprechend auch geurteilt: Wird das Werk des Unternehmers vor Abnahme zerstört oder beschädigt, ohne dass eine Partei dies zu vertreten hat und befindet sich der Besteller nicht im Verzug der Annahme, so hat der Unternehmer gemäß § 644 Abs. 1 BGB das Werk ohne zusätzliche Vergütung neu herzustellen bzw. die Schäden zu beseitigen. Ist der Schaden auf die schuldhafte Pflichtverletzung eines Nebenunternehmers zurückzuführen (wie im Beispielsfall auf den Rohbauer), so verbleibt das Gefahrtragungsrisiko bei dem Unternehmer, da der Nebenunternehmer nicht Erfüllungsgehilfe des Bestellers im Verhältnis zu seinem Unternehmer ist.[93]

§ 7 VOB/B trifft hier für den Auftragnehmer eine etwas mildere Haftung, führt aber im Ergebnis auch dazu, dass in Fällen der vorliegenden Art der Auftragnehmer grundsätzlich zu haften hat.

In praktischer Hinsicht wird diese, gegebenenfalls auch unverhältnismäßige Haftung, die aufgrund der Wertung des Werkvertragsrechts aber unter Berücksichtigung des ge-

---

[92] *OLG Celle*, siehe hierzu auch Abschn. 7.2.3, BauR 2007, 1939 (Kurzform: IBR 2008, 73) – Nichtzulassungsbeschwerde zurückgewiesen: *BGH* BauR 2008, 103.

[93] *OLG Celle*, BauR 2010, 829 (Kurzform: IBR 2010, 438), *BGH*, NJW 1998, 456 – Schürmann-Bau.

setzlichen Leitbilds des Werkvertrages als Erfolgshaftung systemkonform ist, dadurch abgefangen, dass die Baubeteiligten, regelmäßig der Auftraggeber, eine Bauleistungsversicherung abschließen. Bei großen Bauvorhaben umfasst diese Versicherung neben der klassischen Bauwesen- (oder Bauleistungs-) auch eine Haftpflichtversicherung. Die Prämien hierfür werden anteilig auf die Unternehmen umgelegt. Derartige Umlageklauseln begegnen, sofern sie nicht unverhältnismäßig hohe Prozentanteile an Vergütungsbeteiligung vorsehen, keinen rechtlichen Bedenken. Regelmäßig sind die Auftragnehmer des Auftraggebers Begünstigte aus der Versicherung, so dass der Schaden im Ausgangsfall de facto über die Versicherung abzuwickeln sein wird.

Allerdings verbleiben auch in solchen Fällen etwa Selbstbehalte, die bei solchen Versicherungen durchaus hoch sein können. So ist bei großen Bauvorhaben ein Selbstbehalt von € 20.000,00 pro Schaden keine Seltenheit. Auch geringere Summen von nur € 1000,00 Selbstbehalt pro Schadensfall sind aber, etwa für einen Fassadenbauer, problematisch, da die Versicherungen im Regelfall davon ausgehen, dass pro beschädigter Scheibe ein Schadensfall vorliegt; der Unternehmer muss beweisen, dass ein zusammenhängender Schadensfall vorliegt, um in den Genuss der Versicherungsleistungen zu gelangen.

Ein weiteres Problem stellt sich im Ausgangsfall dadurch, dass die Fassadenarbeiten dazu geführt haben, dass die eingebauten und durch die Betonschlämme verschmutzten Fassadenelemente kraft Gesetzes Eigentum des Grundstückseigentümers geworden sind (§ 946 BGB). Diese Betrachtung hat nichts mit werkvertraglichen Überlegungen zu tun und steht auch nicht im Zusammenhang mit der Abnahme. In sachenrechtlicher Hinsicht wird durch den Einbau der Fassadenelemente in das Gebäude automatisch Eigentum des Eigentümers begründet. Um in solchen Fällen, die auch bei etwaigen Vandalismusschäden problematisch werden können – auch hier kann der Auftragnehmer vor Abnahme zur Nachbesserung und Neuherstellung verpflichtet sein – dem Auftragnehmer eine Möglichkeit zu geben, seine Aufwendungen ersetzt zu verlangen, muss auf das Rechtsinstitut der Drittschadensliquidation zurückgegriffen werden[94].

Was die Frage des Schutzes der Leistung vor Abnahme betrifft (§ 4 Abs. 5 VOB/B), ist die Rechtslage hier im Ergebnis unbefriedigend. Festzuhalten bleibt, dass der Auftragnehmer grundsätzlich verpflichtet ist, seine Leistungen so zu schützen, dass es zu keinen Beschädigungen vor der Abnahme kommt. Dies wird aber bei der praktischen Umsetzung auf der Baustelle oftmals erhebliche Probleme bereiten, insbesondere wenn Nachgewerke die bereits fertig gestellte Leistung schon benutzen und nicht immer gerade zimperlich damit umgehen.

Dem Auftragnehmer sei geraten, für den Fall, dass er ein erhöhtes Schutzpotenzial erkennt, den Auftraggeber durch entsprechende Bedenkenanmeldungen hierauf hinzuweisen (§ 4 Abs. 3 VOB/B). Trotz der Grundregel des § 4 Abs. 5 VOB/B (Schutz der Leistung) trifft den Auftraggeber eine allgemeine Koordinationspflicht auf der Baustelle (§ 4 Abs. 1 VOB/B). Kommt er daher begründeten Bedenken des Auftragnehmers nicht nach, kann eine partielle Gewährleistungsfreistellung des Auftragnehmers auch vor Abnahme in Be-

[94] S. o. 7.2.3.

tracht kommen. Der Auftragnehmer kann auch, falls der Auftraggeber zusätzliche, nicht mehr übliche, Schutzmaßnahmen anordnet, hier eine Mehrvergütung über einen Nachtrag für eine im Vertrag nicht vorgesehene Leistung beanspruchen (§ 2 Abs. 6 VOB/B).

Da der Auftragnehmer aber in der Darlegungs- und Beweislast ist, die Leistung ordnungsgemäß, ausreichend und ohne Mehrvergütungsanspruch richtig geschützt zu haben, tauchen hier Probleme auf, die aufgrund der gesetzlichen Erfolgshaftung im Zweifel zu Lasten des Auftragnehmers gehen.

7.5.5 Abnahmeformen

Das BGB spricht in § 640 nur von „Abnahme", ohne dies näher zu konkretisieren. Die VOB/B kennt in § 12 allerdings diverse Abnahmeformen:

Nach § 12 Abs. 4 i. V. m. § 12 Abs. 1 VOB/B ist die förmliche Abnahme letztlich die Regelform der Abnahme. Bei der förmlichen Abnahme wird die Abnahme ausdrücklich durch den Auftraggeber schriftlich bescheinigt (daher „förmlich"). Der förmlichen Abnahme geht regelmäßig eine Fertigstellungsanzeige des Auftragnehmers voraus, verbunden mit der Aufforderung, die Leistungen abzunehmen. Die Frist hierfür muss angemessen sein – § 12 Abs. 1 sieht hierfür eine Frist von 12 Tagen vor. Kommt der Auftraggeber der Abnahmefrist nicht nach, führt also die Abnahme überhaupt nicht durch, kann ihm der Auftragnehmer zur Durchführung der Abnahme eine Nachfrist setzen und ihm ankündigen, dass nach fruchtlosem Ablauf der Nachfrist die Leistung auch ohne Abnahme als abgenommen gilt. Dies ergibt sich aus § 640 Abs. 1 Satz 3 VOB/B, der dem Interesse des Auftragnehmers Rechnung trägt, im Falle eines mangelfrei errichteten Werkes eine Abnahme zu erhalten.

Die (förmliche) Abnahme ist eine einseitige rechtsgeschäftliche Willenserklärung. Das bedeutet, dass der Auftragnehmer bei der Abnahme entgegen landläufiger Meinung nicht zwingend zugegen sein muss. Bei einer förmlichen Abnahme sieht die VOB/B allerdings vor, dass die Abnahmefeststellungen gemeinsam getroffen und in einem entsprechenden Protokoll festgehalten werden (§ 12 Abs. 4 VOB/B). Die Bescheinigung selbst, also die Abnahmebestätigung, muss nicht von beiden Parteien unterzeichnet sein – die Rechtswirkungen treten ein, wenn der Auftraggeber sie unterzeichnet hat und dem Auftragnehmer aushändigt.

Abweichend hiervon kennt § 12 Abs. 5 VOB/B die Abnahme durch Inbenutzungnahme. Hier geht die VOB/B davon aus, dass ein Werk, das vom Besteller in Benutzung genommen wird, offensichtlich keine Beanstandungen hatte, da es sonst nicht in Benutzung genommen worden wäre. Findet insoweit nicht sechs Tage nach Übergabe eine ausdrückliche Abnahme statt, gilt die Leistung durch die Inbenutzungnahme schlüssig, also konkludent als abgenommen. Diese Regelung wird in Bauverträgen recht häufig ausgeschlossen – eine formularmäßige Abrede, wonach die Rechtswirkungen des § 12 Abs. 5

VOB/B für das jeweilige Vertragsverhältnis ausgeschlossen sein sollen, begegnet keinen Bedenken der Rechtsprechung[95].

Gelegentlich ist auch von einer sonstigen Abnahme durch schlüssiges, konkludentes Verhalten oder durch Stillschweigen die Rede[96]. Diese kann beispielsweise darin gesehen werden, dass der Auftraggeber vorbehaltlos die Schlusszahlung des Auftragnehmers begleicht. Dadurch gibt der Auftraggeber zu verstehen, dass er die Leistungen des Auftragnehmers für abnahmefähig und damit für mangelfrei hielt, da er sie anderenfalls nicht bezahlt hätte.

Praxishinweis: Beiden Vertragsparteien ist dringend anzuraten, die Abnahme schriftlich zu dokumentieren. Der Auftragnehmer muss nachweisen, dass er die Leistungen fertig gestellt und die Fertigstellung dem Auftraggeber angemeldet hat, verbunden mit der Abnahmeaufforderung. Der Auftraggeber kann dokumentieren, wann die Abnahme aus seiner Sicht erfolgt ist bzw. welche Leistungen von der Abnahme, gegebenenfalls infolge von Mängeln oder fehlender Fertigstellung, ausgenommen sind.

7.5.6 Teilabnahmen

Grundsätzlich muss der Auftraggeber warten, bis seine komplette Leistung fertig gestellt ist, ehe er die Abnahme verlangen kann. Dies führt bei größeren Bauvorhaben regelmäßig dazu, dass der Auftragnehmer recht lange in der Erfüllungsphase festgehalten wird und damit auch für Mängel haftet, unabhängig davon ob er sie verschuldet hat oder nicht (s. o.). Der Auftragnehmer hat ein Interesse daran, für fertig gestellte Leistungsteile kurzfristig eine Abnahme zu erhalten, um den Gefahrübergang, also den Übergang der Gefahr auf den Auftraggeber sowie die Beweislastumkehr für Mängelbehauptungen zu erreichen.

Daher sehen § 641 Abs. 1 Satz 2 BGB und § 12 Abs. 2 VOB/B vor, dass Teilabnahmen erfolgen können, wenn ein in sich abgeschlossener Leistungsteil vorliegt. Es muss sich dabei um einen klar abgrenzbaren für sich alleine funktionierenden Leistungsteil handeln, auf den die weiter zu erbringenden Leistungen keinen Einfluss haben[97]. So wird die Fertigstellung eines Fensters nicht als ausreichend für eine Teilabnahme angesehen. Um bei dem Beispiel des Fassadenbauers zu bleiben, kann es aber ausreichen, dass eine Fassadenseite vollständig fertig gstellt wurde, allerdings auch nur dann, wenn diese Leistung tatsächlich auch ohne die anderen Gewerke in Benutzung genommen werden kann.

[95] *Hofmann/Frikell/Schwamb*. S. 307 lit. b).
[96] S. z. B. *Werner/Pastor*, Rdnr. 1823 ff.
[97] Überblick bei *Leinemann-Jansen*, § 12 VOB/B, Rn 79 ff.

7.6 Abrechnung und Zahlung

Sobald der Auftragnehmer nach dem gesetzlichen Leitbild des Werkvertragesrechts den Erfolg seiner Leistungen herbeigeführt hat, steht ihm ein Anspruch auf Zahlung zu. Hierbei handelt es sich letztlich um die Hauptpflicht des Bestellers eines Bauwerkes, die Leistungen des Unternehmers zu bezahlen.

Gesetzlich ist die Zahlung in den §§ 631 und 632 BGB geregelt. § 631 Abs. 1 BGB definiert die Hauptpflicht des Bestellers, die vereinbarte Vergütung zu entrichten. § 632 Abs. 1 BGB beinhaltet den Grundsatz, dass werkvertragliche Leistungen niemals ohne Vergütung erbracht werden. Eine Vergütung gilt demnach sogar als stillschweigend vereinbart, wenn die Herstellung des Werkes den Umständen nach nur gegen eine Vergütung zu erwarten ist. Dies wird bei gewerblichen Bauleistungen regelmäßig der Fall sein. Auch auftragslose Leistungen können ggf. Vergütungsansprüche unter dem Gesichtspunkt der Geschäftsführung ohne Auftrag auslösen.

Bei VOB-Verträgen richtet sich die Frage der Abrechnung und Zahlung nach den §§ 14, 16 VOB/B.

7.6.1 Prüfbarkeit der Rechnung

§ 14 VOB/B trifft Regelungen über die Abrechnung, die der Unternehmer vorlegen muss, um Zahlungen vom Auftraggeber zu erhalten. Danach hat der Auftragnehmer seine Leistungen prüfbar abzurechnen. Er hat gemäß § 14 Abs. 1 VOB/B die Rechnungen daher:

- übersichtlich aufzustellen,
- die Reihenfolge der Posten einzuhalten und die in den Vertragsbestandteilen enthaltenen Bezeichnungen zu verwenden,
- die zum Nachweis von Art und Umfang der Leistung erforderlichen Mengenberechnungen, Zeichnungen und andere Belege beizufügen und
- Änderungen und Ergänzungen des Vertrages in der Rechnung besonders kenntlich zu machen, etwa als Nachtragsbezeichnung, und auf Verlangen getrennt abzurechnen.

Mit der Verpflichtung, dass der Auftragnehmer eine prüfbare Abrechnung vorzulegen hat, formuliert die VOB/B somit eine Fälligkeitsvoraussetzung für die Erlangung des Werklohns. Bei einem Pauschalpreisvertrag recht es allerdings bereits aus, lediglich die vereinbarte Endsumme im Rahmen der (Schluss-)Rechnung zu kennzeichnen und die erhaltenen Zahlungen aufzuführen[98].

Um eine prüfbare Abrechnung erstellen zu können, sieht § 14 Abs. 2 VOB/B vor, dass die für die Abrechnung notwendigen Feststellungen dem Fortgang der Leistung entsprechend möglichst gemeinsam vorzunehmen sind (Stichwort: gemeinsames Aufmaß). Die

[98] *BGH* BauR 1979, 525; *OLG Köln*, NJW-RR 1990, 1171.

Vertragsparteien haben die Abrechnungsbestimmungen in den technischen Vertragsbedingungen und den anderen Vertragsunterlagen zu beachten. Es ist die Pflicht des Auftragnehmers, für Leistungen, die bei Weiterführung der Arbeiten nur schwer feststellbar sind, gemeinsame Feststellungen zu beantragen, also eine sog. Sichtabnahme oder technische Abnahme im Sinne des § 4 Abs. 10 VOB/B durchzuführen.

Häufig beruft sich der Auftraggeber auf eine angeblich fehlende Prüffähigkeit der von dem Auftragnehmer vorgelegten Rechnung. Hierbei kann sich der Auftraggeber aber nicht mit dem pauschalen Einwand begnügen, die Rechnung sei nicht prüffähig, sondern hat im Einzelnen darzulegen, welche Informationen und Unterlagen ihm konkret fehlen, um die Rechnung prüfen zu können. Der Einwand der fehlenden Prüffähigkeit kann im Einzelfall sogar rechtsmissbräuchlich und damit unzulässig sein, insbesondere wenn der Auftraggeber, der sich (später) auf die fehlende Prüffähigkeit einer Rechnung beruft, die Rechnung aber dennoch geprüft hat oder wenn er trotz der Rüge der fehlenden Prüfbarkeit die Unterlagen und Kenntnisse zur Prüfung schon vorliegen hat oder wenn der Mangel der Prüffähigkeit verspätet vorgebracht wird[99].

7.6.2 Abschlagszahlungen

Nach der ursprünglichen gesetzlichen Regelung hat der Auftragnehmer zunächst seine vollständige Leistung zu erbringen (Vorleistungspflicht), ehe er die Vergütung beanspruchen kann. Dies ergibt sich aus § 641 Abs. 1 BGB, wonach die Vergütung bei der Abnahme des Werkes zu entrichten ist.

Diese strenge Vorleistungspflicht ohne Vergütung hat sich allerdings als unpraktikabel erwiesen, insbesondere bei großen Bauvorhaben mit einer langwierigen Ausführungsdauer. Der Auftragnehmer ist hier möglicherweise unter Zugrundelegung der Regelung des § 641 Abs. 1 BGB jahrelang darauf angewiesen, seine Vorleistungspflicht zu erfüllen, ehe er überhaupt erstmals eine Vergütung erhält. Daher hat zunächst die VOB/B in § 16 Abs. 1, später auch der Gesetzgeber in § 632a Abs. 1 BGB vorgesehen, dass der Auftragnehmer Abschlagszahlungen für vertragsgemäß erbrachte Leistungen in der Höhe verlangen kann, in der der Besteller durch die Leistung einen Wertzuwachs erlangt hat. Damit wird dem Interesse des Auftragnehmers Rechnung getragen, auch vor Fertigstellung des Werkes Vergütungen abrechnen und vereinnahmen zu können.

Abschlagszahlungen sind nach § 16 Abs. 1 Nr. 1 VOB/B auf Antrag des Auftragnehmers in möglichst kurzen Zeitabständen oder zu den vereinbarten Zeitpunkten zu gewähren und zwar in Höhe des Wertes der jeweils nachgewiesenen vertragsgemäßen Leistungen. Auch § 16 VOB/B fordert zum Nachweis eine prüfbare Aufstellung, die eine rasche und sichere Beurteilung der Leistungen ermöglichen muss und wiederholt somit die Anforderungen zur Abrechnung aus § 14 VOB/B.

[99] *Werner/Pastor*, Rn 1873 f. mit Beispielen aus der Rechtsprechung.

Anders als die Schlussrechnung (dazu sogleich) hängt die Fälligkeit der Abschlagszahlung nicht von einer bereits erfolgten Abnahme von (Teil-)Leistungen ab, sondern kann schon erfolgen, wenn Leistungen überhaupt erbracht sind. Eine prüfbare Abrechnung wird aber dennoch gefordert. Die Möglichkeit des Auftragnehmers, während der Bauausführung Abschlagszahlungen zu erlangen, widersprach zunächst dem gesetzlichen Leitbild des BGB-Werkvertrages, das davon ausging, dass der Unternehmer zunächst den Erfolg herbeiführen musste (z. B. die Sanierungsarbeiten erst erfolgreich abschließen musste oder das Bauwerk abschließend errichten musste), um überhaupt in den Genuss einen Vergütungsanspruchs zu gelangen (§ 631 BGB). Da sich diese Regelung allerdings bei der Abwicklung von Bauvorhaben als wenig praktikabel erwiesen hat, da der Auftragnehmer das Vorleistungsrisiko trägt und keine Absicherung für bereits verbaute Stoffe und Leistungen erhält, hat § 16 Abs. 1 VOB/B die Möglichkeit der Abschlagszahlung ausdrücklich geregelt. Der Unternehmer soll für bereits erbrachte Leistungen nicht bis zum Abschluss der Baumaßnahme auf seine Vergütung warten, sondern kann durch die Abschlagszahlungen schon während des Baufortschritts Vergütung vom Auftraggeber beanspruchen.

Zu beachten ist allerdings der nur vorläufige Charakter von Abschlagszahlungen. Mit Abschlagszahlungen ist ausdrücklich kein Anerkenntnis der abgerechneten Leistung verbunden[100].

Beispielsfall Bei der Sanierung und dem teilweisen Neubau einer alten Fachwerk-Eisenbahnbrücke stellt der Unternehmer 30 Abschlagsrechnungen. Er weist dort auch zahlreiche Nachträge aus, bei denen auch bauzeitbedingte Mehrkosten geltend gemacht werden. Der Auftraggeber bezahlt die Abschlagsrechnungen und vergütet auch auf die Nachträge durchweg 70 %. Im Zuge der Schlussrechnung stellt der Auftraggeber insbesondere die bauzeitbedingten Nachträge, aber auch die anderen Nachträge in Frage und verweigert die Vergütung bzw. streicht Vergütungspositionen, die in den Abschlagszahlungen bereits mit mindestens 70 % berücksichtigt waren.

Wegen des nur vorläufigen Charakters der Abschlagsrechnungen und -zahlungen und der Intention der Regelung über die Abschlagszahlungen, dem Auftragnehmer schon während der Bauabwicklung kurzfristig Vergütung zu verschaffen, kann der Auftraggeber bei der Endabrechnung des Vertrages für ihn problematische Positionen in Frage stellen und die Vergütung kürzen oder ganz verweigern, sofern die Einwände sachlich begründet sind. Der Auftragnehmer muss dann nachweisen, dass die Nachträge dem Grunde nach berechtigt sind und auch der Höhe nach korrekt auf der Grundlage der Urkalkulation abgerechnet wurden. Er ist auch für bauzeitbedingte Mehrkosten darlegungs- und beweispflichtig, sofern der Auftraggeber diese Positionen bei der Schlussrechnungsprüfung ablehnt. Es kann also im Beispielsfall durchaus sein, dass der Auftraggeber bei der Schlussüberprüfung sogar zu einer Überzahlung gelangt, weil er in Abschlagszahlungen die Nachträge pauschal mit 70 % vergütet hat, diese in der Schlussrechnung aber jetzt in Frage stellt.

---

[100] *BGH* BauR 2004, 1146; Übersicht bei *Werner/Pastor*, Rn 1602.

Der Auftragnehmer muss bei der Abschlagszahlung seinen Leistungsstand nachweisen. Üblicherweise erfolgt dies entsprechend Baufortschritt in Anlehnung an die zugrunde liegende Position des Leistungsverzeichnisses, indem bei der Abrechnung ein Prozentsatz für die bereits erbrachte Leistung angesetzt wird.

Beispiel (Sanierung einer Schule)

- Position 5.2.40 Asbestdekontaminierung Gebäude A,
- EP: € 20.000,00
- Leistungsstand: 80 %:
- Abrechnungssumme: € 16.000,00

Im Beispielsfall kommt die Position einer Asbestentsorgung zur Abrechnung. Der vertragliche Einheitspreis für die Leistungen wurde mit € 20.000,00 zugrunde gelegt. Der Leistungsstand zum Zeitpunkt der Abrechnung beträgt 80 %, so dass mit der Abrechnung der Betrag von € 16.000,00 für die Position beansprucht wird.

Bei Einheitspreisverträgen ist es auch möglich, die tatsächlich ausgeführten Mengen einzutragen und mit dem vertraglich vereinbarten Einheitspreis zu multiplizieren, um den konkreten Leistungsstand der Abschlagsrechnung zu ermitteln.

Entgegen anders lautender formularmäßiger Regelungen in Verträgen hat der Auftragnehmer Anspruch auf die volle Bezahlung der Abschlagsrechnung, also der Zahlung zu 100 %. Die oftmals anzutreffende Formulierung „Abschlagszahlungen erfolgen in Höhe von 90 %“, ohne den Abzug näher zu erläutern, ist wegen Verstoßes gegen die Regelungen über die Allgemeinen Geschäftsbedingungen unwirksam[101]. Anders ist der Fall zu beurteilen, wenn die Parteien für die Vertragserfüllung eine Sicherheit vereinbart haben und, sofern der Auftragnehmer keine Vertragserfüllungsbürgschaft vorlegt, der Auftraggeber berechtigt sein soll, etwa 5–10 % von jeder Rechnung als Sicherheit für die Vertragserfüllung einzubehalten. Ist eine solche vertragliche Abrede ausdrücklich getroffen, begegnet der Abzug keinen Bedenken.

Häufig trifft man aber auch die Regelung an, dass der Auftragnehmer eine Vertragserfüllungsbürgschaft zu Beginn der Bauarbeiten zu stellen hat, etwa in Höhe von 10 %, dennoch aber die Abschlagszahlungen nur in Höhe von 95 % erfolgen. Auch eine solche Regelung ist unwirksam, da der Auftraggeber übersichert wird.

Haben die Parteien eine Vorauszahlung vereinbart, wonach der Auftraggeber dem Auftragnehmer schon vor Beginn der Arbeiten einen bestimmten Betrag bezahlt, sind diese Vorauszahlungen selbstverständlich bei den Abschlagsrechnungen mit anzurechnen. Üblicherweise lässt sich der Auftraggeber auch eine gesonderte Vorauszahlungsbürgschaft zur Absicherung seiner bereits geleisteten Zahlungen geben (vgl. § 16 Abs. 2 VOB/B).

Der Auftraggeber ist nach § 16 Abs. 1 Nr. 2 berechtigt, Gegenforderungen, etwa wegen erkannter, aber noch nicht beseitigter Mängel, geltend zu machen und einen entsprechenden Betrag von der Abschlagszahlung einzubehalten.

[101] *Hofmann/Frikell/Schwamb*, S. 370; *Ingenstau/Korbion-Locher*, § 16 Abs. 1 VOB/B Rdnr. 59.

§ 16 Abs. 1 Nr. 3 VOB/B bestimmt, dass Abschlagszahlungen binnen 21 Tagen nach Zugang der Aufstellung fällig werden.

Eine Abschlagsrechnung kann nicht mehr gestellt werden, wenn die Leistungen des Auftragnehmers abgenommen sind. Er ist dann verpflichtet, eine Schlussrechnung zu erteilen[102].

Grundsätzlich ist die gerichtliche Geltendmachung von Abschlagsrechnungen möglich. Da aber erfahrungsgemäß ein Bauprozess im Regelfall länger dauert, als die Baumaßnahme, wird der klagende Unternehmer während der Prozessdauer seine Schlussrechnung gelegt haben. In diesem Fall gehen seine Ansprüche auf Abschlagszahlungen unter und er ist verpflichtet, seinen Vortrag im laufenden Prozess auf die Schlussrechnung umzustellen[103]. Es kann daher für den Auftragnehmer sinnvoller sein, offene Vergütungsansprüche im Wege der Klage aus der Schlussrechnung geltend zu machen.

Bei einem BGB-Werkvertrag sind Abschlagszahlungen nach § 632a BGB vorgesehen. Danach kann der Unternehmer von dem Besteller für die vertragsgemäß erbrachte Leistung eine Abschlagszahlung verlangen.

Nach § 16 Abs. 1 Sätze 3 und 4 VOB/B. sowie § 632a Sätze 5 und 6 BGB besteht die Möglichkeit, auch für eigens angefertigte und bereitgestellte Bauteile sowie die auf der Baustelle angelieferten Stoffe und Bauteile Abschlagszahlungen beanspruchen, wenn dem Auftraggeber nach seiner Wahl das Eigentum an ihnen übertragen ist oder eine entsprechende Sicherheit gegeben wird. Diese Regelung ermöglicht es dem Auftragnehmer, auch für bereitgestellte Teile, die noch nicht eingebaut sind, Vergütungsansprüche zu realisieren. Dies ist beispielsweise bei Fassadenarbeiten der Fall, wenn Fassadenelemente vorproduziert sind und zwischenzeitlich eingelagert werden, bis der Rohbau fertig ist und die Fassade montiert werden kann. In diesem Falle kann können die Elemente, die vorhanden sind, dem Auftraggeber zu Eigentum übertragen werden, woraufhin der Auftragnehmer die entsprechende Vergütung erhält. Diese Eigentumsübertragung ist auch durch Sicherheitsleistung auf Wunsch des Auftraggebers absicherbar.

7.6.3 Schlussrechnung

Zum Abschluss der Arbeiten, nach Abnahme, rechnet der Auftragnehmer die vollständig erbrachten Leistungen mit der Schlussrechnung ab. Die Schlussrechnung erfasst sämtliche während der Baumaßnahme angefallenen Vergütungsansprüche, also auch sämtliche Nachtragsleistungen.

Die Schlussrechnung muss den Grundsätzen einer prüfbaren Abrechnung entsprechen, wie sie vorstehend dargelegt wurden (§ 14 Abs. 1 und 2 VOB/B).

Sie muss weiterhin bei Leistungen mit einer vertraglichen Ausführungsfrist bis höchstens drei Monate spätestens 12 Werktage nach Fertigstellung eingereicht werden, wobei

---

[102] *OLG Stuttgart*, Urteil vom 12.02.2019, 10 U 152/18 = NJW 2019, 2708.

[103] Zu den prozessualen Problemen: *Ingenstau/Korbion-Locher*, § 16 Abs. 1 VOB/B, Rdnr. 45 ff.

diese Frist um je sechs Werktage für je weitere drei Monate Ausführungsfrist verlängert wird, sofern nichts anderes vereinbart ist (§ 14 Abs. 3 VOB/B).

Beispiel Die Metallsanierungsarbeiten an einem kleineren Bauvorhaben haben einen Monat gedauert und sind am 08.03.2019 (Freitag) abgeschlossen worden. Der Auftragnehmer muss nach § 14 Abs. 3 VOB/B innerhalb von 12 Werktagen die Schlussrechnung stellen, also bis zum Freitag, den 22.03.2019 (Werktage: Montag–Samstag).

Hätte es sich im Beispielsfall um umfassende Arbeiten an einem großen Bauvorhaben gehandelt, für das etwa eine Bauzeit von einem Jahr erforderlich war, würde die Berechnung betragen: 08.03.2019 + 12 Werktage für die ersten drei Monate + je sechs Werktage für je weitere drei Monate, also weitere 18 Werktage (9 Monate = 3 × 6 Werktage). Insgesamt würden dem Auftragnehmer somit 30 Werktage zur Vorlage der Schlussrechnung zur Verfügung stehen, im Beispielfall also eine Frist bis zum 12.04.2019.

Die Parteien können selbstverständlich andere Fristen vereinbaren. Solange der Auftraggeber keine Abrechnung fordert, sind mit der Versäumung der Frist grundsätzlich keine Nachteile verbunden. Allerdings ist der Unternehmer nach § 14 UStG zur Rechnungslegung binnen sechs Monaten nach der Ausführung verpflichtet, wobei dies eine umsatzsteuerliche Verpflichtung darstellt und keine unmittelbaren Auswirkungen auf die werkvertraglichen Pflichten hat. Allerdings kann dem Auftraggeber ein Zurückbehaltungsrecht am Werklohn zustehen, wenn der Unternehmer nicht korrekt nach den Regeln des UStG abrechnet[104].

Reicht der Auftragnehmer eine prüfbare Rechnung nicht ein, obwohl ihm der Auftraggeber dafür eine angemessene Frist gesetzt hat, so kann sie der Auftraggeber nach § 14 Abs. 4 VOB/B selbst und auf Kosten des Auftragnehmers aufstellen. Schon im eigenen Interesse sollte der Auftragnehmer daher zeitnah seine Abrechnungen erstellen, auch um unter Berücksichtigung der laufenden Fristen möglichst schnell die offene Vergütung zu erlangen.

Zur Fälligkeit der Schlusszahlung bestimmt § 16 Abs. 3 Nr. 1 VOB/B, dass der Anspruch auf die Schlusszahlung „alsbald nach Prüfung und Feststellung fällig" wird, spätestens innerhalb von 30 Tagen nach Zugang der Schlussrechnung. Die Frist kann sich auf höchstens 60 Tage verlängern, wenn dies sachlich gerechtfertigt ist und ausdrücklich vereinbart wurde.

Die Frist soll zum einen bewirken, dass der Auftraggeber innerhalb dieser Frist die Prüfung durchführt und insbesondere Einwendungen gegen die Prüffähigkeit der Schlussrechnungen erhebt. Nach Ablauf der Frist kann sich der Auftraggeber nicht mehr nicht mehr auf eine fehlende Prüfbarkeit der Schlussrechnung berufen (was aber spätere inhaltliche Einwendungen nicht ausschließt, sondern nur die Prüfbarkeit als solche betrifft).

Nach der aktuellen Regelung gilt eine Frist von 30 Tagen nach Zugang der Schlussrechnung als Regelfrist für die Prüfung. Da diese Frist bei umfangreichen Baumaßnahmen, bei denen auch auf Auftraggeberseite diverse Sonderfachleute in die Schlussrechnungsprü-

[104] *Vygen/Wirth/Schmidt*, Seite 243.

fung einbezogen sind, möglicherweise nicht ausreicht, sieht die VOB/B eine Verlängerung auf höchstens 60 Tage vor, wenn sie ausdrücklich vereinbart wurde und sachlich gerechtfertigt ist.

Abgesehen davon fordert die VOB/B vom Auftraggeber, die Prüfung der Schlussrechnung nach Möglichkeit zu beschleunigen; im Falle von Verzögerungen ist in jedem Falle ein unbestrittenes Guthaben als Abschlagszahlung sofort zu zahlen (§ 14 Abs. 3 Nr. 1 Sätze 4 und 5 VOB/B).

Eine weitere Besonderheit beim VOB/B-Vertrag, die ebenfalls vor dem Hintergrund der Rechtsprechung über die allgemeinen Geschäftsbedingungen an Bedeutung verloren hat, stellt das Verfahren nach § 16 Abs. 3 Nr. 2–5 VOB/B dar (sog. Schlusszahlungseinrede). Danach schließt die vorbehaltlose Annahme der Schlusszahlung Nachforderungen aus! Hat der Auftraggeber auf die Schlusszahlungswirkung hingewiesen, muss der Auftragnehmer innerhalb von 28 Tagen nach Zugang der Mitteilung über die Schlusszahlung seinen Vorbehalt erklären und ihn innerhalb von weiteren 28 Tagen begründen.

Diese Regelung kommt also nur zur Anwendung, wenn der Auftraggeber schriftlich auf die Ausschlusswirkung im Zuge der Übermittlung des Schlussrechnungsprüfungsergebnisses hinweist. In diesem Falle ist dem Auftragnehmer zu raten, jedenfalls vorsorglich, den Vorbehalt innerhalb von 28 Tagen nach Zugang dieser Mitteilung zu erklären. Hat der Unternehmer prüfbar abgerechnet, muss der Vorbehalt nicht gesondert begründet werden, da sich die Begründung aus der prüfbaren Abrechnung ergibt. Sollten allerdings Missverständnisse bei der Schlussrechnungsprüfung erkennbar geworden sein, kann es ratsam sein, innerhalb der weiteren Frist von 28 Tagen jedenfalls diese strittigen Punkte schriftlich aufzuklären, um Streit über die Schlussrechnung zu vermeiden.

Wenn, wie üblich, die VOB/B nicht als Ganzes vereinbart wurde bzw. Abweichungen hiervon vorliegen, sind die Regelungen über die Schlusszahlungserklärung des Auftraggebers und dem Vorbehalt wiederum vor dem Hintergrund der Regelung über die allgemeinen Geschäftsbedingungen unwirksam[105].

7.6.4 Folgen verspäteter Zahlungen

Für sämtliche Abrechnungen gilt nach § 16 Abs. 5 Nr. 3 VOB/B, dass der Auftragnehmer dem Auftraggeber, der bei Fälligkeit nicht zahlt, eine angemessene Nachfrist setzten kann. Zahlt der Auftraggeber auch innerhalb dieser Nachfrist nicht, hat der Auftragnehmer vom Ende der Nachfrist an Anspruch auf Zinsen in Höhe von derzeit neun Prozentpunkten über dem Basiszinssatz nach § 247 BGB (s. § 288 Abs. 2 BGB), wenn er keinen höheren Verzugsschaden nachweisen kann. Überdies ist klargestellt, dass der Auftraggeber, ohne dass es einer Nachfristsetzung bedarf, spätestens 30 Tage nach Zugang der Rechnung in Zahlungsverzug kommt, wenn der Auftragnehmer seine vertraglichen und gesetzlichen Verpflichtungen erfüllt und den fälligen Entgeltbetrag nicht rechtzeitig erhalten hat, es sei

[105] *BGH* BauR 2007, 1404.

denn, der Auftraggeber ist für den Zahlungsverzug nicht verantwortlich. Entsprechend der Regelung des § 16 Abs. 3 VOB/B kann sich diese Frist bis auf 60 Tage verlängern, wenn dies ausdrücklich vereinbart wurde.

Dies bedeutet, dass der Auftragnehmer im Rahmen eines VOB/B-Vertrages Verzugszinsen im Regelfall schon 30 Tage nach Zugang der Rechnung erhält, ohne dass er noch eine Nachfrist setzen müsste. Wurde ausnahmsweise eine Verlängerung der Frist auf 60 Tage vereinbart, tritt damit der Zahlungsverzug automatisch nach 60 Tagen ein.

Ist die Fälligkeit früher oder zu einem anderen Zeitpunkt eingetreten, muss der Auftragnehmer dem Auftraggeber eine angemessene Nachfrist (im Regelfall 7–10 Tage) setzten, um die Verzugsfolgen auszulösen. Zu Dokumentationszwecken, insbesondere, wenn eine Forderung später auch gerichtlich geltend gemacht werden muss, empfiehlt es sich allerdings, die vorgenannten Fristen intern zu kontrollieren und den Auftraggeber darüber in Kenntnis zu setzten, wenn die Fristen abgelaufen sind und er sich im Verzug befindet. Dies erleichtert im Falle einer Auseinadersetzung die Darlegungen der Verzugsvoraussetzungen, für die der Auftragnehmer die Darlegungs- und Beweislast trägt.

Als weitere Rechtsfolge darf der Auftragnehmer nach § 16 Abs. 5 Nr. 4 VOB/B die Arbeiten bei Zahlungsverzug bis zur Zahlung einstellen, wenn eine dem Auftraggeber zuvor gesetzte angemessene Frist erfolglos verstrichen ist. Dieses Leistungsverweigerungsrecht sollte, insbesondere bei Abschlagsrechnungen, restriktiv ausgeübt werden, da dieses Recht daran geknüpft ist, dass dem Auftragnehmer unstreitig ein Anspruch zusteht. Oftmals sind gerade bei Abschlagsrechnungen aber Nachtragsleistungen zwischen den Parteien strittig. Sofern es sich dabei nicht um eine objektiv berechtigte Vergütungsforderung handelt, läuft der Auftragnehmer bei einer Leistungseinstellung Gefahr, dass der Auftraggeber ihm den Auftrag wegen unberechtigter Leistungseinstellung nach § 8 Abs. 3 VOB/B mit sofortiger Wirkung entzieht, die Leistungen durch ein anderes Unternehmern zu Ende führen lässt und die Schäden, die dadurch entstanden sind, beim Auftragnehmer geltend macht. Es ist daher stets eine sorgfältig abgewogene Entscheidung im Einzelfall erforderlich, ob der Auftragnehmer sein Leistungsverweigerungsrecht geltend macht.

Zur Absicherung seiner Vergütung kann hier auch in Betracht kommen, etwa eine Sicherheit gemäß § 650f BGB („Bauhandwerkersicherung") zu verlangen.

In jedem Falle sollte der Auftragnehmer, der wegen Zahlungsverzuges eine Leistungsverweigerungsrecht geltend machen will, dem Auftraggeber, etwa im Zuge der Nachfristsetzung, ausdrücklich ankündigen, dass er sich vorbehält, von seinem Verweigerungsrecht Gebrauch zu machen – dies entspricht letztlich auch dem Kooperationsgedanken der am Bau Beteiligten, der als übergeordneter Grundsatz von beiden Vertragsparteien zu beachten ist[106].

Allgemein berechtigen Streitigkeiten ansonsten nicht zur Leistungseinstellung (§ 18 Abs. 5 VOB/B).

---

[106] *BGH*, NJW 2000, 807.

7.6.5 Verjährung von Vergütungsansprüchen

Der Werklohnanspruch des Unternehmers verjährt innerhalb der Regelverjährungsfrist des § 195 BGB in drei Jahren. Es handelt sich um eine so genannte Ultimo-Verjährung, also eine Verjährung, die an das Jahresende geknüpft ist. § 199 Abs. 1 BGB bestimmt, dass die regelmäßige Verjährungsfrist mit dem Schluss des Jahres beginnt, in dem der Anspruch entstanden ist und der Gläubiger von den den Anspruch begründeten Umständen und der Person des Schuldners Kenntnis erlangt hat.

Beispiel Der Auftraggeber hat seine Leistungen zum 17.06.2017 schlussgerechnet. Am 16.07.2017 hat der Auftraggeber das Schlussrechnungsprüfungsergebnis übermittelt. Die Forderung des Auftraggebers verjährt innerhalb von drei Jahren nach § 195 BGB. Die drei Jahre sind eigentlich am 16.07.2020 abgelaufen. Nach § 199 Abs. 1 BGB beginnt die Verjährung allerdings mit dem Schluss des Kalenderjahres, in dem der Anspruch entstanden ist, also zum 31.12.2020. Der Anspruch verjährt damit zum 31.12.2020.

Droht die Verjährung kann sie nach § 204 BGB durch Maßnahmen der Rechtsverfolgung gehemmt werden, also durch Erhebung einer Klage oder den Erlass eines Mahnbescheides. Auch ein selbstständiges Beweisverfahren oder eine Streitverkündung in einem Prozess können verjährungsunterbrechend wirken[107].

Eine Hemmung der Verjährung tritt auch durch Verhandlungen der Parteien über den streitigen Anspruch nach § 203 BGB ein. Schweben danach zwischen den Parteien Verhandlungen über den Anspruch, so ist die Verjährung gehemmt, bis der eine oder der andere Teil die Fortsetzung der Verhandlungen verweigert. Die Verjährung tritt frühestens drei Monate nach dem Ende der Hemmung ein. Verhandeln die Parteien also über den Werklohnanspruch, führen sie konkret Gespräche über die Schlussrechnung und diskutieren, wie eine Einigung herbeigeführt werden kann, ist für die Dauer dieser Gespräche zuzüglich eines Zeitraums von drei Monaten nach endgültiger Beendigung der Gespräche die Verjährung gehemmt. Sie läuft danach aber „tag-genau" weiter und orientiert sich nicht mehr an dem Kalenderjahr, wenn die eigentliche Verjährung nach der Regelverjährungsfrist, wie vorstehend dargelegt, schon abgelaufen wäre.

7.7 Mängelansprüche

7.7.1 Entscheidende Schaltstelle: Abnahme

Wie bereits bei der Abnahme dargestellt, handelt es sich hierbei um eine der wichtigsten Weichenstellungen bei der Abwicklung eines Bauwerkvertrages. Bis zur Abnahme ist der Auftragnehmer verpflichtet, das Werk mangelfrei zu erstellen; er haftet voll für die Ver-

[107] Einzelheiten siehe bei dem Kapitel über prozessuale Fragen, 7.14.

tragserfüllung und ist im Streitfall darlegungs- und beweisverpflichtet dafür, dass seine Arbeiten mangelfrei ausgeführt wurden (§§ 631, 633 BGB; § 4 Abs. 7 VOB/B).

Mit der vom Auftraggeber erklärten Abnahme tritt der Gefahrenübergang ein – hat bis zur Abnahme der Auftragnehmer die Verantwortung für die Mangelfreiheit des Werks getragen, geht diese Verantwortung jetzt auf den Auftraggeber über. Dies führt dazu, dass nach dem Gefahrenübergang der Auftraggeber für bestehende Mängel darlegungs- und beweisverpflichtet ist. Bei bestehender Mangelhaftigkeit (früher: Gewährleistungsansprüche) ist der Auftragnehmer verpflichtet, alle während der Verjährungsfrist auftretenden Mängel zu beseitigen (§§ 634, 633 BGB; § 13 Abs. 1 VOB/B):

Vertragserfüllung/Mängelansprüche

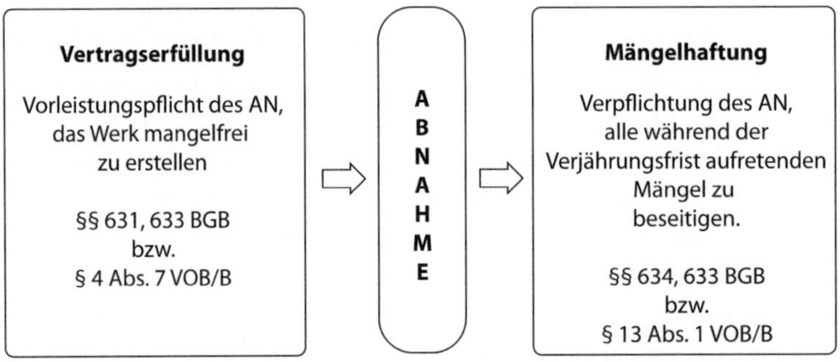

Gleichzeitig beginnt mit der Abnahme die Verjährungsfrist für Mängelansprüche zu laufen, die im Regelfall bei Bauwerken fünf Jahre beträgt (§ 438 Abs. 1 Nr. 2a BGB – Kaufrecht, § 634a I Nr. 2 und Abs. 2 BGB – Werkvertragsrecht). Nach § 13 Abs. 4 Nr. 1 VOB/B beträgt die Verjährungsfrist für Mängelansprüche vier Jahre bei Bauwerken. Ist für Teile von maschinellen und elektrotechnischen/elektronischen Anlagen, bei denen die Wartung Einfluss auf die Sicherheit und Funktionsfähigkeit hat, nichts anderes vereinbart, beträgt für diese Anlagenteile die Verjährungsfrist für Mängelansprüche zwei Jahre, wenn der Auftraggeber dem Auftragnehmer keinen Wartungsvertrag übertragen hat (§ 13 Abs. 4 Nr. 2 VOB/B).

7.7.2 Mangeldefinition

Bei Bauverträgen kommt es regelmäßig dazu, dass der ausführende Unternehmer seinerseits Produkte zukauft, um seine Leistungsverpflichtung zu erfüllen. Bei Sanierungsarbeiten sind beispielsweise neue Fensterelemente einzubauen, für die etwa die Scheiben oder Elemente zugekauft werden. Ebenso können Anstrichmittel etc. zum Einsatz kommen, die ebenfalls zuzukaufen sind. Insoweit ist Kaufrecht einschlägig mit der Folge, dass die Regelungen der §§ 433 ff. BGB anzuwenden sind.

Werden Mangelansprüche (Gewährleistungsansprüche) aus Werkvertragsrecht geltend gemacht, sind §§ 633 ff. BGB bzw. § 13 VOB/B einschlägig:

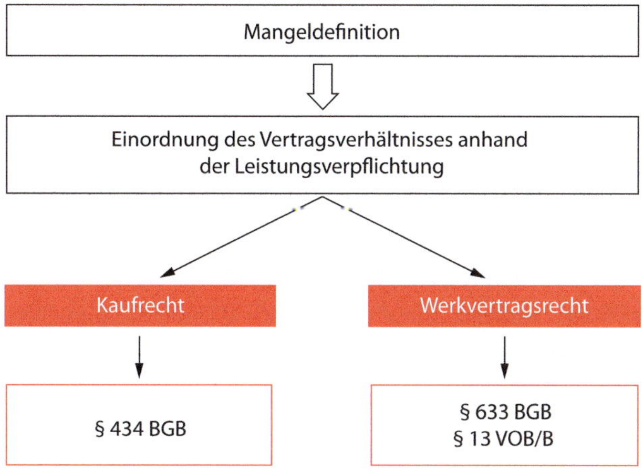

Kaufrecht ist dabei auf sämtliche Verträge mit einer Verpflichtung zur Lieferung herstellender oder zu erzeugender beweglicher Sachen anzuwenden, also auch auf Verträge zwischen Unternehmen. Verträge, die allein die Lieferung von herzustellenden beweglichen Bau- oder Anlagenteilen zum Gegenstand haben, sind nach Maßgabe des § 651 BGB (Werklieferungsvertrag) nach Kaufrecht zu beurteilen. Die Zweckbestimmung der Teile, in Bauwerke eingebaut zu werden, rechtfertigt keine andere Beurteilung[108].

Nach der Schuldrechtsreform von 2002 wurden die Mängelhaftungsansprüche im Kaufrecht und Werkvertragsrecht weitgehend angeglichen, so dass der Unterscheidung keine große praktische Bedeutung mehr beikommt; als Faustformel ist festzuhalten, dass ein Unternehmer für einen Mangel in der Kaufsache oder an seinem Werk grundsätzlich fünf Jahre gegenüber dem Auftraggeber haftet.

Ungeachtet dogmatischer Diskussionen zur Mangeldefinition[109] lässt sich ein Mangel zusammengefasst so definieren:

► **Definition** Ein Mangel liegt vor, wenn die Ist-Beschaffenheit von der Soll-Beschaffenheit negativ abweicht. Der Auftragnehmer hat dem Auftraggeber seine Leistung zum Zeitpunkt der Abnahme also frei von Sachmängeln zu verschaffen, wobei die Leistung frei von Sachmängeln ist, wenn sie die vereinbarte Beschaffenheit hat und den anerkannten Regeln der Technik entspricht. Ist eine Beschaffenheit nicht vereinbart, so ist die Leistung zur Zeit der Abnahme frei von Sachmängeln, wenn sie sich für die nach dem Vertrag vorausgesetzte bzw. für die gewöhnliche Verwendung eignet und eine Beschaffenheit auf-

[108] *BGH*, IBR 2009, 575.

[109] Überblick bei *Werner/Pastor*, Rn 1960 ff, *Kapellmann/Messerschmidt-Langen*, § 13 VOB/B, Rdnr. 17 ff.; *Leinemann-Schliemann*, § 13 VOB/B Rdnr 4 ff.

weist, die bei Werken der gleichen Art üblich ist und die der Auftraggeber nach Art der Leistung erwarten kann (Definition des § 13 Abs. 1 VOB/B).

Die Anwendung der Definition in der täglichen Praxis bereitet dabei durchaus Schwierigkeiten, da zwischen den Parteien häufig streitig ist, was denn die Soll-Beschaffenheit, also die vertraglich definierte und durch die Regeln der Technik determinierte Beschaffenheit, gewesen sein soll. Zur Klärung ist zunächst die vertragliche Vereinbarung heranzuziehen. Der Auftraggeber hat möglicherweise in seinen Verträgen, vor allem im Leistungsverzeichnis, bestimmte Vorgaben artikuliert, die in jedem Falle vom Auftragnehmer zu erfüllen sind, soweit sie nicht sittenwidrig sind oder gegen ein Gesetz verstoßen (§§ 134, 138 und 242 BGB). Außerdem sind in Streitfragen die einschlägigen DIN heranzuziehen. Streit bereitet stets die in § 13 Abs. 1 VOB/B ausdrücklich genannte Berufung auf die „anerkannten Regeln der Technik“, da vor allem bei den einschlägigen Sachverständigen umstritten ist, was genau dazu zählt. Auch hier kann man als grobe Faustformel zu Grunde legen, dass hierzu jedenfalls solche Normen und technischen Regelwerke zählen, die sich im Anwendungsbereich des entsprechenden Gewerkes als üblich und verbindlich herauskristallisiert haben.

Ein Mangel im Sinne des Werkvertragsrechts liegt nicht nur dann vor, wenn die Werkleistung nicht den Regeln der Technik entspricht, sondern schon dann, wenn das Werk von der Beschaffenheit abweicht, die es für den vertraglich vorausgesetzten Gebrauch haben muss (die zuvor beschriebene Abweichung der Ist- von der Soll-Beschaffenheit)[110].

Auch unerhebliche Abweichungen vom vorausgesetzten Gebrauch, durch die die Gebrauchstauglichkeit objektiv nicht beeinträchtigt wird, können nach dem subjektiven Fehlerbegriff einen Mangel darstellen[111].

Im kaufrechtlichen Bereich liegt somit ein Sachmangel vor,

- wenn die Sache bei Gefahrübergang nicht die vereinbarte Beschaffenheit aufweist, § 434 Abs. 1 BGB,
- die Sache unter Berücksichtigung von Werbeaussagen diesen Aussagen nicht entspricht § 434 Abs. 1 BGB (sogenannte Prospekthaftung),
- wenn die vereinbarte Montage unsachgemäß durchgeführt wird, § 434 Abs. 2 BGB,
- wenn die Montageanleitung mangelhaft ist, es sei denn die Sache wird fehlerfrei montiert § 434 Abs. 2 BGB,
- wenn der Verkäufer eine andere oder eine zu geringe Menge liefert, § 434 Abs. 3 BGB.

Im Kaufrecht stehen dem Käufer einer mangelhaften Sache dabei gemäß § 437 BGB folgende Rechte zu:

- **Nacherfüllung**
  (Beseitigung des Mangels oder Lieferung einer mangelfreien Sache); § 437 Nr. 1 BGB,

[110] *BGH*, Baur 2004, 1941 (Kurzform: IBR 2004, 611).
[111] *BGH*, a. a. O.

- **Rücktritt vom Vertrag**; § 437 Nr. 2 BGB,
- **Minderung des Kaufpreises**; § 437 Nr. 2 BGB,
- **Schadensersatz** nach algem. Regeln; § 437 Nr. 3 BGB,
- **Aufwendungsersatz**; § 437 Nr. 3 BGB.

Wiederum ist an die Vorschrift des § 377 HGB zu erinnern (sofortige Untersuchungs- und Rügepflicht beim Handelskauf). Ein Käufer muss gemäß § 377 HGB z. B. den angelieferten Stahl auch dann auf den vereinbarten Kohlenstoffgehalt untersuchen und gegebenenfalls Mängel rügen, wenn ihm bei Anlieferung durch den Verkäufer ein Werkszeugnis über die chemische Stahlgüte vorgelegt wird[112]. Anderenfalls gilt eine auch mit einem Sachmangel behaftete Ware als genehmigt, so dass der Käufer sich nicht auf eine Mangelhaftigkeit berufen kann.

Im Kaufrecht definiert § 633 BGB, dass der Unternehmer dem Besteller das Werk frei von Sachmängeln zu verschaffen hat (§ 633 Abs. 1 BGB). Das Werk ist nach der gesetzlichen Vorstellung grundsätzlich frei von Sachmängeln, wenn es die vereinbarte, also vertraglich geregelte, Beschaffenheit hat (§ 633 Abs. 2 BGB)[113]. Es zeigt sich also, dass die vertragsgemäße Beschaffenheit ähnlich wie im Kaufrecht definiert ist mit dem Unterschied, dass keine gesetzliche Berücksichtigung von Werbeangaben erfolgt. Derartige Punkte müssten, falls die Vertragsschließenden dies wünschen, einzelvertraglich gesondert geregelt werden.

Bei der Abwicklung von Bauwerkverträgen hat sich die vom Bundesgerichtshof entwickelte „Symptomtheorie“ durchgesetzt:

► Der Bauherr muss einen Baumangel so genau bezeichnen, dass der Unternehmer oder der Architekt wissen, was ihnen vorgeworfen und was von ihnen als Abhilfe erwartet wird. Ausreichend ist aber, dass der Bauherr vorträgt, dass ein konkreter Baumangel vorhanden ist, für den der Unternehmer oder der Architekt einzustehen hat. Der Besteller genügt seiner Darlegungspflicht, wenn er einen Mangel, aus dem er Rechte herleitet, in seinem äußeren Erscheinungsbild behauptet und belegt. Erforderlich ist somit nur eine hinreichend genaue Bezeichnung von Mangelerscheinungen, die einer fehlerhaften Leistung eines Baubeteiligten zugeordnet werden. Gründe für die Mangelentstehung, also Mängelursachen, müssen im Einzelnen nicht angegeben werden[114].

Nach der Symptomtheorie liegt somit kein hinreichend bestimmtes Mangelbeseitigungsverlangen vor, wenn beispielsweise bei Malerarbeiten nur pauschal die mangelhafte

---

[112] *OLG Hamm*, BauR 2010, 1812 (Kurzform: IBR 2010, 568).

[113] Daneben existiert noch der Begriff des Rechtsmangels, der gegeben ist, wenn von am Vertrag nicht beteiligten Dritten Eigentum, Besitz oder der unbeschränkte Gebrauch des Kaufgegenstands beeinträchtigt werden kann, Überlick bei: *Palandt-Weidenkaff*, § 435, Rn 5 ff und *Palandt-Sprau*, § 633, Rdnr. 11 ff.

[114] Ständige Rechtsprechung des *BGH*, etwa BauR 2005, 1626; BauR 2003, 1247, zitiert nach und Überblick bei *Werner/Pastor*, Der Bauprozess, Rn 1980.

Ausführung gerügt wird. Erforderlich ist, dass die Erscheinungen, bei denen es sich nach Auffassung des Auftraggebers um vertragswidrige Abweichungen handelt, hinreichend genau beschrieben werden. Bei Beauftragung von Malerarbeiten für mehrere Fenster ist auch anzugeben, welche Fenster betroffen sind. Angaben zur Mangelursache sind dagegen nicht erforderlich[115].

► **Tipp** Auch nur unerhebliche Abweichungen vom vertraglich vorausgesetzten Gebrauch können einen Mangel darstellen, selbst wenn dadurch die Gebrauchstauglichkeit objektiv nicht beeinträchtigt wird[116].

Es kommt also immer darauf an, was die Parteien vereinbart haben. Ohne genaue konkrete vertragliche Vereinbarung sind optische Mängel, die die Funktionstauglichkeit nicht beeinträchtigen, nicht ohne weiteres als wesentlich zu qualifizieren und können gegebenenfalls, was im Einzelfall zu entscheiden ist, durch eine Minderung des Werklohns abgegolten werden. Hat der Auftraggeber im Vertrag allerdings ein bestimmtes Erscheinungsbild vorgeschrieben, was gerade bei Sanierungsarbeiten, bei denen oft auch ein bestimmter optischer Erfolg erwartet wird, durchaus häufig vorkommt, können auch an und für sich unerhebliche Abweichungen aufgrund der konkreten vertraglichen Vorgaben dennoch dazu führen, dass dem Auftraggeber die Mängelhaftungsansprüche auch hinsichtlich Nacherfüllung zustehen, auch wenn mit einem vergleichsweise hohen Aufwand die Mangelbeseitigung durchgeführt werden muss.

Normale Abnutzung oder Verschleiß sind demgegenüber nur ausnahmsweise als Baumangel zu qualifizieren. Wenn etwa eingebaute Teile innerhalb der Gewährleistungsfrist infolge von Verschleiß oder Abnutzung nicht mehr voll funktionsfähig sind und deshalb den erstrebten Werkerfolg in Frage stellen, kann allerdings ein Werkmangel vorliegen[117].

Nachfolgend sind einige *Beispielsfälle* aus der Rechtsprechung aufgelistet, in denen eine Mangelhaftigkeit angenommen wurde[118].

- übelriechende Ausgasungen durch Teppichbodenkleber
- fehlerhafte Ausschachtung
- fehlerhafte Außendämmung
- Nichteinbau einer Bewegungsfuge in die Betonsohle beim Übergang von Altbau zu Neubau
- Verlegung eines dampfdichten Bodenbelages auf einer ohne ausreichende Dampfsperre ausgeführten, nicht unterkellerten Betonsohle
- Verwendung einer Dachbahn ohne Gebrauchstauglichkeitsnachweis gemäß DIN 18531
- fehlende Dehnungsfugen

115 *OLG Brandenburg*, IBR 2010, 331.
116 *OLG Celle*, IBR 2008, 643.
117 *Werner/Pastor*, Rn 2031.
118 Übersicht in Orientierung an den Überblick bei *Werner/Pastor*, Rn 2032 und 2054 zu Prüfungspflichten des Unternehmens.

- Spontananbruch von ESG-Scheiben
- mangelnde Verlegereife des Estrichs (Estrichleger, Parkettleger, Architekt)
- „Fogging“-Effekt (Ablagerung von schwarzem Staub)
- Kantenaufwölbungen eines Fertigparkettbodens
- fehlende „weiße“ Wanne bei erforderlichem Schutz gegen drückendes Wasser

Problematisch ist es, wenn sich ein Mangelsymptom zeigt, das bislang in keinen technischen Regelwerken erfasst ist. In einem solchen Fall – zu entscheiden war, ob Streifen in Isolierglasscheiben einen Mangel darstellen – hat das Gericht es dem hinzugezogenen Sachverständigen freigestellt, die Mangelhaftigkeit anhand der anerkannten Regeln der Technik aus dem Inbegriff seiner beruflichen Erfahrung und den speziellen Kenntnissen herzuleiten. Eine Richtlinie, wonach Unreinheiten, die bei diffusen Lichtverhältnissen nicht zu sehen sind, sei unbeachtlich, da sie keine DIN-Norm darstelle[119]. Diese Entscheidung verdient keine ungeteilte Zustimmung. Wenn beispielsweise bei der Beurteilung von Glasmängeln Richtlinien durch Merkblätter, etwa des Verbandes der Fenster- und Fassadenhersteller, herausgegeben werden, die durch Sachverständige des fraglichen Fachgebietes erstellt wurden, wie etwa die Richtlinien zur visuellen Beurteilung von Glasschäden, sind diese selbstverständlich als technisches Regelwerk bei der Beurteilung von Mängeln zu Grunde zu legen, zumal, wenn sich, wie im Beispielsfall, eine Übung im Rahmen der Beurteilung von solchen Fragen herausgebildet hat, auf eine solche Richtlinie zurückzugreifen. Die Entscheidung des *LG Nürnberg-Fürth* greift daher zu kurz.

In einem vom *OLG Brandenburg* entschiedenen Fall war eine Fußbodenheizung mangelhaft, obwohl zwar die erforderliche Raumtemperatur erreicht wurde, jedoch die Anforderungen der EnEV nicht eingehalten werden. Dies gilt auch, wenn das eingebaute Heizsystem der vertraglichen Vereinbarung im Übrigen entspricht[120]. Gesetzliche Regelungen oder Regelungen, die als gesetzesgleich angesehen werden, wie die EnEV können daher vertragliche Vorgaben durchaus überlagern. Insbesondere wenn es darum geht, bauordnungsrechtliche Überlegungen umzusetzen, wie etwa auch im Bauproduktenrecht, werden vertragliche Vereinbarungen, die hinter diesen gesetzlichen Vorgaben zurückbleiben, durch die gesetzlichen Regelungen überlagert. Es stellt daher einen Sachmangel dar, wenn diese gesetzlichen oder quasi-gesetzlichen Verpflichtungen verletzt werden.

Eingangs zu diesem Kapitel wurde bereits dargelegt, dass für die Mangeldefinition auf die anerkannten Regeln der Technik zurückgegriffen wird, die u. a. durch einschlägige DIN-Normen präzisiert werden. Die Nichteinhaltung der einschlägigen DIN-Normen zieht die widerlegbare Vermutung eines Verstoßes gegen die allgemeinen anerkannten Regeln der Technik und damit eines Mangels nach sich, wobei der Auftragnehmer den Nachweis führen darf, dass gleichwohl ein Mangel der Werkleistung nicht gegeben ist[121].

Das *OLG Dresden* hält einen Verstoß gegen die anerkannten Regeln der Technik selbst dann für einen Mangel, wenn er keine Auswirkungen auf das Werk hat; DIN-gerechtes

[119] *LG Nürnberg-Fürth*, IBR 2007, 480.

[120] OLG Brandenburg, Urteil vom 02.10.2008; IBR 2008, 724.

[121] OLG Brandenburg, Urteil vom 18.06.2009, 12 U 164/08, IBR 2009, 576.

Arbeiten schützt allerdings nicht vor dem Vorwurf eines Verstoßes gegen die anerkannten Regeln der Technik[122].

Von dem beauftragten Werkunternehmer wird im Übrigen erwartet, dass er die anerkannten Regeln seines Fachs als Mindeststandard einhält, ohne dass dies besonders vereinbart werden müsste. Vielmehr gilt ein solcher Mindeststandard als stillschweigend vereinbart[123].

7.7.3 Rechte des Bestellers bei Mängeln

Die Rechte des Bestellers bei Mängeln nach § 634 BGB stellen sich dabei wie folgt dar:

- **Nacherfüllung**
  Beseitigung des Mangels oder Herstellung eines neuen Werks durch Unternehmer, §§ 634 Nr. 1, 635 BGB
- **Selbstvornahme**
  Mangelbeseitigung durch Besteller, §§ 634 Nr. 2, 637 BGB
- **Rücktritt vom Vertrag**; §§ 634 Nr. 3, 636, 323 und 326 Abs. 5 BGB
- **Minderung der Vergütung,** §§ 634 Nr. 3, 638 BGB
- **Schadenersatz**, §§ 634 Nr. 4, 636, 280, 281, 283 und 311a BGB
- **Aufwendungsersatz** §§ 634 Nr. 4, 284 BGB

Bei einem VOB/B-Vertrag ergeben sich die Rechte des Auftraggebers aus § 13 VOB/B wie folgt:

- **Nachbesserung** (Mangelbeseitigung), § 13 Abs. 5 Nr. 1 VOB/B
- **Ersatzvornahme** (bei nicht erfolgter Nachbesserung), § 13 Abs. 5 Nr. VOB/B
- **Minderung der Vergütung**; § 13 Nr. 6 VOB/B
- **Schadensersatz**; § 13 Nr. 7 VOB/B

7.7.4 Unverhältnismäßigkeit der Mangelbeseitigung

Der Auftragnehmer, der mit Mängelansprüchen konfrontiert wird, kann dem Auftraggeber jedenfalls ausnahmsweise den Einwand der Unverhältnismäßigkeit entgegenhalten (bei einem VOB/B-Vertrag in § 13 Abs. 6 VOB/B ausdrücklich vorgesehen). Dies bedeutet, dass er zwar eigentlich zu einer Mangelbeseitigung verpflichtet ist, weil ein Mangel vorliegt und nachgewiesen ist. Die Mangelbeseitigung würde allerdings im Verhältnis zur Neuerstellung einen derartig hohen Aufwand verursachen, dass sich ein Festhalten an

[122] OLG Dresden, Urteil vom 24.09.2009, 9 U 1430/08, IBR 2010, 265.

[123] OLG Schleswig, Urteil vom 31.07.2009, 3 U 80/08; Nichtzulassungsbeschwerde zurückgewiesen, BGH, Beschluss vom 08.04.2010, VII ZR 149/09, IBR 2010, 321.

dem Mangelbeseitigungsverlangen als unverhältnismäßig erweisen würde. Ist beispielsweise ein Verblendmauerwerk entgegen der Leistungsbeschreibung aus einem in Nuancen dunkleren Stein hergestellt, der weder technisch noch optisch minderwertig ist, kann der Auftragnehmer dem Begehren des Bauherrn auf Neuherstellung des gesamten Verblendmauerwerks den Einwand der Unverhältnismäßigkeit entgegenhalten[124].

Rechtsfolge ist dann, dass für den vorliegenden Mangel eine Minderung zu vereinbaren ist – der Auftragnehmer hat also entweder eine Kürzung seiner Vergütung hinzunehmen oder sogar dem Auftraggeber, wenn die Rechnung bereits bezahlt wurde, einen entsprechenden Betrag als Minderung zu erstatten.

Zu berücksichtigen ist auch, dass die Berufung des Auftragnehmers, der ein mangelhaftes Werk hergestellt hat, auf die Unverhältnismäßigkeit der Mangelbeseitigung nur ausnahmsweise in Betracht kommt. Die Beseitigung eines Baumangels ist dann unverhältnismäßig, wenn der damit Zwecks Beseitigung erzielte Erfolg bei Abwägung aller Umstände des Einzelfalls in keinem vernünftigen Verhältnis zur Höhe des dafür mit Sicherheit zu erwartenden Geldaufwandes stehen würde, wobei auf das Verhältnis zwischen Nutzen für den Auftraggeber und dem Geldaufwand für den Auftragnehmer abzustellen ist[125]. Damit sind auch äußerst kostenintensive Nacherfüllungen zulässig; entscheidend ist allein, welchen Nutzen der Auftraggeber aus der Nacherfüllung zieht sowie sein objektiv berechtigtes Interesse an der mangelfreien Vertragsleistung. Von geringerer Bedeutung ist das Preis-Leistungs-Verhältnis und das Verhältnis des Nachbesserungsaufwandes zu den Vertragspreisen[126].

Beispiel Der Eigentümer eines Holzhauses, dessen Statik vom Auftragnehmer bzw. dessen Architekten falsch berechnet wurde und dessen Haus sich in Teilbereichen um mehr als 14 cm gesetzt hat, kann den kompletten Abriss des Gebäudes und den Neuaufbau bzw. den Ersatz der Kosten hierfür aufgrund des gravierenden Baumangels verlangen[127].

7.7.5 Keine sog. „verstecken Mängel"

Im täglichen Sprachgebrauch wird häufig auch von einem „versteckten Mangel" gesprochen. Ein solcher Mangel oder eine solche Mangelkategorie ist aber sowohl dem BGB als auch der VOB/B fremd.

Beispielsfall Der Auftragnehmer baut in einem Bürogebäude Fenster ein und vereinbart eine Verjährungsfrist für Mängel von vier Jahren gemäß VOB/B. Die Abnahme der

[124] *OLG Celle,* Urteil vom 11.10.2007; IBR 2008, 646.
[125] *BGH* BauR 1997, 112 und BauR 2002, 613; Überblick bei *Ingenstau/Korbion/Wirth,* § 13 Abs. 6 VOB/B, Rn 35 ff.
[126] *OLG Karlsruhe,* BauR 2005, 109; *OLG Koblenz* BauR 2003, 1728; *BGH* BauR 2006, 377.
[127] OLG Frankfurt NJW-RR 2014, 1486.

Leistungen erfolgte am 31.08.2015. Das Gebäude wird wegen Vermietungsschwierigkeiten erst am 01.09.2019 an einen Nutzer vermietet. Am 24.09.2019 zeigt der Auftraggeber Mängel an den Beschlägen an, die erst jetzt bei erstmaliger Nutzung erkennbar wurden. Er fordert unter Fristsetzung den Auftragnehmer auf, den „versteckten Mangel" zu beseitigen.

In einem solchen Fall ist dem Auftragnehmer zu raten, keine weiteren Aktivitäten zu entfalten, da das Mangelbeseitigungsverlangen nach Eintritt der Verjährung erfolgt ist. Die Abnahme der Leistungen des Auftragnehmers erfolgte am 31.08.2015, so dass nach den vertraglichen Vereinbarungen, die der Regelung des § 13 Abs. 1 VOB/B entsprechen, mit Ablauf des 31.08.2019 Verjährung eingetreten ist. Die Mangelrüge vom 24.09.2019 ist also nach Verjährungseintritt erfolgt; ihr ist daher nicht mehr nachzugehen.

7.7.6 Mangelbeseitigung nach Verjährung

Häufig ist zu beobachten, dass der Auftragnehmer aus zu begrüßenden Motiven, wie Handwerkerehre oder Kundenbindung dennoch den Mangel in Augenschein nimmt und sogar Vorschläge zur Beseitigung des Mangels unterbreitet. In einem solchen Fall kann sich der Auftragnehmer dann aber nicht mehr auf die Verjährung des Anspruchs berufen. Nimmt der Auftragnehmer die Mangelbehauptung ernst und besichtigt er den Mangel vorbehaltlos, macht er gegebenenfalls sogar Vorschläge zur Beseitigung und beginnt mit Mangelbeseitgungsarbeiten, ist damit die Verjährungsfrist außer Kraft gesetzt. Nach § 212 Abs. 1 Nr. 1 BGB beginnt die Verjährung vielmehr aufgrund des Anerkenntnisses erneut, es gilt dann wieder die übliche Gewährleistungsfrist mit der Folge, dass der Auftragnehmer in einem solchen Fall haftet. Juristisch betrachtet sollte der Auftragnehmer daher im Beispielfall Verjährung einwenden und ist zu keinen weiteren Maßnahmen verpflichtet.

7.7.7 Mangelbeseitigungsaufforderung

Der Anspruch auf Beseitigung des Mangels entsteht nach § 13 Abs. 5 Nr. 1 VOB/B mit einem

- schriftlichen (notwendig für „Quasi"-Verjährungshemmung nach § 13 Abs. 5 Nr. 1 Satz 2 VOB/B, die allerdings nur bei Vereinbarung der VOB/B gilt)
- Beseitigungsverlangen des Auftraggebers,
- das den Mangel hinreichend genau bezeichnet (Mangelrüge) und
- vor Ablauf der Verjährungsfrist (danach Einrederecht des Auftragnehmer) dem Auftragnehmer zugeht.

Bei größeren (Sanierungs-)Bauvorhaben kommt es vor, dass der Auftraggeber einen Generalunternehmer oder einen fachbezogenen Generalunternehmer (z. B. Fassade) mit der Durchführung der Arbeiten beauftragt. Üblicherweise vergibt der Generalunternehmer einzelne Leistungen weiter an Subunternehmer. Gegenüber dem Auftraggeber ist der Generalunternehmer allerdings für die Mangelfreiheit seines Gewerks verantwortlich und hat dementsprechend Gewährleistungsansprüche gegenüber seinen Subunternehmern. Die Weiterleitung von Mängelrügen des Bauherrn durch den Generalunternehmer an den Nachunternehmer stellt kein schriftliches Mängelbeseitigungsverlangen im Sinne des § 13 Abs. 5 Nr. 1 Satz 2 VOB/B dar, wenn damit die Einladung zu einem Ortstermin zur Abklärung der Verantwortlichkeiten verbunden ist[128]. Der Generalunternehmer ist daher gut beraten, eine Mängelrüge nicht ohne ein eigenes Anschreiben unter Setzung von Fristen etc. an den Auftragnehmer weiterzuleiten. Es handelt sich allerdings um eine Wertungsfrage, so dass nicht allgemeinverbindlich geklärt werden kann, ob im Einzelfall auch die kommentarlose Weiterleitung einer Mängelrüge des Auftraggebers an den Generalunternehmer durch diesen an seinen Subunternehmer als Mangelrüge ausreicht.

7.7.8 Unberechtigte Mangelrüge

In vielen behaupteten Gewährleistungsfällen wird der Auftragnehmer der Auffassung sein, dass seine Arbeiten gar nicht mangelhaft sind – es stellt sich dabei die Frage, wie sich der Auftragnehmer bei unberechtigten Mängelrügen des Auftraggebers verhalten soll.

Fordert der Auftraggeber den Auftragnehmer, auch unberechtigt, zur Mangelbeseitigung auf, kann eine solche Aufforderung regelmäßig nicht im Sinne eines von der Mangelhaftigkeit der ursprünglich beauftragten Leistung unabhängigen, entgeltlichen Auftrags verstanden werden[129]. Das bedeutet, dass der Auftragnehmer eine Mangelrüge zunächst ernst zu nehmen hat und nicht von vornherein davon auszugehen hat, dass er einen entgeltlichen zusätzlichen Auftrag erteilt erhält.

Ein unberechtigtes Mangelbeseitigungsverlangen des Kunden stellt eine zum Schadensersatz verpflichtende schuldhafte Vertragsverletzung dar, wenn der Auftraggeber erkannt hat oder fahrlässig nicht erkannt hat, dass ein Mangel der Sache nicht vorliegt, sondern die Ursache für das Symptom, hinter dem der Auftraggeber einen Mangel vermutet, in seinem eigenen Verantwortungsbereich liegt[130].

Der Auftragnehmer sollte daher, wenn er sich nicht sicher ist, ob ein Mangel vorliegt oder zumindest glaubt, dass kein Mangel vorliegt, dem Auftragnehmer den Eingang der Mangelrüge bestätigen und die Inaugenscheinnahme ankündigen, gleichzeitig aber ausdrücklich darauf hinweisen, dass eine unberechtigte Mangelrüge zu Schadensersatzansprüchen führen kann. Abzugrenzen hiervon ist die Tätigkeit des Auftragnehmers nach Eintritt der Verjährungsfrist (s. o.).

[128] *OLG Stuttgart*, IBR 2010, 327, rechtskräftig.
[129] *OLG Brandenburg*, IBR 2008, 208.
[130] *BGH*, IBR 2008, 144 zum Kaufrecht.

7.7.9 Ersatzvornahme

Kommt der Auftragnehmer einer begründeten Mangelrüge nicht nach, greifen die entsprechenden Ansprüche des Auftraggebers, etwa das Recht auf Selbstvornahme/Ersatzvornahme nach §§ 13 Abs. 5 Nr. 2 VOB/B bzw. § 637 BGB. Voraussetzung ist ein durchsetzbarer Nachbesserungsanspruch, eine Aufforderung zur Mangelbeseitigung innerhalb einer zu setzenden angemessenen Frist (s. o.) sowie der erfolglose Ablauf dieser Frist. Eine solche Fristsetzung ist nur ausnahmsweise entbehrlich, wenn der Auftragnehmer bereits ernsthaft und endgültig die Ausführung von Mangelbeseitigungsarbeiten verweigert hat.

Bei größeren Mangelkomplexen oder in terminlicher Hinsicht nicht ohne weiteres abschätzbaren Mangelbeseitigungsleistungen kann auch in Betracht gezogen werden, dem Auftragnehmer zwei Fristen zu setzen, nämlich eine Frist, schriftlich zu erklären, dass er der Aufforderung zur Mangelbeseitigung nachkommen wird und eine weitere Frist, innerhalb derer die Mangelbeseitigungsarbeiten durchzuführen und abzuschließen sind. Kommt der Auftragnehmer dann bereits mit der ersten Frist in Verzug, können entsprechende Mangelrechte geltend gemacht werden.

Nach einer Entscheidung des *OLG Stuttgart* soll jedenfalls bei umfangreichen, zeitlich schwer abzuschätzenden Mangelbeseitigungsmaßnahmen zumindest eine Frist für den Nachbesserungsbeginn zu setzen sein[131], was dazu führt, dass die Mängelansprüche erst dann geltend gemacht werden können, wenn der Auftragnehmer nicht mit den Mangelbeseitigungsarbeiten innerhalb der hierfür gesetzten Frist begonnen hat.

Die Aufforderung zu einer „schnellstmöglichen Reparatur" reicht als Fristsetzung im Sinne der vorgenannten Normen nicht aus, da nicht erkennbar ist, innerhalb welcher Frist die Reparatur erfolgen soll bzw. erwartet wird. Die Fristsetzung wird dadurch auch nicht entbehrlich[132].

Häufig wird übersehen, dass dem Auftragnehmer auch dann noch ein Recht zur Mangelbeseitigung zusteht, wenn der Vertrag gekündigt wurde. Auch nach vorzeitiger Beendigung eines Bauvertrages nach §§ 4 Abs. 7, 5 Abs. 4 i. V. m. § 8 Abs. 3 VOB/B (Auftragsentziehung) bleibt der Auftragnehmer berechtigt, die Mängel an dem von ihm erstellten Werk selbst zu beseitigen[133], so dass auch nach dem gekündigten Bauvertrag für während der Leistungsausführung durch den Auftragnehmer zu Tage getretene Mängel eine Nachfrist gesetzt werden muss.

[131] *OLG Stuttgart*, IBR 2010, 326 (rechtskräftig).
[132] *KG*, IBR 2010, 562.
[133] *OLG Naumburg*, IBR 2009, 702.

7.7.10 Verjährungsfristen

Nach § 634a BGB verjähren Mängelansprüche im Zusammenhang mit Bauwerken innerhalb von fünf Jahren ab Abnahme, bei anderen Sachwerken innerhalb von zwei Jahren. Da bezüglich der Sanierungsarbeiten regelmäßig Bauwerksarbeiten ausgeführt werden, dürfte üblicherweise die fünfjährige Gewährleistungsfrist zu Grunde zu legen sein. Abweichend hievon definiert § 13 Abs. 4 VOB/B, dass Mängelansprüche bei einem VOB/B-Vertrag bei Bauwerken innerhalb von vier Jahren verjähren. Dies ist ein Grund dafür, dass in einer großen Vielzahl von Verträgen diese Regelung abbedungen wird und die gesetzliche Frist von fünf Jahren vereinbart wird.

Nach § 13 Abs. 4 VOB/B beträgt die Verjährungsfrist zwei Jahre für maschinelle und elektrotechnische/elektronische Anlagen oder Teile davon, bei Wartungsbedürftigkeit, wenn keine Wartung vereinbart wird; ansonsten gilt die volle Verjährungsfrist.

Bei einem VOB-Vertrag kann es auch zu einer ausdrücklich geregelten Hemmung der Verjährung kommen. § 13 Abs. 5 Nr. 1 Satz 2 VOB/B bestimmt, dass der Anspruch auf Beseitigung der gerügten Mängel in zwei Jahren verjährt, gerechnet vom Zugang des schriftlichen Verlangens an, jedoch nicht vor Ablauf der Regelfristen (vier Jahre) oder der an ihrer Stelle vereinbarten Frist. Nach Abnahme der Mangelbeseitigungsleistung beginnt für diese Leistung eine Verjährungsfrist von zwei Jahren neu, die jedoch nicht vor Ablauf der Regelfristen (vier Jahre nach VOB/B) oder der an ihrer Stelle vereinbarten Frist endet. Diese sogenannte Quasi-Unterbrechungswirkung kann also durchaus dazu führen, dass die Verpflichtung zur Mangelbeseitigung für diese gerügten Mängel auch über die vereinbarte Frist hinaus gelten kann, wenn etwa ein entsprechendes Mangelbeseitigungsverlangen erst kurz vor Ablauf der Gewährleistungsfrist gestellt wird[134].

Bessert ein Auftragnehmer nach Abnahme seines Werks nach, wird bei Vereinbarung der VOB/B die Gewährleistungsfrist grundsätzlich gehemmt, bis die Mangelbeseitigungsarbeiten abgenommen sind. Die Hemmung endet auch, wenn der Auftraggeber die Abnahme endgültig verweigert, weil er eine weitere Erfüllung des Vertrages ablehnt; sie endet auch, wenn der Auftraggeber die Abnahme der Mangelbeseitigungsleistung verweigert und der Auftragnehmer seinerseits die weitere Mangelbeseitigung ablehnt. Erbringt der Auftragnehmer Mangelbeseitigungsleistungen und werden diese abgenommen, beginnt mit der Abnahme für diese Arbeiten die neue Gewährleistungsfrist des § 13 Abs. 5 Nr. 3 VOB/B[135].

Abgesehen davon werden Verjährungsfristen generell gehemmt, wenn die Parteien über den streitigen Sachverhalt Verhandlungen führen (§ 203 BGB) oder einen Rechtsstreit (§ 204 BGB). Insoweit führt bereits der Erlass eines Mahnbescheides oder die Erhebung einer Klage sowie die Einleitung eines selbständigen Beweisverfahrens dazu, dass Ansprüche für die Dauer des Rechtsstreits gehemmt werden.

[134] Näher zum Neubeginn der Verjährung: *Ingenstau/Korbion-Wirth*, § 13 Abs. 5 VOB/B, Rdnr. 60 ff.
[135] *BGH*, IBR 2008, 719.

Solange ein Leistungsverweigerungsrecht besteht, ist die Verjährung ebenfalls gehemmt (§ 205 BGB). Fordert beispielsweise der Metallbauer von seinem Glaslieferanten bauproduktenrechtliche Nachweise, etwa über die CE-Kennzeichnung, und kommt der Lieferant seinen Verpflichtungen nicht nach, kann der Auftragnehmer ein Zurückbehaltungsrecht ausüben, das dazu führt, dass insoweit keine Verjährung eintritt bzw. der Lauf der Verjährung gehemmt ist.

Die Verjährung beginnt erneut zu laufen, wenn der Anspruch gegenüber dem Gläubiger anerkannt wird (§ 212 Abs. 1 Nr. 1 BGB). Insoweit besteht die vorstehend bereits genannte Gefahr, dass der Auftragnehmer, der nach Ablauf der Gewährleistungsfrist vorbehaltlos Mangelbeseitigungsarbeiten ausführt, diesbezüglich einer neuen Verjährung unterliegt.

Bezüglich der Hemmung der Verjährung durch schwebende Verhandlungen nach § 203 BGB ist der Begriff der Verhandlung weit zu verstehen. Das Ende derartiger Verhandlungen muss durch klares und eindeutiges Verhalten zum Ausdruck gebracht werden[136] oder muss gegebenenfalls durch Auslegung ermittelt werden. Die Verjährung tritt frühestens drei Monate nach dem Ende der Hemmung ein (§ 203 Satz 2 BGB).

Bezüglich der Verhandlungen muss der Gläubiger klarstellen, dass er seinen Anspruch geltend machen und worauf er ihn im Kern stützen will; anschließend genügt jeder Meinungsaustausch über den Anspruch oder seine tatsächliche Grundlage, aufgrund dessen ein Vertragspartner davon ausgehen kann, dass seine Forderung von dem anderen Vertragspartner noch nicht endgültig abgelehnt wird[137]. Als „Verhandlung" in diesem Sinn wird auch die Bereitschaft des Auftragnehmers verstanden, Mangelbeseitigungsleistungen zu erbringen bzw. Mangelrügen aktiv nachzugehen[138]

Ist der Hersteller eines Produktes sicher, dass sein Produkt die gesetzlichen Höchstverjährungsfristen überleben wird, wie z. B. ein bestimmter Hersteller von Titanzinkbahnen, ist der Abschluss eines Garantievertrages für die Haltbarkeit einer Sache mit einer Laufzeit von 40 Jahren mit den Verjährungsvorschriften des BGB vereinbar, auch wenn eine solche Frist im Gesetz gar nicht vorgesehen ist[139].

Ein nicht zu unterschätzendes Verjährungsrisiko besteht in Vertragsketten.

Beispielsfall Der Auftragnehmer schuldet dem Auftraggeber die Lieferung und Montage lackierter Holzfenster auf der Grundlage der einschlägigen VOB/B. Der Lackhersteller liefert dem Auftragnehmer den Holzlack für das Bauvorhaben nach den Vorschriften des BGB zum 30.09.2014. Die Abnahme des Auftraggebers erfolgt am 30.09.2015. Im Sommer 2019 treten massive Lackabplatzungen auf, die der Auftraggeber am 29.09.2019 schriftlich anzeigt und dem Auftragnehmer eine Frist zur Mangelbeseitigung setzt.

Der Auftragnehmer muss hier verschiedene Verjährungsfristen beachten: Der Lackhersteller haftet nach BGB fünf Jahre, da sein Lack für Bauwerke geliefert wurde. Die

[136] *BGH*, IBR 2004, 240.
[137] *OLG Düsseldorf*, IBR 2006, 672.
[138] *LG Saarbrücken*, Urteil vom 20.11.2018, Az. 13 HK O 39/18.
[139] *BGH*, IBR 2008, 655.

Verjährungsfrist beginnt am 01.10.2014 zu laufen und endet damit am 30.09.2019. Mit Blick auf die Mängelrüge des Auftraggebers vom 29.09.2019 muss der Auftragnehmer daher unverzüglich eine schriftliche Mängelrüge an den Lackhersteller richten. Da in seinem Vertragsverhältnis im Beispielsfall nur BGB vereinbart ist, gibt es keine Quasi-Unterbrechungswirkung nach § 13 Abs. 5 Nr. 2 VOB/B, so dass gegebenenfalls sogar noch die Erhebung einer Klage oder die Einleitung eines selbständigen Beweisverfahrens in Betracht zu ziehen sind, um den Verjährungseintritt·zu verhindern. Denkbar ist auch, dass der Auftragnehmer mit seinem Lacklieferanten kurzfristig eine Vereinbarung trifft, wonach der Lacklieferant für eine bestimmte Dauer auf die Einrede der Verjährung verzichtet. Anderenfalls wäre der Anspruch mit Ablauf des 01.10.2019 im Beispielsfall verjährt.

Andererseits haftet der Auftragnehmer aufgrund der VOB/B, da insoweit eine Verjährungsfrist von zwar nur vier Jahren läuft, die aber am 29.09.2019 knapp noch nicht beendet war. Im Übrigen gilt im Vertragsverhältnis nach der VOB/B die angesprochene Quasi-Unterbrechungswirkung, so dass die Mangelrüge nicht zu einer Verjährung des diesbezüglichen Mangels am 30.09.2019 führt. Der Auftragnehmer läuft also im Ergebnis Gefahr, selbst zu haften und keine Ansprüche mehr gegen seinen Lieferanten zu haben, wenn er keine kurzfristigen verjährungsunterbrechenden Maßnahmen ergreift.

Beseitigt der Auftragnehmer einen Schaden an seiner Leistung aber ausdrücklich aus Kulanz und ohne Schuldanerkenntnis, liegt hierin jedenfalls kein Anerkenntnis im Sinne des § 212 Abs. 1 Nr. 1 BGB[140].

7.8 Sicherheiten

Unter dem Begriff der Sicherheiten versteht man die wirtschaftliche Absicherung einer Partei durch ein Sicherungsmittel in einer bestimmten Höhe vor drohenden Nachteilen in einem bestimmten Fall. Ein Anspruch auf Sicherheitsleistung besteht regelmäßig nur, wenn im zugrunde liegenden (Werk-)Vertrag eine entsprechende Sicherungsabrede zwischen den Vertragsparteien getroffen wurde.

Bei den Beteiligten eines Bauwerkvertrages ist die Absicherung von wechselseitigen Ansprüchen relevant mit Blick auf ein etwaiges Insolvenzrisiko des jeweiligen Vertragspartners und zur Sicherstellung der Einhaltung der Vertragspflichten. Der Unternehmer will regelmäßig sein durch Gesetz oder auch die VOB/B bestehendes Vorleistungsrisiko absichern. Der Auftraggeber andererseits möchte für die Dauer der Vertragsausführung eine Sicherheit dafür haben, dass der Auftragnehmer seine Leistungen ordnungemäß erfüllt. Auch dem Unternehmer wiederum ist die Bonität des Auftraggebers wichtig, um gerade über ein länger andauerndes Bauvorhaben oder bei Auftraggebern, bei denen Verdacht bezüglich einer etwaigen finanziellen Schieflage besteht, über eine entsprechende Absicherung verfügen zu können.

[140] *OLG Jena*, IBR 2010, 23.

Bei der Vereinbarung von Sicherheiten ist darauf Rücksicht zu nehmen, dass die Rechtsprechung hier stetigen Veränderungen unterworfen ist. Noch vor einigen Jahren war die sog. Bürgschaft auf erstes Anfordern ein übliches Sicherungsmittel – ein Sicherungsinstrument, bei dem der Bürge ohne Nachweis des Sicherungsfalles auf erste Anforderung desjenigen, der über die Bürgschaft verfügt, sofort zahlen muss. Von der Rechtsprechung wird eine entsprechende Sicherungsabrede mittlerweile sowohl für die Vertragserfüllungsphase als auch für das Gewährleistungsstadium (mit Ausnahme der Vorauszahlungsbürgschaft) für unwirksam befunden, wenn – wie in solchen Fällen üblich – eine formularmäßige Sicherungsabrede vorliegt, also die Vereinbarung einer Sicherheit in Allgemeinen Geschäftsbedingungen[141].

7.8.1 Gesetzlich geregelte Sicherheiten

Für den werkvertraglichen Bereich existieren folgende gesetzlich geregelte Sicherheiten:

- Werkunternehmerpfandrecht, § 647 BGB (im Baurecht selten)
- Bauhandwerkersicherungshypothek, § 650e BGB
- Bauhandwerkersicherung, § 650f BGB

Vertraglich sind die Parteien frei, verschiedene Sicherungsmittel zu vereinbaren. Die häufig bei Bau- und Sanierungsverträgen zugrunde gelegte VOB/B begründet ausdrücklich keinen automatischen Anspruch auf Sicherheiten, sondern trifft in § 17 Regelungen für den Fall, dass die Parteien vertraglich eine Sicherheitsleistung vereinbart haben (§ 17 Abs. 1 VOB/B).

7.8.1.1 Bauhandwerkersicherungshypothek

Der Auftragnehmer (Unternehmer eines Bauwerks oder einzelner Teile hiervon) kann für seine Forderungen aus dem Vertrag nach § 650e Abs. 1 BGB die Einräumung einer Sicherungshypothek am Baugrundstück des Bestellers verlangen. Eine solche Sicherungshypothek wird in das Grundbuch eingetragen. Somit wird letztlich eine „Grundbuchsperre" eingerichtet, die es dem Besteller unmöglich macht, Nachfinanzierungen durch weitere Belastungen des Grundstücks vorzunehmen[142].

Die Hypothek berechtigt den Unternehmer, sofern er keine Vergütung erhält, das Baugrundstück im Rahmen der Zwangsversteigerung zu verwerten und aus dem Versteigerungserlös seinen Werklohnanspruch zu decken. Sofern der Auftraggeber, was regelmäßig der Fall sein dürfte, eine solche Eintragung nicht freiwillig bewirkt, kommt die gerichtliche Eintragung im Wege einer einstweiligen Verfügung durch eine sog. Vormerkung zur Sicherung einer Bauhandwerkersicherungshypothek im Grundbuch in Betracht[143].

[141] *Werner-Pastor*, Rdnr. 1657 ff., 367 ff.
[142] *Werner/Pastor*, Rdnr. 182 ff.; *Palandt-Sprau* zu § 650e BGB.
[143] *Vygen/Wirth/Schmidt*, Kapitel 12, Rdnr. 43 ff.

Das Verfahren zur Eintragung einer solchen Hypothek ist relativ aufwändig. Die Sicherungshypothek kann allerdings ein Druckmittel darstellen, um verzögerte Zahlungen des Auftraggebers zu unterbinden, insbesondere, wenn der Auftraggeber daran interessiert ist, das Grundstück nach Fertigstellung weiterzuverkaufen. Befindet sich dann an prominenter Rangstelle eine entsprechende Sicherungshypothek, kann der Besteller das Grundstück nicht lastenfrei übertragen und beraubt sich somit möglicherweise seiner Verkaufschance.

7.8.1.2 Bauhandwerkersicherung, Sicherheit nach § 650f BGB

Größerer Verbreitung erfreut sich die sog. Bauhandwerkersicherung. Hier wird üblicherweise von einer „Bürgschaft nach § 650f BGB" gesprochen, obwohl die gesetzliche Vorschrift ausdrücklich nicht nur eine Bürgschaft, sondern den Begriff der „Sicherheit" als Oberbegriff verwendet. Die einzelnen Sicherheitsarten sind im § 232 BGB aufgezählt:

- Hinterlegung von Geld oder Wertpapieren,
- Verpfändung von Forderungen oder beweglicher Sachen,
- Bestellung von Hypotheken und Schiffshypotheken sowie insbesondere auch
- Bürgschaft (§ 232 Abs. 2 BGB).

§ 17 Abs. 2 VOB/B sieht Sicherheitsleistungen durch Bürgschaft, Hinterlegung von Geld oder Einbehalt von Geld vor.

Die Bauhandwerkersicherung nach § 650f BGB dient dazu, den Unternehmer eines Bauwerkes hinsichtlich seines bestehenden Vergütungsanspruchs zu schützen. Der Unternehmer kann von dem Besteller Sicherheit für die auch in Zusatzaufträgen vereinbarte und noch nicht gezahlte Vergütung einschließlich zugehöriger Nebenforderungen, die mit 10 % des zu sichernden Vergütungsanspruchs anzusetzen sind, verlangen (§ 650f Abs. 1 Satz 1 BGB). Dies bedeutet, dass der Auftragnehmer während der gesamten Bauzeit, auch nach der Abnahme[144], eine Bauhandwerkersicherung verlangen kann. Gesichert wird der zum Zeitpunkt des Sicherheitsverlangens noch bestehende Vergütungsanspruch unter Einschluss der bis dahin bekannten Nachträge sowie eines allgemeinen Zuschlags von 10 %[145].

Beispiel Der Auftragnehmer ist beauftragt, Sanierungsarbeiten auszuführen. Seine Vergütung soll nach dem Vertrag € 100.000,00 betragen. Es kommt zu Schwierigkeiten bei der Abwicklung von Abschlagszahlungen. Bei etwa der Hälfte der Baumaßnahme entschließt sich der Auftragnehmer, Sicherheit nach § 650f BGB zu verlangen. Zwischenzeitlich sind Nachträge im Wert von € 15.000,00 zur Auftragssumme hinzugekommen. Der Auftragnehmer kann in diesem Beispielsfall eine Sicherheit in Höhe von € 72.500,00 verlangen, die sich wie folgt berechnet:

[144] *Palandt-Sprau*, § 650 f, Rdnr. 13 unter Hinweis auf *BGH*, NJW 2004, 1525.

[145] Zu Einzelheiten der Berechnung: *Ingenstau/Korbion-Joussen*, Anh 1, Rdnr. 157 ff.

Restvergütungsanspruch gemäß Vertrag	€ 50.000,00
Nachträge	€ 15.000,00
Zwischensumme	€ 65.000,00
10 % Zuschlag, § 648 Abs. 1 BGB	€ 6500,00
Gesamt	**€ 72.500,00**

Im Baubereich wird die Sicherheit üblicherweise durch eine entsprechende Bürgschaft zur Verfügung gestellt. Der Unternehmer, also der Auftragnehmer, der die Sicherheit verlangt, hat gemäß § 650f Abs. 3 BGB dem Besteller die üblichen Kosten der Sicherheitsleistung bis zu einem Höchstsatz von 2 % für das Jahr zu erstatten. Im Regelfall zahlt also der Auftragnehmer die Kosten für die beanspruchte Sicherheit bis höchstens 2 % p. a.

Eine abweichende Vereinbarung, die etwa die Stellung einer Sicherheit gemäß § 650f BGB von irgendwelchen Gegenleistungen abhängig macht, ist gemäß § 650f Abs. 7 BGB immer unwirksam.

Der Auftragnehmer muss dem Auftraggeber eine angemessene Frist zur Vorlage der Sicherheit setzen. Hier wird in der Regel eine Frist von sieben bis zehn Tagen als ausreichend erachtet[146]; eine Frist von nur fünf Werktagen dürfte zu kurz und damit nicht angemessen sein[147]. Dem Unternehmer muss die Möglichkeit gegeben werden, das Sicherheitsverlangen zu prüfen und innerhalb der gesetzten Frist die Sicherheit von seiner Bank zu beschaffen.

Hat der Unternehmer dennoch keine Sicherheit geleistet, kann der Unternehmer entweder die Leistung verweigern, also von einem Leistungsverweigerungsrecht Gebrauch machen, bis die Bürgschaft vorgelegt wird, oder den Vertrag sogar kündigen (§ 650f Abs. 5 BGB). Die Rechtsfolge liegt auf der Hand: Leistet der Auftraggeber zur Absicherung des berechtigten Vorleistungsrisikos und zur Beseitigung von Insolvenzbedenken des Auftragnehmers eine solche Bürgschaft nicht, ist es dem Unternehmer nicht zumutbar, weitere Vorleistungen zu erbringen, so dass er seine Leistungen einstellen oder den Vertrag sogar kündigen kann.

§ 650f BGB findet allerdings keine Anwendung, wenn der Auftraggeber eine juristische Person des öffentlichen Rechts ist, also es sich um eine staatliche Stelle handelt („öffentlicher Auftraggeber"). Eine Sicherheit kann ebenfalls nicht von einem Verbraucher verlangt werden, wenn es sich um einen Verbraucherbauvertrag nach § 650i BGB oder um einen Bauträgervertrag nach § 650u BGB handelt (§ 650f Abs. 6 BGB).

Im Falle eines überhöhten Sicherungsverlangens ist der Auftraggeber in jedem Fall verpflichtet, eine angemessene Sicherheit zu leisten[148]. Der Anspruch auf Stellung einer Sicherheit gemäß § 650f BGB ist zudem einklagbar[149].

[146] *Palandt-Sprau*, § 650f, Rdnr. 20 unter Hinweis auf die gesetzliche Begründung der Regelung.
[147] *BGH*, Urteil vom 20.12.2010, VII ZR 22/09, IBR 2011, 462.
[148] *OLG Düsseldorf*, Urteil vom 06.10.2009, 21 U 130/08, IBR 2010, 25.
[149] *LG Nürnberg-Fürth*, Urteil vom 12.04.2010, 17 O 11183/09, IBR 2010, 336; *Ingenstau/Korbion-Joussen*, Anh. 1, Rdnr. 148 ff.

Leistet der Auftraggeber trotz ordnungsgemäßem Sicherungsverlangen keine entsprechende Sicherheit gemäß § 650f BGB, ist der Auftragnehmer, abweichend von sonstigen Grundsätzen, auch nicht mehr verpflichtet, Mängelbeseitigungsarbeiten durchzuführen; der Anspruch des Auftraggebers auf Erstattung der Ersatzvornahmekosten ist zudem ausgeschlossen[150].

Die Verwertung der Sicherheit gestaltet sich allerdings schwierig. Der Bürge ist nur zur Zahlung verpflichtet, wenn der Besteller den Vergütungsanspruch des Unternehmers anerkannt hat oder ein entsprechendes Urteil zur Zahlung der Vergütung vorliegt (§ 650f Abs. 2 BGB). Dies bedeutet, dass entweder ein Anerkenntnis vorliegen muss, was höchst selten der Fall sein wird, oder dass der Auftragnehmer einen „normalen" Bauprozess führen muss, um seine Forderung durchzusetzen.

Die Bedeutung der Sicherheit nach § 650f BGB erschöpft sich also darin, zum einen das Insolvenzrisiko des Auftraggebers abzusichern und zum anderen, dem Auftraggeber deutlich zu machen, dass Zweifel an seiner Bonität bestehen. Dies führt aber erfahrungsgemäß zu weiteren Friktionen bei der Vertragsabwicklung auf der Baustelle und ist regelmäßig nicht geeignet, ein kooperatives Zusammenwirken zu fördern. Sofern allerdings entsprechende Zweifel an der Bonität bestehen oder Zahlungsschwierigkeiten aufgetreten sind, kann die Anforderung einer Sicherheit gemäß § 650f BGB ein probates Mittel sein, den Auftraggeber zu veranlassen, zu einer ordnungsgemäßen Vertragserfüllung zurückzukehren.

7.8.2 Vertragliche Sicherheiten

7.8.2.1 Vorauszahlungssicherheit

Eine Vorauszahlungssicherheit wird zwischen den Parteien vereinbart, wenn der Auftragnehmer wegen erheblicher Vorleistungspflichten, etwa umfangreicher und kostenintensiver Materialbestellungen, ein entsprechendes Finanzierungsbedürfnis hat. Der Auftraggeber zahlt dem Auftragnehmer daher, obwohl noch keine Leistungen erbracht wurden, im Voraus einen bestimmten Betrag. Dieser wird dann durch eine entsprechende Sicherheit, regelmäßig eine Bürgschaft, abgesichert. Die Bürgschaft sichert also insoweit das Insolvenzrisiko des Auftragnehmers ab.

Die Bürgschaft ist zurückzugewähren, wenn der vertragsmäßige Leistungsteil, für den die Vorauszahlung erfolgt ist, erbracht wurde, wenn also z. B. das entsprechende Material ordnungsgemäß eingebaut wurde. Ohne ausdrückliche Vereinbarung sichert allerdings die Vorauszahlungsbürgschaft nur den entsprechenden Rückzahlungsanspruch, nicht aber Mängel, die sich im Zuge der Bearbeitung des Leistungsteils, für den die Vorauszahlung geleistet wurde, gezeigt haben[151].

---

[150] *OLG Brandenburg*, Urteil vom 10.06.2010, 12 U 198/09, IBR 2010, 621.
[151] *Werner/Pastor*, Rdnr. 1655 m. w. N.

7.8.2.2 Vertragserfüllungssicherheit

Eine Vertragserfüllungssicherheit wird dem Auftraggeber zur Verfügung gestellt als Gewähr dafür, dass der Auftragnehmer seine Leistungen vollständig und rechtzeitig sowie mangelfrei erfüllt. Abgesichert werden regelmäßig auch Schadenersatzansprüche, die im Falle einer unberechtigten Kündigung oder durch Verzug des Auftragnehmers mit der Leistungserbringung entstehen können. In der letzten Zeit wird auch beobachtet, dass derartige Sicherheiten für die Verpflichtung zur Abführung von Sozialversicherungsbeiträgen und Beiträgen nach dem Arbeitnehmerentsendegesetz haften sollen. Dies muss allerdings in der vertraglichen Sicherungsabrede ausdrücklich bestimmt sein. Ob eine derartige Erstreckung des Sicherungszwecks möglich ist, ist in der Rechtsprechung noch nicht abschließend entschieden und daher teilweise streitig[152].

Die Vertragserfüllungssicherheit erfolgt entweder durch einen entsprechend vereinbarten Abzug von den Abschlagsrechnungen des Auftragnehmers oder durch die Stellung einer Bürgschaft zu Vertragsbeginn, die üblicherweise zwischen 5 und maximal 10 % der Auftragssumme beträgt.

Der Auftraggeber, der neben einer vereinbarten Vertragserfüllungssicherheit von Abschlagszahlungen weitere Abzüge vornimmt, handelt jedenfalls dann unrechtmäßig, wenn eine solche Vereinbarung formularmäßig in seinen Vertragsbedingungen vorgesehen ist (AGB), da der Auftraggeber in solchen Fällen durch die vereinbarte Vertragserfüllungssicherheit und einen weiteren Abzug vom Vergütungsanspruch des Auftragnehmers übersichert ist.

Die Vertragserfüllungssicherheit ist bei der Abnahme zurückzugeben. In den üblichen Fällen, in denen die Vertragserfüllungssicherheit bis zur Schlussrechnung und länger, sogar bis zum Abschluss der Schlussrechnungsprüfung, vorgehalten wird, kann die zugrunde liegende Sicherungsabrede wegen Übersicherung im zeitlichen Abstand zwischen Abnahme und Schlussrechnungsprüfung unwirksam sein[153].

7.8.2.3 Bürgschaft gemäß § 650m BGB

Bei einem Verbraucherbauvertrag bestimmt § 650m Abs. 2 BGB, dass dem Verbraucher bei der ersten Abschlagszahlung eine Sicherheit für die rechtzeitige Herstellung des Werks ohne wesentliche Mängel in Höhe von 5 % der vereinbarten Gesamtvergütung zu leisten ist. Bei Verbraucherbauverträgen soll somit das Risiko begrenzt werden, das einem Verbraucher durch Abschlagszahlungen entstehen kann. Die Sicherheit dient als Absicherung des Auftraggebers für die rechtzeitige Herstellung des Werkes ohne Mängel. Voraussetzung ist, dass der Unternehmer eine Abschlagszahlung tatsächlich erhalten hat – dann ist die Sicherheit gemäß § 650m BGB an den Auftraggeber zu stellen. Die Sicherheit ist bei abnahmereifer Herstellung des Werkes wieder zurückzugeben.

---

[152] Befürwortender Überblick bei: *Ingenstau/Korbion-Joussen,* § 17 Abs. 1 VOB/B, Rdnr. 21 f.

[153] *LG Dresden*, Urteil vom 07.09.2012, 8 O 3362/11.

7.8.2.4 Mängelansprüchesicherheit

Für die Gewährleistungsphase hat der Auftraggeber ebenfalls ein Sicherungsbedürfnis, das im Vertrag dadurch geregelt wird, dass dem Auftragnehmer von der Schlussrechnung ein Sicherheitseinbehalt, regelmäßig in Höhe von 3–5 % der Abrechnungssumme, in Abzug gebracht wird.

Der Auftragnehmer ist üblicherweise berechtigt, diesen Sicherheitseinbehalt durch eine Bürgschaft abzulösen. Hier wurde früher von der „Gewährleistungsbürgschaft" gesprochen; nunmehr wird dieses Sicherungsmittel als „Mängelansprüchebürgschaft" bezeichnet.

Die Sicherheit deckt den Anspruch des Auftraggebers auf Nacherfüllung/Mangelbeseitigung während der Gewährleistungsphase und ist nach Abschluss dieser Phase zurückzugeben oder in angemessenem Umfang zu enthaften, soweit noch weitergehende Mangelverpflichtungen zum eigentlichen Rückgabezeitpunkt bestehen sollten. Die Mängelansprüchebürgschaft deckt nur entsprechende Gewährleistungsansprüche <u>nach</u> Abnahme; sog. Erfüllungsmängel, die vor der Abnahme gerügt wurden, sind von der Mängelansprüchebürgschaft nicht gedeckt[154].

7.8.2.5 Einzahlung auf ein Sperrkonto, § 17 Abs. 6 VOB/B

Vereinbaren die Parteien, dass der Auftraggeber berechtigt sein soll, Vergütung einzubehalten, ist bei Geltung der VOB/B § 17 Abs. 6 VOB/B zu berücksichtigen, wonach der Auftraggeber den Sicherheitseinbehalt nicht für sich behalten darf, sondern verpflichtet ist, den Einbehalt als Fremdgeld zur Sicherung gegen Insolvenz und für die Rückzahlung auf ein Sperrkonto einzuzahlen. Zinsen stehen dabei dem Auftragnehmer zu.

Der Auftraggeber hat den Betrag nach § 17 Abs. 6 VOB/B binnen 18 Werktagen auf ein Sperrkonto („Und-Konto") einzuzahlen. Zahlt der Auftraggeber nicht und setzt ihm der Auftragnehmer eine angemessene Nachfrist, so ist der Auftragnehmer von der Stellung einer Sicherheit dann frei, wenn der Auftraggeber auch nach Setzung der Nachfrist keine Einzahlung auf das Sperrkonto leistet. Der Unternehmer kann vielmehr die sofortige Auszahlung des Sicherheitseinbehalts verlangen und ist auch nicht zu weiteren Sicherheitsleistungen verpflichtet, weil sich der Auftraggeber als unzuverlässig bei der Verwaltung des Sicherheitseinbehaltes erwiesen hat.

7.9 Bauproduktenrecht[155]

Ein Bauprodukt ist „jedes Produkt oder jeder Bausatz, das bzw. der hergestellt und in Verkehr gebracht wird, um dauerhaft in Bauwerke oder Teile davon eingebaut zu werden, und dessen Leistung sich auf die Leistung des Bauwerks im Hinblick auf die Grundan-

[154] *OLG München*, Urteil vom 18.11.2008, 28 U 3572/08, IBR 2009, 454.

[155] Ich danke Frau Rechtsanwältin *Nina Harr* für die Unterstützung bei der Bearbeitung dieses Kapitels.

forderungen an Bauwerke auswirkt" (Art. 2 Nr. 1 Bauproduktenverordnung). Gemäß § 2 Abs. 10 Musterbauordnung[156] sind Bauprodukte Baustoffe, Bauteile und Anlagen, die hergestellt werden, um dauerhaft in bauliche Anlagen eingebaut zu werden.

7.9.1 Bauproduktenverordnung

Am 09.03.2011 haben das Europäische Parlament und der Rat die Verordnung (EU) Nr. 305/2011 „zur Festlegung harmonisierter Bedingungen für die Vermarktung von Bauprodukten" erlassen[157] (Bauproduktenverordnung, kurz: BauPVO). Die für die Wirtschaftsakteure maßgeblichen Vorschriften sind am 01.07.2013 in Kraft getreten, die übrigen Regelungen der Verordnung bereits am 24.04.2011.

Mit der BauPVO wurde zugleich die Richtlinie 89/106/EWG „zur Angleichung der Rechts- und Verwaltungsvorschriften der Mitgliedstaaten über Bauprodukte" vom 21.12.1988[158] (Bauproduktenrichtlinie, kurz: BauRiLi) aufgehoben.

Während die BauRiLi als europäische Richtlinie in nationales Recht umgesetzt werden musste, bedurfte die BauPVO einer solchen Umsetzung nicht. Hintergrund ist, dass europäische Verordnungen gemäß § 288 des Vertrages über die Arbeitsweise der Europäischen Union (AEUV) unmittelbar gelten und den Rang eines nationalen Gesetzes in jedem Mitgliedstaat genießen.

Dennoch überlässt die BauPVO den Mitgliedstaaten (geringfügige) Regelungskompetenzen, beispielsweise mit Blick auf die Sprache, in der bestimmte Unterlagen übergeben werden müssen. Vor diesem Hintergrund ist in Deutschland das Gesetz zur Durchführung der BauPVO und zur Umsetzung und zur Durchführung anderer Rechtsakte der Europäischen Union in Bezug auf Bauprodukte (Bauproduktengesetz, kurz: BauPG) erlassen worden und am 05.12.2012 in Kraft getreten.[159]

Die BauPVO „legt Bedingungen für das Inverkehrbringen von Bauprodukten oder ihre Bereitstellung auf dem Markt durch die Aufstellung von harmonisierten Regeln über die Angabe der Leistung von Bauprodukten in Bezug auf ihre wesentlichen Merkmale sowie über die Verwendung der CE-Kennzeichnung für diese Produkte fest" (vgl. Art. 1 BauPVO).

Unter einer „Bereitstellung auf dem Markt" versteht die BauPVO „jede entgeltliche oder unentgeltliche Abgabe eines Bauprodukts zum Vertrieb oder zur Verwendung auf dem Markt der Union im Rahmen einer Geschäftstätigkeit" (vgl. Art. 2 Ziff. 16 BauPVO) „Inverkehrbringen" meint die „erstmalige Bereitstellung eines Produkts auf dem Markt der Union" (vgl. Art. 2 Ziff. 17 BauPVO).

Unter anderem normiert die BauPVO Pflichten von „Wirtschaftsakteuren"; hierbei handelt es sich um den Hersteller, den Importeur, den Händler und den Bevollmächtigten (vgl.

[156] Musterbauordnung (MBO) Stand 2016.
[157] Abl. L 88 vom 04.04.2011, S. 5 ff.
[158] Abl. L 40 vom 11.02.1989, S. 12 ff.
[159] BGBl. Nr. 57, S. 2449.

Art. 2 Ziff. 18 bis 22 BauPVO). Zu beachten ist, dass unter einem Hersteller nicht nur eine natürliche oder juristische Person verstanden wird, die ein Bauprodukt (selbst) herstellt. Vielmehr versteht die BauPVO unter einem Hersteller auch Personen, die ein Bauprodukt entwickeln oder herstellen lassen und dieses Produkt unter ihrem eigenen Namen oder ihrer eigenen Marke vermarkten. Maßgeblich ist also das „Label" auf dem Produkt.

Im Bauproduktenrecht besteht die Besonderheit, dass die Anforderungen an die (Vielzahl von) Bauprodukte(n) so formuliert werden müssen, dass die Bauwerke „sicher" sind, in denen die Bauprodukte verbaut werden. Um dieser Tatsache gerecht zu werden, bedient sich die BauPVO sog. „harmonisierter technischer Spezifikationen". Hierzu zählen die harmonisierten Normen und die europäischen Bewertungsdokumente (vgl. Art. 2 Ziff. 10 bis 12 BauPVO). Bis zum Jahr 2019 wurden im Amtsblatt der EU konsolidierte Listen der harmonisierten Normen (hEN) „nach" einem bestimmten Rechtsakt – hier der BauPVO – bekannt gemacht. Seit 2019 werden keine Listen mehr veröffentlicht, vielmehr veröffentlicht die Europäische Kommission die Fundstellen der hEN mittels einzelner Rechtsakte in der Reihe L des Amtsblatts der EU.

Die Europäischen Bewertungsdokumente sind Grundlage für die Erteilung einer Europäischen Technischen Bewertung. Diese wird auf Antrag des Herstellers ausgestellt, und zwar insbesondere in den Fällen, in denen ein Bauprodukt nicht oder nicht vollständig von einer hEN erfasst ist (vgl. im Einzelnen Art. 10 ff. BauPVO).

7.9.2 Pflichten der Hersteller

Die Pflichten des Herstellers eines Bauprodukts ergeben sich aus Art. 11 BauPVO. Dieser verweist auf die Vorschriften der Art. 4 ff. BauPVO zur Leistungserklärung und Art. 8 f. BauPVO zur CE-Kennzeichnung. Hierzu im Einzelnen:

Art. 4 Abs. 1 BauPVO verpflichtet den Hersteller, eine Leistungserklärung zu erstellen, wenn er ein Bauprodukt in den Verkehr bringt, das von einer harmonisierten Norm erfasst wird oder einer Europäischen Technischen Bewertung entspricht, die für dieses ausgestellt wurde. Der erforderliche Inhalt der Leistungserklärung ergibt sich aus Art. 6 BauPVO, wobei dieser unter Abs. 4 auf das „Muster in Anhang III" verweist. Nach Inkrafttreten der Bauproduktenverordnung wurde dieser Anhang überarbeitet. Am 31.05.2014 hat die EU-Kommission die delegierte Verordnung (EU) Nr. 574/2017 erlassen, die ein neues Muster und „Anleitungen für die Erstellung von Leistungserklärungen" enthält.

Auf welchem Wege die Leistungserklärung zur Verfügung gestellt werden muss, bestimmt Art. 7 BauPVO. Eine Abschrift der Leistungserklärung muss hiernach entweder in gedruckter oder elektronischer Weise zur Verfügung gestellt werden, wobei eine Abschrift der Leistungserklärung nur dann in gedruckter Form zur Verfügung gestellt werden muss, wenn diese vom Abnehmer gefordert wird (vgl. Art. 7 Abs. 2 BauPVO). Im Übrigen kann die Abschrift der Leistungserklärung (mittlerweile) auch auf einer Website zur Verfügung gestellt werden. Mit der delegierten Verordnung (EU) Nr. 157/2014 vom 30.10.2013[160] hat die EU-Kommission die Bedingungen für die Zurverfügungstellung einer Leistungserklärung auf einer Website festgelegt.

Die Leistungserklärung ist Grundlage für die CE-Kennzeichnung, die der Hersteller gemäß Art. 8, 9 BauPVO vornehmen muss. Zu beachten ist insbesondere Art. 9 Abs. 2 BauPVO. Diesem ist zu entnehmen, dass die insoweit gesetzlich vorgeschriebene CE-Kennzeichnung zunächst aus den Buchstaben „CE" besteht. Mit Blick auf das Erscheinungsbild/die Größe ist insofern Art. 30 der Verordnung (EG) Nr. 765/2008[161] zu beachten. Darüber hinaus muss die CE-Kennzeichnung eine Vielzahl von Angaben enthalten, die in Art. 9 Abs. 2 BauPVO im Einzelnen aufgezählt werden.

Die CE-Kennzeichnung ist gut sichtbar, leserlich und dauerhaft auf dem Bauprodukt oder einem daran befestigten Etikett anzubringen. Nur dann, wenn die „Art des Produkts dies nicht zulässt oder nicht rechtfertigt", darf die CE-Kennzeichnung ausnahmsweise „auf der Verpackung oder den Begleitunterlagen angebracht" werden (vgl. Art. 9 Abs. 1 BauPVO). Aus zeitlicher Sicht ist die CE-Kennzeichnung „vor dem Inverkehrbringen des Bauprodukts" anzubringen (vgl. Art. 9 Abs. 3 BauPVO).

Grundlage der Leistungserklärung und damit der CE-Kennzeichnung ist die Durchführung des jeweils vorgeschriebenen Systems zur Bewertung und Überprüfung der Leistungsbeständigkeit gemäß Anhang V BauPVO. Welches der Systeme (1+, 1, 2+, 3, 4) durchgeführt werden muss, ergibt sich aus der hEN, der Europäischen Technischen Bewertung oder entsprechenden Beschlüssen der Kommission.

Bestandteil jedes Systems ist die Einführung, Durchführung und Aufrechterhaltung einer werkseigenen Produktionskontrolle (WPK) durch den Hersteller. Außer im System 4 muss der Hersteller im Übrigen notifizierte Stellen (z. B. notifizierte Prüfstellen) beauftragen; bei Bauprodukten mit „Sicherheitsrelevanz" ist zusätzlich die Hinzuziehung einer notifizierten Zertifizierungsstelle (vgl. hierzu z. B. die Vorgaben zum System 1) erforderlich.

Zusätzlich zu der Leistungserklärung und der CE-Kennzeichnung muss der Hersteller weitere Unterlagen zur Verfügung stellen; dem Produkt sind eine Gebrauchsanleitung und eine Sicherheitsinformation beizufügen (vgl. Art. 11 Abs. 6 BauPVO).

7.9.3 Konsequenzen fehlender/fehlerhafter Kennzeichnung

Verstößt ein Hersteller gegen die Kennzeichnungs- und sonstigen Pflichten der BauPVO drohen ihm Maßnahmen der Marktüberwachung. Für diese zuständig sind in Deutschland die Länder, die jeweils Zuständigkeitsverordnungen für die Marktüberwachung harmoni-

[160] ABl. L 52/1 vom 21.02.2014.

[161] Verordnung (EG) Nr. 765/2008 des Europäischen Parlaments und des Rates vom 09.07.2008 über die Vorschriften für die Akkreditierung und Marktüberwachung im Zusammenhang mit der Vermarktung von Produkten und zur Aufhebung der Verordnung (EWG) Nr. 339/93 des Rates, L 218 vom 13.08.2008, S. 3 ff.

sierter Bauprodukte erlassen haben. Im Übrigen haben sie sich darauf verständigt, dass das DIBt als gemeinsame Marktüberwachungsbehörde fungiert, und zwar insbesondere, wenn nicht nur formelle Kennzeichnungsmängel in Rede stehen, sondern wenn zum Beispiel ein Bauprodukt nicht die Leistungseigenschaften aufweist, die der Hersteller in der Leistungserklärung ausgewiesen hat.

Verstöße gegen die Kennzeichnungspflichten können zudem Ordnungswidrigkeiten und sogar Straftatbestände darstellen; es drohen Bußgelder bis zu € 50.000,00 (vgl. § 8, 9 BauPG).

Auch die Landesbauordnungen sehen umfangreiche Konsequenzen vor. Wenn Bauprodukte verwendet werden, die entgegen der BauPVO keine CE-Kennzeichnung tragen oder unberechtigt mit der CE-Kennzeichnung versehen wurden, kann die Bauaufsichtsbehörde die Einstellung der Bauarbeiten anordnen (vgl. § 79 MBO).

Da es sich bei den Art. 4, 8 der BauPVO um Marktverhaltensregeln im Sinne des Gesetzes gegen den unlauteren Wettbewerb (UWG) handelt[162], drohen auch wettbewerbsrechtliche Konsequenzen.

Schließlich gilt es zu beachten, dass das Fehlen einer CE-Kennzeichnung die Annahme eines zivilrechtlichen Mangels rechtfertigen kann. Dies ist zum Beispiel der Fall, wenn die Vertragsparteien die Einhaltung gesetzlicher Vorgaben vereinbaren oder davon ausgegangen werden kann und muss, dass die Gesetzeskonformität im Sinne einer Beschaffenheitsvereinbarung als konkludent vereinbart gilt. Es kann argumentiert werden, dass ein Besteller erwarten darf, dass ein kennzeichnungspflichtiges Produkt entsprechend gekennzeichnet ist. Auch die Landesbauordnungen knüpfen die Verwendungsfähigkeit eines Produkts zumindest auch an die CE-Kennzeichnung an.[163] Im Bereich des Kaufrechts gilt es zu berücksichtigen, dass die Weiterverkaufsmöglichkeit eines kennzeichnungspflichtigen, aber nicht gekennzeichneten Produkts eingeschränkt ist; dies rechtfertigt die Annahme eines Mangels jedenfalls dann, wenn das Produkt für den Weiterverkauf gedacht ist. Die diesbezügliche Rechtslage ist allerdings noch nicht abschließend geklärt. Das *OLG Oldenburg* geht beispielsweise davon aus, dass eine fehlende CE-Kennzeichnung keinen Mangel darstellt.[164] Das *LG Mönchengladbach* vertritt hierzu die gegenteilige Auffassung.[165]

Jedenfalls sollte vorsorglich die Vorschrift des § 377 Handelsgesetzbuch (HGB) beachtet werden. Handelt es sich nach dessen Abs. 1 bei einem Kauf für beide Teile um ein Handelsgeschäft, hat der Käufer die Ware unverzüglich nach der Ablieferung durch den Verkäufer zu untersuchen, und, wenn sich ein Mangel zeigt, dem Verkäufer unverzüglich Anzeige zu machen. Unterlässt der Käufer die Anzeige, regelt Abs. 2, dass die Ware als genehmigt gilt, es sei denn, dass es sich um einen Mangel handelt, der bei der Untersuchung nicht erkennbar war. Zumindest das *OLG Düsseldorf*[166] vertritt den Standpunkt,

[162] *LG Limburg*, Urteil vom 06.05.2014, Az.: 5 U 6/14.
[163] Vgl. *Ziegler*, NJW 2019, 867.
[164] Vgl. Urteil vom 04.09.2018, Az.: 2 U 58/18.
[165] Vgl. Urteil vom 17.06.2015, Az.: 4 S 141/14.
[166] Vgl. Beschluss vom 02.11.2012, Az.: I-23 U 47/12.

dass § 377 HGB auch für den Mangeleinwand des Käufers gilt, der auf das Fehlen von Zertifizierungen, Gebrauchstauglichkeitsnachweisen (u. ä.) bei Bauprodukten gestützt wird. Insofern muss ein Käufer vorsorglich überprüfen, ob ein kennzeichnungspflichtiges Produkt, das er erworben hat, auch tatsächlich gekennzeichnet ist. Eine fehlerhafte/fehlende CE-Kennzeichnung ist unverzüglich zu rügen.

7.9.4 Verwendbarkeit von Bauprodukten

Die BauPVO regelt das Inverkehrbringen von Bauprodukten. Die Kompetenz für die Festlegung von Bedingungen, unter denen in Verkehr gebrachte Bauprodukte vor Ort verwendet werden dürfen, liegt bei den Mitgliedstaaten. In Deutschland bestimmt sich die Verwendbarkeit von Bauprodukten nach den Landesbauordnungen, die auf der Grundlage der – insofern beispielgebenden – Musterbauordnung (MBO) erlassen werden. Im Jahr 2016 wurde die MBO grundlegend überarbeitet; im Anschluss haben die Länder ihre jeweiligen Bauordnungen entsprechend angepasst. Hintergrund für die umfangreiche Überarbeitung war das Urteil des *Europäischen Gerichtshofs* (EuGH) vom 16.10.2014[167]. Mit diesem Urteil hat der *EuGH* die seinerzeitige deutsche Zulassungspraxis für rechtswidrig erklärt. Vor Erlass dieses Urteils hatte das Deutsche Institut für Bautechnik (DIBt) auch an Bauprodukte im Geltungsbereich harmonisierter Normen nach der BauPVO, die das CE-Zeichen tragen, zusätzliche (nationale) Anforderungen gestellt, und zwar über die seinerzeit geltenden Bauregellisten. Im Februar 2013 beantragte die EU-Kommission daher festzustellen, dass die BRD gegen ihre Pflichten – aus der damals noch geltenden – BauRiLi verstoßen hat, weil die deutschen Behörden über die Bauregellisten zusätzliche nationale Anforderungen (Ü-Zeichen) an bereits europäisch harmonisierte und mit dem CE-Zeichen versehene Bauprodukte der Bauregelliste stellen. Dieser Auffassung ist der *EuGH* gefolgt; im Anschluss daran teilte die Ministerkonferenz mit, dass das System der landesbauordnungsrechtlichen Regularien angepasst wird. Sodann wurde die MBO überarbeitet und in der Fassung 2016 vorgelegt, die Bauregellisten wurden abgeschafft und stattdessen das Instrument der Muster-Verwaltungsvorschrift der Technischen Baubestimmungen (MVV TB) eingeführt.

Die MBO 2016 und darauf basierend die Landesbauordnungen unterscheiden nunmehr zwischen der Verwendbarkeit CE-gekennzeichneter Bauprodukte und „sonstiger" Bauprodukte. § 16c MBO („Anforderungen für die Verwendung von CE-gekennzeichneten Bauprodukten") lautet wie folgt: „Ein Bauprodukt, das die CE-Kennzeichnung trägt, darf verwendet werden, wenn die erklärten Leistungen den in diesem Gesetz oder aufgrund dieses Gesetzes festgelegten Anforderungen für diese Verwendung entsprechen. Die §§ 17 bis 25 Abs. 1 gelten nicht für Bauprodukte, die die CE-Kennzeichnung aufgrund der Verordnung (EU) Nr. 305/2011 tragen."

[167] Rs. C-100/13.

Soweit die Regelung vorsieht, dass die §§ 17 bis 25 Abs. 1 nicht für CE-gekennzeichnete Produkte gelten, gilt es zu beachten, dass sich diese mit den (nationalen) Verwendbarkeitsnachweisen befassen, auf deren Grundlage der Hersteller (weiterhin) ein Übereinstimmungszeichen (Ü-Zeichen) abgeben muss.

Im Übrigen sind die „Allgemeinen Anforderungen" gemäß § 3 MBO zu beachten. Hiernach sind Anlagen „so anzuordnen, zu errichten, zu ändern und instand zu halten, dass die öffentliche Sicherheit und Ordnung insbesondere Leben, Gesundheit und die natürlichen Lebensgrundlagen, nicht gefährdet werden". Diese Anforderungen werden aktuell durch die Technischen Baubestimmungen konkretisiert (vgl. im Einzelnen § 85a MBO). Gemäß § 85a Abs. 5 MBO macht das DIBt die Technischen Baubestimmungen als Verwaltungsvorschrift bekannt (vgl. hierzu die MVV TB).

7.10 Vertragsbeendigung

Der Werkvertrag, insbesondere auch der Vertrag zur Sanierung von Bauteilen, ist strukturell davon geprägt, dass der Erfolg des Vertrages eintreten muss (§ 631 Abs. 1 BGB). Insoweit bestehen für den Auftragnehmer nur eingeschränkt Beendigungsmöglichkeiten, während der Auftraggeber jederzeit „frei" kündigen kann.

Übersicht über Vertragsbeendigungstatbestände

Kündigung durch den Auftraggeber:

- § 8 Abs. 1 VOB/B, § 648 BGB – „freie" Kündigung
- § 8 Abs. 2 VOV/B – Insolvenz des Auftragnehmers
- § 8 Abs. 3 VOB/B – Auftragsentziehung
- § 8 Abs. 4 VOB/B – vorangegangene, schwerwiegende Vergabeverstöße, v. a. Abreden zu unzulässigen Wettbewerbsbeschränkungen
- § 6 Abs. 7 VOB/B – Unterbrechung von mehr als 3 Monaten
- Fristlose Kündigung aus wichtigem Grund

Kündigungsmöglichkeiten des Auftragnehmers:

- § 9 Abs. 1 Nr. 1 VOB/B, § 643 BGB – Unterlassene Mitwirkungshandlung des Auftraggebers
- § 9 Abs. 1 Nr. 2 VOB/B – Keine Zahlung
- § 6 Abs. 7 VOB/B – Unterbrechung von mehr als drei Monaten
- § 650f Abs. 5 BGB – Keine Bauhandwerkersicherung
- Fristlose Kündigung aus wichtigem Grund

7.10.1 Kündigungen durch den Auftraggeber

Folgende Fälle sollen näher angesprochen werden:

7.10.1.1 Freie Kündigung

Der Auftraggeber ist berechtigt, den Bauvertrag ohne Angabe von Gründen jederzeit schriftlich zu kündigen (§ 648 Satz 1 BGB und § 8 Abs. 1 Nr. 1 und Abs. 6 VOB/B).

Da der Auftragnehmer bei einer freien Kündigung regelmäßig selbst keine Veranlassung gegeben hat bzw. ihn zumindest kein Verschulden an der Kündigung trifft, soll er so gestellt werden, als wenn der Vertrag ordnungsgemäß abgewickelt worden wäre. Der Unternehmer kann daher die volle Vergütung unter Abzug der ersparten Aufwendungen abrechnen[168]. Hat der Auftragnehmer etwa bereits Bestellungen für Materialien veranlasst, die an keinem anderen Bauvorhaben mehr verwendet werden können, so kann er die hierfür entstanden Kosten vom Auftraggeber auch dann erstattet verlangen, wenn die Materialien in Folge der Kündigung nicht mehr verarbeitet werden.

Andererseits hat sich der Auftragnehmer ersparte Aufwendungen anrechnen zu lassen. Leistungen, die er nicht mehr erbracht hat und für die er keine Aufwendungen gehabt hat, sind daher bei der Vergütung herauszurechnen.

Dabei hat der Auftragnehmer kalkulierten Gewinn im Regelfall ebenso wie Wagnis und allgemeine Geschäftskosten nicht erspart. Baustellengemeinkosten, Lohnkosten, Stoffkosten, Gerätekosten und ggf. Nachunternehmerkosten sind dagegen demgegenüber regelmäßig als erspart anzusehen[169].

Probleme kann die Abrechnung bei gekündigten Pauschalpreisverträgen bereiten. Hier wird der Auftragnehmer regelmäßig verpflichtet sein, die Pauschale letztlich wieder in Einzelleistungen zu „zerlegen" und ggf. unter Offenlegung der ursprünglichen internen Kalkulation festzustellen, welche Leistungen erbracht sind bzw. welche Leistungen nicht erspart sind[170].

7.10.1.2 § 8 Abs. 2 VOB/B – Insolvenzkündigung

Der Auftraggeber kann den Vertrag nach § 8 Abs. 2 VOB/B schriftlich kündigen, wenn der Auftragnehmer insolvent wird, wobei bereits die Beantragung eines solchen Verfahrens, nicht erst seine Eröffnung, ausreicht.

Der Kündigungsgrund liegt dabei auf der Hand: Droht der Auftragnehmer insolvent zu werden oder hat er bereits ein entsprechendes Verfahren beantragt bzw. ist ein Verfahren sogar schon eröffnet, wird der Auftragnehmer nicht mehr in der Lage sein, seine Vorleistungsverpflichtung zu erfüllen. Regelmäßig werden dann Nachunternehmen bzw. Lieferantenleistungen und Materialien nicht mehr ordnungsgemäß bezahlt werden können. Dem Auftraggeber ist es dabei nicht zuzumuten, eine Entscheidung des Insolvenz-

[168] Überblick bei *Ingenstau/Korbion-Joussen/Vygen*, § 8 Abs. 1 VOB/B, Rdnr. 32 ff.
[169] Überblick bei *Kapellmann/Messerschmidt-Lederer*, § 8 VOB/B, Rdnr. 34 ff.
[170] Näheres bei *Werner/Pastor*, Rdnr. 1553 ff.

verwalters abzuwarten, ob das Verfahren überhaupt durchgeführt oder die Insolvenz noch abgewendet werden kann.

Im Falle der Kündigung steht dem Auftragnehmer bzw. ggf. dem Insolvenzverwalter die anteilige Vergütung für die ausgeführten Leistungen zu (§ 8 Abs. 2 Nr. 2 VOB/B). Zudem kann der Auftraggeber auch Schadenersatz wegen Nichterfüllung der in Folge der Kündigung nicht mehr erbrachten Restleistungen verlangen. Ob der Anspruch selbständig werthaltig ist, ist zweifelhaft, da die Insolvenz gerade zur Kündigung geführt hat und somit bei dem Unternehmer keine liquiden Mittel mehr zur Befriedigung des Schadenersatzanspruchs vorhanden sein dürften. Allerdings kann der Auftraggeber mit entsprechenden Ansprüchen gegen einen Werklohnanspruch des Auftragnehmers/Insolvenzverwalters die Aufrechnung erklären[171].

7.10.1.3 Auftragsentziehung nach § 8 Abs. 3 VOB/B

In folgenden Fällen kommt nach § 8 Abs. 3 VOB/B auch eine Auftragsentziehung, also eine fristlose Kündigung durch den Auftraggeber in Betracht:

- Mängel vor Abnahme (§ 4 Abs. 7 VOB/B)
- Unzulässiger Nachunternehmereinsatz (§ 4 Abs. 8 VOB/B)
- Verzug des Auftragnehmers (§ 5 Abs. 4 VOB/B)

In allen Fällen kann der Auftraggeber den Vertrag unter Einhaltung der Schriftform (§ 8 Abs. 6 VOB/B) fristlos entziehen, wenn er dem Auftragnehmer zuvor eine angemessene Frist gesetzt hat und diese Frist fruchtlos verstrichen ist.

Beispiel Der Auftragnehmer weigert sich, festgestellte Mängel zu beseitigen und ist zudem mit der Leistungserbringung erheblich in Verzug. Der Auftraggeber setzt dem Auftragnehmer dann schriftlich eine Frist zu Mangelbeseitigung und zur Aufholung des Verzuges. Reagiert der Auftragnehmer nicht oder weigert sich sogar ausdrücklich, die Arbeiten zu erledigen, hat der Auftraggeber dann das Recht zur Auftragsentziehung.

Der Auftraggeber ist dabei berechtigt, die Auftragsentziehung auf Teilleistungen zu beschränken oder den ganzen Auftrag zu entziehen.

Der Auftragnehmer ist dann mit sofortiger Wirkung nicht mehr berechtigt, Leistungen an dem Bauvorhaben zu erbringen. Der Auftraggeber kann vielmehr die Leistungen durch ein anderes Unternehmen ausführen lassen. Ihm steht ein Schadenersatzanspruch gegen den Auftragnehmer zu, der insbesondere die Mehrkosten der Fertigstellung oder Mangelbeseitigung durch einen anderen Unternehmer, aber auch sonstige kündigungsbedingte Folgekosten umfasst.

Vorhandene Geräte, Gerüste oder sonstige auf der Baustelle vorhandene andere Einrichtungen und angelieferte Stoffe des Auftragnehmers darf der Auftraggeber nach § 8 Abs. 3 Nr. 3 VOB/B in Anspruch nehmen, muss sie aber dann angemessen vergüten.

[171] *Kapellmann/Messerschmidt-Lederer*, § 8 VOB/B, Rdnr. 90.

Dem Auftragnehmer steht nur der Werklohnanspruch bis zu Kündigung zu; er muss zudem damit rechnen, mit Gegenforderungen (Schadenersatzforderungen) konfrontiert zu werden.

Da es sich insoweit neben der fristlosen Kündigung aus wichtigem Grund um einen erheblichen Eingriff in die Vertragsbeziehung der Parteien handelt, ist eine solche Kündigung nur ausnahmsweise und als letztes Mittel in Betracht zu ziehen. Die volle Darlegungs- und Beweislast für die Gründe, die zur sofortigen Beendigung geführt haben, liegen beim Auftraggeber als Kündigenden.

In allen von § VOB/B erfassten Kündigungsmöglichkeiten ist gemäß § 8 Abs. 7 VOB/B auf Verlangen des Auftragnehmers eine Abnahme durchzuführen. In Folge der aktuellen Rechtsprechung ist nach der Kündigung eines Bauvertrages die Werklohnforderung des Unternehmers grundsätzlich erst mit der Abnahme der bis dahin erbrachten Werkleistungen fällig[172].

7.10.1.4 Unterbrechung von mehr als drei Monaten

Dauert eine Unterbrechung länger als drei Monate oder wurde mit der Leistung mindestens drei Monate nach dem dafür festgelegten Termin nicht begonnen[173], kann jeder Vertragsteil gemäß § 6 Abs. 7 VOB/B nach Ablauf dieser Zeit den Vertrag schriftlich kündigen.

Voraussetzung ist, dass drei Monate ohne jede Unterbrechung ein Stillstand der Baustelle eingetreten ist. Jede Handlung, die auf die Vertragserfüllung gerichtet ist, kann diese Frist unterbrechen.

Hinsichtlich der Abrechnung sind die ausgeführten Leistungen nach den Vertragspreisen zu berechnen und außerdem die Kosten an den Auftragnehmer zu vergüten, die ihm bereits entstanden und in den Vertragspreisen des nicht ausgeführten Teils der Leistungen enthalten sind (§ 6 Abs. 7 i. V. m. § 6 Abs. 5 VOB/B). Zudem kann dem anderen Vertragsteil ein Anspruch auf Schadenersatz zustehen, wenn die hindernden Umstände von einem Vertragsteil zu vertreten sind (§ 6 Abs. 7 i. V. m. § 6 Abs. 6 VOB/B).

7.10.1.5 Fristlose Kündigung aus wichtigem Grund

Generell kommt eine kurzfristige und fristlose Vertragsbeendigung aufgrund einer tiefgreifenden Störung des Kooperations- und Vertrauensverhältnisses der Parteien in Betracht. Es muss allerdings eine vom Kündigenden nachzuweisende schwere Störung des Vertrauensverhältnisses vorliegen, die eine Fortsetzung des Vertragsverhältnisses für den Kündigenden unzumutbar macht. Diese Form der Kündigung ist damit nur das letzte Mittel (ultima ratio); der Auftraggeber bzw. der Kündigende ist unter dem Gesichtspunkt des Kooperationsgedankens[174], der für alle am Bau Beteiligten gilt, zunächst verpflichtet,

[172] *BGH*, BauR 2006, 1294 (Kurzform: IBR 2006, 432); kritisch: *Ingenstau/Korbion-Joussen/Vygen*, § 8 Abs. 6 VOB/B, Rdnr. 11 ff.

[173] *BGH*, BauR 2004, 1285.

[174] *BGH*, BauR 2000, 409.

Verhandlungen mit dem anderen Vertragsteil zu führen und zu versuchen, die Vertrauensstörung zu beseitigen.

Eine schwere Störung der Vertragsbeziehung liegt vor, wenn Straftaten eine Rolle spielen, die das Vertragsverhältnis betreffen (Bestechlichkeit, Untreue etc.). Auch eine sich nachträglich herausstellende fehlende Qualifikation des Vertragspartners, hier des Auftragnehmers (z. B. keine Berechtigung zur Asbestentsorgung) kann zur fristlosen Kündigung des Vertrages führen, da die Fortsetzung des Vertragsverhältnisses mit einem nicht qualifizierten Vertragspartner sinnlos ist. Schließlich wird eine schwere Vertragsverletzung auch darin erblickt, wenn einer der Vertragspartner unberechtigt eine Kündigung ausspricht. Insoweit wird eine vom Auftragnehmer als zu Unrecht empfundene Auftragsentziehung gemäß § 8 Abs. 3 VOB/B zum Anlass genommen, den Vertrag seinerseits aus wichtigem Grund fristlos wegen schwerer Vertragsverletzung zu kündigen[175].

7.10.2 Vertragsbeendigung durch den Auftragnehmer

7.10.2.1 Unterlassene Mitwirkungshandlung des Auftraggebers

§ 9 Abs. 1 Nr. 1 VOB/B gewährt dem Auftragnehmer ein Kündigungsrecht, wenn der Auftraggeber eine ihm obliegende Handlung unterlässt und dadurch den Auftragnehmer außer Stande setzt, die Leistungen auszuführen, sog. Annahmeverzug.

Bei Vereinbarung der VOB/B handelt es sich insoweit um eine Sonderregelung im Verhältnis zum gesetzlichen Kündigungsrecht nach § 643 BGB, wonach der Unternehmer bei unterlassener Mitwirkung des Auftraggebers berechtigt ist, dem Auftraggeber zur Nachholung der Handlung eine angemessene Frist zu setzen und den Vertrag kündigen kann, wenn die geforderte Handlung nicht bis zum Ablauf der Frist vorgenommen wird.

Der Auftraggeber hat bei der Abwicklung des Bauvertrages verschiedene Mitwirkungspflichten, deren Verletzung auch dazu führen kann, dass sich der Auftragnehmer aufgrund dieser Pflichtverletzung/fehlenden Mitwirkungsverpflichtung von dem Vertrag lösen kann. Insofern finden sich in der VOB/B diverse ausdrücklich genannte Mitwirkungspflichten des Auftraggebers. Eine Pflichtverletzung, die zur Kündigung berechtigen kann, liegt etwa vor im Bereich der Pflicht zur Bereitstellung des Baugrundstücks, in der Pflicht zur rechtzeitigen Übergabe der Ausführungsunterlagen, in der Pflicht zum Abstecken der Hauptachsen der baulichen Anlagen, in der Pflicht zur Aufrechterhaltung der allgemeinen Ordnung auf der Baustelle, in der Verletzung der allgemeinen Koordinationspflicht, in der Verletzung der Pflicht zur Herbeiführung der erforderlichen öffentlich-rechtlichen Genehmigungen und Erlaubnisse oder in der Pflicht zur unentgeltlichen Überlassung von Lager- und Arbeitsplätzen sowie Anschlüssen[176].

Die Kündigung ist nur wirksam, wenn der Auftragnehmer dem Auftraggeber die Pflichtverletzung zuvor schriftlich angezeigt und ihm eine Frist bestimmt hat, innerhalb

---

[175] Weitere Beispiele bei *Werner/Pastor*, Rdnr. 1757.

[176] Überblick bei *Ingenstau/Korbion-Joussen/Vygen*, § 9 Abs. 1 VOB/B Rdnr. 4 ff.

derer die fehlende Mitwirkungshandlung nachgeholt werden soll. Außerdem muss der Auftragnehmer dem Auftraggeber vorher angekündigt haben, dass er sich bei Versäumung der gesetzten Frist vorbehält, den Vertrag zu kündigen (§ 9 Abs. 2 VOB/B).

7.10.2.2 Kündigung wegen ausbleibender Zahlungen

§ 9 Abs. 1 Nr. 2 VOB/B gewährt dem Auftragnehmer ein Kündigungsrecht bei Schuldnerverzug des Auftraggebers. Eine Kündigung kommt in Betracht, wenn der Auftraggeber eine fällige Zahlung nicht leistet oder sonst in Schuldnerverzug gerät. Fällig ist eine Zahlung, wenn der Auftraggeber nach den vertraglichen Bestimmungen zur Leistung verpflichtet ist, wenn also die Voraussetzuenng für den Eintritt der Zahlungspflicht gegeben sind[177].

Die VOB/B gewährt dem Auftragnehmer damit ein Kündigungsrecht, wenn er Zahlungen von seinem Auftraggeber nicht erhält. Dies ist konsequent, da auch der Auftragnehmer nicht das Insolvenzrisiko des Auftraggebers tragen muss. Es ist dem Auftragnehmer nicht zumutbar, weitere Vorleistungen zu erbringen, wenn er absehen kann, dass der Auftraggeber zur Zahlung weder bereit noch in der Lage ist.

Auch hier gilt nach § 9 Abs. 2 VOB/B, dass der Auftragnehmer dem Auftraggeber zunächst eine Frist zur Zahlung, verbunden mit der Androhung, den Vertrag ansonsten zu kündigen, setzen muss. Die Kündigung selbst muss wiederum schriftlich erfolgen.

7.10.2.3 Unterbrechung von mehr als drei Monaten

Auf die Vorausführungen zu 7.10.1.4 wird Bezug genommen.

Auch der Auftragnehmer hat die Möglichkeit, nach § 6 Abs. 7 VOB/B den Vertrag zu kündigen, wenn die Unterbrechung mehr als drei Monate andauert.

7.10.2.4 Kündigung wegen fehlender Bauhandwerkersicherung

Wie bereits in Abschn. 7.8 (Sicherheiten) gezeigt, kann der Auftragnehmer vom Auftraggeber zur Absicherung seiner Vergütungsforderungen nach § 650f BGB eine Bauhandwerkersicherung, üblicherweise eine Bürgschaft, verlangen. Stellt der Auftraggeber dem Auftragnehmer trotz entsprechenden Verlangens und Fristsetzung keine Sicherheit nach § 650f BGB zur Verfügung, ist der Auftragnehmer berechtigt, den Vertrag gemäß § 650f Abs. 5 BGB zu kündigen.

Wegen Einzelheiten wird auf die Ausführungen zur Sicherheit gemäß § 650f BGB im Abschn. 7.8.1.2 Bezug genommen.

7.10.2.5 Fristlose Kündigung aus wichtigem Grund

Auch der Auftragnehmer kann den Bauvertrag als letzten Ausweg (ultima ratio) aus wichtigem Grund kündigen, wenn eine Fortsetzung des Vertrages mit dem Auftraggeber für ihn nicht mehr zumutbar ist.

[177] *Ingenstau/Korbion-Joussen/Vygen*, a. a. O. Rdnr. 70 ff.

Auf die Vorausführungen zu Ziffer 7.10.1.5 in diesem Abschnitt darf Bezug genommen werden.

7.10.3 Einvernehmliche Vertragsaufhebung

Selbstverständlich steht es den Parteien im Rahmen eines Vertrages frei, den Vertrag einvernehmlich zu beenden oder aufzuheben.

Hier sind die Parteien frei, Modalitaten für die Vertragsbeendigung zu regeln (Frist, Abrechnung etc.).

7.11 Vergaberecht

Als Vergaberecht bezeichnet man die Regelungen über die Vergabe von Aufträgen der öffentlichen Hand[178]. Für Verträge zwischen Privaten gilt der Grundsatz der Vertragsfreiheit in den Grenzen der gesetzlichen Verbote und der „guten Sitten". Für den öffentlichen Bereich gelten demgegenüber rechtliche Bestimmungen, die von der öffentlichen Hand beachtet werden müssen und die im Verletzungsfall, je nach Auftragswert, zu einem förmlichen Nachprüfungsverfahren führen können.

Als öffentlicher Auftraggeber werden der Bund, die Länder, Landkreise, Städte und Gemeinde sowie kommunale Zweckverbände und fallweise auch Private bezeichnet, die öffentliche Aufgaben, etwa der Daseinsvorsorge (z. B. Deutsche Bahn) wahrnehmen.

Für den Baubereich finden sich die Rechtsgrundlagen in der VOB, Teil A, den Allgemeinen Bestimmungen für die Vergabe von Bauleistungen. Für Lieferungen und Dienstleistungen gelten die Vergabeverordnung (VGV) bzw. die Unterschwellenvergabeordnung und eingeschränkt noch die Vergabe- und Vertragsordnung für Leistungen, Teil A (VOL/A). Für die Vergabe freiberuflicher Dienstleistungen, wie etwa Architektenleistungen, gilt ebenfalls die Vergabeverordnung. Ergänzend gelten §§ 97 ff. GWB (Gesetz gegen Wettbewerbsbeschränkungen).

7.11.1 Leitprinzipien

Aus § 97 GWB und § 2 VOB/A lassen sich die Leitprinzipien des Vergaberechts zusammenfassen[179]:

- Wettbewerbsprinzip
- Transparenzgebot

[178] Vertiefend: *Willenbruch/Wieddekind* – Vergaberecht, Kompaktkommentar; *Ingenstau/Korbion*, Kommentierung zur VOB/A; *Kapellmann/Messerschmidt*, Kommentierung zur VOB/A und zur VgV.

[179] Vgl. *Vygen/Wirth/Schmidt,* Kap. 5, Rdnr. 7.

- Wirtschaftlichkeit
- Verhältnismäßigkeit
- Gleichbehandlungsgebot
- Fachkunde/Leistungsfähigkeit/Zuverlässigkeit von Unternehmen
- Vertraulichkeitsgebot
- Unzulässigkeit der Markterkundung
- Vorliegen der Ausschreibungsreife
- Ganzjährige Bautätigkeit

7.11.2 Schwellenwerte

Insbesondere mit Blick auf die Rechtschutzmöglichkeiten muss bei der Anwendung des Vergaberechts auf die sog. Schwellenwerte geachtet werden. Unterhalb des Schwellenwertes ist die öffentliche Hand verpflichtet, die Vorgaben der VOB/A (bzw. für Dienstleistungen die Unterschwellenvergabeordnung) zu berücksichtigen; ein förmliches Nachprüfungsverfahren (dazu sogleich) findet allerdings nicht statt.

Der Schwellenwert beläuft sich nach § 106 GWB i. V. m. EU-Richtlinien für Bauaufträge auf € 5.350.000,00 (Stand: 01.01.2020). Für Lose von Bauaufträgen gilt ein Schwellenwert von € 1.000.000,00. Dies kann, gerade bei Sanierungsarbeiten, relevant werden, wenn die Ausführung von Metallsanierungsarbeiten Teil eines größeren Auftrages ist. Dann kann auch das Los „Sanierungsarbeiten Metallbau" dem europäischen Vergaberecht mit der Möglichkeit des Nachprüfungsverfahrens unterliegen, wenn die Baumaßnahme mit insgesamt € 5.350.000,00 teuer ist und ein einzelnes Los mehr als € 1.000.000,00 ausmacht.

7.11.3 Vergabe unterhalb der Schwellenwerte

Die meisten Bauaufträge werden unterhalb der sog. Schwellenwerte abgewickelt. Für sie gilt die VOB/A mit den sog. Basisparagraphen im Abschnitt 1. Nach § 3 VOB/A sind drei Arten der Vergabe vorgesehen:

Bei der öffentlichen Ausschreibung nach § 3 Nr. 1 und § 3b Abs. 1 VOB/A werden Bauleistungen im vorgeschriebenen Verfahren nach öffentlicher Aufforderung einer unbeschränkten Zahl von Unternehmen zur Einreichung von Angeboten vergeben. Die öffentliche Ausschreibung erfolgt durch Veröffentlichungen in Tageszeitungen, amtlichen Veröffentlichungsblättern oder auf unentgeltlich nutzbaren, direkt zugänglichen Internet-Portalen, § 12 Abs. 1 Nr. 1 VOB/A. § 12 Abs. 1 Nr. 2 VOB/A regelt im Einzelnen, welche Angaben die Bekanntmachungen enthalten sollen.

Bei der beschränkten Ausschreibungwerden Bauleistungen im vorgeschriebenen Verfahren nach Aufforderung einer beschränkten Zahl von Unternehmen zur Einreichung von Angeboten vergeben, ggf. nach öffentlicher Aufforderung, in einem öffentlichen Teilnahmewettbewerb Teilnahmeanträge zu stellen (§ 3 Nr. 2 und § 3b Nr. 2, 3, 4 VOB/A, mit Teilnehmerwettbewerb). Die beschränkte Ausschreibung ohne Teilnehmerwettbewerb kann nach § 3a Abs. 2 VOB/A erfolgen bei Netto-Auftragswerten von bis zu € 50.000,00 für Ausbaugewerke, Landschaftsbau und Straßenausstattung, bis € 150.000,00 für Tief-, Verkehrswege- und Ingenieurbau sowie bis € 100.000,00 für alle übrigen Gewerke. Möglich soll dies auch sein, wenn eine öffentliche Ausschreibung oder eine beschränkte Ausschreibung mit Teilnehmerwettbewerb kein annehmbares Ergebnis erbracht hat oder die öffentliche Ausschreibung bzw. die beschränkte Ausschreibung mit Teilnehmerwettbewerb aus anderen Gründen, wie etwa Dringlichkeit oder Geheimhaltung, unzweckmäßig ist (§ 3a Abs. 2 Nr. 2 und 3 VOB/A).

Dem Auftraggeber stehen wahlweise die öffentliche Ausschreibung und die beschränkte Ausschreibung mit Teilnahmewettbewerb als Regelvergabefälle zur Verfügung.

Schließlich ist die freihändige Vergabe von Bauleistungen ohne förmliches Verfahren geregelt (§ 3 Nr. 3 und § 3a Abs. 3 VOB/A). Eine freihändige Vergabe ist nur zulässig, wenn die öffentliche Ausschreibung oder die beschränkte Ausschreibung unzweckmäßig ist, insbesondere,

- wenn für die Leistung aus bestimmten Gründen (Patentschutz, besondere Erfahrung oder Geräte) nur bestimmte Unternehmen in Betracht kommen,
- wenn die Leistung besonders dringlich ist,
- wenn die Leistung nach Art und Umfang vor der Vergabe nicht so eindeutig und erschöpfend festgelegt werden kann, dass hinreichend vergleichbare Angebote erwartet werden können,
- wenn eine öffentliche Ausschreibung aufgehoben wurde und eine erneute Ausschreibung kein annehmbares Ergebnis erwarten lässt,
- wenn es aus Gründen der Geheimhaltung erforderlich ist oder
- wenn sich eine kleine Leistung von einem vergebenen größeren Leistungsbereich nicht ohne Nachteil trennen lässt

(Aufzählung nach § 3a Abs. 3 VOB/A). Außerdem kommt die freihändige Vergabe bis zu einem Auftragswert von € 3000,00 netto in Betracht (§ 3a Abs. 4 VOB/A).

§§ 7 ff. VOB/A beschreiben sodann den Ablauf einer Vergabe:

Der öffentliche Auftraggeber („Vergabestelle") erstellt zunächst die Vergabeunterlagen, die nach § 8 VOB/A aus dem Anschreiben (Aufforderung zur Angebotsabgabe), ggf. den Bewerbungsbedingungen und den Vertragsunterlagen bestehen. Anzugeben ist auch, ob Nebenangebote zugelassen sind. Öffentliche Auftraggeber haben vorzuschreiben, dass die VOB/B und C Vertragsbestandteil werden (§ 8a Abs. 1 VOB/A). Der öffentliche Auftraggeber kann Allgemeine Vertragsbedingungen vorgeben, insbesondere Allgemeine technische Vertragsbedingungen, zusätzliche technische Vertragsbedingungen, besondere und zusätzliche Vertragsbedingungen (§ 8a Abs. 2 VOB/A). Außerdem ist die Leistungsbeschreibung (§§ 7–7c VOB/A) beizufügen.

Bei der Aufstellung der Leistungsbeschreibung hat der öffentliche Auftraggeber darauf zu achten, dass die Leistung eindeutig und so erschöpfend beschrieben ist, dass alle Bewerber die Beschreibung in gleichem Sinne verstehen können und ihre Preise sicher und ohne umfangreiche Vorarbeiten berechnen können. Dem Auftragnehmer darf kein ungewöhnliches Wagnis aufgebürdet werden für Umstände und Ereignisse, auf die er keinen Einfluss hat und deren Einwirkungen auf die Preise und Fristen er nicht im Voraus schätzen kann (§ 7 Abs. 1 Nr. 1 und 3 VOB/A). Hierbei handelt es sich um einen über das Vergaberecht hinausreichenden allgemeinen Rechtsgrundsatz[180].

Die Vergabeunterlagen sind sodann bekannt zu machen. Der Auftraggeber kann dabei wählen, ob er die Informationen per Post, Telefax, direkt, elektronisch oder durch eine Kombination dieser Kommunikationsmittel übermittelt (§§ 11 und 11a VOB/A). Die Vergabeunterlagen sind bekannt zu machen und zu versenden (Einzelheiten: §§ 12 und 12a VOB/A).

Auf dieser Grundlage können die potentiellen Auftragnehmer („Bieter") ihre Angebote einreichen. Die Angebote müssen elektronisch oder schriftlich und nach den Vorgaben des Auftraggebers eingereicht werden. Sie müssen die geforderten Preise, Erklärungen und Nachweise enthalten. Anforderungen an Form und Inhalt der Angebote ergeben sich aus § 13 VOB/A. Jegliche Änderungen an den Vergabeunterlagen sind unzulässig!

Der Auftraggeber ist gut beraten, hier besondere Aufmerksamkeit auf die Einhaltung der Form der Angebote zu richten. Geringfügigste Abweichungen können bereits zum Ausschluss des Angebotes führen. So kann etwa die Angabe auf dem Briefbogen des Bieters, dass für ihn seine Allgemeinen Geschäftsbedingungen gelten oder sein Gerichtsstand der Ort „XY" sei, bereits eine Abweichung von den Vergabeunterlagen darstellen mit der Folge, dass der Bieter ausgeschlossen werden kann und muss (§ 16 Abs. 1 Nr. 2 VOB/A).

Für die Bearbeitung und Einreichung der Angebote ist nach § 10 Abs. 1 VOB/A eine ausreichende Frist, mindestens 10 Kalendertage, vorzusehen. Die konkreten Umstände des Einzelfalls, insbesondere die konkrete Baumaßnahme, sind zu berücksichtigen.

Sodann findet der Öffnungstermin mit der Öffnung der Angebote statt (§ 14 für schriftliche und § 14a VOB/B für elektronische Angebote). Dieser Termin wird auch als „Submissionstermin" bezeichnet. An diesem Termin werden die Angebote, die bis dahin verschlossen sind, geöffnet und verlesen. Die Angebote werden auf Unversehrtheit bzw. Verschlüsselung geprüft; die Ordnungsgemäßheit der Angebote wird durch den Verhandlungsleiter festgestellt. Sodann werden die Angebote geöffnet und in allen wesentlichen Teilen im Eröffnungstermin gekennzeichnet. Über den Eröffnungstermin wird eine (schriftliche oder elektronische) Niederschrift gefertigt, in der die Angebote berücksichtigt/aufgelistet werden. Festzustellen ist auch, ob und wie viele Nebenangebote abgegeben wurden.

Soweit erforderlich, schließt sich die Aufklärung des Angebotsinhalts an (§ 15 VOB/A). Bei diesen Aufklärungsgesprächen dürfen allerdings keine Verhandlungen

[180] *Ingenstau/Korbion-Kratzenberg*, § 7 VOB/A, Rdnr. 35.

über die Vertragsmodalitäten erfolgen. Der Termin darf lediglich dazu dienen, etwaige technische Unklarheiten aufzuklären.

Es erfolgen sodann entweder die Prüfung und der Ausschluss (§ 16 VOB/A) oder die Prüfung und Wertung der Angebote (§§ 16b–d VOB/A)

Auf der sog. ersten Wertungsstufe findet eine formale Prüfung statt. Dabei werden verspätete Angebote oder solche, die die Angebotsunterlagen abändern, von vornherein ausgeschlossen (§ 16 Abs. 1 VOB/A). So führt z. B. der zuvor beschriebene Hinweis auf die eigenen Allgemeinen Geschäftsbedingungen oder einen selbst gewählten Gerichtsstand dazu, dass ein solches Angebot bereits auf dieser Stufe aus der Wertung ausscheidet.

Auszuschließen sind auch Angebote, die unzulässige Nebenangebote vorlegen. Sofern ein Insolvenzverfahren über einen Bieter eröffnet wurde oder sich das Unternehmen in Liquidation befindet, kann ebenfalls ein Ausschluss erfolgen.

Gegebenenfalls hat der Auftraggeber vor dem Ausschluss Unterlagen von dem Bieter nachzufordern (§ 16a VOB/A).

Es erfolgt sodann auf der zweiten Wertungsstufe die Prüfung der Eignung der Bieter (§ 16b VOB/A). Es wird geprüft, ob der Bieter die erforderliche Fachkunde, Leistungsfähigkeit und Zuverlässigkeit besitzt und über ausreichende technische und wirtschaftliche Mittel verfügt. Ein Angebotsausschluss kommt hier z. B. in Betracht, wenn der Bewerber nachweislich eine schwere Verfehlung begangen hat, die seine Zuverlässigkeit in Frage stellt. Auch die fehlende Zahlung von Steuern und Abgaben oder Beiträgen zur Berufsgenossenschaft (Unfallversicherung) können zum Ausschluss führen.

Auf einer weiteren, dritten Stufe wird geprüft, ob die Angebote rechnerisch, technisch und wirtschaftlich in Ordnung sind (§§ 16c und 16d VOB/A). Auf ein Angebot mit einem unangemessen hohen oder niedrigen Preis darf der Zuschlag nicht erteilt werden (§ 16d Abs. 1 VOB/A).

Angebote, die diese Prüfungsstufen durchlaufen haben, stehen dann zur Beauftragung zur Verfügung. Der Auftraggeber wird dann auf der vierten und letzten Wertungsstufe das wirtschaftlichste Angebot auswählen. Dabei ist nicht automatisch der niedrigste Angebotspreis ausschlaggebend. Nach § 16d Abs. 1 Nr. 3–5 VOB/A kommen in die engere Wahl nur solche Angebote, die unter Berücksichtigung rationellen Baubetriebs und sparsamer Wirtschaftsführung eine einwandfreie Ausführung einschl. Haftung für Mängelansprüche erwarten lassen. Unter diesen Angeboten soll der Zuschlag auf das Angebot erteilt werden, das unter Berücksichtigung aller Gesichtspunkte, wie etwa qualitative, umweltbezogene oder soziale Aspekte, vor allem aber des Preis-Leistungs-Verhältnisses als das Wirtschaftlichste erscheint.

Mit Blick auf die Forderung nach dem besten Preis-Leistungs-Verhältnis (§ 16d Abs. 1 Nr. 4 Satz 3 VOB/A) erfolgen in der Praxis die meisten Vergaben allein unter Preisgesichtspunkten. Dies liegt schon darin begründet, dass die öffentliche Hand haushaltsrechtlichen Zwängen und Überprüfungen unterliegt. Dabei gibt es prominente Beispiele dafür, dass die günstigste Angebotsausführung nicht auch die wirtschaftlichste ist, wie das Beispiel der bereits nach nur knapp sieben Jahren Betrieb erforderlich gewordenen Sanierung der Schienen im Bereich des Berliner Hauptbahnhofs zeigt.

Ist sodann ein Angebot ausgewählt worden, erfolgt der Zuschlag auf dieses Angebot und die Absage an die übrigen Bieter (§§ 18, 19 VOB/A). Dabei soll der Zuschlag möglichst innerhalb der vorher mitgeteilten Zuschlagsfrist erfolgen. Ist die Einhaltung dieser Frist nicht möglich, kann mit den Beteiligten eine Verlängerung der Frist vereinbart werden. Kommt es zu einer erheblichen Verlängerung der Zuschlagsfrist, wird diskutiert, ob dem Bieter dann bereits ein Anspruch auf Vergütung für Verzögerungen zusteht.

Durch den „Zuschlag" kommt der Bauvertrag bereits zustande. Da das Angebot so formuliert sein muss, dass der Auftraggeber im Sinne des allgemeinen Vertragsrechts nur noch „Ja" sagen muss um das Angebot anzunehmen, kommt mit dem Zuschlag im Vergabeverfahren der Vertrag ohne weitere Verhandlungen zustande und entfaltet entsprechende Rechtsverpflichtungen für die Beteiligten. Hat ein Bieter das Angebot etwa nur abgegeben, um etwaige Füllaufträge zu generieren oder war gar nicht ernsthaft an dem Zuschlag interessiert, wird dann aber dennoch beauftragt, ist er verpflichtet, den Vertrag auszuführen.

Zur Einhaltung des eingangs bezeichneten Transparenzgebotes ist das Vergabeverfahren insgesamt zu dokumentieren (§ 20 VOB/A mit weiteren Einzelheiten).

Ausnahmsweise kann die Ausschreibung auch aufgehoben werden (§ 17 VOB/A.), etwa wenn kein Angebot der Ausschreibung entspricht oder grundlegende Änderungen der Ausschreibung erforderlich sind.

Der Rechtschutz bei einer Vergabe unterhalb der Schwellenwerte beschränkt sich letztlich darauf, dass der Auftragnehmer die zuständige Nachprüfungsstelle anrufen und Vergabeverstöße rügen kann (§ 21 VOB/A). Weitergehende Konsequenzen stehen dem Auftragnehmer nicht zur Verfügung. Er kann insbesondere nicht gerichtlich die Aufhebung einer Zuschlagserteilung erreichen. Ob die Nachprüfungsstelle auf die Rüge einschreitet, liegt in ihrem Ermessen, ist also ebenfalls nicht gerichtlich durchsetzbar.

Bei einem schwerwiegenden Verstoß gegen Vergabevorschriften könnte sich für den Bieter ein Schadenersatzanspruch ergeben. Dabei muss der Bieter aber nachweisen, dass die öffentliche Stelle die Vergabevorschriften schuldhaft verletzt hat. Er muss zudem einen hieraus entstehenden ursächlichen Schaden nachweisen. Schließlich muss der Bieter darlegen und beweisen, dass er ohne die behauptete Verletzung eine realistische Chance gehabt hätte, den Auftrag zu erhalten; anderenfalls steht ihm kein Schadenersatzanspruch zu. Die Durchsetzung eines solchen Schadenersatzanspruchs ist also mit hohen Durchsetzungsrisiken behaftet.

7.11.4 Vergabe oberhalb der Schwellenwerte

Bei Überschreitung der Schwellenwerte erfolgt die Vergabe auf der Grundlage der §§ 97 ff. GWB und der „Vergabebestimmungen im Anwendungsbereich der Richtlinie

2014/24/EU“[181] (EU-VOB/A), also des Abschnitts 2 der VOB/A, der neben den Basisparagraphen im Abschnitt 1, die zuvor beschrieben wurden, zusätzliche, europarechtlich veranlasste Bestimmungen enthält.

Die Absicht einer geplanten Auftragsvergabe kann mittels Vorinformation bekannt gegeben werden (§ 12 Abs. 1 und 2 EU VOB/A). Die Auftragsbekanntmachung ist dem Amt für Veröffentlichungen der EU elektronisch zu übermitteln und von dort zu veröffentlichen (§ 12 Abs. 3 EU VOB/A).

Bei Vergaben oberhalb der Schwellenwerte richten die eingangs beschriebenen Vergabearten im Abschnitt 2 der VOB/A nach § 3 EU VOB/A. Dabei sind folgende Vergabearten geregelt:

Das offene Verfahren, entspricht der öffentlichen Ausschreibung nach § 3 Nr. 1 und § 3b Abs. 1 VOB/A (§ 3 Nr. 1 EU VOB/A). Der öffentliche Auftraggeber fordert dabei eine unbestimmte Anzahl von Unternehmen öffentlich zur Abgabe von Angeboten auf.

Gleichrangig zum offenen Verfahren ist das nicht offene Verfahren, das der beschränkten Ausschreibung nach öffentlichem Teilnehmerwettbewerb entspricht (§ 3 Nr. 2, EU VOB/A); auf die Vorausführungen zur beschränkten Ausschreibung wird Bezug genommen. Der öffentliche Auftraggeber wählt nach vorheriger öffentlicher Aufforderung zur Teilnahme eine beschränkte Anzahl von Unternehmen nach objektiven, transparenten und nichtdiskriminierenden Kriterien aus, die er zur Abgabe von Angeboten auffordert.

Weiterhin ist in § 3 Nr. 3 EU VOB/A das Verhandlungsverfahren geregelt, das bei der Vergabe unterhalb der Schwellenwerte der freihändigen Vergabe entspricht. Der öffentliche Auftraggeber wendet sich mit oder ohne Teilnahmewettbewerb an ausgewählte Unternehmen, um mit einem oder mehreren dieser Unternehmen über die Angebote zu verhandeln.

Für besonders umfassende Aufträge oder komplexe Bauaufgaben sieht § 3 Nr. 4 EU VOB/A den wettbewerblichen Dialog vor. Aufgrund der hohen Komplexität der Bauaufgabe kann der Auftraggeber nicht allein die Rahmenbedingungen der Bauausführung festlegen, sondern bedarf hier der Mithilfe fachkundiger Unternehmen. Die VOB/A, Abschnitt 1, Basisparagraphen, kennt eine solche Vergabeart nicht.

Die Innovationspartnerschaft nach § 3 Nr. 5 EU VOB/A ist ein Verfahren zur Entwicklung innovativer, noch nicht auf dem Markt verfügbarer Bauleistungen und zum abschließenden Erwerb der daraus hervorgehenden Leistungen.

Der weitere Ablauf eines Verfahrens oberhalb der Schwellenwerte entspricht weitgehend dem zuvor beschriebenen Verfahren, so dass auf die Vorausführungen Bezug genommen wird. Zwingende Ausschlussgründe (insbesondere strafrechtliche Gründe) ergeben sich aus § 123 GWB, während § 124 GWB fakultative Ausschlussgründe (z. B. Insolvenz des Bieters) aufzählt.

[181] Richtlinie 2014/24/EU des Europäischen Parlaments und des Rates vom 26.02.2014 über die öffentliche Auftragsvergabe und zur Aufhebung der Richtlinie 2004/18/EG (ABl. L 94 vom 28.03.2014 (S. 65)).

Bei der Zuschlagserteilung ist allerdings zu berücksichtigen, dass den Auftraggeber eine besondere Informationspflicht trifft. Er hat alle Bieter, deren Angebote nicht den Zuschlag erhalten sollen, vorab zu informieren. Die Information muss die Angabe enthalten, welches Unternehmen den Auftrag erhalten soll und warum sein eigenes Angebot nicht berücksichtigt wurde. Der Zuschlag darf mit Blick auf die Möglichkeit, für nicht berücksichtigte Unternehmen ein Vergabeverfahren durchzuführen, frühestens 15 Kalendertage nach Versendung der Bieterinformationen erfolgen (§ 134 GWB).

Hat ein Bieter in einem Vergabeverfahren oberhalb der Schwellenwerte einen Verstoß festgestellt, so muss er ihn innerhalb einer Frist von zehn Kalendertagen rügen (§ 160 Nr. 1 GWB). Auch Verstöße gegen Vergabevorschriften aufgrund der Bekanntmachung oder auch erst bei der Durchsicht der Vergabeunterlagen sind innerhalb der Bewerbungsfrist oder zur Angebotsabgabe zu rügen (§ 160 Abs. 3 Nr. 2, 3 GWB).

Unterbleibt die Rüge, kann der Bieter sich in einem späteren Nachprüfungsverfahren auf den – möglicherweise tatsächlich vorhandenen – Vergabeverstoß nicht mehr berufen; ein Nachprüfungsantrag ist unzulässig. Das gilt im Übrigen auch, wenn eine Frist von mehr als 15 Kalendertagen nach Eingang der Mitteilung des Auftraggebers, einer Rüge nicht abhelfen zu wollen, vergangen ist (§ 160 Abs. 3 Nr. 4 GWB). Der Auftragnehmer darf also nicht untätig bleiben, sondern muss innerhalb von 15 Tagen auch auf diese Mitteilung reagieren, da sonst ein Nachprüfungsantrag ebenfalls unzulässig ist.

Die Einhaltung der Rügeverpflichtung wird von den Vergabekammern im Rahmen von Nachprüfungsverfahren streng geprüft. Zahlreiche Verfahren scheitern schon daran, dass der Bieter seiner Rügeverpflichtung nicht entsprochen hat. Es ist also für den Bieter nicht möglich, zunächst abzuwarten, wie die Vergabeentscheidung verläuft und etwaige Verstöße hinzunehmen in der Hoffnung, den Auftrag als bester Bieter zu erhalten. Kommt dieser Bieter dann doch nicht zum Zuge und hat er einen erkannten Vergabeverstoß nicht vorher gerügt, bleibt er auch in einem Nachprüfungsverfahren chancenlos.

7.11.5 Rechtsschutz (oberhalb der Schwellenwerte)

Das Nachprüfungsverfahren findet vor der Vergabekammer statt (§§ 156 ff. GWB). Diese ist auf Länderebene regelmäßig bei den zuständigen Regierungspräsidien oder sonstigen oberen Landesbehörden angesiedelt. Der Bund richtet die erforderlichen Vergabekammern bei dem Bundeskartellamt ein (§ 158 GWB).

Gegen die Entscheidung der Vergabekammern ist das Rechtsmittel der sofortigen Beschwerde zum zuständigen Oberlandesgericht statthaft (§§ 171 ff. GWB). Das Oberlandesgericht entscheidet über die sofortige Beschwerde abschließend; weitere Rechtsmittel sind dann nicht mehr möglich.

Um die Durchführung von Vergabeverfahren insbesondere in zweiter Instanz zu limitieren und eine geordnete Bautätigkeit, die nicht durch zahlreiche Vergabenachprüfungsverfahren übergebührlich lange gehemmt werden soll, sicherzustellen, hat der Gesetzgeber flankierend erhebliche Kostenlasten vorgesehen. So löst die Durchführung einer sofortigen Beschwerde bei dem Oberlandesgericht bei Gericht bereits sechs gerichtliche Gebühren aus. Da sich der Bieter, der gegen eine Entscheidung vorgeht, vor dem Oberlandesgericht durch einen Anwalt vertreten lassen muss, kommen entsprechende Anwaltskosten hinzu. Da regelmäßig der Bieter, der beauftragt werden sollte, von der Vergabekammer bzw. dem Oberlandesgericht als Beigeladener zu dem Verfahren hinzugezogen wird und auch eigene Anträge stellen kann, läuft der Bieter Gefahr, für den Fall, dass sein Rechtsmittel scheitert, auch noch die vollen Kosten der übrigen Beteiligten zu tragen.

Andererseits steht dem Bieter in einem Verfahren oberhalb der Schwellenwerte damit ein förmliches Verfahren zur Verfügung, wonach die Vergabeentscheidung durch ein gerichtliches Verfahren überprüft werden kann, wohingegen dem Bieter unterhalb der Schwellenwerte kein gerichtliches Rechtsmittel zur Verfügung steht, um eine Vergabenentscheidung noch vor Zuschlagserteilung zu überprüfen.

7.12 Architekten- und Ingenieurrecht

Der Begriff des Architekten- und Ingenieurrechts ist ein Oberbegriff für die Regelung der Rechte und Pflichten der Architekten und Ingenieure. Dieses Recht ist in mehreren Rechtsquellen geregelt. Der Komplex soll hier nur kurz gestreift werden, da der Schwerpunkt der Darstellung bei dem privaten Baurecht, dabei insbesondere bei den Rechtsbeziehungen zwischen Auftraggeber und Auftragnehmer liegt. Wegen Einzelheiten wird auf einschlägige Darstellungen verwiesen[182].

7.12.1 Grundlage: BGB

Grundlage des Architektenvertragsrechts ist zum einen das BGB, wobei der Architektenvertrag als Werkvertrag nach §§ 631 ff. BGB angesehen wird, da der Architekt den Erfolg seiner Planungsleistung schuldet. Seit 2018 finden sich in §§ 650p–650t BGB konkrete gesetzliche Regelungen. Nach § 650p Abs. 1 BGB wird durch einen Architekten- oder Ingenieurvertrag der Unternehmer verpflichtet, die Leistungen zu erbringen, die nach dem jeweiligen Stand der Planung und Ausführung des Bauwerks oder der Außenanlage erforderlich sind, um die zwischen den Parteien vereinbarten Planungs- und Überwachungsziele zu erreichen.

[182] z. B. *Heinlein/Hilka*, HOAI-Kommentar, *Jochem/Kaufhold* HOAI-Kommentar; *Messerschmidt/Niemöller/Preussner*, HOAI-Kommentar; *Siemon/Averhaus*, Die HOAI 2013verstehen und richtig anwenden.

7.12.2 Preisrecht (HOAI)

Die Vergütungsfragen werden allerdings in der HOAI, der Honorarordnung für Architekten und Ingenieure, geregelt; diese Verordnung gilt für die Berechnung der Entgelte für die Leistungen der Architekten und Architektinnen sowie der Ingenieure und Ingenieurinnen im Inland (§ 1 HOAI).

Die HOAI gilt als verbindliches Preisrecht – werden daher Leistungen erbracht, die dem Anwendungsbereich der HOAI unterfallen, gilt für die Vergütungsberechnung automatisch auch die HOAI. Allerdings können die Parteien abweichend von den Vorgaben der HOAI eine wirksame Honorarvereinbarung schließen (§ 7 HOAI). Dabei können die in der HOAI festgesetzten Mindestsätze durch schriftliche Vereinbarungen in Ausnahmefällen unterschritten werden (§ 7 Abs. 3 HOAI), wohingegen die Höchstwerte nur ausnahmsweise bei außergewöhnlichen oder ungewöhnlich lange dauernden Leistungen durch schriftliche Vereinbarung überschritten werden dürfen (§ 7 Abs. 4 HOAI).

Verbindlich geregelt sind die Honorare für Leistungen in den Teilen 2–4 der HOAI (§ 3 HOAI). Hierbei handelt es sich um die Flächenplanung nach Teil 2, die Objektplanung nach Teil 3 und die Fachplanung nach Teil 4 der HOAI.

Die Mindestsätze der HOAI gelten dabei immer, wenn zwischen Architekt und Bauherr keine oder keine wirksame Honorarvereinbarung getroffen wurde (§ 7 Abs. 6 HOAI). Die Mindestsätze der HOAI gelten zugleich nach § 7 Abs. 6 HOAI als „übliche“ Vergütung gemäß § 632 BGB – besteht also Streit über die Höhe der Vergütung, gelten die Mindestsätze der HOAI jedenfalls als gesetzlich übliche Vergütung.

7.12.2.1 Leistungsphasen

Für die Abrechnung der Architektenleistungen ist als Kernstück der Honorarordnung die Beschreibung der Leistungen, die mit einem bestimmten Honorar bewertet werden, heranzuziehen[183]. Nach § 3 Abs. 2 HOAI sind Grundleistungen, die zur ordnungsgemäßen Erfüllung eines Auftrags erforderlich sind, in Leistungsbildern erfasst. Diese Leistungsbilder gliedern sich in Leistungsphasen nach den Detailregelungen in den Teilen 2 bis 4 der HOAI (s. o.). Die Anlagen 2 bis 8 und 10 bis 15 zur HOAI beschreiben die zu dem jeweiligen Leistungsbild gehörenden Grundleistungen, wobei in den Anlagen 10 bis 15 zur HOAI die einschlägigen Leistungsphasen dargestellt sind. Die einzelnen Leistungsphasen sind nicht bei jedem Leistungsbild identisch[184]. Zusammengefasst gibt es maximal neuen Leistungsphasen, die am Beispiel des Leistungsbilds „Gebäude und Innenräume“ (Teil 3 Abschnitt 1, §§ 33 ff HOAI) gemäß § 34 Abs. 3 HOAI in Verbindung mit Anlage 10 zur HOAI vorgestellt werden[185]:

[183] *Jochem/Kaufhold*, § 3 Rdnr. 15.

[184] *Messerschmidt/Niemöller/Preussner-Preussner*, § 3, Rn 34 ff mit kurzem Überblick.

[185] S. a. *Messerschmidt/Niemöller/Preussner-Haack/Heinlein*, § 34 Rn 2 ff. und *Heinlein/Hilka-Heymann*, § 34 Rn 12 ff.; Erläuterungen zu den Leistungsphasen angelehnt an *Simmerdinger*, Seite 6 f.

- Leistungsphase 1: Grundlagenermittlung
- Leistungsphase 2: Vorplanung („Vorentwurf")
  Erstellung eines den Vorstellungen des Bauherren entsprechenden Vorplanungskonzeptes sowie einer Kostenschätzung nach DIN 276 und eines Terminplans
- Leistungsphase 3: Entwurfsplanung
  Überlassung technisch und wirtschaftlich mangelfreier, genehmigungsfähiger Entwurfszeichnungen und Unterlagen nebst Objektbeschreibung und Kostenberechnung nach DIN 276
- Leistungsphase 4: Genehmigungsplanung
  Prüfung, ob das Bauvorhaben mit den öffentlich-rechtlichen Vorschriften übereinstimmt und Einreichung einer genehmigungsfähigen Planung bei der Aufsichtsbehörde
- Leistungsphase 5: Ausführungsplanung
  Erstellung ausführungsreifer Pläne und textlicher Erläuterungen sowie die Fortschreibung des Terminplans; Überprüfen erforderlicher Montagepläne der vom Objektbauer geplanten Baukonstruktionen und baukonstruktiven Einbauten auf Übereinstimmung mit der Ausführungsplanung; Grundlage der Zusammenstellung der Ausschreibungsunterlagen
- Leistungsphase 6: Vorbereitung der Vergabe
  nach Leistungsbereichen geordnete Zusammenstellung der Unterlagen (Leistungsbeschreibungen und Leistungsverzeichnisse sowie Mengenermittlung) und Zurverfügungstellung an den Auftraggeber, Schnittstellenkoordination, Kostenkontrolle
- Leistungsphase 7: Mitwirkung bei der Vergabe
  Überlassung technisch, wirtschaftlich und rechtlich einwandfreier Vergabeunterlagen incl. Vergabevorschlag und Preisspiegel, Erstellung eines Kostenanschlags nach DIN 276, Einholen und Werten von Angeboten, Führen von Bietergesprächen; Mitwirken bei der Auftragsvergabe
- Leistungsphase 8: Objektüberwachung
  Bauüberwachung oder Bauoberleitung – Überwachung bei der Entstehung eines plangerechten, technisch und wirtschaftlich mangelfreien Bauwerks, Koordination der fachlich Beteiligten, Dokumentation des Bauablaufs, Aufmaßnahme, Rechnungsprüfung, Abnahmen
- Leistungsphase 9: Objektbetreuung
  fachliche Bewertung von innerhalb der Verjährungsfrist festgestellten Mängeln, Objektbegehung zur Mängelfeststellung, Mitwirkung bei der Freigabe von Sicherheitsleistungen

7.12.2.2 Leistungsarten

Abgesehen davon unterscheidet die HOAI nach den preisrechtlich geregelten Grundleistungen, also Leistungen, die zur ordnungsgemäßen Erfüllung des Auftrages im Allgemeinen erforderlich und in den Leistungsbildern erfasst sind (§ 3 Abs. 2 Satz 1 HOAI).

Vergütungsrelevant sind darüber hinaus auch Änderungsleistungen (ähnlich wie bei Nachträgen im Bauvertragsrecht), die in § 10 HOAI geregelt sind. Erforderlich ist für ein Honorar wegen geänderter Leistungen stets eine schriftliche Vereinbarung der Parteien[186].

Schließlich sind besondere Leistungen vergütungspflichtig, die in der HOAI selbst und in den Anhängen zur HOAI aufgezählt, aber nicht vollständig benannt sind. Hier kann die Vergütung frei vereinbart werden (§ 3 Abs. 3 HOAI).

7.12.2.3 Abrechnungssystematik

Nach § 6 Abs. 1 HOAI ergibt sich das Abrechnungssystem der Architektenvergütung. Danach richtet sich das Honorar für Architektenleistungen nach der HOAI

- für die Leistungsbilder des Teils 2 der HOAI (Flächenplanung) nach der Größe der Fläche
- nach den für die Leistungsbilder der Teile 3 (Objektplanung) und 4 (Fachplanung) anrechenbaren Kosten des Objektes,
- nach dem Leistungsbild,
- nach der Honorarzone,
- nach der dazugehörigen Honorartafel und
- bei Leistungen im Bestand zusätzlich nach Maßgabe des § 6 Abs. 2 HOAI den Umbau- und Modernisierungszuschlag auf das Honorar.

Anrechenbare Kosten sind Teile der Kosten für die Herstellung, den Umbau, die Modernisierung, Instandhaltung oder Instandsetzung von Objekten sowie für die damit zusammenhängenden Aufwendungen. Sie sind nach den allgemein anerkannten Regeln der Technik auf Grundlage ortsüblicher Preise oder nach Maßgabe der einschlägigen Kostenvorschriften zu ermitteln (§ 4 Abs. 1 HOAI).

Welche Kosten anrechenbar sind, wird in den weiteren Bestimmungen der HOAI geregelt (z. B. § 33 HOAI für die Objektplanung Gebäude oder § 42 HOAI für die Objektplanung Ingenieurbauwerke oder § 54 HOAI für die Fachplanung Technische Ausrüstung). Ergänzend muss das Leistungsbild, wie vorstehend beschrieben, ermittelt werden.

Darüber sind die Honorarzonen (§ 5 HOAI) für die Honorarberechnung zu berücksichtigen. In den Honorarzonen werden Zuordnungen nach den Planungsanforderungen (von I: sehr gering bis V: sehr hoch) und den Bewertungsmerkmalen

- Einbindung in die Umgebung
- Anzahl der Funktionsbereiche
- gestalterische Anforderung
- konstruktive Anforderung
- technische Ausrüstungen
- Ausbau

[186] Einzelheiten zur Honorierung bei geänderten Leistungen bei *Heinlein/Hilka*, § 10.

mit Punkten bewertet. Problematisch ist dabei die Einordnung in die richtige Honorarzone[187]. Anhand eines Punkteverteilungsschlüssels[188] kann die Einordnung in die Honorarzone erfolgen.

Hat man dementsprechend die anrechenbaren Kosten und die Honorarzone ermittelt, erfolgt die Ermittlung des Honorars auf der Grundlage der Honorartafel, z. B. zu § 35 Abs. 1 HOAI (Gebäude und Innenräume). Hier besteht die Möglichkeit der Interpolation, d. h. unter Berücksichtigung der anrechenbaren Kosten und der Zuordnung in der Honorarzone ergibt sich ein entsprechendes Honorar (§ 13 HOAI). Dabei ist der Mindestsatz angegeben; eine Überschreitung des Mindestsatzes bedarf der Rechtfertigung etwa durch besonderen Arbeitsaufwand, Fristeneinhaltung, außergewöhnliche Umstände bei der Bauzeit oder der Baugestaltung etc.

Beispiel Für Gebäude und raumbildende Ausbauten wurden anrechenbare Kosten von € 200.000,00 ermittelt. Weiterhin wurden durchschnittliche Planungsanforderungen festgestellt, so dass die Honorarzone III einschlägig ist. Somit kann die Vergütung nach der Honorartafel gemäß § 35 Abs. 1 HOAI von € 27.863,00 (Mindestsatz) bis € 34.751,00 betragen.

Für Sanierungen gelten ergänzend die Vorschriften der §§ 6 Abs. 2 und 36 HOAI für Leistungen bei Umbauten und Modernisierungen von Gebäuden kann für Objekte ein Zuschlag von bis zu 33 % auf das ermittelte Honorar schriftlich vereinbart werden (§ 36 Abs. 1 HOAI).

Für Leistungen bei Umbauten und Modernisierungen von Innenräumen in Gebäuden kann bei einem durchschnittlichen Schwierigkeitsgrad ein Zuschlag von bis zu 50 % auf das ermittelte Honorar schriftlich vereinbart werden (§ 36 Abs. 2 HOAI).

7.13 Öffentliches Baurecht

Ebenso wie das Architektenrecht soll das öffentliche Baurecht hier nur kurz angesprochen werden, da der Schwerpunkt der Darstellung auf dem Bauvertragsrecht, also dem privaten Baurecht liegt[189].

[187] Weitergehend: *Werner/Pastor*, Rn 907 ff.

[188] *Werner/Pastor*, Rn 907; *Messerschmidt/Niemöller/Preussner-Preussner*, § 6 Rn 33.

[189] Zur Vertiefung: *Muckel*, Öffentliches Baurecht (Grundriss); *Battis/Kautzberger/Löhr*, Kommentar zum Baugesetzbuch sowie Kommentierungen zu den Landesbauordnungen, in Hessen z. B. *Hornmann*, Hessische Bauordnung-Kommentar.

7.13.1 Überblick: Rechtsgrundlagen/Bauplanungsrecht-Bauordnungsrecht

Die Regelungen, die bestimmen, nach welchen Grundsätzen überhaupt gebaut werden darf und welche Vorgaben bei dem Bau zu beachten sind, folgen, abgesehen von den sogenannten anerkannten Regeln der Technik, öffentlich-rechtlichen Normen, also staatlichen Bestimmungen, die durch die am Bau Beteiligten einzuhalten sind.

Als Teil des Besonderen Verwaltungsrechts umfasst das öffentliche Baurecht die Gesamtheit der Rechtsvorschriften, die die Zulässigkeit und die Grenzen, die Ordnung und die Förderung der baulichen Nutzung des Bodens, insbesondere durch Errichtung, bestimmungsgemäße Nutzung, wesentliche Veränderungen und Beseitigung baulicher Anlagen, betreffen[190].

Für viele Bauvorhaben ist eine Baugenehmigung erforderlich. Die zuständige Behörde prüft insoweit, ob das Bauvorhaben den einschlägigen öffentlich-rechtlichen Bestimmungen entspricht und genehmigt bei Vorliegen dieser Voraussetzung den Bau bzw. den Bauantrag unter sogenannten Auflagen, die der Bauherr zu erfüllen hat, damit die Baugenehmigung Bestand hat.

Für kleinere Bauvorhaben und Einfamilienhäuser kann ein vereinfachtes Baugenehmigungsverfahren bestehen, was aber in den jeweiligen Landesbauordnungen zu überprüfen ist. Grundsätzlich ist allerdings von einer Genehmigungspflicht auszugehen.

Einschlägig sind dabei Vorschriften des Bundes und der Länder, fallweise auch Ortsrecht der Gemeinden. Eine abschließende Aufzählung der insoweit einschlägigen Vorschriften ist hier nicht möglich; es soll nur ein allgemeiner Überblick gegeben werden. Dabei ist danach zu unterscheiden, ob Bauplanungsrecht (Raumordnung, Bauleitplanung und Fachplanung) oder Bauordnungsrecht (technische Anforderungen, Gefahrenabwehr) einschlägig ist:

- Bauplanungsrecht
  - Raumordnungsgesetz (ROG) → Überörtliche und fachübergreifende Raumordnung
  - Baugesetzbuch (BauGB) → Bauleitplanung
  - Baunutzungsverordnung (BauNVO)
  - Wasserhaushaltsgesetz (WHG), Bundesimmissionsschutzgesetz (BImSchG), Bundesfernstraßengesetz → Fachplanung
- Bauordnungsrecht
  - Musterbauordnung (MBO)
  - Landesbauordnungen der Länder

Zu beachten sind auch Vorgaben, die sich etwa aus dem Bauproduktengesetz in Erfüllung von Vorgaben der Europäischen Union ergeben. Diese betreffen beispielsweise die Kennzeichnung von Produkten mit dem „CE-“Zeichen.

[190] *Battis/Krautzberger/Löhr*, Einleitung Rdnr. 3.

Öffentlich-rechtlich verantwortlich sind:

- Bauherr
- Architekt/Planer
- Unternehmer (ausführender Auftragnehmer)
- Bauleiter

Die vorgenannten Personen und Institutionen haften in öffentlich-rechtlicher Hinsicht dafür, dass die öffentlich-rechtlichen Bauvorschriften, die technischen Vorgaben und baupolizeilichen Anordnungen eingehalten werden.

Regelungen finden sich zudem im Ortsrecht, wenn etwa im Rahmen einer Stadtsatzung bestimmt wird, welche Farben und Bauarten zur Verwendung kommen können, um z. B. ein historisches Stadtbild zu schützen.

7.13.2 Baugenehmigungsverfahren

Im Baugenehmigungsverfahren wird durch die zuständige Bauordnungsbehörde (im Zusammenspiel mit anderen Fachbehörden) geprüft, ob die öffentlich-rechtlichen Bestimmungen zur Errichtung eines Bauwerkes eingehalten sind. Die Behörde bewilligt bzw. genehmigt dann, gegebenenfalls mit Auflagen, das Bauvorhaben. Für die Einhaltung der öffentlich-rechtlichen Vorschriften bleibt der Bauherr aber dennoch gegenüber der Behörde und anderen verantwortlich.

Landesrechtliche Besonderheiten sind dabei zu beachten. So kann der Abbruch oder die Beseitigung baulicher Anlagen nach einigen Landesbauordnungen genehmigungsfrei sein; insoweit besteht nur eine Anzeigepflicht. Hier müssen aber die Landesbauordnungen herangezogen werden, um im Einzelfall Klarheit zu erhalten.

Durch die Bebauung oder die Änderung einer Bebauung verwirklicht der Eigentümer des Grundstücks sein grundgesetzlich geschütztes Eigentumsrecht nach Art. 14 Abs. 1 GG. Danach wird das Eigentumsrecht grundrechtlich, also mit Verfassungsrang, garantiert; der Eigentümer darf grundsätzlich mit seinem Eigentum nach Belieben verfahren (s. a. § 903 BGB). Er muss allerdings in bauordnungsrechtlicher Hinsicht entsprechende Vorschriften bei der Errichtung von Bauvorhaben beachten. Aufgrund der Grundrechtsgarantie des Grundgesetzes hat der Eigentümer aber grundsätzlich Anspruch auf Erteilung einer Baugenehmigung, wenn keine im Baugenehmigungsverfahren zu prüfenden Bedenken und Vorschriften der beabsichtigten Bebauung entgegenstehen.

Um die Baugenehmigung zu erhalten, muss der Bauherr einen vollständigen Bauantrag einreichen. Einen Hinweis über die einzureichenden Unterlagen bietet die Bauvorlagenverordnung[191]. Dabei sind landesrechtliche Besonderheiten zu berücksichtigen.

[191] Verordnung über Bauvorlagen und die Errichtung von automatisierten Abrufverfahren für Aufgaben der Aufsichtsbehörden vom 07.11.2012 in Nds.GVBl. 2012 419; es handelt sich um eine beispielhaft herausgegriffene Verordnung des Landes Niedersachsen.

Folgende Unterlagen gehören allerdings regelmäßig hierzu:

- Bauantrag
- Lageplan
- Auszug aus der Liegenschaftskarte/Flurkarte
- Auszug aus dem Grundbuch
- Bauzeichnungen
- Bautechnische Nachweise wie Standsicherheitsnachweis und Statik, Wärmeschutznachweis, Schallschutznachweis oder Brandschutznachweis[192]

Bei dem Bauantragsverfahren ist die Bauvorlageberechtigung zu berücksichtigen. Bauvorlagen müssen von einem/einer Bauvorlageberechtigten geprüft und unterschrieben werden. Zu diesen Bauvorlageberechtigten zählen Architekten und Bauingenieure, sofern sie in die Architektenliste bzw. die Liste der bauvorlageberechtigten Ingenieure eingetragen sind.

Die Behörde prüft sodann den schriftlichen Antrag dahingehend, ob die bauordnungsrechtlichen Vorschriften des Landes sowie die bauplanungsrechtlichen Vorschriften des Bundes eingehalten sind. Dabei werden möglicherweise beteiligte Fachbehörden angehört und um Stellungnahme gebeten. Regelmäßig werde z. B. bundes- und/oder landesgesetzliche Vorgaben des Wassergesetzes, des Abwassergesetzes, des Denkmalschutzes, des Abfallwirtschaftsgesetzes oder Bundes-Imissonsschutzgesetzes zu beachten sein.

Üblicherweise lässt sich der Bauherr von den betroffenen Nachbarn durch Unterschrift auf der Bauvorlage bestätigen, dass sie mit der Errichtung einverstanden sind. Sollte ein Nachbar nicht zustimmen, kann die Baugenehmigung trotzdem erteilt werden. Sie wird dann auch dem Nachbarn zugestellt, der ein selbständiges Klagerecht (Widerspruch, § 68 VwGO, und Anfechtungsklage vor dem Verwaltungsgericht, § 113 VwGO) hat und die Baugenehmigung dementsprechend anfechten kann. Der Bauherr kann allerdings ebenfalls gegen eine Baugenehmigung, die unter Auflagen erteilt wurde oder gegen eine Baugenehmigung, mit deren Inhalt er nicht einverstanden ist, vorgehen oder aber die Behörde verpflichten, eine entsprechende Baugenehmigung zu erlassen[193].

Ist die Baugenehmigung erteilt, ist das Schriftstück an der Baustelle sichtbar anzubringen (§ 2 MBO sowie die einschlägige Landesbauordnung). Erst dann kann mit den Arbeiten begonnen werden. Der Baubeginn ist der Baubehörde anzuzeigen.

Eine Baugenehmigung kann nicht beliebig lange in Anspruch genommen werden. Beginnt der Bauherr nicht mit den Bauarbeiten, wird die Baugenehmigung nach den einschlägigen Landesbauordnungen ungültig. Verlängerungen sind allerdings möglich; im Übrigen kann die Behörde jederzeit prüfen, ob die Voraussetzungen für das Bauen noch vorliegen.

[192] Überblick über mögliche Bauantragsunterlagen und Muster eines Bauantrages nach § 68 Sächsische Bauordnung bei *Stahr*, Bausanierung, Seite 79 ff.

[193] Einzelheiten zum Widerspruchsverfahren in §§ 68 ff. VwGO sowie zur Klage in § 113 VwGO.

Auch wenn in einigen Landesbauordnungen zwischenzeitlich eine Tendenz erkennbar wird, die Baugenehmigungsvoraussetzungen durch die behördliche Prüfung zu lockern, muss bei einem Bauvorhaben, insbesondere auch bei Sanierungsarbeiten, durch den Bauherren geprüft werden, ob die öffentlich-rechtlichen Vorschriften eingehalten werden. So kann z. B. bei der Veränderung eines Holzhauses zwingend die Vorlage einer Statik erforderlich sein.

Auch muss der Bauherr darauf achten, dass Grenzabstände zum Nachbarn durch Baumaßnahmen nicht verletzt werden. Hier kann ein Anspruch auf Zustimmung nach den einschlägigen Nachbarschaftsgesetzen der Länder bestehen. Andererseits führt das Überbauen der Grenze im Extremfall dazu, dass die Behörde den Abriss des Bauwerks verfügen kann.

Nach Durchführung der Bauarbeiten findet eine öffentlich-rechtliche Bauabnahme statt, die nicht mit der rechtsgeschäftlichen Abnahme, wie sie in Abschn. 7.5 beschrieben ist, zu verwechseln ist. Nach den einschlägigen Landesbauordnungen findet eine öffentlich-rechtliche, also behördliche Bauabnahme bzw. Bauzustandsbesichtigung statt. Dabei wir die Einhaltung der Bauvorschriften geprüft, nicht aber, ob der Bau den vertraglichen Vereinbarungen entspricht.

7.14 Möglichkeiten der Anspruchsdurchsetzung bzw. Anspruchsabwehr

Die Austragung von Streitfällen im Zusammenhang bei der Abwicklung von Baumaßnahmen kann sowohl im Rahmen eines förmlichen gerichtlichen Prozesses vor einem staatlichen Gericht, vor einem von den Parteien selbst gewählten Schiedsgericht oder außerhalb eines Prozesses/Verfahrens im Wege einer, gegebenenfalls moderierten, Einigung erfolgen.

7.14.1 Prozessuale Möglichkeiten

Die „klassische“ Möglichkeit streitige Ansprüche zu klären, besteht darin, ein gerichtliches Verfahren durchzuführen[194]. In baurechtlichen Streitigkeiten kommt ein Verfahren etwa dadurch in Gang, dass der Unternehmer den aus seiner Sicht noch offenen Werklohn bei Gericht einklagt.

Der Verfahrensablauf richtet sich nach der Zivilprozessordnung (ZPO). Die gerichtlichen Zuständigkeiten ergeben sich dabei ergänzend aus dem Gerichtsverfassungsgesetz (GVG). Bis zu einem Streitwert von € 5000,00 sind die Amtsgerichte zuständig (§ 23

[194] Speziell für den Bauprozess: *Werner/Pastor*, Der Bauprozess; *Voit/Manteufel*, Handbuch des Bauverfahrensrechts.

Nr. 1 GVG), bei denen kein Anwaltszwang herrscht, bei denen eine Partei also ihren Anspruch auch ohne anwaltliche Hilfe durchsetzen kann (§ 78 ZPO).

Ab einem Streitwert von € 5000,00 sind die Landgerichte für die Durchführung der ersten Instanz zuständig (§ 71 Abs. 1 GVG). Sehr oft beginnen baurechtliche Streitigkeiten aufgrund ihrer wirtschaftlichen Bedeutung bei den Landgerichten. Bei den Landgerichten sind spezielle Kammern für Bausachen vorzuhalten (§ 72a Nr. 2 GVG).

Da es sich bei diesen Streitigkeiten häufig um Angelegenheiten aus einem Rechtsgeschäft handelt, das für beide Teile ein Handelsgeschäft ist bzw. um Geschäfte, an denen zumindest auf der einen Seite ein Kaufmann im Sinne des Handelsgesetzbuchs (HGB) beteiligt ist, kommt auch die Zuständigkeit einer Kammer für Handelssachen in Betracht (§§ 95, 96 GVG). Diese wird auf Antrag, im Regelfall des Klägers, tätig; anderenfalls verbleibt der Rechtsstreit bei der „normalen“ Zivilkammer bzw. im Regelfall bei der Spezialkammer für Bausachen.

Der zuständige Spruchkörper besteht aus einer Kammer mit drei Mitgliedern. Gemäß § 349a ZPO herrscht allerdings das originäre Einzelrichterprinzip. Vor allem aus Kostengründen ist man bei der ZPO-Reform 2002 dazu übergegangen, Rechtsstreite obligatorisch dem Einzelrichter zuzuweisen, obwohl eigentlich das Kollegium als Spruchkörper zuständig wäre. Nur wenn die Sache eine besondere Schwierigkeit aufweist oder von besonderer rechtlicher Bedeutung ist, wird der Rechtsstreit im Regelfall durch die Kammer als Kollegium entschieden. Bei schwierigen Verläufen kann der zuständige Einzelrichter auch eine Rückübertragung auf die Kammer beantragen, die über diesen Antrag mit Mehrheit beschließt.

Ein gerichtliches Klageverfahren wird dadurch eingeleitet, dass die klagende Partei einen bestimmenden Schriftsatz, die Klageschrift, einreicht. In einem solchen Schriftsatz müssen der Beklagte, der Antrag, zu was er verurteilt werden soll, die anspruchsbegründenden Tatsachen sowie die zur Verfügung stehenden Beweismittel bezeichnet sein (§§ 130, 253 ZPO). Nach Eingang der Klage fordert das Gericht bei dem Kläger zunächst einen Kostenvorschuss ab, der sich nach dem Streitwert richtet und anhand einer einschlägigen Tabelle auf der Grundlage des Gerichtskostengesetzes (GKG) unter Berücksichtigung der einschlägigen Gebührentatbestände berechnet wird. Bei einem *beispielhaften* Streitwert von € 250.000,00 muss der Kläger nach §§ 11, 45 GKG in Verbindung mit der Kostentabelle drei Gebühren als Vorschuss einzahlen, im konkreten Beispielsfall also € 6951,00.

Nach Einzahlung des Vorschusses wird die Klage dem Gegner zugestellt. Dabei wird dem Beklagten im Regelfall bei Bausachen der Durchführung eines schriftlichen Vorverfahrens eine sogenannte Notfrist, also eine Frist, die nicht verlängerbar ist und deren Nichteinhaltung auch nicht heilbar ist[195], gesetzt, um zu erklären, dass er sich gegen die Klage verteidigen wird. Binnen einer weiteren Frist wird dem Beklagten aufgegeben, auf die Klage zu erwidern. Dabei hat er alles vorzutragen, was gegen den Klageanspruch

[195] S. § 224 Abs. 1 ZPO.

einzuwenden ist und auch insoweit von seiner Seite die erforderlichen Beweismittel zu bezeichnen.

Nach freiem Ermessen bestimmt das Gericht sodann die weitere Vorgehensweise. Entweder kann bereits nach Vorliegen der Klageerwiderung ein früher erster Termin zur mündlichen Verhandlung inklusive Güteverhandlung durchgeführt werden (§ 275 ZPO). Das Gericht kann aber auch zugleich mit der Zustellung der Klageschrift das schriftliche Vorverfahren angeordnet haben (§ 276 ZPO). Dies bedeutet, dass die Parteien zunächst Schriftsätze wechseln und das Gericht, wenn die Parteien wechselseitig jeweils zweimal Stellung genommen haben (Erfahrungswert) sodann die Sache möglicherweise ausdifferenzierter beurteilen kann und dann einen Termin zur mündlichen Verhandlung anberaumt[196].

Das Gericht ist verpflichtet, in jeder Lage des Verfahrens auf eine gütliche Einigung der Parteien hinzuwirken (§ 278 Abs. 1 ZPO). Es wird daher, wenn nicht die Parteien schriftsätzlich mitteilen, dass eine Einigung ohnehin aussichtslos ist, in jedem Falle versucht werden, in einer der Hauptverhandlung vorgeschalteten Güteverhandlung den Parteien eine gütliche Einigung vorzuschlagen (§ 278 Abs. 2 ZPO).

Kommt eine solche Einigung nicht zustande, tritt das Gericht in die eigentliche mündliche Verhandlung und damit in das streitige Verfahren ein. Die Parteien stellen dann im Regelfall die Anträge, so dass das Gericht den Vorgang weiter bearbeiten kann. In einem „üblichen" Bauprozess schließt sich häufig, da es zumeist um die Klärung technischer Fragen als Grundlagen für Vergütungsansprüche oder Mängelbehauptungen des Aufraggebers geht, die Einholung eines Sachverständigengutachtens als Beweismittel an. Da das Gericht im Regelfall nicht über den erforderlichen technischen Sachverstand verfügt, muss es sich zur Entscheidungsfindung in dieser Hinsicht, gegebenenfalls auch in baubetrieblicher und baupreislicher Hinsicht, durch einen Sachverständigen beraten lassen. Im Regelfall wird ein öffentlich bestellter und vereidigter Sachverständiger aus dem entsprechenden Fachbereich beauftragt. Können die Parteien sich auf einen Sachverständigen einigen, wird zumeist dieser Sachverständige vom Gericht ausgewählt. Können die Parteien sich nicht auf die Person eines Sachverständigen einigen, wird das Gericht sich, etwa durch die zuständige Industrie- und Handelskammer oder Handwerkskammer oder auch Architektenkammer einen geeigneten Sachverständigen benennen lassen.

Der gerichtliche Sachverständige, der sein Gutachten in Person zu erstellen hat, kann sich zur Gutachtenerstellung gegebenenfalls Hilfspersonals bedienen, also weitere Sachverständige für weitere Fachgebiete hinzuziehen. Dies erfolgt in Abstimmung mit dem Gericht; die Parteien sind gegenüber dem Sachverständigen nicht weisungsbefugt, da alleiniger Auftraggeber des Sachverständigen das Gericht ist (§§ 404, 407 ZPO).

Der Sachverständige legt, nachdem er gegebenenfalls einen oder mehrere Ortstermine durchgeführt hat und über die Parteien ergänzende Unterlagen angefordert hat, ein Gutachten bei Gericht vor, das die Parteien sodann zur Stellungnahme erhalten. Erfah-

[196] Zur Strukturierung eines baurechtlichen Großprozesses: *Griem*, Jahrbuch für Baurecht 2002, S. 303 ff.

rungsgemäß werden Einwendungen, insbesondere durch die Partei erhoben, zu deren Lasten das Gutachten ausfällt. Im Regelfall wird der Sachverständige mit diesen Einwendungen konfrontiert; er wird aufgefordert, ein schriftliches Ergänzungsgutachten zu erstatten. Ergänzend bzw. alternativ kann der Sachverständige auch zur Erläuterung seines Gutachtens in einem Termin zur mündlichen Verhandlung geladen werden.

Sofern erforderlich, erhebt das Gericht zudem Beweis durch Vernehmung von Zeugen oder die Auswertung von Urkunden, um zu einer abschließenden Entscheidung zu gelangen. Ist die Beweisaufnahme durchgeführt und hält das Gericht den Rechtsstreit für entscheidungsreif, wird ein Urteil erlassen. Dabei wird es in Bauprozessen, bei denen es nicht nur um die Klärung rechtlicher, sondern in erheblichem Umfang auch um tatsächliche Fragen geht, selten 100 % zu Gunsten oder zu Lasten einer Partei entschieden, wenn nicht etwa reine Rechtsfragen, z. B. ob die Inanspruchnahme einer Bürgschaft wirksam ist oder nicht, zu entscheiden sind. Dementsprechend hat die jeweils unterlegene Partei auch die Kosten, im Regelfall anteilig, zu tragen.

Beispielfall Die Beweisaufnahme ergibt, dass die eingeklagte Forderung von € 250.000,00 in Höhe von € 100.000,00 begründet ist.

Das Gericht wird den Beklagten zur Zahlung dieses Betrages nebst Zinsen, zumeist in Höhe von 9 Prozentpunkten über dem Basiszinssatz gemäß § 247 BGB p. a.[197], verurteilen und die Klage im Übrigen abweisen. Von den Kosten hätte im Beispielsfall die Klägerin 3/5 und der Beklagte 2/5 zu tragen. Die konkret zu erstattenden Kosten werden im Kostenfestsetzungsverfahren nach §§ 104 ff. ZPO durch das Gericht im Wege eines vollstreckbaren Beschlusses festgesetzt.

Die Partei, zu deren Lasten das Urteil ausgefallen ist, kann im Umfang, in dem sie „beschwert" ist, in dem sie also durch das Urteil belastet wird, die Berufung zum Oberlandesgericht (bei Streitwerten bis € 5000,00 zum Landgericht) einlegen (§§ 511 ff. ZPO). Die Berufung muss innerhalb eines Monats nach Zustellung des Urteils eingelegt werden (wiederum Notfrist) und ist innerhalb eines weiteren Monats zu begründen (§§ 517, 520 ZPO). Die Frist zur Begründung ist einmalig um einen Monat verlängerbar; weitere Fristverlängerungen bedürfen der Zustimmung des Gegners (§ 520 Abs. 2 ZPO). Das Oberlandesgericht kann auch in der Besetzung als Einzelrichter entscheiden, tagt aber oft auch in der vorgesehenen Besetzung mit drei Berufsrichtern (§ 526 ZPO). Der Spruchkörper beim OLG nennt sich Senat.

Zu beachten ist, dass sämtlicher Tatsachenvortrag in der ersten Instanz zu erfolgen hat. Neue Tatsachen, die bereits bei der ersten Instanz vorzutragen gewesen wären und bekannt waren, aber nicht vorgetragen wurden, werden in der zweiten Instanz grundsätzlich nicht mehr berücksichtigt (§ 531 ZPO). Die Berufungsinstanz ist dafür vorgesehen, insbesondere Rechtsfehler der ersten Instanz zu korrigieren. Hierzu kann auch eine Nachholung

[197] Der Basiszinssatz beträgt nach § 247 BGB 3,62 %. Er wird zum 01.01. und 01.07. eines Jahres in Abhängigkeit von den wirtschaftlichen Verhältnissen von der Deutschen Bundesbank bekannt gegeben und im Bundesanzeiger veröffentlicht. Er beträgt z. B. ab dem 01.01.2020 −0,88 %.

einer Beweisaufnahme, also eine Überprüfung in tatsächlicher Hinsicht, gehören, wenn die erste Instanz dies rechtsfehlerhaft unterlassen hat; neuer Sachvortrag, der in der ersten Instanz noch nicht erfolgt ist, ist aber regelmäßig nicht möglich und wird vom Oberlandesgericht auf der Grundlage der ZPO zurückgewiesen.

Gegen die Entscheidung des Oberlandesgerichts ist in bestimmten Fällen ein weiteres Rechtsmittel, die Revision zum Bundesgerichtshof (BGH) gegeben (§§ 542 ff ZPO). Die Revision kann nur darauf gestützt werden, dass die angegriffene Entscheidung auf einer Rechtsverletzung beruht (§ 545 ZPO). Sofern die Sache rechtsgrundsätzliche Bedeutung hat, lässt das Oberlandesgericht bei seinem Berufungsurteil die Revision ausdrücklich zu.

Wird die Revision nicht zugelassen, ist ein Rechtsmittelführer, der mit der Entscheidung des OLG nicht einverstanden ist, verpflichtet, zunächst eine Nichtzulassungsbeschwerde einzureichen, bei der geprüft wird, ob trotz der Nichtzulassung der Revision durch das Berufungsgericht dennoch das Rechtsmittel der Revision möglich ist (§ 544 ZPO). Erst wenn dieser Zwischenschritt erfolgreich für den Rechtsmittelführer beschieden wurde, kann die Revision durchgeführt werden. Hintergrund für dieses Zwischenverfahren ist die Überlegung, dass der Bundesgerichtshof als Revisionsgericht die Aufgabe hat, die Einheitlichkeit der Rechtsprechung und Rechtsanwendung sicherzustellen. Dieser Kontrollfunktion könnte es entgegenlaufen, wenn das oberste Gericht mit Revisionen überschwemmt würde. Andererseits wird nicht zu Unrecht kritisiert, dass durch die Nichtzulassungsbeschwerde die Revisionsinstanz durch die Praxis der Zulassungsentscheidung von der Rechtswirklichkeit abgeschottet werde[198].

Allerdings soll die Nichtzulassungsbeschwerde gewährleisten, dass dem Bundesgerichtshof stets genügend Fallmaterial für einen eigenen Überblick über die Rechtswirklichkeit vorgelegt wird; ein Korrektiv wurde geschaffen, in dem Wertgrenzen, die für die Einlegung der Revision bzw. der Nichtzulassungsbeschwerde erforderlich waren, abgeschafft wurden[199]. Festzuhalten bleibt aber, dass der überwiegende Teil der Nichtzulassungsbeschwerden im Ergebnis nicht erfolgreich ist.

Der Bundesgerichtshof in der Revision prüft lediglich noch Rechtsfragen. Er kann die Angelegenheit gegebenenfalls zur weiteren Bearbeitung an das Oberlandesgericht zurückverweisen. Wenn der BGH durch Urteil über die Revision abschließend entschieden hat, ist der Rechtsweg erschöpft. Im Interesse des Rechtsfriedens bestehen dann keine Möglichkeiten mehr, gegen das Endurteil des BGH anzugehen.

In seltenen Fällen, worauf aus Gründen der Vollständigkeit hingewiesen werden soll, kommt eine Verfassungsbeschwerde zum Bundesverfassungsgericht nach Karlsruhe in Betracht. Dabei muss allerdings ein Grundrechtverstoß geltend gemacht werden, also ein Verstoß, der durch die Verfassung (das Grundgesetz) sanktioniert wird; einfache Rechtsverstöße genügen hier nicht (§§ 90 ff BVerfGG). Die Darlegungsvoraussetzungen sind hier hoch. Eine zu Unrecht und missbräuchlich durchgeführte Verfassungsbeschwerde, die von vornherein keine Aussicht auf Erfolg bietet, kann durch das Bundesverfassungs-

[198] *Zöller-Heßler*, § 544 Rn 2.
[199] *Zöller-Heßler*, a. a. O.

gericht mit einer Missbrauchsgebühr gegenüber dem Beschwerdeführer, aber auch dem ihn vertretenen Anwalt, belegt werden (§ 34 Abs. 2 BVerfGG).

7.14.2 Selbständiges Beweisverfahren

In baurechtlichen Streitigkeiten geht es häufig darum, ob die Werkleistung des Unternehmers frei von Mängeln ausgeführt wurde. Insoweit kann zwischen den Parteien auch schon in einem frühen Stadium der Bauausführung Streit bestehen. Die Baubeteiligten können daher unter anderem zur Klärung, ob Mängel vorliegen, ein selbständiges Beweisverfahren nach §§ 485 ff. ZPO einleiten.

Der Antragsteller wendet sich an das für ihn zuständige Gericht (im Regelfall Landgericht, wenn der zu erwartende Mangelbeseitigungsaufwand über € 5000,00 liegt) und beantragt, durch die Einholung eines Sachverständigengutachtens festzustellen, dass die Leistung Mängel aufweist bzw. die Leistung mangelfrei ist, je nach dem, wer das Verfahren initiiert (Auftraggeber oder Werkunternehmer). Das Gericht wird, wie vorstehend unter 1. beschrieben, einen Sachverständigen mit Feststellungen beauftragen. Der Vorteil besteht darin, dass die diesbezüglichen Feststellungen in einem etwaigen, später zu führenden Folgeprozess nicht mehr angegriffen werden können und Bindungswirkung für die Beteiligten entfaltet.

Aus diesem Grunde wird in der häufigen Einkleidung, dass der Auftraggeber, etwa gegenüber einem Generalunternehmer, ein selbständiges Beweisverfahren mit Mängelbehauptungen einleitet, durch den Generalunternehmer seinen ausführenden Unternehmen der Streit verkündet[200]. Regelmäßig werden auch die Planer/Architekten durch Streitverkündungen in derartige Auseinandersetzungen einbezogen. Die Streitverkündung führt ebenfalls die Bindungswirkung herbei (§ 74 ZPO) – stellt sich heraus, dass etwa der Generalunternehmer tatsächlich einen Mangel gegenüber seinem Auftraggeber zu vertreten hat, kann er durch die Streitverkündung für einen Regressprozess gegenüber dem Planer oder dem ausführenden Unternehmen aufgrund der Bindungswirkung die tatsächlichen Feststellungen, gegebenenfalls gegen den Unternehmer, wenn ein Mangel festgestellt wird, oder den Planer, zu Grunde legen, ohne dass sich der Inanspruchgenommene gegen die Richtigkeit dieser Feststellungen noch wehren könnte.

Der Nachteil des gerichtlichen selbständigen Beweisverfahrens besteht entgegen seiner ursprünglichen gesetzgeberischen Intention darin, dass es sich letztlich in der Praxis um kein Eilverfahren handelt. Nach Eingang des Antrags auf Durchführung eines selbständigen Beweisverfahrens erhält der Gegner den Antrag zur Stellungnahme und wird versuchen, die Beweiserhebung zu verhindern oder zumindest abzuschwächen. Die gerichtlich bestellten Sachverständigen arbeiten regelmäßig mit keiner sehr hohen Geschwindigkeit, was auch an der erheblichen Auslastung dieser Sachverständigen liegt. Liegt das Gutachten dann vor, bestehen, wie unter 1. dargestellt, die Möglichkeiten für die Parteien,

[200] Zur Streitverkündung: *Voit/Manteufel*, Kapitel 2AVII und 3B.

gegen das Gutachten Einwendungen zu erheben und den Sachverständigen möglicherweise auch in einem Termin zur mündlichen Verhandlung zu hören. Vor diesem Hintergrund können derartige selbständige Beweisverfahren teilweise jahrelang andauern, so dass der Beschleunigungseffekt dort nicht erreicht wird.

Aus diesem Grunde wählen die Parteien zur beschleunigten Feststellung von Mangelsachverhalten ein anderes Verfahren, indem sie Privatsachverständige beauftragen oder, sofern möglich, eine schiedsgutachterliche Vereinbarung treffen. Ein von einer Partei eingeschalteter privater Gutachter sollte in jedem Fall ein öffentlich bestellter und vereidigter Sachverständiger sein, da dessen Aussagen nach der einschlägigen Rechtsprechung als qualifizierter Parteivortrag vom Gericht zu berücksichtigen ist.[201] Der Vorteil besteht auch darin, dass kostengünstiger und zügiger eine gutachterliche Stellungnahme vorliegt, da der Privatgutachter sich nicht mit den Einwendungen der Gegenseite auseinandersetzen muss.

7.14.3 Einstweiliges Verfügungsverfahren

In bestimmten Fällen kann es erforderlich sein, unverzüglich, also ohne weitere zeitliche Verzögerung, eine Entscheidung, zumindest vorläufig, treffen zu lassen. Hierfür stellt die Zivilprozessordnung das Rechtsmittel der einstweiligen Verfügung bereit (§§ 935 ff ZPO)[202].

Mit einer einstweiligen Verfügung wird eine sehr kurzfristige Entscheidung eines Gerichts herbeigeführt, die allerdings nur vorläufig ist. Die Endentscheidung bleibt einem anschließenden streitigen Hauptsacheverfahren vorbehalten. Ein wichtiger Anwendungsfall der einstweiligen Verfügung in baurechtlichen Streitigkeiten ist die Eintragung einer Bauhandwerkersicherungshypothek nach § 650e BGB. § 650d BGB ermöglicht es dem Auftragnehmer bei Streitigkeiten mit seinem Auftraggeber über Vergütungsanpassungen („Nachträge“) gemäß § 650c BGB im Wege der einstweiligen Verfügung eine vorläufige gerichtliche Entscheidung herbeizuführen.

7.14.4 Schiedsgerichtliches Verfahren

Die Parteien können auch vereinbaren, dass sie eine Streitigkeit den staatlichen Gerichten entziehen und einem Schiedsgericht übertragen. Bei kleineren Streitigkeiten einigen die Parteien sich auf einen Schiedsrichter, der verbindlich die Angelegenheit für die Parteien entscheidet, ohne dass ihnen noch die Möglichkeit belassen wäre, Rechtsmittel einzulegen oder ein staatliches Gericht anzurufen, es sei denn, das Schiedsgericht würde grundrechtsrelevante Verstöße bei seiner Entscheidungsfindung begehen.

---

[201] *BGH*, NJW-RR 2008, 1252; *BVerfG*, NJW 1997, 122 (qualifizierter Preivortrag muss in Entscheidungsfindung einbezogen werden).

[202] Überblick bei *Voit/Manteufel*, Kapitel 2C.

Bei größeren Streitigkeiten wird ein Schiedsgericht, etwa nach der Streitlösungsordnung für das Bauwesen (SL Bau), früher der Schiedsgerichtsordnung Bau, durchgeführt. Dabei bestellt bei umfangreichen Bausachen jede Partei einen Schiedsrichter, wobei die beiden bestellten Schiedsrichter dann einen Obmann als Vorsitzenden wählen. Bei „kleineren" Auseinandersetzungen einigen sich die Parteien auf einen Schiedsrichter.

Der Vorteil der Schiedsgerichte wird darin erblickt, dass diese schneller und unkomplizierter als Gerichte handeln und im Regelfall mit baurechtlichen Fachleuten besetzt sind. Nennenswerte Kostenersparnisse sind mit einem Schiedsgerichtsverfahren allerdings nicht immer verbunden, da die Schiedsrichter auf der Grundlage des Rechtsanwaltsvergütungsgesetztes in Abhängigkeit vom Streitwert oder zu treffender Honorarvereinbarungen bezahlt werden.

7.14.5 Mediation

Schließlich ist darauf hinzuweisen, dass zunehmend auch im baurechtlichen Bereich Mediationsverfahren angeboten werden. Insbesondere bei gerichtlichen Mediationsverfahren wird die Angelegenheit einem extra hierfür ausgebildeten oder zugeteilten Richter übertragen (Güterichter). Dieser lädt die Parteien zu einem Verhandlungstermin, der bewusst nicht in einem üblichen Verhandlungssaal, sondern in einem Besprechungszimmer und möglichst unbürokratisch stattfindet. Der Richter ist hierbei Moderator, der versucht, die wechselseitigen Interessen der Parteien zu ermitteln und einer gütlichen Einigung zuzuführen.

Die Mediation ist seit Juli 2012 in einem neuen Mediationsgesetz jetzt auch gesetzlich geregelt. Ziel ist die Förderung der außergerichtlichen Konfliktbeilegung.

Normen und Vorschriften

Die nachfolgenden Normen und Vorschriften beziehen sich auf den Stand 06/2020. Es wird daher empfohlen, sich immer am aktuellen Ausgabetermin zu informieren.

Normen

- DIN EN 1090 (2012-02)
  Ausführung von Stahltragwerken und Aluminiumtragwerken
- DIN EN ISO 1461 (2009-10)
  Durch Verzinken auf Stahl aufgebrachte Zinküberzüge (Stückverzinken)
- E DIN EN ISO 2812 (2018-09)
  Beschichtungsstoffe: Beständigkeit gegen Flüssigkeiten
- DIN EN ISO 4628 (2016-07)
  Beschichtungsstoffe – Beurteilung von Beschichtungsschäden
- DIN EN ISO 12944 (2019-01)
  Korrosionsschutz von Stahlbauten durch Beschichtungssysteme
- DIN EN ISO 14713 (2017-08)
  Schutz von Eisen und Stahlkonstruktionen vor Korrosion
- DIN EN 14879-1 (2005-12)
  Beschichtungen und Auskleidungen aus organischen Werkstoffen zum Schutz von industriellen Anlagen gegen Korrosion durch aggressive Medien

Mitteilungen – Regelwerke

- DiBt Mitteilungen 6/2010
  Bemessungsnormen – Ausführungsklassen
- DVS Richtlinie 1711 (2016-08)
  Voraussetzung und Verfahren für die Zertifizierung von Herstellern nach DIN EN 1090

M. Stahr und K.-P. Radermacher, *Sanierung von Metallbauteilen*,
https://doi.org/10.1007/978-3-658-30625-0

- DVS Merkblatt 1712 (2012-06)
  Werkseigene Produktionskontrolle nach DIN EN 1090
- Fachregelwerk Metallbauhandwerk (2011-03)
  Musterhandbuch zur DIN EN 1090 (2013-11)

Internet

- www.kompetenzzentrum-iemb.de
- www.heinzebauoffice.de
- www.bauen.com.de
- www.altbauerneuerung.de
- www.rheinzink.de
- www.landesverband-metall.de

Bildquellen

1. Backe H, Hiese W, Minden, Abb. 3.7, 3.8, 3.12
2. Batran B et al. Handwerk und Technik, Hamburg, Abb. 3.5, 3.16, 3.17
3. Bennert GmbH, Klettbach, Abb. 3.14
4. BRANDT Edelstahldach GmbH, Köln, Abb. 5.42, 5.46, 5.47, 5.53
5. Bröhl G, Köln, Abb. 5.46, 5.48, 5.50, 5.51
6. CORUS Bausysteme, Koblenz, Abb. 5.96
7. dani alu GmbH, Hösbach, Abb. 5.159, 5.160, 5.161, 5.162, 5.163, 5.164, 5.165, 5.166, 5.183
8. Deutsche FOAMGLAS GmbH, Erkrath, Abb. 5.195, 5.196, 5.197, 5.198, 5.199, 5.200
9. Dierks K et al., Berlin, Abb. 3.9, 3.10
10. dpa Picture-Alliance GmbH, Abb. 5.118
11. Fricke GmbH, Greven, Abb. 5.136
12. Gütegemeinschaft Bleihalbzeuge e. V., Krefeld, Abb. 5.119, 5.120, 5.121, 5.122
13. Haid H, Längenfeld, Abb. 6.58, 6.59, 6.60, 6.62, 6.67
14. Informationsstelle Edelstahl Rostfrei, Düsseldorf, Abb. 5.49, 5.54, 5.55
15. Institut für Lernsysteme Hamburg, Abb. 1.1, 1.2, 1.3, 1.4, 1.5, 1.6, 1.11, 1.19, 1.20, 1.21, 1.22, 2.1, 2.2, 2.3, 3.1, 3.6, 3.13, 3.14, 3.17, 4.3, 4.4, 4.5, 4.7, 4.8, 4.9, 4.12, 4.13, 4.14, 4.15, 4.16, 4.17, 4.18, 4.19, 4.20, 4.21, 4.27, 4.28, 5.2, 5.3, 5.4, 5.5, 5.6, 5.7, 5.8, 5.9, 5.10, 5.11, 5.12, 5.13, 5.14, 5.15, 5.16, 5.17, 5.18, 5.19, 5.20, 5.21, 5.22, 5.23, 5.24, 5.25, 5.26, 5.27, 5.28, 5.29, 5.30, 5.31, 5.32, 5.33, 5.34, 5.35, 5.36, 5.37, 5.38, 5.39, 5.40, 5.41, 5.42, 5.43, 5.44, 5.45, 5.46, 5.47, 5.48, 5.49, 5.50, 5.51, 5.52, 5.53, 5.54, 5.55, 5.56, 5.57, 5.58, 5.59, 5.60, 5.61, 5.62, 5.63, 5.64, 5.65, 5.66, 5.67, 5.68, 5.69, 5.70, 5.71, 5.72, 5.73, 5.74, 5.75, 5.76, 5.77, 5.78, 5.79, 5.80, 5.81, 5.82, 5.83, 5.84, 5.85, 5.86, 5.87, 5.88, 5.89, 5.90, 5.91, 5.92, 5.93, 5.94, 5.95, 5.96, 5.97, 5.98, 5.99, 5.100, 5.101, 5.102, 5.103, 5.104, 5.105, 5.106, 5.107, 5.108, 5.109, 5.110, 5.111, 5.112, 5.113, 5.114, 5.115, 5.116, 5.117, 5.123, 5.124, 5.125, 5.137, 5.138, 5.139, 5.140, 5.141, 5.142, 5.143, 5.144, 5.145, 5.146, 5.147, 5.148, 5.149, 5.150, 5.151, 5.152, 5.153, 5.154, 5.155, 5.156, 5.157, 5.158, 5.167, 5.168, 5.169, 5.170, 5.171, 5.172, 5.204, 5.205, 5.224, 5.225, 5.226, 5.227, 5.228, 5.229, 5.230,

5.231, 5.232, 5.233, 5.234, 5.235, 5.236, 5.237, 5.238, 5.239, 5.240, 5.241, 5.242, 6.63

16. Kapust E, Potsdam, Abb. 6.57, 6.69, 6.70
17. Klein W, Delmenhorst, Abb. 6.61, 6.64, 6.65, 6.66, 6.68, 6.71
18. KM Europa Metal AG, Osnabrück, Abb. 5.208, 5.209, 5.221
19. Kohl A et al., Saarbrücken
20. Krauth T, Meyer FZ, Karlsruhe, Abb. 6.40, 6.41, 6.42, 6.43, 6.44, 6.45, 6.46, 6.47, 6.48, 6.49, 6.50
21. LINZMEIER, Riedlingen, Abb. 5.12, 5.13
22. Nestle H, Schwäbisch Gmünd, Abb. 4.1
23. PREFA, Wasungen, Abb. 5.65, 5.68, 5.98, 5.99, 5.100, 5.101, 5.102, 5.103, 5.104, 5.105, 5.126, 5.127, 5.128, 5.130, 5.131, 5.132, 5.184, 5.185, 5.186
24. RHEINZINK GmbH, Datteln, Abb. 3.2, 3.3, 3.4, 5.1, 5.20, 5.28, 5.31, 5.32, 5.33, 5.34, 5.35, 5.36, 5.37, 5.38, 5.39, 5.40, 5.41, 5.59, 5.60, 5.61, 5.62, 5.63, 5.64, 5.66, 5.67, 5.70, 5.71, 5.72, 5.73, 5.74, 5.75, 5.76, 5.77, 5.78, 5.79, 5.80, 5.81, 5.82, 5.83, 5.84, 5.85, 5.86, 5.87, 5.88, 5.89, 5.90, 5.91, 5.92, 5.93, 5.94, 5.95, 5.105, 5.106, 5.107, 5.108, 5.109, 5.173, 5.174, 5.175, 5.176, 5.177, 5.189, 5.190, 5.191, 5.192, 5.201, 5.202, 5.203, 5.204, 5.205, 5.206, 5.207, 5.208, 5.209, 5.210, 5.211, 5.212, 5.213, 5.214, 5.215, 5.216, 5.217, 5.218, 5.219, 5.220, 5.221, 5.222, 5.223
25. Riedl H, Nürnberg, Abb. 6.52, 6.53, 6.54, 6.55, 6.56
26. Schaller H, Berlin, Abb. 4.10
27. Schönburg K, Stahr M, Abb. 1.7, 1.8, 1.9, 1.24, 1.25, 2.1, 2.2, 2.3, 2.4, 2.5, 2.6, 2.7, 2.8, 2.9, 2.10, 2.11, 2.12, 2.13, 2.14, 2.15, 2.16, 2.17, 2.18, 2.19, 2.20, 2.21, 2.22, 4.11, 4.12, 4.22, 4.23, 4.25, 4.26
28. Schubert von Soldern, Prag, Abb. 6.10, 6.11
29. Seidel W, Chemnitz, Abb. 1.12, 1.13, 1.17
30. Siepenkort K, Münster, Abb. 5.57, 5.58, 5.96, 5.97, 5.131, 5.132
31. Stahlfibel (1999) Verein Deutscher Eisenhüttenleute, Abb. 3.7, 3.8, 3.12
32. YTONG-Duisburg, Abb. 5.14, 5.15, 5.16, 5.17

Begriffe und Fachausdrücke

Die im Glossar erläuterten Begriffe und Fachausdrücke sind im vorangestellten Buch Ergänzungen zum Text, wo sie den Informationsgehalt wesentlich bestimmen.

Die hier aufgenommenen fachbezogenen Begriffe stammen aus folgenden Bereichen:

- **Ökonomie**; z. B. Gebrauchswert, moralischer Verschleiß
- **Bauprojektierung**; z. B. bauphysikalisch, Wärmebrücken
- **Baustofflehre**; z. B. biochemische Korrosion, Fügeverträglichkeit
- **Bautechnologie**; z. B. Fügen, passiver Korrosionsschutz
- **Baurecht**; z. B. DIN, VOB

Es ist eine Auswahl von

- Begriffen und Fachausdrücken,
- chemischen Formeln,
- DIN und ATV,
- Arbeitsschutz- und Brandschutzanordnungen.

Geordnet sind die Begriffe, chemischen Formeln und Schäden in alphabetischer Reihenfolge.

Glossar

Abbeizmittel sind Hilfsstoffe zum Entfernen von Anstrichen. Nach ihrer Wirkung werden sie in verseifende (alkalische) und lösende Abbeizmittel eingeteilt.

Abschrecken ist das schnelle Abkühlen von erhitztem Metall durch eintauchen in Wasser zum Härten des Metalls (Erhöhung der Festigkeit).

Absperrlacke sind meist unpigmentierte, schnell und hart durchtrocknende ölarme oder ölfreie → *Lacke*, die über löslichen Farbstoffen, Mineralöl-, Bitumen- und Wachsverunreinigungen undurchlässige Filme bilden und dadurch das Durchschlagen dieser Stoffe durch Anstriche verhindern.

Adhäsion ist die Anziehungskraft zwischen Molekülen verschiedener Stoffe. Dadurch können Körper aus verschiedenen Stoffen aneinander haften. → *Kohäsion*

Adhäsionsfläche ist die → *Grenzfläche*, an der sich zwei Körper berühren und durch Molekularkräfte aneinander haften, z. B. Klebefläche zwischen einer Folie und dem Untergrund.

Adsorption ist die Anlagerung von Gasen oder gelösten Stoffen (Adsorbate) an der Oberfläche von festen Stoffen (Adsorptionsmittel) durch die Wirkung molekularer Kräfte, z. B. Anlagerung von Farbstoff an die Substratoberfläche im Verlackungsprozess. Je größer die Grenzfläche zwischen Adsorbat und Adsorptionsmittel ist, umso größer wird die adsorbierte Stoffmenge.

Adsorptionspigmente sind Pigmente, vor allem Farblacke, bei denen die farbgebenden Stoffe allein oder hauptsächlich durch Adsorption an der Oberfläche der Substratteilchen haften.

Aggregate sind aus mehreren, durch Sinterung oder Fremdsalze miteinander verwachsenen Einzelteilchen (Kristallen) bestehende Pigmentteilchen.

Aggressivbeständigkeit bezeichnet die Eigenschaft eines Stoffes, unter Einwirkung eines aggressiven Mediums keine oder bezüglich seiner Funktionstüchtigkeit noch erträgliche Schädigung zu erleiden.

aktive Pigmente sind anorganische → *Pigmente*, die im → *Anstrich* mit bestimmten Bindemittelbestandteilen (z. B. Fettsäuren) oder mit Untergrundverunreinigungen (z. B. korrosive Salzpartikel) oder mit später in den Anstrich eindringenden korrosiven Gasen und Flüssigkeiten (z. B. Schwefeldioxid) chemisch reagieren. Sie erhöhen damit die Korrosionsschutzwirkung und meist auch die Lebensdauer der Anstriche.

aktiver Korrosionsschutz ist die zusammenfassende Bezeichnung aller Maßnahmen zur Beseitigung oder Abschwächung angreifender Korrosionsmittel, z. B. durch entsprechende Wasseraufbereitung, durch kathodischen und anodischen Schutz oder durch korrosionsschutzgerechte Konstruktion und durch den Einsatz korrosionsbeständiger Baustoffe.

Alterungsbeständigkeit ist die zeitliche Widerstandsfähigkeit von Anstrichen, Elast- und Plastfolien gegen Alterung. Unter Alterung versteht man die Veränderung der physikalischen Eigenschaften, z. B. Verringerung der Elastizität, des Glanzes und der Härte. Die Ursache sind chemische Vorgänge, z. B. Abbau von Makromolekülen, oder physikalische Einflüsse, z. B. Ausschwitzen von → *Weichmachern*. Die Alterung wird durch Witterungseinflüsse beschleunigt.

Altöl bezeichnet gerauchte Öle aus Motoren, Getrieben, Turbinen etc. auf Mineralölbasis. Altöl kann zu neuen Schmierstoffen aufgearbeitet oder in dafür vorgesehenen Feuerungsanlagen verbrannt werden. Es darf nur mit Genehmigung der zuständigen Behörde eingesammelt und befördert werden.

alubeschichtet ein Aluminiumprodukt, auf dessen Aluminiumkern zum Korrosionsschutz eine Alulegierung aufgebracht wurde.

Aluminium ist ein dehn- und schmiedbares, silberweißes Metallelement; für harte Leichtgewichtslegierungen; oft anodisiert zur Verbesserung der Korrosionsresistenz, der Farbe und Oberflächenhärte; Symbol: Al.

Aluminiumoxid ist ein natürliches oder synthetisches Oxidationsprodukt von Aluminium. Es wird bei der Herstellung von Aluminium, Keramik und Elektroisolation verwendet.

Aluminium-Bronze sind verschiedene Legierungen mit hohem Kupfergehalt, 5–11 % Aluminium und unterschiedlichsten Eisen-, Nickel- und Mangananteilen.

amorph (griech. gestaltlos) ist der Zustand fester Körper, bei denen im Gegensatz zu den Kristallen die Atome und Moleküle nicht regelmäßig angeordnet sind.

anlassen bezeichnet das Entfernen innerer Spannungen aus Metall oder Glas durch erwärmen und anschließendes schrittweises Abkühlen in Flüssigkeiten oder Luft. Dies erhöht die Zähigkeit des Materials.

Anlegeöl ist ein hochwertiger, fetter, klarer Öllack, der sich besonders durch eine gleichmäßige, zeitlich zuverlässige Durchtrocknung auszeichnet. Es dient als Klebemittel für Blattmetallbeläge (→ *Blattmetalle*).

Anode im Korrosionselement der Oberflächenbereich eines Metalls, von dem aus bei Korrosion Metallionen in den Elektrolyten übertreten. Sie bildet im Korrosionsvorgang die Lösungselektrode (das korrodierende Metall).

Anschlüsse sind z. B. → *Rahmenanschluss*, → *aufsitzender Anschluss*, → *versteifter aufsitzender Anschluss* und → *Momentenanschluss*.

Anstrich ist ein gleichmäßig dickschichtig aufgetragener → *Anstrichstoff* auf einem Untergrund, an dem er nach der Trocknung haftet. Der Anstrichstoff kann durch Streichen, Spritzen, Tauchen und andere Verfahren aufgetragen werden.

Anstrichfehler entsteht durch fehlerhafte Verarbeitung und falsche Anwendung von → *Anstrichstoffen*. Die Folgen sind meist → *Anstrichschäden*.

Anstrichstoffe sind flüssige bis pastenförmige, physikalisch und/oder chemisch trocknende und dabei erhärtende Stoffe oder Stoffgemische, die nach dem Auftragen auf einen Untergrund einen → *Anstrich* bilden.

Anstrichstoffviskosität ist die Zähigkeit beim Fließen. → *Viskosität*

Anstrichsystem bilden zwei oder mehrere nacheinander aufgetragene, in ihren Eigenschaften aufeinander abgestimmte → *Anstriche*. Ein Anstrichsystem besteht i. Allg. aus Grundanstrich, Zwischenanstrich(en) und → *Deckanstrich*.

Anstrichträger und Anstrichuntergrund bezeichnet die für einen → *Anstrich* vorgesehene und entsprechend vorbehandelte Werkstoffoberfläche. Der Anstrichuntergrund kann auch ein Anstrich sein.

Antimon ist ein sprödes, silbrig-weißes Halbmetall, das häufig in Legierungen verwendet wird. Symbol: Sb.

Armierung auch Bewehrung genannt, bezeichnet ursprünglich eine Stahleinlage in Stahl- und Spannbeton zur Erhöhung der Zug- und Druckfestigkeit. Dieses Wirkprinzip wird durch Faserstoff-Einlagen in Plast-Flächenwerkstoffe (laminierte Plaste), in Spachtel- und Anstrichbeschichtungen angewendet.

Auflageknagge auch Winkerlasche genannt, ist ein kurzer Winkel zum Verbinden von Konstruktionsgliedern, die sich im rechten Winkel treffen.

Auflagewinkel auch Winkelstahl, Winkelprofil oder Winkeleisen genannt, ist warmgewalzter Baustahl in L-Form. Alle Winkelprofile werden mit Buchstaben gekennzeichnet, denen Länge und Stärke der Schenkel folgen.

aufsitzender Anschluss ist ein schubkraftübertragender Stahlträgeranschluss durch Verschweißen oder Verbolzen der Flansche eines Tragbalkens mit der Stütze durch eine Winkelauflage und einen Stabilisierungswinkel über den Flanschen.

Aufwalzplattierung ist das Verbinden von zwei Metallen um eine Metallseite vor Korrosion zu schützen.

aushärtbare Legierung ist eine Aluminiumlegierung, die durch Wärmebehandlung gehärtet wird.

Barren sind handlich geformte Metallmassen zum besseren Lagern und Transportieren vor der Weiterverarbeitung.

Basismetall bezeichnet den Hauptbestandteil einer Legierung oder Metall unter einem Überzug aus einem anderen Metall.

Baumetalle sind die im Bauwesen vorrangig eingesetzten Metalle, nämlich Baustahl, Betonstahl, Gusseisen, Aluminium und seine Legierungen, Zink, Kupfer und Blei

bauphysikalisch kennzeichnet die physikalischen Vorgänge im und am → *Bauwerk* und ihr positiver Einfluss zum Vorteil des Bauwerks.

Baustahl nicht härtbarer Stahl mit einem Kohlenstoffgehalt unter 0,5 %. Der Stahl kann je nach den technischen Anforderungen unlegiert oder legiert sein.

Bauxit ist ein wichtiger Rohstoff zur Aluminiumgewinnung. Es besteht aus 45–60 % Aluminiumoxid, Eisenoxid und anderen Stoffen.

Beizen ist ein chemisches Verfahren zur Vorbehandlung der Metalloberfläche, hauptsächlich zum Entfernen von Rost- und Zunderschichten (chemische Entrostung). Die wirkende Substanz ist meist eine Säure.

Beizmittel sind chemisch wirkende Mittel zum Entfernen von Rost, Zunder und anderen Korrosions- und Oxidationsprodukten von Metalloberflächen. Wirksubstanz sind meist Säuren oder saure Salzlösungen.

biochemische Korrosion Baustoff- vor allem Metallzerstörung durch im Wasser oder Erdboden lebende Mikroorganismen, z. B. Eisenbakterien, die Metall in ionenförmigem Zustand als Nahrung aufnehmen.

Blattmetalle zu hauchdünnen Blättern ausgeschlagenes Gold, Silber, Aluminium oder Legierungsmetall zur Ausführung dekorativer Blattmetallbeläge. Gold ist hier zwischen 1/5000 bis 1/8000 mm dick.

Blei ist ein schweres, schmiedbares, blaugraues Metallelement, das zum Löten und beim Strahlenschutz verwendet wird. Symbol: Pb.

Blei-Zinn-Legierung ist eine Legierung, die zu ca. 80 % aus Blei und zu ca. 20 % aus Zinn besteht und für Bleche verwendet wird.

Bleichmittel sind Stoffe, die durch → *Oxidation*, → *Reduktion* oder → *Adsorption* Farbstoffe zerstören bzw. aufnehmen und dadurch Materialien entfärben.

Bleiseifen sind Salze, gebildet von → *Blei* oder bestimmten Bleiverbindungen, z. B. → *Bleimennige* und → *Bleiweiß*, mit höheren Fett-, Harz- und Naphthensäuren. Die Salze, die von Blei und von Bleiverbindungen mit Linolsäure (Leinölsäure) gebildet wurden (Linoleate), sind dauerhafte Bestandteile der Korrosionsschutzanstriche auf Öl- und Alkydharzbasis. Bleilinoleat wird auch als Trocknungsbeschleuniger („Trockenstoff“) in ölhaltigen Anstrichstoffen eingesetzt.

Breitflanschprofil ist ein warmgewalzter Baustahlträger mit H-Profil und breiten, parallelen Flanschen (entspricht DIN 1025). Alle Profile werden mit Buchstaben gekennzeichnet, denen Größe und Gewicht des Trägers folgen. Breitflanschprofile sind: → *M-Profil*, → *HP-Profil*, → *S-Profil*, → *Normen U-Stahl* und → *U-Profil.*

Bronzen ist eine veraltete und heute unzulässige Bezeichnung für Metallpigmente aus blättchenförmigen Teilchen.

Cadmium ist ein weiches, silberweißes Metall, dem Zinn ähnlich, das zu Folien, Drähten und bestimmten Legierungen verarbeitet wird. Symbol: Cd.

Chrom ist ein glänzendes, hartes, sprödes Metall, das in → *Legierungsstählen* für die Härte, den Korrosionsschutz und zum Verchromen anderer Metalle verwendet wird.

Deckanstrich ist der letzte Anstrich eines Anstrichsystems, der die darunter liegenden Anstriche abdeckt und die Qualität der Oberfläche des Systems, z. B. Farbe, Glanz und Härte, bestimmt.

Deckplatte bezeichnet eine Stahlplatte, die auf einer Stütze angebracht ist, um als tragende Fläche für einen Querbalken oder Träger zu dienen.

Deckvermögen ist die Fähigkeit eines pigmentierten Anstrichstoffs oder Anstrichs, den Untergrund optisch abzudecken.

Dickenverlust ist die Messgröße für die Dicke der durch → *Korrosion* verursachten Metallabtragung. Die Maßeinheiten sind mm oder µm.

Dispersionsfarben im weiteren Sinne sind alle pigmentierten Anstrichstoffe Dispersionsfarben, da sie zumindest aus 2 Phasen bestehen, nämlich aus flüssigem Bindemittel und den darin dispergierten Pigmenten (Suspensionen). In der Fachterminologie werden jedoch nur pigmentierte → *Dispersionsbindemittel* als Dispersionsfarben bezeichnet.

Drahtgewebe ist Gewebe aus Draht, das für Schutzschirme und ähnliches verwendet wird.

Duplexsysteme sind aus unterschiedlichen Schichten aufgebaute langlebige, hochwertige Korrosionsbeschichtungen, z. B. zweischichtige Spritzmetallisierung mit 3 Deckanstrichen zum Schutz von Stahlbauteilen.

Duraluminium ist eine leichte, jedoch harte Aluminium-Kupfer-Mangan-Magnesium-Legierung.

Edelmetalle sind Metalle wie Gold oder Quecksilber, die oxidationsfrei und säurefest sind.

Einbrennlackierungen sind wärmebehandelte Lackierungen auf der Basis von Harnstoffharz, Phenolharz, Melaminharz u. a. Sie sind u. a. gegen Witterung, erhöhte Temperaturen, Chemikalien und Wasser beständig.

Einschmelzen auch Verhütten genannt, ist das Schmelzen von Eisenerz zum Trennen der einzelnen Metallkomponenten.

Eisen ist ein schmied- und dehnbares, magnetisches, silberhelles metallisches Element, aus dem Roheisen und Stahl hergestellt werden. Symbol: Fe.

eisenhaltiges Metall ist Metall, das Eisen als Hauptelement enthält.

Elektrochemie bezeichnet einen Zweig der physikalischen Chemie, in dem man sich mit der Wechselwirkung zwischen elektrischen und chemischen Vorgängen, den elektrochemischen Reaktionen, befasst.

elektrochemische Korrosion (auch elektrolytische Korrosion); Metallkorrosion, die durch elektrochemische Vorgänge verursacht wird.

elektrochemische Spannungsreihe ist die Anordnung der Metalle nach ihren Standardpotentialen. In der Reihe stehen oben die Metalle mit dem größten negativen und unten die mit dem größten positiven Potential. Aus der Stellung eines Metalls in der elektrochemischen Spannungsreihe kann annähernd vorausbestimmt werden, wie es sich gegen Korrosionsmittel verhält.

Elektrode ist ein Körper aus → *Metall* (oder Kohlenstoff), von dem aus der elektrische Strom auf eine Flüssigkeit, auf ein Gas oder Vakuum oder auf einen isolierenden oder halbleitenden Körper übertragen wird. Die negative Elektrode ist die Kathode, die positive die Anode.

Elektroisolierlacke sind → *Anstrichstoffe* deren → *Anstrichfilme* Elektrizität nicht leiten. Sie werden in der Elektroindustrie vorrangig für isolierende Drahtlackierungen verwendet.

Eloxieren ist eine Herstellerbezeichnung für das anodische Oxidieren von Aluminiumoberflächen durch Elektrolyse. Die dabei entstehende, bis 30 µm dicke Oxidschicht erhöht die Korrosions- und Verschleißfestigkeit des → *Aluminiums*.

Entflammbarkeit ist die Eigenschaft von Gasen, Flüssigkeiten und festen Stoffen, sich bei Erwärmung an einer Zündflamme zu entzünden.

Entzunderung ist das Entfernen des Zunders von Eisen- und Stahloberflächen durch Strahlen, Beizen u. a.

Fachwerksbinder auch Gitterträger genannt, ist ein leichter Stahlunterzug mit durchbrochenem Steg. Manche Träger haben einen Steg aus einem einzelnen Biegestab, der im Zickzack zwischen dem oberen und unteren Gurt hin- und herläuft, andere Träger haben schwerere Steg- und Gurtglieder für größere Belastungen und Spannweiten.

Federstahl ist Hartstahl mit sehr hohem Kohlenstoffanteil (0,85–1,80 %).

Feinbleche sind dünne Metallbahnen die beim Kanalbau, als Anschluss-, Abdicht- und Abschlussmaterial und bei Dacharbeiten verwendet werden.

Flammpunkt kennzeichnet die Temperatur in °C, bei der eine brennbare Flüssigkeit so viele Dämpfe entwickelt, dass sich das über der Flüssigkeit befindliche Luft-Gas-Gemisch entzünden lässt.

Flammschutzanstriche sind zu vorbeugenden Brandschutzmaßnahmen zählende Anstriche, mit denen die Entflammung brennbarer Baustoffe verhindert oder stark verzögert werden kann.

Flammschutzsalze sind wasserlösliche anorganische Salze, die als Tränkung unter Hitzeeinwirkung unbrennbare Schmelzen und sauerstoffverdrängende Gase bilden.

Flammspritzverfahren ist der Oberbegriff für alle Spritzverfahren, bei denen das zu verspritzende Material (Metalle, Plaste oder keramische Stoffe) in der Spezialspritzpistole in einer Brenngas-Sauerstoff-Flamme geschmolzen und dann durch Druckluft auf das zu beschichtende Objekt geschleudert wird.

Flansch bezeichnet den breiten Rücken oder zwei Absätze zur Verstärkung oder Versteifung, die im rechten Winkel von der Kante eines Bauprofils abstehen.

Fügeverträglichkeit ist die Eigenschaft eines Baustoffs, beim Zusammenfügen mit einem anderen Baustoff keine chemische Reaktionen einzugehen, die sich schädlich auswirkt.

funkenfreie Entrostungswerkzeuge sind Entrostungswerkzeuge, z. B. Entrostungshammer, -spachtel und -schaber, deren Arbeitsteile aus Messing bestehen. Sie können in explosionsgefährdeten Räumen eingesetzt werden, da sie beim Einwirken auf Stahl keine Funken bilden. Bei ihrem Gebrauch besteht allerdings die Gefahr, dass infolge eingeriebener Kupferteilchen Korrosionselemente entstehen.

Funkeninduktor ist ein elektrisches Gerät zum Erzeugen hoher Spannungen, das zum Prüfen der Dichtheit von Plastbelägen benutzt wird. Undichte Stellen in dem gut isolierenden Plast, z. B. in der Schweißnaht eines Belags, werden durch überspringende Funken vom Minus- zum Pluspol des Geräts angezeigt.

galvanische Korrosion ist durch Kontakt ungleicher Metalle mit einem Elektrolyt beschleunigte Korrosion.

Gebrauchsfähigkeit von Anstrichstoffen benennt den auf der Grundlage des Vertragsgesetzes vom Hersteller angegebenen verbindlichen Zeitabschnitt, in dem der Anstrichstoff bei Einhaltung der angegebenen Lagerungs- und Verarbeitungsrichtlinien die in der Gütevereinbarung festgelegte Gebrauchsfähigkeit aufweist und mindestens während diese Zeit beibehält.

Gebrauchswert umfasst die Summe der Eigenschaften eines Erzeugnisses (Gebrauchswerteigenschaften), die für dessen Gebrauch, seine Nützlichkeit entscheidend sind.

gekantetes Blech (Stege) besitzt zur Steigerung der mechanischen Stärke parallele Rinnen und Falten die gezogen oder gewalzt werden (speziell Walzblech).

gleichschenkliger Winkelstahl ist Winkelstahl mit gleich langen Schenkeln.

Glimmer sind gesteinsbildende Mineralien, die tafelförmig, sehr gut spaltbare, perlmuttglänzende Kristalle bilden. Sie werden als Extender in Anstrichstoffen, Papier und Kautschuk und als schmückendes Effektmaterial eingesetzt.

Grenzflächenspannung ist die charakteristische Größe der Grenzfläche zweier Phasen, die darauf beruht, dass die intermolekulare Wechselwirkung der zwei Phasen an ihrer Grenzfläche anders ist als in den Phasen selbst. Darauf ist z. B. die schlechte Benetzbarkeit mancher Pigmente mit Wasser oder Bindemittellösungen zurückzuführen. Sie werden beim Dispergieren von Pigment-Bindemittel-Mischungen durch den Zusatz von grenzflächenaktiven Benetzmitteln überwunden.

Grundanstrich bezeichnet den in einem → *Anstrichsystem* ersten, mit der Oberfläche unmittelbar in Berührung stehenden → *Anstrich.*

Grundierung ist eine im unterschiedlichen Sinn gebräuchliche, ungenaue Bezeichnung sowohl für den → *Grundanstrich* als auch für die Ausführung des Grundanstrichs und vielfach sogar für die dafür erforderlichen → *Anstrichstoffe*, z. B. Haftgrundierung, Reaktionsgrundierung. Häufig wird der Begriff im Korrosionsschutz gebraucht, z. B. Korrosionsschutzgrundierung.

Grundplatte ist eine Stahlplatte, die Stützenlast auf stützendes Gründungs- oder Fundamentmaterial überträgt und verteilt.

Gusseisen ist eine harte, brüchige, nicht schmelzfähige Eisenlegierung mit 2,0–4,5 % Kohlenstoff- und 0,5–3 % Siliziumanteil. Es wird im Sandgussverfahren gegossen und maschinell bearbeitet.

Haftfestigkeit ist das Maß für den Widerstand, den Putzschichten, Anstriche und angeklebte Flächenwerkstoffe der mechanischen Trennung vom Untergrund entgegensetzen.

Haftgrund bezeichnet eine Grundierung, welche die Aufgabe hat, eine Haftvermittlung zwischen Oberfläche und nachfolgendem Auftrag (z. B. → *Anstrich*) herzustellen.

Haftgrundierung ist ein → *Grundanstrich*, der die Aufgabe der Haftvermittlung zwischen Untergrund und nachfolgenden → *Anstrich* hat.

Hartstahl ist Stahl mit hohem Kohlenstoffanteil (0,45–0,85 %).

Härten auch Tempern genannt, geschieht durch Erwärmen von Metall bei niedrigen Temperaturen und langsames Abkühlen.

Heißphosphatierung bezeichnet ein Badverfahren, bei dem Phosphatlösung auf 65–98 °C erwärmt wird.

Heißtauchgalvanisierung ist das versehen von Eisenmetall mit einer Schutzschicht durch Eintauchen in geschmolzenes → *Zink*.

hochfester niedriglegierter Stahl ist ein → *Legierungsstahl* mit geringem Kohlenstoffanteil, der weniger als 2 % Legierungskomponenten enthält. Er wurde speziell entwickelt für erhöhte Festigkeit, Dehnbarkeit und Korrosionsresistenz.

Hochofenschlacke entsteht bei der Roheisengewinnung im Hochofen. Hauptbestandteile sind Siliziumdioxid und Kalziumoxid, die aus dem Eisenerz, den Zuschlägen und der Koksasche stammen. Gemahlen hat sie hydraulische Eigenschaften und wird deshalb als Bestandteil in Portlandzement mit Zumahlstoffen und in Hüttenzement eingesetzt.

hochzugfester Bolzen ist ein Hochfestigkeitsbolzen mit Gewindemutter. Er stellt zwischen den anzuschließenden Oberflächen durch festziehen der Mutter eine Reibungsfläche her, die die Last gleichmäßig auf beide Baukörper überträgt.

H-Profil → *Breitflanschprofil*

HP-Profil ist ein warmgewalzter Baustahlträger, der dem Breitflanschträger ähnlich ist, doch Flansche und Steg haben die gleiche Stärke. Er wird meist als lasttragende Stütze eingesetzt.

Imprägnierung bezeichnet die Tränkung fester, poröser Materialien, z. B. Holz und Gewebe, mit dünnflüssigen Lösungen oder Dispersionen, deren Festsubstanz nach der Trocknung in den Hohlräumen zurückbleibt.

Inhibitor ist ein Stoff, der einen chemischen Reaktionsverlauf verzögert. Bei der chemischen Entrostung wird dem Beizbad ein Inhibitor zugesetzt. Er verhindert ein starkes Angreifen des Metalls.

interkristalline Korrosion (Korngrenzkorrosion mit Kornzerfall), Korrosion entlang den Korngrenzen des Metalls.

irreversibel bedeutet, nicht rück- oder umkehrbar. Irreversible Anstrichfilme sind solche, deren Aggregatzustand weder durch Lösungsmittel noch durch Wärme beeinflussbar ist, z. B. Kalkkasein-Leimfarben, PVAc-Latexfarbenfilm. Gegensatz: reversibel.

Kaltphosphatierung bezeichnet die Phosphatierung, bei der mit einer Phosphatlösung im Temperaturbereich zwischen 20–80 °C gearbeitet wird.

Kaltverzinkung (Zinkstaubanstriche), Korrosionsschutzanstriche die aus etwa 95 % Zinkpulver und etwa 5 % Bindemittelfestsubstanz, z. B. Chlorkautschuk, bestehen. Sie ist besonders geeignet für Stahlteile, die unter hohem Luftfeuchteeinfluss stehen. Die Korrosionsschutzwirkung der Zinkstaubanstriche beruht darauf, dass → *Zink* und → *Eisen* bei der Anwesenheit von Wasser ein galvanisches Element bilden. Zink mit dem niedrigen Standartpotential wird zur Anode, geht in Lösung und schlägt sich auf dem → *Stahl*, der Kathode, als Schutzschicht nieder.

Kathode im Korrosionselement Oberflächenbereich eines Metalls, in dem sich die Elektroden niederschlagen (Niederschlagselektrode), die von dem in Lösung gehenden anodischen Metall abgegeben werden.

Kathodenschutz bezeichnet den Schutz von Eisenmetall gegen Elektrolyse durch Anbringen einer Opferanode.

Klebstoffe sind meist organische, hochpolymere, hochviskose Stoffe mit günstigen Klebeeigenschaften zur Ausführung von Klebeverbindungen. Die nach dem Trocknen oder Abbinden des Klebstoffs erzielte Klebefestigkeit des Klebstofffilms beruht auf der Anhaftung (→ *Adhäsion*) seiner Moleküle an der Oberfläche des zu verklebenden Werkstoffs, auf seiner Verankerung in den Unebenheiten der Werkstoffoberfläche und auf seiner eigenen mechanischen Festigkeit (→ *Kohäsion*).

Kohäsion bezeichnet die Anziehungskraft zwischen den Molekülen (→ *Molekül*) eines Stoffes. Je kleiner der Abstand zwischen den Molekülen eines Stoffes ist, desto stärker hängen sie zusammen und umso größer ist die Anziehungskraft (z. B. bei → *Stahl*). Umso größer der Abstand, desto kleiner die Anziehungskraft (z. B. bei Flüssigkeiten). Bei gasförmigen Stoffen herrscht wegen des großen Molekülabstands keine Kohäsion mehr. → *Adhäsion*

Konservierung bezeichnet das Haltbarmachen und umfasst alle chemischen und physikalischen Maßnahmen zum Schutz von Stoffen vor Zerstörung durch Fäulnis, Gärung, Insekten und Witterungseinflüssen. Im weiteren Sinne werden auch Anstriche und andere Beschichtungen, welche die Bausubstanz schützen sollen, als Konservierungsmaßnahmen aufgefasst.

Kontaktkorrosion (Berührungskorrosion), Korrosion eines Metalls bei der Berührung mit einem anderen Metall oder Nichtmetall an der Berührungsstelle. Da sich dabei ein Korrosionselement bildet, verläuft hierbei ein elektrochemischer Korrosionsvorgang.

Korrosion bezeichnet allgemein die Zerstörung der → *Metalle*. Hierbei wird unterschieden zwischen → *Korrosion (biochemische)*, → *Korrosion (chemische)*, → *Korrosion (ebenmäßige)*, → *Korrosion (elektrochemische)*, → *Korrosion (interkristalline)*, → *Korrosion (selektive)* und → *Korrosion (transkristalline)*.

Korrosion ist eine von der Oberfläche ausgehende unerwünschte Zerstörung von Baustoffen durch chemische und bei Metallen außerdem durch elektrochemische Reaktionen mit ihrer Umgebung. Der häufigste Fall der Korrosion ist die Rostbildung.

Korrosionselement elektrochemisches Element, das bei der Korrosion von Metallen auftritt. Es besteht aus Anode und Kathode in Berührung mit einem Elektrolyten.

Korrosionsgeschwindigkeit v_L oder v_M ist eine → *Korrosionsgröße* die ermittelt wird durch die Division des → *Korrosionsverlusts* K_m mit der Korrosionsdauer t, während der dieser Verlust entstanden ist.

Korrosionsgrößen dienen zur Berechnung der durch → *Korrosion* verursachten Masse- oder Dickenabnahme bei Werkstoffen. Die einzelnen Korrosionsgrößen sind → *Korrosionsverlust*, Korrosionswiderstand, → *Korrosionsgeschwindigkeit* und Korrosionsbeständigkeit (Lebensdauer).

Korrosionsmedium ist ein Stoff, der in Kontakt mit einem Werkstoff → *Korrosion* verursacht. Es können Lösungen von Salzen, Basen und Säuren, feuchte und trockene Luft, Gase sowie metallische und nichtmetallische Schmelzen sein.

Korrosionsprodukt → *chemische Verbindung*, die der Werkstoff bei der → *Korrosion* eingeht, z. B. Eisen(II, III)-hydroxid, → *Rost*.

Korrosionsschutz Schutzmaßnahmen für Baustoffe, besonders für Metalle, die durch chemische oder elektrochemische Reaktionen mit Stoffen ihrer Umgebung von der Oberfläche her zerstört werden.

Korrosionsschutzanstrichstoffe auch Rostschutz-Anstrichstoffe genannt, sind für den Aufbau von → *Korrosionsschutzanstrichsystemen* bestimmte → *Anstrichstoffe*.

Korrosionsschutzanstrichsysteme sind mehrere sich sinnvoll ergänzende → *Anstriche*, die den Anstrichträger vor → *Korrosion* schützen sollen, z. B. durch Verhindern der Unterrostung und Abschirmung gegen Korrosionsmittel.

Korrosionsschutzpigmente sind im weiteren Sinne alle Pigmente, die durch ihre physikalischen und chemischen Eigenschaften zur Wirksamkeit von Korrosionsschutzanstrichen beitragen. Sie werden eingeteilt in aktive (z. B. Bleimennige, Zinktetraoxychromat) und inaktive Korrosionsschutzpigmente (z. B. Graphit, Eisenoxidrot).

Korrosionsverlust ist eine → *Korrosionsgröße*, die entweder durch Dividieren des durch → *Korrosion* verursachten Masseverlusts durch die Größe der korrodierten Oberfläche oder an Hand des Dickenverlusts ermittelt wird. Das Formelzeichen ist K_{m} oder K_{L}.

Kupfer ist ein dehn- und schmiedbares, rotbraunes Metallelement, das wegen seiner guten Wärme- und elektrischen Leitfähigkeit bei Elektroverkabelungen, Wasserrohrinstallationen und für Legierungen verwendet wird. Symbol: Cu.

Lacköle sind trocknende oder nichttrocknende fette, veredelte Öle, die als Bindemittelkomponente in Öl-Anstrichstoffen oder als Weichmacher in anderen Lacken eingesetzt werden.

laminierte Anstriche sind Anstriche, in die zur Erhöhung ihrer physikalischen und/oder chemischen Stabilität Fasern, Gewebe oder andere Verstärkungsmittel eingelagert werden.

Lasuren sind farbig-transparente Anstriche, dekorative Flächenbelebung und Malereien, welche die Untergrundstruktur durchscheinen lassen.

Lebensdauer bezeichnet den Zeitabschnitt, in dem Beschichtungen ihre Funktion, z. B. das Objekt vor äußeren Einflüssen zu schützen, voll erfüllen.

Legierung ist ein Werkstoff aus zwei oder mehr Metallen oder aus Metall und Nichtmetall. Es wird durch Verschmelzen oder Elektrophorese miteinander verbunden.

Legierungsstahl ist Kohlenstoffstahl, dem verschiedene Elemente wie Chrom, Kobalt, Kupfer, Mangan, Molybdän, Nickel, Wolfram oder Vanadium in ausreichender Menge zugesetzt wurden, um bestimmte physikalische und chemische Eigenschaften zu erhalten. Zu den Legierungsstählen zählen → *rostfreier Stahl*, → *hochfester niedriglegierter Stahl* und → *Verwitterungsstahl*.

Lochfraßkorrosion punktförmig auftretende Korrosion, die zu krater- oder nadelstichartigen Vertiefungen und im Endzustand meist zur Durchlöcherung führt.

Lokalelement ist ein kleinflächiges → *Korrosionselement*.

Marinemessing ist eine Legierung aus 60 % Kupfer und 40 % Zink.

Messing nach DIN 17660 ist eine genormte Messinglegierung aus 65 % Kupfer und 35 % Zink.

metallhaltige Abfälle fallen bei der Erzeugung, Verarbeitung und Verwertung von Eisen, Stahl und NE-Metallen an. Hierzu gehören Hochofen- und Stahlwerksschlacken, Stäube und Schlämme aus Luft- und Wasserreinigungsanlagen sowie Späne aus der Verarbeitung. Einen Sonderbereich stellen die metallhaltigen Schlämme und Aschen dar, die z. B. bei der Aluminiumproduktion und -verarbeitung (u. a. Rotschlamm, Fluorrückstände), der Kupferproduktion (z. B. Kupferschlacke) und bei Galvanikanstalten (z. B. Galvanikschlamm) entstehen.

Metallhydroxide sind anorganische Basen mit der allgemeinen Formel $Me_n(OH)_n$. Hydroxide der Alkalimetalle sind löslich, z. B. NaOH, die der Schwermetalle schwer- oder nichtlöslich, z. B. Bleihydroxid, $Pb(OH)_2$.

Metalloxide sind Verbindungen des Sauerstoffs mit Metallen. Verschiedene Schwermetalloxide werden als Pigmente eingesetzt, z. B. Zinkoxid, ZnO, Eisen(III)-oxid, Fe_2O_3 (Eisenoxidrot), Titanoxid, TiO_2, Blei(II, IV)-oxid, Pb_3O_4 (Bleimennige).

Metalloxidhydrate sind Verbindungen von Metalloxiden mit Wasser mit der allgemeinen Formel $Me_xO_y \cdot zH_2O$. Fast alle Erdpigmente und einige synthetische anorganische Pigmente sind Metalloxidhydrate, z. B. $Fe_2O_3 \cdot 3H_2O + Al_2O_3 \cdot 2SiO_2 \cdot 2H_2O$ (Ocker), $Fe_2O_3 \cdot H_2O$ (Eisenoxidgelb).

Metallpigmente sind Buntmetall- oder Leichtmetallteilchen von hauptsächlich blättchenförmiger Struktur, die meist in geeigneten Bindemitteln schwebe- und schwimmfähig sind und dadurch eine metallisch glänzende Anstrichoberfläche bilden.

Metallseifen sind Verbindungen der Metalle mit höheren Fettsäuren (z. B. Bleilinoleat; wird gebildet von Bleimennige mit Linol und Linolsäuren des Leinöls), mit Harzsäuren (z. B. Zinkresinat; wird gebildet von Zinkoxid mit Harzsäuren bestimmter Lacke) und mit Naphthensäuren (z. B. Kobaltnaphthenat; ein Trocknungsstoff).

Metall-Schmelztauchbeschichtung ist eine auf unedlen Metallen, meist Baustählen, in geschmolzenem Zustand als dünne, festhaftende aufgetragene Schicht aus korrosionsbeständigen Metallen. Meist wird damit ein langlebiger Korrosionsschutz bezweckt. Am bekanntesten ist das Feuerverzinken.

Momentenanschluss ist ein Stahlanschluss, der ein gegebenes Widerstandsmoment entwickelt. Er wird meist durch eine Stahlplatte, die mit den Flanschen des Tragbalkens und der Stütze verschweißt ober verbolzt ist, hergestellt.

moralischer Verschleiß nicht durch Stoffveränderungen hervorgerufene Wertminderung eines Bauerzeugnisses, sondern durch Verringerung seines gesellschaftlichen Wertes, z. B. wenn Gebäude mit unzureichender sanitärer und elektrischer Installation den steigenden Bedürfnissen der Bewohner in der Wohnkultur nicht mehr gerecht werden.

M-Profil ist ein warmgewalzter Baustahlträger mit dem H-Profil (→ *Breitflanschprofil*) ähnlichem Querschnitt.

Nassdeckfähigkeit bezeichnet die Deckfähigkeit von Anstrichstoffen im noch nicht getrockneten Zustand unmittelbar nach dem Auftragen auf den Untergrund.

Narbenkorrosion bezeichnet die örtliche, flache, linsenförmige Anfressung des Metalls.

Netz bezeichnet die Anzahl der Öffnungen pro cm bei → *Drahtgewebe*.

Nickel ist ein hartes, silberweißes, schmiedbares Metall, das in Stahl- und Gusseisenlegierungen sowie beim Elektroplattieren von Metallen, die korrosionsresistent sein sollen, verwendet wird. Symbol: Ni.

nichtaushärtbare Legierung auch gewöhnliche Legierung genannt, ist eine Aluminiumlegierung, die durch Kaltwalzen gehärtet wird.

Oberfläche bezeichnet die Begrenzungsfläche eines Körpers, durch die er vom ihn umgebenden Raum getrennt wird. Zwischen der Ist-Oberfläche von Bauteilen und ihrer konstruktiven Soll-Oberfläche bestehen infolge Oberflächenstruktur Abweichungen.

Öllasurenanstrich ist ein mit Öllasuren ausgeführter transparenter Anstrich, der den Untergrund farbig tönen und seine Struktur optisch verstärken soll.

Ölvergoldung ist ein Blattmetallbelag, bei dem Blattgold an der Oberfläche des Films von aufgetragenem → *Anlegeöl* haftet.

Oxidation bezeichnet (ursprünglich) die Verbindung chemischer Elemente mit Sauerstoff.

optimal gewählter Korrosionsschutz (optimal: sehr gut, bestmöglich): Korrosionsschutzarbeit oder -maßnahme, welche die ihr zugedachte Funktion am besten erfüllt und den höchsten ökonomischen Nutzen gewährleistet.

passiver Korrosionsschutz umfasst alle nichtmetallischen und metallischen Überzüge, z. B. Anstriche, metallische Beschichtungen und Beläge, die eine Trennschicht zwischen den zu schützenden Metallen und anderen Werkstoffen und den Korrosionsmitteln bilden.

Passivierung bezeichnet die Umwandlung der chemisch aktiven Metalloberfläche in eine chemisch widerstandsfähige, passive Oberfläche. Das wird z. B. durch → *Phosphatierung* und → *Washprimer-Grundierung* erreicht.

Patina ist ein grüner Überzug oder Belag auf Oberflächen gealterter Bronze- oder Kupfergegenstände.

Penetriermittel sind niedrigviskose Lösungen luftgetrockneter Öle oder Harze mit oder ohne Pigmentzusatz, die hauptsächlich zur Durchtränkung von Rost (Roststabilisierung) auf nicht oder schwer zugänglichen Stahlbauteilen verwendet werden.

pH-Indikatoren sind Stoffe, z. B. Lackmus und Phenolphthalein, die durch Farbumschlag saure, neutrale oder basische Reaktion von Lösungen anzeigen.

pH-Wert (lat.: potentia hydrogenii = Kraft des Wasserstoffs) ist eine Maßzahl für den Gehalt an Wasserstoffionen in einer Flüssigkeit (→ *Laugen*, → *Säure*, Wasser, wässrige Salzlösung). Mit dem pH-Wert lässt sich der Grad einer Säurewirkung (sauer) oder einer Laugenwirkung (basisch) darstellen. neutral = pH-Wert 7 (reines Wasser); stark sauer = pH-Wert 0–3; stark basisch = pH-Wert 11–14;

pH-Wert ist das Maß für die Wasserstoffionenkonzentration in wässrigen Lösungen. Reines Wasser hat den pH-Wert 7. Höhere pH-Werte charakterisieren ein basisches Verhalten (Laugen), niedrige ein saures Verhalten (Säuren). Die pH-Skala reicht von 0–14.

Phosphatierung ist das Auftragen von Phosphatierungsmitteln auf das → *Metall* im Badverfahren oder durch Spritzen oder Streichen. Es bildet sich dabei auf dem Metall eine sehr gut anhaftende Phosphatschicht, welche die Metalloberfläche → *passiviert* und einen kurzlebigen → *Korrosionsschutz* sowie einen guten Haftgrund für nachfolgende Anstriche darstellt.

Phosphor-Bronze ist eine Legierung aus 90 % Kupfer, 5 % Zink, 3 % Blei und 2 % Zinn.

photochemische Reaktionen sind alle chemischen Vorgänge, die durch die Energie einwirkender Strahlen des sichtbaren Lichts oder auch elektromagnetischer Strahlen anderer Wellenbereiche ausgelöst werden.

physikalischer Verschleiß ist die durch ungünstige Stoffveränderungen, z. B. Versprödung von Lackierungen, Korrosion der Stahlbauteile sowie Verwitterung von Putz- und Betonoberflächen, an Bauwerken verursachte Wertminderung.

Plattenrost sind meist dickere, zusammenhängende Rostschichten, die sich in Rostschollen vom Stahluntergrund ablösen lassen.

Polimentvergoldung entsteht durch ein auf Polimentuntergrund (saugende Schicht aus präpariertem, schwach mit Glutinleim gebundenem Bolus [Tonerdesilikat]) aufgelegtes und daran haftendes Blattgold.

Rahmenanschluss ist eine schubkraftübertragende Stahlverbindung durch Verschweißen oder Verbolzen des Stegs eines Balkenträgers mit 2 Winkeln an einer Stütze oder einem Träger.

Rauhtiefe ist das Maß für die Oberflächenrauigkeit eines Körpers. Bei Vorbereitung von Metalloberflächen für Korrosionsschutzarbeiten wird ihre Rauigkeit allgemein in µm (Mikrometer) angegeben.

Reaktionsanstrichstoff ist ein Anstrichstoff, der durch → *chemische Reaktion* seiner 2 getrennt gelieferten Komponenten trocknet. Hierzu gehören kalthärtende Teer-Epoxid-Kombinationen, Polyurethan- und Polyesterlacke.

Recycling bezeichnet die Rückgewinnung von Rohstoffen aus Abfällen. Durch das Recyceln wird die Abfallmenge vermindert unter gleichzeitiger Schonung der immer knapper werdenden Rohstoffe. Recycelt werden vor allem Bauschutt, Glas, Holz, Metalle und Papier.

Reduktion ist der Prozess der Metallherstellung durch Entzug aller Nichtmetallkomponenten, z. B. beim elektrolytischen Prozess der Aluminiumgewinnung aus Aluminiumoxid.

Restspannungen sind minimale Spannungen im Metall durch ungleichmäßige Temperaturveränderungen, plastische Verformungen oder andere Ursachen, die nicht auf äußere Kräfte oder Hitzeeinwirkung zurückzuführen sind.

Rekristallisation ist die Umgestaltung oder Neubildung des Kristallgefüges in Metall durch Verformung, z. B. bei der Bearbeitung nach Wärmeeinwirkung.

Roheisen bezeichnet unverarbeitetes → *Eisen* aus dem Hochofen. Es wird zu → *Barren* gegossen und zu → *Gusseisen*, → *Schmiedeeisen* oder → *Stahl* verarbeitet.

Rohling auch als Kübel bezeichnet, ist ein zum Walzen, Drücken oder anderwärtigem Verarbeiten fertiges Stück Metall.

Rohrreiniger sind chemisch oder mechanisch wirkende Systeme zum Beseitigen verstopfter Abflussrohre. Chemische Rohrreiniger enthalten i. Allg. Natriumhydroxid (NaOH), das zur Gewässerbelastung beitragen kann. Unsachgemäßer Gebrauch kann aber auch schwere Hautverätzungen ergeben. Rohrverstopfungen lassen sich umweltschonender mit mechanischen Hilfsmitteln beheben.

Rost ist ein roter, brüchiger Überzug aus hydriertem Eisenoxid auf Eisenoberflächen, die der Witterung ausgesetzt sind.

rostfreier Stahl ist ein → *Legierungsstahl* mit wenigstens 12 % Chrom-, manchmal zusätzlich Nickel-Mangan- oder Molybdänanteil. Er besitzt eine hohe Korrosionsfestigkeit.

Rostschutzanstrich eingebürgerte Bezeichnung für → *Anstriche*, die → *Eisen* und → *Stahl* vor dem Rosten schützen sollen. Da aber nicht der → *Rost*, sondern das Metall damit geschützt werden soll, müsste es richtiger Metallschutzanstrich heißen.

Rostschutzanstrichsystem besteht aus zwei oder mehreren nacheinander aufgetragenen, in ihren Eigenschaften aufeinander abgestimmten Rostschutzanstrichen.

Roststabilisierung ist das Umhüllen des Rostes und Ausfüllen seiner Hohlräume mit dem Filmbildner von Penetriermitteln. Dadurch wird eine Absperrung des darunterliegenden Metalls gegen Korrosionsmittel und eine Verzögerung der weiteren Rostbildung erreicht.

Rostumwandler sind flüssige, durch Streichen, Spritzen oder Tauchen aufzutragende Materialien zur Umwandlung festhaftenden Rostes in unschädliche chemische Verbindungen. Ihre wirkende Substanz ist meist Phosphorsäure. Der Verwendung sind enge Grenzen gesetzt, weil oft bereits auf kleinsten Flächen unterschiedliche Rostdicken vorliegen.

Rottombak auch Messing 90 genannt, ist eine Legierung aus 90 % Kupfer und 10 % Zink.

Salze sind heteropolare Verbindungen (positiv und negativ geladene Ionen), die z. B. beim Zusammenführen einer Base mit einer Säure oder durch unmittelbare Einwirkung einer Säure auf ein Metall entstehen. Sie können eingeteilt werden in einfache Salze, Doppelsalze, Tripelsalze und Komplexsalze oder in neutrale, saure und basische Salze. Zahlreiche Pigmente sind neutrale oder schwach basische Salze.

Sandstrahlen benennt ein Arbeitsverfahren, bei dem Quarzsand einer bestimmten Korngröße mittels Druckluft oder von einem Schleuderrad auf das zu säubernde Objekt geschleudert wird.

Säureschutz ist eine gegen den baustoffzerstörenden Einfluss von Säuren und Salzlösungen gerichtete bauliche Maßnahme.

Schereinwirkung ist die äußere Belastung eines Körpers durch zwei gegeneinander wirkende, in der gleichen Ebene liegende Kräfte (Schubbeanspruchung).

Schichtkorrosion ist eine hauptsächlich bei Aluminiumlegierungen auftretende Korrosionsart, bei der die → *Korrosion* bevorzugt parallel zur Verformungsrichtung fortschreitet.

Schlagmetall ist eine zu dünnen Blättern von etwa 1/1000 mm Dicke ausgeschlagene Kupfer-Zink-Legierung. Es wird in der Restaurierung häufig zur Ausführung unechter Vergoldung verwendet.

Schlussanstrich ist der oberste → *Anstrich* eines → *Anstrichsystems*, der als pigmentierter Anstrich auch als → *Deckanstrich* bezeichnet wird.

Schmiedeeisen ist zähes, schmiedefähiges, relativ weiches → *Eisen* das gut schmied- und schweißbar ist. Es hat eine fibröse Struktur und ungefähr 0,2 % Kohlenstoff- sowie einen geringen, gleichmäßig verteilten Schlackenanteil.

schmieden bezeichnet das Formen des Metalls durch Erhitzen und Hämmern.

Schutzerdung ist ein an elektrischen Geräten angeschlossener und mit einem tief im Erdboden steckenden Metallrohr verbundener Draht. Die Schutzerdung leitet jede durch Fehler im Gerät entstehende gefährliche Spannung sofort ab und macht es damit berührungssicher. Schutzsteckdosen sind ebenfalls geerdet.

selektive Korrosion bezeichnet die Korrosion von Metalllegierungen, bei der nur ein Legierungsbestandteil dieser heterogenen Metalle zerstört wird.

Silicium ist ein Halbmetallelement und wichtigster Halbleiterwerkstoff. Es wird zur Verstärkung niedriglegierten Stahls verwendet. Symbol: Si.

Silizium-Bronze ist eine Legierung mit 97 % Kupfer und 3 % Siliciumanteil.

S-Profil auch amerikanischer Standardträger genannt, ist ein warmgewalzter Baustahlträger bei dem der *I*-förmige Steg an die geneigte Flanschoberfläche stößt. → *Breitflanschprofil*

Spaltkorrosion ist eine örtliche → *Korrosion* in Spalten der Werkstücke, die sich auf Grund ihrer Konstruktion oder infolge der Verarbeitungsweise des Metalls, z. B. durch Punktschweißen von Blechen, ergeben.

Spannungsrisskorrosion durch Zugspannung im Metall entstandener Riss führt durch das Eindringen von Korrosionsmitteln zur Spannungsrisskorrosion.

Spritzmetallisierung ist die Bezeichnung, die sowohl für das Arbeitsverfahren, das → *Metallspritzen*, als auch für die dabei hergestellte Metallspritzschicht angewandt wird.

Stahl ist die Bezeichnung für zahlreiche Eisenlegierungen mit weniger als 2,0 % Kohlenstoffanteil. Je nach Zusammensetzung und Wärmebehandlung variiert die Zähigkeit, Festigkeit und Elastizität von Stahl.

Standardpotential (Normalpotential) ist ein in Volt angegebenes Maß, das sich auf die elektrische Spannung zwischen der Standartelektrode eines Metalls und der Standardwasserstoffelektrode bezieht. Die Einteilung der Metalle nach ihren Standardpotentialen ergibt die → *elektrochemische Spannungsreihe*.

Steg ist ein Teil des Trägerkörpers, der zwischen zwei Flanschen eine flache, starre Verbindung bildet.

Stoßblech ist eine Stahlplatte, welche die Flansche von zwei Stahlprofilen an eine Stützenverbindung zusammenhält. Horizontale Kontaktflächen müssen gewalzt sein, um vollwertige Tragflächen zu sein. Um Balkenträger und Trägeranschlüsse nicht zu behindern, werden Stützenverbindungen meist 0,6–0,9 m über dem Bodenniveau eingerichtet.

Streckmetall auch Rabitz genannt, bezeichnet eine gestanzte und zu offenem oder Gitterwerk gestreckte Blechbahn. Es wird häufig als Putzträger verwendet.

Sulfide sind Salze der Schwefelwasserstoffsäure, Verbindungen des Schwefels mit Metallen, Nichtmetallen u. a.; z. B. Zinksulfid, ZnS (Lithoponebestandteil), und Kadmiumsulfid, CdS (Kadmiumgelb).

thixotrope Anstrichstoffe besitzen die Eigenschaft, durch mechanische Behandlung, z. B. beim Umrühren und Streichen, flüssig zu werden und im Ruhezustand gelartig zu erstarren. Von den Korrosionsschutzanstrichstoffen neigen die Grund- und Vorstreichfarben zur Thixotropie.

T-Stahl ist ein T-förmiges Baustahlteil, aus Breitflansch-, M- oder S-Profilen geschnitten. Das Profil, aus dem geschnitten wurde, bestimmt die Buchstabenbezeichnung, der Größe und Gewicht des Trägers folgen.

U-Profil ist den → *Normen U-Stahl* ähnlicher, warmgewalzter Baustahlträger. → *Breitflanschträger*

ungleichschenkliger Winkelstahl ist Winkelstahl, dessen Schenkel unterschiedlich lang sind.

Untergrund Bauteil- oder Werkstoffoberfläche, die für eine Korrosionsschutz- oder Säureschutzbeschichtung bzw. -belegung vorgesehen ist oder bereits beschichtet bzw. belegt wurde.

Unterrostung ist eine Korrosionserscheinung, die unter Korrosionsschutzsystemen, meist unter Anstrichsystemen, auftritt.

Vanadium ist ein schmiedbares, dehnbares, graumetallisches Element das zur Herstellung von Legierungen verwendet wird. Symbol: V.

versteifter aufsitzender Anschluss bezeichnet einen aufsitzenden Anschluss, der, um die Beanspruchung durch lange Balkenträger auszuhalten, meist durch vertikale Platten oder Winkelpaare direkt unter dem horizontalen Teil der Winkelauflage verstärkt ist.

Verwitterungsstahl ist ein hochfester niedriglegierter → *Legierungsstahl*, der unter Witterungseinfluss eine Oxidationsschicht bildet. Diese haftet fest am → *Basismetall* und schützt vor weiterer → *Korrosion*.

Viskosität Zähigkeit von Stoffen, besonders von Flüssigkeiten (z. B. flüssigen Anstrichstoffen) beim Fließen. Der Grad der Viskosität wird mittels Viskosimetern gemessen; die Viskosität von Anstrichstoffen z. B. im Auslaufbecher. Die Auslaufzeit lässt den Viskositätsgrad erkennen.

Walzhaut ist die fest an gewalzten Stahloberflächen anhaftende dünne Schicht einer Eisen-Sauerstoff-Verbindung, die sich durch Wärmeeinwirkung beim Warmwalzen des Stahls bildet.

Wärmebrücken in Raumdecken und -wänden vorhandene Konstruktionsteile, z. B. Stahlbetonbalken und Stahlträger, deren Wärmedurchlasswiderstand weit geringer ist als der der Decken und Wände oder infolge ihrer Lage sich stärker abkühlende Gebäudeteile, z. B. Ecken freistehender Häuser, bilden Wärmebrücken.

wärmehärtbare Lacke sind unter Wärmeeinwirkung durch Polykondensation der vorhandenen wärmehärtbaren Phenol-, Harnstoff- oder Melaminharze trocknende und erhärtende Anstrichstoffe.

warmwalzen bezeichnet das Walzen von Metall bei einer Temperatur, die Rekristallisation zulässt.

Washprimer sind Reaktionsgrundierungen für Metalle. Sie bilden hauptsächlich durch die chemische Reaktion des Phosphorsäurebestandteils mit der Metalloberfläche sehr haftfeste, passivierende Grundierungen.

Weißblechabfälle sind Verpackungsabfälle aus verzinktem Feinstblech (Konserven- und Getränkedosen).

Weißblechrecycling wird mit Weißblechabfällen aus der Produktion und aus dem Hausmüll betrieben. 1990 wurden bereits ca. 290.000 t Weißblech durch Recycling zurückgewonnen (49 % der Produktionsmenge). Durch die Verpackungsordnung ergab sich eine Steigerung des Verwertungsanteils bei Weißblech auf 85 % im Jahr 2011. Weißblechdosen kann man heute außerdem aus dünnerem Material herstellen, sodass heutige Dosen nur noch 32 g wiegen (statt 83 g im Jahr 1951).

Winkelauflager ist ein kurzer Winkel zum Stützen eines Tragbalkens bei schubkraftübertragendem Anschluss.

Zink ist ein dehnbares, kristallines, blauweißes Metall. Es wird zum Galvanisieren von Eisen und Stahl und zum Herstellen von Legierungen verwendet. Symbol: Zn.

Zinkchromate (Zinkgelbsorten) sind Zink-Chrom-Salze, die als aktive Pigmente in Korrosionsschutzanstrichstoffen, z. B. in Leichtmetallgrundierungen, eingesetzt werden.

Zinkseifen sind Verbindungen, die Zink- und bestimmte Zinkverbindungen, z. B. Zinkoxid, mit den Fett-, Harz- und Naphthensäuren öl- oder harzhaltiger Bindemittel bilden.

Zinksilikatanstrichstoff ist ein Korrosionsanstrichstoff, dessen 2 Komponenten (Zinkstaub und Wasserglas) unmittelbar vor der Verarbeitung zu mischen sind. Er wird hauptsächlich für Stahlbehälter-Innenanstriche verwendet. Seine Korrosionsschutzwirkung beruht auf elektrochemischen Vorgängen.

Zinkstaub-Anstrichstoffe bilden auf metallreinen Stahloberflächen eine durch kathodische Wirkung schützende Schicht, die außerdem wasser-, chemikalien- und temperaturbeständig ist.

Zinn ist ein glänzendes, blauweißes Metall mit niedrigem Schmelzpunkt. Bei Raumtemperatur ist es schmiedefähig und dehnbar und es wird zum Überziehen, zur Legierungsherstellung und zum Weichlöten verwendet. Symbol: Sn.

Zunder ist ein schuppiges Eisenoxidationsprodukt, welches an der Metalloberfläche, wenn Metall auf höhere Temperaturen erhitzt wird, entsteht.

Zusatzmittel (Lackhilfsstoffe) werden den Lacken meist nur in kleineren Mengen zur Verbesserung ihrer lacktechnischen Eigenschaften zugesetzt. Es gehören dazu: Trocknungsstoffe, Verlaufmittel, Schwebemittel, Hautverhinderungsmittel, Thixotropiehilfsmittel u. a.

Zwischenanstriche sind die im → *Anstrichsystem* zwischen dem → *Grund-* und dem → *Deckanstrich* liegenden Anstriche. Ihre Aufgabe besteht besonders darin, dem System die erforderliche Schichtdicke und das Deckvermögen zu verleihen.

Zwischentrocknungszeit ist die bis zur Trocknung des Voranstrichs erforderliche Zeitspanne zwischen dem Auftragen von zwei aufeinander folgenden Anstrichen.

Literatur

[1] Bablik M, Federl S (1989) Fachwissen Maler und Lackierer. Stam, Köln
[2] Backe H, Hiese W (1997) Baustoffkunde. Werner, Düsseldorf
[3] Batran B et al (2010) Fachwissen Bau. Europa-Lehrmittel, Haan
[4] Battis, Krautzberger, Löhr (2019) Baugesetzbuch, 14. Aufl
[5] Baumbach, Hopt, Merk (2020) Handelsgesetzbuch, 39. Aufl
[6] Bennert W (2013) Technische Unterlagen. Bennert GmbH, Hopfgarten
[7] Edelstahldach BRANDT (2012) Technische Unterlagen. BRANDT Edelstahldach, Köln
[8] Ching F (1996) Bildlexikon der Architektur. Campus, Frankfurt
[9] COBA (2010) Planungsunterlagen. DWF Baustoff-Fachhandel, Berlin
[10] (2013) Dachentwässerung und Dachzubehör. Informationsstelle Edelstahl Rostfrei, Düsseldorf
[11] dani alu (2012) Architektenmappe. dani alu GmbH, Hösbach
[12] (2009) Deckers, 1. Aufl. Praxis, Die neue HOAI in der
[13] Dierks K et al (2002) Baukonstruktion. Werner, Düsseldorf
[14] Euro Inox (2000) Edelstahl Rostfrei – Oberflächen im Bauwesen. In: Reihe Bauwesen, Bd 1. Euro Inox, Luxemburg
[15] FDT (2012) Dachbahnsysteme, technisches Handbuch. FlachdachTechnologie, Mannheim
[16] Frey H (2009) Bautechnik. Fachkunde Bau. Europa-Lehrmittel, Haan
[17] Gay (2010) Die Mängelhaftung des Baustoffherstellers. BauR, S 1827 ff
[18] Glatzel, Hoffman, Frikell (2008) Unwirksame Bauvertragsklauseln, 11. Aufl
[19] Griem (2002) Strukturierung eines baurechtlichen Großprozesses. Jahrbuch für Baurecht, S 303 ff
[20] Guntermann E (1975) Bautenschutz. Steinkopf, Dresden
[21] Heinlein H (2017) HOAI, 2. Aufl.
[22] Hornmann (2019) Hessische Bauordnung (HBO)
[23] Ingenstau K (2007) In: Teile A, Vygen Kratzenberg B (Hrsg) Kommentar zur VOB, 16. Aufl.
[24] Ingenstau K (2013) In: Teile A, Vygen Kratzenberg B (Hrsg) Kommentar zur VOB, 18. Aufl.
[25] Ingenstau K (2020) In: Teile A, Vygen Kratzenberg B (Hrsg) Kommentar zur VOB, 21. Aufl.
[26] Jochem K (2016) HOAI-Kommentar, 6. Aufl.
[27] Kapellmann M (2020) VOB, Teile A und B, Kommentar, 7. Aufl.
[28] Kapust E (1988) Bauklempnerarbeiten. Verlag für Bauwesen, Berlin
[29] Klein W (1996) Bauten, Dächer, Handwerker. Hausschild, Bremen
[30] (2009) KME TECU. Kupferoberflächen und Systeme. KM Europa Metal AG, Osnabrück
[31] Kohl A et al (1990) Grundlagen Baufachkunde. Teubner, Stuttgart
[32] Kongressdokumentation (2012) Messe Berlin
[33] Krauth T, Meyer FZ (1897) Das Schlosserbuch. Seemann, Leipzig

[34] Leinemann (2020) VOB/B-Kommentar, 7. Aufl
[35] Matthaeij CL (1833) Der vollkommene Dachdecker. Voigt, Ilmenau
[36] Messerschmidt, Niemöller, Preussner (20015) HOAI, 1. Aufl.
[37] Metzger M (1920) Stillehre für Kunstschlosser. Colemann, Lübeck
[38] Muckel (2010) Öffentliches Baurecht
[39] OPTIGRÜN AG (2013) Der Dachbegrüner. Dachbegrünungsmagazin. OTIGRÜN AG, Krauchenwies
[40] Palandt (2020) Bürgerliches Gesetzbuch, 79. Aufll
[41] PREFA (2013) Technische Arbeitsblätter. PREFA Aluminiumprodukte, Wasungen
[42] RHEINZINK (2012) Anwendungen in der Architektur. RHEINZINK, Datteln
[43] Ricken H (1994) Der Bauingenieur. Verlag für Bauwesen, Berlin
[44] Riedl H (2013) Spezial-Künstlerfarben und Pigmente. Heinrich Riedl Künstlerfarben, Nürnberg
[45] Schaller H (1988) Beschichtungslehre. Verlag für Bauwesen, Berlin
[46] Schmitt H, Heene A (1999) Hochbaukonstruktionen. Vieweg, Wiesbaden
[47] Schönburg K (2002) Historische Beschichtungstechniken. Verlag für Bauwesen, Berlin
[48] Schönburg K, Stahr M (1989) Korrosions- und Säureschutzarbeiten. Verlag für Bauwesen, Berlin
[49] Seidel W (1990) Werkstofftechnik. Hanser, München
[50] Sieberath, Niemöller (2010) Kommentar zur DIN EN 14351-1, Fenster und Türen mit Ergänzung (Amendment) A 1, 2. Aufl
[51] Siepenkort K (2005) Metallarbeiten an Dach und Fassade. Verlagsgesellschaft R. Müller, Köln
[52] Simmendinger H (2009) HOAI 2009. Praxisleitfaden Ingenieure Archtiekten Ernst&sohn :
[53] Stahr M (2006) Baustoffkunde. Humboldt. Akademie, Wien
[54] Stahr M (2011) Studienheft. Bausanierung Sanieren – Analysieren. Planen :
[55] Stahr M (2012) Studienheft BaSa 11. Bausanierung – Sanierung von Metall. ILS, Hamburg
[56] Stahr M (2015) Bausanierung, 6. Aufl.
[57] Stahr M, Hinz D (2011) Sanierung und Ausbau von Dächern. Vieweg, Wiesbaden
[58] Tagungsmaterialien (2011) Aachener Bausachverständige
[59] Triflex (2011) Architektenordner. Triflex Beschichtungssysteme GmbH, Minden
[60] Voit M (Hrsg) (2018) Handbuch Bauverfahrensrecht
[61] Vygen W (2018) Bauvertragsrecht, 8. Aufl. Schmidt,
[62] Werner P (2018) Der Bauprozess, 17. Aufl.
[63] Willenbruch W (Hrsg) (2010) Vergaberecht Kompaktkommentar, 2. Aufl.
[64] Wirth K (Hrsg) (2010) Der Baustoffhandel
[65] Zimmermann G (2003) Bauschäden-Sammlung. Bd 1, 3, 7, 8, 14. Fraunhofer, Stuttgart
[66] Zöller (2020) Kommentar zur Zivilprozessordnung, 33. Aufl

Stichwortverzeichnis